全国优秀数学教师专著系列

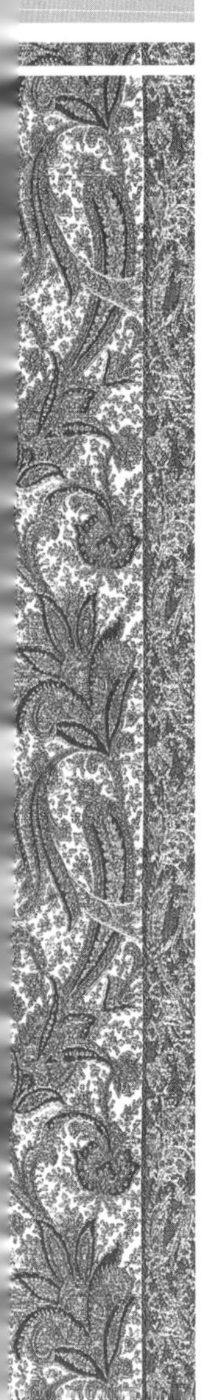

初等数学专题研究

Special Topics in Elementary Mathematics

余应龙 著

HITP
哈爾濱工業大學出版社
HARBIN INSTITUTE OF TECHNOLOGY PRESS

内容简介

本书主要对代数、数列、几何、数论、计数5部分，共38个专题的内容进行了探究，各专题内容来自作者几十年的数学教学和数学奥林匹克竞赛辅导中的积累.本书旨在为读者提出带有挑战性的或有趣的专题，并介绍了作者对这些专题探索的过程，让读者可以感受到数学的美丽，欣赏数学的魅力.

本书适合初、高中学生，以及数学爱好者参考使用.

图书在版编目(CIP)数据

初等数学专题研究/余应龙著.—哈尔滨：哈尔滨工业大学出版社，2024.1

ISBN 978-7-5603-9493-0

Ⅰ.①初… Ⅱ.①余… Ⅲ.①初等数学-研究-Ⅳ.①O12

中国国家版本馆CIP数据核字(2023)第237121号

CHUDEGN SHUXUE ZHUANTI YANJIU

策划编辑 刘培杰 张永芹
责任编辑 李广鑫
封面设计 孙茵艾
出版发行 哈尔滨工业大学出版社
社　　址 哈尔滨市南岗区复华四道街10号 邮编150006
传　　真 0451-86414749
网　　址 http://hitpress.hit.edu.cn
印　　刷 哈尔滨市工大节能印刷厂
开　　本 787 mm×1 092 mm 1/16 印张27.75 字数473千字
版　　次 2024年1月第1版 2024年1月第1次印刷
书　　号 ISBN 978-7-5603-9493-0
定　　价 68.00元

(如因印装质量问题影响阅读，我社负责调换)

◎ 前言

笔者与同行朋友常常聊起中学数学教学的现状,以及中学生读物的现状,无不感慨.我们共同认为改变现状除了改观教育思想以外,提高中学生读物的“营养价值”已是当务之急.我们不禁要思考教师教数学,学生学习数学的目的究竟何在?

笔者编写《初等数学专题研究》一书基于以下思考:

1.“提出问题和质疑”的理念

提出问题本身就是一种创新.哥德巴赫猜想、费马大定理、四色定理等问题的提出,罗巴切夫斯基对第五公设的质疑,以及希尔伯特在20世纪初提出的23个著名的数学问题,这些都大大地推动了数学的发展,开创了许多新的数学领域,培养和涌现了不少优秀的数学家,这就是提出问题、提出质疑的价值所在.由此可见,提出数学问题之魅力可见一斑,在某种意义上说,提出问题的重要性并不亚于解决问题.回顾一下,我们在教学过程中,对传统的内容除了继承以外,有没有质疑过?提出过多少问题?提出过自己独特的见解吗?有没有鼓励学生提出问题并解决问题?这难道不应该值得深思吗?

2.培育“研究能力”是教学中重中之重的理念

教育部在“面向21世纪教育振兴行动计划”中指出:在当前及今后一个时期,缺少具有国际领先水平的创造性人才,已经成为制约我国创新能力和竞争能力的主要因素之一.我国还缺少大学生吗?缺少硕士生和博士生吗?当然不缺,但是大师级的人物出现了多少呢?症结何在?笔者认为,在21世纪激烈的国际竞争中,目光已不能再囿于提高几个百分比的升学率,而应把创新精神和实践能力书写在教育的旗帜上.我们数学教育工作者是否可以把这一门槛略微前移一下,为我们的中学生提供一些在自己研究过程中的选题,创设一个研究性学习,发挥自身创新能力的机会和空间.

3."一切为学生的终生发展奠基"的理念

教育为让学生进入一个理想的大学是无可非议的,但仅此而已显然是不够的.教育应该力求达到"一切为学生终生发展奠基"的境界,尤其是当今世界已进入到信息技术和人工智能蓬勃发展的时代,终生学习的意识和可持续发展的能力已越来越被人们所重视.许多成功人士都有这样的共识:中学数学中的许多具体的知识在他们的工作岗位上未必直接用到,也可能会有些遗忘,然而深深铭刻在心中的数学精神、思维方法、逻辑推理的能力却陪伴终生,随时发生作用,受益匪浅.这给我们以这样的启示:教师是否应该帮助学生克服短视行为,是否应该认识到学习数学绝不能只追求一些习题的结果,而忽视了数学的学习过程以及对数学的思想方法的领悟和解决问题的能力的培养.如果说中学生最损失不起的是时间,那么帮助他们从大量习题的反复操练中解脱出来,而进行一些有意义的探究可谓事半功倍.数学教育工作者有责任为中学生提供适合他们实际的带有挑战性的问题,使学生把一些时间用在与中学数学课程相适应的,带有挑战性的问题上,经历一次艰辛的发现,这一学习和研究的过程,恐怕比把同样多的时间花在习题的反复操练上对人的一生更有意义.

在几十年的数学教学和数学奥林匹克竞赛辅导的实践中,笔者积累了一些资料,在这些资料的基础上,选出一些专题并进行探究,作为一次大胆的尝试,编写了本书.全书共分代数、数列、几何、数论、计数共5部分38个专题.这些专题只不过是数学海洋中的沧海一粟,旨在为读者提出一些带有挑战性的或有趣的专题,并介绍对这些专题的探索过程,感受数学的威力,欣赏数学的魅力.同时笔者感到这是一次抛砖引玉的机会,期待读者在阅读的基础上进行更深入的研究,提出并思考更一般、更深入的问题,共享成功的喜悦.如果本书能为读者提供一些借鉴,那就是笔者的愿望.

笔者在编写本书的过程中,得到了哈工大出版社刘培杰社长,张永芹等编辑同志的大力帮助,他们也对本书提出了不少宝贵的意见,在此表示衷心的感谢.

2023年9月

作者

◎ 目 录

代　　数

第1章

1.1 从在整数范围内分解二次三项式谈起

1.1.1 问题的由来

在初一的代数教学中,学生在进行二次三项式的因式分解时在符号上容易搞错,为此我们特意编了如下的一组二次项的系数是1或-1的课堂练习题.在二次项的系数是1时,只要寻找两个整数,使它们的和是一次项的系数,积是常数项即可.

分解以下因式:

(1)$x^2+13x-30$;(2)$x^2-13x-30$;(3)$x^2-13x+30$;

(4)$x^2+13x+30$;(5)$-x^2+13x-30$;(6)$-x^2-13x-30$;

(7)$-x^2-13x+30$;(8)$-x^2+13x+30$.

解　(1)$x^2+13x-30=(x+15)(x-2)$;

(2)$x^2-13x-30=(x-15)(x+2)$;

(3)$x^2-13x+30=(x-10)(x-3)$;

(4)$x^2+13x+30=(x+10)(x+3)$;

(5)$-x^2+13x-30=-(x^2-13x+30)=-(x-10)(x-3)$;

(6)$-x^2-13x-30=-(x^2+13x+30)=-(x+10)(x+3)$;

(7)$-x^2-13x+30=-(x^2+13x-30)=-(x+15)(x-2)$;

(8)$-x^2+13x+30=-(x^2-13x-30)=-(x-15)(x+2)$.

容易发现：

1. 这一组二次三项式分解因式的练习都是整数系数，在整数范围都能进行因式分解. 当二次项的系数是 -1 时，只要将负号提取，即可化为二次项的系数是 1 的情况，所以不失一般性，可设二次项的系数是 1.

2. 这一组二次三项式的特点在于任意改变二次三项式的各项系数的符号所得到的新的二次三项式在整数范围内也都能进行因式分解.

实践表明，一方面，在寻找两个整数时，学生很感兴趣，从而调动了学习的积极性；另一方面，学生通过这种训练，提高了对二次三项式进行因式分解的能力.

由于任何一个整系数的二次三项式并不是在整数范围内都能进行因式分解的，例如，$x^2+6x+10$ 和 x^2+3x-8 在整数范围内就不能分解因式，于是自然产生这样几个问题：

问题 1 整系数二次三项式 ax^2+bx+c 在有理数范围内能进行因式分解的充分必要条件是什么？

问题 2 二次项系数是 1 的二次三项式 $x^2+bx+ac$ 的分解因式只需找两个整数，使它们的和是一次项的系数，积是常数项. 如果找不到这样的两个整数，是否存在两个分数，使它们的和是一次项的系数，积是常数项呢？

问题 3 $a\neq 1$ 的情况是否能转化为 $a=1$ 的情况进行因式分解？

问题 4 在整数范围内，如果整系数二次三项式 ax^2+bx+c 能进行因式分解，那么 a,b,c 取怎么样的整数时，任意变更它们的符号不影响到它分解因式的可能性？换言之，此时 a,b,c 的一般形式是什么？

1.1.2 整系数二次三项式 ax^2+bx+c 在有理数范围内能因式分解的充分必要条件

为方便起见，首先将 ax^2+bx+c 乘以 $4a$，得到

$$4a^2x^2+4abx+4ac=4a^2x^2+4abx+b^2-(b^2-4ac)=(2ax+b)^2-(b^2-4ac)$$

(1) 如果 b^2-4ac 是完全平方数，设 $b^2-4ac=u^2$（u 是非负整数），那么

$$4a^2x^2+4abx+4ac=(2ax+b)^2-u^2=(2ax+b+u)(2ax+b-u)$$

于是

$$ax^2+bx+c=a\left(x+\frac{b+u}{2a}\right)\left(x+\frac{b-u}{2a}\right)$$

所以整系数二次三项式 ax^2+bx+c 能在有理数范围内分解因式.

(2)如果 b^2-4ac 不是完全平方数,而是正数,那么整系数二次三项式 ax^2+bx+c 能在实数范围内分解因式,即

$$ax^2+bx+c=a\left(x+\frac{b+\sqrt{b^2-4ac}}{2a}\right)\left(x+\frac{b-\sqrt{b^2-4ac}}{2a}\right)$$

(3)如果 b^2-4ac 是负数,那么整系数二次三项式 ax^2+bx+c 不能在实数范围内分解因式.

于是得到在有理数范围内,整系数的二次三项式 ax^2+bx+c 能进行因式分解的充分必要条件是 b^2-4ac 是一个完全平方数. 在此情形下有:$ax^2+bx+c=a(x-x_1)(x-x_2)$,其中 x_1 和 x_2 是二次三项式 ax^2+bx+c 的两个有理根.

1.1.3 是否存在两个分数,它们的和与积都是整数

首先证明以下结论:

如果两个有理数的和与积都是整数,那么这两个有理数都是整数.

证明 设这两个有理数分别是 $\frac{k}{l}$ 和 $\frac{r}{s}$(其中 k,l,r,s 是整数,$(k,l)=(r,s)=1,l>0,s>0$),再设 $\frac{k}{l}+\frac{r}{s}=p,\frac{k}{l}\cdot\frac{r}{s}=q$($p,q$ 是整数),则 $\frac{k}{l}=p-\frac{r}{s}=p-\frac{lq}{k}$. 两边乘以 k,得 $\frac{k^2}{l}=pk-lq$ 是整数. 因为 $(k,l)=1$,所以 $(k^2,l)=1$,于是 $l=1$.

同理 $s=1$,所以 $\frac{k}{l}$ 和 $\frac{r}{s}$ 都是整数. 也就是说,不存在两个分数,使它们的和与积都是整数.

由此可见,在对整系数的二次三项式 x^2+px+q 进行因式分解时,如果不存在两个整数,使它们的和是 p,积是 q,那么这样的两个分数也是不存在的,于是 x^2+px+q 不能在有理数范围内分解因式.

1.1.4 将 $a\neq 1$ 的情况转化为 $a=1$ 的情况进行分解

由于二次三项式 $x^2+bx+ac$ 与 ax^2+bx+c 的判别式都是 b^2-4ac,所以 $x^2+bx+ac$ 与 ax^2+bx+c 同时能或不能在有理数范围内分解因式. 下面将 $a\neq 1$ 的二次三项式 ax^2+bx+c 分解因式转化为 $a=1$ 的情况进行分解,为此证明以下结论:

当 b^2-4ac 是完全平方数时,设 $x^2+bx+ac=(x-x_1)(x-x_2)$(其中 x_1,x_2 是整数),则 $ax^2+bx+c=a\left(x-\frac{x_1}{a}\right)\left(x-\frac{x_2}{a}\right)$,且将 a 乘入后两个括号后,得到两

个整系数因式.

证明 由 $x^2+bx+ac=(x-x_1)(x-x_2)=x^2-(x_1+x_2)x+x_1x_2$,得

$$x_1+x_2=-b, x_1x_2=ac$$

于是

$$\begin{aligned}a\left(x-\frac{x_1}{a}\right)\left(x-\frac{x_2}{a}\right)&=a\left(x^2-\frac{x_1+x_2}{a}x+\frac{x_1x_2}{a^2}\right)\\&=ax^2-(x_1+x_2)x+\frac{x_1x_2}{a}\\&=ax^2+bx+c\end{aligned}$$

即

$$ax^2+bx+c=a\left(x-\frac{x_1}{a}\right)\left(x-\frac{x_2}{a}\right)$$

由于 $x_1x_2=ac$,所以 $a\mid x_1x_2$. 设$(a,x_1)=d$, $a=da_1$, $x_1=dk$(a_1,k 是整数),则$(a_1,k)=1$.

由 $a\mid x_1x_2$,得 $da_1\mid dkx_2$, $a_1\mid kx_2$. 因为$(a_1,k)=1$,所以 $a_1\mid x_2$,设 $x_2=a_1l$,于是

$$\begin{aligned}ax^2+bx+c&=a\left(x-\frac{x_1}{a}\right)\left(x-\frac{x_2}{a}\right)=da_1\left(x-\frac{dk}{da_1}\right)\left(x-\frac{a_1l}{da_1}\right)\\&=da_1\left(x-\frac{k}{a_1}\right)\left(x-\frac{l}{d}\right)=(a_1x-k)(dx-l)\end{aligned}$$

即当 b^2-4ac 是完全平方数时,整系数的二次三项式 ax^2+bx+c 在整数范围内能分解因式. 由此可知,如果整系数二次三项式 ax^2+bx+c 在有理数范围内能分解因式,那么在整数范围内也能分解因式. 也就是说,整系数的二次三项式 ax^2+bx+c 在整数范围内能分解因式的充要条件也是 b^2-4ac 是一个完全平方数.

例如,分解因式 $28x^2-25x+3$.

先将常数项 3 乘以二次项的系数 28,使二次项的系数是 1,得到

$$x^2-25x+84=(x-21)(x-4)$$

于是

$$\begin{aligned}28x^2-25x+3&=28\left(x-\frac{21}{28}\right)\left(x-\frac{4}{28}\right)\\&=28\left(x-\frac{3}{4}\right)\left(x-\frac{1}{7}\right)\end{aligned}$$

$$=(4x-3)(7x-1)$$

又如,由 $x^2+13x-30=(x+15)(x-2)$ 可知:$3x^2+13x-10$ 和 $10x^2+13x-3$ 都能在整数范围内因式分解

$$3x^2+13x-10=3\left(x+\frac{15}{3}\right)\left(x-\frac{2}{3}\right)=(x+5)(3x-2)$$

$$10x^2+13x-3=10\left(x+\frac{15}{10}\right)\left(x-\frac{2}{10}\right)=(2x+3)(5x-1)$$

1.1.5 二次三项式 $ax^2+bx\pm c$ 都能在整数范围内因式分解的情况

由于在整数范围内整系数的二次三项式 ax^2+bx+c 能进行因式分解的充分必要条件为 b^2-4ac 是一个完全平方数,可见变更 b 的符号并不会影响到它分解因式的可能性. 不失一般性,设 $a>0$. 于是问题4便归结为:当改变 c 的符号时是否会影响到它的可分解因式的可能性. 显然,并不是将任意整数 c 变号后都不会影响到它的分解因式的可能性. 也就是说,当 b^2-4ac 是一个完全平方数时,b^2+4ac 未必也是一个完全平方数. 例如 $x^2+6x+8=(x+2)(x+4)$,而 x^2+6x-8 在有理数范围内就不能分解因式.

从上面的分析可知,就问题4的数学实质而言,可归结为求整数 a,b,c,使 b^2-4ac 和 b^2+4ac 都是完全平方数,于是设

$$b^2-4ac=m^2 \tag{1}$$

$$b^2+4ac=n^2 \tag{2}$$

其中 m,n 是正整数.

(1)+(2)得

$$m^2+n^2=2b^2 \tag{3}$$

显然式(3)是式(1)和式(2)的必要条件. 下面证明式(3)的任意一组正整数解必能导致式(1)和式(2)的正整数解.

不失一般性,设 m,n 和 b 不全是偶数,否则可将 m,n 和 b 的因子2约去. 由于 $2b^2$ 是偶数,所以 m 和 n 的奇偶性相同. 如果 m,n 都是偶数,那么由式(3)可知,b 也是偶数,这种情况已经排除,因此可设 m,n 都是奇数. 由于奇数的平方是8的倍数加1,所以式(3)的左边是8的倍数加2,于是 b^2 是4的倍数加1,于是 b 也是奇数. 由式(1)和式(2)可知,$4ac$ 是4的倍数,于是 ac 是整数,即这样的整数 a 和 c 是存在的. 于是问题4就转化为求不定方程(3)的正整数解.

因为 m,n 都是奇数,所以 $\frac{m+n}{2}$ 和 $\left|\frac{m-n}{2}\right|$ 都是整数. 由于 $\left(\frac{m+n}{2}\right)^2+$

$\left|\frac{m-n}{2}\right|^2=b^2\Leftrightarrow m^2+n^2=2b^2$,所以求不定方程 $m^2+n^2=2b^2$ 的正整数解可归结为求方程 $x^2+y^2=z^2$ 的正整数解. 而方程 $x^2+y^2=z^2$ 的正整数解是:
$\begin{cases}x=(p^2-q^2)t\\ y=2pqt\\ z=(p^2+q^2)t\end{cases}$,其中 p,q 是正整数,$p>q$,$(p,q)=1$,p,q 为一奇一偶,t 是任意正整数. 所以方程(3)的正整数解可以求出,从而求出 a,b,c.

不失一般性,设 $0<m<n$,于是由 $\begin{cases}\frac{m+n}{2}=x\\ \left|\frac{m-n}{2}\right|=y\\ b=z\end{cases}$ 得 $m=x-y$,于是

$$m=|p^2-2pq-q^2|t \tag{4}$$

$$b=(p^2+q^2)t \tag{5}$$

现在回到上面提到的问题 4,将式(4)和式(5)代入式(1),得 $(p^2+q^2)^2t^2-4ac=|p^2-2pq-q^2|^2t^2$,$4ac=[(p^2+q^2)^2-|p^2-2pq-q^2|^2]t^2=4pq(p+q)\cdot(p-q)t^2$,所以

$$ac=pq(p+q)(p-q)t^2 \tag{6}$$

正整数 a 可以任意选取,但要使 c 是正整数,可选取 $a\,|\,pq(p+q)(p-q)t^2$. 至此,问题 4 已被彻底解决. 综上所述,得到如下的结论:

当整数 a,b,c 满足式(5),(6)时,任意变更二次三项式 ax^2+bx+c 的各项系数的符号,ax^2+bx+c 的各项系数的符号在整数范围内都能进行因式分解.

下面举几个例子说明这一结论:取 $a=1,t=1,p=3,q=2$ 时,得到 $b=13$,$c=30$,这就是本节开始时给出的一组题目,也就是说,任意选取二次三项式 $x^2\pm13x\pm30$ 中各项系数的符号,在有理数范围内都能因式分解. 另取 p,q 的值可得到

$$x^2\pm5x\pm6,x^2\pm17x\pm60,x^2\pm25x\pm84,x^2\pm29x\pm210,\cdots$$

特别当 $t=1$ 时,得到的一般形式的二次三项式 $x^2+(p^2+q^2)x+pq(p+q)\cdot(p-q)$ 可这样分解

$$x^2+(p^2+q^2)x+pq(p+q)(p-q)=(x+p^2-pq)(x+q^2+pq)$$

由 1.1.4 可知,由上式也可推得以下形式

$$px^2+(p^2+q^2)x+q(p+q)(p-q)=p\left(x+\frac{p^2-pq}{p}\right)\left(x+\frac{q^2+pq}{p}\right)$$

$$
\begin{aligned}
&= (x+p-q)(px+q^2+p^2)\\
qx^2+(p^2+q^2)x+p(p+q)(p-q) &= q\left(x+\frac{p^2-pq}{q}\right)\left(x+\frac{q^2+pq}{q}\right)\\
&= (qx+p^2-pq)(x+q+p)\\
(p+q)x^2+(p^2+q^2)x+pq(p-q) &= (p+q)\left(x+\frac{p^2-pq}{p+q}\right)\left(x+\frac{q^2+pq}{p+q}\right)\\
&= [(p+q)x+p^2-pq](x+q)\\
(p-q)x^2+(p^2+q^2)x+pq(p+q) &= (p-q)\left(x+\frac{p^2-pq}{p-q}\right)\left(x+\frac{q^2+pq}{p-q}\right)\\
&= (x+p)[(p-q)x+q^2+pq]
\end{aligned}
$$

等.

1.2　确定某一天是星期几的简便方法及计算公式

任何一天是星期几都是唯一确定的. 在日常生活中,可根据已知某一天是星期几来确定另一天是星期几. 如果这两天相近,那么只要求出这两天之间相差多少天(除以 7 的余数)即可. 如果两天的日期相差很大,那就不太方便了,可查阅年历或手机得知. 本节介绍一种只需查表,甚至不用查表只需心算就可得到结果的方法.

历法规定每四百年少三个闰年,即年份数是 100 的倍数,但不是 400 的倍数的年都不是闰年. 例如公元 1700 年、1800 年、1900 年、2100 年等都不是闰年. 由于这些年份与当今相距甚远,所以我们不考虑每四百年少三个闰年的情况,本节中涉及的年份是公元 1901 年到 2099 年.

1.2.1　编制公历年历

由于每四年有一个闰年,每个星期有 7 天,所以公历的日历是以 4 和 7 的最小公倍数[4,7] = 28 为周期的,于是只要编制连续 28 个年历,就可以确定 1901 年到 2099 年期间任意一天是星期几. 为使用方便,我们只编制 2001 年到 2028 年这 28 年的年历.

我们的方法是将任意确定的一天(已知这一天是星期几)作为起始日,计算某一天到这一确定的一天的天数(除以 7 的余数). 由于每一天都是由年、月、日决定这一天是星期几的,所以可将某一天的年、月、日用某个适当的数值来代替. 为叙述方便,我们将这三个数值分别称为年对应数、月对应数和日对应数. 由于起始日与某一天之间的天数(除以 7 的余数)是由年、月、日累积的,所以寻找出适当的年对应数、月对应数和日对应数后,就可得到

$$星期几 = 年对应数 + 月对应数 + 日对应数(除以 7 的余数)$$

这一公式.

由于上述公式由四个数组成,且任意确定的一天是星期几是已知的(可查出的),所以只要确定年对应数、月对应数和日对应数中的两个即可.

首先,由于日是按照 1,2,…的顺序连续排列的,每过 1 天增加 1,所以用日数(或除以 7 的余数)表示日对应数是理所当然的,也是极为方便的.

其次,确定月对应数. 因为月的天数有 28,29,30,31 这四种情况,这四个天数除以 7 的余数各不相同,而且不同天数月份的安排规律也较复杂,于是我们先列出平年每月 0 日是一年中第几天. 由于只需确定某一天是星期几,所以再列出平年每月 0 日是一年中第几天除以 7 的余数,现列表如下(表 1):

表 1

月	1	2	3	4	5	6	7	8	9	10	11	12
平年天数	0	31	59	90	120	151	181	212	243	273	304	334
mod 7	0	3	3	6	1	4	6	2	5	0	3	5
月对应数	1	4	4	0	2	5	0	3	6	1	4	6

表 1 中将 mod 7 这一行分别加上 1(mod 7),得到最后一行作为月对应数是为了方便记忆. 只要记住四个三位数 144,025,036,146. 这四个三位数的记忆方法是:$144 = 12^2$,$025 = 5^2$,$036 = 6^2$,$146 = 12^2 + 2$.

最后确定年对应数. 一旦确定年对应数,就可以编制公历年历了.

由于我们编制的只是 2001 年到 2028 年这 28 年的年历,所以先查出 2001 年 1 月 1 日是星期一(也可以查任意另一天是星期几),由于 1 月和 1 日的月对应数和日对应数都是 1,所以由上述公式得 1 = 2001 年的年对应数 + 1 + 1,得到 2001 年的年对应数是 $-1 \equiv 6 \pmod 7$,我们取 6(也可取 -1). 下面确定以后各年的年对应数.

因为年的天数有平年和闰年之分,平年的天数是 $365 = 7 \times 52 + 1$,所以 2002 年的年对应数取 0,2003 年的年对应数取 1. 由于 2004 年是闰年,闰年的天数是 $366 = 7 \times 52 + 2$,所以 2004 年的年对应数取 3. 但是这又出现了问题,因

为闰年增加的一天是在2月末，闰年所增加的2应从3月开始，所以闰年的1月和2月的月对应数应该减去1，即分别是0和3. 这样，按照下一年是平年加1，下一年是闰年加2的规律可逐个求出2005年到2028年的年对应数，为方便起见，年份数只取末两位数，闰年用黑体和下划线表示，这样我们就得到了以下的公历年历（表2）：

表2

年													
01	02	03	**04**	05	06	07	**08**	09	10	11	**12**	13	14
6	0	1	3	4	5	6	1	2	3	4	6	0	1
15	**16**	17	18	19	**20**	21	22	23	**24**	25	26	27	**28**
2	4	5	6	0	2	3	4	5	0	1	2	3	5
闰年	闰年	月											
1月	2月	1	2	3	4	5	6	7	8	9	10	11	12
0	3	1	4	4	0	2	5	0	3	6	1	4	6
平年天数		0	31	59	90	120	151	181	212	243	273	304	334

利用这张年历就可以确定2001年到2028年期间的任何一天是星期几. 如果所要确定的年份在表格中不出现，那么只要将该年份加上或减去28的适当倍数即可.

平年天数这一行是顺便增添的，这一行从0开始，累加每月的天数，列出了平年某月0日是一年中的第几天，用来确定平年某月、某日是一年中的第几天.

例1　确定2015年6月23日是星期几.

解　查年历得2015年对应的数是2. 6月对应的数是5. 23除以7余2. 由于$2+5+2=9$除以7余2，所以2015年6月23日是星期二.

例2　确定2020年2月12日是星期几.

解　查年历得2020年对应的数是2. 因为2020年是闰年，所以2月对应的数是3. 12除以7余5. 由于$2+3+5=10$除以7余3，所以2020年2月12日是星期三.

例3　确定国庆100周年是星期几？

解　即确定2049年10月1日是星期几. 年历上没出现49，但$49-28=21$出现在年历上.

查出2021年对应的数是3. 10月对应的数是1. 1日对应的数是1. 由于3

$+1+1=5$,所以国庆100周年是星期五.

例4 确定7月22日是一年中的第几天.

解 查年历中平年的7月对应的天数是181,$181+22=203$,所以平年的7月22日是一年中的第203天.闰年的7月22日是一年中的第204天.

例5 确定一年中第200天是几月几日.

解 年历的平年天数一行中小于200的最大的数是181,181相应于7月.又$200-181=19$,所以平年中的第200天是7月19日.闰年中的第200天是7月18日.

以上各例都可以在查年历后,只用心算就能完成.

从表2的下半栏可以推得,2月的最后一天,4月4日,6月6日,8月8日,10月10日,12月12日这6天的月对应数加上日对应数除以7的余数都是4,所以这6天是同样的星期几.设这6天同为星期x,那么x = 年对应数 + 4除以7的余数(也可根据年历查出x).根据这一年的x就不难确定这一年的任何一天星期几了,读者不妨一试.

1.2.2 不查年历确定某年、某月、某日是星期几

上面几个求某一天是星期几的例子都是由查年历得到的.下面我们寻求一种不查年历的方法.

由于平年的月对应数是144,025,036,146,容易记忆,无需查年历,所以只需要查年对应数.由于一年只有一个年对应数,如果能记住这一年对应数,那么这一年就无需查年历了,但是每年需要记住当年的年对应数.下面我们寻求不查年历计算出年对应数的方法.

虽然年对应数共有28个,不易记忆,但也有规律:

(1)2001年的年对应数是6;

(2)如果下一年是平年,则加1;如果下一年是闰年,则加2.

下面我们根据这个规律来探求年对应数的公式,从而计算出每个年对应数.

我们将需要求的公元n年的年对应数设为$f(n)$(对$f(n)$的运算可按mod 7进行,所以可认为$0\leqslant f(n)\leqslant 6$).为方便起见,只取$n$年的末两位数(因为$n\geqslant 2001$,且在编制年历时就是这样做的).设$n=4k+r$,其中$k$是非负整数,$r=0,1,2,3$.由年对应数的规律可知:

当$r=0,1,2$时,$n+1$年是平年,$f(n+1)=f(n)+1$;

当$r=3$时,$n+1$年是闰年,$f(n+1)=f(n)+2$.

显然二者可统一表示为$f(n+1)=f(n)+1+\left[\frac{r+1}{4}\right]$. 又已知$f(2001)=f(1)=6$,所以这是已知一个数列的递推关系和初始条件,求数列通项的问题. 经过尝试,我们猜出

$$f(n)=n+\left[\frac{n}{4}\right]-2$$

下面我们用数学归纳法证明这一通项公式.

当$n=1$时,$f(1)=1+\left[\frac{1}{4}\right]-2=-1\equiv6 \pmod 7$,结论成立.

假定$f(n)=n+\left[\frac{n}{4}\right]-2$成立,则

$$\begin{aligned}f(n+1)&=f(n)+1+\left[\frac{r+1}{4}\right]\\&=n+\left[\frac{n}{4}\right]-2+1+\left[\frac{r+1}{4}\right]\\&=n+1+\left[\frac{n}{4}\right]+\left[\frac{r+1}{4}\right]-2\end{aligned}$$

因为$\left[\frac{n}{4}\right]+\left[\frac{r+1}{4}\right]=k+\left[\frac{r+1}{4}\right]=\left[\frac{4k+r+1}{4}\right]=\left[\frac{n+1}{4}\right]$,所以$f(n+1)=n+1+\left[\frac{n+1}{4}\right]-2$,这样我们就证明了$f(n)=n+\left[\frac{n}{4}\right]-2$.

此外,$f(n)$还有以下性质

(1)当$n\equiv0 \pmod 4$时,$f(n)=f(n-5)=f(n+6)$;

(2)当$n\equiv2 \pmod 4$时,$f(n)=f(n-11)=f(n+11)$.

有兴趣的读者不妨自行证明.

由于公式$f(n)=n+\left[\frac{n}{4}\right]-2$易于记忆,且$1\leqslant n\leqslant28$,$f(n)$在 mod 7 中计算,所以计算$f(n) \pmod 7$十分便捷. 于是我们确定某年、某月、某日是星期几可以不查年历,只用心算就可完成.

例6 确定2025年8月17日是星期几.

解 (1)25模7余4,$\left[\frac{25}{4}\right]=6\equiv-1 \pmod 7$,得2025年的对应数是$4-1-2=1$.

(2)8月的对应数是第三个三位数036中的第二个数字3.

(3)17模7余3.

(4)$1+3+3\equiv0 \pmod 7$,得2025年8月17日是星期日.

这一方法可以不查表,只用心算就能完成.

1.2.3 某年、某月、某日是星期几的公式

上面我们求出了 n 年的对应数是 $f(n)=n+\left[\frac{n}{4}\right]-2$. 下面我们来求月对应数的公式,从而可得到某年、某月、某日是星期几的公式.

由于闰年的 1 月和 2 月的月对应数分别比平年相应的月对应数小 1,因此应设法将这两种情况统一起来. 为此设月份数为 m,寻求函数 $h(m)$,使

$$h(m)=\begin{cases}0 & (m=1,2)\\ 1 & (m=3,4,\cdots,11,12)\end{cases}$$

(也可以取 $h(m)$ 加上任意一个整数常数). 容易验证 $h(m)=\left[\frac{m+7}{10}\right]$ 满足这一条件. 由于要将闰年与平年这两种情况统一起来,所以设 $n=4k+r$,其中 k 是非负整数,$r=0,1,2,3$,且 $k=\left[\frac{n}{4}\right]$.

下面考虑 $\left[\frac{r-1+\left[\frac{m+7}{10}\right]}{4}\right]$ 的值的情况.

(1) 当 n 是闰年,即 $r=0$ 时,$\left[\frac{r-1+\left[\frac{m+7}{10}\right]}{4}\right]=\left[\frac{-1+\left[\frac{m+7}{10}\right]}{4}\right]$.

(i) 若 $m=1,2$,则 $\left[\frac{m+7}{10}\right]=0$,$\left[\frac{-1+\left[\frac{m+7}{10}\right]}{4}\right]=-1$;

(ii) 若 $m=3,4,\cdots,12$,则 $\left[\frac{m+7}{10}\right]=1$,$\left[\frac{-1+\left[\frac{m+7}{10}\right]}{4}\right]=\left[\frac{-1+1}{4}\right]=0$.

(2) 当 n 是平年时,$r=1,2,3$,无论 $m=1,2$,还是 $m=3,4,\cdots,12$,都有 $\left[\frac{r-1+\left[\frac{m+7}{10}\right]}{4}\right]=0$.

综上所述,当 n 是闰年,且 $m=1,2$ 时,$\left[\frac{r-1+\left[\frac{m+7}{10}\right]}{4}\right]=-1$,其余情况都是 $\left[\frac{r-1+\left[\frac{m+7}{10}\right]}{4}\right]=0$.

由于 $r=n-4k$,所以

$$\left[\frac{r-1+\left[\frac{m+7}{10}\right]}{4}\right]=\left[\frac{n-4k-1+\left[\frac{m+7}{10}\right]}{4}\right]$$

$$=\left[\frac{n-1+\left[\frac{m+7}{10}\right]}{4}\right]-k$$

$$=\left[\frac{n-1+\left[\frac{m+7}{10}\right]}{4}\right]-\left[\frac{n}{4}\right]$$

有了$\left[\frac{n-1+\left[\frac{m+7}{10}\right]}{4}\right]-\left[\frac{n}{4}\right]$这一项,在求月对应数时只需考虑平年的情况,下面求平年的月对应数1,4,4,0,2,5,0,3,6,1,4,6的函数表达式.

首先利用将月对应数中的0,2,5分别加上7;0,3,6分别加上14;1,4,6分别加上21,得到1,4,4,7,9,12,14,17,20,22,25,27,即可列出下表(表3):

表3

月(m)	1	2	3	4	5	6	7	8	9	10	11	12
月对应数	1	4	4	0	2	5	0	3	6	1	4	6
	1	4	4	7	9	12	14	17	20	22	25	27

显然,最后两行中对应的数模7相同.我们发现从3月开始,最后一行中后一数与前一数的差分别是3,2,3,2,3,3,2,3,2.在这9个差中,前5个数是3,2,3,2,3,后4个数是3,2,3,2,总体不太有规律,所以设法变为3,2,3,2,3,2,3,2,3.我们发现,只要将9对应的数20改为19,11对应的数25改为24,其他的数不变,得到

4,7,9,12,14,17,19,22,24,27

这样,后一个数与前一个数的差依次是3,2,3,2,3,2,3,2,3.为方便起见,我们设法构造一个函数$g(m)$,使$g(m)=\begin{cases}1 & (m=9,11)\\2 & (m=1,2,\cdots,8,10,12)\end{cases}$(也可使$g(m)$的值分别是$-1$和0,或其他值,只要相差1).由于9和11与10的差的绝对值都是1,10以外的其余各数与10的差的绝对值较大,所以考虑$|m-10|$,但是当$m=10$时,$|m-10|=0$更小了,所以再取$||m-10|-1|$,那么其余的问题就容易解决了,只要取

$$g(m)=\left[\frac{||m-10|-1|+15}{8}\right]=\begin{cases}1 & (m=9,11)\\2 & (m=1,2,\cdots,8,10,12)\end{cases}$$

容易检验,后一个等式成立.

下面我们寻求差依次为 3,2,3,2,3,2,3,2,3,2,3 的数列,显然$\left[\frac{5m}{2}\right]$就是这样的数列(表4):

表4

m	1	2	3	4	5	6	7	8	9	10	11	12
$\left[\frac{5m}{2}\right]$	2	5	7	10	12	15	17	20	22	25	27	30

为了使 $g(m)$ 不影响 1 月和 2 月的情况,我们要构造一个函数 $h(m)$,使

$$h(m)=\begin{cases}0 & (m=1,2)\\ 1 & (m=3,4,\cdots,12)\end{cases}$$

显然 $h(m)=\left[\frac{m+7}{10}\right]$. 于是

$$h(m)g(m)=\left[\frac{m+7}{10}\right]\cdot\left[\frac{||m-10|-1|+15}{8}\right]=\begin{cases}0 & (m=1,2)\\ 1 & (m=9,11)\\ 2 & (m=3,4,\cdots,8,10,12)\end{cases}$$

即可列出下表(表5):

表5

m	1	2	3	4	5	6	7	8	9	10	11	12
$h(m)\times g(m)$	0	0	2	2	2	2	2	2	1	2	1	2

为叙述方便,设 $a=\left[\frac{5m}{2}\right]-\left[\frac{m+7}{10}\right]\cdot\left[\frac{||m-10|-1|+15}{8}\right]$,再将 a 减 1 模 7 后就确定为月对应数,见下表(表6):

表6

m	1	2	3	4	5	6	7	8	9	10	11	12
$h(m)g(m)$	0	0	2	2	2	2	2	2	1	2	1	2
$\left[\frac{5m}{2}\right]$	2	5	7	10	12	15	17	20	22	25	27	30
a	2	5	5	8	10	13	15	18	21	23	26	28
对应数	1	4	4	0	2	5	0	3	6	1	4	6

由此可见,n 年(不管 n 年是平年还是闰年)的月对应数统一为

$$\left[\frac{n-1+\left[\frac{m+7}{10}\right]}{4}\right]-\left[\frac{n}{4}\right]+\left[\frac{5m}{2}\right]-\left[\frac{m+7}{10}\right]\cdot\left[\frac{||m-10|-1|+15}{8}\right]-1 \pmod 7$$

如果设 n 年 m 月 d 日是星期 w,由于 n 年的年对应数是 $n+\left[\frac{n}{4}\right]-2 \pmod 7$,上面已求出月对应数,那么将年、月、日的对应数相加,得到

$$w\equiv n+\left[\frac{n-1+\left[\frac{m+7}{10}\right]}{4}\right]+\left[\frac{5m}{2}\right]-\left[\frac{m+7}{10}\right]\cdot\left[\frac{||m-10|-1|+15}{8}\right]+d-3 \pmod 7$$

这里 n 是公元年份的末两位数.

1.2.4　平年中的某月、某日是一年中的第几天的公式

1.2.1 中的年历中列出了平年某月 0 日是一年中的第几天的表格. 下面我们探求平年中 m 月 d 日是一年中的第几天的公式 $f(m,d)$. 为此先计算平年天数与每月 30 天的误差,再修正这个误差使其有规律,可用简单的公式表示,具体列表如下(表 7):

表 7

m	1	2	3	4	5	6	7	8	9	10	11	12
平年天数	0	31	59	90	120	151	181	212	243	273	304	334
误差	0	1	−1	0	0	1	1	2	3	3	4	4
修正后	−2	−1	−1	0	0	1	1	2	2	3	3	4

修正后得到的最后一行是有规律的,可用 $\left[\frac{m}{2}\right]-2$ 表示. 修正值是将 $m=1,2$ 处的误差分别减去 2,将 $m=9,11$ 处的误差分别减去 1,其余不变,由前面得到的结果,得到修正值是

$$\left[\frac{m+7}{10}\right]\cdot\left[\frac{||m-10|-1|+15}{8}\right]-2=\begin{cases}-2 & (m=1,2)\\ -1 & (m=9,11)\\ 0 & (m=3,4,\cdots,8,10,12)\end{cases}$$

所以误差是 $\left[\frac{m}{2}\right]-\left[\frac{m+7}{10}\right]\cdot\left[\frac{||m-10|-1|+15}{8}\right]$.

再考虑日期数 d,就得到了平年中 m 月 d 日是一年中的第几天的公式

$$f(m,d)=30(m-1)+\left[\frac{m}{2}\right]-\left[\frac{m+7}{10}\right]\cdot\left[\frac{||m-10|-1|+15}{8}\right]+d$$

例 7 确定 7 月 22 日是一年中的第几天.

$$f(7,22)=30\times 6+\left[\frac{7}{2}\right]-\left[\frac{7+7}{10}\right]\cdot\left[\frac{||7-10|-1|+15}{8}\right]+22$$

$$=180+3-1\times 2+22=203$$

即 7 月 22 日是平年中的第 203 天,是闰年中的第 204 天.

1.2.5 小结

1. 查阅年历确定某年、某月、某日是星期几的做法:

查出年历中的年、月对应的数,再与日期数相加,求出和除以 7 的余数即可.

注意:

(1)年份是末两位数;

(2)闰年和平年中 1 月和 2 月对应的数分别是 0,3 和 1,4;

(3)如果年份数没出现在年历中,则将年份数加上或减去 28 的适当倍数,即可使其出现在年历中.

2. 确定某月、某日是一年中的第几天的方法可查年历的最后一行中对应的数,再加上日数. 注意闰年从 3 月份开始还要加 1.

3. 如果不查阅年历确定某年、某月、某日是星期几,那么只需记住:

(1)年对应数是 $f(n)\equiv n+\left[\frac{n}{4}\right]-2\pmod 7$;

(2)月对应数是 144,025,036,146;

(3)闰年中的 1 月和 2 月的月对应数分别是 0 和 3.

4. 1.2.1 与 1.2.2 中的方法无需很多数学知识,小学生都能掌握. 因 1.2.3 与 1.2.4 中推出的公式较复杂,重要的是体会探求公式的过程与方法,不必记忆.

本节中的方法只是笔者考虑的一种方法,有兴趣的读者也可以考虑其他方法.

1.3 三阶幻方的构成及其性质

将九个数分别放入 3×3 的九个方格中,使得每行、每列以及两对角线上的三个数的和都相等,这样的 3×3 的正方形称为三阶幻方,这个相等的和称为幻和.下面介绍三阶幻方是怎样构成的,有什么性质.设这九个数为 a,b,c,d,e,f,g,h,i(如图1).为方便起见,我们根据九个小方格所处的位置,把这九个小方格分成三类:中间格(图1中的 e);角上格(图1中的 a,c,g,i);边上格(图1中的 b,d,f,h).

a	b	c
d	e	f
g	h	i

图1

下面先用1,2,3,4,5,6,7,8,9这九个数构成三阶幻方.

因为 $1+2+3+4+5+6+7+8+9=45$,所以幻和是 $45\times\frac{1}{3}=15$.为了把1,2,3,4,5,6,7,8,9这九个数填入九个小方格,将15表示为1到9中三个不同的数的和

$$\begin{aligned}15&=1+5+9=1+6+8=2+5+8=2+4+9\\&=2+6+7=3+4+8=3+5+7=4+5+6\end{aligned}$$

因为15有上述8种方法表示为1到9中三个不同的数的和,所以三阶幻方有可能构成.

因为中间格 e 要加4次(水平方向、竖直方向、两条对角线的方向各一次),上述15的8种表示式中只有5出现了4次,所以 $e=5$.

因为角上格 a,c,g,i 要加3次(水平方向、竖直方向、一条对角线的方向各一次),上述15的8种表示式中只有2,4,6,8都出现3次,所以 a,c,g,i 在2,4,6,8中取值.

余下的边上格 b,d,f,h 只能在1,3,7,9中取值.

不失一般性,设 $a=2$,则 $i=8$.设 $g=4$,则 $c=6$,其余各数都不难填出(如图2).

2	7	6
9	5	1
4	3	8

图2

如果一种填法通过旋转或翻折得到另一种填法,那么这两种填法只能看作是同一种填法.在这个意义上说,图2中的三阶幻方是唯一的.

下面考虑不受1,2,3,4,5,6,7,8,9这九个数的限制时,三阶幻方如何构

成,为此我们先来研究三阶幻方性质.

根据三阶幻方的定义,可推出三阶幻方具有以下性质:

(1)与中间方格在同一直线上的三个数,即(d,e,f),(b,e,h),(a,e,i),(c,e,g)分别成等差数列;

(2)不在同一行同一列的边、角、边上的三数,即(f,a,h),(d,c,h),(b,g,f),(b,i,d)分别成等差数列;

(3)中间的方格中的数是三阶幻方中九个数的平均数.

证明:(1)因为$a+d+g=c+e+g$,所以$a+d=c+e$,$d=c+e-a$,同理$f=a+e-c$,于是$d+e+f=(c+e-a)+e+(a+e-c)=3e$,所以$d+f=2e$,即$d,e,f$三个数成等差数列. 同理$b,e,h$三个数成等差数列.

因为$a+e+i=d+e+f=3e$,所以$a+i=2e$,即a,e,i依次成等差数列. 同理c,e,g三个数成等差数列.

(2)因为$f=a+e-c$,同理$h=a+e-g$,所以$f+h=(a+e-c)+(a+e-g)=2a+2e-(c+g)=2a$,所以不在同一行同一列的边、角、边上的$f,a,h$三个数成等差数列. 同理$(d,c,h)$,$(b,g,f)$,$(b,i,d)$分别成等差数列.

(3)设三阶幻和为s,即$a+b+c+d+e+f+g+h+i=3s$. 由于$a+e+i=3e=s$,所以$e=\frac{s}{3}=\frac{1}{9}(a+b+c+d+e+f+g+h+i)$,即中间的方格中的数$e$是三阶幻方中九数的平均数.

在a,b,c,d,e,f,g,h,i这九个数中,已知多少个数才能确定幻方呢?下面我们来回答这一问题.

当幻和s给定时,由三阶幻方的定义可知:$a+b+c=s$,$d+e+f=s$,$g+h+i=s$,$a+d+g=s$,$b+e+h=s$,$c+f+i=s$,$a+e+i=s$,$c+e+g=s$.

这是一个由八个方程组成的九元一次方程组,其系数矩阵

$$\boldsymbol{D}=\begin{pmatrix}1&1&1&0&0&0&0&0&0\\0&0&0&1&1&1&0&0&0\\0&0&0&0&0&0&1&1&1\\1&0&0&1&0&0&1&0&0\\0&1&0&0&1&0&0&1&0\\0&0&1&0&0&1&0&0&1\\1&0&0&0&1&0&0&0&1\\0&0&1&0&1&0&1&0&0\end{pmatrix}$$

下面求 $\boldsymbol{D}$ 的秩，然后确定已知多少个数才能确定幻方，为此我们先对 $\boldsymbol{D}$ 进行初等变换.

将第五行×(-1)后，加到第一行→

$$\begin{pmatrix}1&0&1&0&-1&0&0&-1&0\\0&0&0&1&1&1&0&0&0\\0&0&0&0&0&0&1&1&1\\1&0&0&1&0&0&1&0&0\\0&1&0&0&1&0&0&1&0\\0&0&1&0&0&1&0&0&1\\1&0&0&0&1&0&0&0&1\\0&0&1&0&1&0&1&0&0\end{pmatrix}$$

将第二列×(-1)后，加到第五列、第八列→

$$\begin{pmatrix}1&0&1&0&-1&0&0&-1&0\\0&0&0&1&1&1&0&0&0\\0&0&0&0&0&0&1&1&1\\1&0&0&1&0&0&1&0&0\\0&1&0&0&0&0&0&0&0\\0&0&1&0&0&1&0&0&1\\1&0&0&0&1&0&0&0&1\\0&0&1&0&1&0&1&0&0\end{pmatrix}$$

将第二行×(-1)后，加到第四行→

$$\begin{pmatrix}1&0&1&0&-1&0&0&-1&0\\0&0&0&1&1&1&0&0&0\\0&0&0&0&0&0&1&1&1\\1&0&0&0&-1&-1&1&0&0\\0&1&0&0&0&0&0&0&0\\0&0&1&0&0&1&0&0&1\\1&0&0&0&1&0&0&0&1\\0&0&1&0&1&0&1&0&0\end{pmatrix}$$

将第四列×(-1)后，加到第五列、第六列→

$$\begin{pmatrix} 1 & 0 & 1 & 0 & -1 & 0 & 0 & -1 & 0 \\ 0 & 0 & 0 & 1 & 0 & 0 & 0 & 0 & 0 \\ 0 & 0 & 0 & 0 & 0 & 0 & 1 & 1 & 1 \\ 1 & 0 & 0 & 0 & -1 & -1 & 1 & 0 & 0 \\ 0 & 1 & 0 & 0 & 0 & 0 & 0 & 0 & 0 \\ 0 & 0 & 1 & 0 & 0 & 1 & 0 & 0 & 1 \\ 1 & 0 & 0 & 0 & 1 & 0 & 0 & 0 & 1 \\ 0 & 0 & 1 & 0 & 1 & 0 & 1 & 0 & 0 \end{pmatrix}$$

将第三行加到第一行→

$$\begin{pmatrix} 1 & 0 & 1 & 0 & -1 & 0 & 1 & 0 & 1 \\ 0 & 0 & 0 & 1 & 0 & 0 & 0 & 0 & 0 \\ 0 & 0 & 0 & 0 & 0 & 0 & 1 & 1 & 1 \\ 1 & 0 & 0 & 0 & -1 & -1 & 1 & 0 & 0 \\ 0 & 1 & 0 & 0 & 0 & 0 & 0 & 0 & 0 \\ 0 & 0 & 1 & 0 & 0 & 1 & 0 & 0 & 1 \\ 1 & 0 & 0 & 0 & 1 & 0 & 0 & 0 & 1 \\ 0 & 0 & 1 & 0 & 1 & 0 & 1 & 0 & 0 \end{pmatrix}$$

将第八列×(-1)后,加到第七列、第九列→

$$\begin{pmatrix} 1 & 0 & 1 & 0 & -1 & 0 & 1 & 0 & 1 \\ 0 & 0 & 0 & 1 & 0 & 0 & 0 & 0 & 0 \\ 0 & 0 & 0 & 0 & 0 & 0 & 0 & 1 & 0 \\ 1 & 0 & 0 & 0 & -1 & -1 & 1 & 0 & 0 \\ 0 & 1 & 0 & 0 & 0 & 0 & 0 & 0 & 0 \\ 0 & 0 & 1 & 0 & 0 & 1 & 0 & 0 & 1 \\ 1 & 0 & 0 & 0 & 1 & 0 & 0 & 0 & 1 \\ 0 & 0 & 1 & 0 & 1 & 0 & 1 & 0 & 0 \end{pmatrix}$$

将第六行加到第四行→

$$\begin{pmatrix}1 & 0 & 1 & 0 & -1 & 0 & 1 & 0 & 1\\0 & 0 & 0 & 1 & 0 & 0 & 0 & 0 & 0\\0 & 0 & 0 & 0 & 0 & 0 & 0 & 1 & 0\\1 & 0 & 1 & 0 & -1 & 0 & 1 & 0 & 1\\0 & 1 & 0 & 0 & 0 & 0 & 0 & 0 & 0\\0 & 0 & 1 & 0 & 0 & 1 & 0 & 0 & 1\\1 & 0 & 0 & 0 & 1 & 0 & 0 & 0 & 1\\0 & 0 & 1 & 0 & 1 & 0 & 1 & 0 & 0\end{pmatrix}$$

将第六列×(−1)后,加到第三列、第九列→

$$\begin{pmatrix}1 & 0 & 1 & 0 & -1 & 0 & 1 & 0 & 1\\0 & 0 & 0 & 1 & 0 & 0 & 0 & 0 & 0\\0 & 0 & 0 & 0 & 0 & 0 & 0 & 1 & 0\\1 & 0 & 1 & 0 & -1 & 0 & 1 & 0 & 1\\0 & 1 & 0 & 0 & 0 & 0 & 0 & 0 & 0\\0 & 0 & 0 & 0 & 0 & 1 & 0 & 0 & 0\\1 & 0 & 0 & 0 & 1 & 0 & 0 & 0 & 1\\0 & 0 & 1 & 0 & 1 & 0 & 1 & 0 & 0\end{pmatrix}$$

将第一行×(−1)后,加到第四行、第七行→

$$\begin{pmatrix}1 & 0 & 1 & 0 & -1 & 0 & 1 & 0 & 1\\0 & 0 & 0 & 1 & 0 & 0 & 0 & 0 & 0\\0 & 0 & 0 & 0 & 0 & 0 & 0 & 1 & 0\\0 & 0 & 0 & 0 & 0 & 0 & 0 & 0 & 0\\0 & 1 & 0 & 0 & 0 & 0 & 0 & 0 & 0\\0 & 0 & 0 & 0 & 0 & 1 & 0 & 0 & 0\\0 & 0 & -1 & 0 & 2 & 0 & -1 & 0 & 0\\0 & 0 & 1 & 0 & 1 & 0 & 1 & 0 & 0\end{pmatrix}$$

先将第一列加到第五列,再将第一列×(−1)后,加到第三列、第七列、第九列→

$$\begin{pmatrix}1&0&0&0&0&0&0&0&0\\0&0&0&1&0&0&0&0&0\\0&0&0&0&0&0&0&1&0\\0&0&0&0&0&0&0&0&0\\0&1&0&0&0&0&0&0&0\\0&0&0&0&0&1&0&0&0\\0&0&-1&0&2&0&-1&0&0\\0&0&1&0&1&0&1&0&0\end{pmatrix}$$

将第八行加到第七行→

$$\begin{pmatrix}1&0&0&0&0&0&0&0&0\\0&0&0&1&0&0&0&0&0\\0&0&0&0&0&0&0&1&0\\0&0&0&0&0&0&0&0&0\\0&1&0&0&0&0&0&0&0\\0&0&0&0&0&1&0&0&0\\0&0&0&0&3&0&0&0&0\\0&0&1&0&1&0&1&0&0\end{pmatrix}$$

将第三列 $\times(-1)$ 后,加到第五列、第七列→

$$\begin{pmatrix}1&0&0&0&0&0&0&0&0\\0&0&0&1&0&0&0&0&0\\0&0&0&0&0&0&0&1&0\\0&0&0&0&0&0&0&0&0\\0&1&0&0&0&0&0&0&0\\0&0&0&0&0&1&0&0&0\\0&0&0&0&3&0&0&0&0\\0&0&1&0&0&0&0&0&0\end{pmatrix}$$

将第七行 $\times\left(\frac{1}{3}\right)$→

$$\begin{pmatrix} 1 & 0 & 0 & 0 & 0 & 0 & 0 & 0 & 0 \\ 0 & 0 & 0 & 1 & 0 & 0 & 0 & 0 & 0 \\ 0 & 0 & 0 & 0 & 0 & 0 & 0 & 1 & 0 \\ 0 & 0 & 0 & 0 & 0 & 0 & 0 & 0 & 0 \\ 0 & 1 & 0 & 0 & 0 & 0 & 0 & 0 & 0 \\ 0 & 0 & 0 & 0 & 0 & 1 & 0 & 0 & 0 \\ 0 & 0 & 0 & 0 & 1 & 0 & 0 & 0 & 0 \\ 0 & 0 & 1 & 0 & 0 & 0 & 0 & 0 & 0 \end{pmatrix}$$

可见 $\boldsymbol{D}$ 的秩是7. 也就是说,当幻和 s 给定时,自由变量个数是 $9-7=2$. 如果幻和 s 不给定,那么自由变量个数是 $2+1=3$.

1. 当幻和 s 给定时,因为 $e=\frac{1}{3}s$ 也给定,所以在 a,b,c,d,f,g,h,i 这八个数中再选定独立的两个数,其余的数就可以确定,于是三阶幻方也就完成(这里的独立指的是这两个数不是三阶幻方的性质中的等差数列中的两数). 如果一种填法通过旋转或翻折得到另一种填法,那么这两种填法只能看作是同一种填法,于是有以下四种情况(图3):

a	b	
	e	

(a)

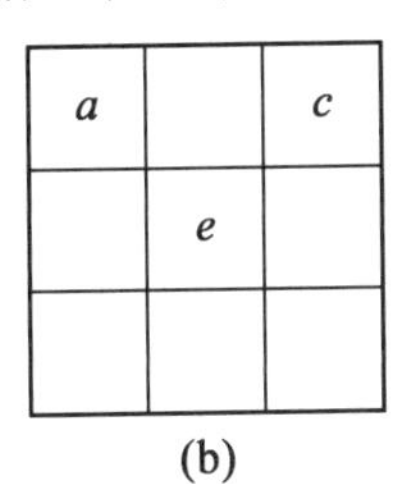

(b)

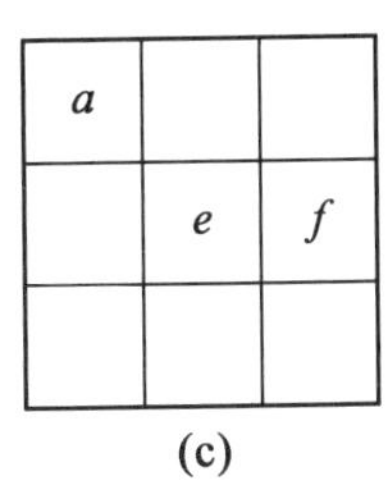

(c)

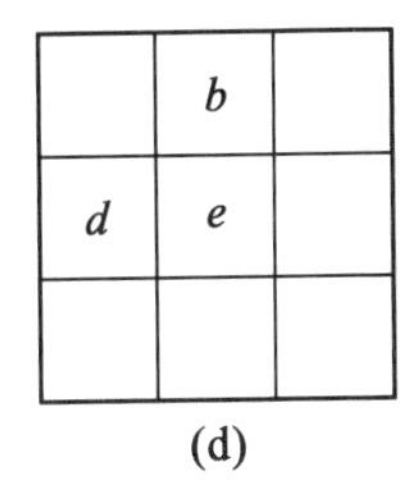

(d)

图3

(1)已知 a,b,e;(2)已知 a,c,e;(3)已知 a,f,e;(4)已知 b,d,e.

下面对(1)已知 a,b,e 时,构成三阶幻方.

$$h=2e-b, i=2e-a, c=3e-a-b$$

$$g=2e-c=2e-(3e-a-b)=a+b-e$$

$$d=3e-a-g=3e-a-(a+b-e)=4e-2a-b$$

$$f=2e-d=2e-(4e-2a-b)=2a+b-2e$$

得到三阶幻方(图4).

用类似的方法可由(2)已知 a,c,e 得到三阶幻方(图5),由(3)已知 a,f,e 得到三阶幻方(图6),由(4)已知 b,d,e 得到三阶幻方(图7).

a	b	$3e-a-b$
$4e-2a-b$	e	$2a+b-2e$
$a+b-e$	$2e-b$	$2e-a$

图 4

a	$3e-a-c$	c
$c+e-a$	e	$a+e-c$
$2e-c$	$a+c-e$	$2e-a$

图 5

a	$f-2a+2e$	$a-f+e$
$2e-f$	e	f
$f-a+e$	$2a-f$	$2e-a$

图 6

$\frac{4e-b-d}{2}$	b	$\frac{d-b+2e}{2}$
d	e	$2e-d$
$\frac{b-d+2e}{2}$	$2e-b$	$\frac{b+d}{2}$

图 7

2. 当幻和 s 不给定时，即 e 不给定时，则在 a,b,c,d,f,g,h,i 这八个数中应给定独立的三个数，其余的数就可以确定，三阶幻方也就可以构成（这里的独立的三个数指的是这三个数不是三阶幻方的性质中的等差数列中的三项）. 如果一种填法通过旋转或翻折得到另一种填法，那么这两种填法只能看作是同一种填法，于是有以下九种情况（图 8）：

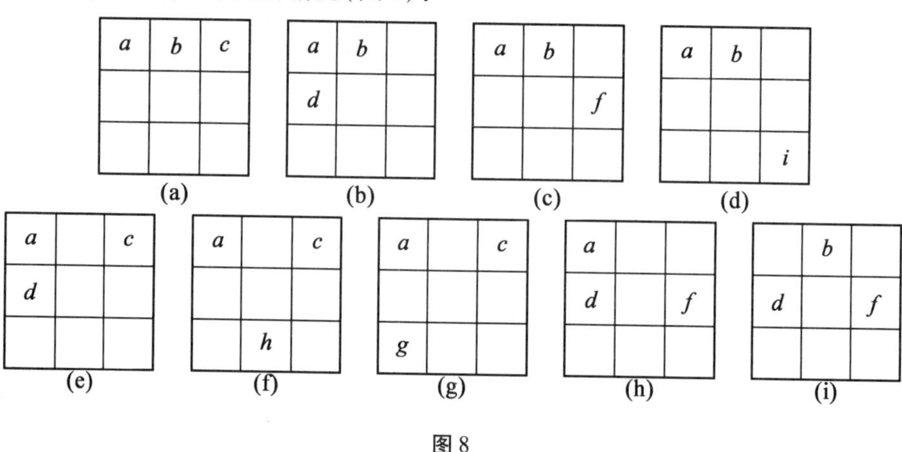

图 8

对于情况（a），已知 a,b,c，则 $e=\frac{a+b+c}{3}$，$d=c+e-a=\frac{3c+a+b+c-3a}{3}=\frac{4c-2a+b}{3}$，$f=a+e-c=\frac{4a+b-2c}{3}$，$g=2e-c=\frac{2a+2b-c}{3}$，$h=a-e+c=$

$\frac{2a-b+2c}{3}$，$i=2e-a=\frac{-a+2b+2c}{3}$，得到图9.

a	b	c
$\frac{4c-2a+b}{3}$	$\frac{a+b+c}{3}$	$\frac{4a+b-2c}{3}$
$\frac{2a+2b-c}{3}$	$\frac{2a-b+2c}{3}$	$\frac{2b-a+2c}{3}$

图9

用类似的方法，可分别得到图10～图17.

a	b	$\frac{2a-b+3d}{4}$
d	$\frac{2a+b+d}{4}$	$\frac{2a+b-d}{2}$
$\frac{2a+3b-d}{4}$	$\frac{2a-b+d}{2}$	$\frac{b+d}{2}$

图10

a	b	$\frac{4a+b-3f}{2}$
$2a+b-2f$	$\frac{2a+b-f}{2}$	f
$\frac{b+f}{2}$	$2a-f$	$a+b-f$

图11

a	b	$\frac{a-2b+3i}{2}$
$2i-b$	$\frac{a+i}{2}$	$a+b-i$
$\frac{a+2b-i}{2}$	$a-b+i$	i

图12

a	$2a-4c+3d$	c
d	$a-c+d$	$2a-2c+d$
$2a-3c+2d$	$2c-d$	$a-2c+2d$

图13

a	$2a+2c-3h$	c
$2c-h$	$a+c-h$	$2a-h$
$2a+c-2h$	h	$a+2c-2h$

图14

a	$\frac{c-2a+3g}{2}$	c
$\frac{3c-2a+g}{2}$	$\frac{c+g}{2}$	$\frac{2a-c+g}{2}$
g	$\frac{2a+c-g}{2}$	$c+g-a$

图15

a	$d-2a+2f$	$\frac{2a+d-f}{2}$
d	$\frac{d+f}{2}$	f
$\frac{d-2a+3f}{2}$	$2a-f$	$d-a+f$

图 16

$\frac{d-b+2f}{2}$	b	$\frac{2d-b+f}{2}$
d	$\frac{d+f}{2}$	f
$\frac{b+f}{2}$	$d+f-b$	$\frac{b+d}{2}$

图 17

感兴趣的读者不妨挑选几个自行尝试一下.

1.4　沟通与推广

——关于一个代数不等式的研究

我们曾见过这样一道题:已知 $x,y\in\mathbf{R},x^2+y^2\leqslant 1$,求证

$$|x^2+2xy-y^2|\leqslant\sqrt{2}\tag{1}$$

下面首先证明不等式(1),并在此基础上做进一步研究.

如果把已知条件 $x^2+y^2\leqslant 1$ 改写为 $x^2+y^2=r^2\leqslant 1(r\geqslant 0)$,由于 $\cos^2\alpha+\sin^2\alpha=1$,那么联想到其可与三角函数相联系. 在结论中又出现$\sqrt{2}$,这使我们想起三角不等式 $|\cos\alpha+\sin\alpha|\leqslant\sqrt{2}$. 因此设 $x=r\cos\alpha,y=r\sin\alpha(0\leqslant r\leqslant 1)$,则满足 $x^2+y^2=r^2\leqslant 1$. 于是

$$\begin{aligned}|x^2+2xy-y^2|&=r^2|\cos^2\alpha-\sin^2\alpha+2\cos\alpha\sin\alpha|\\&=r^2|\cos 2\alpha+\sin 2\alpha|\leqslant r^2\sqrt{2}\leqslant\sqrt{2}\end{aligned}$$

这样利用三角函数很容易就证出了式(1).

因为 x^2+y^2,x^2-y^2 和 $2xy$ 都是关于 x,y 的二次齐次式,它们有以下平方关系:$(x^2-y^2)^2+(2xy)^2=(x^2+y^2)^2$. 于是可利用平方平均不等式 $|a+b|\leqslant\sqrt{2(a^2+b^2)}$,得

$$\begin{aligned}|x^2+2xy-y^2|&=|(x^2-y^2)+(2xy)|\\&\leqslant\sqrt{2[(x^2-y^2)^2+(2xy)^2]}\\&=\sqrt{2(x^2+y^2)^2}\\&\leqslant\sqrt{2}\end{aligned}$$

也很容易就证出了式(1). 此外,也可以从复数的角度来考虑.

如果把已知条件 $x^2+y^2\leqslant 1$ 改为 $\sqrt{x^2+y^2}\leqslant 1$，这相当于复数 $z=x+y\mathrm{i}$ 的模 $|z|\leqslant 1$，这里 x 和 y 分别是复数 $z=x+y\mathrm{i}$ 的实部和虚部，所以 $x+y$ 就是复数 $z=x+y\mathrm{i}$ 的实部与虚部之和. 于是不等式 $|x+y|\leqslant\sqrt{2(x^2+y^2)}$ 可改写为 $|\mathrm{Re}(z)+\mathrm{Im}(z)|\leqslant\sqrt{2}|z|$. 也就是说，一个复数的实部与虚部之和的绝对值不大于该复数的模的$\sqrt{2}$倍. 因为二次齐次式中的 x^2-y^2 和 $2xy$ 分别是复数 $z^2=(x+y\mathrm{i})^2$ 的实部与虚部，所以有

$$|x^2+2xy-y^2|=|\mathrm{Re}(z^2)+\mathrm{Im}(z^2)|\leqslant\sqrt{2}|z^2|=\sqrt{2}|z|^2\leqslant\sqrt{2}$$

这样，用复数的方法也很简捷地证明了式(1).

从三角证法来看，不等式 $|\cos\alpha+\sin\alpha|\leqslant\sqrt{2}$ 变为 $|\cos 2\alpha+\sin 2\alpha|\leqslant\sqrt{2}$，即从 α 变为 2α. 从代数证法来看，关于 x,y 的二次齐次式 x^2+y^2，x^2-y^2 和 $2xy$ 有四次的关系式 $(x^2-y^2)^2+(2xy)^2=(x^2+y^2)^2$. 从复数证法来看，不等式 $|\mathrm{Re}(z)+\mathrm{Im}(z)|\leqslant\sqrt{2}|z|$ 变为 $|\mathrm{Re}(z^2)+\mathrm{Im}(z^2)|\leqslant\sqrt{2}|z^2|$，即从 z 变为 z^2.

于是就想到在 $x,y\in\mathbf{R}$，$x^2+y^2\leqslant 1$ 的条件下，研究是否能把不等式(1)推广到一般的情况呢？下面我们进行探索.

不等式(1)的左边绝对值内的式子中各项系数的符号是不能随意改变的，否则不等式就未必能成立. 如果将各项系数的符号均改为正号（不失一般性，可以假定 x^2 项的符号是正的），恰好得到 $x+y$ 的完全平方式 $x^2+2xy+y^2$. 只要取满足条件 $x^2+y^2\leqslant 1$ 的 $x=\frac{\sqrt{2}}{2}$，$y=\frac{\sqrt{2}}{2}$，得到

$$|x^2+2xy+y^2|=(x+y)^2=2>\sqrt{2}$$

即不满足小于或等于$\sqrt{2}$这个结论.

如果改为 $x^2-2xy+y^2$，这实际上与 $x^2+2xy+y^2$ 相同（改变 y 的符号），同样，也不满足小于或等于$\sqrt{2}$这个结论.

这就是说，对原题来说，三项的符号依次为正、正、负. 那么我们设想将 $x^2+2xy-y^2$ 推广到三次式时，可以猜想式子将变为

$$x^3+3x^2y+3xy^2-y^3 \qquad ①$$

或

$$x^3+3x^2y-3xy^2+y^3 \qquad ②$$

或

$$x^3+3x^2y-3xy^2-y^3 \qquad ③$$

若推广到式①，只要取满足已知条件的 $x=\frac{\sqrt{2}}{2}$，$y=\frac{\sqrt{2}}{2}$，可得

$$|x^3+3x^2y+3xy^2-y^3|=|(x-y)^3+6x^2y|=\frac{3\sqrt{2}}{2}>\sqrt{2}$$

不满足结论.

若推广到式②,只要取满足已知条件的 $x=\frac{\sqrt{2}}{2},y=-\frac{\sqrt{2}}{2}$,可得

$$|x^3+3x^2y-3xy^2+y^3|=|(x+y)^3-6xy^2|=\frac{3\sqrt{2}}{2}>\sqrt{2}$$

也不满足结论.

这就是说原题推广到三次式时,应该猜想推广到式③,其中各项的符号依次为正、正、负、负.

综上所述,我们猜想在已知条件下,不等式(1)应该推广到

$$|x^3+3x^2y-3xy^2-y^3|\leqslant\sqrt{2}$$

$$|x^4+4x^3y-6x^2y^2-4xy^3+y^4|\leqslant\sqrt{2}$$

$$|x^5+5x^4y-10x^3y^2-10x^2y^3+5xy^4+y^5|\leqslant\sqrt{2}$$

$$\vdots$$

以上各不等式左边的关于 x 和 y 齐次多项式的各项系数的绝对值分别是二项式 $x+y$ 的相应的幂 $(x+y)^3,(x+y)^4,(x+y)^5,\cdots$ 的展开式中的各项系数,符号依次是正、正、负、负、正、正、负、负、…….因此,一般地应该可作这样的推广:

当 $\sqrt{x^2+y^2}\leqslant 1$ 时,有

$$\begin{aligned}&|C_n^0x^n+C_n^1x^{n-1}y-C_n^2x^{n-2}y^2-C_n^3x^{n-3}y^3+\cdots+\\&(-1)^{[\frac{k}{2}]}C_n^kx^{n-k}y^k+\cdots+(-1)^{[\frac{n}{2}]}C_n^ny^n|\leqslant\sqrt{2}\end{aligned} \tag{2}$$

其中 $\left[\frac{k}{2}\right]$ 表示不大于 $\frac{k}{2}$ 的最大整数,当 k 依次取 $0,1,2,3,\cdots$ 时,$(-1)^{[\frac{k}{2}]}$ 依次取 $1,1,-1,-1,\cdots$.

下面我们用复数的方法来证明不等式(2).

证明 设 $z=x+y\mathrm{i}$,则由已知条件得 $|z|=\sqrt{x^2+y^2}\leqslant 1$.由于

$$\begin{aligned}z^n&=(x+y\mathrm{i})^n\\&=C_n^0x^n+C_n^1x^{n-1}(y\mathrm{i})+C_n^2x^{n-2}(y\mathrm{i})^2+C_n^3x^{n-3}(y\mathrm{i})^3+\cdots+C_n^n(y\mathrm{i})^n\\&=(C_n^0x^n-C_n^2x^{n-2}y^2+C_n^4x^{n-4}y^4-\cdots)+(C_n^1x^{n-1}y-C_n^3x^{n-3}y^3+C_n^5x^{n-5}y^5-\cdots)\mathrm{i}\end{aligned}$$

因此不等式(2)的左边为

$$|\mathrm{Re}(z^n)+\mathrm{Im}(z^n)|\leqslant\sqrt{2}|z^n|=\sqrt{2}|z|^n\leqslant\sqrt{2}$$

从复数的角度看,一般情况就是已知$|x+y\mathrm{i}|\leqslant 1$,求证:$|x+y\mathrm{i}|^n\leqslant 1$. 上面我们探索了如何把原题推广到一般情况. 并探究了利用复数的代数形式,证明了高次不等式(2). 有兴趣的读者不妨尝试用复数的三角形式来证明它.

事实上,在实数范围内用代数知识也能证明不等式(2). 为此,首先证明以下组合恒等式

$$(\mathrm{C}_n^k)^2+2(-1)^k[\mathrm{C}_n^0\mathrm{C}_n^{2k}-\mathrm{C}_n^1\mathrm{C}_n^{2k-1}+\mathrm{C}_n^2\mathrm{C}_n^{2k-2}-\cdots+(-1)^{k-1}\mathrm{C}_n^{k-1}\mathrm{C}_n^{k+1}]=\mathrm{C}_n^k$$

即

$$(\mathrm{C}_n^k)^2+2(-1)^k\sum_{r=0}^{k-1}(-1)^r\mathrm{C}_n^r\mathrm{C}_n^{2k-r}=\mathrm{C}_n^k \tag{3}$$

证明 $(x+y)^n(x-y)^n=(\mathrm{C}_n^0x^n+\mathrm{C}_n^1x^{n-1}y+\mathrm{C}_n^2x^{n-2}y^2+\mathrm{C}_n^3x^{n-3}y^3+\cdots+\mathrm{C}_n^ny^n)\cdot$

$[\mathrm{C}_n^0x^n-\mathrm{C}_n^1x^{n-1}y+\mathrm{C}_n^2x^{n-2}y^2-\mathrm{C}_n^3x^{n-3}y^3+\cdots+(-1)^n\mathrm{C}_n^ny^n]$

①当$0\leqslant k\leqslant\left[\dfrac{n}{2}\right]$时,将右边展开后,得$x^{2n-2k}y^{2k}$项的系数为

$$\mathrm{C}_n^0\mathrm{C}_n^{2k}-\mathrm{C}_n^1\mathrm{C}_n^{2k-1}+\mathrm{C}_n^2\mathrm{C}_n^{2k-2}-\cdots-\mathrm{C}_n^{2k-1}\mathrm{C}_n^1+\mathrm{C}_n^{2k}\mathrm{C}_n^0$$

而在$(x^2-y^2)^n$的展开式中,$x^{2n-2k}y^{2k}$项的系数为$(-1)^k\mathrm{C}_n^k$. 所以

$$\mathrm{C}_n^0\mathrm{C}_n^{2k}-\mathrm{C}_n^1\mathrm{C}_n^{2k-1}+\mathrm{C}_n^2\mathrm{C}_n^{2k-2}-\cdots-\mathrm{C}_n^{2k-1}\mathrm{C}_n^1+\mathrm{C}_n^{2k}\mathrm{C}_n^0=(-1)^k\mathrm{C}_n^k$$

或

$$(\mathrm{C}_n^k)^2+2(-1)^k[\mathrm{C}_n^0\mathrm{C}_n^{2k}-\mathrm{C}_n^1\mathrm{C}_n^{2k-1}+\mathrm{C}_n^2\mathrm{C}_n^{2k-2}-\cdots+(-1)^{k-1}\mathrm{C}_n^{k-1}\mathrm{C}_n^{k+1}]=\mathrm{C}_n^k$$

即

$$(\mathrm{C}_n^k)^2+2(-1)^k\sum_{r=0}^{k-1}(-1)^r\mathrm{C}_n^r\mathrm{C}_n^{2k-r}=\mathrm{C}_n^k$$

②当$\left[\dfrac{n}{2}\right]\leqslant k\leqslant n$时,设$k+l=n$,则$0\leqslant l\leqslant\left[\dfrac{n}{2}\right]$. 于是

$$x^{2n-2k}y^{2k}=x^{2l}y^{2n-2l}=y^{2n-2l}x^{2l}$$

把$(x^2-y^2)^n$中的y和x对调,得

$$(y+x)^n(y-x)^n=(y^2-x^2)^n$$

比较$(y+x)^n(y-x)^n$和$(y^2-x^2)^n$的展开式中$y^{2n-2l}x^{2l}$项的系数,同样得

$$(\mathrm{C}_n^l)^2+2(-1)^l[\mathrm{C}_n^0\mathrm{C}_n^{2l}-\mathrm{C}_n^1\mathrm{C}_n^{2l-1}+\mathrm{C}_n^2\mathrm{C}_n^{2l-2}-\cdots+(-1)^{l-1}\mathrm{C}_n^{l-1}\mathrm{C}_n^{l+1}]=\mathrm{C}_n^l$$

这里的l就相当于式(3)中的k.

所以无论是 $0\leqslant k\leqslant\left[\frac{n}{2}\right]$，还是 $\left[\frac{n}{2}\right]\leqslant k\leqslant n$（即 $0\leqslant k\leqslant n$ 时），都有

$$(\mathrm{C}_n^k)^2+2(-1)^k\sum_{r=0}^{k-1}(-1)^r\mathrm{C}_n^r\mathrm{C}_n^{2k-r}=\mathrm{C}_n^k$$

例如，在式(3)中取 $k=1,2,3,4$ 分别得到

$$(\mathrm{C}_n^1)^2-2\mathrm{C}_n^0\mathrm{C}_n^2=\mathrm{C}_n^1$$

$$(\mathrm{C}_n^2)^2+2(\mathrm{C}_n^0\mathrm{C}_n^4-\mathrm{C}_n^1\mathrm{C}_n^3)=\mathrm{C}_n^2$$

$$(\mathrm{C}_n^3)^2-2(\mathrm{C}_n^0\mathrm{C}_n^6-\mathrm{C}_n^1\mathrm{C}_n^5+\mathrm{C}_n^2\mathrm{C}_n^4)=\mathrm{C}_n^3$$

$$(\mathrm{C}_n^4)^2+2(\mathrm{C}_n^0\mathrm{C}_n^8-\mathrm{C}_n^1\mathrm{C}_n^7+\mathrm{C}_n^2\mathrm{C}_n^6-\mathrm{C}_n^3\mathrm{C}_n^5)=\mathrm{C}_n^4$$

现在我们来证明不等式(2).

证明　利用不等式 $|a+b|\leqslant\sqrt{2(a^2+b^2)}$，得

$$|\mathrm{C}_n^0x^n+\mathrm{C}_n^1x^{n-1}y-\mathrm{C}_n^2x^{n-2}y^2-\mathrm{C}_n^3x^{n-3}y^3+\cdots+(-1)^{[\frac{k}{2}]}\mathrm{C}_n^kx^{n-k}y^k+\cdots+(-1)^{[\frac{n}{2}]}\mathrm{C}_n^ny^n|$$

$$=|(\mathrm{C}_n^0x^n-\mathrm{C}_n^2x^{n-2}y^2+\mathrm{C}_n^4x^{n-4}y^4-\cdots)+(\mathrm{C}_n^1x^{n-1}y-\mathrm{C}_n^3x^{n-3}y^3+\mathrm{C}_n^5x^{n-5}y^5-\cdots)|$$

$$\leqslant\sqrt{2[(\mathrm{C}_n^0x^n-\mathrm{C}_n^2x^{n-2}y^2+\mathrm{C}_n^4x^{n-4}y^4-\cdots)^2+(\mathrm{C}_n^1x^{n-1}y-\mathrm{C}_n^3x^{n-3}y^3+\mathrm{C}_n^5x^{n-5}y^5-\cdots)^2]}$$

将 $(\mathrm{C}_n^0x^n-\mathrm{C}_n^2x^{n-2}y^2+\mathrm{C}_n^4x^{n-4}y^4-\cdots)^2+(\mathrm{C}_n^1x^{n-1}y-\mathrm{C}_n^3x^{n-3}y^3+\mathrm{C}_n^5x^{n-5}y^5-\cdots)^2$ 展开后，得

$$\begin{aligned}&(\mathrm{C}_n^0)^2x^{2n}+(\mathrm{C}_n^1)^2x^{2n-2}y^2+(\mathrm{C}_n^2)^2x^{2n-4}y^4+\cdots+(\mathrm{C}_n^{n-1})^2x^2y^{2n-2}+(\mathrm{C}_n^n)^2y^{2n}-\\&2\mathrm{C}_n^0\mathrm{C}_n^2x^{2n-2}y^2+2\mathrm{C}_n^0\mathrm{C}_n^4x^{2n-4}y^4-\cdots-2\mathrm{C}_n^1\mathrm{C}_n^3x^{2n-4}y^4+2\mathrm{C}_n^1\mathrm{C}_n^5x^{2n-6}y^6-\cdots-\\&2\mathrm{C}_n^1\mathrm{C}_n^3x^{2n-4}y^4+2\mathrm{C}_n^1\mathrm{C}_n^5x^{2n-6}y^6-\cdots-2\mathrm{C}_n^3\mathrm{C}_n^5x^{2n-8}y^8+2\mathrm{C}_n^4\mathrm{C}_n^6x^{2n-10}y^{10}-\cdots\\&=(\mathrm{C}_n^0)^2x^{2n}+[(\mathrm{C}_n^1)^2-2\mathrm{C}_n^0\mathrm{C}_n^2]x^{2n-2}y^2+[(\mathrm{C}_n^2)^2+2\mathrm{C}_n^0\mathrm{C}_n^4-2\mathrm{C}_n^1\mathrm{C}_n^3]x^{2n-4}y^4+\cdots+\\&[(\mathrm{C}_n^{n-1})^2-2\mathrm{C}_n^{n-2}\mathrm{C}_n^n]x^2y^{2n-2}+(\mathrm{C}_n^n)^2y^{2n}\\&=\mathrm{C}_n^0x^{2n}+\mathrm{C}_n^1x^{2n-2}y^2+\mathrm{C}_n^2x^{2n-4}y^4+\mathrm{C}_n^3x^{2n-6}y^6+\cdots+\mathrm{C}_n^{n-1}x^2y^{2n-2}+\mathrm{C}_n^ny^{2n}\\&=(x^2+y^2)^n\end{aligned}$$

所以

$$|\mathrm{C}_n^0x^n+\mathrm{C}_n^1x^{n-1}y-\mathrm{C}_n^2x^{n-2}y^2-\mathrm{C}_n^3x^{n-3}y^3+\cdots+(-1)^{[\frac{n}{2}]}\mathrm{C}_n^ny^n|=\sqrt{2(x^2+y^2)^n}\leqslant\sqrt{2}$$

上述推广还可以拓宽一步：如果将条件 $\sqrt{x^2+y^2}\leqslant1$ 改为 $\sqrt{x^2+y^2}\leqslant r$，则不等式(2)就变为

$$|\mathrm{C}_n^0x^n+\mathrm{C}_n^1x^{n-1}y-\mathrm{C}_n^2x^{n-2}y^2-\mathrm{C}_n^3x^{n-3}y^3+\cdots+(-1)^{[\frac{n}{2}]}\mathrm{C}_n^ny^n|\leqslant\sqrt{2}r^n$$

1.5 结果出人意料

——从一道数学竞赛题引发的思考

2003 年全国初中数学联赛第二试(A)第三题:

已知:实数 a,b,c,d 互不相等,且 $a+\frac{1}{b}=b+\frac{1}{c}=c+\frac{1}{d}=d+\frac{1}{a}=x$.

试求 x 的值.

该解法是逐个消去 a,b,c,d 后,得到 $x=\sqrt{2}$ 或 $x=-\sqrt{2}$. 但是当出现更多字母时,这样的解法会越来越烦琐,因此自然想到有些问题需要进行探究:

1. 题目中虽然没有给出实数 a,b,c,d 的值,但是能计算出 x 的值,这说明 x 的值与 a,b,c,d 无关,那么 x 的值与什么有关呢?

2. 如果把本题推广到一般情况:设 $a_1,a_2,\cdots,a_n(n\geqslant 2)$ 是 n 个互不相等的实数,且 $a_1+\frac{1}{a_2}=a_2+\frac{1}{a_3}=\cdots=a_{n-1}+\frac{1}{a_n}=a_n+\frac{1}{a_1}=x$,试求 x 的值.

那么原来的方法是否适用?是否有其他解法?

3. 如何选取 $a_1,a_2,\cdots,a_n$,使 $a_1+\frac{1}{a_2}=a_2+\frac{1}{a_3}=\cdots=a_{n-1}+\frac{1}{a_n}=a_n+\frac{1}{a_1}=x$ 成立?

下面我们对这些问题进行探究. 问题所给的条件是:$a_k+\frac{1}{a_{k+1}}=x(k=1,2,\cdots,n,a_{n+1}=a_1)$.

当 $n=2$ 时,$a_1+\frac{1}{a_2}=a_2+\frac{1}{a_1}$,$(a_1-a_2)(a_1a_2+1)=0$. 因为 $a_1\neq a_2$,所以 $\frac{1}{a_2}=-a_1$,$x=a_1+\frac{1}{a_2}=0$(a_1 可取非零的一切实数).

下面研究 $n\geqslant 3$ 的情况. 若设 $t+\frac{1}{t}=x$,则得到关于 t 的方程 $t^2-xt+1=0$. 设该方程的两根为 t_1,t_2,则 $t_1+t_2=x$,$t_1t_2=1$.

由 $a_k+\frac{1}{a_{k+1}}=x$,得 $a_k=x-\frac{1}{a_{k+1}}$,所以

$$a_k - t_1 = x - t_1 - \frac{1}{a_{k+1}} = \frac{1}{t_1} - \frac{1}{a_{k+1}} = \frac{a_{k+1} - t_1}{t_1 a_{k+1}}$$

$$a_{k+1} - t_1 = t_1 a_{k+1}(a_k - t_1) \tag{1}$$

如果存在某个正整数 k,有 $a_k = t_1$,那么 $a_{k+1} = t_1$,$a_k = a_{k+1}$,这与 $a_k \neq a_{k+1}$矛盾,所以 $a_k \neq t_1$,同理有

$$a_{k+1} - t_2 = t_2 a_{k+1}(a_k - t_2) \tag{2}$$

以及 $a_k \neq t_2$.

由式(1)和式(2)得

$$\frac{a_{k+1} - t_1}{a_{k+1} - t_2} = \frac{t_1}{t_2} \cdot \frac{a_k - t_1}{a_k - t_2} \tag{3}$$

由式(3)可知,数列$\left\{\frac{a_n - t_1}{a_n - t_2}\right\}$是公比为$\frac{t_1}{t_2}$的等比数列,得

$$\frac{a_{n+1} - t_1}{a_{n+1} - t_2} = \left(\frac{t_1}{t_2}\right)^n \frac{a_1 - t_1}{a_1 - t_2}.$$

因为 $a_{n+1} = a_1$,所以$\frac{a_1 - t_1}{a_1 - t_2} = \left(\frac{t_1}{t_2}\right)^n \frac{a_1 - t_1}{a_1 - t_2}$,于是$\left(\frac{t_1}{t_2}\right)^n = 1$. 再由 $t_1 t_2 = 1$,得 ${t_1}^{2n} = 1$,所以

$$t_1 = \cos\frac{l\pi}{n} + \mathrm{i}\sin\frac{l\pi}{n}, t_2 = \cos\frac{l\pi}{n} - \mathrm{i}\sin\frac{l\pi}{n} (l = 0,1,2,\cdots,n-1)$$

若 $t_1 = t_2$,则方程 $t^2 - xt + 1 = 0$ 的判别式 $\Delta = x^2 - 4 = 0$,$x = 2$ 或 $x = -2$.

当 $x = 2$ 时,$t_1 = t_2 = 1$,由式(1)得 $a_{k+1} - 1 = a_{k+1}(a_k - 1)$,所以

$$\frac{1}{a_k - 1} = \frac{a_{k+1}}{a_{k+1} - 1} = \frac{1}{a_{k+1} - 1} + 1, \frac{1}{a_{k+1} - 1} = \frac{1}{a_k - 1} - 1$$

即数列$\left\{\frac{1}{a_n - 1}\right\}$是公差为 -1 的等差数列,于是$\frac{1}{a_{n+1} - 1} = \frac{1}{a_n - 1} - n$. 因为 $a_{n+1} = a_1$,所以 $n = 0$,这不可能,于是 $x \neq 2$.

当 $x = -2$ 时,$t_1 = t_2 = -1$,由式(1)得 $a_{k+1} + 1 = -a_{k+1}(a_k + 1)$,所以

$$\frac{1}{a_k + 1} = \frac{-a_{k+1}}{a_{k+1} + 1} = \frac{-a_{k+1} - 1 + 1}{a_{k+1} + 1} = \frac{1}{a_{k+1} + 1} - 1, \frac{1}{a_{k+1} + 1} = \frac{1}{a_k + 1} + 1$$

即数列$\left\{\frac{1}{a_n + 1}\right\}$是公差为 1 的等差数列,于是$\frac{1}{a_{n+1} + 1} = \frac{1}{a_1 + 1} + n$. 因为 $a_{n+1} =$

a_1,所以 $n=0$,这不可能,于是 $x\neq -2$.

由此得 $t_1\neq t_2$,则 $t_1-t_2=2\mathrm{i}\sin\frac{l\pi}{n}\neq 0$,于是 $\sin\frac{l\pi}{n}\neq 0$. 因为 $l<n,l\neq 0$,于是

$$x=t_1+t_2=2\cos\frac{l\pi}{n}\quad(l=1,2,\cdots,n-1) \tag{4}$$

由 $a_k+\frac{1}{a_{k+1}}=x$ 和 $a_{k+1}+\frac{1}{a_{k+2}}=x$ 得

$$a_{k+1}=x-\frac{1}{a_{k+2}}=\frac{1}{x-a_k},\frac{a_{k+2}x-1}{a_{k+2}}=\frac{1}{x-a_k}$$

$a_{k+2}x^2-x-a_{k+2}a_kx+a_k=a_{k+2}$, $x(a_{k+2}x-a_{k+2}a_k-1)=a_{k+2}-a_k\neq 0$(这是因为 $n\geqslant 3$),所以 $x\neq 0$. 由式(4)得 $\cos\frac{l\pi}{n}\neq 0$.

因为 $l<n$,所以$\frac{l\pi}{n}<\pi$,于是$\frac{l\pi}{n}\neq\frac{\pi}{2}$,$l\neq\frac{n}{2}$,所以

当 n 是奇数时,$x=2\cos\frac{l\pi}{n}(l=1,2,\cdots,n-1)$;

当 n 是偶数时,$x=2\cos\frac{l\pi}{n}(l=1,2,\cdots,\frac{n}{2}-1,\frac{n}{2}+1,\cdots,n-1)$.

无论 n 是奇数还是偶数,x 总有偶数个值. 因为 $2\cos\frac{(n-l)\pi}{n}=-2\cos\frac{l\pi}{n}$,所以这偶数个值正负各占一半,且分别互为相反数,于是 x 也可写成:

当 n 是奇数时,$x=\pm 2\cos\frac{l\pi}{n}(l=1,2,\cdots,\frac{n-1}{2})$;

当 n 是偶数时,$x=\pm 2\cos\frac{l\pi}{n}(l=1,2,\cdots,\frac{n}{2}-1)$.

但是当 n 是合数时,如果 l 取 n 的大于 1 的约数,那么$\frac{l}{n}$不是最简分数,可以约简成分数$\frac{l_1}{n_1}$,原来的 $a_{n+1}=a_1$变为 $a_{n_1+1}=a_1$,所以 l 取 n 的大于 1 的约数的情况应排除.

又因为$[\frac{n-1}{2}]=\begin{cases}\frac{n-1}{2}\ (\text{当 } n \text{ 是奇数时})\\ \frac{n}{2}-1\ (\text{当 } n \text{ 是偶数时})\end{cases}$,所以无论 n 是奇数还是偶数,

都可写成 $x = \pm 2\cos\frac{l\pi}{n}(l = 1,2,\cdots,[\frac{n-1}{2}]$, l 不是 n 的大于 1 的约数). 这就是所求的 x 的值,它只与 x 有关.

由于问题中出现的只是分式,到结果却出现三角函数,这似乎有些出人意料. 实际上因为 $a_{n+1} = a_1$,所以数列 $\{a_n\}$ 具有周期性,而周期性是三角函数的重要性质,所以二者之间存在联系不足为奇,合情合理. 至此我们已经解决了前两个问题,下面我们研究第 3 个问题.

由于方程组 $a_k + \frac{1}{a_{k+1}} = x(k = 1,2,\cdots,n, a_{n+1} = a_1)$ 有 n 个方程和 $n+1$ 个未知数,所以有一个未知数(在排除分母出现 0 的条件下)可以任意取值. 由于未知数 x 的值已求出,所以可在 $a_1, a_2, \cdots, a_n$ 中选一个. 不失一般性,对 a_1 取值,然后由 $a_{k+1} = \frac{1}{x - a_k}$ 逐个求出 $a_2, \cdots, a_n$ 的值. 由于随着 k 的增加,运算变得十分复杂,为了简化运算我们引进多项式序列 $\{f_n\}$:

$$f_1 = 1, f_2 = x$$

$$x_{n+2} = xf_{n+1} - f_n(n = 1,2,\cdots) \tag{5}$$

多项式序列 $\{f_n\}$ 的前几项是:

$f_1 = 1, f_2 = x, f_3 = x^2 - 1, f_4 = x^3 - 2x, f_5 = x^4 - 3x^2 + 1, f_6 = x^5 - 5x^3 + 3x, \cdots$

若在式(5)中取 $n = 0, -1$,分别得到 $f_0 = 0, f_{-1} = -1$,此时有

$$a_n = \frac{f_{n-1} - a_1 f_{n-2}}{f_n - a_1 f_{n-1}}(n = 1,2,\cdots) \tag{6}$$

证明 我们用数学归纳法证明式(6).

当 $n = 1$ 时,式(6)的右边 $= \frac{f_0 - a_1 f_{-1}}{f_1 - a_1 f_0} = \frac{0 - a_1(-1)}{1 - a_1 0} = a_1$,式(6)成立.

当 $n = 2$ 时,式(6)的右边 $= \frac{f_1 - a_1 f_0}{f_2 - a_1 f_1} = \frac{1 - a_1 0}{x - a_1 1} = \frac{1}{x - a_1} = a_2$,式(6)成立.

假定 $a_k = \frac{f_{k-1} - a_1 f_{k-2}}{f_k - a_1 f_{k-1}}$,则

$$a_{k+1} = \frac{1}{x - a_k} = \frac{1}{x - \frac{f_{k-1} - a_1 f_{k-2}}{f_k - a_1 f_{k-1}}} = \frac{f_k - a_1 f_{k-1}}{xf_k - a_1 x f_{k-1} - f_{k-1} + a_1 f_{k-2}}$$

$$= \frac{f_k - a_1 f_{k-1}}{xf_k - f_{k-1} - a_1(xf_{k-1} - f_{k-2})} = \frac{f_k - a_1 f_{k-1}}{f_{k+1} - a_1 f_k}.$$

所以式(6)对一切正整数 n 成立.

下面根据 $x=\pm 2\cos\frac{l\pi}{n}(l=1,2,\cdots,[\frac{n-1}{2}]$, l 不是 n 的大于 1 的约数)和 a_1 的值对 $n=3,4,5,6$ 求 $a_2,a_3,\cdots,a_n$ 的值.

(i)当 $n=3$ 时,$x=\pm 2\cos\frac{\pi}{3}$,$x^2=1$. $f_0=0$,$f_1=1$,$f_2=x$,$f_3=x^2-1=0$

$$a_2=\frac{f_1-a_1f_0}{f_2-a_1f_1}=\frac{1-a_10}{x-a_11}=\frac{1}{x-a_1},a_3=\frac{f_2-a_1f_1}{f_3-a_1f_2}=\frac{x-a_1}{-a_1x}=\frac{a_1x-1}{a_1}(a_1\neq 0,a_1\neq x).$$

(ii)当 $n=4$ 时,$x=\pm 2\cos\frac{\pi}{4}$,$x^2=2$. $f_0=0$,$f_1=1$,$f_2=x$,$f_3=x^2-1=1$,$f_4=x^3-2x=0$.

$$a_2=\frac{f_1-a_1f_0}{f_2-a_1f_1}=\frac{1-a_10}{x-a_11}=\frac{1}{x-a_1},a_3=\frac{f_2-a_1f_1}{f_3-a_1f_2}=\frac{x-a_1}{1-xa_1},a_4=\frac{f_3-a_1f_2}{f_4-a_1f_3}=\frac{1-a_1x}{-a_1}$$

$$=\frac{a_1x-1}{a_1}(a_1\neq 0,a_1\neq x,a_1\neq\frac{1}{x}).$$

(iii)当 $n=5$ 时,$x=\pm 2\cos\frac{\pi}{5}$, $\pm 2\cos\frac{2\pi}{5}$. 为方便起见,设 $2\cos\frac{\pi}{5}=\alpha$,$2\cos\frac{2\pi}{5}=\beta$,则 $x=\pm\alpha$, $\pm\beta$,则

$$\alpha^2-\alpha=(2\cos\frac{\pi}{5})^2-2\cos\frac{\pi}{5}=4\cos^2\frac{\pi}{5}-2\cos\frac{\pi}{5}=2+2\cos\frac{2\pi}{5}+2\cos\frac{4\pi}{5}$$

$$=2+4\cos\frac{3\pi}{5}\cos\frac{\pi}{5}=2-4\cos\frac{2\pi}{5}\cos\frac{\pi}{5}=2-\frac{4\cos\frac{2\pi}{5}\cos\frac{\pi}{5}\sin\frac{\pi}{5}}{\sin\frac{\pi}{5}}$$

$$=2-\frac{\sin\frac{4\pi}{5}}{\sin\frac{\pi}{5}}=1,$$

所以 $\alpha^2-\alpha-1=0$. 同理可证 $\beta^2+\beta-1=0$.

由于 $(-\alpha)^2+(-\alpha)-1=0$,$(-\beta)^2-(-\beta)-1=0$,所以 $x=\alpha$, $-\beta$ 都满足 $x^2-x-1=0$,$x=\beta$, $-\alpha$ 都满足 $x^2+x-1=0$.

当 $x=\alpha$, $-\beta$ 时,$x^2-x-1=0$. $f_0=0$,$f_1=1$,$f_2=x$,$f_3=x^2-1=x$.

$$f_4=x^3-2x=x^3-x^2-x+x^2-x=1$$

$$f_5=x^4-3x^2+1=(x^2-x-1)(x^2+x-1)=0$$

$$a_2=\frac{f_1-a_1f_0}{f_2-a_1f_1}=\frac{1-a_10}{x-a_11}=\frac{1}{x-a_1},a_3=\frac{f_2-a_1f_1}{f_3-a_1f_2}=\frac{x-a_1}{x-xa_1}$$

$$a_4=\frac{f_3-a_1f_2}{f_4-a_1f_3}=\frac{x-a_1x}{1-a_1x},a_5=\frac{f_4-a_1f_3}{f_5-a_1f_4}=\frac{1-a_1x}{0-a_11}(a_1\neq 0,a_1\neq x,a_1\neq 1,a_1\neq \frac{1}{x})$$

当 $x=-\alpha$ 和 $x=-\beta$ 时,读者不妨自行完成.

(iv)当 $n=6$ 时,$x=\pm 2\cos\frac{\pi}{6},x^2=3.f_0=0,f_1=1,f_2=x,f_3=x^2-1=2.$

$$f_4=x^3-2x=x(x^2-2)=x,f_5=x^4-3x^2+1=1$$

$$f_6=x^5-4x^3+3x=x(x^4-4x^2+3)=x(x^2-3)(x^2-1)=0$$

$$a_2=\frac{f_1-a_1f_0}{f_2-a_1f_1}=\frac{1-a_10}{x-a_11}=\frac{1}{x-a_1},a_3=\frac{f_2-a_1f_1}{f_3-a_1f_2}=\frac{x-a_1}{2-xa_1}$$

$$a_4=\frac{f_3-a_1f_2}{f_4-a_1f_3}=\frac{2-a_1x}{x-2a_1},a_5=\frac{f_4-a_1f_3}{f_5-a_1f_4}=\frac{x-2a_1}{1-xa_1},a_6=\frac{f_5-a_1f_4}{f_6-a_1f_5}=\frac{1-xa_1}{-a_1}$$

$$(a_1\neq 0,a_1\neq x,a_1\neq \frac{2}{x},a_1\neq \frac{x}{2},a_1\neq \frac{1}{x})$$

1.6 $\sum\limits_{k=l}^{2l}\frac{1}{k^2}$ 的值的估计

我们知道无穷级数 $\sum\limits_{k=1}^{\infty}\frac{1}{k^2}=\frac{\pi^2}{6}$. 本节的目的是估计这一和式中一部分 $\sum\limits_{k=l}^{2l}\frac{1}{k^2}$ 的值的大小. 为此先研究 $\sum\limits_{k=l}^{2l}\frac{1}{k^2}$ 的倒数的整数部分的大小,从而求出 $\sum\limits_{k=l}^{2l}\frac{1}{k^2}$ 的值的范围. 我们首先对于正整数 k,求$\frac{1}{k^2}$的值的范围.

因为对于任何正整数 k,有 $k^2-\frac{1}{4}<k^2$,所以

$$\frac{1}{k^2}<\frac{1}{k-\frac{1}{2}}-\frac{1}{k+\frac{1}{2}} \tag{1}$$

如果 $a<\frac{1}{2}$,且 $k>\frac{a(1-a)}{1-2a}$,那么 $(1-2a)k-a(1-a)>0,(k-a)(k+1-a)=k^2+(1-2a)k-a(1-a)>k^2$,于是

$$\frac{1}{k-a}-\frac{1}{k+1-a}=\frac{1}{(k-a)(k+1-a)}=\frac{1}{k^2+(1-2a)k-a(1-a)}<\frac{1}{k^2}$$

即

$$\frac{1}{k-a}-\frac{1}{k+1-a}<\frac{1}{k^2} \tag{2}$$

由式(1)和式(2)可知,当 $a<\frac{1}{2}$,且 $k>\frac{a(1-a)}{1-2a}$时,有

$$\frac{1}{k-a}-\frac{1}{k+1-a}<\frac{1}{k^2}<\frac{1}{k-\frac{1}{2}}-\frac{1}{k+\frac{1}{2}} \tag{3}$$

对式(3)依次取 $k=l,l+1,l+2,\cdots,n$,得到

$$\frac{1}{l-a}-\frac{1}{l+1-a}<\frac{1}{l^2}<\frac{1}{l-\frac{1}{2}}-\frac{1}{l+\frac{1}{2}}$$

$$\frac{1}{l+1-a}-\frac{1}{l+2-a}<\frac{1}{(l+1)^2}<\frac{1}{l+\frac{1}{2}}-\frac{1}{l+\frac{3}{2}}$$

$$\frac{1}{l+2-a}-\frac{1}{l+3-a}<\frac{1}{(l+2)^2}<\frac{1}{l+\frac{3}{2}}-\frac{1}{l+\frac{5}{2}}$$

$$\vdots$$

$$\frac{1}{n-a}-\frac{1}{n+1-a}<\frac{1}{n^2}<\frac{1}{n-\frac{1}{2}}-\frac{1}{n+\frac{1}{2}}$$

把这 $n-l+1$ 个式子相加,得到

$$\frac{1}{l-a}-\frac{1}{n+1-a}<\sum_{k=l}^{n}\frac{1}{k^2}<\frac{1}{l-\frac{1}{2}}-\frac{1}{n+\frac{1}{2}}$$

因为

$$\frac{1}{l-a}-\frac{1}{n+1-a}=\frac{n+1-l}{(l-a)(n+1-a)},\frac{1}{l-\frac{1}{2}}-\frac{1}{n+\frac{1}{2}}=\frac{n-l+1}{\left(l-\frac{1}{2}\right)\left(n+\frac{1}{2}\right)}$$

所以

$$\frac{n+1-l}{(l-a)(n+1-a)}<\sum_{k=l}^{n}\frac{1}{k^2}<\frac{n-l+1}{\left(l-\frac{1}{2}\right)\left(n+\frac{1}{2}\right)} \tag{4}$$

于是当 $l>\frac{a(1-a)}{1-2a}$时,式(4)就是 $\sum_{k=l}^{n}\frac{1}{k^2}$ 的值的范围. 特别当 $n=2l$ 时,式

(4)变为

$$\frac{l+1}{(l-a)(2l+1-a)} < \sum_{k=l}^{2l} \frac{1}{k^2} < \frac{l+1}{\left(l-\frac{1}{2}\right)\left(2l+\frac{1}{2}\right)} \tag{5}$$

为方便起见,设 $A=\sum_{k=l}^{2l}\frac{1}{k^2}$,由式(5)得

$$\frac{\left(l-\frac{1}{2}\right)\left(2l+\frac{1}{2}\right)}{l+1} < \frac{1}{A} < \frac{(l-a)(2l+1-a)}{l+1} \tag{6}$$

下面求$\frac{1}{A}$的整数部分:

由于$\frac{\left(l-\frac{1}{2}\right)\left(2l+\frac{1}{2}\right)}{l+1}-(2l-3)=\frac{2l+11}{4(l+1)}>0$,所以$\frac{\left(l-\frac{1}{2}\right)\left(2l+\frac{1}{2}\right)}{l+1}>2l-3$. 于是只要在 $a<\frac{1}{2}$的范围内求出适当的 a,使$\frac{(l-a)(2l+1-a)}{l+1}<2l-2$,就可确定$\frac{1}{A}$的整数部分. 因此只要使

$$2l^2+(1-3a)l-a(1-a)<2l^2-2, a^2-(3l+1)a+l+2<0$$

于是

$$a>\frac{3l+1-\sqrt{9l^2+2l-7}}{2} \tag{7}$$

当 $l>\frac{a(1-a)}{1-2a}$时,有 $k\geqslant l>\frac{a(1-a)}{1-2a}$. 于是

$$l-2al>a-a^2$$

$$a^2-(2l+1)a+l>0$$

$$a<\frac{2l+1-\sqrt{4l^2+1}}{2}<\frac{2l+1-2l}{2}=\frac{1}{2} \tag{8}$$

由式(7)和式(8)可知,只要使$\frac{3l+1-\sqrt{9l^2+2l-7}}{2}<\frac{2l+1-\sqrt{4l^2+1}}{2}$,就存在实数 $a<\frac{1}{2}$,且$\frac{a(1-a)}{1-2a}<l$,使

$$2l-3<\frac{\left(l-\frac{1}{2}\right)\left(2l+\frac{1}{2}\right)}{l+1}<\frac{1}{A}<\frac{(l-a)(2l+1-a)}{l+1}<2l-2$$

于是有$\left[\frac{1}{A}\right]=2l-3$.

下面证明:当$l\geqslant 5$时,确有

$$\frac{3l+1-\sqrt{9l^2+2l-7}}{2}<\frac{2l+1-\sqrt{4l^2+1}}{2}$$

当$l\geqslant 5$时,$l^3\geqslant 5l^2=4l^2+l^2\geqslant 4l^2+5l>4l^2+2l>4l^2+2l-4$,所以

$$l^3-4l^2-2l+4>0,0<4l^3-16l^2-8l+16$$

$$4l^4+l^2<4l^4+l^2+16+4l^3-16l^2-8l=(2l^2+l-4)^2$$

$$l\sqrt{4l^2+1}<2l^2+l-4,2l\sqrt{4l^2+1}<4l^2+2l-8$$

$$l^2+2l\sqrt{4l^2+1}+4l^2+1<9l^2+2l-7$$

$$l+\sqrt{4l^2+1}<\sqrt{9l^2+2l-7},3l+1-\sqrt{9l^2+2l-7}<2l+1-\sqrt{4l^2+1}$$

$$\frac{3l+1-\sqrt{9l^2+2l-7}}{2}<\frac{2l+1-\sqrt{4l^2+1}}{2}$$

现在来寻求适当的$a<\frac{1}{2}$,使

$$\frac{3l+1-\sqrt{9l^2+2l-7}}{2}<a<\frac{2l+1-\sqrt{4l^2+1}}{2}$$

且

$$l>\frac{a(1-a)}{1-2a}$$

当$l\geqslant 5$时,$1.52l>1.52\times 5>7.0064$,$9l^2+0.48l+0.0064<9l^2+2l-7$,$3l+0.08<\sqrt{9l^2+2l-7}$,$3l+0.08-\sqrt{9l^2+2l-7}<0$.

$$\frac{3l+1-\sqrt{9l^2+2l-7}}{2}-0.46=\frac{3l+0.08-\sqrt{9l^2+2l-7}}{2}<0$$

所以

$$\frac{3l+1-\sqrt{9l^2+2l-7}}{2}<0.46 \tag{9}$$

当$l\geqslant 5$时,$0.32l+0.0064\geqslant 1.6+0.0064>1$,所以

$$4l^2+0.32l+0.0064>4l^2+1$$

$$2l+0.08>\sqrt{4l^2+1}$$

$$2l+0.08-\sqrt{4l^2+1}>0$$

$$\frac{2l+1-\sqrt{4l^2+1}}{2}-0.46=\frac{2l+0.08-\sqrt{4l^2+1}}{2}>0$$

所以

$$0.46<\frac{2l+1-\sqrt{4l^2+1}}{2} \tag{10}$$

由式(9)和式(10),得到

$$\frac{3l+1-\sqrt{9l^2+2l-7}}{2}<0.46<\frac{2l+1-\sqrt{4l^2+1}}{2}$$

此外,取 $a=0.46<\frac{1}{2}$,则$\frac{a(1-a)}{1-2a}=\frac{0.46\times(1-0.46)}{1-2\times 0.46}=\frac{0.46\times 0.52}{0.08}=2.99<5\leqslant l$.

至此,我们证明了:如果 $A=\sum_{k=l}^{2l}\frac{1}{k^2}$,那么当 $l\geqslant 5$ 时,$\left[\frac{1}{A}\right]=2l-3$.

下面证明:当 $1\leqslant l\leqslant 4$ 时,$\left[\frac{1}{A}\right]=2l-2$.

当 $l=1$ 时

$$A=\frac{1}{1^2}+\frac{1}{2^2}=\frac{5}{4}$$

$$\frac{1}{A}=\frac{4}{5}=0.8$$

$$\left[\frac{1}{A}\right]=0=2\times 1-2=2l-2$$

当 $l=2$ 时

$$A=\frac{1}{2^2}+\frac{1}{3^2}+\frac{1}{4^2}=\frac{36+16+9}{144}=\frac{61}{144}$$

$$\frac{1}{A}=\frac{144}{61}=2.360655738\cdots$$

$$\left[\frac{1}{A}\right]=2=2\times 2-2=2l-2$$

当 $l=3$ 时

$$A=\frac{1}{3^2}+\frac{1}{4^2}+\frac{1}{5^2}+\frac{1}{6^2}=\frac{400+225+144+100}{3600}=\frac{869}{3600}$$

$$\frac{1}{A}=\frac{3600}{869}=4.14269275\cdots$$

$$\left[\frac{1}{A}\right]=4=2\times3-2=2l-2$$

当 $l=4$ 时

$$A=\frac{1}{4^2}+\frac{1}{5^2}+\frac{1}{6^2}+\frac{1}{7^2}+\frac{1}{8^2}=\frac{44100+28224+19600+14400+11025}{705600}=\frac{117349}{705600}$$

$$\frac{1}{A}=\frac{705600}{117349}=6.012833514\cdots$$

$$\left[\frac{1}{A}\right]=6=2\times4-2=2l-2$$

综上所述,如果 $A=\sum\limits_{k=l}^{2l}\frac{1}{k^2}$,那么:

当 $1\leqslant l\leqslant4$ 时,$\left[\frac{1}{A}\right]=2l-2$,此时 A 的值已经求出.

当 $l\geqslant5$ 时,$\left[\frac{1}{A}\right]=2l-3$,$2l-3<\frac{1}{A}<2l-2$,于是

$$\frac{1}{2l-2}<A=\sum_{k=l}^{2l}\frac{1}{k^2}<\frac{1}{2l-3}$$

误差不超过$\frac{1}{2l-3}-\frac{1}{2l-2}=\frac{1}{(2l-3)(2l-2)}$.

1.7　判别函数在某一点是否能取到极值的一种方法

在求一些初等函数的极值时,可先求该函数的一阶导数,找出驻点,再求更高阶的导数确定函数在该点是极大还是极小. 特别是在求由两个函数的商构成的函数的高阶导数时运算比较复杂,本节介绍一种可取得同样效果的较为简单的方法. 我们有以下定理:

定理1　设函数 $P(x)$,$Q(x)$ 和 $f(x)=\frac{P(x)}{Q(x)}$在定义域 D 内的任何一点都有任意阶导数,且 $Q(x)\neq0$. 设 $k\in\mathbf{N}^*$,$x_0\in D$,$F(x)=P(x)-f(x_0)Q(x)$,如果

$$f'(x_0)=f''(x_0)=\cdots=f^{(k)}(x_0)=0 \tag{1}$$

$$F'(x_0)=F''(x_0)=\cdots=F^{(k)}(x_0)=0 \tag{2}$$

那么式(1)成立的充要条件是式(2)成立. 且如果式(1)和式(2)中有一个

成立,则有

$$f^{(k+1)}(x_0)=\frac{F^{(k+1)}(x_0)}{Q(x_0)} \tag{3}$$

证明 对

$$F(x)=Q(x)[f(x)-f(x_0)] \tag{4}$$

求 n 阶导数,得到

$$F^{(n)}(x)=\sum_{r=0}^{n}C_n^r Q^{(n-r)}(x)[f(x)-f(x_0)]^{(r)}$$

或

$$F^{(n)}(x)=Q^{(n)}(x)[f(x)-f(x_0)]+\sum_{r=1}^{n}C_n^r Q^{(n-r)}(x)f^{(r)}(x) \tag{5}$$

在式(5)中取 $x=x_0$,得到

$$F^{(n)}(x_0)=\sum_{r=1}^{n}C_n^r Q^{(n-r)}(x_0)f^{(r)}(x_0) \tag{6}$$

在式(6)中,取 $n=1,2,\cdots,k,k+1$,得到

$$F'(x_0)=Q(x_0)f'(x_0)$$

$$F''(x_0)=2Q'(x_0)f'(x_0)+Q(x_0)f''(x_0)$$

$$F'''(x_0)=3Q''(x_0)f'(x_0)+3Q'(x_0)f''(x_0)+Q(x_0)f'''(x_0)$$

$$\vdots$$

$$F^{(k)}(x_0)=\sum_{r=1}^{k-1}C_n^r Q^{(n-r)}(x_0)f^{(r)}(x_0)+Q(x_0)f^{(k)}(x_0)$$

$$F^{(k+1)}(x_0)=\sum_{r=1}^{k}C_n^r Q^{(n-r)}(x_0)f^{(r)}(x_0)+Q(x_0)f^{(k+1)}(x_0)$$

因为 $Q(x_0)\neq 0$,所以式(1)成立的充要条件是式(2)成立. 且式(1)和式(2)中有一个成立,式(3)成立.

由 $F(x)=P(x)-f(x_0)Q(x)$ 和 $f(x)=\dfrac{P(x)}{Q(x)}$ 看出,求 $F(x)$ 的各阶导数显然较求 $f(x)$ 的各阶导数简捷. 再利用式(3),容易求出 $f(x)$ 在 $x=x_0$ 处的各阶导数,从而可简便地判定出函数 $f(x)=\dfrac{P(x)}{Q(x)}$ 在 $x=x_0$ 处是否取得极值.

特别当 $P(x)$ 和 $Q(x)$ 都是多项式时,$F(x)=P(x)-f(x_0)Q(x)$ 也是多项式,此时我们有:

定理2 $f(x_0)$是有理函数$f(x)=\dfrac{P(x)}{Q(x)}$的极值的充要条件是x_0是多项式

$$F(x)=P(x)-f(x_0)Q(x)$$

的偶数重根.

证明 必要性:设$f(x_0)$是有理函数$f(x)=\dfrac{P(x)}{Q(x)}$的极值,则存在正偶数k,使$f'(x_0)=f''(x_0)=\cdots=f^{(k-1)}(x_0)=0, f^{(k)}(x_0)\neq 0$. 由定理1可知,$F'(x_0)=F''(x_0)=\cdots=F^{(k-1)}(x_0)=0, F^{(k)}(x_0)\neq 0$. 因为$F(x)$是多项式,所以$x_0$是多项式$F(x)$的偶数重根($k$重根).

充分性:若$F(x)$有偶数重根x_0,则可设$F(x)=(x-x_0)^{2k}S(x)$,这里$k\in\mathbf{N}^*$,$S(x)$无因子$(x-x_0)$. 对$F(x)$求n阶导数,得

$$\begin{aligned}F^{(n)}(x)=&2k(2k-1)\cdots(2k-n+1)(x-x_0)^{2k-n}S(x)+\\&\mathrm{C}_n^1 2k(2k-1)\cdots(2k-n+2)(x-x_0)^{2k-n+1}S'(x)+\\&\mathrm{C}_n^2 2k(2k-1)\cdots(2k-n+3)(x-x_0)^{2k-n+2}S''(x)+\cdots+\\&\mathrm{C}_n^{n-1}2k(x-x_0)^{2k-1}S^{(n-1)}(x)+(x-x_0)^{2k}S^{(n)}(x)\end{aligned}$$

当$x=x_0$时,若$n<2k$,则$F^{(n)}(x_0)=0$;若$n=2k$,则$F^{(n)}(x_0)=(2k)!\ S(x_0)$. 由定理1可知,$f^{(n)}(x)\begin{cases}=0 & (n<2k)\\ \neq 0 & (n=2k)\end{cases}$,所以$f(x_0)$是有理函数$f(x)=\dfrac{P(x)}{Q(x)}$的极值.

下面举例说明以上两个定理的应用.

例1 求函数$f(x)=\dfrac{x^x}{\mathrm{e}^x}$的极值.

解 $f'(x)=\dfrac{\mathrm{e}^x x^x(\ln x+1)-x^x\mathrm{e}^x}{\mathrm{e}^{2x}}=\dfrac{x^x}{\mathrm{e}^x}\ln x$. 解$f'(x)=0$得到$x=1$. 由于$f(1)=\dfrac{1}{\mathrm{e}}$,所以设$F(x)=x^x-\dfrac{1}{\mathrm{e}}\mathrm{e}^x$. 于是$F'(x)=x^x(\ln x+1)-\dfrac{1}{\mathrm{e}}\mathrm{e}^x$, $F'(1)=0$, $f'(1)=0$.

$$F''(x)=x^x(\ln x+1)^2+x^x\frac{1}{x}-\frac{1}{\mathrm{e}}\mathrm{e}^x, F''(1)=1, \text{于是} f''(1)=\frac{1}{\mathrm{e}}>0$$

所以当$x=1$时,$f(x)$有极小值$\dfrac{1}{\mathrm{e}}$.

这与常规做法得到的结果相同.

例 2 求函数$f(x)=\dfrac{x^3-x^2+3x+1}{e^x}$的极值.

解 由

$$f'(x)=\frac{e^x(3x^2-2x+3)-e^x(x^3-x^2+3x+1)}{e^{2x}}=\frac{-(x^3-4x^2+5x-2)}{e^x}$$

解$x^3-4x^2+5x-2=0$,得到$(x-1)^2(x-2)=0$,于是$x=1$或$x=2$.

(1)由于$f(1)=\dfrac{4}{e}$,所以设$F(x)=x^3-x^2+3x+1-\dfrac{4}{e}e^x$,则

$$F'(x)=3x^2-2x+3-\frac{4}{e}e^x$$

$F'(1)=0$,于是$f'(1)=0$.

$$F''(x)=6x-2-\frac{4}{e}e^x$$

$F''(1)=0$,于是$f''(1)=0$.

$$F'''(x)=6-\frac{4}{e}e^x$$

$F'''(1)=2\neq0$,于是$f'''(1)\neq0$.

所以$f(1)$不是极值.

(2)由于$f(2)=\dfrac{11}{e^2}$,所以设$G(x)=x^3-x^2+3x+1-\dfrac{11}{e^2}e^x$,则

$$G'(x)=3x^2-2x+3-\frac{11}{e^2}e^x$$

$G'(2)=0$,于是$f'(2)=0$.

$$G''(x)=6x-2-\frac{11}{e^2}e^x$$

$G''(2)=-1<0$,于是$f''(2)=\dfrac{G''(2)}{e^2}<0$.

所以$f(2)=\dfrac{11}{e^2}$是极大值.

例 3 问:当$x=1$时,$f(x)=\dfrac{x+\ln x}{x^3+x}$是否能取到极值?

解 由于$f(1)=\dfrac{1}{2}$,所以设$F(x)=x+\ln x-\dfrac{1}{2}(x^3+x)$,则

$$F'(x)=1+\frac{1}{x}-\frac{3}{2}x^2-\frac{1}{2}$$

$F'(1)=0$,于是$f'(1)=0$.

$$F''(x)=-\frac{1}{x^2}-3x$$

$F''(1)=-4<0$,于是$f''(1)=-2<0$.

所以当$x=1$时,$f(1)=\frac{1}{2}$是极大值.

例 4 问:当$x=2$时,$f(x)=\frac{6x^2-13x+8}{x^3-x}$是否能取到极值?

解 由于$f(2)=1$,所以设$F(x)=6x^2-13x+8-x^3+x=-(x-2)^3$. 因为3是奇数,所以$f(2)=1$不是极值.

例 5 问:当$x=1$时,$f(x)=\frac{x^4-4x^3+6x^2-2x+3}{x+1}$是否能取到极值?

解 $f(1)=2$,设$F(x)=x^4-4x^3+6x^2-2x+3-2(x+1)$,则

$$F(x)=x^4-4x^3+6x^2-4x+1=(x-1)^4$$

因为4是偶数,所以当$x=1$时,$f(x)=\frac{x^4-4x^3+6x^2-2x+3}{x+1}$取到极值.

又$F^{(4)}(2)=4!>0$,所以$f^{(4)}(1)=\frac{4!}{2}>0$,于是$f(1)=2$是极小值.

1.8 利用导数证明不等式的一种方法

由于客观世界中存在大量的不等关系,所以不等式的证明在数学中占有很重要的地位,它与方程、函数等有密切的关系. 由于不等式的形式多样,因而证明的方法也各异. 本节提出一个命题,利用它可以证明一些难以用一般的方法证明的不等式.

定理 设函数$f(x)$和$g(x)$在$[a,b]$上有一阶和二阶导数,且$g(x)\neq 0$,$g'(x)\neq 0$.

如果$f(a)=g(a)$,$f(b)=g(b)$,则:

(1)当$\left(\frac{f'(x)}{g'(x)}\right)'$与$g'(x)$同号时,在$(a,b)$上有$f(x)<g(x)$;

(2)当$\left(\frac{f'(x)}{g'(x)}\right)'$与$g'(x)$异号时,在$(a,b)$上有$f(x)>g(x)$.

证明 设 $t=g(x)$，$g(a)=t_1$，$g(b)=t_2$，对 $t=g(x)$ 求导，得 $\frac{\mathrm{d}t}{\mathrm{d}x}=g'(x)$. 由于 $g(x)$ 在 $[a,b]$ 上有二阶导数，所以 $g'(x)$ 在 $[a,b]$ 上连续. 由于 $g'(x)\neq 0$，所以 $g'(x)$ 在 $[a,b]$ 上恒正或恒负，$g(x)$ 在 $[a,b]$ 上是单调函数. 于是 $g(x)$ 在 $[a,b]$ 上存在反函数，设 $t=g(x)$ 在 $[a,b]$ 上的反函数为 $x=\varphi(t)$. 由于 $g(a)=t_1$，$g(b)=t_2$，所以 $\varphi(t_1)=a$，$\varphi(t_2)=b$. 再设 $F(t)=f[\varphi(t)]$，则

$$F'(t)=\frac{\mathrm{d}}{\mathrm{d}t}f[\varphi(t)]=\frac{\frac{\mathrm{d}f(x)}{\mathrm{d}x}}{\frac{\mathrm{d}t}{\mathrm{d}x}}=\frac{f'(x)}{g'(x)}$$

$$F''(t)=\frac{\mathrm{d}}{\mathrm{d}t}\left(\frac{f'(x)}{g'(x)}\right)=\frac{\frac{\mathrm{d}\left(\frac{f'(x)}{g'(x)}\right)}{\mathrm{d}x}}{\frac{\mathrm{d}t}{\mathrm{d}x}}=\frac{\left(\frac{f'(x)}{g'(x)}\right)'}{g'(x)}$$

（1）当 $g'(x)>0$ 时，$g(x)$ 在 $[a,b]$ 上是增函数，于是 $g(a)<g(x)<g(b)$，即 $t_1<t<t_2$.

$\varphi(t)$ 在 (t_1,t_2) 上也是增函数. 又因为 $t_1<t<t_2$，所以 $\varphi(t_1)<\varphi(t)<\varphi(t_2)$，即 $a<x<b$.

（i）若 $\left(\frac{f'(x)}{g'(x)}\right)'<0$，则 $F''(t)<0$，$F(t)$ 在 $[t_1,t_2]$ 上是上凸函数，所以在 (t_1,t_2) 上有 $F(t)>t$（图 1）. 因为 $t=g(x)$，$F(t)=f(x)$，所以在 (a,b) 上有 $f(x)>g(x)$.

（ii）若 $\left(\frac{f'(x)}{g'(x)}\right)'>0$，则 $F''(t)>0$，$F(t)$ 在 $[t_1,t_2]$ 上是上凹函数，所以在 (t_1,t_2) 有 $F(t)<t$（图 2）. 因为 $t=g(x)$，$F(t)=f(x)$，所以在 (a,b) 上有 $f(x)<g(x)$.

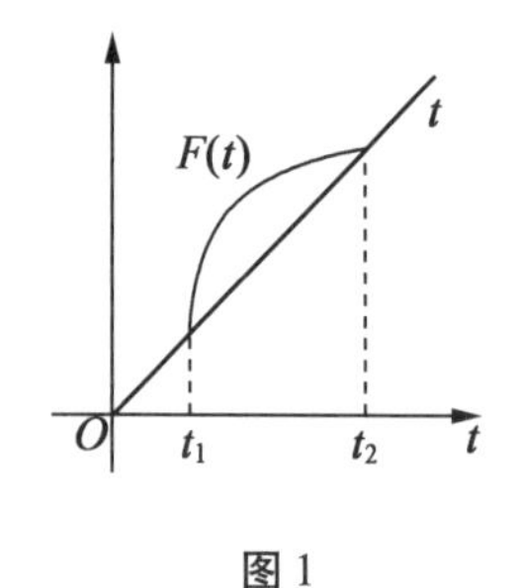

图 1

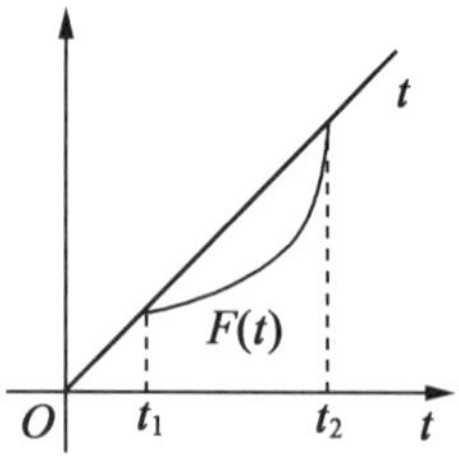

图 2

于是当$\left(\frac{f'(x)}{g'(x)}\right)'$与$g'(x)$同号时,在$(a,b)$上有$f(x)<g(x)$.

(2)当$g'(x)<0$时,$g(x)$在(a,b)上是减函数. $g(a)>g(x)>g(b)$,即$t_2<t<t_1$.

$\varphi(t)$在(t_2,t_1)上也是减函数. 又因为$t_2<t<t_1$,所以$\varphi(t_2)>\varphi(t)>\varphi(t_1)$,即$a<x<b$.

(i)若$\left(\frac{f'(x)}{g'(x)}\right)'<0$,则$F''(t)>0$,$F(t)$在$[t_2,t_1]$上是上凹函数,所以在$(t_2,t_1)$上有$F(t)<t$(图3). 因为$t=g(x)$,$F(t)=f(x)$,所以在$(a,b)$上有$f(x)<g(x)$.

(ii)若$\left(\frac{f'(x)}{g'(x)}\right)'>0$,则$F''(t)<0$,$F(t)$在$[t_2,t_1]$上是上凸函数,所以在$(t_2,t_1)$上有$F(t)>t$(图4). 因为$t=g(x)$,$F(t)=f(x)$,所以在$(a,b)$上有$f(x)>g(x)$.

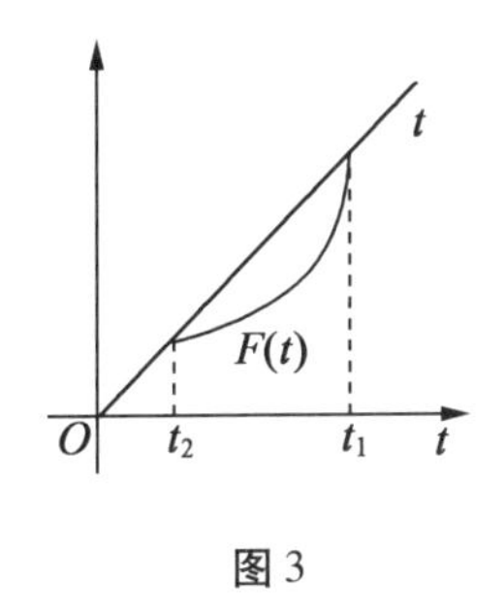

图3

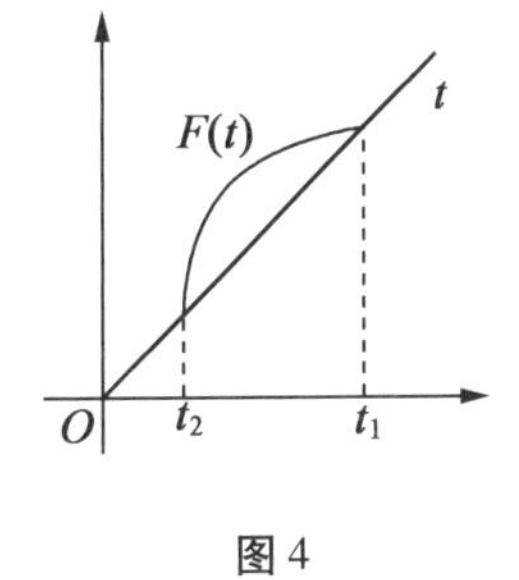

图4

于是当$\left(\frac{f'(x)}{g'(x)}\right)'$与$g'(x)$异号时,在$(a,b)$上有$f(x)>g(x)$.

下面我们举几个例子来说明以上定理的应用.

例1 求证:当$x\in(0,1)$时,$\sin\frac{\pi x}{2}<2x-x^2$.

证明 设$f(x)=\sin\frac{\pi x}{2}$,$g(x)=2x-x^2$,则$f(0)=g(0)=0$,$f(1)=g(1)=1$.

$$f'(x)=\frac{\pi}{2}\cos\frac{\pi x}{2}$$

$$g'(x)=2(1-x)>0$$

$$\frac{f'(x)}{g'(x)}=\frac{\pi}{4}\times\frac{\cos\frac{\pi x}{2}}{1-x}$$

$$\left(\frac{f'(x)}{g'(x)}\right)'=\frac{\pi\sin\frac{\pi x}{2}\left[\tan\frac{(1-x)\pi}{2}-\frac{(1-x)\pi}{2}\right]}{4(1-x)^2}$$

因为$0<1-x<1$,所以$0<\frac{(1-x)\pi}{2}<\frac{\pi}{2}$,$\tan\frac{(1-x)\pi}{2}>\frac{(1-x)\pi}{2}$,于是$\left(\frac{f'(x)}{g'(x)}\right)'>0$,即$\left(\frac{f'(x)}{g'(x)}\right)'$与$g'(x)$同号,所以在$(0,1)$上有$\sin\frac{\pi x}{2}<2x-x^2$.

例2 已知$n\geqslant\frac{e}{e-1}$.求证:当$x\in(0,1)$时,$\frac{e^x-1}{e-1}>x^n$.

证明 设$h(x)=x^{\frac{e}{1-e}}(e^x-1)$,则

$$h'(x)=\frac{1}{e-1}x^{\frac{2e-1}{1-e}}[(e-1)xe^x-e(e^x-1)]$$

设$f(x)=(e-1)xe^x$,$g(x)=e(e^x-1)$,则$f(0)=g(0)=0$,$f(1)=g(1)=e(e-1)$.

$$f'(x)=(e-1)e^x(x+1),g'(x)=e^{x+1}>0$$

$$\left(\frac{f'(x)}{g'(x)}\right)'=\left[\frac{e-1}{e}(x+1)\right]'=\frac{e-1}{e}>0$$

所以在$(0,1)$上有$f(x)<g(x)$,即$(e-1)xe^x<e(e^x-1)$,于是$h'(x)<0$,即$h(x)$在$(0,1)$上是减函数,又$h(1)=e-1$,所以当$x\in(0,1)$时,$h(x)=x^{\frac{e}{1-e}}(e^x-1)>h(1)=e-1$,于是$\frac{e^x-1}{e-1}>x^{\frac{e}{e-1}}$.因为$n\geqslant\frac{e}{e-1}$,所以当$x\in(0,1)$时,$x^{\frac{e}{e-1}}\geqslant x^n$.于是在$(0,1)$上有$\frac{e^x-1}{e-1}>x^n$.

例3 当$n>0,x\in(0,1)$时,试比较$x^2-(1-x^n)^{\frac{2}{n}}$与$2x^n-1$的大小.

解 设$f(x)=x^2-(1-x^n)^{\frac{2}{n}}$,$g(x)=2x^n-1$,则

当$x=2^{-\frac{1}{n}}$时,$x^n=\frac{1}{2}$,$2x^n=1$,$x^n=1-x^n$.

$f(x)=x^2-(x^n)^{\frac{2}{n}}=x^2-x^2=0$,$g(x)=0$,所以$f(x)=g(x)=0$,

于是下面只考虑$x\neq2^{-\frac{1}{n}}$的情况.

倒数第5行末尾的“$(-x)^{n-1}]$”改为“$(-x^{n-1})]$”.

$$f'(x)=2x-\frac{2}{n}(1-x^n)^{\frac{2-n}{n}}(-nx^{n-1})=2x+2x^{n-1}(1-x^n)^{\frac{2-n}{n}}$$

$$g'(x)=2nx^{n-1}>0$$

$$\begin{aligned}\left(\frac{f'(x)}{g'(x)}\right)'&=\frac{1}{n}\left[x^{2-n}+(1-x^n)^{\frac{2-n}{n}}\right]'\\&=\frac{1}{n}\left[(2-n)x^{1-n}+(2-n)(1-x^n)^{\frac{2(1-n)}{n}}(-x^{n-1})\right]\\&=\frac{(2-n)x^{n-1}}{n}\left[(x^n)^{\frac{2(1-n)}{n}}-(1-x^n)^{\frac{2(1-n)}{n}}\right]\end{aligned}$$

(1)当$n=1$时,$f(x)=x^2-(1-x)^2=2x-1$,$g(x)=2x-1$,$f(x)=g(x)$.

(2)当$n=2$时,$f(x)=x^2-(1-x^2)=2x^2-1$,$g(x)=2x^2-1$,$f(x)=g(x)$.

(3)当$n>2$时,$\frac{(2-n)x^{n-1}}{n}<0$,$\frac{2(1-n)}{n}<0$.

(i)若$x\in(0,2^{-\frac{1}{n}})$,则$x^n<1-x^n$,于是$(x^n)^{\frac{2(1-n)}{n}}>(1-x^n)^{\frac{2(1-n)}{n}}$,$\left(\frac{f'(x)}{g'(x)}\right)'<0$,得到$f(x)>g(x)$,即$x^2-(1-x^n)^{\frac{2}{n}}>2x^n-1$.

(ii)若$x\in(2^{-\frac{1}{n}},1)$,则$x^n>1-x^n$,于是$(x^n)^{\frac{2(1-n)}{n}}<(1-x^n)^{\frac{2(1-n)}{n}}$,$\left(\frac{f'(x)}{g'(x)}\right)'>0$,得到$f(x)<g(x)$,即$x^2-(1-x^n)^{\frac{2}{n}}<2x^n-1$.

(4)当$1<n<2$时,$\frac{(2-n)x^{n-1}}{n}>0$,$\frac{2(1-n)}{n}<0$.

(i)若$x\in(0,2^{-\frac{1}{n}})$,则$x^n<1-x^n$.于是$(x^n)^{\frac{2(1-n)}{n}}>(1-x^n)^{\frac{2(1-n)}{n}}$,$\left(\frac{f'(x)}{g'(x)}\right)'>0$,得到$f(x)<g(x)$,即$x^2-(1-x^n)^{\frac{2}{n}}<2x^n-1$.

(ii)若$x\in(2^{-\frac{1}{n}},1)$,则$x^n>1-x^n$.于是$(x^n)^{\frac{2(1-n)}{n}}<(1-x^n)^{\frac{2(1-n)}{n}}$,$\left(\frac{f'(x)}{g'(x)}\right)'<0$,得到$f(x)>g(x)$,即$x^2-(1-x^n)^{\frac{2}{n}}>2x^n-1$.

(5)当$0<n<1$时,$\frac{(2-n)x^{n-1}}{n}>0$,$\frac{2(1-n)}{n}>0$.

(i)若$x\in(0,2^{-\frac{1}{n}})$,则$x^n<1-x^n$,于是$(x^n)^{\frac{2(1-n)}{n}}<(1-x^n)^{\frac{2(1-n)}{n}}$,$\left(\frac{f'(x)}{g'(x)}\right)'<0$,得到$f(x)>g(x)$,即$x^2-(1-x^n)^{\frac{2}{n}}>2x^n-1$.

(ii)若$x\in(2^{-\frac{1}{n}},1)$,则$x^n>1-x^n$,于是$(x^n)^{\frac{2(1-n)}{n}}>(1-x^n)^{\frac{2(1-n)}{n}}$,$\left(\frac{f'(x)}{g'(x)}\right)'>0$,得到$f(x)<g(x)$,即$x^2-(1-x^n)^{\frac{2}{n}}<2x^n-1$.

当$n\neq1$,$n\neq2$时,将$f(x)=x^2-(1-x^n)^{\frac{2}{n}}$和$g(x)=2x^n-1$的大小比较列

成下表(表1)：

表1

	$0<n<1$ 或 $n>2$	$1<n<2$
$x\in(0,2^{-\frac{1}{n}})$	$x^2-(1-x^n)^{\frac{2}{n}}>2x^n-1$	$x^2-(1-x^n)^{\frac{2}{n}}<2x^n-1$
$x\in(2^{-\frac{1}{n}},1)$	$x^2-(1-x^n)^{\frac{2}{n}}<2x^n-1$	$x^2-(1-x^n)^{\frac{2}{n}}>2x^n-1$

数　列

第 2 章

2.1　用图形证明一些数列的和

数形结合是数学中的一种重要的思想方法,作为数形结合的一个方面的例子,本节将利用图形证明一些数列的和,其中最基本的是前 n 个正整数的 $i(i=1,2,3)$ 次幂的和的公式和等比数列.

2.1.1　公式 $1+2+3+\cdots+n=\dfrac{n(n+1)}{2}$ 的证明

将 1 个 1,2 个 1,…,n 个 1,排成三角形的形状,如图 1. 再将这个三角形旋转 180°后得到的三角形与原三角形并排放置,得到图 2.

$$\begin{array}{c} 1 \\ 1\quad 1 \\ \vdots \\ 1\quad 1\quad \cdots\quad 1\quad 1 \\ \underbrace{1\quad 1\quad \quad \cdots\quad \quad 1\quad 1}_{n个1} \end{array}$$

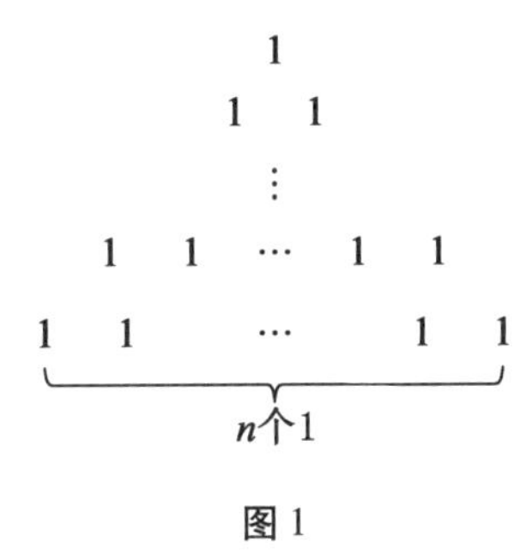

图 1

图 2 中共有 n 行,每行有 $n+1$ 个 1,一共有 $n(n+1)$ 个 1,所以得到

$$1+2+3+\cdots+n=\frac{n(n+1)}{2}$$

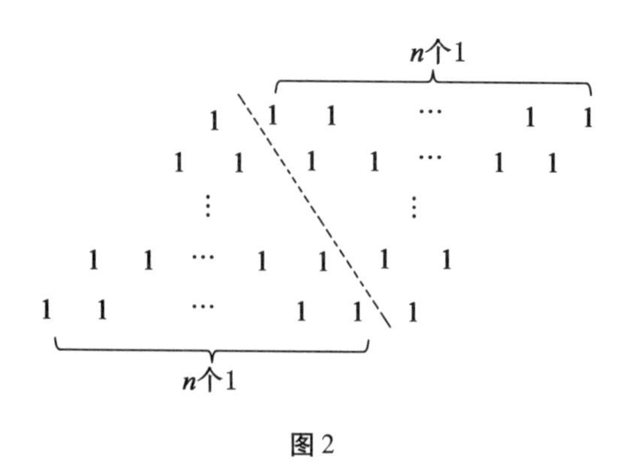

图 2

如果把图 1 中所有的 1 都换成 a,那么得到的和为$\frac{n(n+1)}{2}a$.

2.1.2 公式 $1^2+2^2+3^2+\cdots+n^2=\frac{n(n+1)(2n+1)}{6}$ 的证明

因为 $k^2=k\times k$ 是 k 个 k 的和,所以将 1 个 1,2 个 2,…,n 个 n,排成一个三角形的形状,如图 3. 图 3 中各数的和为 $1^2+2^2+3^2+\cdots+n^2$.

将图 3 旋转 180°后得到的三角形与原三角形并排放置,得到图 4(其中 $n=5$). 将图 4 中各行中的数相加,所得的和不都相同,所以不能用乘法,应该另设法解决.

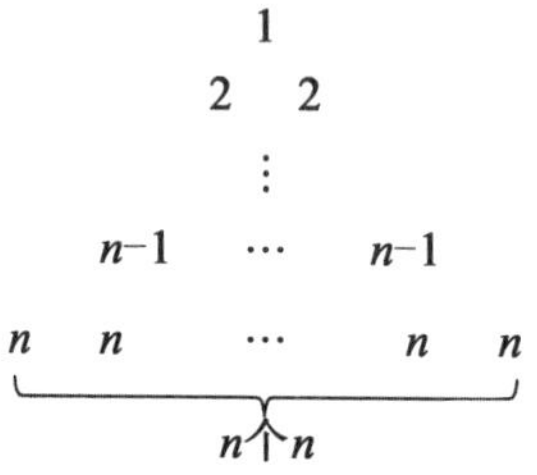

1
2 2
⋮
$n-1$ … $n-1$
n n … n n
n个n

图 3

1 5 5 5 5 5
2 2 4 4 4 4
3 3 3 3 3 3
4 4 4 4 2 2
5 5 5 5 5 1

图 4

我们发现图 3 中第一行是 1 个 1,第 n 行是 n 个 n,显得不均衡,似有头轻脚重之感,所以尝试将这个 1 放到第 n 行,同时把最后一行中的角上的 n 放在第一行. 为此,分别将图 3 按逆时针方向和顺时针方向旋转 120°,得到图 5 和图 6.

再将图 3、图 5 和图 6 中的三角形叠在一起,然后将同一位置上的三个数相加,所得到的值都是 $2n+1$(在 2.1.5 中将证明这一点),得到图 7,这就显得均衡了. 因为图 7 中的$\frac{n(n+1)}{2}$个数都是 $2n+1$,所以总和是$\frac{n(n+1)}{2}\cdot(2n+1)$,于是

图3中各数的和是$\frac{n(n+1)(2n+1)}{6}$. 这样就得到

$$1^2+2^2+3^2+\cdots+n^2=\frac{n(n+1)(2n+1)}{6}$$

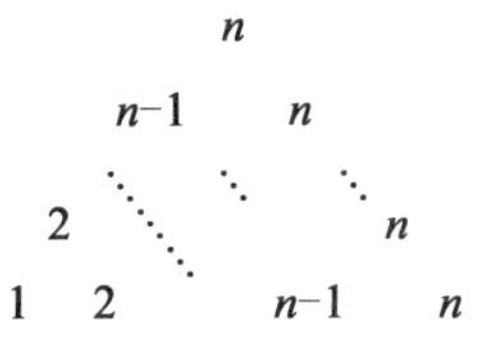

n
$n-1$　n
2　⋱　⋱　n
1　2　$n-1$　n

图5

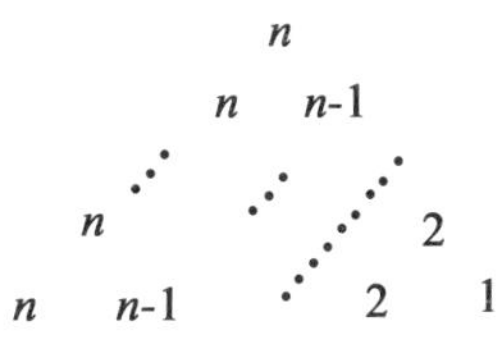

n
n　$n-1$
n　⋰　⋰　2
n　$n-1$　2　1

图6

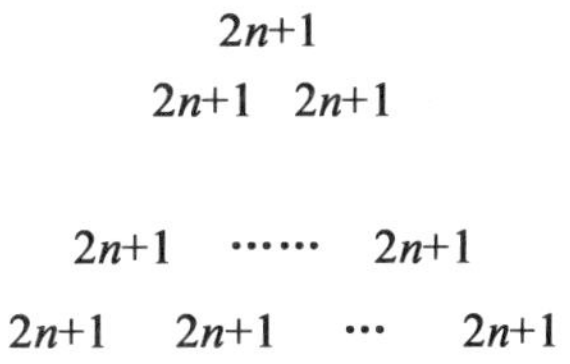

$2n+1$
$2n+1$　$2n+1$
$2n+1$　……　$2n+1$
$2n+1$　$2n+1$　…　$2n+1$

图7

2.1.3　公式$1^3+2^3+\cdots+n^3=(1+2+\cdots+n)^2=\frac{n^2(n+1)^2}{4}$的证明

因为$k^3=k\times k^2$是k个k^2的和,k^2是边长为k的正方形的面积,所以考虑用画正方形的方法进行证明.

先画4个边长为1的正方形,在其外侧画8个边长为2的正方形,……,最后在外侧画$4n$个边长为n的正方形(图8是$n=5$的情况),形成一个大正方形,再用4条折线(折线的每连续两段的夹角都是直角,长度分别是$1,1,2,2,\cdots,n-1,n-1,n$,长度相同两段所夹的直角在折线的右侧,长度不同两段所夹的直角在折线的左侧),将这个大正方形分割成同样形状的四个部分(图8中是分割的粗线),然后涂上不同的颜色.

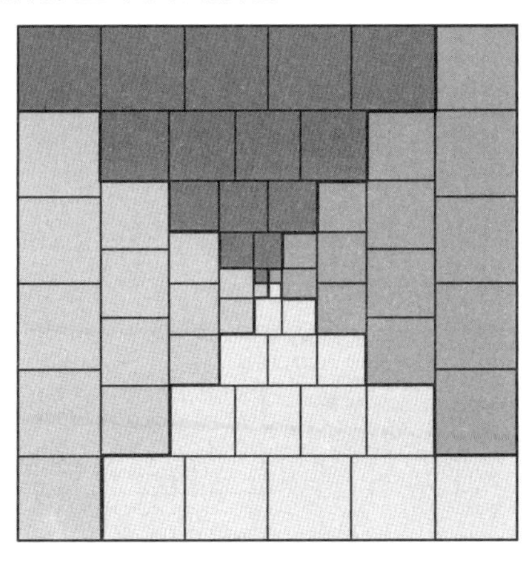

图8

由对称性,只需考虑其中的一个部分(一种颜色的)中各种大小的正方形的面积的和.

边长是1的正方形有1个,面积是$1=1^3$;

边长是2的正方形有2个,面积共是$2\times 2^2=2^3$;

……

边长是n的正方形有n个,面积共是$n\times n^2=n^3$.

于是这一部分中各种大小的正方形的面积的和是$1^3+2^3+\cdots+n^3$.因为整个大正方形由4种不同颜色的正方形组成,所以整个大正方形的面积是

$$4(1^3+2^3+\cdots+n^3)$$

再用大正方形的边长计算整个大正方形的面积:

(1)从大正方形的中轴线观察到其边长是$2(1+2+\cdots+n)$,所以面积是

$$4(1+2+\cdots+n)^2$$

(2)从大正方形的边缘观察到其边长是$n+1$个边长为n的正方形的边长的和,即$n(n+1)$,所以面积是$n^2(n+1)^2$.

因为我们计算的是同一个大正方形的面积,所以

$$4(1^3+2^3+\cdots+n^3)=4(1+2+\cdots+n)^2=n^2(n+1)^2$$

即

$$1^3+2^3+\cdots+n^3=(1+2+\cdots+n)^2=\frac{n^2(n+1)^2}{4}$$

2.1.4 用图形证明几个等比数列的和

1.证明:$1+2+2^2+2^3+\cdots+2^n=2^{n+1}-1$.

先画2个单位正方形,在这两个单位正方形的上方画一个1×2的矩形,再在左侧画1个2×2的正方形,再在上方画一个2×4的矩形,…….这样后画的一个矩形(或正方形)的面积是前一个的2倍,所以整个图形的面积是$1+1+2+2^2+2^3+\cdots+2^n=2^{n+1}$,即$1+2+2^2+2^3+\cdots+2^n=2^{n+1}-1$.(当$n$是奇数时,整个图形是一个大正方形;当$n$是偶数时,整个图形是两个并列的大正方形,图9就是$n=6$的情况)

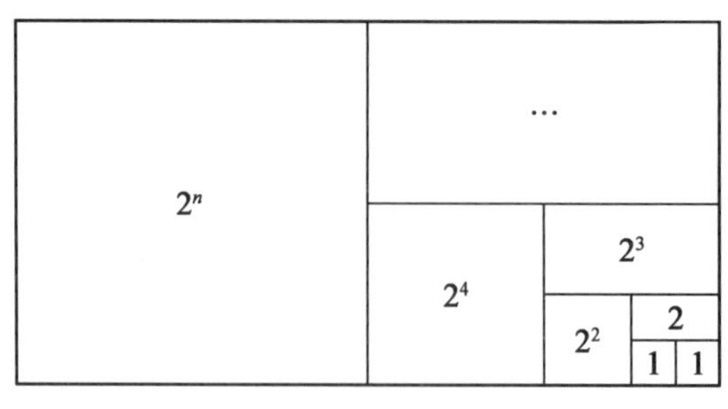

图9

2. 证明:$1+4+4^2+\cdots+4^n=\dfrac{4^{n+1}-1}{3}$.

图10是这样画成的:先画4个面积是1的等边三角形,这4个等边三形组成一个面积为4的等边三角形,再在这个等边三角形的三边的外侧各画一个面积是4的等边三角形,这四个面积为4的三角形构成一个新的等边三角形,继续这一过程作n次,得到图10(图10中$n=3$). 每次得到的三个新三角形的面积都是原三角形的面积的4倍,所以第n次得到的三个新三角形的面积都是4^n,整个大三角形的面积是4^{n+1}. 由于整个大三角形的面积是$1+3(1+4+4^2+\cdots+4^n)$,所以$1+3(1+4+4^2+\cdots+4^n)=4^{n+1}$,即$1+4+4^2+\cdots+4^n=\dfrac{4^{n+1}-1}{3}$.

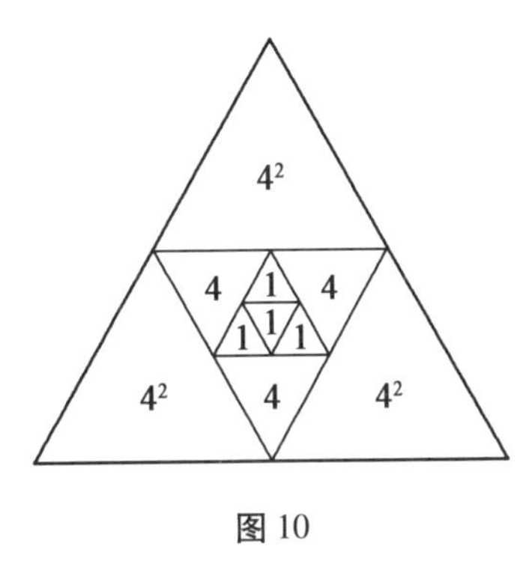

图10

2.1.5　几个公式的推广以及其他一些证法

1. 求任何等差数列的前n项的和可以用证明$1+2+\cdots+n=\dfrac{n(n+1)}{2}$的类似方法. 设等差数列的首项是$a_1$,公差为$d$. 将等差数列的第一项放在第一行,第二项放在第二行,……,第n项放在第n行,如图11. 图11中的各数的和是等差数列前n项的和. 另一方面容易看出图11中的各数的和是$na_1+\dfrac{n(n-1)d}{2}$,得到等差数列前n项和的公式:$\sum\limits_{k=1}^{n}[a_1+(k-1)d]=na_1+\dfrac{n(n-1)d}{2}$.

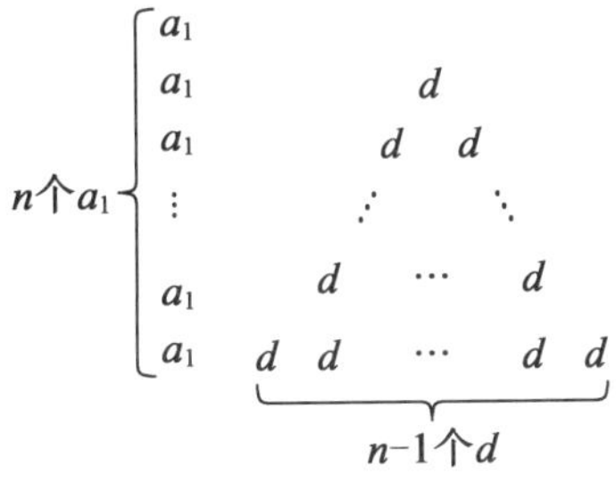

$$n\text{个}a_1\left\{\begin{array}{llllll} a_1 & & & & & \\ a_1 & & & d & & \\ a_1 & & d & & d & \\ \vdots & & \therefore & & \ddots & \\ a_1 & & d & \cdots & d & \\ a_1 & \underbrace{d\quad d \quad \cdots \quad d \quad d}_{n-1\text{个}d} & & & & \end{array}\right.$$

图11

2. 从 1 开始的 n 个连续正奇数的和 $1+3+5+\cdots+(2n-1)=n^2$ 可用以下各图形证明.

图 12 的右上角有 1 个小正方形,每一个"L 形"依次由 $3,5,\cdots,2n-1$ 个小正方形组成,这 $1+3+5+\cdots+2n-1$ 个小正方形拼成一个边长是 n 的大正方形(图 12 中 $n=6$),这个大正方形共有 n^2 个小正方形,所以 $1+3+5+\cdots+(2n-1)=n^2$.

图 13 的最上方有一个小的等边三角形,下面每一层分别由 $3,5,\cdots,2n-1$ 个小的等边三角组成的梯形构成,拼成一个大的等边三角形(图 13 中 $n=7$). 整个等边三角形的边长是最上面的小的等边三角形的边长的 n 倍,所以共有 n^2 个小的等边三角形,于是得到 $1+3+5+\cdots+(2n-1)=n^2$.

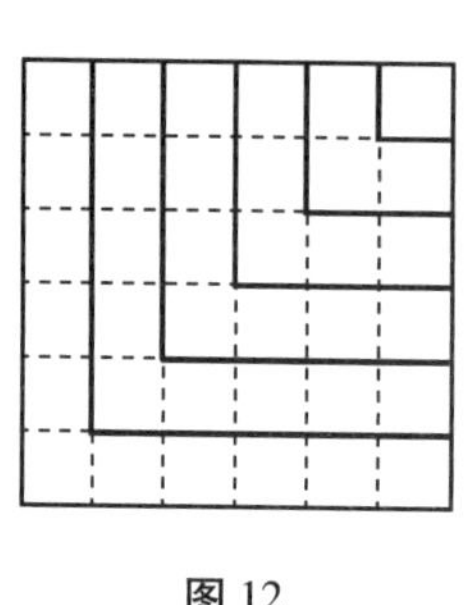

图 12

图 13

3. 等差数列的第 k 项加权 k 所得的数列的前 n 项和也可用 2.1.2 中的方法求得. 因为 $k^2=k\times k$,当 $k=1,2,\cdots,n$ 时,乘号后的数 $1,2,\cdots,n$ 是等差数列. 现在将这一等差数列推广为一般的等差数列:$a_n=a_1+(n-1)d$. 即探求 $\sum_{k=1}^{n}k[a_1+(k-1)d]$. 会得到什么结果. 为此将等差数列 $a_n=a_1+(n-1)d$ 的各项排成图 14 的形式:

$$
\begin{array}{c}
a_1 \\
a_1+d \quad a_1+d \\
\vdots \\
a_1+(n-2)d \quad \cdots \quad a_1+(n-2)d \\
a_1+(n-1)d \quad a_1+(n-1)d \quad \cdots \quad a_1+(n-1)d
\end{array}
$$

图 14

将图 14 分别按逆时针方向和顺时针方向旋转 120°,得到图 15 和图 16.

$$
\begin{array}{c}
a_1+(n-1)d \\
a_1+(n-2)d \quad a_1+(n-1)d \\
\vdots \\
a_1+d \quad \cdots \quad a_1+(n-2)d \quad a_1+(n-1)d \\
a_1 \quad a_1+d \quad \cdots \quad a_1+(n-2)d \quad a_1+(n-1)d
\end{array}
$$

图 15

$$
\begin{array}{c}
a_1+(n-1)d \\
a_1+(n-1)d \quad a_1+(n-2)d \\
\vdots \\
a_1+(n-1)d \quad a_1+(n-2)d \quad \cdots \quad a_1+d \\
a_1+(n-1)d \quad a_1+(n-2)d \quad \cdots \quad a_1+d \quad a_1
\end{array}
$$

图 16

再将图 14、图 15 和图 16 中的三个三角形叠在一起，得到图 17. 下面证明图 17 中的数都是 $3a_1+2(n-1)d$. 在图 14 中第 i 行第 j 个 $(1\leqslant j\leqslant i\leqslant n)$ 数是 $a_1+(i-1)d$，图 15 中第 i 行第 j 个数是 $a_1+(n-i+j-1)d$，图 16 中第 i 行第 j 个数是 $a_1+(n-j)d$，将同一位置的这三个数相加后，得到 $3a_1+(i-1+n-i+j-1+n-j)d=3a_1+2(n-1)d$ 与 i,j 无关，于是图 17 中的数都是 $3a_1+2(n-1)d$.

$$
\begin{array}{c}
3a_1+2(n-1)d \\
3a_1+2(n-1)d \quad 3a_1+2(n-1)d \\
\vdots \\
3a_1+2(n-1)d \quad 3a_1+2(n-1)d \quad \cdots \quad 3a_1+2(n-1)d \\
\underbrace{3a_1+2(n-1)d \quad 3a_1+2(n-1)d \quad \cdots \quad 3a_1+2(n-1)d \quad 3a_1+2(n-1)d}_{n\text{ 个 }3a_1+2(n-1)d}
\end{array}
$$

图 17

图 17 中的$\frac{n(n+1)}{2}$个数 $3a_1+2(n-1)d$ 的和为$\frac{n(n+1)}{2}[3a_1+2(n-1)d]$，这就是图 14、图 15 和图 16 中的三个三角形中各数的和，而这三个三角形是由同一些数组成，所以图 14 中各数的和是

$$
\begin{aligned}
\sum_{k=1}^{n} k[a_1+(k-1)d] &= \frac{n(n+1)}{6}[3a_1+2(n-1)d] \\
&= \frac{n(n+1)}{2}a_1+\frac{n(n+1)(n-1)}{3}d
\end{aligned}
$$

为方便记忆，将上述等式改写为

$$\sum_{k=1}^{n} k[a_1 + (k-1)d] = \frac{n(n+1)}{2} \cdot \frac{1}{3}\{a_1 + 2[a_1 + (n-1)d]\}$$

其中乘号前面的因子是三角形中数的个数,乘号后面的因子是图 14(或图 15;或图 16)中三角形的三个角上的数的平均数.

例如,计算:$1 \times 20 + 2 \times 19 + 3 \times 18 + \cdots + 9 \times 12 + 10 \times 11$.

因为 20,19,18, …,12,11 是等差数列,所以可将该算式写成图 18 的形式后再进行计算.

$$\begin{array}{c} 20 \\ 19 \quad 19 \\ 18 \quad 18 \quad 18 \\ \vdots \\ 12 \quad 12 \quad \cdots \quad 12 \quad 12 \\ \underbrace{11 \quad 11 \quad 11 \quad \cdots \quad 11 \quad 11 \quad 11}_{10\text{个}11} \end{array}$$

图 18

图 18 中共有 55 个数,角上三个数的平均数是$\frac{1}{3}(20+11+11)=14$,所以图 18 中各数的和是:$55 \times 14 = 770$.

最后将等差数列的前 n 项和与等差数列的第 k 项乘以 k 得到的数列(二阶等差数列)的前 n 项的和作一比较:

等差数列的前 n 项和是项数 n 乘以首项与末项的平均数;

后者的前 n 项和是$\frac{n(n+1)}{2}$乘以等差数列部分的首项与两个末项的平均数.

因为 $an^2 + bn + c = n(an+b) + c$,且 $an+b$ 为等差数列,首项为 $a+b$,末项为 $na+b$,所以可直接写出通项为 an^2+bn+c 的二阶等差数列的前 n 项和

$$\begin{aligned} \sum_{k=1}^{n}(ak^2 + bk + c) &= \sum_{k=1}^{n} k(ak+b) + \sum_{k=1}^{n} c \\ &= \frac{n(n+1)}{2} \times \frac{1}{3}[(a+b) + 2(na+b)] + nc \\ &= \frac{n(n+1)}{6} \times [(2n+1)a + 3b] + nc \end{aligned}$$

4. 证明前 n 个正整数的立方和公式 $1^3 + 2^3 + 3^3 + \cdots + n^3 = \sum_{k=1}^{n} k^3$ 的其他方法.

(1)把 $1,2,3,\cdots,n;2,4,6,\cdots,2n;3,6,9,\cdots,3n;\cdots;n,2n,3n,\cdots,n^2$ 排成 n 行,如图 19.

图19中各列的数的和分别是 $\sum_{k=1}^{n}k, 2\sum_{k=1}^{n}k, 3\sum_{k=1}^{n}k, \cdots, n\sum_{k=1}^{n}k$,因而所有的数的和是 $(1+2+3+\cdots+n)\sum_{k=1}^{n}k=(\sum_{k=1}^{n}k)^2$.

再把图19按顺时针方向旋转45°,得到图20.

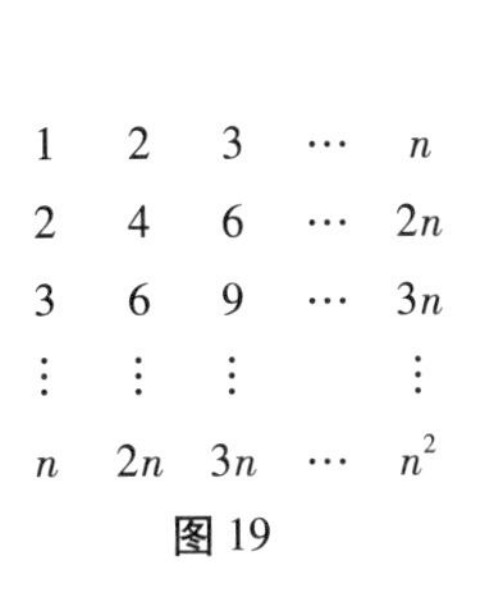

图19

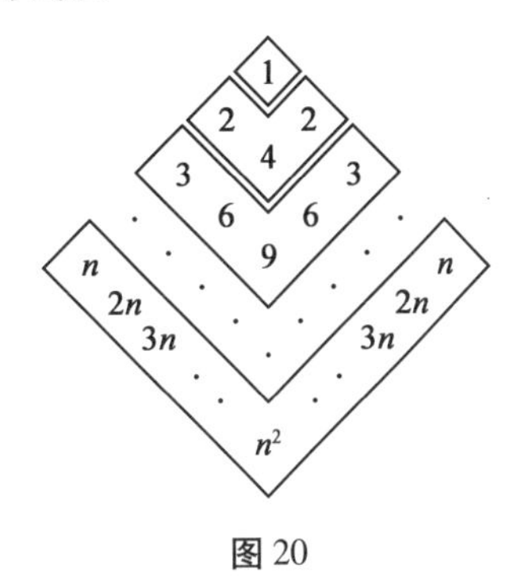

图20

图20中的第一个数是1,各个"V字形"内的数的和都是完全立方数

$$2+4+2=2\times4=2^3$$

$$3+6+9+6+3=3\times9=3^3$$

$$\vdots$$

$$\begin{aligned}&n+2n+\cdots+(n-2)n+(n-1)n+n^2+(n-1)n+(n-2)n+\cdots+2n+n\\=&n[1+2+\cdots+(n-2)+(n-1)]+n^2+n[(n-1)+(n-2)+\cdots+2+1]\\=&n[1+(n-1)+2+(n-2)+\cdots+(n-2)+2+(n-1)+1]+n^2\\=&n(\underbrace{n+n+\cdots+n}_{n-1个n})+n^2=n^3\end{aligned}$$

即图19中所有数的和为:$1^3+2^3+3^3+\cdots+n^3=(\sum_{k=1}^{n}k)^2$.

(2)另一种形式是图21.

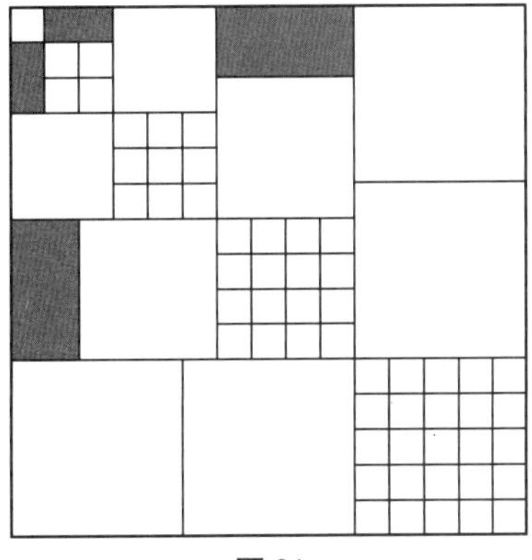

图21

图21中有1个单位正方形，2个2×2的正方形，3个3×3的正方形（两个相同的阴影部分可拼成一个正方形），……，n个$n\times n$的正方形，拼成一个大正方形（图21中$n=5$）. 从上边缘看大正方形的边长是$1+2+\cdots+n$；从下边缘看，当n是奇数时，大正方形的边长是$\frac{n+1}{2}\times n=\frac{n(n+1)}{2}$；当$n$是偶数时，大正方形的边长是$\frac{n}{2}+\frac{n}{2}\times n=\frac{n(n+1)}{2}$，所以得到

$$1^3+2^3+3^3+\cdots+n^3=(1+2+\cdots+n)^2=\frac{n^2(n+1)^2}{4}$$

有兴趣的读者不妨用图形证明一些其他数列的和.

2.2 三角形阵的性质以及与等差数列有关的数列的和

本文从探求三角形阵的一些性质出发，用数形结合的方法，使一些数列的求和问题变得较为直观简单，并以较少的运算求出结果.

2.2.1 几个定义

定义1 将方阵

$$\begin{matrix} a_{11} & a_{12} & \cdots & a_{nn} \\ a_{21} & a_{22} & \cdots & a_{2n} \\ \vdots & \vdots & & \vdots \\ a_{n1} & a_{n2} & \cdots & a_{nn} \end{matrix}$$

的主对角线右侧的数除去，排列成每边都有n个数的正三角形的形状，如图1.

$$\begin{matrix} & a_{11} & \\ a_{21} & & a_{22} \\ & \vdots & \\ a_{n1} \quad a_{n2} & \cdots & a_{nn} \end{matrix}$$

图1

这样的布局称为数$a_{ij}(1\leqslant j\leqslant i,1\leqslant i\leqslant n)$的边长为$n$的三角形阵.

这里第i行有i个数，所以整个三角形阵共有$1+2+\cdots+n=\frac{n(n+1)}{2}$个数.

定义2 如果对于$j=1,2,\cdots,i$，都有$a_{ij}=a_i(1\leqslant i\leqslant n)$，即第$i$行中各数都等于$a_i$，那么得到图2.

$$\begin{array}{c} a_1 \\ a_2 \quad a_2 \\ \vdots \\ a_{n-1} \quad a_{n-1} \quad \cdots \quad a_{n-1} \\ a_n \quad a_n \quad a_n \quad \cdots \quad a_n \end{array}$$

图2

这样的三角形阵称为数列 $a_1,a_2,\cdots,a_n$ 的三角形阵.

定义3　将数列 $a_1,a_2,\cdots,a_n$ 的三角形阵分别绕左下角和右下角向左和向右各旋转120°,便得到图3、图4.

$$\begin{array}{c} a_n \\ a_{n-1} \quad a_n \\ \vdots \\ a_2 \quad a_3 \quad \cdots \quad a_{n-1} \quad a_n \\ a_1 \quad a_2 \quad a_3 \quad \cdots \quad a_{n-1} \quad a_n \end{array}$$

图3

$$\begin{array}{c} a_n \\ a_n \quad a_{n-1} \\ \vdots \\ a_n \quad a_{n-1} \quad \cdots \quad a_3 \quad a_2 \\ a_n \quad a_{n-1} \quad \cdots \quad a_3 \quad a_2 \quad a_1 \end{array}$$

图4

这样的两个三角形阵分别称为原三角形阵的左转置三角形阵和右转置三角形阵.显然,转置三角形阵中各数的和与原三角形阵中各数的和相等.

下面求转置三角形阵和原三角形阵中第 i 行的第 j 个元素是数列 a_1, $a_2,\cdots,a_n$ 中的哪一项($1\leqslant j\leqslant i,1\leqslant i\leqslant n$).

原三角形阵中第 i 行的 i 个元素都是 a_i,所以第 j 个元素是 a_i.

左转置三角形阵中第 i 行的 i 个元素从左到右依次是 $a_{n-i+1},a_{n-i+2},\cdots$, a_n,下标递增,所以第 j 个元素是 $a_{n-i+1+j-1}=a_{n-i+j}$.

右转置三角形阵中第 i 行的 i 个元素从左到右依次是 $a_n,a_{n-1},\cdots,a_{n-i+1}$,下标递减,所以第 j 个元素是 a_{n-j+1}.

也就是说,这三个三角形阵中第 i 行的第 j 个元素分别是 a_i,a_{n-i+j} 和 a_{n-j+1}.

定义4　由三角形阵的最外层的数组成的图形称为三角形阵的框架.图5为数列 $a_1,a_2,\cdots,a_n$ 的三角形阵的框架.

$$\begin{array}{c} a_1 \\ a_2 \quad a_2 \\ a_3 \qquad a_3 \\ \iddots \qquad\qquad \ddots \\ a_{n-1} \qquad\qquad\qquad a_{n-1} \\ a_n \quad a_n \quad a_n \quad a_n \quad \cdots \quad a_n \end{array}$$

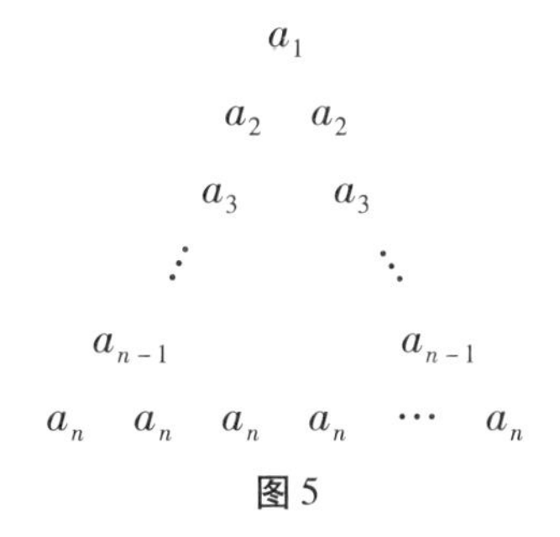

图5

边长为 n 的三角形阵的框架共有 $3(n-1)$ 个数,其和是 $a_1+2(a_2+a_3+\cdots+a_{n-1})+na_n=\sum_{i=1}^{n-1}(a_i+a_n+a_{n-i+1})$.

当 $n>3$ 时,边长为 n 的三角形阵可除去最外面的一个三角形阵的框架,剩下的三角形阵的最上面的一个数的下标增加 2,最下面一行中的各数的下标都减少 1,这是一个边长为 $n-3$ 的三角形阵. 如图 6.

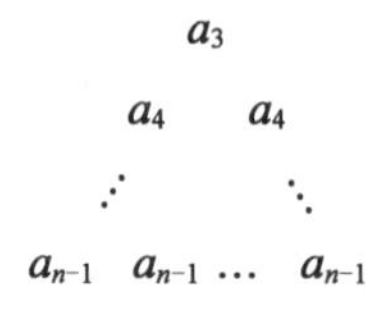

图 6

如果 $n-3>3$,那么这个三角形阵可再除去最外面的一个三角形阵的框架,剩下的部分是一个边长为 $n-6$ 的三角形阵. 继续这一过程,可以得到:

(1) 当 $n=3k$(k 是正整数)时,连续除去 k 个三角形阵的框架后,最后得到一个空集$\varnothing$.

(2) 当 $n=3k+1$(k 是正整数)时,连续除去 k 个三角形阵的框架后,最后剩下一个数. 下面我们来求这个数的下标. 由于每除去一个三角形阵的框架,剩下的三角形阵的最上面的一个元素的下标增加 2,连续除去 k 个三角形阵的框架后,最后剩下的一个数的下标增加 $2k$. 由于下标是从 1 开始的,所以这个数的下标是 $2k+1$. 由于 $k=\frac{n-1}{3}$,所以 $2k+1=\frac{2n+1}{3}$,即最后剩下的一个元素是 $a_{\frac{2n+1}{3}}$.

(3) 当 $n=3k+2$(k 是正整数)时,连续除去 k 个三角形阵的框架后,最后剩下一个边长为 2 的三角形阵,如图 7(用与上面类似的方法可求出这三个数的下标).

$$\begin{array}{ccc} & a_{\frac{2n-1}{3}} & \\ a_{\frac{2n+2}{3}} & & a_{\frac{2n+2}{3}} \end{array}$$

图 7

这个边长为 2 的三角形阵本身就是一个框架. 也可除去,所以最后得到一个空集$\varnothing$.

由此可知,当 $n=3k$ 和 $n=3k+2$ 时,三角形阵中的每一个数都恰好属于某一个三角形阵的框架. 当 $n=3k+1$ 时,只有 $a_{\frac{2n+1}{3}}$ 这一个数不属于三角形阵的任何一个框架. 如果将 $a_{\frac{2n+1}{3}}$ 这一个数本身看作是边长为 1 的三角形阵的框架,那么三角形阵中的每一个数都恰好属于某一个三角形阵的框架.

2.2.2 数列 $a_1,a_2,\cdots,a_n$ 的三角形阵中各数的和的两种表示方法

设数列 $a_1,a_2,\cdots,a_n$ 的三角形阵中各数的和为 S_n,则

$$S_n = a_1 + 2a_2 + \cdots + na_n = \sum_{i=1}^{n} ia_i$$

如果在三角形阵中从上开始依次逐个向左下角(或右下角)计算,那么得到

$$S_n = (a_1 + a_2 + \cdots + a_n) + (a_2 + \cdots + a_n) + \cdots + (a_n) = \sum_{i=1}^{n}\sum_{j=i}^{n} a_j$$

所以有

$$\sum_{i=1}^{n} ia_i = \sum_{i=1}^{n}\sum_{j=i}^{n} a_j$$

由于数列的三角形阵是左右对称的,所以只有这两种表示方法.

2.2.3 等差数列的三角形阵

如果等差数列的公差 $d=0$,那么就是常数数列,无需仔细研究,所以本小节只讨论 $d\neq 0$ 的等差数列. 当数列 $a_1,a_2,\cdots,a_n$ 是等差数列时,利用三角形阵可以求出与等差数列有关的一些数列的和. 为此首先引进等差数列的一个性质:

在公差 $d\neq 0$ 的等差数列 $a_1,a_2,\cdots,a_n$ 中任取两个个数相同的子数列,这两个子数列的和相等的充要条件是这两个子数列在原数列中的下标的和相等.

设取出的两个有 $k(2\leqslant k\leqslant n)$ 个数的子数列分别为 $a_{b_1},a_{b_2},\cdots,a_{b_k}$ 和 a_{c_1}, $a_{c_2},\cdots,a_{c_k}$,则

$$\begin{aligned} a_{b_1}+a_{b_2}+\cdots+a_{b_k} &= a_1+(b_1-1)d+a_1+(b_2-1)d+\cdots+a_1+(b_k-1)d \\ &= ka_1+(b_1+b_2+\cdots+b_k-k)d \\ a_{c_1}+a_{c_2}+\cdots+a_{c_k} &= a_1+(c_1-1)d+a_1+(c_2-1)d+\cdots+a_1+(c_k-1)d \\ &= ka_1+(c_1+c_2+\cdots+c_k-k)d \end{aligned}$$

因为 $d\neq 0$,所以当且仅当 $b_1+b_2+\cdots+b_k=c_1+c_2+\cdots+c_k$ 时,$a_{b_1}+a_{b_2}+\cdots+a_{b_h}=a_{c_1}+a_{c_2}+\cdots+a_{c_k}$,证毕.

2.2.4 等差数列的三角形阵中各数的和

在等差数列的三个三角形阵(其中两个分别是左右转置三角形阵)中,第 i 行的第 j 个元素分别是 a_i,a_{n-i+j} 和 a_{n-j+1},它们的下标的和是 $i+(n-i+j)+(n-j+1)=2n+1$,所以 $a_i+a_{n-i+j}+a_{n-j+1}=a_1+a_n+a_n$,即角上三数的和. 为方便起见,设 M 是角上三数(即等差数列的首项和两个末项)的平均数,那么对于任何 $1\leqslant j\leqslant i,1\leqslant i\leqslant n$,有 $a_i+a_{n-i+j}+a_{n-j+1}=a_1+a_n+a_n=3M$.

我们将左右两个转置三角形阵和原三角形阵叠在一起,并将同一位置上的

三个数相加,得到一个每个数都是 $3M$ 的三角形阵,如图 8.

$$\begin{array}{ccccc} & & 3M & & \\ & 3M & & 3M & \\ ⋰ & & & & \ddots \\ 3M & 3M & \cdots & & 3M \end{array}$$

图 8

这个三角形阵共有$\frac{n(n+1)}{2}$个数,所以各数的和为$\frac{n(n+1)}{2}\cdot 3M$,于是求出每个三角形阵中各数的和都是$\frac{n(n+1)}{2}\cdot M$,这里 M 是角上三数的平均数.

设等差数列的公差为 d,则 $M=\frac{a_1+a_n+a_n}{3}=\frac{3a_1+2(n-1)d}{3}=a_1+\frac{2(n-1)}{3}d$,于是等差数列三角形阵中各数的和为

$$\begin{aligned} a_1+2a_2+\cdots+na_n &= \sum_{i=1}^{n} ia_i = \frac{n(n+1)}{2}\cdot M \\ &= \frac{n(n+1)}{2}a_1+\frac{n(n+1)(n-1)}{3}d \end{aligned}$$

2.2.5 等差数列的三角形阵的框架的一些性质

性质 1 设等差数列的公差为 d,三角形阵框架(如图 9)的三个角上的数的平均数为 M,框架的左侧从上到下的第 i 个数是 $a_i(1\leqslant i\leqslant n-1)$,最后一行从左到右第 i 个数是 a_n,右侧从下到上的第 i 个数是 a_{n-i+1},则$\frac{a_i+a_n+a_{n-i+1}}{3}=M$.

$$\begin{array}{cccccc} & & a_1 & & & \\ & & a_2 \quad a_2 & & & \\ & & a_3 \qquad a_3 & & & \\ & ⋰ & & \ddots & & \\ & a_{n-1} & & & a_{n-1} & \\ a_n & a_n & a_n & a_n & \cdots & a_n \end{array}$$

图 9

证明 a_i,a_n 与 a_{n-i+1}的下标的和为 $i+n+(n-i+1)=2n+1$,与角上三数 a_1,a_n 与 a_n 下标的和 $2n+1$ 相等,所以 $a_i+a_n+a_{n-i+1}=a_1+a_n+a_n$,即$\frac{a_i+a_n+a_{n-i+1}}{3}=\frac{a_1+a_n+a_n}{3}=M$.

推论 边长为 n 的等差数列的三角形阵框架中各数的和为 $3(n-1)M$.

证明 在 $a_i+a_n+a_{n-i+1}=3M$ 中,依次取 $i=1,2,\cdots,n-1$,然后相加,得到三角形阵框架中各数的和为 $3(n-1)M$,证毕.

由于三角形阵框架中共有 $3(n-1)$ 个数,和为 $3(n-1)M$,所以三角形阵框架中各数的平均数是 M. 由此可见,如果将等差数列的三角形阵框架中各数都换成 M,那么和不变.

性质2 边长为 n 的等差数列的三角形阵的从外到内各层框架中各数平均数都是 M.

证明 最外一层框架中的三个顶点上的数为 a_1,a_n 与 a_n,下标的和为 $2n+1$.

从外到内第二层框架(如图10)的三个角上的数分别为 a_3,a_{n-1} 与 a_{n-1},下标的和为 $3+(n-1)+(n-1)=2n+1$,所以 $a_3+a_{n-1}+a_{n-1}=a_1+a_n+a_n=3M$,即 $\frac{a_3+a_{n-1}+a_{n-1}}{3}=M$. 由推论可知从外到内第二层框架各数平均数是 M,依此类推,各层框架中的各数的平均数都是 M.

$$
\begin{array}{ccccccc}
 & & & a_3 & & & \\
 & & a_4 & & a_4 & & \\
 & \therefore & & & & \ddots & \\
a_{n-1} & & a_{n-1} & & \cdots & & a_{n-1}
\end{array}
$$

图10

此外,当 $n\equiv1\ (\bmod\ 3)$ 时,正中的数 $a_{\frac{2n+1}{3}}=a_1+\left(\frac{2n+1}{3}-1\right)d=a_1+\frac{2(n-1)}{3}d=\frac{3a_1+(n-1)d+(n-1)d}{3}=\frac{a_1+a_n+a_n}{3}=M$.

这样也可推得等差数列三角形阵中各数的和是 $\frac{n(n+1)}{2}\cdot M$,或

$$
\begin{aligned}
a_1+2a_2+\cdots+na_n=\sum_{i=1}^{n}ia_i&=\frac{n(n+1)}{2}\cdot M\\
&=\frac{n(n+1)}{2}a_1+\frac{n(n+1)(n-1)}{3}d
\end{aligned}
$$

2.2.6 几个例子

例1 当 $a_1=d=1$ 时,$a_n=n$,上述公式变为

$$S_n=\sum_{i=1}^{n}i^2=\frac{n(n+1)}{2}+\frac{n(n+1)(n-1)}{3}=\frac{n(n+1)(2n+1)}{6}$$

这就是前 n 个正整数的平方和公式.

如果用三角形阵进行计算,那么该等差数列就是正整数数列 $1,2,\cdots,n$,其

三角形阵如图 11.

$$\begin{array}{ccccc} & & 1 & & \\ & 2 & & 2 & \\ & & \vdots & & \\ n & n & n & \cdots & n \end{array}$$

图 11

角上的三数的平均数 $M=\dfrac{2n+1}{3}$,共有$\dfrac{n(n+1)}{2}$个数,所以各数的和为

$$1^2+2^2+\cdots+n^2=\frac{n(n+1)}{2}\cdot\frac{2n+1}{3}=\frac{n(n+1)(2n+1)}{6}$$

例 2 求前 n 个三角形数的和.

前 n 个三角形数分别为 $1,1+2,1+2+3,\cdots,1+2+3+\cdots+n-1,1+2+3+\cdots+n$. 其和是 $1+3+6+\cdots+\dfrac{n(n+1)}{2}$.

下面我们用三角形阵求这个和. 数列 $n,\cdots,2,1$ 的三角形阵如图 12.

$$\begin{array}{ccccccc} & & & n & & & \\ & & n-1 & & n-1 & & \\ & & & \vdots & & & \\ & 2 & 2 & \cdots & 2 & 2 & \\ 1 & 1 & 1 & \cdots & & 1 & 1 \end{array}$$

图 12

由于三角形阵的角上的三数的平均数 $M=\dfrac{n+2}{3}$,共有$\dfrac{n(n+1)}{2}$个数,所以各数的和为$\dfrac{n(n+1)}{2}\cdot\dfrac{n+2}{3}=\dfrac{n(n+1)(n+2)}{6}$.

为了说明这就是前 n 个三角形数的和,我们用斜线将该三角形阵分割,如图 13.

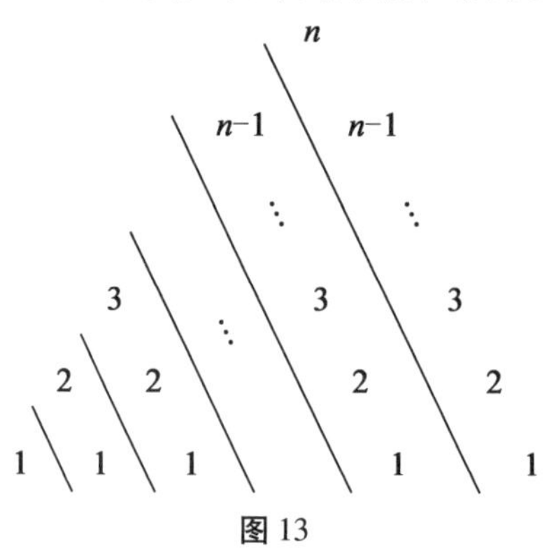

图 13

由斜线隔开的各部分的数的和都是三角形数. 从左到右依次为 $1,1+2$, $1+2+3,\cdots,1+2+3+\cdots+n-1,1+2+3+\cdots+n$ 是前 n 个三角形数,即前 n 个三角形数的和 $\sum\limits_{i=1}^{n}\frac{i(i+1)}{2}=\frac{n(n+1)(n+2)}{6}$.

例 3 求 $S_n=1\times n+2\times(n-1)+3\times(n-2)+\cdots+(n-1)\times 2+n\times 1$.

因为数列 $n,n-1,n-2,\cdots,2,1$ 是等差数列,列出边长为 n 的三角形阵(如图 12),所以 $S_n=1\times n+2\times(n-1)+3\times(n-2)+\cdots+(n-1)\times 2+n\times 1$ 就是前 n 个三角形数的和$\frac{n(n+1)(n+2)}{6}$.

例 4 求 $S_n=n+2(n+1)+3(n+2)+\cdots+n(2n-1)$.

因为数列 $n,n+1,n+2,\cdots,2n-1$ 是等差数列,首项和两个末项的平均数是$\frac{n+(2n-1)+(2n-1)}{3}=\frac{5n-2}{3}$,所以

$$\begin{aligned}S_n&=n+2(n+1)+3(n+2)+\cdots+n(2n-1)\\&=\frac{n(n+1)}{2}\cdot\frac{5n-2}{3}\\&=\frac{n(n+1)(5n-2)}{6}\end{aligned}$$

例 5 已知边长为 n 的等差数列的三角形阵的三个角上的数的平均数 $M\neq 0$. 求证:当 $n\geqslant 4$ 时,三角形阵中各数的和不可能是框架上的数的和的正整数倍.

证明 三角形阵中各数的和是$\frac{n(n+1)}{2}M$,三角形阵框架中各数的和为 $3(n-1)M$. 假定存在正整数 k,使$\frac{n(n+1)}{2}M=k\cdot 3(n-1)M$,那么因为 $M\neq 0$,所以$\frac{n(n+1)}{2}=3k(n-1)$,$n^2-(6k-1)n+6k=0$,于是

$$\Delta=(6k-1)^2-24k=36k^2-36k+1=(6k-3)^2-8$$

是完全平方数.

设$(6k-3)^2-8=u^2$(u 是非负整数),则$(6k-3)^2-u^2=8$,$(6k-3+u)\cdot(6k-3-u)=8$,于是$\begin{cases}6k-3+u=4\\6k-3-u=2\end{cases}$,$12k-6=6$,$k=1$,$n^2-5n+6=0$,$(n-2)(n-3)=0$,$n=2$ 或 $n=3$,这与 $n\geqslant 4$ 矛盾,证毕.

注 1 当 $n=2$ 或 $n=3$ 时,三角形阵框架本身就是三角形阵,显然有 $k=1$.

注 2 如果 $M=0$,那么 $a_1+\frac{2(n-1)}{3}d=0$,$d=-\frac{3a_1}{2(n-1)}$由 a_1,n 确定,且

$a_n = a_1 + (n-1)d = a_1 - \frac{3a_1}{2} = -\frac{1}{2}a_1$,即角上三数的和 $a_1 + a_n + a_n = 0$.

例如,取 $a_1 = 24, n = 7$,则 $d = -6$,得到三角形阵如图 14.

$$\begin{array}{ccccccccccccc} & & & & & & 24 & & & & & & \\ & & & & & 18 & & 18 & & & & & \\ & & & & 12 & & 12 & & 12 & & & & \\ & & & 6 & & 6 & & 6 & & 6 & & & \\ & & 0 & & 0 & & 0 & & 0 & & 0 & & \\ & -6 & & -6 & & -6 & & -6 & & -6 & & -6 & \\ -12 & & -12 & & -12 & & -12 & & -12 & & -12 & & -12 \end{array}$$

图 14

中间一个三角形阵如图 15.

$$\begin{array}{ccccccc} & & & 12 & & & \\ & & 6 & & 6 & & \\ & 0 & & 0 & & 0 & \\ -6 & & -6 & & -6 & & -6 \end{array}$$

图 15

的三个角上的数的和是 0,正中间一数也是 0,即各三角形阵的三个角上的数的和等于 0.

2.3 等差数列中的完全平方数

本节探究的是各项都是正整数的等差数列中是否出现完全平方数的情况.也就是说,在什么情况下等差数列中出现完全平方数,在什么情况下不出现完全平方数.如果出现完全平方数,那么有多少个?如何求出所有这样的完全平方数.

等差数列 $\{a_n\}$ 可由首项 a_1 和公差 d 唯一确定,设 a_1 和公差 d 是正整数.为了使等差数列 $\{a_n\}$ 包含尽量多的正整数,所以使 a_1 尽量小,于是设 $1 \leqslant a_1 \leqslant d$.当 $d = 1$ 时,$a_1 = 1$,数列 $\{a_n\}$ 就是正整数数列 $1,2,3,\cdots$,它包括所有的完全平方数,所以假定 $d \geqslant 2$,对此,我们有以下定理:

定理 如果等差数列 $\{a_n\}$ 的首项 a_1 和公差 $d(d \geqslant 2)$ 都是正整数,那么在数列 $\{a_n\}$ 中存在完全平方数的充要条件是:a_1 是模 d 的平方剩余.

证明 必要性.如果对于某个正整数 n,$a_n = a_1 + (n-1)d$ 是完全平方数,那么存在正整数 m,使 $a_n = a_1 + (n-1)d = m^2$.于是 $a_1 \equiv m^2 \pmod d$,即 a_1 是模 d 的平方剩余.

充分性. 如果 a_1 是模 d 的平方剩余,设 $a_1 \equiv r^2 \pmod d$ $(0 \leqslant r < d)$,则存在整数 k,使 $a_1 = r^2 + kd$. 对于这个整数 k,取 $n = l^2 d + 2rl + 1 - k$,只要正整数 l 取得足够大,就能使 $n \geqslant 1$,则 $a_n = a_1 + (l^2 d + 2rl - k)d = r^2 + kd + d^2 l^2 + 2rdl - kd = (dl + r)^2$ 是完全平方数. 证毕.

因为在 $a_n = (dl + r)^2$(l 是非负整数,若 $r = 0$,则 l 是正整数)中,l 可取无穷多个值,所以如果在等差数列 $\{a_n\}$ 中存在完全平方数,那么必存在无穷多个完全平方数. 此外,因为等差数列 $\{a_n\}$ 的各项都模 d 同余,所以,如果在等差数列 $\{a_n\}$ 中有一项是模 d 的平方剩余,那么每一项都是模 d 的平方剩余.

由以上结论可知,当且仅当 a_1 是模 d 的平方剩余时,正整数数列 $\{a_n\}$ 有无穷多项是完全平方数.

下面我们求:当 $1 \leqslant a_1 \leqslant d$ 时,怎样的 n,使 a_n 是完全平方数.

假定对于这样的 n,a_n 是完全平方数,则设 $a_1 \equiv r^2 \pmod d$,$a_n = m^2$ $(m = dl + s$,l 是非负整数,$0 \leqslant s < d)$. 于是 $a_n = (dl + s)^2 \equiv s^2 \pmod d$. 因为数列 $\{a_n\}$ 中各项模 d 同余,且 $a_1 \equiv r^2 \pmod d$,所以 $s^2 \equiv r^2 \pmod d$.

当 $r = 0$ 时,$a_1 = d$,$a_n = nd$. 容易求出一切正整数 n,使 nd 是完全平方数,数列 $\{a_n\}$ 中显然有无穷多项是完全平方数.

例如,当 $d = 60$,$a_1 = 60$ 时,得到数列 $a_n = 60n$:60,120,180,240,300,⋯.

由于 $d = 60 = 2^2 \cdot 3 \cdot 5$,所以当且仅当 $n = 3 \cdot 5l^2 = 15l^2$ 时,$a_n = 15l^2 \cdot 60 = (30l)^2$ 是完全平方数(l 是正整数).

下面考虑 $r \neq 0$ 的情况. 此时 $s = r$ 或 $s = d - r$. 这说明模 d 的平方剩余是以对称的形式出现的.

(1)当 $s = r$ 时,$m = dl + r$,设 $a_1 = r^2 + kd$,$a_n = (dl + r)^2 = a_1 + (n-1)d$,则

$$d^2 l^2 + 2dlr + r^2 = r^2 + kd + nd - d$$

于是 $n = dl^2 + 2rl + 1 - k$,此时

$$a_n = (dl + r)^2 \quad (l\text{ 是非负整数})$$

是完全平方数.

(2)当 $s = d - r$ 时,$m = dl + d - r$,设 $a_1 = (d - r)^2 + k'd$,同理当 $n = dl^2 + 2(d - r)l + 1 - k'$时

$$a_n = [dl + (d - r)]^2 \quad (l\text{ 是非负整数})$$

是完全平方数.

如果 $r \neq d - r$,那么由(1)和(2)得到的 n 不相同,a_n 也不相同,所以此时对于一个 r,就对应一个 $d - r$(当 d 是奇数时,必有 $r \neq d - r$),得到两组不同的完全平方数. 如果 $r = d - r$,即当 d 是偶数,$r = \dfrac{d}{2}$时,那么这两组完全平方数相同.

下面对 d 举一些具体的例子说明上面的一些结论.

例1　当 $d = 2$ 时,(1)若 $a_1 = 1$,则数列 $\{a_n\}$ 就是正奇数数列 1,3,5,⋯,它包含所有的奇完全平方数. (2)若 $a_1 = 2$,则数列 $\{a_n\}$ 就是正偶数数列 2,4,

6,…,它包含所有的偶完全平方数.

因此,只需考虑 $d\geqslant 3, r>0$ 的情况.

例 2 当 $d=7$ 时,将 $r^2 \pmod 7$ 列表如下(表 1):

表 1

r	1	2	3	4	5	6
$r^2 \pmod 7$	1	4	2	2	4	1

可见 1,2,4 是 mod 7 的平方剩余;3,5,6 不是 mod 7 的平方剩余. 即当 $a_1=1,2,4$ 时,数列 $\{a_n\}$ 中有无穷多个完全平方数;当 $a_1=3,5,6$ 时,数列 $\{a_n\}$ 中没有完全平方数. 下面依次考虑 a_1 的各种情况.

(1)当 $a_1=1$ 时,得到数列 $a_n=7n-6$:1,8,15,22,29,36,43,….

1 是模 7 的平方剩余,且 $r=1$ 或 6.

(i)当 $r=1$ 时,$a_1=1=1^2+7k, k=0$,所以 $n=7l^2+2l+1$,于是

$$a_n=(7l+1)^2 \quad (l \text{ 是非负整数})$$

当 $l=0,1,2,3,4,\cdots$ 时,列表如下(表 2):

表 2

l	0	1	2	3	4	…
n	1	10	33	70	121	…
a_n	1	64	225	484	841	…

(ii)当 $r=6$ 时,$a_1=1=6^2+7k, k=-5$,所以 $n=7l^2+12l+6$,于是

$$a_n=(7l+6)^2 \quad (l \text{ 是非负整数})$$

当 $l=0,1,2,3,4,\cdots$ 时,列表如下(表 3):

表 3

l	0	1	2	3	4	…
n	6	25	58	105	166	…
a_n	36	169	400	729	1156	…

(2)当 $a_1=2$ 时,得到数列 $a_n=7n-5$:2,9,16,23,30,37,44,….

2 是模 7 的平方剩余,且 $r=3$ 或 4.

(i)当 $r=3$ 时,$a_1=2=3^2+7k, k=-1$,所以 $n=7l^2+6l+2$,于是

$$a_n=(7l+3)^2 \quad (l \text{ 是非负整数})$$

当 $l=0,1,2,3,4,\cdots$ 时,列表如下(表 4):

表4

l	0	1	2	3	4	…
n	2	15	42	83	138	…
a_n	9	100	289	576	961	…

(ii)当 $r=4$ 时,$a_1=2=4^2+7k$,$k=-2$,所以 $n=7l^2+8l+3$,于是

$$a_n=(7l+4)^2 \quad (l\text{是非负整数})$$

当 $l=0,1,2,3,4,\cdots$ 时,列表如下(表5):

表5

l	0	1	2	3	4	…
n	3	18	47	90	147	…
a_n	16	121	324	625	1024	…

(3)当 $a_1=3$ 时,得到数列 $a_n=7n-4$:3,10,17,24,31,38,45,….

因为3不是模7的平方剩余,所以该数列中没有完全平方数.

(4)当 $a_1=4$ 时,得到数列 $a_n=7n-3$:4,11,18,25,32,39,46,….

4是模7的平方剩余,且 $r=2$ 或5.

(i)当 $r=2$ 时,$a_1=4=2^2+7k$,$k=0$,所以 $n=7l^2+4l+1$,于是

$$a_n=(7l+2)^2 \quad (l\text{是非负整数})$$

当 $l=0,1,2,3,4,\cdots$ 时,列表如下(表6):

表6

l	0	1	2	3	4	…
n	1	12	37	76	129	…
a_n	4	81	256	529	900	…

(ii)当 $r=5$ 时,$a_1=4=5^2+7k$,$k=-3$,所以 $n=7l^2+10l+4$,于是

$$a_n=(7l+5)^2 \quad (l\text{是非负整数})$$

当 $l=0,1,2,3,4,\cdots$ 时,列表如下(表7):

表7

l	0	1	2	3	4	…
n	4	21	52	97	156	…
a_n	25	144	361	676	1089	…

(5)当 $a_1=5$ 时,得到数列 $a_n=7n-2$:5,12,19,26,33,40,47,….

因为5不是模7的平方剩余,所以该数列中没有完全平方数.

(6)当 $a_1=6$ 时,得到数列 $a_n=7n-1$:6,13,20,27,34,41,48,….

因为 6 不是模 7 的平方剩余，所以该数列中没有完全平方数.

(7) 当 $a_1=7$ 时，得到数列 $a_n=7n$: 7, 14, 21, 28, 35, 42, 49, $\cdots$.

因为 7 是质数，所以当且仅当 $n=7l^2$ 时，$a_n=(7l)^2$ 是完全平方数（l 是正整数）. 当 $l=1,2,3,4,\cdots$ 时，列表如下（表 8）：

表 8

l	1	2	3	4	$\cdots$
n	7	28	63	112	$\cdots$
a_n	49	196	441	784	$\cdots$

这样我们将所有的完全平方数分成了 7 类，即 $a_n=(7l+r)^2$, $r=0,1,2,3,4,5,6$.

上面的 $d=7$ 是奇数，下面考虑 d 是偶数的情况，此时 $d-\frac{d}{2}=\frac{d}{2}$, $r^2 \pmod d$ 关于 $\frac{d}{2}$ 对称. 容易证明：(1) 若 $d\equiv 0 \pmod 4$，则 $\left(\frac{d}{2}\right)^2\equiv 0 \pmod d$；

(2) 若 $d\equiv 2 \pmod 4$，则 $\left(\frac{d}{2}\right)^2\equiv \frac{d}{2} \pmod d$.

现在举例如下：

例 3 当 $d=10$ 时，将 r 列表如下（表 9）：

表 9

r	1	2	3	4	5	6	7	8	9
$r^2 \pmod{10}$	1	4	9	6	5	6	9	4	1

可见 1, 4, 5, 6, 9 是模 10 的平方剩余. 例如取 $a_1=5$, $r=5$, 通项 $a_n=10n-5$. 得到数列：5, 15, 25, 35, 45, 55, 65, 75, 85, 95, 105, $\cdots$.

$a_1=5=5^2+10k$, $k=-2$, 于是 $n=10l^2+10l+3$, $a_n=(10l+5)^2$（l 是非负整数）是完全平方数，列表如下（表 10）：

表 10

l	0	1	2	3	4	$\cdots$
n	3	23	63	123	203	$\cdots$
a_n	25	225	625	1225	2025	$\cdots$

数列 $a_n=10n-5$ 中的完全平方数只有这一组. 其余的完全平方数分别分布在 $a_1=1,4,6,9$ 得到的数列中，由 $r^2 \pmod{10}$ 的表看出，例如，当 $a_1=1$ 时，

$r=1$ 或 9；当 $a_1=4$ 时，$r=2$ 或 8；当 $a_1=6$ 时，$r=4$ 或 6；当 $a_1=9$ 时，$r=3$ 或 7；这些数列的每一个中都有两组完全平方数.

例 4 当 $d=12$ 时，将 r 列表如下（表 11）：

表 11

r	1	2	3	4	5	6	7	8	9	10	11
$r^2 \pmod{12}$	1	4	9	4	1	0	1	4	9	4	1

可见 1，4，9，0 是模 12 的平方剩余；2，3，5，6，7，8，11 不是模 12 的平方剩余. 下面各举几个例子说明完全平方数的分布情况.

（1）取 $a_1=4$，通项 $a_n=12n-8$. 得到数列：4，16，28，40，52，64，⋯.

因为 4 是模 12 的平方剩余，且 $r=2,4,8,10$.

（i）当 $r=2$ 时，$a_1=4=2^2+12k$，$k=0$，于是 $n=12l^2+4l+1$，$a_n=(12l+2)^2$（l 是非负整数），列表如下（表 12）：

表 12

l	0	1	2	3	4	⋯
n	1	17	57	121	209	⋯
a_n	4	196	676	1444	2500	⋯

（ii）当 $r=4$ 时，$a_1=4=4^2+12k$，$k=-1$，于是 $n=12l^2+8l+2$，$a_n=(12l+4)^2$（l 是非负整数），列表如下（表 13）：

表 13

l	0	1	2	3	4	⋯
n	2	22	66	134	226	⋯
a_n	16	256	784	1600	2704	⋯

（iii）当 $r=8$ 时，$a_1=4=8^2+12k$，$k=-5$，于是 $n=12l^2+16l+6$，$a_n=(12l+8)^2$（l 是非负整数），列表如下（表 14）：

表 14

l	0	1	2	3	4	⋯
n	6	34	86	162	262	⋯
a_n	64	400	1024	1936	3136	⋯

(iv)当 $r=10$ 时，$a_1=4=10^2+12k,k=-8$，于是 $n=12l^2+20l+9,a_n=(12l+10)^2$（$l$ 是非负整数），列表如下（表 15）：

表 15

l	0	1	2	3	4	…
n	9	41	97	177	281	…
a_n	100	484	1156	2116	3364	…

（2）取 $a_1=5$，通项 $a_n=12n-7$. 得到数列：5，17，29，41，53，65，….

因为 5 不是模 12 的平方剩余，所以该数列中没有完全平方数.

（3）取 $a_1=12,r=0$ 或 6，通项 $a_n=12n$. 得到数列：12，24，36，48，….

（i）当 $r=0$ 时，$a_1=12=2^2\cdot 3$，所以当且仅当 $n=3l^2$ 时，$a_n=(6l)^2$（l 是正整数），列表如下（表 16）：

表 16

l	1	2	3	4	5	…
n	3	12	27	48	75	…
a_n	36	144	324	576	900	…

（ii）当 $r=6$ 时，$a_1=12=6^2+12k,k=-2$，于是 $n=12l^2+12l+3,a_n=(12l+6)^2$（$l$ 是非负整数），列表如下（表 17）：

表 17

l	0	1	2	3	4	…
n	3	27	75	147	243	…
a_n	36	324	900	1764	2916	…

所以数列 $a_n=12n$ 有 2 组完全平方数，这两组完全平方数可合并为 $a_n=(6l)^2$（l 是正整数）.

（4）取 $a_1=9$，通项 $a_n=12n-3$，得到数列：9，21，33，45，57，69，81，….

因为 9 是模 12 的平方剩余，且 $r=3$ 或 9.

（i）当 $r=3$ 时，$a_1=9=3^2+12k,k=0$，于是 $n=12l^2+6l+1,a_n=(12l+3)^2$（$l$ 是正整数），列表如下（表 18）：

表18

l	0	1	2	3	4	…
n	1	19	61	127	217	…
a_n	9	225	729	1521	2601	…

(ii) 当 $r=9$ 时, $a_1=9=9^2+12k$, $k=-6$, 于是 $n=12l^2+18l+7$, $a_n=(12l+9)^2$ (l 是非负整数), 列表如下(表19):

表19

l	0	1	2	3	4	…
n	7	37	91	169	271	…
a_n	81	441	1089	2025	3249	…

由此可得以下结论:

(1) 当 $a_1=1$ 时, $r=1,5,7,11$, 所以数列 $a_n=12n-11$ 有4组完全平方数.

(2) 当 $a_1=4$ 时, $r=2,4,8,10$, 所以数列 $a_n=12n-8$ 有4组完全平方数(上面已经列举).

(3) 当 $a_1=9$ 时, $r=3,9$, 所以数列 $a_n=12n-3$ 有2组完全平方数(上面已经列举).

(4) 当 $a_1=2,3,5,6,7,8,11$ 时, 数列 $a_n=a_1+12(n-1)$ 都没有完全平方数.

(5) 其余的完全平方数都出现在数列 $a_n=12n$ 中.

2.4 说说数列 37,3367,333667,…

本节说的是数列 37,3367,333667,…. 首先我们说说这些数的由来,然后根据这些数的由来探究这些数以及这些数的倍数的一些性质.

为叙述方便,设十进制 n 位数 $x=\overline{a_1a_2\cdots a_n}$, 其中 a_i 是 0,1,2,3,4,5,6,7,8,9 中的一个, a_i 不全为 0 ($i=1,2,\cdots,n$). 也就是说,如果 x 不足 n 位数,则在 x 的左边写若干个 0,补成 n 位数.

2.4.1 数列 37,3367,333667,…的由来

众所周知,一个多位数是3的倍数的充要条件是各位数字的和是3的倍

数. 因此,如果将十进制 n 位数 $x=\overline{a_1a_2\cdots a_n}$ 连续写三遍,那么得到的 $3n$ 位数 $y=\overline{a_1a_2\cdots a_na_1a_2\cdots a_na_1a_2\cdots a_n}$ 必是 3 的倍数,从而推得 y 是 $3x$ 的倍数. 因为

$$\begin{aligned} y &= \overline{a_1a_2\cdots a_n}\times 10^{2n}+\overline{a_1a_2\cdots a_n}\times 10^{n}+\overline{a_1a_2\cdots a_n} \\ &= \overline{a_1a_2\cdots a_n}(10^{2n}+10^{n}+1)=(10^{2n}+10^{n}+1)x \end{aligned}$$

且 $10^{2n}+10^{n}+1\equiv 1+1+1\equiv 0 \pmod 3$,所以 y 是 $3x$ 的倍数.

例如,取 $x=2019$,则 $201920192019=3\cdot 2019\cdot 33336667$ 是 $3\cdot 2019$ 的倍数.

既然 $10^{2n}+10^{n}+1$ 是 3 的倍数,那么下面考虑 $10^{2n}+10^{n}+1$ 除以 3 的商:

$$\begin{aligned} \frac{1}{3}(10^{2n}+10^{n}+1) &= \frac{1}{3}(10^{2n}-10^{n}+2\cdot 10^{n}-2+3) \\ &= \frac{1}{3}(10^{n}-1)10^{n}+\frac{2}{3}(10^{n}-1)+1 \\ &= \underbrace{33\cdots 3}_{n\text{个}3}\underbrace{66\cdots 6}_{n-1\text{个}6}7 \end{aligned}$$

设 $x_n=\frac{1}{3}(10^{2n}+10^{n}+1)=\underbrace{33\cdots 3}_{n\text{个}3}\underbrace{66\cdots 6}_{n-1\text{个}6}7$,取 $n=1,2,\cdots$,得到数列 $\{x_n\}$:37,3367,333667,$\cdots$.

数列 $\{x_n\}$ 的各项就是将任意 n 位数 x 连续写三遍后除以 $3x$ 的商.

2.4.2 数列 $\{x_n\}$ 的一些性质

根据数列 $\{x_n\}$ 的定义,容易推出数列 $\{x_n\}$ 中的数有以下一些性质:

1. x_n 是 $2n$ 位数,前 n 位数 $\underbrace{33\cdots 3}_{n\text{个}3}$ 和后 n 位数 $\underbrace{66\cdots 6}_{n-1\text{个}6}7$ 满足以下两个关系:

(1) $\underbrace{66\cdots 6}_{n-1\text{个}6}7=2\cdot\underbrace{33\cdots 3}_{n\text{个}3}+1$;(2) $\underbrace{33\cdots 3}_{n\text{个}3}+\underbrace{66\cdots 6}_{n-1\text{个}6}7=10^{n}$.

2. 将 $2n$ 位数 x_n 连续写三遍后除以 $3x_n$ 得到的 $4n$ 位数 x_{2n},且 x_{2n} 是合数.

$$\frac{1}{3x_n}(x_n\cdot 10^{4n}+x_n\cdot 10^{2n}+x_n)=\frac{1}{3}(10^{4n}+10^{2n}+1)=x_{2n}$$

因为 $(10^{4n}+10^{2n}+1)=(10^{2n}+10^{n}+1)(10^{2n}-10^{n}+1)$,所以 $x_{2n}=x_n(10^{2n}-10^{n}+1)$ 是合数.

例如,$x_4=\frac{336733673367}{3\cdot 3367}=33336667=3367\cdot 9901$ 是合数,$336733673367=3367^2\cdot 29703$,等等.

一般地,$\underbrace{33\cdots 3}_{2n\text{个}3}\underbrace{66\cdots 6}_{2n-1\text{个}6}7=\underbrace{33\cdots 3}_{n\text{个}3}\underbrace{66\cdots 6}_{n-1\text{个}6}7\cdot\underbrace{99\cdots 9}_{n\text{个}9}\underbrace{00\cdots 0}_{n-1\text{个}0}1$ 是合数.

推论 x_n^2 整除将 $2n$ 位数 x_n 连续写三遍后得到的 $6n$ 位数.

$$x_n \cdot 10^{4n} + x_n \cdot 10^{2n} + x_n = x_n(10^{4n} + 10^{2n} + 1)$$
$$= x_n(10^{2n} + 10^n + 1)(10^{2n} - 10^n + 1)$$
$$= 3x_n^2(10^{2n} - 10^n + 1)$$

3. 设数列$\{x_n\}$的前 n 项的和为 S_n，则 $S_n = \frac{1}{297}(3x_{n+1} + 10^{n+2} + 99n - 211)$.

因为 $x_n = \frac{1}{3}(10^{2n} + 10^n + 1)$中的 10^{2n}和 10^n 都是等比数列的通项，所以

$$S_n = \frac{1}{3}\sum_{i=1}^{n}(10^{2i} + 10^i + 1) = \frac{1}{3}\left(\frac{10^{2n+2} - 100}{99} + \frac{10^{n+1} - 10}{9} + n\right)$$

$$= \frac{1}{297}(10^{2n+2} + 10^{n+1} + 1 + 10^{n+2} + 99n - 211)$$

$$= \frac{1}{297}(3x_{n+1} + 10^{n+2} + 99n - 211)$$

例如，$S_1 = \frac{1}{297}(3 \cdot 3367 + 1000 + 99 - 211) = 37$，$S_2 = \frac{1}{297}(3 \cdot 333667 + 10000 + 2 \cdot 99 - 211) = 3404 = 37 + 3367$，等等.

4. 数列$\{x_n\}$的连续两项的关系是：$x_{n+1} = 100x_n - 3(10^{n+1} + 11)$.

数列$\{x_n\}$的连续三项的关系是：$x_{n+2} = 101x_{n+1} - 100x_n - 27 \cdot 10^{n+1}$.

数列$\{x_n\}$的连续四项的关系是：$x_{n+3} = 111x_{n+2} - 1110x_{n+1} + 1000x_n$.

将 $x_n = \frac{1}{3}(10^{2n} + 10^n + 1)$（或将其中的 n 换成 $n+1, n+2$）代入右边后，就得到上述递推关系.

因为 $x_n = \frac{1}{3}(10^{2n} + 10^n + 1)$，所以我们可补充定义 $x_0 = 1$.

因为当 $n = 0$ 时

$$x_1 = 100 - 3 \cdot 21 = 37$$
$$x_2 = 101 \cdot 37 - 100 \cdot 1 - 27 \cdot 10 = 3367$$
$$x_3 = 111 \cdot 3367 - 1110 \cdot 37 + 1000 \cdot 1 = 333667$$

所以以上递推关系中对一切非负整数 n 都成立.

利用上述递推关系可以逐个求出数列$\{x_n\}$的项：

当 $n = 1$ 时

$$x_2 = 3700 - 3 \cdot 111 = 3367$$
$$x_3 = 101 \cdot 3367 - 100 \cdot 37 - 27 \cdot 100 = 333667$$
$$x_4 = 111 \cdot 333667 - 1110 \cdot 3367 + 1000 \cdot 37 = 33336667$$

……

实际上我们是不会用递推关系求出数列$\{x_n\}$的项的，上述递推关系只不过是表示数列$\{x_n\}$中连续几项之间有这样的关系而已.

由$x_{n+3}=111x_{n+2}-1110x_{n+1}+1000x_n$可知数列$\{x_n\}$是三阶齐次线性递推数列. 初始条件为：$x_0=1,x_1=37,x_2=3367$.

另一方面，由$x_n=\frac{1}{3}(10^{2n}+10^n+1)$看出，$x_n$是特征根$10^2$，10和1的同一次幂的线性组合，同样得到递推关系：$x_{n+3}=111x_{n+2}-1110x_{n+1}+1000x_n$，其中111是特征根$10^2$，10和1的和，1110是特征根$10^2$，10和1的两两之积之和，1000是特征根$10^2$，10和1的积.

2.4.3 不超过999的37的倍数的性质

将$3x_n=1\underbrace{0\cdots0}_{n-1个0}1\underbrace{0\cdots0}_{n-1个0}1$补成$3n$位数，即$3x_n=\underbrace{0\cdots0}_{n-1个0}1\underbrace{0\cdots0}_{n-1个0}1\underbrace{0\cdots0}_{n-1个0}1$，此时$3x_n$的前$n$位数、中$n$位数和末$n$位数相同，都是$\underbrace{0\cdots0}_{n-1个0}1$，也就是说，$x_n$的3倍可分成相同的三段，那么对于$x_n$的其他的倍数会发生什么情况呢？在下面的内容中，我们将研究x_n的一些倍数的性质.

为了将问题简化，我们首先探究当$n=1$时，在$x_1=37$的倍数中寻找规律，然后将这些规律推广到一般情况.

设m为正整数，$mx_1=37m\leqslant 999=27\cdot 37$，所以$m\leqslant 27$. 为研究方便，我们将不超过999的$37m$列表如下（表1）：

表1 不超过999的37的倍数表

m	1	2	3	4	5	6	7	8	9
$37m$	037	074	111	148	185	222	259	296	333
m	10	11	12	13	14	15	16	17	18
$37m$	370	407	444	481	518	555	592	629	666
m	19	20	21	22	23	24	25	26	27
$37m$	703	740	777	814	851	888	925	962	999

观察上表可以发现不超过999的$37m$有以下性质：

（1）在3位数$\overline{abc},\overline{bca},\overline{cab}$中，如果有一个是37的倍数，那么另外两个也是37的倍数.

（2）在37的倍数$\overline{abc}$的三个数字a,b,c中，或者全部相同，或者全部不同.

(3)在37的倍数$\overline{abc}$的三个数字a,b,c全部不同时,则在a,b,c中必有两数之差是3,也必有两数之差是7.

(4)$\dfrac{\overline{abc}}{37}-(a+b+c)$是9的倍数.

证明　(1)$10\,\overline{abc}=999a+\overline{bca}$,$999a=37\cdot 27a$是37的倍数,因为$(37,10)=1$,所以$\overline{abc}$和$\overline{bca}$同时是37的倍数.

(2)在37的倍数$\overline{abc}$的三个数字a,b,c中,如果$b=a$,那么$\overline{abc}=\overline{aac}=110a+c=111a+c-a$是37的倍数,所以$c-a$是37的倍数,$a=c$.

(3)如果37的倍数$\overline{abc}$的三个数字a,b,c全部不同,设a最小,$b=a+k$,$c=a+l$(k,l是1到9中的正整数),所以$\overline{abc}=111a+10k+l$是37的倍数,于是两位数$10k+l$是37的倍数,则$10k+l=37$或74.

(i)当$10k+l=37$时,$k=3,l=7$;$b-a=3,c-a=7$.

(ii)当$10k+l=74$时,$k=7,l=4$;$b-a=7,b-c=3$.

(4)我们将性质(4)中的3位数$\overline{abc}$推广到n位数$\overline{a_1a_2\cdots a_n}$,37推广到$9l\pm1$的情况.如果$n$位数$\overline{a_1a_2\cdots a_n}$是$9l\pm1$的倍数,那么$\dfrac{\overline{a_1a_2\cdots a_n}}{9l\pm1}\mp(a_1+a_2+\cdots+a_n)$是9的倍数.

证明

$$
\begin{aligned}
&(9l\pm1)\left[\frac{\overline{a_1a_2\cdots a_n}}{9l\pm1}\mp(a_1+a_2+\cdots+a_n)\right]\\
&=\overline{a_1a_2\cdots a_n}\mp(9l\pm1)(a_1+a_2+\cdots+a_n)\\
&\equiv(a_1+a_2+\cdots+a_n)[1\mp(9l\pm1)]\pmod 9\equiv0\pmod 9
\end{aligned}
$$

因为$(9l\pm1,9)=1$,所以$\dfrac{\overline{a_1a_2\cdots a_n}}{9l\pm1}\mp(a_1+a_2+\cdots+a_n)\equiv0\pmod 9$.

例如,5 096是26的倍数,$\dfrac{5\,096}{26}+(5+0+9+6)=196+20=216$是9的倍数;

5 096是28的倍数,$\dfrac{5\,096}{28}-(5+0+9+6)=182-20=162$是9的倍数.

此外,由于$27\cdot37=999$,所以小于999的27的倍数与37有一些类似的性质,这里附带探究一下$27m(1\leqslant m\leqslant36)$的性质.为方便起见,下面列出小于999的27的倍数表(表2):

表 2　小于 999 的 27 的倍数表

m	1	2	3	4	5	6	7	8	9
$27m$	027	054	081	108	135	162	189	216	243
m	10	11	12	13	14	15	16	17	18
$27m$	270	297	324	351	378	405	432	459	486
m	19	20	21	22	23	24	25	26	27
$27m$	513	540	567	594	621	648	675	702	729
m	28	29	30	31	32	33	34	35	36
$27m$	756	783	810	837	864	891	918	945	972

观察上表可以发现小于 999 的 27 的倍数有以下性质:

(1)在 3 位数$\overline{abc}$,$\overline{bca}$,$\overline{cab}$中,如果有一个是 27 的倍数,那么另外两个也是 27 的倍数.

(2)在 27 的倍数$\overline{abc}$的三个数字 a,b,c 中,恰有一个是 3 的倍数.

(3)在 27 的倍数$\overline{abc}$中,如果数字 c 是 3 的倍数,那么两位数$\overline{ab}+c$ 是 27 的倍数.

证明　(1)同 37 的倍数的情况.

(2)因为$\overline{abc}$是 27 的倍数,也是 9 的倍数,所以 $a+b+c$ 是 9 的倍数.

设 $a+b+c=9p$,因为$\overline{abc}<999$,所以 $a+b+c<27$,于是 $p=1$ 或 $p=2$.

设 $a=3k+r$,$b=3l+s$,$c=3m+t$,r,s,t 在 0,1,2 中取值.

因为 $a+b+c$ 是 3 的倍数,所以 $r+s+t$ 是 3 的倍数.

$$\begin{aligned}\overline{abc}&=100a+10b+c\\&=99a+9b+a+b+c\\&=297k+99r+27l+9s+9p\\&=27(11k+3r+l)+18r+9s+9p\\&=27(11k+3r+l)+9(2r+s+p)\end{aligned}$$

是 27 的倍数,所以 $2r+s+p$ 是 3 的倍数.

(i)如果 r,s,t 都是 0,那么 $2r+s+p$ 不是 3 的倍数.

(ii)如果 r,s,t 中恰有两个是 0,那么 $r+s+t$ 不是 3 的倍数.

于是 r,s,t 中恰有一个是 0,即 a,b,c 恰有一个是 3 的倍数.

(3)设$\overline{abc}$中的 c 是 3 的倍数,那么$\overline{ab}$也是 3 的倍数.

$\overline{abc}=10\ \overline{ab}+c=9\ \overline{ab}+\overline{ab}+c$ 是 27 的倍数,$9\ \overline{ab}$是 27 的倍数,所以$\overline{ab}+c$ 也是 27 的倍数.

2.4.4 不超过 10^n-1 的 x_n 的倍数的性质

在 2.4.3 中,我们在 $x_1=37$ 的倍数中找出了一些规律,并将不超过 999 的 37 的倍数的性质(4)进行了推广.下面,我们将其他几个性质也进行推广.

性质(1)可推广如下:

如果正整数 $d\mid 10^n-1$,那么十进制 n 位数 $\overline{a_1a_2\cdots a_n}$, $\overline{a_2\cdots a_na_1}$, $\cdots$, $\overline{a_na_1a_2\cdots a_{n-1}}$同时是或同时不是 d 的倍数.

证明 $10\ \overline{a_1a_2\cdots a_n}=\overline{a_2\cdots a_na_1}+a_1(10^n-1)$.因为$d\mid 10^n-1$,所以$d\mid a_1(10^n-1)$.

又因为$(d,10)=1$,所以$\overline{a_1a_2\cdots a_n}$和$\overline{a_2\cdots a_na_1}$同时是或同时不是 d 的倍数.

例如,当 $n=5$ 时,有 $41\mid 99999$.由 63017 是 41 的倍数,推得 30176,01763,17630,76301 都是 41 的倍数.由 38472 不是 41 的倍数,推得 84723, 47238, 72384, 23847 都不是 41 的倍数.

下面探究性质(2)和性质(3)推广后的情况.

设 m 是正整数,$1\leqslant m=3k+r\leqslant 3(10^n-1)$,$k$ 是非负整数,$r=0,1,2$,则$0\leqslant k\leqslant 10^n-1$ 至多是 n 位数.于是 $mx_n\leqslant 3(10^n-1)\cdot\frac{1}{3}(10^{2n}+10^n+1)=10^{3n}-1$ 至多是 $3n$ 位数(如果 mx_n 不足 $3n$ 位数,为叙述方便起见,则在 mx_n 的左边补若干个 0 变为 $3n$ 位数).设 $3n$ 位数 mx_n 的前 n 位数为 a_n、中 n 位数为 b_n、末 n 位数为 c_n,则 $mx_n=a_n\cdot 10^{2n}+b_n\cdot 10^n+c_n$.为方便起见,记作 $mx_n=\overline{a_nb_nc_n}$.

mx_n 有以下性质:

1. 如果 m 是 3 的倍数,那么 $a_n=b_n=c_n$.
2. 如果 m 不是 3 的倍数,那么在 a_n,b_n,c_n 中必有两数之差等于$\underbrace{33\cdots3}_{n个3}$,也必有两数之差等于$\underbrace{66\cdots6}_{n-1个6}7$.

证明

$$\begin{aligned}mx_n&=(3k+r)\cdot\frac{1}{3}(10^{2n}+10^n+1)\\&=k(10^{2n}+10^n+1)+r\cdot\frac{1}{3}(10^{2n}+10^n+1)\\&=k\cdot 10^{2n}+k\cdot 10^n+k+r\cdot\frac{1}{3}(10^{2n}+10^n+1)\end{aligned}$$

因为 k 至多是 n 位数(如果 k 不到 n 位数,则在 k 的左边写若干个 0,补成 n 位数),所以 mx_n 可写成 $mx_n=\overline{kkk}+r\cdot\frac{1}{3}(10^{2n}+10^n+1)$.

(1)当 $r=0$ 时,$1\leqslant k\leqslant 10^n-1$ 至多是 n 位数,$mx_n=\overline{kkk}$,即 $a_n=b_n=c_n=k$.

(2)当 $r=1$ 和 $r=2$ 时,因为 $0\leqslant k\leqslant\underbrace{99\cdots9}_{n-1个9}8$,所以 k 至多是 n 位数. 于是

当 $r=1$ 时,$mx_n=\overline{kkk}+\frac{1}{3}(10^{2n}+10^n+1)=\overline{kkk}+\underbrace{0\cdots0}_{n个0}\underbrace{33\cdots3}_{n个3}\underbrace{66\cdots6}_{n-1个6}7$.

当 $r=2$ 时,$mx_n=\overline{kkk}+\frac{2}{3}(10^{2n}+10^n+1)=\overline{kkk}+\underbrace{0\cdots0}_{n个0}\underbrace{66\cdots6}_{n-1个6}7\underbrace{33\cdots3}_{n-1个3}4$.

因为 $k+\underbrace{33\cdots3}_{n个3}$,$k+\underbrace{33\cdots3}_{n-1个3}4$ 和 $k+\underbrace{66\cdots6}_{n-1个6}7$ 可能超过 n 位数,所以对 k 进行分类后分别处理.

(i)若 $0\leqslant k\leqslant\underbrace{33\cdots3}_{n-1个3}2$,则 $k+\underbrace{33\cdots3}_{n个3}<k+\underbrace{33\cdots3}_{n-1个3}4<k+\underbrace{66\cdots6}_{n-1个6}7\leqslant\underbrace{99\cdots9}_{n个9}$,所以 $k+\underbrace{33\cdots3}_{n个3}$,$k+\underbrace{33\cdots3}_{n-1个3}4$ 和 $k+\underbrace{66\cdots6}_{n-1个6}7$ 都至多是 n 位数. 于是

当 $r=1$ 时,$mx_n=\overline{a_nb_nc_n}=\overline{k(k+\underbrace{33\cdots3}_{n个3})(k+\underbrace{66\cdots6}_{n-1个6}7)}$,得到 $a_n=k$,$b_n=k+\underbrace{33\cdots3}_{n个3}$,$c_n=k+\underbrace{66\cdots6}_{n-1个6}7$,有

$$b_n-a_n=\underbrace{33\cdots3}_{n个3},c_n-a_n=\underbrace{66\cdots6}_{n-1个6}7$$

当 $r=2$ 时,$mx_n=\overline{a_nb_nc_n}=\overline{k(k+\underbrace{66\cdots6}_{n-1个6}7)(k+\underbrace{33\cdots3}_{n-1个3}4)}$,得到 $a_n=k$,$b_n=k+\underbrace{66\cdots6}_{n-1个6}7$,$c_n=k+\underbrace{33\cdots3}_{n-1个3}4$,有

$$b_n-c_n=\underbrace{33\cdots3}_{n个3},c_n-a_n=\underbrace{66\cdots6}_{n-1个6}7$$

(ii)若 $\underbrace{33\cdots3}_{n个3}\leqslant k\leqslant\underbrace{66\cdots6}_{n-1个6}5$,则 $k+\underbrace{66\cdots6}_{n-1个6}7-10^n=k-\underbrace{33\cdots3}_{n个3}\geqslant 0$,$k-\underbrace{33\cdots3}_{n个3}\leqslant\underbrace{33\cdots3}_{n-1个3}2$,所以 $k-\underbrace{33\cdots3}_{n个3}$ 至多是 n 位数.

$k+\underbrace{33\cdots3}_{n个3}+1=k+\underbrace{33\cdots3}_{n-1个3}4\leqslant\underbrace{99\cdots9}_{n个9}$ 至多是 n 位数. 又 $k<k+1\leqslant\underbrace{66\cdots6}_{n个6}$ 至多是 n 位数. 于是

当 $r=1$ 时,$mx_n=\overline{a_nb_nc_n}=\overline{k(k+\underbrace{33\cdots3}_{n-1个3}4)(k-\underbrace{33\cdots3}_{n个3})}$,得到 $a_n=k$,$b_n=k+\underbrace{33\cdots3}_{n-1个3}4$,$c_n=k-\underbrace{33\cdots3}_{n个3}$,于是

$$a_n-c_n=\underbrace{33\cdots3}_{n个3},b_n-c_n=\underbrace{66\cdots6}_{n-1个6}7$$

当 $r=2$ 时，$mx_n=\overline{a_nb_nc_n}=\overline{(k+1)(k-\underbrace{33\cdots3}_{n个3})(k+\underbrace{33\cdots34}_{n-1个3})}$，得到 $a_n=k+1$，$b_n=k-\underbrace{33\cdots3}_{n个3}$，$c_n=k+\underbrace{33\cdots34}_{n-1个3}$，于是

$$c_n-a_n=\underbrace{33\cdots3}_{n个3},c_n-b_n=\underbrace{66\cdots67}_{n-1个6}$$

(iii)若 $\underbrace{66\cdots6}_{n个6}\leqslant k\leqslant\underbrace{99\cdots98}_{n-1个9}$，则 $k+\underbrace{66\cdots67}_{n-1个6}-10^n=k-\underbrace{33\cdots3}_{n个3}\geqslant0$，$k+\underbrace{66\cdots67}_{n-1个6}-10^n+1=k-\underbrace{33\cdots32}_{n-1个3}\leqslant\underbrace{66\cdots65}_{n-1个6}$.

因为 $0\leqslant k-\underbrace{33\cdots3}_{n个3}<k-\underbrace{33\cdots32}_{n-1个3}\leqslant\underbrace{66\cdots6}_{n个6}$，所以 $k-\underbrace{33\cdots3}_{n个3}$ 和 $k-\underbrace{33\cdots32}_{n-1个3}$ 都至多是 n 位数.

因为 $k+\underbrace{33\cdots3}_{n个3}-10^n+1=k-\underbrace{66\cdots6}_{n个6}\geqslant0$，$k-\underbrace{66\cdots6}_{n个6}\leqslant\underbrace{33\cdots32}_{n-1个3}$，所以 $k-\underbrace{66\cdots6}_{n个6}$ 至多是 n 位数. 又 $k+1\leqslant\underbrace{99\cdots9}_{n个9}$ 至多是 n 位数. 于是

当 $r=1$ 时，$mx_n=\overline{a_nb_nc_n}=\overline{(k+1)(k-\underbrace{66\cdots6}_{n个6})(k-\underbrace{33\cdots3}_{n个3})}$，得到 $a_n=k+1$，$b_n=k-\underbrace{66\cdots6}_{n个6}$，$c_n=k-\underbrace{33\cdots3}_{n个3}$，于是 $c_n-b_n=\underbrace{33\cdots3}_{n个3}$，$a_n-b_n=\underbrace{66\cdots67}_{n-1个6}$.

当 $r=2$ 时，$mx_n=\overline{a_nb_nc_n}=\overline{(k+1)(k-\underbrace{33\cdots32}_{n-1个3})(k-\underbrace{66\cdots6}_{n个6})}$，得到 $a_n=k+1$，$b_n=k-\underbrace{33\cdots32}_{n-1个3}$，$c_n=k-\underbrace{66\cdots6}_{n个6}$，于是 $a_n-b_n=\underbrace{33\cdots3}_{n个3}$，$a_n-c_n=\underbrace{66\cdots67}_{n-1个6}$.

综上所述，如果 m 不是 3 的倍数，那么对于满足 $1\leqslant m\leqslant3(10^n-1)$ 的任何正整数 m，在 $mx_n=\overline{a_nb_nc_n}$ 被分成的 3 段 a_n,b_n,c_n 中，必有两段之差等于 $\underbrace{33\cdots3}_{n个3}$，也必有两段之差等于 $\underbrace{66\cdots67}_{n-1个6}$.

由于 $m\leqslant3(10^n-1)$，当 $n\geqslant2$ 时，mx_n 的值过多，如将 mx_n 的这些值全部列出，则需要较大的篇幅，现在仅举几个例子说明上述性质.

例如，取 $m=171$ 是 3 的倍数，则 $171\times3367=57\ 57\ 57$，三段都相同，$171\times333667=057\ 057\ 057$，三段都相同，等等.

取 $m=214$ 不是 3 的倍数，则 $214\times3367=72\ 05\ 38$，三段都不同，有 $38-5=33$，$72-05=67$；$214\times333667=071\ 404\ 738$，三段都不同，有 $404-071=333$，$738-071=667$，等等.

2.4.5 奇妙而有趣的 12345679

由 111111111 是 9 的倍数，得到 9×12345679. 由 111111111 是 111 的倍数，得到 111×1001001. 由于 $111=3\times37$，$1001001=3\times333667$，所以 $12345679=$

37×333667.

由于37和333667都是数列$\{x_n\}$中的数，所以猜想12345679的一些倍数可能也有上述的性质. 为探究方便，我们列出不超过九位数的12345679的倍数的表(表3)：

表3　不超过九位数的12345679的倍数表

m	$m\times012345679$	m	$m\times012345679$	m	$m\times012345679$
1	012 345 679	28	345 679 012	55	679 012 345
2	024 691 358	29	358 024 691	56	691 358 024
3	037 037 037	30	370 370 370	57	703 703 703
4	049 382 716	31	382 719 049	58	716 049 382
5	061 728 395	32	395 061 728	59	728 395 061
6	074 074 074	33	407 407 407	60	740 740 740
7	086 419 753	34	419 753 086	61	753 086 419
8	098 765 432	35	432 098 765	62	765 432 098
9	111 111 111	36	444 444 444	63	777 777 777
10	123 456 790	37	456 790 123	64	790 123 456
11	135 802 469	38	469 135 802	65	802 469 135
12	148 148 148	39	481 481 481	66	814 814 814
13	160 493 827	40	493 827 160	67	827 160 493
14	172 839 506	41	506 172 839	68	839 506 172
15	185 185 185	42	518 518 518	69	851 851 851
16	197 530 864	43	530 864 197	70	864 197 530
17	209 876 543	44	543 209 876	71	876 543 209
18	222 222 222	45	555 555 555	72	888 888 888
19	234 567 901	46	567 901 234	73	901 234 567
20	246 913 580	47	580 246 913	74	913 580 246
21	259 259 259	48	592 592 592	75	925 925 925
22	271 604 938	49	604 938 271	76	938 271 604
23	283 950 617	50	617 283 950	77	950 617 283
24	296 296 296	51	629 629 629	78	962 962 962

续表3

m	$m\times012345679$	m	$m\times012345679$	m	$m\times012345679$
25	308 641 975	52	641 975 308	79	975 308 641
26	320 987 654	53	654 320 987	80	987 654 320
27	333 333 333	54	666 666 666	81	999 999 999

将上表中的9位数$m\times012345679$分成前3位数、中3位数和末3位数共3段. 读者不妨证明$m\times012345679$有以下性质:

1. 当m是3的倍数时,9位数$m\times012345679$被分成的3段都相同.

(i)当m是9的倍数时,$m\times012345679$的9个数字都相同;

(ii)当m不是9的倍数时,这些相同的3段都是37的倍数. 因此在每一段中的3个数字中,必有两个数字之差等于3,也必有两个数字之差等于7.

2. 当m不是3的倍数时,$m\times012345679$被分成的3段都不相同,必有两段之差等于333,也必有两段之差等于667.

3. 当m不是3的倍数时,9位数$m\times012345679$的9个数都出现一次,所以各不相同,于是都缺少一个数字. 如果所缺的数字为a,那么$m+a\equiv0\pmod 9$. 由于$m\times012345679$不是3的倍数,因此在9位数m的9个数字中,0,3,6,9各出现一次.

4. 如果取$m=1$,将$1\times012345679=012345679$连续写两遍,那么得到一个18位数012345679012345679. 然后在这个18位数中任意取其中的连续9位,所得到的9位数都是表3中的数

$$123456790=10\times012345679,234567901=19\times012345679$$

$$345679012=28\times012345679,456790123=37\times012345679$$

$$567901234=46\times012345679,679012345=55\times012345679$$

$$790123456=64\times012345679,901234567=73\times012345679$$

这8个数中的$m\equiv1\pmod 9$.

如果取$m=2,4,5,7,8$,分别将9位数$m\times012345679$连续写两遍,那么各得到一个18位数. 然后在这个18位数中任意取其中的连续9位,得到的9位数都是表3中的数. 这样一共得到54个数,包括了表3中m不是3的倍数的所有数.

也就是说,当m不是3的倍数时,$m\times012345679$都可由1×012345679, 2×012345679, 4×012345679, 5×012345679, 7×012345679, 8×012345679这9个数生成.

2.5 二阶线性齐次递推数列 $a_{n+2}=pa_{n+1}+qa_n$

递推关系为 $a_{n+2}=pa_{n+1}+qa_n$ 的数列$\{a_n\}$被称为二阶线性齐次递推数列，其中 p,q 是实常数. 二阶线性齐次递推数列是最基本的递推数列之一，具有重要的理论意义，也有广泛的应用. 著名的斐波那契数列就是二阶线性齐次递推数列的特殊情况. 等差数列和等比数列也都是二阶线性齐次递推数列的特殊情况.

本节首先将等比数列推广为二阶线性齐次递推数列，然后探求二阶线性齐次递推数列的一些性质，包含与二阶线性齐次递推有关的等比数列，以及通项、乘积、前 n 项的和以及一些特殊情况等等，最后进行推广并介绍一些应用.

2.5.1 等比数列的推广以及几个有关的等比数列

设 $\alpha\neq 0$ 是常数，$a_{n+1}=\alpha a_n$ 是公比为 α 的等比数列，在 $a_{n+1}=\alpha a_n$ 的右边添加一项 $u\beta^n$（u 和 β 是常数，u 是实数），得到 $a_{n+1}=\alpha a_n+u\beta^n$.

将 $a_{n+1}=\alpha a_n+u\beta^n$ 中的 n 换成 $n+1$，得到 $a_{n+2}=\alpha a_{n+1}+u\beta^{n+1}$.

再将 $a_{n+1}=\alpha a_n+u\beta^n$ 乘以 β，得到 $\beta a_{n+1}=\alpha\beta a_n+u\beta^{n+1}$.

将这两式相减，得到 $a_{n+2}-\beta a_{n+1}=\alpha a_{n+1}-\alpha\beta a_n$，于是

$$a_{n+2}=(\alpha+\beta)a_{n+1}-\alpha\beta a_n$$

设 $\alpha+\beta=p,\alpha\beta=-q$，就得到二阶线性齐次递推数列 $a_{n+2}=pa_{n+1}+qa_n$. 这样就将等比数列 $a_{n+1}=\alpha a_n$ 推广为二阶线性齐次递推数列 $a_{n+2}=pa_{n+1}+qa_n$. 下面我们要探究与此有关的等比数列.

1. 如果 $p=q=0$，那么当 $n\geqslant 3$ 时，数列$\{a_n\}$的各项都是 0，无需研究.

2. 如果 $q=0,p\neq 0$，那么对一切正整数 n，有 $a_{n+2}=pa_{n+1}=p^2a_n=\cdots=p^{n+1}a_1$，于是 $a_n=p^{n-1}a_1$. 当 $a_1=0$ 时，数列$\{a_n\}$的各项都是 0，无需研究.

当 $a_1\neq 0$ 时，数列$\{a_n\}$是以 p 为公比的等比数列.

3. 如果 $q\neq 0$，那么当 $p=0$ 时，$\beta=-\alpha\neq 0,q=\alpha^2,a_{n+2}=qa_n$. 于是

（1）若 $q>0$，取 $\alpha=\sqrt{q}$，则 $a_n=\begin{cases}(\sqrt{q})^{n-1}a_1 & (n\text{ 是奇数})\\(\sqrt{q})^{n-2}a_2 & (n\text{ 是偶数})\end{cases}$.

（2）若 $q<0$，取 $\alpha=\mathrm{i}\sqrt{|q|}$，则 $a_n=\begin{cases}(\mathrm{i}\sqrt{|q|})^{n-1}a_1 & (n\text{ 是奇数})\\(\mathrm{i}\sqrt{|q|})^{n-2}a_2 & (n\text{ 是偶数})\end{cases}$.

因此下面只考虑 $pq\neq 0$ 的情况.

将 $a_n=x^n(x\neq 0)$ 代入递推关系 $a_{n+2}=pa_{n+1}+qa_n$ 中,得到方程 $x^2-px-q=0$,称这一方程为递推关系 $a_{n+2}=pa_{n+1}+qa_n$ 的特征方程.因为 $\alpha+\beta=p,\alpha\beta=-q$,所以 $(x-\alpha)(x-\beta)=0$,即 α 和 β 是该方程的两个根,称 α 和 β 为特征根.因为 $q\neq 0$,所以 $\alpha\beta\neq 0$.由 $a_{n+2}=(\alpha+\beta)a_{n+1}-\alpha\beta a_n$,得到

$$a_{n+2}-\alpha a_{n+1}=\beta(a_{n+1}-\alpha a_n)=\cdots=\beta^n(a_2-\alpha a_1)$$

所以

$$a_{n+1}-\alpha a_n=\beta^{n-1}(a_2-\alpha a_1) \tag{1}$$

同理

$$a_{n+1}-\beta a_n=\alpha^{n-1}(a_2-\beta a_1) \tag{2}$$

(1)当 $a_2-\alpha a_1=0$ 时,由式(1)得 $a_{n+1}-\alpha a_n=0$.此时若 $a_1=0$,则 $a_2=0$,数列 $\{a_n\}$ 的各项都是0,无需研究,所以设 $a_1\neq 0$.因为 $a_{n+1}-\alpha a_n=0$,所以数列 $\{a_n\}$ 是公比为 α 的等比数列.

同理,当 $a_2-\beta a_1=0,a_1\neq 0$ 时,由式(2)得数列 $\{a_n\}$ 是公比为 β 的等比数列.

(2)当 $a_2-\alpha a_1\neq 0$ 时,因为 $\beta\neq 0$,所以由式(1)得数列 $\{a_{n+1}-\alpha a_n\}$ 是公比为 β 的等比数列.

同理,当 $a_2-\beta a_1\neq 0$ 时,由式(2)得数列 $\{a_{n+1}-\beta a_n\}$ 是公比为 α 的等比数列.

(3)当 $(a_2-\alpha a_1)(a_2-\beta a_1)\neq 0$ 时,将式(1)和式(2)相乘,得到

$$(a_{n+1}-\alpha a_n)(a_{n+1}-\beta a_n)=(-q)^{n-1}(a_2-\alpha a_1)(a_2-\beta a_1)$$

由于 $(a_{n+1}-\alpha a_n)(a_{n+1}-\beta a_n)=a_{n+1}^2-pa_na_{n+1}-qa_n^2=a_{n+1}^2-a_n(pa_{n+1}+qa_n)=a_{n+1}^2-a_na_{n+2}$,所以

$$\begin{aligned}a_{n+1}^2-a_na_{n+2}&=(-q)^{n-1}(a_2-\alpha a_1)(a_2-\beta a_1)\\&=(-q)^{n-1}(a_2^2-pa_1a_2-qa_1^2)\\&=(-q)^{n-1}(a_2^2-a_1a_3)\end{aligned}$$

数列 $\{a_{n+1}^2-a_na_{n+2}\}$ 是公比为 $-q$ 的等比数列.

现举例如下:

(1)由数列 $\{a_n\}:a_1=1,a_2=5,a_{n+2}=7a_{n+1}-10a_n$,得到 $\alpha=5,\beta=2$,于是 $a_2=\alpha a_1=5a_1$,得到数列 $\{a_n\}$:1,5,25,125,625,…是公比为5的等比数列.

因为 $a_2-\beta a_1=a_2-5a_1\neq 0$,所以数列 $\{a_{n+1}-2a_n\}$:3,15,75,375,…是公比为5的等比数列.

(2)由数列 $\{a_n\}:a_1=1,a_2=4,a_{n+2}=5a_{n+1}-6a_n$,此时 $\alpha=3,\beta=2$,得到:

数列$\{a_n\}$:1,4,14,46,146,454,….

数列$\{a_{n+1}-3a_n\}$:1,2,4,8,16,…是公比为2的等比数列.

数列$\{a_{n+1}-2a_n\}$:2,6,18,54,162,…是公比为3的等比数列.

数列$\{a_{n+1}^2-a_na_{n+2}\}$:2,12,72,432,…是公比为6的等比数列.

2.5.2 二阶线性齐次递推数列的通项

从递推关系$a_{n+2}=pa_{n+1}+qa_n$看出,数列$\{a_n\}$的每一项都只与前两项有关,因此由两个初始条件就可确定数列$\{a_n\}$的每一项.在一般情况下,取a_1和a_2作为这两个初始条件.下面用a_1,a_2和α,β或p,q表示二阶线性齐次递推数列的通项.

1.用初始条件a_1,a_2和特征根α,β表示通项a_n:

将式(1)和式(2)相减,得到

$$(\alpha-\beta)a_n=(a_2-\beta a_1)\alpha^{n-1}-\beta^{n-1}(a_2-\alpha a_1)$$

(1)当$\alpha\neq\beta$时,得到通项

$$a_n=\frac{(a_2-\beta a_1)\alpha^{n-1}-(a_2-\alpha a_1)\beta^{n-1}}{\alpha-\beta} \tag{3}$$

此时通项a_n是α^{n-1}和β^{n-1}的线性组合,所以可设$a_n=A\alpha^{n-1}+B\beta^{n-1}$,利用$a_1$和$a_2$求出待定系数$A$和$B$,从而求出$a_n$.

例1 由$a_1=2,a_2=5,a_{n+2}=3a_{n+1}+a_n$得到数列

$$\{a_n\}:2,5,17,56,185,981,5090,\cdots$$

特征方程为$x^2-3x-1=0$,特征根$\alpha=\frac{3+\sqrt{13}}{2},\beta=\frac{3-\sqrt{13}}{2}$,利用通项公式得到

$$a_n=\frac{1}{\sqrt{13}}\left[(2+\sqrt{13})\left(\frac{3+\sqrt{13}}{2}\right)^{n-1}-(2-\sqrt{13})\left(\frac{3-\sqrt{13}}{2}\right)^{n-1}\right]$$

若用待定系数法,则设$a_n=A\left(\frac{3+\sqrt{13}}{2}\right)^{n-1}+B\left(\frac{3-\sqrt{13}}{2}\right)^{n-1}$.

当$n=1$时,$A+B=2$;当$n=2$时,$\frac{3+\sqrt{13}}{2}A+\frac{3-\sqrt{13}}{2}B=5$,解出$A=\frac{\sqrt{13}+2}{\sqrt{13}},B=\frac{\sqrt{13}-2}{\sqrt{13}}$,于是

$$a_n=\frac{\sqrt{13}+2}{\sqrt{13}}\left(\frac{3+\sqrt{13}}{2}\right)^{n-1}+\frac{\sqrt{13}-2}{\sqrt{13}}\left(\frac{3-\sqrt{13}}{2}\right)^{n-1}$$

(2)当 $\alpha=\beta$ 时，$\alpha=\beta=\frac{p}{2}$，$a_{n+1}-\frac{p}{2}a_n=\left(\frac{p}{2}\right)^{n-1}\left(a_2-\frac{p}{2}a_1\right)$.

将上式中的 n 换成 $n-1$，移项后得

$$a_n=\frac{p}{2}a_{n-1}+\left(\frac{p}{2}\right)^{n-2}\left(a_2-\frac{p}{2}a_1\right)$$

再将 n 换成 $n-1$，然后乘以$\frac{p}{2}$，依次得到

$$\frac{p}{2}a_{n-1}=\left(\frac{p}{2}\right)^{2}a_{n-2}+\left(\frac{p}{2}\right)^{n-2}\left(a_2-\frac{p}{2}a_1\right)$$

$$\left(\frac{p}{2}\right)^{2}a_{n-2}=\left(\frac{p}{2}\right)^{3}a_{n-3}+\left(\frac{p}{2}\right)^{n-2}\left(a_2-\frac{p}{2}a_1\right)$$

……

$$\left(\frac{p}{2}\right)^{n-2}a_2=\left(\frac{p}{2}\right)^{n-1}a_1+\left(\frac{p}{2}\right)^{n-2}\left(a_2-\frac{p}{2}a_1\right)$$

将以上 $n-1$ 个等式相加，得到

$$a_n=\left(\frac{p}{2}\right)^{n-1}a_1+(n-1)\left(\frac{p}{2}\right)^{n-2}\left(a_2-\frac{p}{2}a_1\right)$$

于是

$$a_n=\left[\left(a_2-\frac{p}{2}a_1\right)n+pa_1-a_2\right]\left(\frac{p}{2}\right)^{n-2} \tag{4}$$

此外，从极限的观点看，当 $\alpha\to\beta$ 时，利用洛必达法则，得到

$$\begin{aligned}a_n&=\lim_{\alpha\to\beta}\frac{(a_2-\beta a_1)\alpha^{n-1}-(a_2-\alpha a_1)\beta^{n-1}}{\alpha-\beta}\\&=\left[\left(a_2-\frac{p}{2}a_1\right)n+pa_1-a_2\right]\left(\frac{p}{2}\right)^{n-2}\end{aligned}$$

此时通项 a_n 是一个等差数列与公比为$\frac{p}{2}$的等比数列$\left(\frac{p}{2}\right)^{n-2}$的积，所以可设 $a_n=(An+B)\left(\frac{p}{2}\right)^{n-2}$，利用 a_1 和 a_2，可求出待定系数 A 和 B，从而求出 a_n.

例2　取 $a_1=2$，$a_2=3$，由 $a_{n+2}=6a_{n+1}-9a_n$ 得到数列

$$\{a_n\}:2,3,0,-27,-162,\cdots$$

特征根是 $\alpha=\beta=3$，由通项公式得到 $a_n=[(3-6)n+12-3]\cdot3^{n-2}=-(n-3)3^{n-1}$.

若用待定系数法，则设 $a_n=(An+B)\cdot3^{n-2}$.

当 $n=1$ 时，$\frac{1}{3}(A+B)=2$，即 $A+B=6$，当 $n=2$ 时，$2A+B=3$，解出 $A=$

$-3, B=9$，于是 $a_n=-(n-3)3^{n-1}$.

例 1 和例 2 是特征方程 $x^2-px-q=0$ 的判别式 $\Delta=p^2+4q\geqslant 0$ 的情况. 如果 $\Delta=p^2+4q<0$，此时 $\alpha\neq\beta$，那么方程 $x^2-px-q=0$ 有共轭虚根 α 和 β. 通项公式 $a_n=\dfrac{(a_2-\beta a_1)\alpha^{n-1}-(a_2-\alpha a_1)\beta^{n-1}}{\alpha-\beta}$ 还可进行如下的变形：

设 $\alpha=\dfrac{p+\mathrm{i}\sqrt{|p^2+4q|}}{2}=r(\cos\theta+\mathrm{i}\sin\theta)$，$\beta=\dfrac{p-\mathrm{i}\sqrt{|p^2+4q|}}{2}=r(\cos\theta-\mathrm{i}\sin\theta)$，其中 $r>0$，$\theta\in[0,2\pi)$，于是 $\alpha+\beta=p=2r\cos\theta$，$\alpha\beta=-q=r^2$，$r=\sqrt{|q|}$，$\alpha-\beta=2r\mathrm{i}\sin\theta=\mathrm{i}\sqrt{|p^2+4q|}$，$\theta$ 由 $\begin{cases}\sin\theta=\dfrac{\sqrt{|p^2+4q|}}{2\sqrt{|q|}}\\ \cos\theta=\dfrac{p}{2\sqrt{|q|}}\end{cases}$ 确定. 于是

$$
\begin{aligned}
a_n&=\frac{1}{2r\mathrm{i}\sin\theta}[(a_2-\beta a_1)\alpha^{n-1}-(a_2-\alpha a_1)\beta^{n-1}]\\
&=\frac{1}{2r\mathrm{i}\sin\theta}[(\alpha^{n-1}-\beta^{n-1})a_2-(\alpha^{n-1}\beta-\alpha\beta^{n-1})a_1]\\
&=\frac{1}{2r\mathrm{i}\sin\theta}[(\alpha^{n-1}-\beta^{n-1})a_2-r^2(\alpha^{n-2}-\beta^{n-2})a_1]\\
&=\frac{1}{2r\mathrm{i}\sin\theta}[2\mathrm{i}a_2r^{n-1}\sin(n-1)\theta-2\mathrm{i}a_1r^n\sin(n-2)\theta]
\end{aligned}
$$

于是

$$
a_n=\frac{r^{n-2}}{\sin\theta}[a_2\sin(n-1)\theta-a_1r\sin(n-2)\theta] \tag{5}
$$

例 3 取 $a_1=1$，$a_2=2$，由递推关系 $a_{n+2}=2a_{n+1}-2a_n$ 得到数列

$$\{a_n\}:1,2,2,0,-4,-8,-8,0,\cdots$$

由 $p=2$，$q=-2$，得 $\Delta=p^2+4q=-4<0$，$|p^2+4q|=4$，于是 $r=\sqrt{|q|}=\sqrt{2}$.

由 $\begin{cases}\sin\theta=\dfrac{\sqrt{2}}{2}\\ \cos\theta=\dfrac{\sqrt{2}}{2}\end{cases}$ 得到 $\theta=\dfrac{\pi}{4}$，于是

$$
\begin{aligned}
a_n&=(\sqrt{2})^{n-1}\left[2\sin\frac{(n-1)\pi}{4}-\sqrt{2}\sin\frac{(n-2)\pi}{4}\right]\\
&=(\sqrt{2})^{n-1}\left[\sqrt{2}\sin\frac{n\pi}{4}-\sqrt{2}\cos\frac{n\pi}{4}+\sqrt{2}\cos\frac{n\pi}{4}\right]\\
&=(\sqrt{2})^{n}\sin\frac{n\pi}{4}
\end{aligned}
$$

依次取 $n=1,2,3,4,5,6,7,8,\cdots$,同样得到数列

$$\{a_n\}:1,2,2,0,-4,-8,-8,0,\cdots$$

2. 下面介绍用初始条件 a_1 和 a_2,组合数以及 p 和 q 的多项式表示通项 a_n 的方法:

由 $a_{n+2}=pa_{n+1}+qa_n$ 和 a_1,a_2 得到

$$a_3=pa_2+qa_1$$

$$a_4=pa_3+qa_2=(p^2+q)a_2+pqa_1$$

$$a_5=pa_4+qa_3=(p^3+2pq)a_2+(p^2q+q^2)a_1$$

$$a_6=pa_5+qa_4=(p^4+3p^2q+q^2)a_2+(p^3q+2pq^2)a_1$$

$$\cdots\cdots$$

可以看出,a_n 是 a_2 和 a_1 的线性组合,系数都是关于 p 和 q 的多项式,下面证明

$$a_n=\sum_{k=0}^{\left[\frac{n}{2}\right]}\frac{kpa_2+[(n-2k)q-kp^2]a_1}{n-k}\mathrm{C}_{n-k}^{k}p^{n-2k-1}q^{k-1} \tag{6}$$

满足递推关系 $a_{n+2}=pa_{n+1}+qa_n$.

证明 用数学归纳法证明:当 $n=1$ 和 $n=2$ 时,式(6)的左边分别得到 a_1 和 a_2.

假定式(6)成立,则

$$pa_{n+1}=\sum_{k=0}^{\left[\frac{n+1}{2}\right]}\frac{kpa_2+[(n+1-2k)q-kp^2]a_1}{n+1-k}\mathrm{C}_{n+1-k}^{k}p^{n-2k+1}q^{k-1}$$

因为

$$\mathrm{C}_{n+1-k}^{k}=\frac{(n+1-k)!}{k!\,(n+1-2k)!}=\frac{n+2-2k}{n+2-k}\cdot\frac{(n+2-k)!}{k!\,(n+2-2k)!}$$

$$=\frac{n+2-2k}{n+2-k}\mathrm{C}_{n+2-k}^{k}$$

所以

$$pa_{n+1}=\sum_{k=0}^{\left[\frac{n+1}{2}\right]}\frac{kpa_2+[(n+1-2k)q-kp^2]a_1}{(n+1-k)(n+2-k)}(n+2-2k)\mathrm{C}_{n+2-k}^{k}p^{n+1-2k}q^{k-1}$$

当 n 是奇数时,$\left[\frac{n+1}{2}\right]=\frac{n+1}{2}=\left[\frac{n}{2}\right]+1$;当 n 是偶数时,$\left[\frac{n+1}{2}\right]=\left[\frac{n}{2}\right]=\frac{n}{2}$.

此时取 $k=\left[\frac{n}{2}\right]+1=\frac{n}{2}+1$,则 $n+2-2k=0$,所以

$$\frac{kpa_2+[(n+1-2k)q-kp^2]a_1}{(n+1-k)(n+2-k)}(n+2-2k)\mathrm{C}_{n+2-k}^{k}p^{n+1-2k}q^{k-1}=0$$

于是

$$pa_{n+1} = \sum_{k=0}^{[\frac{n}{2}]+1} \frac{kpa_2 + [(n+1-2k)q - kp^2]a_1}{(n+1-k)(n+2-k)}(n+2-2k)\mathrm{C}_{n+2-k}^{k}p^{n+1-2k}q^{k-1}$$

又

$$qa_n = \sum_{k=0}^{[\frac{n}{2}]} \frac{kpa_2 + [(n-2k)q - kp^2]a_1}{n-k}\mathrm{C}_{n-k}^{k}p^{n-2k-1}q^{k}$$

$$= \sum_{k=1}^{[\frac{n}{2}]+1} \frac{(k-1)pa_2 + [(n+2-2k)q - (k-1)p^2]a_1}{n-k}\mathrm{C}_{n+1-k}^{k-1}p^{n+1-2k}q^{k-1}$$

因为 $\mathrm{C}_{n+1-k}^{k-1} = \frac{(n+1-k)!}{(k-1)!\ (n+2-2k)!} = \frac{k}{n+2-k} \cdot \frac{(n+2-k)!}{k!\ (n+2-2k)!} = \frac{k}{n+2-k}\mathrm{C}_{n+2-k}^{k}$，且当 $k=0$ 时 $\mathrm{C}_{n+1-k}^{k-1}=0$，所以

$$qa_n = \sum_{k=0}^{[\frac{n}{2}]+1} \frac{(k-1)pa_2 + [(n+2-2k)q - (k-1)p^2]a_1}{(n+1-k)(n+2-k)}k\mathrm{C}_{n+2-k}^{k}p^{n+1-2k}q^{k-1}$$

于是

$$pa_{n+1} + qa_n = \sum_{k=0}^{[\frac{n}{2}]+1} \frac{kpa_2 + [(n+1-2k)q - kp^2]a_1}{(n+1-k)(n+2-k)} \cdot (n+2-2k)\mathrm{C}_{n+2-k}^{k}p^{n+1-2k}q^{k-1} + \sum_{k=0}^{[\frac{n}{2}]+1} \frac{(k-1)pa_2 + [(n+2-2k)q - (k-1)p^2]a_1}{(n+1-k)(n+2-k)} \cdot k\mathrm{C}_{n+2-k}^{k}p^{n+1-2k}q^{k-1}$$

提取 $pa_{n+1}+qa_n$ 的和式中的相应的项的公因式 $\frac{\mathrm{C}_{n+2-k}^{k}p^{n+1-2k}q^{k-1}}{(n+1-k)(n+2-k)}$ 后，其余部分是

$$\begin{aligned}
&\{kpa_2 + [(n+1-2k)q - kp^2]a_1\}(n+2-2k) + \\
&\{(k-1)pa_2 + [(n+2-2k)q - (k-1)p^2]a_1\}k \\
={}&[(n+2-2k)kp + (k-1)kp]a_2 + [(n+2-2k)(n+1-2k)q - \\
&(n+2-2k)kp^2 + (n+2-2k)kq - (k-1)kp^2]a_1 \\
={}&(n+1-k)kpa_2 + [(n+2-2k)(n+1-2k+k)q - (n+1-k)kp^2]a_1 \\
={}&(n+1-k)[kpa_2 + (n+2-2k)q - kp^2]a_1
\end{aligned}$$

所以

$$pa_{n+1}+qa_n=\sum_{k=0}^{[\frac{n}{2}]+1}\frac{(n+1-k)[kpa_2+(n+2-2k)q-kp^2]a_1}{(n+1-k)(n+2-k)}C_{n+2-k}^{k}p^{n+1-2k}q^{k-1}$$
$$=\sum_{k=0}^{[\frac{n+2}{2}]}\frac{kpa_2+[(n+2-2k)q-kp^2]a_1}{(n+2)-k}C_{n+2-k}^{k}p^{(n+2)-2k-1}q^{k-1}$$
$$=a_{n+2}$$

证毕.

例4　取 $a_1=2,a_2=5,a_{n+2}=3a_{n+1}-2a_n$ 得到数列

$$\{a_n\}:2,5,11,23,47,\cdots$$

特征方程为 $x^2-3x+2=0$，特征根 $\alpha=2,\beta=1$，求得通项 $a_n=3\cdot 2^{n-1}-1$.

同样可用初始条件 a_1 和 a_2，组合数以及 p 和 q 的多项式表示通项

$$a_n=\sum_{k=0}^{[\frac{n}{2}]}\frac{15k-2(2n+5k)}{n-k}C_{n-k}^{k}3^{n-2k-1}(-2)^{k-1}$$
$$=\sum_{k=0}^{[\frac{n}{2}]}\frac{-4n+5k}{n-k}C_{n-k}^{k}3^{n-2k-1}(-2)^{k-1}$$

可逐个计算出 $a_3,a_4,a_5,\cdots$.

当 $n=3$ 时

$$a_3=\frac{-12}{3}C_3^0 3^{3-1}(-2)^{-1}+\frac{-12+5}{3-1}C_{3-1}^{1}3^{3-3}=18-7=11$$

当 $n=4$ 时

$$a_4=\frac{-16}{4}C_4^0 3^{4-1}(-2)^{-1}+\frac{-16+5}{4-1}C_{4-1}^{1}3^{4-3}+\frac{-16+10}{4-2}C_{4-2}^{2}3^{4-5}(-2)$$
$$=54-33+2=23$$

当 $n=5$ 时

$$a_5=\frac{-20}{5}C_5^0 3^{5-1}(-2)^{-1}+\frac{-20+5}{5-1}C_{5-1}^{1}3^{5-3}+\frac{-20+10}{5-2}C_{5-2}^{2}3^{5-5}(-2)$$
$$=162-135+20=47$$

……

例5　取 $a_1=2,a_2=3,a_{n+2}=6a_{n+1}-9a_n$ 得到数列

$$\{a_n\}:2,3,0,-27,-162,\cdots$$

特征根是 $\alpha=\beta=3$，所以通项 $a_n=[(3-6)n+12-3]\cdot 3^{n-2}=-(n-3)3^{n-1}$.

同样可用初始条件 a_1 和 a_2，组合数以及 p 和 q 的多项式表示通项

$$a_n=\sum_{k=0}^{[\frac{n}{2}]}\frac{18k-18(n+2k)}{n-k}C_{n-k}^{k}6^{n-2k-1}(-9)^{k-1}$$

$$= \sum_{k=0}^{[\frac{n}{2}]} \frac{-3(n+k)}{n-k} C_{n-k}^{k} 6^{n-2k} (-9)^{k-1}$$

也可逐个计算出 $a_3, a_4, a_5, \cdots$.

$$a_3 = \frac{-9}{3} C_3^0 6^3 (-9)^{-1} + \frac{-12}{3-1} C_{3-1}^1 6^{3-2} = 72 - 72 = 0$$

$$a_4 = \frac{-12}{4} C_4^0 6^4 (-9)^{-1} + \frac{-15}{4-1} C_{4-1}^1 6^{4-2} + \frac{-18}{4-2} C_{4-2}^2 6^{4-4} (-9)$$

$$= 432 - 540 + 81 = -27$$

$$a_5 = \frac{-15}{5} C_5^0 6^5 (-9)^{-1} + \frac{-18}{5-1} C_{5-1}^1 6^{5-2} + \frac{-21}{5-2} C_{5-2}^2 6^{5-4} (-9)$$

$$= 2592 - 3888 + 1134 = -162$$

……

2.5.3 两个二阶线性齐次递推数列的积

设数列 $\{x_n\}$ 和 $\{y_n\}$ 都是二阶线性齐次递推数列,下面我们求这两个数列乘积的数列 $\{x_n y_n\}$ 的递推关系,有以下结论:

若数列 $\{x_n\}$ 和 $\{y_n\}$ 的递推关系分别是 $x_{n+2} = px_{n+1} + qx_n$, $y_{n+2} = ry_{n+1} + sy_n$,则乘积 $x_n y_n$ 数列 $\{x_n y_n\}$ 的递推关系是

$$x_{n+4}y_{n+4} = prx_{n+3}y_{n+3} + (p^2 s + r^2 q + 2qs) x_{n+2}y_{n+2} + pqrsx_{n+1}y_{n+1} - q^2 s^2 x_n y_n \quad (7)$$

初始条件为

$$x_1 y_1, x_2 y_2, x_3 y_3 = prx_2 y_2 + qsx_1 y_1 + psx_1 y_2 + qrx_2 y_1$$

$$x_4 y_4 = (p^2 + q)(r^2 + s) x_2 y_2 + pqrsx_1 y_1 + pq(r^2 + s) x_1 y_2 + rs(p^2 + q) x_2 y_1$$

证明 由 $x_{n+2}y_{n+2} = (px_{n+1} + qx_n)(ry_{n+1} + sy_n) = prx_{n+1}y_{n+1} + qsx_n y_n + psx_{n+1}y_n + qrx_n y_{n+1}$ 得到

$$psx_{n+1}y_n + qrx_n y_{n+1} = x_{n+2}y_{n+2} - prx_{n+1}y_{n+1} - qsx_n y_n$$

将上式中的 n 换成 $n+1$,得

$$psx_{n+2}y_{n+1} + qrx_{n+1}y_{n+2} = x_{n+3}y_{n+3} - prx_{n+2}y_{n+2} - qsx_{n+1}y_{n+1}$$

于是

$$\begin{aligned} 左边 &= ps(px_{n+1} + qx_n) y_{n+1} + qrx_{n+1}(ry_{n+1} + sy_n) \\ &= p^2 sx_{n+1}y_{n+1} + pqsx_n y_{n+1} + qr^2 x_{n+1}y_{n+1} + qrsx_{n+1}y_n \\ &= (p^2 s + qr^2) x_{n+1}y_{n+1} + qs(rx_{n+1}y_n + px_n y_{n+1}) \end{aligned}$$

所以

$$qs(rx_{n+1}y_n + px_n y_{n+1}) = x_{n+3}y_{n+3} - prx_{n+2}y_{n+2} - (p^2 s + qr^2 + qs) x_{n+1}y_{n+1}$$

将上式中的 n 换成 $n+1$,得

$$qs(rx_{n+2}y_{n+1}+px_{n+1}y_{n+2})=x_{n+4}y_{n+4}-prx_{n+3}y_{n+3}-(p^2s+qr^2+qs)x_{n+2}y_{n+2}$$

$$\text{左边}=qs[r(px_{n+1}+qx_n)y_{n+1}+px_{n+1}(ry_{n+1}+sy_n)]$$
$$=pqrsx_{n+1}y_{n+1}+q^2rsx_ny_{n+1}+pqsrx_{n+1}y_{n+1}+pqs^2x_{n+1}y_n$$
$$=2pqrsx_{n+1}y_{n+1}+qs(psx_{n+1}y_n+qrx_ny_{n+1})$$

所以

$$qs(psx_{n+1}y_n+qrx_ny_{n+1})=x_{n+4}y_{n+4}-prx_{n+3}y_{n+3}-(p^2s+qr^2+qs)x_{n+2}y_{n+2}-2pqsrx_{n+1}y_{n+1}$$

将 $psx_{n+1}y_n+qrx_ny_{n+1}=x_{n+2}y_{n+2}-prx_{n+1}y_{n+1}-qsx_ny_n$ 代入上式的左边,得

$$qs(x_{n+2}y_{n+2}-prx_{n+1}y_{n+1}-qsx_ny_n)=x_{n+4}y_{n+4}-prx_{n+3}y_{n+3}-(p^2s+qr^2+qs)x_{n+2}y_{n+2}-2pqsrx_{n+1}y_{n+1}$$

于是

$$x_{n+4}y_{n+4}=prx_{n+3}y_{n+3}+(p^2s+qr^2+2qs)x_{n+2}y_{n+2}+pqsrx_{n+1}y_{n+1}-q^2s^2x_ny_n$$

初始条件除 x_1y_1,x_2y_2 外,$x_3y_3=(px_2+qx_1)(ry_2+sy_1)=prx_2y_2+qsx_1y_1+psx_1y_2+qrx_2y_1$;

$$x_4y_4=(px_3+qx_2)(ry_3+sy_2)$$
$$=[p(px_2+qx_1)+qx_2][r(ry_2+sy_1)+sy_2]$$
$$=[(p^2+q)x_2+pqx_1][(r^2+s)y_2+rsy_1]$$
$$=(p^2+q)(r^2+s)x_2y_2+pqrsx_1y_1+pq(r^2+s)x_1y_2+rs(p^2+q)x_2y_1$$

例6 当 $p=3,q=1,r=2,s=3$ 时,取 $x_1=1,x_2=2$,由 $x_{n+2}=3x_{n+1}+x_n$ 得到数列

$$\{x_n\}:1,2,7,23,76,251,829,\cdots$$

取 $y_1=2,y_2=3$,由 $y_{n+2}=2y_{n+1}+3y_n$ 得到数列

$$\{y_n\}:2,3,12,33,102,303,912,\cdots$$

此时数列 $\{x_ny_n\}$ 的递推关系是

$$x_{n+4}y_{n+4}=6x_{n+3}y_{n+3}+37x_{n+2}y_{n+2}+18x_{n+1}y_{n+1}-9x_ny_n$$

可以验证:当 $n=1$ 时

$$x_5y_5=6\cdot 759+37\cdot 84+18\cdot 6-9\cdot 2=7752=76\cdot 102$$

当 $n=2$ 时

$$x_6y_6=6\cdot 7752+37\cdot 759+18\cdot 84-9\cdot 6=76053=251\cdot 303$$

当 $n=3$ 时

$$x_7y_7=6\cdot 76053+37\cdot 7752+18\cdot 759-9\cdot 84=756048=829\cdot 912$$

……

列表如下(表1):

表 1

n	1	2	3	4	5	6	7	…
x_n	1	2	7	23	76	251	829	…
y_n	2	3	12	33	102	303	912	…
$x_n y_n$	2	6	84	759	7752	76053	756048	…

特别当 $r=p,s=q$ 时,得到递推关系

$$x_{n+4}y_{n+4}=p^2x_{n+3}y_{n+3}+2q(p^2+q)x_{n+2}y_{n+2}+p^2q^2x_{n+1}y_{n+1}-q^4x_ny_n \tag{8}$$

初始条件为

$$x_1y_1,x_2y_2,x_3y_3=p^2x_2y_2+q^2x_1y_1+pq(x_1y_2+x_2y_1)$$

$$x_4y_4=(p^2+q)^2x_2y_2+p^2q^2x_1y_1+pq(p^2+q)(x_1y_2+x_2y_1)$$

递推关系(8)可以化简为

$$x_{n+3}y_{n+3}=(p^2+q)x_{n+2}y_{n+2}+q(p^2+q)x_{n+1}y_{n+1}-q^3x_ny_n \tag{9}$$

初始条件为

$$x_1y_1,x_2y_2,x_3y_3=p^2x_2y_2+q^2x_1y_1+pq(x_1y_2+x_2y_1)$$

证明　由式(6)得

$$\begin{aligned}&x_{n+4}y_{n+4}-(p^2+q)x_{n+3}y_{n+3}-q(p^2+q)x_{n+2}y_{n+2}+q^3x_{n+1}y_{n+1}\\=&-qx_{n+3}y_{n+3}+q(p^2+q)x_{n+2}y_{n+2}+q^2(p^2+q)x_{n+1}y_{n+1}-q^4x_ny_n\\=&-q[x_{n+3}y_{n+3}-(p^2+q)x_{n+2}y_{n+2}-q(p^2+q)x_{n+1}y_{n+1}+q^3x_ny_n]\\=&\cdots\\=&(-q)^{n-1}[x_4y_4-(p^2+q)x_3y_3-q(p^2+q)x_2y_2+q^3x_1y_1]\end{aligned}$$

所以

$$\begin{aligned}&x_{n+3}y_{n+3}-(p^2+q)x_{n+2}y_{n+2}-q(p^2+q)x_{n+1}y_{n+1}+q^3x_ny_n\\&=(-q)^{n-2}[x_4y_4-(p^2+q)x_3y_3-q(p^2+q)x_2y_2+q^3x_1y_1]\end{aligned}$$

因为 $x_3y_3=prx_2y_2+qsx_1y_1+psx_1y_2+qrx_2y_1=p^2x_2y_2+q^2x_1y_1+pq(x_1y_2+x_2y_1)$.

$$\begin{aligned}x_4y_4&=(r^2+q)(r^2+s)x_2y_2+pqrsx_1y_1+pq(r^2+s)x_1y_2+rs(p^2+q)x_2y_1\\&=(p^2+q)^2x_2y_2+p^2q^2x_1y_1+pq(p^2+q)(x_1y_2+x_2y_1)\end{aligned}$$

所以

$$\begin{aligned}&x_4y_4-(p^2+q)x_3y_3-q(p^2+q)x_2y_2+q^3x_1y_1\\=&(p^2+q)^2x_2y_2+p^2q^2x_1y_1+pq(p^2+q)(x_1y_2+x_2y_1)-p^2(p^2+q)x_2y_2-\\&q^2(p^2+q)x_1y_1-pq(p^2+q)(x_1y_2+x_2y_1)-q(p^2+q)x_2y_2+q^3x_1y_1\end{aligned}$$

$$=(p^2+q)(p^2+q-p^2-q)x_2y_2+q^2(p^2-p^2-q+q)x_1y_1=0$$

于是

$$x_{n+3}y_{n+3}-(p^2+q)x_{n+2}y_{n+2}-q(p^2+q)x_{n+1}y_{n+1}+q^3x_ny_n=0$$

即

$$x_{n+3}y_{n+3}=(p^2+q)x_{n+2}y_{n+2}+q(p^2+q)x_{n+1}y_{n+1}-q^3x_ny_n$$

递推关系(9)还可以化简为

$$x_{n+2}y_{n+2}=(p^2+2q)x_{n+1}y_{n+1}-q^2x_ny_n+[2(x_2y_2-qx_1y_1)-p(x_1y_2+x_2y_1)](-q)^n \tag{10}$$

证明　因为

$$\begin{aligned}
&x_{n+3}y_{n+3}-(p^2+2q)x_{n+2}y_{n+2}+q^2x_{n+1}y_{n+1}\\
&=-qx_{n+2}y_{n+2}+q(p^2+2q)x_{n+1}y_{n+1}-q^3x_ny_n\\
&=-q[x_{n+2}y_{n+2}-(p^2+2q)x_{n+1}y_{n+1}+q^2x_ny_n]\\
&=(-q)^2[x_{n+1}y_{n+1}-(p^2+2q)x_ny_n+q^2x_{n-1}y_{n-1}]\\
&=\cdots\\
&=(-q)^n[x_3y_3-(p^2+2q)x_2y_2+q^2x_1y_1]\\
&=(-q)^n[p^2x_2y_2+q^2x_1y_1+pq(x_1y_2+x_2y_1)-(p^2+2q)x_2y_2+q^2x_1y_1]\\
&=(-q)^{n+1}[2(x_2y_2-qx_1y_1)-p(x_1y_2+x_2y_1)]
\end{aligned}$$

所以

$$x_{n+2}y_{n+2}=(p^2+2q)x_{n+1}y_{n+1}-q^2x_ny_n+[2(x_2y_2-qx_1y_1)-p(x_1y_2+x_2y_1)](-q)^n$$

式(8)(9)和(10)分别表示数列$\{x_ny_n\}$的连续四项、三项和两项之间的关系.

特别当$x_n=y_n$时,设$a_n=x_ny_n=x_n^2\geqslant 0$,分别得到

$$a_{n+2}=(p^2+2q)a_{n+1}-q^2a_n+2(a_2-p\sqrt{a_1a_2}-qa_1)](-q)^n \tag{11}$$

$$a_{n+3}=(p^2+q)a_{n+2}+q(p^2+q)a_{n+1}-q^3a_n \tag{12}$$

其中

$$a_3=(p\sqrt{a_2}+q\sqrt{a_1})^2$$

$$a_{n+4}=p^2a_{n+3}+2q(p^2+q)a_{n+2}+p^2q^2a_{n+1}-q^4a_n \tag{13}$$

其中

$$a_3=(p\sqrt{a_2}+q\sqrt{a_1})^2$$

$$a_4=(p\sqrt{a_3}+q\sqrt{a_2})^2=[(p^2+q)\sqrt{a_2}+pq\sqrt{a_1}]^2$$

上述三个递推关系得到的数列$\{a_n\}$相同.

如果 p,q 都是整数，a_1 和 a_2 都是完全平方数，那么数列 $\{a_n\}$ 的每一项都是完全平方数.

例 7 取 $p=2,q=-3,x_1=1,x_2=2$，由 $x_{n+2}=2x_{n+1}-3x_n$ 得到数列

$$\{x_n\}:1,2,1,-4,-11,-10,\cdots$$

设 $a_n=x_n^2$，则 $a_1=1,a_2=4$，再由 $a_{n+2}=-2a_{n+1}-9a_n+2\cdot 3^{n+1}$ 得到数列

$$\{a_n\}:1,4,1,16,121,100,\cdots$$

同样，由 $a_1=1,a_2=4,a_3=1,a_{n+3}=a_{n+2}-3a_{n+1}+27a_n$ 得到数列

$$\{a_n\}:1,4,1,16,121,100,\cdots$$

由 $a_1=1,a_2=4,a_3=1,a_4=16,a_{n+4}=4a_{n+3}-6a_{n+2}+36a_{n+1}-81a_n$ 得到数列

$$\{a_n\}:1,4,1,16,121,100,\cdots$$

数列 $\{a_n\}$ 的每一项都是完全平方数.

例 8 数列 $\{x_n\}:1,2,3,4,5,\cdots,n,\cdots$ 有递推关系

$$x_{n+2}=2x_{n+1}-x_n$$

其中 $x_1=1,x_2=2$.

数列 $\{x_n^2\}:1,4,9,16,25,\cdots,n^2,\cdots$ 有递推关系

$$x_{n+2}^2=2x_{n+1}^2-x_n^2+2$$

其中

$$x_1^2=1,x_2^2=4$$

或

$$x_{n+3}^2=3x_{n+2}^2-3x_{n+1}^2+x_n^2$$

其中

$$x_1^2=1,x_2^2=4,x_3^2=9$$

或

$$x_{n+4}^2=4x_{n+3}^2-6x_{n+2}^2+4x_{n+1}^2-x_n^2$$

其中

$$x_1^2=1,x_2^2=4,x_3^2=9,x_4^2=16$$

例 9 已知数列 $\{a_n\}:a_1=1,a_2=8,a_{n+2}=6a_{n+1}-a_n+2$，求证：

(1) 当 n 是奇数时，a_n 是完全平方数.

(2) 当 n 是偶数时，$2a_n$ 是完全平方数.

(3) $\dfrac{a_n(a_n+1)}{2}$ 是完全平方数.

证明

$$a_{n+4}=6a_{n+3}-a_{n+2}+2=6(6a_{n+2}-a_{n+1}+2)-a_{n+2}+2$$
$$=35a_{n+2}-6a_{n+1}+14$$
$$=35a_{n+2}-(a_{n+2}+a_n-2)+14=34a_{n+2}-a_n+16$$

当 n 为奇数时,将 n 换成 $2n-1$,得到 $a_{2n+3}=34a_{2n+1}-a_{2n-1}+16$.

当 $u_{n+2}=pu_{n+1}+qu_n$ 时,有

$$u_{n+2}^2=(p^2+2q)u_{n+1}^2-q^2u_n^2+2(u_2^2-pu_1u_2-qu_1^2)(-q)^n \qquad (*)$$

(1)设$\{z_n\}$:$z_1=1,z_2=7,z_{n+2}=6z_{n+1}-z_n$,由(*)得到

$$z_{n+2}^2=34z_{n+1}^2-z_n^2+2(49-42+1)=34z_{n+1}^2-z_n^2+16$$
$$z_1^2=1,z_2^2=49$$

当 n 是奇数时,$a_1=1=z_1^2,a_3=49=z_2^2$,所以 $a_{2n-1}=z_n^2$ 是完全平方数.

(2)设$\{y_n\}$:$y_1=2,y_2=12,y_{n+2}=6y_{n+1}-y_n$,由(*)得到

$$y_{n+2}^2=34y_{n+1}^2-y_n^2+8,2y_{n+2}^2=34\cdot 2y_{n+1}^2-2y_n^2+16$$
$$2y_1^2=8,2y_2^2=288$$

当 n 是偶数时,将 n 换成 $2n$,得到 $a_{2n+4}=34a_{2n+2}-a_{2n}+16$. $a_2=8=2y_1^2$, $a_4=288=2y_2^2,a_{2n}=2y_n^2,2a_{2n}=4y_n^2=(2y_n)^2$ 是完全平方数.

数列$\{a_n\}$前几项是:1,8,49,288,1681,9800,57121,…

(3)设 $x_n=2a_n+1$,则 $a_n=\dfrac{x_n-1}{2}$,由 $a_{n+2}=6a_{n+1}-a_n+2$,得到

$$\frac{x_{n+2}-1}{2}=6\cdot\frac{x_{n+1}-1}{2}-\frac{x_n-1}{2}+2$$

于是 $x_{n+2}=6x_{n+1}-x_n,x_1=3,x_2=17$.

由(*)得到 $x_{n+2}^2=34x_{n+1}^2-x_n^2-16,x_1^2=9,x_2^2=289$.

设 $s_n=\dfrac{x_n^2-1}{8}$,则 $x_n^2=8s_n+1$. 由 $x_{n+2}^2=34x_{n+1}^2-x_n^2-16$ 得到

$$8s_{n+2}+1=34(8s_{n+1}+1)-(8s_n+1)-16$$

于是 $s_{n+2}=34s_{n+1}-8s_n+2,s_1=1,s_2=36$.

设$\{v_n\}$:$v_1=1,v_2=6,v_{n+2}=6v_{n+1}-v_n$,由(*)得到 $v_{n+2}^2=34v_{n+1}^2-v_n^2+2$, $v_1^2=1,v_2^2=36$,所以 $s_n=v_n^2$,于是$\dfrac{x_n^2-1}{8}=v_n^2$. 因为$\dfrac{x_n^2-1}{8}=\dfrac{1}{2}\cdot\dfrac{x_n-1}{2}\cdot\dfrac{x_n+1}{2}=\dfrac{a_n(a_n+1)}{2}$,所以$\dfrac{a_n(a_n+1)}{2}=v_n^2$ 是完全平方数.

由于$\dfrac{a_n(a_n+1)}{2}=1+2+3+\cdots+a_n$ 是三角形数,所以上式表示既是三角

形数,又是完全平方数的数列是:$\left\{\frac{a_n(a_n+1)}{2}\right\}=\{v_n^2\}$,前几项为:1,36,1225,41616,….

2.5.4 二阶线性齐次递推数列的几种特殊情况

情况 1 在 $a_{n+2}=pa_{n+1}+qa_n$ 中,取 $a_1=a_2=p=q=1$,得到递推关系为 $a_{n+2}=a_{n+1}+a_n$ 的数列是斐波那契数列,其通项是

$$a_n=\frac{1}{\sqrt{5}}\left[\left(\frac{1+\sqrt{5}}{2}\right)^n-\left(\frac{1-\sqrt{5}}{2}\right)^n\right]$$

前几项是

1,1,2,3,5,8,13,21,34,55,89,144,233,377,610,987,…

(1)因为 $a_1=a_2=p=q=1$,所以 $a_{n+1}^2-a_na_{n+2}=(-q)^{n-1}(a_2^2-a_1a_3)=(-1)^n$,例如

$$1^2-1\cdot 2=-1,2^2-1\cdot 3=1,3^2-2\cdot 5=-1,5^2-3\cdot 8=1,\cdots$$

(2)由于 $a_1=a_2=p=q=1$,所以用初始条件 a_1 和 a_2,组合数以及 p 和 q 的多项式表示的通项变为:$\sum\limits_{k=0}^{[\frac{n}{2}]}\mathrm{C}_{n-k-1}^{k}$.

例如,当 $n=7$ 时,$a_7=\mathrm{C}_6^0+\mathrm{C}_5^1+\mathrm{C}_4^2+\mathrm{C}_3^3=1+5+6+1=13$.

斐波那契数列还有许多其他性质,读者不妨参阅有关书籍.

情况 2 在递推关系 $a_{n+2}=pa_{n+1}+qa_n$ 中,取 $q=-1$,得到递推关系 $a_{n+2}=pa_{n+1}-a_n$.

(1)若 $p=2$,则得到递推关系 $a_{n+2}=2a_{n+1}-a_n$,即 $a_{n+2}-a_{n+1}=a_{n+1}-a_n$,此时数列$\{a_n\}$是等差数列. 公差 $d=a_2-a_1$,通项是

$$a_n=a_1+(n-1)d=a_1+(n-1)(a_2-a_1)$$

(2)若允许 n 取 0 或负整数,则由递推关系 $a_n=pa_{n+1}-a_{n+2}$可得到双向的无穷数列

$$\{a_n\}:\cdots,a_{-n},a_{-n+1},\cdots,a_{-2},a_{-1},a_0,a_1,a_2,\cdots,a_n,a_{n+1},\cdots$$

在 $a_{n+1}^2-a_na_{n+2}=(-q)^{n-1}(a_2^2-a_1a_3)=(-q)^{n-1}(a_2^2-pa_1a_2-qa_1^2)$中取 $q=-1$,得到 $a_{n+1}^2-a_na_{n+2}=a_n^2-pa_na_{n+1}+a_{n+1}^2=a_2^2-a_1a_3=a_2^2-pa_1a_2+a_1^2$ 是常数,所以数列$\{a_n\}$的任何连续两项是方程

$$x^2-pxy+y^2=a_2^2-pa_2a_1+a_1^2$$

的整数解.

例 10 取 $p=3,a_1=3,a_2=5$. 当 n 是正整数时,由递推关系 $a_{n+2}=3a_{n+1}-$

a_n 得到数列

$$\{a_n\}:3,5,12,31,81,212,\cdots$$

由递推关系 $a_n=3a_{n+1}-a_{n+2}$ 得到

$$a_0=3\cdot 3-5=4$$

$$a_{-1}=3\cdot 4-3=9$$

$$a_{-2}=3\cdot 9-4=23$$

$$a_{-3}=3\cdot 23-9=60$$

……

这样就补成双向无穷数列

$$\{a_n\}:\cdots,60,23,9,4,3,5,12,31,81,\cdots$$

其中相邻两项是方程 $x^2-3xy+y^2=a_2^2-3a_2a_1+a_1^2=5^2-3\cdot 5\cdot 3+3^2=-11$ 的整数解. 例如,$60^2-3\cdot 60\cdot 23+23^2=-11$,$31^2-3\cdot 31\cdot 81+81^2=-11$,$\cdots$.

(3) 当 $a_2=\frac{1}{2}pa_1$ 时,$a_0=pa_1-a_2=\frac{1}{2}pa_1=a_2$. 一般地有 $a_{-n}=a_{n+2}$,即此时该双向无穷数列关于 a_1 对称. 即可得下表(表 2):

表 2

n	$\cdots$	-3	-2	-1	0	1	2	3	4	5	$\cdots$
a_n	$\cdots$	a_5	a_4	a_3	a_2	a_1	a_2	a_3	a_4	a_5	$\cdots$

下面用数学归纳法证明:对于任何非负整数 n,有 $a_{-n}=a_{n+2}$.

当 $n=0$ 时,$a_0=a_2$,结论成立.

当 $n=1$ 时,$a_{-1}=pa_0-a_1=pa_2-a_1=a_3$,结论成立.

假定 $a_{-n}=a_{n+2}$,$a_{-n-1}=a_{n+3}$,则

$$a_{-(n+2)}=a_{-n-2}=pa_{-n-1}-a_{-n}=pa_{n+3}-a_{n+2}=a_{n+4}=a_{(n+2)+2}$$

所以 $a_{-n}=a_{n+2}$ 这一结论成立,即 a_{-n} 与 a_{n+2} 关于 a_1 对称.

例 11　取 $p=-6$,$a_1=1$,$a_2=\frac{1}{2}pa_1=-3$. 当 n 是正整数时,由递推关系 $a_{n+2}=-6a_{n+1}-a_n$ 得到数列

$$\{a_n\}:1,-3,17,-99,577,-3363,\cdots$$

当 n 是零或负整数时,由 $a_{-n}=a_{n+2}$ 将数列 $\{a_n\}$ 补成关于 a_1 对称的双向无穷数列:

$$\cdots -3363,577,-99,17,-3,1,-3,17,-99,577,-3363,\cdots$$

该数列的连续两数是方程 $x^2+6xy+y^2=a_2^2+6a_2a_1+a_1^2=(-3)^2+6\cdot(-3)\cdot1+1^2=-8$ 的整数解.

例如,$577^2+6\cdot577\cdot(-99)+(-99)^2=-8,(-99)^2+6\cdot(-99)\cdot17+17^2=-8,\cdots$.

2.5.5 递推关系 $a_{n+2}=pa_{n+1}+qa_n$ 的一些推广

递推关系 $a_{n+1}=pa_n$ 可推广到二阶线性齐次递推数列 $a_{n+2}=pa_{n+1}+qa_n$. 同样,递推关系 $a_{n+2}=pa_{n+1}+qa_n$ 也可推广为三阶线性齐次递推数列 $a_{n+3}=pa_{n+2}+qa_{n+1}+ra_n$(这里 p,q,r 是实常数),还可推广为四阶、五阶等等. 再求数列 $\{a_n\}$ 的通项.

在递推关系 $a_{n+2}=(\alpha+\beta)a_{n+1}-\alpha\beta a_n$ 中,添加一项 $u\gamma^n$(这里 u,γ 是常数,u 是实数),得到递推关系 $a_{n+2}=(\alpha+\beta)a_{n+1}-\alpha\beta a_n+u\gamma^n$.

将其中的 n 换成 $n+1$,得到

$$a_{n+3}=(\alpha+\beta)a_{n+2}-\alpha\beta a_{n+1}+u\gamma^{n+1}$$

将 $a_{n+2}=(\alpha+\beta)a_{n+1}-\alpha\beta a_n+u\gamma^n$ 乘以 γ,得到

$$\gamma a_{n+2}=(\beta\gamma+\gamma\alpha)a_{n+1}-\alpha\beta\gamma a_n+u\gamma^{n+1}$$

将这两式相减,得到 $a_{n+3}-\gamma a_{n+2}=(\alpha+\beta)a_{n+2}-\alpha\beta a_{n+1}-(\beta\gamma+\gamma\alpha)a_{n+1}+\alpha\beta\gamma a_n$ 整理后,得到

$$a_{n+3}=(\alpha+\beta+\gamma)a_{n+2}-(\alpha\beta+\beta\gamma+\gamma\alpha)a_{n+1}+\alpha\beta\gamma a_n$$

设 $\alpha+\beta+\gamma=p,-(\alpha\beta+\beta\gamma+\gamma\alpha)=q,\alpha\beta\gamma=r$,则得到递推关系

$$a_{n+2}=pa_{n+1}+qa_n+r\gamma^n$$

这是一个三阶线性齐次递推数列,特征方程是

$$x^3-px^2-qx-r=0$$

或

$$x^3-(\alpha+\beta+\gamma)x^2+(\alpha\beta+\beta\gamma+\gamma\alpha)x-\alpha\beta\gamma=0$$

即

$$(x-\alpha)(x-\beta)(x-\gamma)=0$$

特征根为 α,β,γ.

特别当 $\gamma=1$ 时,得到 $a_{n+2}=pa_{n+1}+qa_n+u$,即递推关系为 $a_{n+2}=pa_{n+1}+qa_n+u$ 的数列是有一个特征根为 1 的三阶线性齐次递推数列.

下面求数列 $\{a_n\}$ 的通项.

1. 如果 $\alpha=\beta=\gamma$,那么 $3\alpha=p,3\alpha^2=-q,\alpha^3=r$,于是

$$q=-\frac{p^2}{3},r=\left(\frac{p}{3}\right)^3$$

$$a_{n+3}=pa_{n+2}-\frac{p^2}{3}a_{n+1}+\left(\frac{p}{3}\right)^3a_n$$

$$a_{n+3}-\frac{p}{3}a_{n+2}=\frac{2p}{3}a_{n+2}-\frac{2p^2}{9}a_{n+1}-\frac{p^2}{9}a_{n+1}+\frac{p^3}{27}a_n$$

$$=\frac{2p}{3}\left(a_{n+2}-\frac{p}{3}a_{n+1}\right)-\frac{p^2}{9}\left(a_{n+1}-\frac{p}{3}a_n\right)$$

数列$\left\{a_{n+1}-\frac{p}{3}a_n\right\}$的特征方程是$x^2-\frac{2p}{3}x+\left(\frac{p}{3}\right)^2=0$，$\left(x-\frac{p}{3}\right)^2=0$，特征根是$\alpha=\beta=\frac{p}{3}$，所以$a_{n+1}-\frac{p}{3}a_n$呈$a_{n+1}-\frac{p}{3}a_n=(An+B)\left(\frac{p}{3}\right)^{n-2}$的形式.

当$n=1$时，$A+B=\left(a_2-\frac{p}{3}a_1\right)\frac{p}{3}$；当$n=2$时，$2A+B=a_3-\frac{p}{3}a_2$. 解出

$$A=a_3-\frac{2p}{3}a_2+\left(\frac{p}{3}\right)^2a_1$$

$$B=\frac{p}{3}a_2-\left(\frac{p}{3}\right)^2a_1-a_3+\frac{2p}{3}a_2-\left(\frac{p}{3}\right)^2a_1=-a_3+pa_2-\frac{2p^2}{9}a_1$$

所以

$$a_{n+1}-\frac{p}{3}a_n=\left\{\left[a_3-\frac{2p}{3}a_2+\left(\frac{p}{3}\right)^2a_1\right]n-a_3+pa_2-\frac{2p^2}{9}a_1\right\}\left(\frac{p}{3}\right)^{n-2}$$

将n换成$n-1$后移项，得到

$$a_n=\frac{p}{3}a_{n-1}+\left\{\left[a_3-\frac{2p}{3}a_2+\left(\frac{p}{3}\right)^2a_1\right](n-1)-a_3+pa_2-\frac{2p^2}{9}a_1\right\}\left(\frac{p}{3}\right)^{n-3}$$

为方便起见，设$a_3-\frac{2p}{3}a_2+\left(\frac{p}{3}\right)^2a_1=P$，$-a_3+pa_2-\frac{2p^2}{9}a_1=Q$，则

$$a_n=\frac{p}{3}a_{n-1}+[P(n-1)+Q]\left(\frac{p}{3}\right)^{n-3}$$

$$\frac{p}{3}a_{n-1}=\left(\frac{p}{3}\right)^2a_{n-2}+[P(n-2)+Q]\left(\frac{p}{3}\right)^{n-3}$$

……

$$\left(\frac{p}{3}\right)^{n-2}a_2=\left(\frac{p}{3}\right)^{n-1}a_1+[P+Q]\left(\frac{p}{3}\right)^{n-3}$$

将这$n-1$个等式相加，得到

$$a_n=\left(\frac{p}{3}\right)^{n-1}a_1+\left[\frac{n(n-1)}{2}P+(n-1)Q\right]\left(\frac{p}{3}\right)^{n-3}$$

$$=\left[\frac{1}{2}Pn^2-\left(\frac{1}{2}P-Q\right)n+\left(\frac{p}{3}\right)^2a_1-Q\right]\left(\frac{p}{3}\right)^{n-3}\tag{14}$$

其中 $P=a_3-\frac{2p}{3}a_2+\left(\frac{p}{3}\right)^2a_1, Q=-a_3+pa_2-\frac{2p^2}{9}a_1$.

可见,当 $\alpha=\beta=\gamma$ 时,a_n 呈 $a_n=(An^2+Bn+C)\left(\frac{p}{3}\right)^{n-3}$ 的形式,这里 A,B,C 是待定系数,可用 a_1,a_2,a_3 确定,然后求出 a_n.

例12 取 $a_1=1,a_2=2,a_3=-2$,有 $a_{n+3}=6a_{n+2}-12a_{n+1}+8a_n$,求通项 a_n.

解 特征方程是 $x^3-6x^2+12x-8=0$,即 $(x-2)^3=0$,特征根 $\alpha=\beta=\gamma=2$,于是

$$P=a_3-\frac{2p}{3}a_2+\left(\frac{p}{3}\right)^2a_1=-2-8+4=-6$$

$$Q=-a_3+pa_2-\frac{2p^2}{9}a_1=2+12-8=6$$

$$\begin{aligned}a_n&=\left[\frac{1}{2}Pn^2-\left(\frac{1}{2}P-Q\right)n+\left(\frac{p}{3}\right)^2a_1-Q\right]\left(\frac{p}{3}\right)^{n-3}\\&=[-3n^2-(-3-6)n-6+4]\cdot 2^{n-3}\\&=(-3n^2+9n-2)\cdot 2^{n-3}\end{aligned}$$

若用待定系数法,则设 $a_n=(An^2+Bn+C)\cdot 2^{n-3}$. 当 $n=1$ 时,$A+B+C=4$,当 $n=2$ 时,$4A+2B+C=4$,当 $n=3$ 时,$9A+3B+C=-2$,解出 $A=-3,B=9,C=-2$,同样得到 $a_n=(-3n^2+9n-2)\cdot 2^{n-3}$. 列表如下(表3):

表3

n	1	2	3	4	5	6	…
a_n	1	2	−2	−28	−128	−448	…

2. 如果 α,β 和 γ 不全相等,不失一般性,设 $\alpha\neq\beta$,则

$$a_{n+3}-\alpha a_{n+2}=(\beta+\gamma)(a_{n+2}-\alpha a_{n+1})-\beta\gamma(a_{n+1}-\alpha a_n)$$
$$a_{n+3}-\beta a_{n+2}=(\gamma+\alpha)(a_{n+2}-\beta a_{n+1})-\gamma\alpha(a_{n+1}-\beta a_n)$$

为方便起见,设 $a_{n+1}-\alpha a_n=b_n, a_{n+1}-\beta a_n=c_n$,则 $b_{n+2}=(\beta+\gamma)b_{n+1}-\beta\gamma b_n, c_{n+2}=(\gamma+\alpha)c_{n+1}-\gamma\alpha c_n$. 数列 $\{b_n\}$ 和 $\{c_n\}$ 都是二阶线性齐次递推数列.

$c_{n+2}-b_{n+2}=(\alpha-\beta)a_{n+2}=(\gamma+\alpha)c_{n+1}-(\beta+\gamma)b_{n+1}-\gamma\alpha c_n+\beta\gamma b_n$,于是

$$a_n=\frac{1}{\alpha-\beta}[(\gamma+\alpha)c_{n-1}-\gamma\alpha c_{n-2}-(\beta+\gamma)b_{n-1}+\beta\gamma b_{n-2}] \quad (15)$$

(1)如果 $\beta=\gamma$,那么 b_n 呈 $b_n=(An+B)\beta^{n-2}$ 的形式,c_n 呈 $c_n=A\alpha^{n-1}+B\beta^{n-1}$ 的形式,所以 a_n 呈 $a_n=A\alpha^{n-1}+(Bn+C)\beta^{n-1}$ 的形式,可用待定系数法求出 A,B,C,然后确定 a_n.

(2)如果α,β,γ两两不等,那么b_n呈$b_n=A\beta^{n-1}+B\gamma^{n-1}$的形式,$c_n$呈$c_n=A\alpha^{n-1}+B\beta^{n-1}$的形式,所以$a_n$呈$a_n=A\alpha^{n-1}+B\beta^{n-1}+C\gamma^{n-1}$的形式,也可用待定系数法求出A,B,C,然后确定$a_n$.

例13　取$a_1=1,a_2=2,a_3=-2$,由$a_{n+3}=4a_{n+2}+3a_{n+1}-18a_n$求通项$a_n$.

解　特征方程为$x^3-4x^2-3x+18=0$的根是$\alpha=3,\beta=3,\gamma=-2$.

设$a_n=(An+B)3^{n-1}+C(-2)^{n-1}$,则当$n=1$时,$A+B+C=1$;

当$n=2$时,$6A+3B-2C=2$;当$n=3$时,$27A+9B+4C=-2$,解出$A=-\dfrac{2}{3},B=\dfrac{28}{15},C=-\dfrac{1}{5}$,于是$a_n=\dfrac{2}{5}[(-5n+14)\cdot 3^{n-2}+(-2)^{n-2}]$.

列表如下(表4):

表4

n	1	2	3	4	5	6	…
a_n	1	2	−2	−20	−122	−512	…

例14　取$a_1=1,a_2=2,a_3=-1$,由$a_{n+3}=a_{n+2}+4a_{n+1}-4a_n$求通项$a_n$.

解　特征方程$x^3-x^2-4x+4=0$的根是$\alpha=2,\beta=-2,\gamma=1$.

设$a_n=A\cdot 2^{n-1}+B(-2)^{n-1}+C$,则当$n=1$时,$A+B+C=1$;

当$n=2$时,$2A-2B+C=2$;当$n=3$时,$4A-4B+C=-1$,解出

$$A=-\frac{1}{4},B=-\frac{5}{12},C=\frac{5}{3}$$

于是

$$a_n=\frac{1}{12}[-3\cdot 2^{n-1}-5(-2)^{n-1}+20]$$

列表如下(表5):

表5

n	1	2	3	4	5	6	…
a_n	1	2	−1	3	−9	7	…

3. 在递推关系$a_{n+2}=pa_{n+1}+qa_n+r\gamma^n$中,取$q=-1,\gamma=-1$,得到递推关系

$$a_{n+2}=pa_{n+1}-a_n+r(-1)^n \tag{I}$$

递推关系(I)有几个等价的递推关系.

由$a_{n+2}=pa_{n+1}-a_n+r(-1)^n$,得

$$
\begin{aligned}
a_{n+1}^2-a_n a_{n+2}&=a_{n+1}^2-a_n[pa_{n+1}-a_n+r(-1)^n]\\
&=a_{n+1}^2-pa_n a_{n+1}+a_n^2-r(-1)^n a_n\\
&=a_{n+1}(a_{n+1}-pa_n)+a_n^2-r(-1)^n a_n\\
&=a_{n+1}[-a_{n-1}-r(-1)^n]+a_n^2-r(-1)^n a_n\\
&=a_n^2-a_{n+1}a_{n-1}-r(-1)^n a_{n+1}-r(-1)^n a_n
\end{aligned}
$$

于是

$$
\begin{aligned}
a_{n+1}^2-a_n a_{n+2}+r(-1)^n a_{n+1}&=a_n^2-a_{n+1}a_{n-1}+r(-1)^{n-1}a_n\\
&=\cdots\\
&=a_2^2-a_1a_3-ra_2\\
&=a_2^2-a_1(pa_2-a_1-r)-ra_2\\
&=a_2^2-pa_2a_1+a_1^2+ra_1-ra_2\\
&=a_2^2-pa_2a_1+a_1^2-r(a_2-a_1)
\end{aligned}
$$

于是

$$
\begin{aligned}
a_n a_{n+2}&=a_{n+1}^2+r(-1)^n a_{n+1}-a_2^2+pa_2a_1-a_1^2+r(a_2-a_1)\\
&=[a_{n+1}+\frac{1}{2}r(-1)^n]^2-\frac{1}{4}r^2-a_2^2+pa_2a_1-a_1^2+r(a_2-a_1)
\end{aligned}
$$

于是

$$
a_{n+2}=\frac{\left[a_{n+1}+\frac{1}{2}r(-1)^n\right]^2-\frac{1}{4}r^2-a_2^2+pa_1a_2-a_1^2+r(a_2-a_1)}{a_n} \qquad (\text{II})
$$

由于每步可逆,所以这就是递推关系(I)的一个等价的递推关系.

下面求(I)的另一个等价的递推关系.由(II)和(I)得

$$
\frac{a_{n+1}^2+r(-1)^n a_{n+1}-a_2^2+pa_2a_1-a_1^2+r(a_2-a_1)}{a_n}=pa_{n+1}-a_n+r(-1)^n
$$

$$
a_{n+1}^2+r(-1)^n a_{n+1}-a_2^2+pa_2a_1-a_1^2+r(a_2-a_1)=pa_{n+1}a_n-a_n^2+r(-1)^n a_n
$$

$$
a_{n+1}^2-[pa_n-r(-1)^n]a_{n+1}=-a_n^2+r(-1)^n a_n+a_2^2-pa_2a_1+a_1^2-r(a_2-a_1)
$$

配方后,得到

$$
\begin{aligned}
&\left[a_{n+1}-\frac{pa_n-r(-1)^n}{2}\right]^2\\
=&\left[\frac{pa_n-r(-1)^n}{2}\right]^2-a_n^2+r(-1)^n a_n+a_2^2-pa_2a_1+a_1^2-r(a_2-a_1)\\
=&\frac{1}{4}[(p^2-4)a_n^2-2r(-1)^n(p-2)a_n+r^2]+a_2^2-pa_2a_1+a_1^2-r(a_2-a_1)
\end{aligned}
$$

于是

$$a_{n+1}=\frac{pa_n-r(-1)^n}{2}\pm$$

$$\frac{1}{2}\sqrt{[(p^2-4)a_n^2-2r(-1)^n(p-2)a_n+r^2]+4[a_2^2-pa_1a_2+a_1^2-r(a_2-a_1)]} \tag{III}$$

由于每步可逆，所以这就是递推关系(I)的另一个等价的递推关系. 下面研究如何选取正负号

$$\begin{aligned} a_{n+1}-\frac{pa_n-r(-1)^n}{2}&=\frac{1}{2}[2a_{n+1}-pa_n+r(-1)^n] \\ &=\frac{1}{2}[2pa_n-2a_{n-1}-2r(-1)^n-pa_n+r(-1)^n] \\ &=\frac{1}{2}[pa_n-2a_{n-1}-r(-1)^n] \end{aligned}$$

定义 $a_0=pa_1-a_2+r$，则 a_0 满足 $a_{n+1}=pa_n-a_{n-1}-r(-1)^n$ 中取 $n=1$ 的情况.

(1) 当 $pa_n-2a_{n-1}-r(-1)^n>0$ 时，$a_{n+1}-\frac{pa_n-r(-1)^n}{2}>0$，取正号，得到

$$a_{n+1}=\frac{pa_n-r(-1)^n}{2}+\frac{1}{2}\cdot$$

$$\sqrt{[(p^2-4)a_n^2-2r(-1)^n(p-2)a_n+r^2]+4[a_2^2-pa_1a_2+a_1^2-r(a_2-a_1)]}$$

(2) 当 $pa_n-2a_{n-1}-r(-1)^n<0$ 时，$a_{n+1}-\frac{pa_n-r(-1)^n}{2}<0$，取负号，得到

$$a_{n+1}=\frac{pa_n-r(-1)^n}{2}-\frac{1}{2}\cdot$$

$$\sqrt{[(p^2-4)a_n^2-2r(-1)^n(p-2)a_n+r^2]+4[a_2^2-pa_1a_2+a_1^2-r(a_2-a_1)]}$$

(3) 当 $pa_n-2a_{n-1}-r(-1)^n=0$ 时，$a_{n+1}=\frac{pa_n-r(-1)^n}{2}$.

消去 $r(-1)^n$ 得到 $a_{n+1}=a_{n-1}$，即由 a_{n-1} 可直接得到 a_{n+1}.

下面的几个例子是求与递推关系 $a_{n+1}=pa_n-a_{n-1}-r(-1)^n$ 等价的另两个递推关系.

例 15　当 $a_1=1,a_2=2$，由递推关系 $a_{n+2}=3a_{n+1}-a_n+2(-1)^n$ 得到数列

$$\{a_n\}:1,2,3,9,22,59,\cdots$$

由递推关系(II)得 $a_{n+2}=\frac{[a_{n+1}^2+(-1)^n]^2+2}{a_n}$，得到同一个数列

$$\{a_n\}:1,2,3,9,22,59,\cdots$$

考虑递推关系 $a_{n+1}=\dfrac{3a_n-2(-1)^n\pm\sqrt{5a_n^2-4(-1)^na_n-8}}{2}$ 的符号.

在 $a_{n+2}=3a_{n+1}-a_n+2(-1)^n$ 中,取 $n=0$,得 $a_0=3a_1-a_2+2=3$.

因为 $3a_1-2a_0+2=3-6+2<0$,所以当 $n=1$ 时取负号,得

$$a_2=\frac{3a_1+2-\sqrt{5a_1^2+4a_1-8}}{2}=\frac{3+2-1}{2}=2$$

当 $n\geqslant 2$ 时,因为 $a_{n-1}\geqslant 2,a_n\geqslant 3a_{n-1}+2$,所以 $a_n-2a_{n-1}-2(-1)^n\geqslant 0$,取正号,得到 $a_{n+1}=\dfrac{3a_n-2(-1)^n+\sqrt{5a_n^2-4(-1)^na_n-8}}{2}(n\geqslant 2)$.

这样也得到同一个数列

$$\{a_n\}:1,2,3,9,22,59,\cdots$$

例 16 当 $a_1=1,a_2=-2$,由递推关系 $a_{n+2}=3a_{n+1}-a_n+2(-1)^n$ 得到数列

$$\{a_n\}:1,-2,-9,-23,-62,\cdots$$

由递推关系(Ⅱ),$a_{n+2}=\dfrac{[a_{n+1}+(-1)^n]^2-18}{a_n}$ 得到同一个数列

$$\{a_n\}:1,-2,-9,-23,-62,\cdots$$

因为 $pa_n-2a_{n-1}-r(-1)^n=3a_n-2a_{n-1}-2(-1)^n<0$,所以递推关系为

$$a_{n+1}=\frac{3a_n-2(-1)^n-\sqrt{5a_n^2-4(-1)^na_n+72}}{2}$$

得到同一个数列

$$\{a_n\}:1,-2,-9,-23,-62,\cdots$$

例 17 由 $a_1=1,a_2=-2$ 和递推关系 $a_{n+2}=-3a_{n+1}-a_n+4(-1)^n$ 得到数列

$$\{a_n\}:1,-2,1,3,-14,43,-119,318,-839,\cdots$$

由递推关系(Ⅱ),$a_{n+2}=\dfrac{[a_{n+1}+2(-1)^n]^2-15}{a_n}$ 得到同一个数列

$$\{a_n\}:1,-2,1,3,-14,43,-119,318,-839,\cdots$$

由递推关系(Ⅲ),$a_{n+1}=\dfrac{-3a_n-4(-1)^n\pm\sqrt{5a_n^2+40(-1)^na_n+60}}{2}$.

因为 $a_0=-3a_1-a_2+4=-3+2+4=3$,所以:

当 $n=1$ 时,$pa_n-2a_{n-1}-r(-1)^n=-3a_1-2a_0+4=-3-6+4<0$,取负号,得

$$a_2=\frac{-3+4-\sqrt{5-40+60}}{2}=\frac{-3+4-5}{2}=-2$$

当 $n=2$ 时，$pa_n-2a_{n-1}-r(-1)^n=-3a_2-2a_1-4=6-2-4=0$，取正号，得

$$a_3=\frac{6-4+\sqrt{20-80+60}}{2}=\frac{6-4}{2}=1$$

可以证明(见注)：

当 n 是大于1的奇数时，$-3a_n-2a_{n-1}-4(-1)^n>0$，所以取正号，得

$$a_{n+1}=\frac{-3a_n-4(-1)^n+\sqrt{5a_n^2+40(-1)^na_n+60}}{2}$$

当 n 是大于2的偶数时，$-3a_n-2a_{n-1}-4(-1)^n<0$，所以取负号，得

$$a_{n+1}=\frac{-3a_n-4(-1)^n-\sqrt{5a_n^2+40(-1)^na_n+60}}{2}$$

由此得

$$a_{n+1}=\frac{-3a_n-4(-1)^n-(-1)^n\sqrt{5a_n^2+40(-1)^na_n+60}}{2}$$

$$a_4=\frac{-3+4+\sqrt{5-40+60}}{2}=\frac{-3+4+5}{2}=3$$

$$a_5=\frac{-9-4-\sqrt{45+120+60}}{2}=\frac{-9-4-15}{2}=-14$$

$$a_6=\frac{42+4+\sqrt{980+560+60}}{2}=\frac{42+4+40}{2}=43$$

$$a_7=\frac{-129-4-\sqrt{9245+1720+60}}{2}=\frac{-129-4-105}{2}=-119$$

$$a_8=\frac{357+4+\sqrt{70805+4760+60}}{2}=\frac{357+4+275}{2}=318$$

……

注　设 $n>3$，现在证明：

当 n 是大于1的奇数时，$-3a_n-2a_{n-1}-4(-1)^n>0$；

当 n 是大于2的偶数时，$-3a_n-2a_{n-1}-4(-1)^n<0$.

为此首先证明：

(1) $a_{n+4}=7a_{n+2}-a_n+20(-1)^n$；

(2) 当 n 是大于3的奇数时，$a_n>0$；当 n 是大于2的偶数时，$a_n<0$.

证明：(1) $a_{n+4}=-3a_{n+3}-a_{n+2}+4(-1)^n$

$$=-3[-3a_{n+2}-a_{n+1}-4(-1)^n]-a_{n+2}+4(-1)^n$$
$$=9a_{n+2}+3a_{n+1}+12(-1)^n-a_{n+2}+4(-1)^n$$
$$=8a_{n+2}+3a_{n+1}+16(-1)^n$$
$$=8a_{n+2}+[-a_{n+2}-a_n+4(-1)^n]+16(-1)^n$$
$$=7a_{n+2}-a_n+20(-1)^n$$

(2) 设 $a_{2n+2}=u_n$，则 $u_1=3, u_2=43, u_{n+2}=7u_{n+1}-u_n+20$；

设 $a_{2n+3}=-v_n$，则 $v_1=14, v_2=119, v_{n+2}=7v_{n+1}-v_n+20$.

于是数列 $\{a_n\}$ 变为

$$1, -2, 1, u_1, -v_1, u_2, -v_2, u_3, -v_3, \cdots$$

下面用数学归纳法证明：(i) $u_{n+1}>3u_n>0$；$v_{n+1}>3v_n>0$. (ii) $u_n<v_n<u_{n+1}$.

(i) 当 $n=1$ 时，$u_2=43>3\cdot 3=3u_1>0$，命题成立.

假定 $u_{n+1}>3u_n>0$，因为 $u_{n+2}=7u_{n+1}-u_n+20$，所以

$$u_{n+2}-3u_{n+1}=4u_{n+1}-u_n+20>u_{n+1}-3u_n>0$$

于是对一切正整数 n，有 $u_{n+1}>3u_n>0$. 同理，$v_{n+1}>3v_n>0$.

于是对一切正整数 n，有 $a_{2n+2}>3a_{2n}$；$a_{2n+1}>3a_{2n-1}$.

(ii) 为方便起见，设 $x_n=v_n-u_n$，则 $x_1=11, x_2=76, x_{n+2}=7x_{n+1}-x_n$.

设 $w_n=u_{n+1}-v_n$，则 $w_1=29, w_2=199, w_{n+2}=7w_{n+1}-w_n$.

假定 $x_{n+1}>x_n>0$，则 $x_{n+2}=7x_{n+1}-x_n=6x_{n+1}+(x_{n+1}-x_n)>6x_{n+1}>0$，于是对一切正整数 n，有 $x_{n+1}>x_n>0$，所以 $v_n>u_n$.

同理可证 $w_{n+1}>w_n>0$，所以 $u_{n+1}>v_n$.

由此可知，对一切正整数 n，$u_n<v_n<u_{n+1}$，即 $a_{2n+2}<-a_{2n+3}<a_{2n+4}$.

于是对于数列 $\{a_n\}$：1, −2, 1, 3, −14, 43, −119, 318, −839, …从第 4 项起依次是正，负，正，负，……，并且每一项的绝对值大于前隔一项的绝对值的 3 倍. 于是：

当 n 是大于 1 的奇数时，$-3a_n-2a_{n-1}-4(-1)^n>0$；

当 n 是大于 2 的偶数时，$-3a_n-2a_{n-1}-4(-1)^n<0$.

2.5.6 二阶线性齐次递推数列的前 n 项的和

设递推关系为 $a_{n+2}=pa_{n+1}+qa_n$ 的数列 $\{a_n\}$ 的前 n 项和为 $S_n=\sum_{k=1}^{n}a_k$. 下面利用三阶线性齐次递推数列求数列 $\{S_n\}$ 的通项：

当 $n=1$ 时，$S_1=a_1$.

当 $n\geqslant 2$ 时，因为 $S_n-S_{n-1}=a_n$，所以

$$S_{n+2}-S_{n+1}=p(S_{n+1}-S_n)+q(S_n-S_{n-1})$$

于是有

$$S_{n+2}=(p+1)S_{n+1}-(p-q)S_n-qS_{n-1}$$

或

$$S_{n+3}=(p+1)S_{n+2}-(p-q)S_{n+1}-qS_n$$

初始条件是 $S_1=a_1,S_2=a_1+a_2,S_3=a_1+a_2+a_3$.

当 $n=1$ 时

$$\begin{aligned}S_4&=(p+1)S_3-(p-q)S_2-qS_1\\&=(p+1)(a_1+a_2+a_3)-(p-q)(a_1+a_2)-qa_1\\&=(p+1-p+q-q)a_1+(p+1-p+q)a_2+(p+1)a_3\\&=a_1+a_2+a_3+pa_3+qa_2=a_1+a_2+a_3+a_4\end{aligned}$$

所以，$S_{n+3}=(p+1)S_{n+2}-(p-q)S_{n+1}-qS_n$ 对于任何正整数 n 都成立. 其特征方程是 $x^3-(p+1)x^2+(p-q)x+q=0$，即 $(x-1)(x^2-px-q)=0$，所以数列 $\{S_n\}$ 是特征根为 α,β 和 1 的三阶线性齐次递推数列，可用待定系数法求出 S_n.

例 18 已知 $a_1=1,a_2=-2$，由 $a_{n+2}=5a_{n+1}-6a_n$ 求通项 a_n 和前 n 项的和 S_n.

解 由特征方程 $x^2-5x+6=0$，得到特征根 $\alpha=3,\beta=2$. 设 $a_n=A\cdot 3^{n-1}+B\cdot 2^{n-1}$.

当 $n=1$ 时，$A+B=1$；当 $n=2$ 时，$3A+2B=-2$，解出 $A=-4,B=5$，得

$$a_n=-4\cdot 3^{n-1}+5\cdot 2^{n-1}$$

由 $a_3=5a_2-6a_1=-10-6=-16,a_1+a_2=-1$，得

$$a_1+a_2+a_3=-17$$

设

$$S_n=C\cdot 3^{n-1}+D\cdot 2^{n-1}+E$$

当 $n=1$ 时，$C+D+E=1$；

当 $n=2$ 时，$3C+2D+E=-1$；

当 $n=3$ 时，$9C+4D+E=-17$.

解出 $C=-6,D=10,E=-3$，于是 $S_n=-2\cdot 3^n+5\cdot 2^n-3$. 列表如下（表6）：

表6

n	1	2	3	4	5	…
a_n	1	−2	−16	−68	−244	…
S_n	1	−1	−17	−85	−329	…

因为 a_n 是两个等比数列的和，所以也可用等比数列的和公式求 S_n.

例 19　已知 $a_1=1, a_2=2$，由 $a_{n+2}=6a_{n+1}-5a_n$ 求通项 a_n 和前 n 项的和 S_n.

解　由特征方程 $x^2-6x+5=0$，得到特征根 $\alpha=5, \beta=1$.

设 $a_n=A\cdot 5^{n-1}+B$. 当 $n=1$ 时，$A+B=1$；当 $n=2$ 时，$5A+B=2$，解出 $A=\frac{1}{4}, B=\frac{3}{4}$，于是 $a_n=\frac{1}{4}(5^{n-1}+3)$. $a_3=\frac{1}{4}(25+3)=7, a_1+a_2=3, a_1+a_2+a_3=10$.

设 $S_n=C\cdot 5^{n-1}+Dn+E$.

当 $n=1$ 时，$C+D+E=1$；当 $n=2$ 时，$5C+2D+E=7$；当 $n=3$ 时，$25C+3D+E=10$. 解出 $C=\frac{5}{16}, D=\frac{3}{4}, E=-\frac{1}{16}$，于是 $S_n=\frac{1}{16}(5^n+12n-1)$. 列表如下(表 7)：

表 7

n	1	2	3	4	5	…
a_n	1	2	7	32	157	…
S_n	1	3	10	42	199	…

例 20　已知 $a_1=1, a_2=2$，由 $a_{n+2}=6a_{n+1}-9a_n$ 求通项 a_n 和前 n 项的和 S_n.

解　由特征方程 $x^2-6x+9=0$，得到特征根 $\alpha=\beta=3$. 设 $a_n=(An+B)\cdot 3^{n-1}$.

当 $n=1$ 时，$A+B=1$；当 $n=2$ 时，$6A+3B=2$；解出 $A=-\frac{1}{3}, B=\frac{4}{3}$，于是 $a_n=(-n+4)3^{n-2}$. $a_3=(-3+4)3=3, a_1+a_2=3, a_1+a_2+a_3=6$.

设 $S_n=(Cn+D)\cdot 3^{n-1}+E$.

当 $n=1$ 时，$C+D+E=1$；当 $n=2$ 时，$6C+3D+E=3$；当 $n=3$ 时，$27C+9D+E=6$. 解出 $C=-\frac{1}{2}, D=\frac{9}{4}, E=-\frac{3}{4}$，得到 $S_n=-\frac{1}{4}[(2n-9)\cdot 3^{n-1}+3]$. 列表如下(表 8)：

表 8

n	1	2	3	4	5	…
a_n	1	2	3	0	-27	…
S_n	1	3	6	6	-21	…

2.5.7　递推关系组

设数列$\{x_n\}$和$\{y_n\}$满足以下递推关系

$$\begin{cases}x_{n+1}=ax_n+by_n+r\\ y_{n+1}=cx_n+dy_n+s\end{cases}$$

其中a,b,c,d,r,s是实常数. 数列$\{x_n\}$和$\{y_n\}$的递推关系中各有另一数列的项,可将数列$\{x_n\}$和$\{y_n\}$的递推关系分离.

假定$b=c=0$,那么数列$\{x_n\}$和$\{y_n\}$的递推关系已经分离,所以可假定b,c中至少有一个不等于零的情况. 不失一般性,设$b\neq 0$,由第一个方程得到

$$y_n=\frac{1}{b}(x_{n+1}-ax_n-r)$$

代入第二个方程,得到

$$\frac{1}{b}(x_{n+2}-ax_{n+1}-r)=dx_n+d\cdot\frac{1}{b}(x_{n+1}-ax_n-r)+r$$

化简后得到

$$x_{n+2}=(a+d)x_{n+1}-\begin{vmatrix}a & b\\ c & d\end{vmatrix}x_n+\begin{vmatrix}b & r\\ d & s\end{vmatrix}+r$$

此时如果$c=0$,那么$y_{n+1}=dy_n+s$的递推关系已与$\{x_n\}$分离,所以$c\neq 0$,那么由第二个方程得到

$$x_n=\frac{1}{c}(y_{n+1}-dy_n-s)$$

代入第一个方程,得

$$\frac{1}{c}(y_{n+2}-dy_{n+1}-s)=a\cdot\frac{1}{c}(y_{n+1}-dy_n-s)+by_n+r$$

化简后得到

$$y_{n+2}=(a+d)y_{n+1}-\begin{vmatrix}a & b\\ c & d\end{vmatrix}y_n+\begin{vmatrix}c & s\\ a & r\end{vmatrix}+s$$

例 21　设数列$\{x_n\}$和$\{y_n\}$满足$x_1=1,y_1=0$,且$\begin{cases}x_{n+1}=7x_n+6y_n-3\\ y_{n+1}=8x_n+7y_n-4\end{cases}$,$n=1,2,\cdots$. 求证:$x_n$是完全平方数.

证明　由$x_{n+2}=(a+d)x_{n+1}-\begin{vmatrix}a & b\\ c & d\end{vmatrix}x_n+\begin{vmatrix}b & r\\ d & s\end{vmatrix}+r$得

$$x_{n+2}=(7+7)x_{n+1}-\begin{vmatrix}7 & 6\\ 8 & 7\end{vmatrix}x_n+\begin{vmatrix}6 & -3\\ 7 & -4\end{vmatrix}-3=14x_{n+1}-x_n-6$$

由 $x_1=1,y_1=0$,得到 $x_2=7\cdot 1+6\cdot 0-3=4=2^2$,$x_3=14\cdot 4-1-6=49=7^2$,设数列 $a_1=1,a_2=2,a_{n+2}=4a_{n+1}-a_n$,则 $a_3=4\cdot 2-1=7$. 显然对一切正整数 n,a_n 都是整数,且

$$\begin{aligned}a_{n+2}^2&=(4a_{n+1}-a_n)^2\\&=16a_{n+1}^2-8a_{n+1}a_n+a_n^2\\&=14a_{n+1}^2-a_n^2-6-2(4a_{n+1}a_n-a_{n+1}^2-a_n^2-3)\end{aligned}$$

其中

$$\begin{aligned}4a_{n+1}a_n-a_{n+1}^2-a_n^2-3&=4a_{n+1}a_n-a_{n+1}(4a_n-a_{n-1})-a_n^2-3\\&=a_{n+1}a_{n-1}-a_n^2-3\\&=(4a_n-a_{n-1})a_{n-1}-a_n(4a_{n-1}-a_{n-2})-3\\&=a_na_{n-2}-a_{n-1}^2-3\end{aligned}$$

可见,$a_{n+1}a_{n-1}-a_n^2-3=a_na_{n-2}-a_{n-1}^2-3=\cdots=a_3a_1-a_2^2-3=7\cdot 1-2^2-3=0$,所以

$$a_{n+2}^2=14a_{n+1}^2-a_n^2-6$$

$$x_1=1=1^2=a_1^2$$

$$x_2=4=2^2=a_2^2$$

由于数列$\{a_n^2\}$与$\{x_n\}$的两个初始条件和递推关系都相同,所以数列$\{a_n^2\}$与$\{x_n\}$是两个相同的数列. 因为数列$\{a_n\}$的每一项都是整数,所以$\{a_n^2\}$的每一项都是完全平方数,于是数列$\{x_n\}$的每一项都是完全平方数.

2.5.8 递推关系 $a_{n+2}=pa_{n+1}+qa_n$ 与佩尔方程的关系

设 D 是正整数,$\sqrt{D}$是无理数,称方程 $x^2-Dy^2=1$ 为佩尔方程. 关于佩尔方程有以下结论(读者可参阅有关书籍):

设 $x_1+\sqrt{D}y_1$ 是方程 $x^2-Dy^2=1$ 的最小正整数解,则方程 $x^2-Dy^2=1$ 的一切正整数解 $x_n+\sqrt{D}y_n=(x_1+\sqrt{D}y_1)^n$.

在求佩尔方程 $x^2-Dy^2=1$ 的一切正整数解时,如果将$(x_1+\sqrt{D}y_1)^n$ 展开,则较为麻烦,下面用递推关系求方程 $x^2-Dy^2=1$ 的一切正整数解(x_n,y_n).

将 $x_n+\sqrt{D}y_n=(x_1+\sqrt{D}y_1)^n$ 中的 n 换成 $n+1$,得到

$$\begin{aligned}x_{n+1}+\sqrt{D}y_{n+1}&=(x_1+\sqrt{D}y_1)^{n+1}\\&=(x_1+\sqrt{D}y_1)(x_1+\sqrt{D}y_1)^n\\&=(x_1+\sqrt{D}y_1)(x_n+y_n\sqrt{D})\\&=(x_1x_n+Dy_1y_n)+\sqrt{D}(y_1x_n+x_1y_n)\end{aligned}$$

于是有$\begin{cases}x_{n+1}=x_1x_n+Dy_1y_n\\y_{n+1}=y_1x_n+x_1y_n\end{cases}(n=1,2,3,\cdots)$.

当 $n=1$ 时,得到$\begin{cases}x_2=x_1^2+Dy_1^2=2x_1^2-1\\y_2=2x_1y_1\end{cases}$.

将 x_n 和 y_n 分离后,得到递推关系

$$\begin{cases}x_{n+2}=2x_1x_{n+1}-x_n\\y_{n+2}=2x_1y_{n+1}-y_n\end{cases}\tag{16}$$

初始条件是$\begin{cases}x_1\\y_1\end{cases},\begin{cases}x_2=2x_1^2-1\\y_2=2x_1y_1\end{cases}$.

由此可见,只要求出方程 $x^2-Dy^2=1$ 的最小正整数解(x_1,y_1),利用上述初始条件与递推关系即可求出方程 $x^2-Dy^2=1$ 的一切正整数解.

例22　求方程 $x^2-5y^2=1$ 的一切正整数解.

解　首先用 $y=1,2,3,\cdots$尝试,直至得到 $x=\sqrt{5y^2+1}$ 是正整数. 列表如下(表9):

表9

$x=\sqrt{5y^2+1}$	$\sqrt{6}$	$\sqrt{21}$	$\sqrt{46}$	9
y	1	2	3	4

于是由$\begin{cases}x_1=9\\y_1=4\end{cases},\begin{cases}x_2=2\cdot 9^2-1=161\\y_2=2\cdot 9\cdot 4=72\end{cases}$和$\begin{cases}x_{n+2}=18x_{n+1}-x_n\\y_{n+2}=18y_{n+1}-y_n\end{cases}$可求出方程 $x^2-5y^2=1$ 的一切正整数解

$$\{x_n\}:9,161,2889,51841,\cdots$$
$$\{y_n\}:4,72,1292,23184,\cdots$$

例23　已知:u 是非负整数,a_1,D 是正整数,$\sqrt{D}$是无理数,(x,y)是方程 $x^2-Dy^2=1$ 的正整数解,数列$\{a_n\}$满足递推关系:$a_{n+1}=xa_n+\sqrt{Dy^2(a_n^2-a_1^2)+u^2}$. 求证:

(1)数列$\{a_n\}$的每一项都是正整数.

(2)数列$\{a_n\}$满足递推关系:$a_{n+2}=2xa_{n+1}-a_n$.

(3)数列$\{a_n\}$满足递推关系:$a_{n+2}=\dfrac{a_{n+1}^2+(x^2-1)a_1^2-u^2}{a_n}$.

证明　(1)用数学归纳法证明:

当 $n=1$ 时，$a_2=xa_1+\sqrt{Dy^2(a_1^2-a_1^2)+u^2}=xa_1+u$ 是正整数.

假定 $a_{n+1}=xa_n+\sqrt{Dy^2(a_n^2-a_1^2)+u^2}$ 是正整数，则 $\sqrt{Dy^2(a_n^2-a_1^2)+u^2}$ 是正整数.

$$\begin{aligned}a_{n+1}^2-a_1^2&=[xa_n+\sqrt{Dy^2(a_n^2-a_1^2)+u^2}]^2-a_1^2\\&=x^2a_n^2+2xa_n\sqrt{Dy^2(a_n^2-a_1^2)+u^2}+Dy^2a_n^2-Dy^2a_1^2+u^2-a_1^2\\&=x^2a_n^2+2xa_n\sqrt{Dy^2(a_n^2-a_1^2)+u^2}+Dy^2a_n^2-x^2a_1^2+u^2\\&=x^2(a_n^2-a_1^2)+2xa_n\sqrt{Dy^2(a_n^2-a_1^2)+u^2}+Dy^2a_n^2+u^2\end{aligned}$$

两边乘以 Dy^2 后，加 u^2，得到

$$\begin{aligned}Dy^2(a_{n+1}^2-a_1^2)+u^2&=Dx^2y^2(a_n^2-a_1^2)+2Dxy^2a_n\sqrt{Dy^2(a_n^2-a_1^2)+u^2}+\\&\quad D^2y^4a_n^2+Dy^2u^2+u^2\\&=D^2y^4a_n^2+2Dy^2a_n\cdot x\sqrt{Dy^2(a_n^2-a_1^2)+u^2}+\\&\quad Dx^2y^2(a_n^2-a_1^2)+x^2u^2\\&=(Dy^2a_n)^2+2Dy^2a_n\cdot x\sqrt{Dy^2(a_n^2-a_1^2)+u^2}+\\&\quad x^2[Dy^2(a_n^2-a_1^2)+u^2]\\&=[Dy^2a_n+x\sqrt{Dy^2(a_n^2-a_1^2)+u^2}]^2\end{aligned}$$

所以

$$\sqrt{Dy^2(a_{n+1}^2-a_1^2)+u^2}=Dy^2a_n+x\sqrt{Dy^2(a_n^2-a_1^2)+u^2}$$

因为假定 $\sqrt{Dy^2(a_n^2-a_1^2)+u^2}$ 是正整数，所以 $a_{n+2}=xa_{n+1}+\sqrt{Dy^2(a_{n+1}^2-a_1^2)+u^2}$ 是正整数.

(2)由 $a_{n+1}-xa_n=\sqrt{Dy^2(a_n^2-a_1^2)+u^2}$，得

$$a_{n+1}^2-2xa_{n+1}a_n+x^2a_n^2=Dy^2(a_n^2-a_1^2)+u^2=Dy^2a_n^2-Dy^2a_1^2+u^2$$

$$a_{n+1}^2-2xa_{n+1}a_n+a_n^2=u^2-Dy^2a_1^2$$

将上式中的 n 换成 $n+1$，得 $a_{n+2}^2-2xa_{n+2}a_{n+1}+a_{n+1}^2=u^2-Dy^2a_1^2$. 所以

$$a_{n+2}^2-2xa_{n+2}a_{n+1}+a_{n+1}^2=a_{n+1}^2-2xa_{n+1}a_n+a_n^2$$

$$(a_{n+2}-a_n)(a_{n+2}+a_n-2xa_{n+1})=0$$

由于 $a_{n+1}=xa_n+\sqrt{Dy^2(a_n^2-a_1^2)+u^2}>a_n$，所以 $a_{n+2}>a_{n+1}>a_n$，于是 $a_{n+2}+a_n-2xa_{n+1}=0$，$a_{n+2}=2xa_{n+1}-a_n$.

(3)由 $a_{n+2}=2xa_{n+1}-a_n$，得

$$\begin{aligned}a_{n+1}^2-a_na_{n+2}&=a_{n+1}^2-a_n(2xa_{n+1}-a_n)\\&=a_{n+1}^2-2xa_na_{n+1}+a_n^2\end{aligned}$$

$$
\begin{aligned}
&=a_{n+1}(a_{n+1}-2xa_n)+a_n^2\\
&=-a_{n-1}a_{n+1}+a_n^2\\
&=a_n^2-a_{n-1}a_{n+1}\\
&=\cdots\\
&=a_2^2-a_1a_3\\
&=a_2^2-a_1(2xa_2-a_1)\\
&=a_2^2-2xa_1a_2+a_1^2\\
&=(xa_1+u)^2-2xa_1(xa_1+u)+a_1^2\\
&=x^2a_1^2+2xua_1+u^2-2x^2a_1^2-2xua_1+a_1^2\\
&=u^2-(x^2-1)a_1^2
\end{aligned}
$$

于是

$$a_{n+2}=\frac{a_{n+1}^2+(x^2-1)a_1^2-u^2}{a_n}$$

例24　设(x_n,y_n)为佩尔方程$x^2-Dy^2=1$的第n个解$(n=1,2,\cdots)$. 证明：

(1) $\begin{cases}x_{2n}=2x_n^2-1\\y_{2n}=2x_ny_n\end{cases}$；

(2) $\begin{cases}x_nx_{n+1}-Dy_ny_{n+1}=x_1\\x_ny_{n+1}-x_{n+1}y_n=y_1\end{cases}$.

证明　(1)因为

$$
\begin{aligned}
x_{2n}+y_{2n}\sqrt{D}&=(x_1+y_1\sqrt{D})^{2n}=(x_n+y_n\sqrt{D})^2=x_n^2+2x_ny_n\sqrt{D}+Dy_n^2\\
&=2x_n^2-1+2x_ny_n\sqrt{D}
\end{aligned}
$$

所以$\begin{cases}x_{2n}=2x_n^2-1\\y_{2n}=2x_ny_n\end{cases}$.

$$
\begin{aligned}
(2)\ x_n+y_n\sqrt{D}&=(x_1+y_1\sqrt{D})^n(x_n^2-Dy_n^2)=(x_1+y_1\sqrt{D})^{n+1}(x_1-y_1\sqrt{D})\\
&=(x_{n+1}+y_{n+1}\sqrt{D})(x_1-y_1\sqrt{D})\\
&=x_1x_{n+1}-Dy_1y_{n+1}+(x_1y_{n+1}-y_1x_{n+1})\sqrt{D}
\end{aligned}
$$

于是$\begin{cases}x_n=x_1x_{n+1}-Dy_1y_{n+1}\\y_n=x_1y_{n+1}-y_1x_{n+1}\end{cases}$.

消去y_1，得$x_nx_{n+1}-Dy_ny_{n+1}=x_1$；消去$x_1$，得$x_ny_{n+1}-x_{n+1}y_n=y_1$

2.5.9　递推关系用于计数的若干例题

1. 平面内有n条直线，其中任何两条都不平行，任何三条都不共线（如图

1). 这 n 条直线至多将平面分成多少个区域?

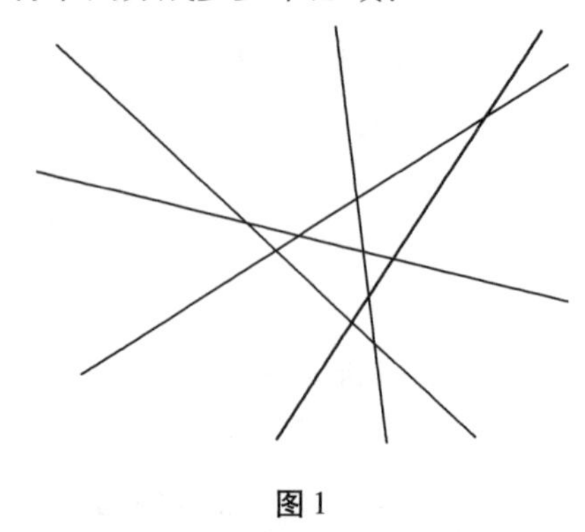

图1

解 设这 n 条直线至多将平面分成 a_n 个区域. 显然 $a_1=2$. 再画第 $n+1$ 条直线,这条直线与前 n 条直线都相交,共得到 n 个交点,这 n 个交点将第 $n+1$ 条直线分割成 $n+1$ 段,每一段增加一个区域,所以共增加 $n+1$ 个区域,于是 $a_{n+1}=a_n+n+1$. 将 n 换成 $n-1$,得到

$$a_n=a_{n-1}+n$$

$$a_{n-1}=a_{n-2}+n-1$$

$$\cdots\cdots$$

$$a_2=a_1+2$$

相加后,得到 $a_n=a_1+2+3+\cdots+n=\dfrac{n(n+1)}{2}+1$,即这 n 条直线至多将平面分成 $\dfrac{n(n+1)}{2}+1$ 个区域.

2. 已知长方体的长、宽、高的长是两两互质的正整数,体积是 n. 求这样的长方体的个数.

解 当 $n=1$ 时,这样的长方体的体积是 $1\times1\times1$,只有一个.

当 $n\geqslant2$ 时,设 n 的标准分解式是 $n=p_1^{\alpha_1}p_2^{\alpha_2}\cdots p_k^{\alpha_k}$. 因为长、宽、高的长是两两互质的正整数,所以即使 $p_i^{\alpha_i}(i=1,2,\cdots,k)$ 中的 $\alpha_i>1$, $p_i^{\alpha_i}$ 也只能作为一个整体是长、宽、高的约数,所以这样的长方体的个数只与 k 有关. 设这样的长方体的个数有 x_k 个.

当 $k=1$ 时,长方体的体积是 $p_1^{\alpha_1}=1\times1\times p_1^{\alpha_1}$,只有一个,所以 $x_1=1$.

当 $k\geqslant2$ 时,体积是 $p_1^{\alpha_1}p_2^{\alpha_2}\cdots p_{k-1}^{\alpha_{k-1}}$ 的长方体有 x_{k-1} 个,这 x_{k-1} 个长方体分为两类:

(1)有一个长方体的长、宽、高中有两个相等. 不失一般性,设这个长方体

的体积是 $1\times1\times p_1^{\alpha_1}p_2^{\alpha_2}\cdots p_{k-1}^{\alpha_{k-1}}$，只有一个.

(2)其余 $x_{k-1}-1$ 个长方体的长、宽、高都不相等.

现在将 $p_k^{\alpha_k}$ 添加到长方体的长，或宽，或高中.

添加到第(1)类中，长方体的体积 $n=1\times1\times p_1^{\alpha_1}p_2^{\alpha_2}\cdots p_k^{\alpha_k}$ 或 $n=1\times p_k^{\alpha_k}\times p_1^{\alpha_1}p_2^{\alpha_2}\cdots p_{k-1}^{\alpha_{k-1}}$，有2种选择，得到2个体积为 $n=p_1^{\alpha_1}p_2^{\alpha_2}\cdots p_k^{\alpha_k}$ 的长方体.

添加到第(2)类中，由于这 $x_{k-1}-1$ 个长方体的长、宽、高各不相等，所以添加 $p_k^{\alpha_k}$ 有3种选择，得到 $3(x_{k-1}-1)$ 个体积为 $n=p_1^{\alpha_1}p_2^{\alpha_2}\cdots p_k^{\alpha_k}$ 的长方体.

由加法原理，一共得到 $x_k=3(x_{k-1}-1)+2=3x_{k-1}-1$ 个长方体，于是

$$x_k-\frac{1}{2}=3\left(x_{k-1}-\frac{1}{2}\right)=3^2\left(x_{k-2}-\frac{1}{2}\right)=\cdots=3^{k-1}\left(x_1-\frac{1}{2}\right)=\frac{3^{k-1}}{2}$$

$$x_k=\frac{3^{k-1}+1}{2}$$

当 $k=1$ 时，$\frac{3^{k-1}+1}{2}=1$，所以 $x_k=\frac{3^{k-1}+1}{2}$ 对一切正整数 k 成立.

因此本题的结论是：当 $n=1$ 时，这样的长方体有一个. 当 $n\geqslant2$ 时，将 n 写成标准分解式 $n=p_1^{\alpha_1}p_2^{\alpha_2}\cdots p_k^{\alpha_k}$，这样的长方体有 $\frac{3^{k-1}+1}{2}$ 个.

注　本题是由长方形的情况推广而来的：面积是 $n(n\geqslant2)$，长、宽是互质的正整数的长方形有 2^{k-1} 个，不需要用递推的方法. 因此本题也可不用递推的方法求解.

3. 在线段 AB 的同侧有 n 个点 $P_1,P_2,\cdots,P_n$(如图2)，其中任何两个都不与 A 或 B 共线. 将这些点分别与 A,B 联结，一共可得到多少个三角形？

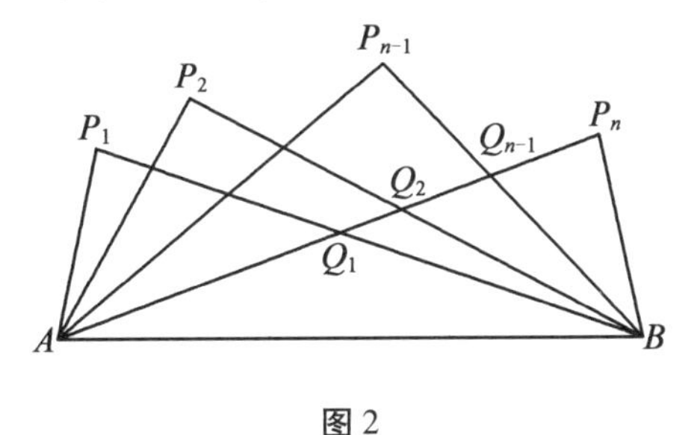

图2

解　设一共可得到 a_n 个三角形，显然 $a_1=1$. 对于点 $P_1,P_2,\cdots,P_{n-1}$ 而言，共有 a_{n-1} 个三角形. 现在考虑点 P_n 的出现会增加多少个三角形.

(1)增加的三角形中包含顶点 A.

设 AP_n 分别交 $BP_1,BP_2,\cdots,BP_{n-1}$ 于 $Q_1,Q_2,\cdots,Q_{n-1}$. 对 $\triangle ABP_1$ 而言，BP_1 原来被分成 $n-1$ 段，现在被分成 n 段. 由于 AQ_1 的出现，增加了以 AQ_1 为边的

n 个三角形；同理，对 $\triangle ABP_1$ 而言，AQ_2 的出现，增加了以 AQ_2 为边的 $n-1$ 个三角形；……；对 $\triangle ABP_{n-1}$ 而言，AQ_{n-1} 的出现，增加了以 AQ_{n-1} 为边的 2 个三角形，最后还增加了一个 $\triangle ABP_n$. 于是共增加了 $1+2+\cdots+(n-1)+n=\frac{n(n+1)}{2}$ 个三角形.

(2)增加的三角形中不包含顶点 A.

在点 $Q_1,Q_2,\cdots,Q_{n-1},P_n$ 这 n 个点中，任取两点与 B 组成一个三角形，共有 $C_n^2=\frac{n(n-1)}{2}$ 个三角形.

这样一共增加了 $\frac{n(n+1)}{2}+\frac{n(n-1)}{2}=n^2$ 个三角形，于是

$$\begin{aligned}a_n&=a_{n-1}+n^2=a_{n-2}+(n-1)^2+n^2=\cdots=a_1+2^2+(n-1)^2+n^2\\&=1+2^2+\cdots+(n-1)^2+n^2=\frac{n(n+1)(2n+1)}{6}\end{aligned}$$

即一共可得到 $\frac{n(n+1)(2n+1)}{6}$ 个三角形.

4. 有 k 个点 $A_1,A_2,\cdots,A_k$. 一只青蛙每一次可以从 $A_1,A_2,\cdots,A_k$ 中的任意一点跳到另一点. 如果这只青蛙从 A_1 出发，跳第 n 次回到 A_1，有多少种不同的跳法？

解 设青蛙从 A_1 出发，跳第 n 次回到 A_1 有 a_n 种不同的跳法，不回到 A_1 有 b_n 种不同的跳法. 因为青蛙跳 n 次后回到 A_1，跳 $n-1$ 次后不在 A_1，所以 $a_n=b_{n-1}$，即 $b_n=a_{n+1}$.

当 $n=1$ 时，显然 $a_1=0$.

当 $n=2$ 时，显然有 $k-1$ 种不同的跳法，所以 $a_2=k-1$.

因为青蛙每跳 1 次都有 $k-1$ 种选择，跳 n 次共有 $(k-1)^n$ 种选择，所以

$$a_n+b_n=(k-1)^n$$

于是

$$a_{n+1}+a_n=(k-1)^n$$

将 n 换成 $n-1$，再乘以 $(k-1)$，得到 $(k-1)a_n+(k-1)a_{n-1}=(k-1)^n$. 于是

$$a_{n+1}+a_n=(k-1)a_n+(k-1)a_{n-1},\quad a_{n+1}=(k-2)a_n+(k-1)a_{n-1}$$

特征方程是

$$x^2-(k-2)x-(k-1)=0$$

解出 $x=k-1$ 或 $x=-1$.

设 $a_n=A(k-1)^n+B(-1)^n$.

当 $n=1$ 时，$(k-1)A-B=0$；当 $n=2$ 时，$A(k-1)^2+B=k-1$，解出

$$A=\frac{1}{k},B=\frac{k-1}{k}$$

所以 $a_n=\frac{(k-1)^n+(k-1)(-1)^n}{k}$，即共有$\frac{(k-1)^n+(k-1)(-1)^n}{k}$种不同的跳法.

5. 有 n 堆石子，每堆石子分别有 $1,2,\cdots,n$ 块. 可以在任意多堆石子中取出石子，但要求在各堆石子中取出的石子数相同. 问至少要取多少次才能把石子取完？

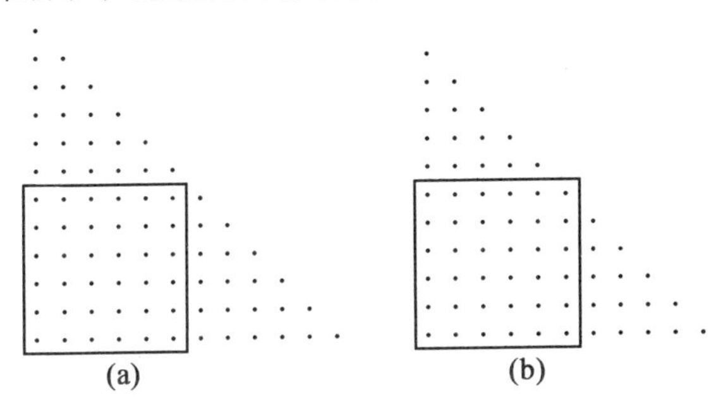

图 3

解 将 n 堆石子排列成图 3 的形式，设至少要取 $f(n)$ 次，显然 $f(1)=1$. 图中左下角的最大正方形每边有 $\left[\frac{n+1}{2}\right]$ 块石子. 第一次将这个正方形中的石子全部取出，即在 $\left[\frac{n+1}{2}\right]$ 堆石子中各取 $\left[\frac{n+1}{2}\right]$ 块. 取了一次后，还剩下两个分别有 $1,2,\cdots,\left[\frac{n}{2}\right]$ 块的石子堆. 由于可以在任意多堆石子中取，所以 $f(n)=f\left(\left[\frac{n}{2}\right]\right)+1$.

下面求 $f(n)$ 的值：

将 n 写成二进制：$n=a_k\cdot 2^k+a_{k-1}\cdot 2^{k-1}+\cdots+a_1\cdot 2+a_0$.

这里 $a_k=1,a_i=0$ 或 $1,\left[\frac{n}{2^i}\right]=a_{i-1}\cdot 2^{i-1}+\cdots+a_1(i=1,2,\cdots,k-1)$，$\left[\frac{n}{2^k}\right]=1$.

因为 $\left[\frac{\left[\frac{n}{2}\right]}{2}\right]=\left[\frac{n}{4}\right]$，所以 $f(n)=f\left(\left[\frac{n}{2}\right]\right)+1=f\left(\left[\frac{n}{4}\right]\right)+2=\cdots=f(1)+$

$k = 1 + k$.

因为 $2^k \leqslant n < 2^{k+1}$，所以 $k \leqslant \log_2 n < k+1$，$k = [\log_2 n]$，即 $f(n) = 1 + [\log_2 n] = [1 + \log_2 n] = [\log_2 2n]$，即至少要取$[\log_2 2n]$次才能把石子取完.

6. 在图4中，从 A_1 出发沿箭头所示的方向到达点 A_n 有多少种不同的走法?

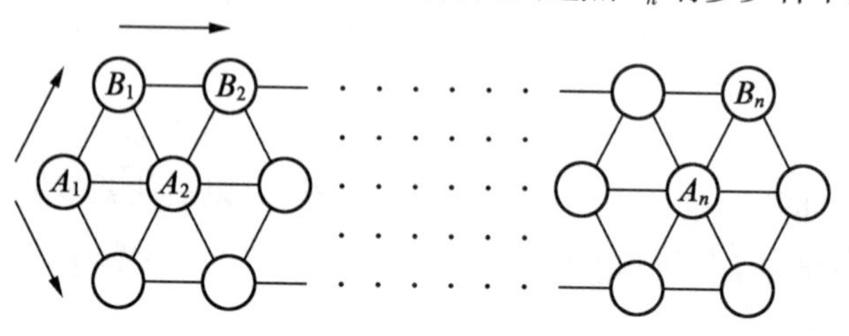

图4

解　设从 A_1 出发沿箭头所示的方向到达点 A_n 有 a_n 种不同的走法，到达点 B_n 有 b_n 种不同的走法，则 $a_1 = 1, b_1 = 1, a_2 = a_1 + 2b_1 = 3, b_2 = a_2 + b_1 = 4$.

当 $n \geqslant 3$ 时，有 $\begin{cases} a_n = a_{n-1} + 2b_{n-1} \\ b_n = a_n + b_{n-1} \end{cases}$，从第一式解出 $b_{n-1} = \dfrac{a_n - a_{n-1}}{2}$代入第二式，得到

$$\frac{a_{n+1} - a_n}{2} = a_n + \frac{a_n - a_{n-1}}{2}$$

于是 $a_{n+1} = 4a_n - a_{n-1}$，将 n 换成 $n+1$，得到

$$a_{n+2} = 4a_{n+1} - a_n$$

其中 $a_1 = 1, a_2 = 3$.

数列$\{a_n\}$的前若干项是

$$1,3,11,41,153,571,2131,7953,\cdots$$

注1　数列$\{a_n\}$的初始条件是 $a_1 = 3, a_2 = 3$. 由 2.5.5 可知，数列$\{a_n\}$有两个等价的递推关系

$$a_{n+2} = \frac{a_{n+1}^2 + 2}{a_n} \text{和 } a_{n+1} = 2a_n + \sqrt{3a_n^2 - 2}$$

注2　数列$\{b_n\}$的初始条件是：$b_1 = 1, b_2 = 4$. 三个等价的递推关系是

$$b_{n+2} = 4b_{n+1} - b_n, b_{n+2} = \frac{b_{n+1}^2 - 1}{b_n} \text{和 } b_{n+1} = 2b_n + \sqrt{3b_n^2 + 1}$$

数列$\{b_n\}$的前若干项是

$$1,4,15,56,209,780,2911,10864,\cdots$$

7. 用 $k(k \geqslant 2)$ 种不同的颜色对凸 $n(n \geqslant 3)$ 边形的 n 条边涂色，使相邻两边

的颜色不同,共有多少种不同的涂法?

解　设共有 a_n 种不同的涂法.

当 $n=3$ 时,第1条边有 k 种涂法,第2条边有 $(k-1)$ 种涂法,第3条边有 $(k-2)$ 种涂法,根据乘法原理,共有 $k(k-1)(k-2)$ 种不同的涂法,即 $a_3=k(k-1)(k-2)$.

当 $n\geqslant 4$ 时,先考虑由 n 节线段组成的折线:第1节有 k 种涂法,第2节有 $(k-1)$ 种涂法,第3节有 $(k-1)$ 种涂法,……,第 n 节有 $(k-1)$ 种涂法,根据乘法原理,共有 $k(k-1)^{n-1}$ 种不同的涂法.然后把第1节线段和第 n 节线段接起来,此时有两种情况:

(1)如果第1节和第 n 节异色,那么得到一个凸 n 边形,共有 a_n 种不同的涂法;

(2)如果第1节和第 n 节同色,那么把这两节合并成一节,得到一个凸 $n-1$ 边形,共有 a_{n-1} 种不同的涂法.根据加法原理,得到 $a_n+a_{n-1}=k(k-1)^{n-1}$.

将 $a_n+a_{n-1}=k(k-1)^{n-1}$ 中的 n 换成 $n+1$,得到 $a_{n+1}+a_n=k(k-1)^n$.

将 $a_n+a_{n-1}=k(k-1)^{n-1}$ 乘以 $(k-1)$,得到 $(k-1)a_n+(k-1)a_{n-1}=k(k-1)^n$,所以

$$a_{n+1}+a_n=(k-1)a_n+(k-1)a_{n-1}$$

将 n 换成 $n+1$,得到 $a_{n+2}=(k-2)a_{n+1}+(k-1)a_n$,特征方程是 $x^2-(k-2)x-(k-1)=0$,特征根是 $x=k-1$ 和 $x=-1$,所以设

$$a_n=A(k-1)^{n-3}+B(-1)^{n-3}$$

当 $n=3$ 时

$$A+B=k(k-1)(k-2)$$

当 $n=4$ 时

$$a_4=k(k-1)^3-a_3=k(k-1)^3-k(k-1)(k-2)=k(k-1)(k^2-3k+3)$$

于是

$$A(k-1)-B=k(k-1)(k^2-3k+3)$$

相加后得

$$kA=k(k-1)(k-2+k^2-3k+3)$$

$$A=(k-1)(k^2-2k+1)=(k-1)^3$$

$$B=k(k-1)(k-2)-(k-1)^3=(k-1)(k^2-2k-k^2+2k+1)=(k-1)$$

所以

$$a_n=(k-1)^n+(-1)^n(k-1)$$

8.用 n 张 1×2 的矩形卡片不重叠地覆盖一个 $2\times n$ 的棋盘(图5),有多少种不同的覆盖方法?

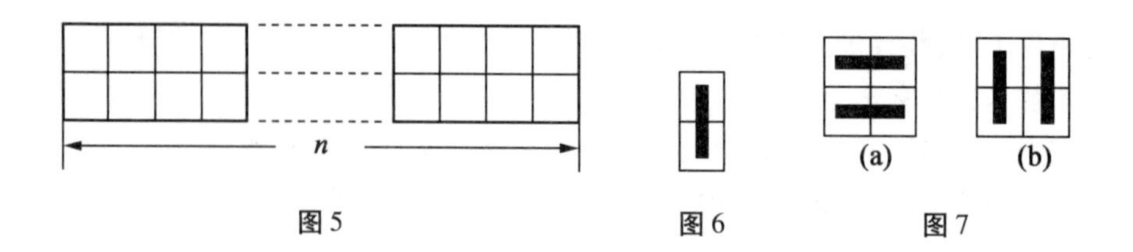

图5　　图6　　图7

解　设一共有 a_n 种不同的覆盖方法.

当 $n=1$ 时,显然只有一种覆盖方法(图6),所以 $a_1=1$.

当 $n=2$ 时,显然只有两种覆盖方法(图7),所以 $a_2=2$.

当 $n\geqslant 3$ 时,用 1×2 的矩形覆盖左上角的小正方形有两种方法:

(1)竖放,此时剩下的是一个 $2\times(n-1)$ 的棋盘(图8),有 a_{n-1} 种不同的覆盖方法.

(2)横放,此时它下面的正方形只能横放,剩下的是一个 $2\times(n-2)$ 的棋盘(图9),有 a_{n-2} 种不同的覆盖方法.

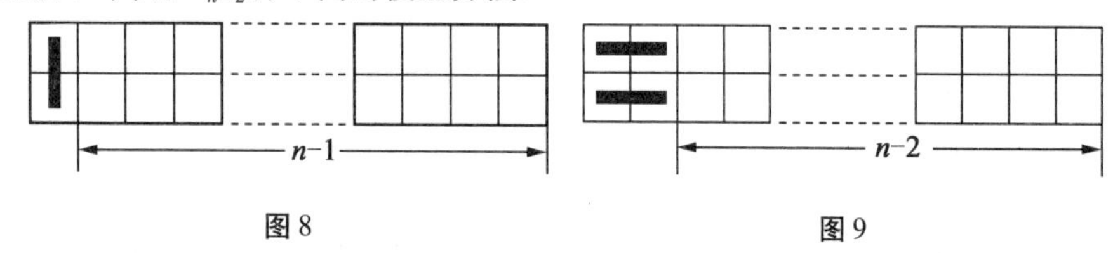

图8　　图9

于是 $a_n=a_{n-1}+a_{n-2}(n\geqslant 3)$. 再由 $a_1=1$ 和 $a_2=2$ 可求出数列 $\{a_n\}$ 的前若干项是

$$1,2,3,5,8,13,21,34,55,89,144,233,377,610,987,\cdots$$

通项是

$$a_n=\frac{1}{\sqrt{5}}\left[\left(\frac{1+\sqrt{5}}{2}\right)^{n+1}-\left(\frac{1-\sqrt{5}}{2}\right)^{n+1}\right]$$

9. 用 $3n$ 张 1×2 的矩形卡片不重叠地覆盖一个 $3\times 2n$ 的棋盘(图10),有多少种不同的覆盖方法?

解　为方便起见,设 $3\times 2n$ 的棋盘为 A_n,有 a_n 种不同的覆盖方法.

设在 $3\times(2n-1)$ 的棋盘的左下角除去一个小正方形得到的图形为 B_n(图11),有 b_n 种不同的覆盖方法.

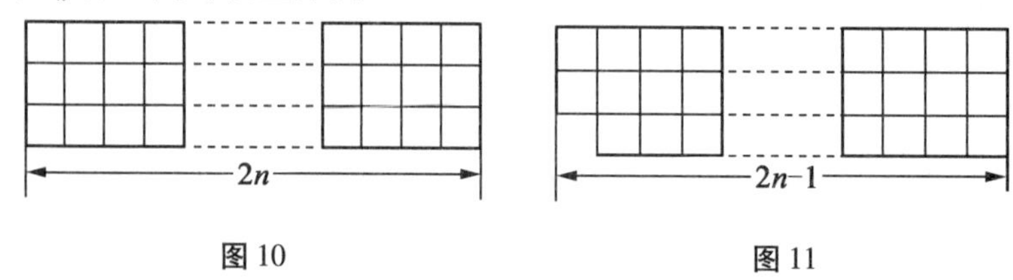

图10　　图11

(1)当 $n=1$ 时,A_1 是 3×2 的棋盘,有三种覆盖方法(图12),即 $a_1=3$.

在 3×1 的棋盘中除去左下角的一个小正方形得到的图形 B_1 为 2×1 的矩形,显然只有一种覆盖方法,即 $b_1=1$.

(2)当 $n=2$ 时,研究图形 B_2(图13(a)).

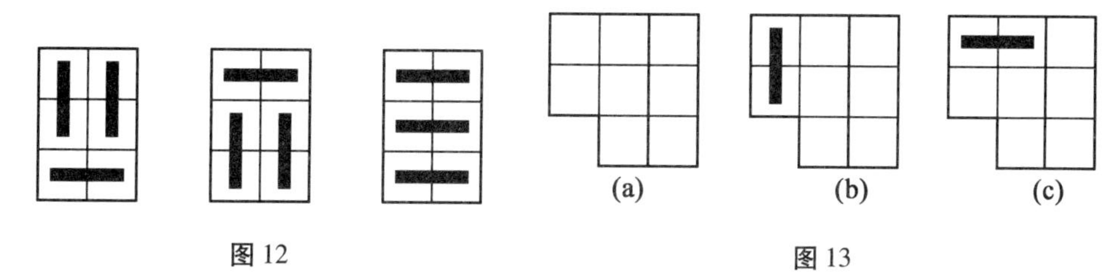

图12　　　　图13

用 1×2 的矩形覆盖左上角的小正方形有两种方法(图13(b),(c)):

(i)竖放,此时剩下的是 3×2 的矩形棋盘,有 $a_1=3$ 种覆盖方法.

(ii)横放,此时剩下的图形显然只有一种覆盖方法.

于是 $b_2=3+1=4$.

(3)当 $n\geqslant 3$ 时,研究图形 A_n.

用 1×2 的矩形覆盖左上角的小正方形有两种覆盖方法:

(i)竖放,此时左下角的小正方只能被 1×2 的矩形横放(图14),于是剩下的图形就是 B_n,有 b_n 种覆盖方法.

(ii)横放,此时第二行最左边的小正方形有两种覆盖方法:

i)竖放(图15),此时剩下一个与 B_n 成镜面对称的图形,也有 b_n 种覆盖方法.

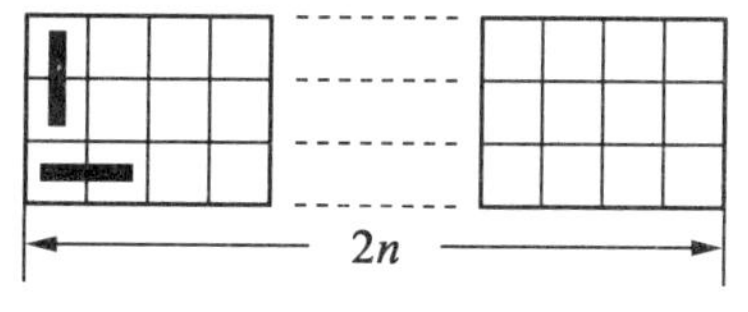

图14

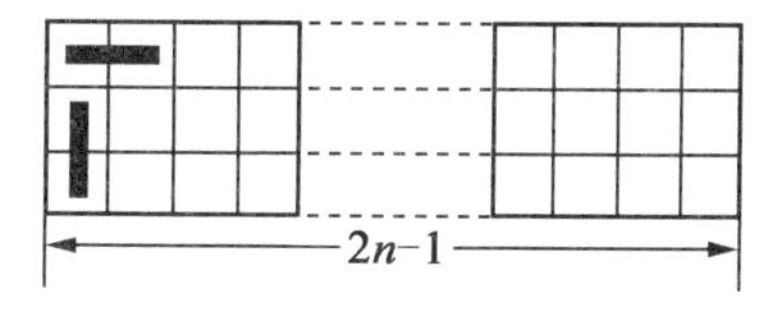

图15

ii)横放(图16),此时第三行最左边的小正方形只能被 1×2 的矩形横放,那么剩下的图形是一个 $3\times 2(n-1)$ 的棋盘,有 a_{n-1} 种覆盖方法.

所以,$a_n=b_n+b_n+a_{n-1}=a_{n-1}+2b_n$.

(4)当 $n\geqslant 3$ 时,研究图形 B_n(图17).

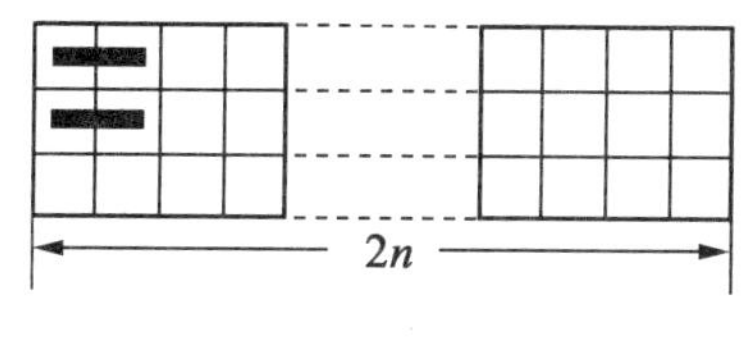

图16

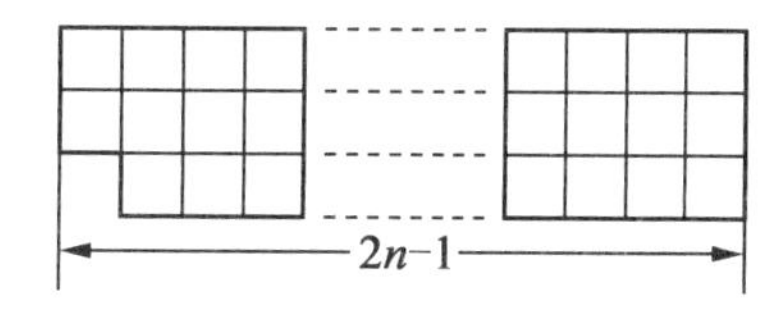

图17

用 1×2 的矩形覆盖左上角的小正方形有两种覆盖方法：

(i)竖放，此时剩下的图形是 $3\times2(n-1)$ 的棋盘(图 18)，有 a_{n-1} 种覆盖方法.

(ii)横放，此时第二行最左边的小正方形只能被 1×2 的矩形横放(图 19)，第三行最左边的小正方形也只能被 1×2 的矩形横放，这样剩下一个 $3\times(2n-3)$ 的棋盘缺少一个左下角的小正方形，即图形 B_{n-1}，有 b_{n-1} 种覆盖方法.

所以，$b_n=a_{n-1}+b_{n-1}$. 将 $a_n=a_{n-1}+2b_n$ 和 $b_n=a_{n-1}+b_{n-1}$ 中的 n 换成 $n+2$，得到 $\begin{cases}a_{n+2}=a_{n+1}+2b_{n+2}\\ b_{n+2}=a_{n+1}+b_{n+1}\end{cases}$. 将 $b_{n+2}=\dfrac{a_{n+2}-a_{n+1}}{2}$ 代入第二式，得到 $a_{n+2}=4a_{n+1}-a_n$，其中 $a_1=3$，$a_2=2b_2+a_1=2\cdot4+3=11$. 得到数列

$$\{a_n\}:3,11,41,153,571,2131,7953,\cdots$$

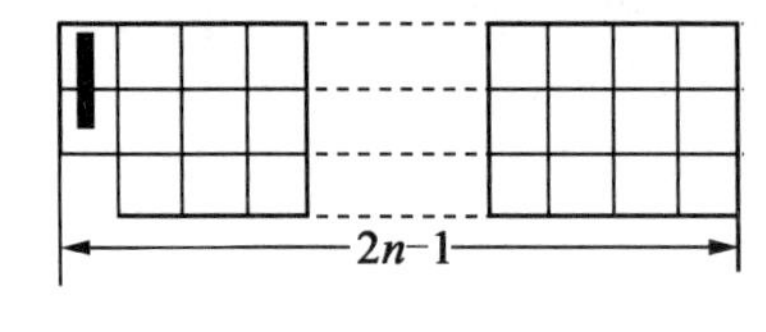

图 18

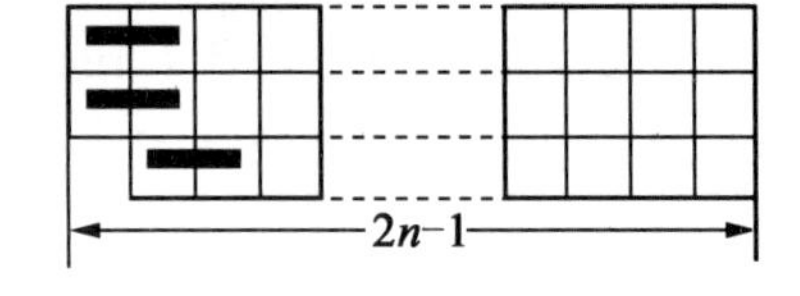

图 19

注 对于 $4\times n$ 的情况，有 $a_{n+4}=4a_{n+3}+5a_{n+2}+a_{n+1}-a_n$，其中 $a_1=1$，$a_2=5$，$a_3=11$，$a_4=36$.

对于 $5\times2n$ 的情况，有 $a_{n+4}=15a_{n+3}-32a_{n+2}+15a_{n+1}-a_n$，其中 $a_1=8$，$a_2=95$，$a_3=1183$，$a_4=14824$.

有兴趣的读者不妨尝试一下.

10. 图 20 中共有 n 层边长为 1 的小正方形，从上到下第 k 层中边长为 1 的正方形有 $2k-1$ 个($k=1,2,\cdots,n$). 求图 20 中正方形的个数 S_n.

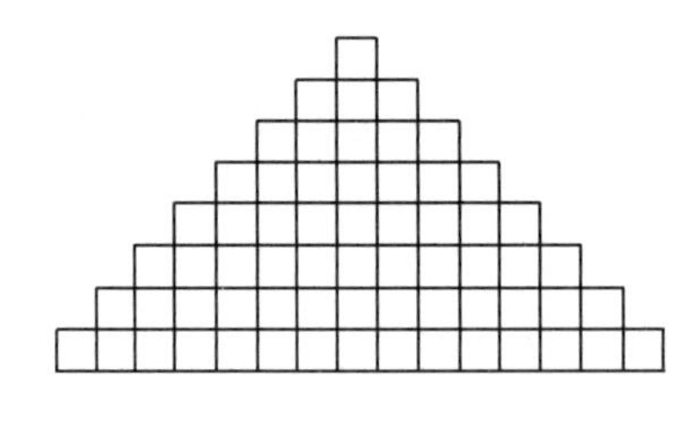

图 20

解 从下到上第 k 层就是从上到下第 $n+1-k$ 层. 在这一边层中，边长为 k 的正方形的个数是 $2(n+1-k)-1-(k-1)=2n-3k+2=2n-3(k-1)-1$.

(1)当 k 是奇数时,边长为 k 的正方形的个数是

$$1+3+\cdots+(2n-3k+2)=\left(n-\frac{3(k-1)}{2}\right)^2$$

依次取 $k=1,3,\cdots$,分别得到 $n^2,(n-3)^2,(n-6)^2,\cdots$,于是边长为奇数的正方形的个数

$$P_n=n^2+(n-3)^2+(n-6)^2+\cdots \tag{17}$$

(2)当 k 是偶数时,边长为 k 的正方形的个数是

$$2+4+\cdots+(2n-3k+2)=\left(n-\frac{3k}{2}+2\right)\left(n-\frac{3k}{2}+1\right)$$

依次取 $k=2,4,\cdots$,分别得到 $(n-1)(n-2),(n-4)(n-5),\cdots$,于是边长为偶数的正方形的个数

$$Q_n=(n-1)(n-2)+(n-4)(n-5)+\cdots \tag{18}$$

由于(17),(18)两式中的项并不是无限的,最终必将出现最小的正整数,所以可求出图20中的所有正方形的个数 $S_n=P_n+Q_n$.

例如,当 $n=10$ 时,$P_{10}=10^2+7^2+4^2+1^2=166$,$Q_{10}=9\cdot 8+6\cdot 5+3\cdot 2=108$,得到 $S_{10}=166+108=274$.

由于 k 每增加1,$n-\frac{3(k-1)}{2}$ 和 $n-\frac{3k}{2}+2$ 都减少3,所以由(17),(18)两式,得到 $S_{n+3}=P_{n+3}+Q_{n+3}=(n+3)^2+P_n+(n+2)(n+1)+Q_n$,于是得到 S_n 的递推关系

$$S_{n+3}=S_n+(n+3)^2+(n+2)(n+1) \tag{19}$$

例如,由 $S_{10}=274$ 可得到

$$S_{13}=S_{10}+13^2+12\cdot 11=274+169+132=575$$

由 $S_1=1,S_2=4,S_3=11$ 可依次得到 $S_4,S_5,S_6,\cdots$. 表10列出 S_n 的一些值:

表10

n	1	2	3	4	5	6	7	8	9	10	11	12	…
S_n	1	4	11	23	41	67	102	147	204	274	358	458	…

下面由 S_n 的递推关系(19)求数列 $\{S_n\}$ 的通项.

由于 $S_{n+3}=S_n+(n+3)^2+(n+2)(n+1)$,所以递推数列 $\{S_n\}$ 的特征方程是 $x^3=1$,特征根是 $1,\omega,\omega^2$. 这里 $\omega=\cos\frac{2\pi}{3}+\mathrm{i}\sin\frac{2\pi}{3}$,$\omega^2=\cos\frac{4\pi}{3}+\mathrm{i}\sin\frac{4\pi}{3}$.

由于 $(n+3)^2+(n+2)(n+1)$ 是二次多项式,所以还有三个特征根1,1,1,于是 S_n 的通项公式可写成

$$S_n = A\omega^{n-1} + B\omega^{2(n-1)} + C(n-1)^3 + D(n-1)^2 + E(n-1) + F$$

这里A,B,C,D,E,F是待定常数,由初始条件$S_1=1,S_2=4,S_3=11,S_4=23,S_5=41,S_6=67$确定,即

$$A + B + F = 1$$

$$A\omega + B\omega^2 + C + D + E + F = 4$$

$$A\omega + B\omega^2 + 8C + 4D + 2E + F = 11$$

$$A + B + 27C + 9D + 3E + F = 23$$

$$A\omega + B\omega^2 + 64C + 16D + 4E + F = 41$$

$$A\omega + B\omega^2 + 125C + 25D + 5E + F = 67$$

解这一方程组得到

$$A = \frac{\sqrt{3}}{27}\left(\frac{\sqrt{3}}{2} + \frac{1}{2}\mathrm{i}\right) = \frac{\sqrt{3}}{27}\left(\cos\frac{\pi}{6} + \mathrm{i}\sin\frac{\pi}{6}\right)$$

$$B = \frac{\sqrt{3}}{27}\left(\frac{\sqrt{3}}{2} - \frac{1}{2}\mathrm{i}\right) = \frac{\sqrt{3}}{27}\left(\cos\frac{11\pi}{6} + \mathrm{i}\sin\frac{11\pi}{6}\right)$$

$$C = \frac{2}{9},\ D = \frac{7}{6},\ E = \frac{11}{6},\ F = \frac{8}{9}$$

因为$A\omega^{n-1} = \frac{\sqrt{3}}{27}\left(\cos\frac{\pi}{6} + \mathrm{i}\sin\frac{\pi}{6}\right)\left(\cos\frac{2(n-1)\pi}{3} + \mathrm{i}\sin\frac{2(n-1)\pi}{3}\right)$

$$= \frac{\sqrt{3}}{27}\left(\cos\frac{(4n-3)\pi}{6} + \mathrm{i}\sin\frac{(4n-3)\pi}{6}\right)$$

$$B\omega^{2(n-1)} = \frac{\sqrt{3}}{27}\left(\cos\frac{11\pi}{6} + \mathrm{i}\sin\frac{11\pi}{6}\right)\left(\cos\frac{4(n-1)\pi}{3} + \mathrm{i}\sin\frac{4(n-1)\pi}{3}\right)$$

$$= \frac{\sqrt{3}}{27}\left(\cos\frac{(8n+3)\pi}{6} + \mathrm{i}\sin\frac{(8n+3)\pi}{6}\right).$$

以及$\cos\frac{(4n-3)\pi}{6} + \cos\frac{(8n+3)\pi}{6} = 2\cos n\pi\cos\frac{(2n+3)\pi}{6}$

$$= 2(-1)^n\cos\frac{(2n+3)\pi}{6} = 2\cos\frac{(8n+3)\pi}{6} = 2\cos\left(2n\pi - \frac{(8n+3)\pi}{6}\right)$$

$$= 2\cos\left(\frac{2n\pi}{3} - \frac{\pi}{2}\right) = 2\sin\frac{2n\pi}{3}$$

$$\sin\frac{(4n-3)\pi}{6} + \sin\frac{(8n+3)\pi}{6} = 2\sin n\pi\cos\frac{(2n+3)\pi}{6} = 0$$

所以
$$A\omega^{n-1} + B\omega^{2(n-1)} = \frac{2\sqrt{3}}{27}\sin\frac{2n\pi}{3}$$

又因为$\frac{2}{9}(n-1)^3 + \frac{7}{6}(n-1)^2 + \frac{11}{6}(n-1) + \frac{8}{9}$

$$= \frac{1}{18}(4n^3 - 12n^2 + 12n - 4 + 21n^2 - 42n + 21 + 33n - 33 + 16)$$

$$= \frac{1}{18}(4n^3 + 9n^2 + 3n)$$

于是得到

$$S_n = \frac{1}{18}\left(4n^3 + 9n^2 + 3n + \frac{4\sqrt{3}}{3}\sin\frac{2n\pi}{3}\right)$$

其中
$$\frac{4\sqrt{3}}{3}\sin\frac{2n\pi}{3} = \begin{cases} 2, n \equiv 1 \pmod 3 \\ -2, n \equiv 2 \pmod 3 \\ 0, n \equiv 0 \pmod 3 \end{cases}$$

2.6 递推关系为线性分式 $x_{n+1} = \frac{ax_n + b}{cx_n + d}$ 的数列的通项及其性质

线性分式函数 $y = \frac{ax + b}{cx + d}$($a,b,c,d$ 是实数,$c \neq 0$,$ad - bc \neq 0$)是十分重要的函数,在复变函数中称 $w = \frac{az + b}{cz + d}$ 为线性分式变换. 它是基本的工具,有广泛的应用,并具有非常重要和有趣的性质. 实函数 $y = \frac{ax + b}{cx + d}$ 可变形为 $y = \frac{a}{c} + \frac{bc - ad}{c(cx + d)}$,其图像是以点$\left(-\frac{d}{c}, \frac{a}{c}\right)$为中心,渐近线与坐标轴平行的等轴双曲线,即经过平移变换后可变为反比例函数. 如果我们将实函数 $y = \frac{ax + b}{cx + d}$ 中由 x 求出的 y 再作为 x,那么又可求出新的 y,这就是对函数 $y = \frac{ax + b}{cx + d}$ 本身进行迭代,于是我们将 x 看作为 x_n,y 看作为 x_{n+1},于是得到递推关系为 $x_{n+1} = \frac{ax_n + b}{cx_n + d}$ 的递推数列 $\{x_n\}$.

2.6.1 递推数列 $x_{n+1} = \frac{ax_n + b}{cx_n + d}$ 的通项

在本小节中我们研究对线性分式进行不断迭代后的变化情况,也就是探求以线性分式为递推关系

$$x_{n+1} = \frac{ax_n + b}{cx_n + d} \tag{1}$$

的数列$\{x_n\}$的通项及其一些性质.

在式(1)中若$c=0$,则$d\neq 0$,于是$x_{n+1}=\frac{ax_n+b}{d}=\frac{a}{d}x_n+\frac{b}{d}$,把$n$换成$n+1$,得$x_{n+2}=\frac{a}{d}x_{n+1}+\frac{b}{d}$.将这两式相减后得:$x_{n+2}-x_{n+1}=\frac{a}{d}x_{n+1}-\frac{a}{d}x_n$,即

$$x_{n+2}=\frac{a+d}{d}x_{n+1}-\frac{a}{d}x_n \tag{2}$$

式(2)是二阶齐次递推数列,其通项可用特征根表示,在此不再赘述,于是下面讨论$c\neq 0$的情况.

当$ad-bc=0$时,$b=\frac{ad}{c}$,于是式(1)变为$x_{n+1}=\frac{ax_n+\frac{ad}{c}}{cx_n+d}=\frac{a(cx_n+d)}{c(cx_n+d)}=\frac{a}{c}$是常数数列,因此下面只研究式(1)中$c(ad-bc)\neq 0$的情况.

因为式(1)中的分子和分母都是关于x_n的带有常数项的一次递推关系,而带有常数项的一次递推关系都可用消去常数项的方法转化为二阶齐次递推关系,所以使人联想起是否能利用具有二阶齐次递推关系的数列来探求数列(1)的通项以及一些性质.为此设数列$\{u_n\}$和$\{v_n\}$

$$\begin{cases}u_1=x_1\\ v_1=1\end{cases},\begin{cases}u_{n+1}=au_n+bv_n & (3)\\ v_{n+1}=cu_n+dv_n & (4)\end{cases}$$

下面用数学归纳法证明:当$v_n\neq 0$时,有

$$x_n=\frac{u_n}{v_n} \tag{5}$$

当$n=1$时,$\frac{u_1}{v_1}=x_1$,式(5)成立.

假定式(5)成立,则$u_n=v_nx_n$,于是$\frac{u_{n+1}}{v_{n+1}}=\frac{au_n+bv_n}{cu_n+dv_n}=\frac{av_nx_n+bv_n}{cv_nx_n+dv_n}=\frac{ax_n+b}{cx_n+d}=x_{n+1}$.

这样我们就证明了式(5).因此,如果求出数列$\{u_n\}$和$\{v_n\}$的通项,就能利用式(5)求出递推关系为式(1)的数列的通项.

下面我们将式(3),(4)中的u_n和v_n分离.由式(3)得$bv_n=u_{n+1}-au_n$.

当$b\neq 0$时

$$v_n=\frac{1}{b}u_{n+1}-\frac{a}{b}u_n \tag{6}$$

将式(6)中的n换成$n+1$,得

$$v_{n+1}=\frac{1}{b}u_{n+2}-\frac{a}{b}u_{n+1} \tag{7}$$

将式(6),(7)代入式(4),得$\frac{1}{b}u_{n+2}-\frac{a}{b}u_{n+1}=cu_n+d\left(\frac{1}{b}u_{n+1}-\frac{a}{b}u_n\right)$,于是有

$$\begin{cases}u_1=x_1,u_2=ax_1+b\\ u_{n+2}=(a+d)u_{n+1}-(ad-bc)u_n\end{cases} \tag{8}$$

当 $b=0$ 时,由式(3)得 $u_{n+1}=au_n$.

再将 n 换成 $n+1$,得 $u_{n+2}-au_{n+1}=0$,于是 $u_{n+2}-au_{n+1}=d(u_{n+1}-au_n)$, $u_{n+2}=(a+d)u_{n+1}-(ad-0\times c)u_n=(a+d)u_{n+1}-(ad-bc)u_n$,所以无论是 $b=0$ 还是 $b\neq 0$,式(8)都成立.

同理可得

$$\begin{cases}v_1=1,v_2=cx_1+d\\ v_{n+2}=(a+d)v_{n+1}-(ad-bc)v_n\end{cases} \tag{9}$$

式(8),(9)分别表示数列$\{u_n\}$和$\{v_n\}$的递推关系,它们都是二阶齐次递推数列,其特征方程都是 $t^2-(a+d)t+ad-bc=0$,这个特征方程也称为递推关系(1)的特征方程.设该方程的两特征根分别为 α 和 β.由二阶齐次递推数列的理论可知,其通项可由 α,β 和 x_1 表示:

(i)当判别式 $\Delta=4bc+(a-d)^2=0$ 时,$\alpha=\beta=\frac{a+d}{2}$,此时

$$u_n=\left(\begin{vmatrix}1 & \frac{a+d}{2}\\ x_1 & ax_1+b\end{vmatrix}n-\begin{vmatrix}1 & a+d\\ x_1 & ax_1+b\end{vmatrix}\right)\left(\frac{a+d}{2}\right)^{n-2}$$

$$=\left[\left(\frac{a-d}{2}x_1+b\right)n+dx_1-b\right]\left(\frac{a+d}{2}\right)^{n-2}$$

$$v_n=\left(\begin{vmatrix}1 & \frac{a+d}{2}\\ 1 & cx_1+d\end{vmatrix}n-\begin{vmatrix}1 & a+d\\ 1 & cx_1+d\end{vmatrix}\right)\left(\frac{a+d}{2}\right)^{n-2}$$

$$=\left[\left(cx_1-\frac{a-d}{2}\right)n-cx_1+a\right]\left(\frac{a+d}{2}\right)^{n-2}$$

所以

$$x_n=\frac{\begin{vmatrix}1 & \frac{a+d}{2}\\ x_1 & ax_1+b\end{vmatrix}n-\begin{vmatrix}1 & a+d\\ x_1 & ax_1+b\end{vmatrix}}{\begin{vmatrix}1 & \frac{a+d}{2}\\ 1 & cx_1+d\end{vmatrix}n-\begin{vmatrix}1 & a+d\\ 1 & cx_1+d\end{vmatrix}}=\frac{\left(\frac{a-d}{2}x_1+b\right)n+dx_1-b}{\left(cx_1-\frac{a-d}{2}\right)n-cx_1+a} \tag{10}$$

(ii)当判别式 $\Delta=4bc+(a-d)^2\neq 0$ 时,$\alpha\neq\beta$,此时

$$u_n=\begin{vmatrix}1 & \beta\\ x_1 & ax_1+b\end{vmatrix}\alpha^{n-1}-\begin{vmatrix}1 & \alpha\\ x_1 & ax_1+b\end{vmatrix}\beta^{n-1}$$

$$=[(a-\beta)x_1+b]\alpha^{n-1}-[(a-\alpha)x_1+b]\beta^{n-1}$$

$$v_n=\begin{vmatrix}1 & \beta\\ 1 & cx_1+d\end{vmatrix}\alpha^{n-1}-\begin{vmatrix}1 & \alpha\\ 1 & cx_1+d\end{vmatrix}\beta^{n-1}$$

$$=(cx_1-\beta+d)\alpha^{n-1}-(cx_1-\alpha+d)\beta^{n-1}$$

所以

$$x_n=\frac{\begin{vmatrix}1 & \beta\\ x_1 & ax_1+b\end{vmatrix}\alpha^{n-1}-\begin{vmatrix}1 & \alpha\\ x_1 & ax_1+b\end{vmatrix}\beta^{n-1}}{\begin{vmatrix}1 & \beta\\ 1 & cx_1+d\end{vmatrix}\alpha^{n-1}-\begin{vmatrix}1 & \alpha\\ 1 & cx_1+d\end{vmatrix}\beta^{n-1}}$$

$$=\frac{[(a-\beta)x_1+b]\left(\frac{\alpha}{\beta}\right)^{n-1}-[(a-\alpha)x_1+b]}{(cx_1-\beta+d)\left(\frac{\alpha}{\beta}\right)^{n-1}-(cx_1-\alpha+d)} \tag{11}$$

式(10),(11)分别是特征方程都是 $t^2-(a+d)t+ad-bc=0$ 的判别式$\Delta=4bc+(a-d)^2=0$ 和 $\Delta=4bc+(a-d)^2\neq 0$ 时,递推关系为 $x_{n+1}=\dfrac{ax_n+b}{cx_n+d}(c\neq 0)$ 的数列$\{x_n\}$的通项.

由于 $a+d=\alpha+\beta$,所以 $-\beta+d=\alpha-a$,$a-\beta=\alpha-d$,于是式(11)可改写为

$$x_n=\frac{[(\alpha-d)x_1+b]\left(\frac{\alpha}{\beta}\right)^{n-1}-[(a-\alpha)x_1+b]}{(cx_1+\alpha-a)\left(\frac{\alpha}{\beta}\right)^{n-1}-(cx_1-\alpha+d)} \tag{12}$$

注 1 也可利用$\dfrac{\alpha}{\beta}=\dfrac{\alpha^2}{\alpha\beta}=\dfrac{(a+d)\alpha-(ad-bc)}{ad-bc}=\dfrac{(a+d)\alpha}{ad-bc}-1$ 化简式(11)或式(12)中的$\dfrac{\alpha}{\beta}$.

注2　也可以用待定系数法求数列$\{x_n\}$的通项，首先求出x_2和x_3.

(1)当$\alpha=\beta$时，设$x_n=\dfrac{An+B}{Cn+1}$；

(2)当$\alpha\neq\beta$时，设$x_n=\dfrac{A(\frac{\alpha}{\beta})^{n-1}+B}{C(\frac{\alpha}{\beta})^{n-1}+1}$.

这里A,B,C是待定系数.

2.6.2　数列$x_{n+1}=\dfrac{ax_n+b}{cx_n+d}$的不动点、奇点和周期性

本小节中我们将研究递推关系为$x_{n+1}=\dfrac{ax_n+b}{cx_n+d}$的数列在不动点、奇点和周期性等方面的一些性质.

定义1　如果存在某一个正整数k，有$x_{k+1}=x_k$，即对$x_{n+1}=\dfrac{ax_n+b}{cx_n+d}$进行递推(即变换)后保持不变，这样的数$x_k$称为变换$x_{n+1}=\dfrac{ax_n+b}{cx_n+d}$的不动点.

定义2　如果存在某一个正整数k，有$v_k=0$，由式(5)可知x_k无意义. 这样的x_k称为变换$x_{n+1}=\dfrac{ax_n+b}{cx_n+d}$的奇点. 若定义$x_{k+1}=\lim\limits_{x_k\to\infty}\dfrac{ax_k+b}{cx_k+d}$，则$x_{k+1}=\dfrac{a}{c}$.

另一方面，对某一个正整数k，有$v_k=0$，那么由式(3)，(4)得$\begin{cases}u_{k+1}=au_k\\v_{k+1}=cu_k\end{cases}$，这里$u_k\neq0$(否则$u_k$和$v_k$的以后各项都是零)，仍有$x_{k+1}=\dfrac{u_{k+1}}{v_{k+1}}=\dfrac{a}{c}$，所以除$x_k$外，递推关系(1)可继续进行递推.

下面研究数列(1)是常数数列或存在不动点奇点或周期性的情况.

情况1　设α,β是特征方程$t^2-(a+d)t+ad-bc=0$的两根. 如果对某个正整数k，有$x_k=\dfrac{a-\alpha}{c}$，或$x_k=\dfrac{a-\beta}{c}$，则数列(1)是常数数列.

证明　$x_{k+1}=\dfrac{a\times\frac{a-\alpha}{c}+b}{a-\alpha+d}=\dfrac{a(a-\alpha)+bc}{c(a-\alpha+d)}=\dfrac{a(\beta-d)+bc}{c\beta}=\dfrac{a\beta-\alpha\beta}{c\beta}=\dfrac{a-\alpha}{c}=x_k$，于是$x_i=\dfrac{a-\alpha}{c}=x_k(i=k+1,k+2,\cdots)$.

(1)当$k=1$时，数列(1)为常数数列.

(2)当$k\geqslant2$时：

将 $x_{k+1}=\dfrac{ax_k+b}{cx_k+d}$ 中的 k 换成 $k-1$，得 $x_k=\dfrac{ax_{k-1}+b}{cx_{k-1}+d}$，于是 $(cx_k-a)x_{k-1}=-dx_k+b$. 如果 $cx_k=a$，那么 $dx_k=b$.

(i) 若 $d=0$，则 $b=0$，有 $ad-bc=0$.

(ii) 若 $d\neq0$，则 $x_k=\dfrac{b}{d}=\dfrac{a}{c}$，也有 $ad-bc=0$.

所以无论 $d=0$ 还是 $d\neq0$，都与 $ad-bc\neq0$ 矛盾，所以 $cx_k\neq a$，于是 $x_{k-1}=\dfrac{-dx_k+b}{cx_k-a}$.

当 $x_k=\dfrac{a-\alpha}{c}$ 时，$x_{k-1}=\dfrac{-d\times\dfrac{a-\alpha}{c}+b}{a-\alpha-a}=\dfrac{ad-d\alpha-bc}{c\alpha}=\dfrac{\alpha\beta-d\alpha}{c\alpha}=\dfrac{\beta-d}{c}=\dfrac{a-\alpha}{c}=x_k$，于是 $x_i=\dfrac{a-\alpha}{c}=x_k(i=1,2,\cdots,k-1)$.

数列(1)对一切正整数 k，有 $x_k=\dfrac{a-\alpha}{c}$，所以数列(1)是常数数列.

若将 α 换成 β，则当 $x_k=\dfrac{a-\beta}{c}$ 时，同理可证上述结论也成立，且无论 α 与 β 是否相等，上述结论都成立.

下面探究递推关系 $x_{n+1}=\dfrac{ax_n+b}{cx_n+d}$ 是否还有其他的不动点 x_1.

由 $\dfrac{ax_1+b}{cx_1+d}=x_1$ 得 $cx_1{}^2-(a-d)x_1-b=0$，于是 $(2cx_1-a+d)^2=(a-d)^2+4bc$.

因为特征方程 $t^2-(a+d)t+ad-bc=0$ 可化为 $(2t-a-d)^2=(a-d)^2+4bc$，所以 $2cx_1-a+d=\pm(2t-a-d)$.

取正号，得 $x_1=\dfrac{2t-a-d+a-d}{2c}=\dfrac{t-d}{c}$；

取负号，得 $x_1=\dfrac{-2t+a+d+a-d}{2c}=\dfrac{a-t}{c}$.

当 $t=\alpha$ 时，$x_1=\dfrac{\alpha-d}{c}$ 或 $x_1=\dfrac{a-\alpha}{c}$. 当 $t=\beta$ 时，$x_1=\dfrac{\beta-d}{c}$ 或 $x_1=\dfrac{a-\beta}{c}$.

由于 $\alpha+\beta=a+d$，所以只有 $x_1=\dfrac{a-\alpha}{c}$ 或 $x_1=\dfrac{a-\beta}{c}$.

当 $\alpha\neq\beta$ 时，递推关系(1)只有两个不动点. 当 $\alpha=\beta$ 时，只有一个不动点.

情况 2 设 α,β 是特征方程 $t^2-(a+d)t+ad-bc=0$ 的根.

当 $\alpha=\beta$ 时,若存在正整数 k,使 $\frac{a+d}{a-d-2cx_1}=k$,则 x_{k+1} 是奇点.

当 $\alpha\neq\beta$ 时,若存在正整数 k,使 $a-cx_1=\frac{\alpha^{k+1}-\beta^{k+1}}{\alpha^k-\beta^k}$,则 x_{k+1} 是奇点.

证明 当 $\alpha=\beta$ 时,若 $\frac{a+d}{a-d-2cx_1}=k$,则

$$\begin{aligned}&(2cx_1-a+d)(k+1)-2cx_1+2a\\=&(2cx_1-a+d)k+2cx_1-a+d-2cx_1+2a\\=&-a-d+2cx_1-a+d-2cx_1+2a\\=&0\end{aligned}$$

$$\left(cx_1-\frac{a-d}{2}\right)(k+1)-cx_1+a=0$$

即当 $n=k+1$ 时,式(10)的分母为零,x_{k+1} 无意义,所以 x_{k+1} 是奇点.

当 $\alpha\neq\beta$ 时,为方便起见,设数列 $\{s_n\}:s_n=\frac{\alpha^{n+1}-\beta^{n+1}}{\alpha^n-\beta^n}$.

若 $s_k=a-cx_1$,则

$$\begin{aligned}\alpha^{k+1}-\beta^{k+1}&=(a-cx_1)(\alpha^k-\beta^k)\\&=(a-cx_1)\alpha^k-(a-cx_1)\beta^k\end{aligned}$$

于是 $(\alpha-a+cx_1)\alpha^k=(\beta-a+cx_1)\beta^k$.

若 $\alpha-a+cx_1=0$,则 $\beta-a+cx_1=0$,得 $\alpha=\beta$,这与 $\alpha\neq\beta$ 矛盾,所以

$$\alpha-a+cx_1\neq0$$

于是 $\alpha^k=\frac{\beta-a+cx_1}{\alpha-a+cx_1}\beta^k$.

因为 $\alpha+\beta=a+d$,所以 $-\beta+d=\alpha-a$,$\beta-a=d-\alpha$,于是

$$\begin{aligned}(cx_1-\beta+d)\alpha^k&=(cx_1-\beta+d)\frac{\beta-a+cx_1}{\alpha-a+cx_1}\beta^k\\&=(cx_1-a+\alpha)\frac{cx_1-\alpha+d}{\alpha-a+cx_1}\beta^k\\&=(cx_1-\alpha+d)\beta^k\end{aligned}$$

于是 $(cx_1-\beta+d)\alpha^k-(cx_1-\alpha+d)\beta^k=0$,即当 $n=k+1$ 时,式(11)的分母为零,x_{k+1} 无意义,所以 x_{k+1} 是奇点.

情况3 当 $a+d=0$ 时,设 α,β 为特征方程 $t^2-(a^2+bc)=0$ 的两根.若 $x_1\neq\frac{a-\alpha}{c}$,且 $x_1\neq\frac{a-\beta}{c}$,则 $x_{n+1}=\frac{ax_n+b}{cx_n-a}$ 是周期为2的周期数列.

证明 因为 $a+d=0$,所以式(1)变为 $x_{n+1}=\frac{ax_n+b}{cx_n-a}$,将其中的 n 换成 $n+$

1,得

$$x_{n+2}=\frac{ax_{n+1}+b}{cx_{n+1}-a}=\frac{a\times\frac{ax_n+b}{cx_n-a}+b}{c\times\frac{ax_n+b}{cx_n-a}-a}=\frac{a(ax_n+b)+b(cx_n-a)}{c(ax_n+b)-a(cx_n-a)}=\frac{(a^2+bc)x_n}{a^2+bc}=x_n$$

$$\begin{aligned}x_2-x_1&=\frac{ax_1+b}{cx_1-a}-x_1=\frac{ax_1+b-cx_1^2+ax_1}{cx_1-a}\\&=\frac{bc-c^2x_1^2+2acx_1}{c(cx_1-a)}=\frac{bc+a^2-(cx_1-a)^2}{c(cx_1-a)}\end{aligned}$$

因为 $\alpha^2=\beta^2=a^2+bc$,所以 $x_2-x_1=\dfrac{\alpha^2-(cx_1-a)^2}{c(cx_1-a)}$ 或 $x_2-x_1=\dfrac{\beta^2-(cx_1-a)^2}{c(cx_1-a)}$.

因为 $x_1\neq\dfrac{a-\alpha}{c}$,所以 $cx_1-a\neq-\alpha$. 因为 $x_1\neq\dfrac{a-\beta}{c}$,所以 $cx_1-a\neq-\beta$.

因为 $\alpha+\beta=0$,所以 $cx_1-a\neq\alpha$,于是 $(cx_1-a)^2\neq\alpha^2$,也有 $(cx_1-a)^2\neq\beta^2$,于是 $x_2\neq x_1$.

数列(1)是周期为2的周期数列:$x_1,\dfrac{ax_1+b}{cx_1-a},x_1,\dfrac{ax_1+b}{cx_1-a},\cdots$.

也可利用反函数证明上述结论. 由 $y=\dfrac{ax+b}{cx-a}$ 解出 $x=\dfrac{ay+b}{cy-a}$,再将 x 与 y 互换,又得到 $y=\dfrac{ax+b}{cx-a}$,所以函数 $y=\dfrac{ax+b}{cx-a}$ 的反函数就是本身.

设 $f(x)=\dfrac{ax+b}{cx-a}$,$x_{n+1}=f(x_n)$,$x_{n+2}=f(x_{n+1})$,则 $f^{-1}(x)=f(x)$,于是 $x_n=f^{-1}(x_{n+1})=f(x_{n+1})$,$x_{n+2}=f(x_{n+1})=f^{-1}(x_{n+1})=x_n$,即数列(1)是周期为2的周期数列(这里 x_1 不是方程 $x^2-2ax-b=0$ 的根).

情况4 设 k,m 是正整数,$k<m$,$(k,m)=1$,$m\geqslant3$,在 $x_{n+1}=\dfrac{ax_n+b}{cx_n+d}$ 中,如果 $c(a+d)\neq0$,$4bc+(a-d)^2+(a+d)^2\tan^2\dfrac{k\pi}{m}=0$,那么数列(1)是周期数列,$m$ 是数列(1)的周期.

证明 因为 $k<m$,所以 $\dfrac{k\pi}{m}<\pi$. 若 $\dfrac{k\pi}{m}=\dfrac{\pi}{2}$,则 $2k=m$,这与 $(k,m)=1$ 矛盾,所以 $\dfrac{k\pi}{m}\neq\dfrac{\pi}{2}$,于是 $\tan^2\dfrac{k\pi}{m}$ 有意义.

$$x_{n+1}=\frac{4acx_n+4bc}{4c(cx_n+d)}=\frac{4acx_n-(a-d)^2-(a+d)^2\tan^2\frac{k\pi}{m}}{4c(cx_n+d)}$$

$$4c(ad-bc)=4acd-4bc^2=4acd+c\left[(a-d)^2+(a+d)^2\tan^2\frac{k\pi}{m}\right]$$

$$=c\left[4ad+(a-d)^2+(a+d)^2\tan^2\frac{k\pi}{m}\right]$$

$$=c\left[(a+d)^2+(a+d)^2\tan^2\frac{k\pi}{m}\right]$$

$$=c(a+d)^2\left(1+\tan^2\frac{k\pi}{m}\right)$$

所以 $4(ad-bc)=(a+d)^2\left(1+\tan^2\dfrac{k\pi}{m}\right)$.

设特征方程 $t^2-(a+d)t+ad-bc=0$ 的两根为 α,β,则其判别式

$$\Delta=(a+d)^2-4(ad-bc)$$

$$=(a+d)^2-(a+d)^2\left(1+\tan^2\frac{k\pi}{m}\right)$$

$$=-(a+d)^2\tan^2\frac{k\pi}{m}$$

$$=-\frac{(a+d)^2\sin^2\dfrac{k\pi}{m}}{\cos^2\dfrac{k\pi}{m}}$$

所以

$$\alpha=\frac{1}{2}\left[a+d+(a+d)\frac{\mathrm{i}\sin\dfrac{k\pi}{m}}{\cos\dfrac{k\pi}{m}}\right]=\frac{1}{2}(a+d)\frac{\cos\dfrac{k\pi}{m}+\mathrm{i}\sin\dfrac{k\pi}{m}}{2\cos\dfrac{k\pi}{m}}$$

$$\beta=\frac{1}{2}(a+d)\frac{\cos\dfrac{k\pi}{m}-\mathrm{i}\sin\dfrac{k\pi}{m}}{2\cos\dfrac{k\pi}{m}}$$

于是

$$\frac{\alpha}{\beta}=\frac{\cos\dfrac{k\pi}{m}+\mathrm{i}\sin\dfrac{k\pi}{m}}{\cos\dfrac{k\pi}{m}-\mathrm{i}\sin\dfrac{k\pi}{m}}=\cos\frac{2k\pi}{m}+\mathrm{i}\sin\frac{2k\pi}{m}$$

$$\left(\frac{\alpha}{\beta}\right)^{n-1}=\cos\frac{2(n-1)k\pi}{m}+\mathrm{i}\sin\frac{2(n-1)k\pi}{m}$$

$$\left(\frac{\alpha}{\beta}\right)^{n+m-1}=\cos\frac{2(n+m-1)k\pi}{m}+\mathrm{i}\sin\frac{2(n+m-1)k\pi}{m}$$

$$=\cos\frac{2(n-1)k\pi}{m}+\mathrm{i}\sin\frac{2(n-1)k\pi}{m}=\left(\frac{\alpha}{\beta}\right)^{n-1}$$

由式(11)可知,$x_{n+m}=x_n$,只是x_1的值不要取使得数列(1)是常数数列,那么数列(1)是周期数列,m是数列(1)的周期.

2.6.3 几个例子

下面举几个求数列(1)通项的例子以及说明数列(1)的上述性质.

例1 探求数列:$x_1=2,x_{n+1}=\dfrac{3x_n-1}{x_n+1}$的通项以及一些性质.

解 特征方程 $t^2-4t+4=0$ 的判别式 $\Delta=0$,由式(10)得

$$x_n=\frac{\begin{vmatrix}1&2\\2&5\end{vmatrix}n-\begin{vmatrix}1&4\\2&5\end{vmatrix}}{\begin{vmatrix}1&2\\1&3\end{vmatrix}n-\begin{vmatrix}1&4\\1&3\end{vmatrix}}=\frac{n+3}{n+1}$$

因为x_n的分母不为零,所以$x_n=\dfrac{n+3}{n+1}$对一切正整数n成立.

例2 探求数列:$x_1=-1,x_{n+1}=\dfrac{3x_n+1}{2x_n+4}$的通项以及一些性质.

解 特征方程 $t^2-7t+10=0$ 的两根分别是 $\alpha=5$ 和 $\beta=2$,$x_1=-1=\dfrac{3-5}{2}=\dfrac{a-\alpha}{c}$,所以该数列是常数数列.实际上有$x_2=\dfrac{3(-1)+1}{2(-1)+4}=-1=x_1$,于是

$$x_{n+1}=x_n=\cdots=x_2=x_1=-1$$

通项$x_n=-1$是不动点.

如果把初始条件$x_1=-1$改为$x_1=\dfrac{1}{2}$,则$x_1=\dfrac{3-2}{2}=\dfrac{a-\beta}{c}$,该数列也是常数数列,通项$x_n=\dfrac{1}{2}$是不动点.

例3 探求数列:$x_1=2,x_{n+1}=\dfrac{x_n+2}{2x_n+1}$的通项以及一些性质.

解 特征方程 $t^2-2t-3=0$ 的两根分别是 $\alpha=3$ 和 $\beta=-1$,$\dfrac{\alpha}{\beta}=-3$,由式(11)得

$$\begin{aligned}x_n&=\frac{(2\times2+2)(-3)^{n-1}-(-2\times2+2)}{(2\times2+2)(-3)^{n-1}-(2\times2-2)}\\&=\frac{6\times(-3)^{n-1}+2}{6\times(-3)^{n-1}-2}=\frac{(-3)^n-1}{(-3)^n+1}=\frac{3^n-(-1)^n}{3^n+(-1)^n}\end{aligned}$$

由于x_n的分母不为零,所以$x_n=\dfrac{3^n-(-1)^n}{3^n+(-1)^n}$对一切正整数$n$成立,该数列

收敛于1. 也可将 $x_{n+1}=\frac{3^n-(-1)^n}{3^n+(-1)^n}$写成 $x_{n+1}=1-\frac{2(-1)^n}{3^n+(-1)^n}$.

该数列的前几项是 $x_1=2, x_2=\frac{4}{5}, x_3=\frac{14}{13}, x_4=\frac{40}{41}, x_5=\frac{122}{121}, x_6=\frac{364}{365}, \cdots$.

例 4 探求数列:$x_1=-\frac{121}{122}, x_{n+1}=\frac{x_n+2}{2x_n+1}$的通项以及一些性质.

解 递推关系与例3相同,所以$\frac{\alpha}{\beta}=-3$,由式(11)得

$$x_n=\frac{\left[2\times\left(-\frac{121}{122}\right)+2\right](-3)^{n-1}-\left[-2\times\left(-\frac{121}{122}\right)+2\right]}{\left[2\times\left(-\frac{121}{122}\right)+2\right](-3)^{n-1}-\left[2\times\left(-\frac{121}{122}\right)-2\right]}$$

$$=\frac{(-242+244)(-3)^{n-1}-(242+244)}{(-242+244)(-3)^{n-1}+(242+244)}$$

$$=\frac{(-3)^{n-1}-243}{(-3)^{n-1}+243}=1-\frac{486}{(-3)^{n-1}+243}$$

或

$$x_n=1+\frac{2}{(-3)^{n-6}-1}$$

逐个将 $n=1,2,3,4,5$ 代入通项公式,得到

$$x_1=-\frac{121}{122}, x_2=-\frac{41}{40}, x_3=-\frac{13}{14}, x_4=-\frac{5}{4}, x_5=-\frac{1}{2}$$

当 $n=6$ 时,x_6 的分数部分的分母 $=(-3)^{n-6}-1=1-1=0$,所以 x_6 是奇点.

另一方面,本题中的 $s_5=\frac{3^6-(-1)^6}{3^5-(-1)^5}=\frac{728}{244}=\frac{182}{61}, a-cx_1=1+2\times\frac{121}{122}=\frac{182}{61}$,有 $s_5=a-cx_1$,所以 x_6 是奇点.

由于 $x_7=\lim\limits_{x_6\to\infty}\frac{x_6+2}{2x_6+1}$,所以 $x_7=\frac{1}{2}$,仍可由递推关系求得 $x_8=\frac{5}{4}, x_9=\frac{13}{14}, x_{10}=\frac{41}{40}, x_{11}=\frac{121}{122}, x_{12}=\frac{365}{364}, x_{13}=\frac{1093}{1094}, \cdots$.

容易证明:$x_1+x_{11}=x_2+x_{10}=x_3+x_9=x_4+x_8=x_5+x_7=0$.

证明 因为当 $n\leqslant 5$ 时

$$\frac{1}{(-3)^{n-6}-1}+\frac{1}{(-3)^{12-n-6}-1}=\frac{1}{(-3)^{n-6}-1}+\frac{1}{(-3)^{6-n}-1}$$

$$=\frac{1}{(-3)^{n-6}-1}+\frac{(-3)^{n-6}}{1-(-3)^{n-6}}$$

$$=\frac{1-(-3)^{n-6}}{(-3)^{n-6}-1}=-1$$

所以

$$x_n+x_{12-n}=1+\frac{2}{(-3)^{n-6}-1}+1+\frac{2}{(-3)^{12-n-6}-1}=2-2=0$$

有兴趣的读者不妨研究以下问题:

1. 在例 4 中的数列中,从第 7 项起的各项与例 3 中的数列中的各项的关系.

2. 若将例 3 中的 x_n 的分母和分子依次构成数列

$$\{a_n\}:1,5,13,41,121,365,1093,\cdots$$

$$\{b_n\}:2,4,14,40,122,364,1094,\cdots$$

证明:$a_n+b_n=3^n,a_n-b_n=(-1)^n,a_{n+1}=3a_n-2\times(-1)^n,b_{n+1}=3b_n+2\times(-1)^n$.

例 5 探求数列:$x_1=1,x_{n+1}=\frac{7x_n-4}{x_n+3}$的通项以及一些性质.

解 特征方程 $t^2-10t+25=0$ 的 $\Delta=0$,由式(10)得

$$x_n=\frac{\begin{vmatrix}1&5\\1&3\end{vmatrix}n-\begin{vmatrix}1&10\\1&3\end{vmatrix}}{\begin{vmatrix}1&5\\1&4\end{vmatrix}n-\begin{vmatrix}1&10\\1&4\end{vmatrix}}=\frac{-2n+7}{-n+6}=\frac{2n-7}{n-6}$$

显然 x_6是奇点.

也可由$\frac{a+d}{a-d-2cx_1}=\frac{7+3}{7-3-2\times1\times1}=5$ 是正整数,得出 x_6 是奇点.

由 $x_7=\lim\limits_{x_6\to\infty}\frac{7x_6-4}{x_6+3}$,得 $x_7=7$,仍可由递推关系求得

$$x_8=\frac{9}{2},x_9=\frac{11}{3},x_{10}=\frac{13}{4},x_{11}=3,\cdots$$

因为当 $1\leqslant n\leqslant11$ 时

$$x_n+x_{12-n}=\frac{2n-7}{n-6}+\frac{2(12-n)-7}{12-n-6}=4$$

所以有:$x_1+x_{11}=x_2+x_{10}=x_3+x_9=x_4+x_8=x_5+x_7=4$.

例 6 探求数列:$x_1=2,x_{n+1}=\frac{3x_n+7}{x_n-3}$的通项以及一些性质.

解 特征方程 $t^2-16=0$ 的根分别是 $\alpha=4$ 和 $\beta=-4,\frac{\alpha}{\beta}=-1$,由式(11)得

$$x_n=\frac{\begin{vmatrix}1&-4\\2&13\end{vmatrix}(-1)^{n-1}-\begin{vmatrix}1&4\\2&13\end{vmatrix}}{\begin{vmatrix}1&-4\\1&-1\end{vmatrix}(-1)^{n-1}-\begin{vmatrix}1&4\\1&-1\end{vmatrix}}$$

$$=\frac{21\times(-1)^{n-1}-5}{3\times(-1)^{n-1}+5}=\frac{21+5\times(-1)^n}{3-5\times(-1)^n}$$

$$=-\frac{11+15(-1)^n}{2}$$

$\{x_n\}$:2，−13，2，−13，⋯ （周期是2）

例7 探求数列：$x_1=-1,x_{n+1}=\dfrac{3x_n-1}{17x_n+5}$的通项以及一些性质.

解 特征方程 $t^2-8t+32=0$ 的两根分别是 $\alpha=4+4\mathrm{i}$ 和 $\beta=4-4\mathrm{i}$，$\dfrac{\alpha}{\beta}=\mathrm{i}$，所以

$$x_n=\frac{\begin{vmatrix}1&4-4\mathrm{i}\\-1&-4\end{vmatrix}\mathrm{i}^{n-1}-\begin{vmatrix}1&4+4\mathrm{i}\\-1&-4\end{vmatrix}}{\begin{vmatrix}1&4-4\mathrm{i}\\1&-12\end{vmatrix}\mathrm{i}^{n-1}-\begin{vmatrix}1&4+4\mathrm{i}\\1&-12\end{vmatrix}}=\frac{-\mathrm{i}\times\mathrm{i}^{n-1}-\mathrm{i}}{(-4+\mathrm{i})\mathrm{i}^{n-1}+4+\mathrm{i}}$$

$$=\frac{1+\mathrm{i}^{n-1}}{-1+4\mathrm{i}-(1+4\mathrm{i})\mathrm{i}^{n-1}}$$

化简后得到 $x_n=\dfrac{-13-(15+8\mathrm{i})\mathrm{i}^{n-1}-17(-1)^{n-1}-(15-8\mathrm{i})(-\mathrm{i})^{n-1}}{60}$.

因为 i^{n-1}的周期是4，$(-1)^{n-1}$的周期是2，所以数列$\{x_n\}$是周期为4的数列. 周期为4的数列还可写成另一种形式. 由表格

k是非负整数	$n=4k+1$	$n=4k+2$	$n=4k+3$	$n=4k+4$
$\dfrac{\sin^2\frac{n\pi}{2}+\sin\frac{n\pi}{2}}{2}$	1	0	0	0
$\dfrac{\cos^2\frac{n\pi}{2}-\cos\frac{n\pi}{2}}{2}$	0	1	0	0
$\dfrac{\sin^2\frac{n\pi}{2}-\sin\frac{n\pi}{2}}{2}$	0	0	1	0
$\dfrac{\cos^2\frac{n\pi}{2}+\cos\frac{n\pi}{2}}{2}$	0	0	0	1

可知，周期为 4 的数列 $a,b,c,d,a,b,c,d,\cdots$ 的通项可写成：

$$a\frac{\sin^2\frac{n\pi}{2}+\sin\frac{n\pi}{2}}{2}+b\frac{\cos^2\frac{n\pi}{2}-\cos\frac{n\pi}{2}}{2}+c\frac{\sin^2\frac{n\pi}{2}-\sin\frac{n\pi}{2}}{2}+d\frac{\cos^2\frac{n\pi}{2}+\cos\frac{n\pi}{2}}{2}.$$

因为本题中的 $x_1=-1,x_1=\frac{1}{3},x_3=0,x_4=\frac{1}{5}$，所以 x_n 的通项也可写成

$$x_n=-\frac{\sin^2\frac{n\pi}{2}+\sin\frac{n\pi}{2}}{2}+\frac{\cos^2\frac{n\pi}{2}-\cos\frac{n\pi}{2}}{6}+\frac{\cos^2\frac{n\pi}{2}+\cos\frac{n\pi}{2}}{10}$$

$$=-\frac{\sin^2\frac{n\pi}{2}+\sin\frac{n\pi}{2}}{2}+\frac{4\cos^2\frac{n\pi}{2}-\cos\frac{n\pi}{2}}{15}=\frac{-7+23(-1)^n-30\sin\frac{n\pi}{2}-4\cos\frac{n\pi}{2}}{60}$$

例 8 探求数列：$x_1=1,x_{n+1}=\frac{7x_n-1}{13x_n+5}$ 的通项以及一些性质.

解 特征方程 $t^2-12t+48=0$ 的两根分别是

$$\alpha=6+2\sqrt{3}\mathrm{i}=4\sqrt{3}\left(\frac{\sqrt{3}}{2}+\frac{1}{2}\mathrm{i}\right)$$

$$=4\sqrt{3}\left(\cos\frac{\pi}{6}+\mathrm{i}\sin\frac{\pi}{6}\right)$$

和

$$\beta=4\sqrt{3}\left(\cos\frac{\pi}{6}-\mathrm{i}\sin\frac{\pi}{6}\right)$$

$$\frac{\alpha}{\beta}=\frac{\cos\frac{\pi}{6}+\mathrm{i}\sin\frac{\pi}{6}}{\cos\frac{\pi}{6}-\mathrm{i}\sin\frac{\pi}{6}}=\cos\frac{\pi}{3}+\mathrm{i}\sin\frac{\pi}{3}$$

$$\left(\frac{\alpha}{\beta}\right)^{n-1}=\cos\frac{(n-1)\pi}{3}+\mathrm{i}\sin\frac{(n-1)\pi}{3}$$

所以

$$x_n=\frac{2\sqrt{3}\mathrm{i}\left[\cos\frac{(n-1)\pi}{3}+\mathrm{i}\sin\frac{(n-1)\pi}{3}\right]+2\sqrt{3}\mathrm{i}}{(12+2\sqrt{3}\mathrm{i})\left[\cos\frac{(n-1)\pi}{3}+\mathrm{i}\sin\frac{(n-1)\pi}{3}\right]-(12-2\sqrt{3}\mathrm{i})}$$

$$=\frac{\mathrm{i}\left[\cos\frac{(n-1)\pi}{3}+\mathrm{i}\sin\frac{(n-1)\pi}{3}\right]+\mathrm{i}}{(2\sqrt{3}+\mathrm{i})\left[\cos\frac{(n-1)\pi}{3}+\mathrm{i}\sin\frac{(n-1)\pi}{3}\right]-(2\sqrt{3}-\mathrm{i})}$$

$$=\frac{1+\cos\frac{(n-1)\pi}{3}+\mathrm{i}\sin\frac{(n-1)\pi}{3}}{1+2\sqrt{3}\mathrm{i}+(1-2\sqrt{3}\mathrm{i})\left[\cos\frac{(n-1)\pi}{3}+\mathrm{i}\sin\frac{(n-1)\pi}{3}\right]}$$

下面化简$\dfrac{1+\cos\frac{(n-1)\pi}{3}+\mathrm{i}\sin\frac{(n-1)\pi}{3}}{1+2\sqrt{3}\mathrm{i}+(1-2\sqrt{3}\mathrm{i})\left[\cos\frac{(n-1)\pi}{3}+\mathrm{i}\sin\frac{(n-1)\pi}{3}\right]}$.

$$\text{分子}=2\cos^2\frac{(n-1)\pi}{6}+2\mathrm{i}\sin\frac{(n-1)\pi}{6}\cos\frac{(n-1)\pi}{6}$$

$$=2\cos\frac{(n-1)\pi}{6}\left[\cos\frac{(n-1)\pi}{6}+\mathrm{i}\sin\frac{(n-1)\pi}{6}\right]$$

$$\text{分母}=1+\cos\frac{(n-1)\pi}{3}+\mathrm{i}\sin\frac{(n-1)\pi}{3}+2\sqrt{3}\mathrm{i}\left[1-\cos\frac{(n-1)\pi}{3}-\mathrm{i}\sin\frac{(n-1)\pi}{3}\right]$$

$$=2\cos\frac{(n-1)\pi}{6}\left[\cos\frac{(n-1)\pi}{6}+\mathrm{i}\sin\frac{(n-1)\pi}{6}\right]+$$

$$4\sqrt{3}\mathrm{i}\sin\frac{(n-1)\pi}{6}\left[\sin\frac{(n-1)\pi}{6}+\mathrm{i}\cos\frac{(n-1)\pi}{6}\right]$$

$$=2\cos\frac{(n-1)\pi}{6}\left[\cos\frac{(n-1)\pi}{6}+\mathrm{i}\sin\frac{(n-1)\pi}{6}\right]+$$

$$4\sqrt{3}\sin\frac{(n-1)\pi}{6}\left[\cos\frac{(n-1)\pi}{6}+\mathrm{i}\sin\frac{(n-1)\pi}{6}\right]$$

$$=2\left[\cos\frac{(n-1)\pi}{6}+2\sqrt{3}\sin\frac{(n-1)\pi}{6}\right]\left[\cos\frac{(n-1)\pi}{6}+\mathrm{i}\sin\frac{(n-1)\pi}{6}\right]$$

所以

$$x_n=\frac{\cos\frac{(n-1)\pi}{6}}{\cos\frac{(n-1)\pi}{6}+2\sqrt{3}\sin\frac{(n-1)\pi}{6}}$$

$$=\begin{cases}\dfrac{1}{1+2\sqrt{3}\tan\frac{(n-1)\pi}{6}} & (n\neq 6k+4,k\in\mathbf{N})\\ 0 & (n=6k+4,k\in\mathbf{N})\end{cases}$$

$x_1=1,x_2=\frac{1}{3},x_3=\frac{1}{7},x_4=0,x_5=-\frac{1}{5},x_6=-1,x_7=1,\cdots$. 周期是6.

也可由$c(a+d)\neq 0,4bc+(a-d)^2+(a+d)^2\tan^2\frac{k\pi}{m}=0$,求得周期$m=6$.

在本题中,$a=7,b=-1,c=13,d=5,13(7+5)\neq 0,4\cdot(-1)\cdot 13+(7-$

$5)^2+(7+5)^2\tan^2\dfrac{k\pi}{m}=0$，得 $36\tan^2\dfrac{k\pi}{m}=13-1=12$，$\tan\dfrac{k\pi}{m}=\dfrac{\sqrt{3}}{3}$，$\dfrac{k\pi}{m}=\dfrac{\pi}{6}$，$6k=m$. 因为 $k<m$，$(k,m)=1$，所以 $k=1$，于是周期 $m=6$.

最后提供一种表示周期数列的通项的公式. 周期为 $m(m\geqslant 2)$ 的数列 a_1，a_2，$\cdots$，a_m，a_1，a_2，$\cdots$，a_m，$\cdots$的通项可表示为

$$\sum_{i=1}^{m} a_i f_m(n+m-i)$$

其中
$$f_m(n)=\frac{1}{m}\left[1+2\sum_{k=1}^{\left[\frac{m}{2}\right]}\cos\frac{2nk\pi}{m}-(-1)^n\cos^2\frac{m\pi}{2}\right]$$

特别地，周期为 2 的数列 a，b，a，b，$\cdots$ 的通项可表示为 $\dfrac{(b+a)+(-1)^n(b-a)}{2}$.

周期为 3 的数列 $a,b,c,a,b,c,\cdots$的通项可表示为

$$\frac{1}{3}\left[a\left(1+2\cos\frac{2(n-1)\pi}{3}\right)+b\left(1+2\cos\frac{2(n-2)\pi}{3}\right)+\right.$$
$$\left.c\left(1+2\cos\frac{2(n-3)\pi}{3}\right)\right]$$

几　何

第3章

3.1　与等边三角形有关的定值问题

等边三角形是最优美的三角形,其优美主要表现在对称性.由对称性可推出许多基本的,也是最重要而有趣的性质,不少性质可以推广到正 n 边形.本文将对等边三角形的一些有关的定值问题作介绍.

3.1.1　与等边三角形内任意一点 P 有关的定值

设点 P 在等边$\triangle ABC$ 内,$\triangle$ABC 边长为 a,高为 h,过 P 向三边作垂线,垂足分别是 D,E,F(图1),则:

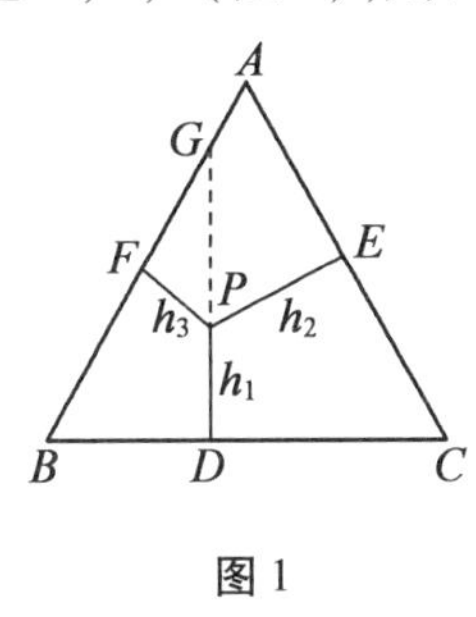

图1

(1)$PD+PE+PF$ 为定值(维维阿尼(Viviani)定理).

证明　为方便起见,设 $PD=h_1,PE=h_2,PF=h_3$,则 $S_{\triangle ABC}=\frac{1}{2}ah_1+\frac{1}{2}ah_2+\frac{1}{2}ah_3=\frac{1}{2}a(h_1+h_2+h_3)=\frac{1}{2}ah$,$h_1+h_2+h_3=h=\frac{2S_{\triangle ABC}}{a}$为定值.

注 1　如果点 P 在三角形外,那么只要把一条或两条垂线的长改为负的,上述关系仍然成立.

注 2　这一结论可以推广到正 n 边形.

(2) $BD+CE+AF$ 为定值.

证明　延长 DP 交 AB 于点 G(图 1),则 $DG=\sqrt{3}BD$, $PG=2h_3$,所以

$$\sqrt{3}BD=h_1+2h_3$$

同理

$$\sqrt{3}CE=h_2+2h_1, \sqrt{3}AF=h_3+2h_2$$

相加后得

$$\sqrt{3}(BD+CE+AF)=3(h_1+h_2+h_3)$$

于是 $BD+CE+AF=\sqrt{3}(h_1+h_2+h_3)=\frac{3}{2}a$ 为定值,即等边 $\triangle ABC$ 的周长的一半.

注 1　同理 $DC+EA+FB=\frac{3}{2}a$,所以 $BD+CE+AF=DC+EA+FB$.

用勾股定理容易证明:对于任何三角形 ABC 都有: $BD^2+CE^2+AF^2=DC^2+EA^2+FB^2$,所以若将 BD,CE,AF 分别换成 x,y,z,将 DC,EA,FB 分别换成 t,u,v,则得到方程组 $\begin{cases}x+y+z=t+u+v\\x^2+y^2+z^2=t^2+u^2+v^2\end{cases}$.

该方程组的正整数解可由以下方法得到:

如果 $y+z-u-v=0$,那么有: $\begin{cases}x=t\\y=u\\z=v\end{cases}$ 或 $\begin{cases}x=t\\y=v\\z=u\end{cases}$,其中可取 t,u,v 的任何正整数值.

如果 $y+z-v-u\neq 0$,那么 $\begin{cases}x=\dfrac{y^2+z^2-u^2-v^2-(y+z-u-v)^2}{2(y+z-u-v)}\\t=x+y+z-u-v\end{cases}$.

虽然 y,z,u,v 可任取正整数值,但是为了使 x 和 t 是正数,所以 y,z,u,v 的取值要有所限制. 由于 y,z 和 u,v 对称,所以可取 $y+z>u+v$, $y^2+z^2-u^2-v^2>(y+z-u-v)^2$. 如果得到的 x 和 t 的值是分数,则将 x,y,t,z,u,v 的值都乘以 x 的分母,可得到 x 和 t 的值是正整数. (详见第 4 章 4.5 的 4.5.3)

注 2　这一结论可以推广到正 n 边形.

(3) $S_{\triangle PAF}+S_{\triangle PBD}+S_{\triangle PCE}$ 为定值(图 2).

证明 $$S_{\triangle PBD}=\frac{1}{2}BD\times h_1=\frac{1}{2}\times\frac{\sqrt{3}}{3}DG\times h_1$$

$$=\frac{1}{2}\times\frac{\sqrt{3}}{3}(h_1+2h_3)\times h_1=\frac{\sqrt{3}}{6}(h_1^2+2h_3h_1)$$

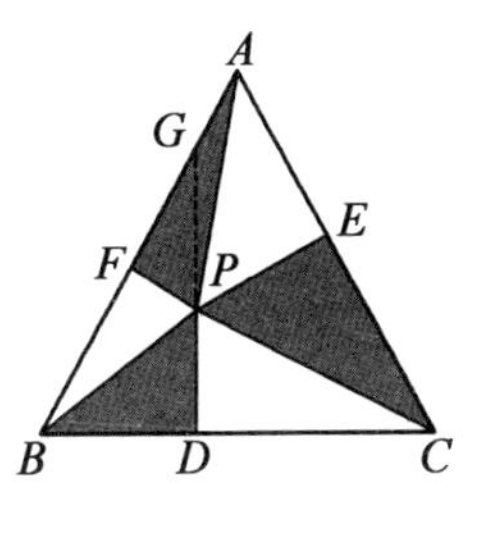

图2

同理，$S_{\triangle PCE}=\frac{\sqrt{3}}{6}(h_2^2+2h_1h_2)$，$S_{\triangle PAF}=\frac{\sqrt{3}}{6}(h_3^2+2h_2h_3)$，相加后得

$$S_{\triangle PAF}+S_{\triangle PBD}+S_{\triangle PCE}=\frac{\sqrt{3}}{6}(h_1^2+h_2^2+h_3^2+2h_1h_2+2h_2h_3+2h_3h_1)$$

$$=\frac{\sqrt{3}}{6}(h_1+h_2+h_3)^2$$

即 $S_{\triangle PAF}+S_{\triangle PBD}+S_{\triangle PCE}=\frac{1}{2}\times\frac{\sqrt{3}}{3}h^2=\frac{1}{2}\times\frac{1}{2}a\times h=\frac{1}{2}S_{\triangle ABC}$为定值.

(4)维维阿尼定理的一个应用.

在三个角都小于120°的$\triangle ABC$内的点中，到各个顶点的距离之和最小的点是费马点F.（“费马点”指的是满足$\angle BFC=\angle CFA=\angle AFB=120°$的点）.

证明 分别过A,B,C作FA,FB,FC的垂线，这三条垂线相交于A_1,B_1,C_1，得到等边$\triangle A_1B_1C_1$(图3).

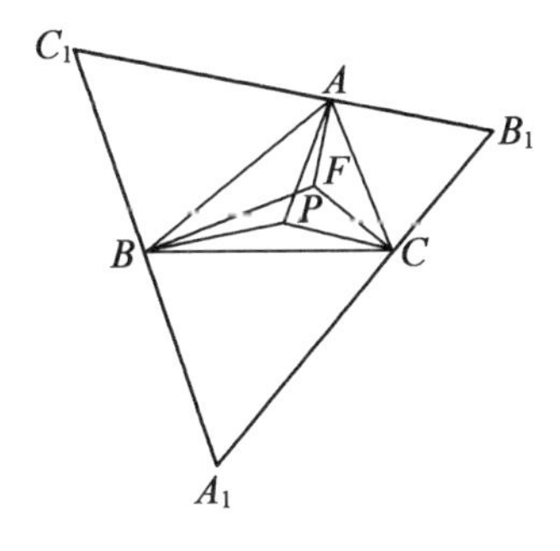

图3

设 P 是$\triangle ABC$ 内不同于 F 的点，根据维维阿尼定理，P 到等边$\triangle A_1B_1C_1$ 的各边的距离之和等于 F 到等边$\triangle A_1B_1C_1$ 的各边的距离之和 $FA+FB+FC$. 由于 $PA+PB+PC$ 大于 P 到等边$\triangle A_1B_1C_1$ 的各边的距离之和，即 $PA+PB+PC>FA+FB+FC$.

3.1.2 与点 P 到边长为 a 的等边△ABC 的中心 O 的距离 d 有关的定值

设点 P 在边长为 a 的等边$\triangle ABC$ 内，点 P 到等边$\triangle ABC$ 的中心 O 的距离为 $PO=d$，过点 P 向三边作垂线，垂足分别是 D,E,F(图 4(a))，则 $S_{\triangle DEF}=\dfrac{\sqrt{3}(a^2-3d^2)}{16}$为定值.

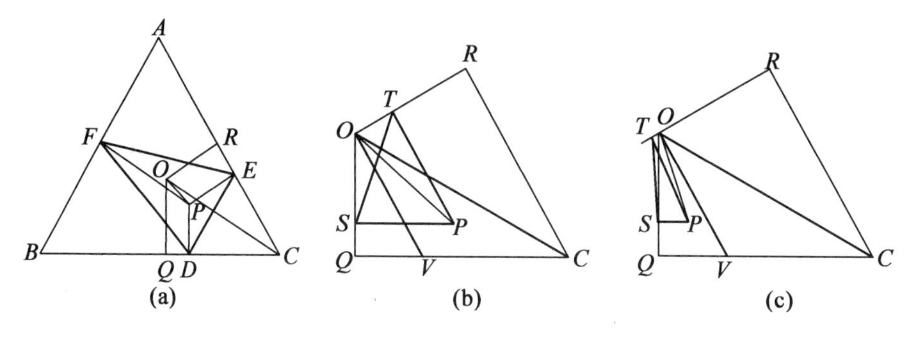

图 4

证明 设等边$\triangle ABC$ 的内切圆的半径为 r，高为 h，$PD=h_1$，$PE=h_2$，$PF=h_3$，则 $h_3=h-h_1-h_2$. 过 O 作 $OQ\perp BC$，$OR\perp AC$；过 P 作 $PS\perp OQ$，$PT\perp OR$ (Q,R,S,T 为垂足)，则 $SQ=h_1$，$TR=h_2$，点 O,S,P,T 共圆(图 4 (b)，(c))，$PO=d$ 是直径，联结 ST. 不失一般性，设点 P 在$\triangle COQ$ 内，则 $h_1<r$，$OS=r-h_1$. 过点 O 作 $OV/\!/RC$ 交 QC 于点 V. 下面求 d，$S_{\triangle DEF}$与 h_1,h_2 的关系：

(1)点 P 在$\triangle COV$ 内(图 4 (b))，或在边 OC 上，有$\angle SOT=\dfrac{2\pi}{3}$，$OT=r-h_2$. 在$\triangle OST$ 中，由正弦定理得：$ST=d\sin\dfrac{2\pi}{3}=\dfrac{\sqrt{3}}{2}d$. 由余弦定理得

$$ST^2=OS^2+OT^2-2OS\times OT\cos\frac{2\pi}{3}=(r-h_1)^2+(r-h_2)^2+(r-h_1)(r-h_2)$$

(2)点 P 在 OV 上，则 T 与 O 重合，$h_2=r$，$ST=SO=r-h_1=d\cos\dfrac{\pi}{3}=\dfrac{\sqrt{3}}{2}d$.

(3)点 P 在$\triangle QOV$ 内(图 4(c))，或在 OQ 上，有$\angle SOT=\dfrac{\pi}{3}$，$OT=h_2-r$. 在$\triangle OST$ 中，由正弦定理得：$ST=d\sin\dfrac{\pi}{3}=\dfrac{\sqrt{3}}{2}d$. 由余弦定理得

$$ST^2 = OS^2 + OT^2 - 2OS \times OT \cos \frac{\pi}{3}$$
$$= (r - h_1)^2 + (h_2 - r)^2 - (r - h_1)(h_2 - r)$$
$$= (r - h_1)^2 + (r - h_2)^2 + (r - h_1)(r - h_2)$$
$$= 3r^2 - 3(h_1 + h_2)r + h_1^2 + h_2^2 + h_1h_2 = \frac{3d^2}{4}$$

因为 $3r^2 = \frac{a^2}{4}$,所以 $3(h_1 + h_2)r - (h_1^2 + h_2^2 + h_1h_2) = \frac{a^2}{4} - \frac{3d^2}{4} = \frac{a^2 - 3d^2}{4}$.

下面求 $S_{\triangle DEF}$ 与 h_1, h_2 的关系

$$S_{\triangle DEF} = \frac{\sqrt{3}}{4}(h_1h_2 + h_2h_3 + h_3h_1) = \frac{\sqrt{3}}{4}[(h_1h_2 + (h_1 + h_2)h_3]$$
$$= \frac{\sqrt{3}}{4}[h_1h_2 + (h_1 + h_2)(h - h_1 - h_2)]$$
$$= \frac{\sqrt{3}}{4}[h_1h_2 + (h_1 + h_2)h - (h_1 + h_2)^2]$$
$$= \frac{\sqrt{3}}{4}[3(h_1 + h_2)r - (h_1^2 + h_1h_2 + h_2^2)]$$

所以 $S_{\triangle DEF} = \frac{\sqrt{3}(a^2 - 3d^2)}{16}$ 为定值.

3.1.3 与点 P 到等边 $\triangle ABC$ 的各顶点距离的平方和有关的定值

设点 P 到等边 $\triangle ABC$ 的中心 O 的距离为 $PO = d, PA = t, PB = u, PC = v$(图5),则:

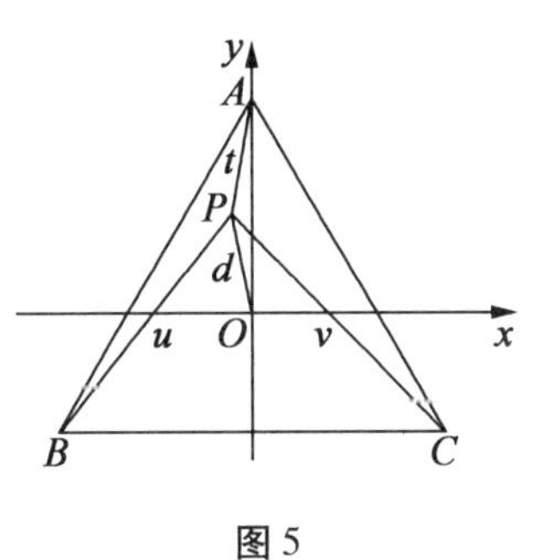

图5

(1) $t^2 + u^2 + v^2 = 3d^2 + a^2$ 为定值.

证明 以 O 为原点,OA 所在直线为 y 轴建立直角坐标系,设等边 $\triangle ABC$ 的外接圆 O 的半径为 R,点 P 的坐标为 (x, y),则 $x^2 + y^2 = d^2$,点 A 的坐标为(0,

R)，点 B 的坐标为 $\left(-\frac{\sqrt{3}R}{2},-\frac{R}{2}\right)$，点 C 的坐标为 $\left(\frac{\sqrt{3}R}{2},-\frac{R}{2}\right)$.

于是

$$\begin{aligned}t^2+u^2+v^2&=PA^2+PB^2+PC^2\\&=x^2+(y-R)^2+\left(x+\frac{\sqrt{3}R}{2}\right)^2+\left(y+\frac{R}{2}\right)^2+\left(x-\frac{\sqrt{3}R}{2}\right)^2+\left(y+\frac{R}{2}\right)^2\\&=3x^2+3y^2+3R^2\\&=3(d^2+R^2)\\&=3d^2+a^2\end{aligned}$$

为定值.

特别当点 P 在外接圆 O 上时，$d=R$，此时 $t^2+u^2+v^2=6R^2=2a^2$.

特别当点 P 在内切圆 I 上时，$d=r$，由于 $R=2r$，所以

$$t^2+u^2+v^2=3(r^2+R^2)=15r^2=\frac{5}{4}a^2$$

(2)当点 P 在等边△ABC 的外接圆内时，$t^2+u^2+v^2+4\sqrt{3}S(tuv)=2a^2$ 为定值(图 6、图 7).

其中 $S(tuv)$ 是以 t,u,v 为边的三角形的面积.

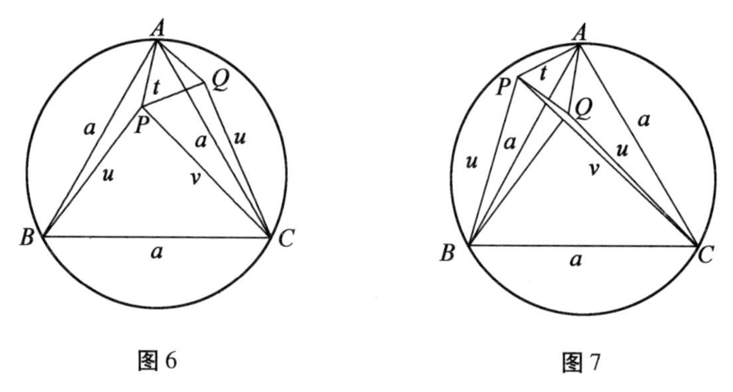

图 6　　图 7

证明　为方便起见，以 a,t,u；a,u,v；a,v,t 为边的三角形的面积分别用 (atu)，(auv)，(avt) 表示.

(i)点 P 在等边△ABC 内(图 8)，将 AP 绕点 A 逆时针方向旋转 $60°$，得到边长为 t 的等边△APQ，联结 QC，则 $QC=u$；将 BP 绕点 B 顺时针方向旋转 $60°$，得到边长为 u 的等边△BPS，联结 SC，则 $SC=t$；将 CP 绕点 C 逆时针方向旋转 $60°$，得到边长为 v 的等边△CPT，联结 TB，则 $TB=t$.

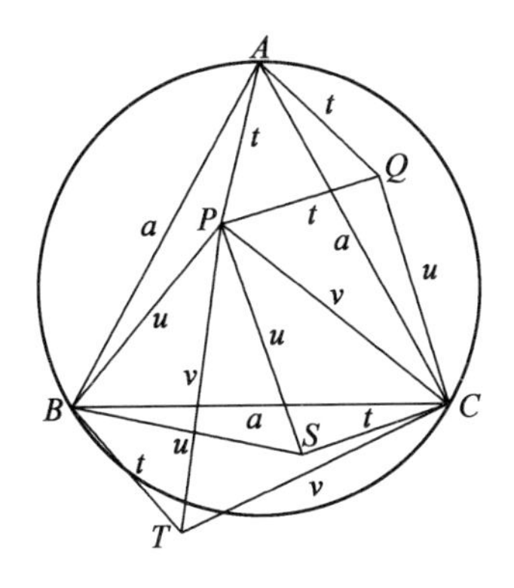

图8

在四边形 $APCQ$ 中，$S(tuv)+\frac{\sqrt{3}}{4}t^2=(atu)+(avt)$.

在四边形 $BSCP$ 中，$S(tuv)+\frac{\sqrt{3}}{4}u^2=(atu)+(auv)$.

在四边形 $CPBT$ 中，$S(tuv)+\frac{\sqrt{3}}{4}v^2=(avt)+(auv)$.

相加后，得到

$$3S(tuv)+\frac{\sqrt{3}}{4}(t^2+u^2+v^2)=2(atu)+2(avt)+2(auv)$$

因为点 P 在等边 $\triangle ABC$ 内，所以

$$S_{\triangle ABC}=(atu)+(avt)+(auv)$$

于是

$$3S(tuv)+\frac{\sqrt{3}}{4}(t^2+u^2+v^2)=2S_{\triangle ABC}=\frac{\sqrt{3}}{2}a^2$$

$$t^2+u^2+v^2+4\sqrt{3}S(tuv)=2a^2 \text{ 为定值}$$

(ii)点 P 在等边 $\triangle ABC$ 外(图9)，实施同样的旋转和连线.

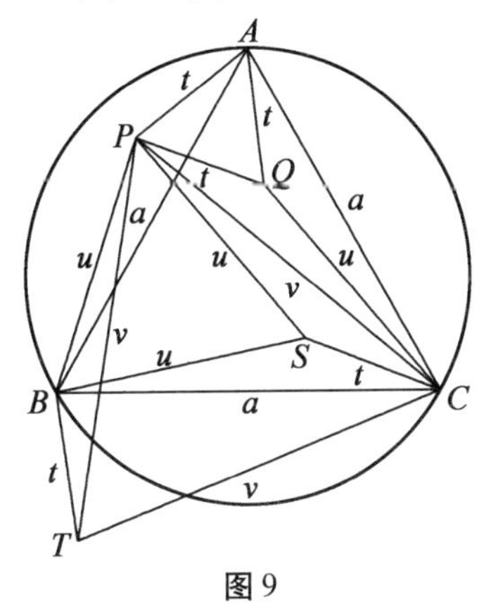

图9

在$\triangle APC$中，$S(tuv)+\frac{\sqrt{3}}{4}t^2+(atu)=(avt)$.

在$\triangle BPC$中，$S(tuv)+\frac{\sqrt{3}}{4}u^2+(atu)=(auv)$.

在四边形$CPBT$中，$S(tuv)+\frac{\sqrt{3}}{4}v^2=(avt)+(auv)$.

相加后，得到

$$3S(tuv)+\frac{\sqrt{3}}{4}(t^2+u^2+v^2)+2(atu)=2(avt)+2(auv)$$

因为点P在等边$\triangle ABC$外，所以$S_{\triangle ABC}+(atu)=(avt)+(auv)$，于是

$$3S(tuv)+\frac{\sqrt{3}}{4}(t^2+u^2+v^2)=2S_{\triangle ABC}=\frac{\sqrt{3}}{2}a^2$$

$$t^2+u^2+v^2+4\sqrt{3}S(tuv)=2a^2\ \text{为定值}$$

(3)当点P在等边$\triangle ABC$的外接圆外时，$t^2+u^2+v^2-4\sqrt{3}S(tuv)=2a^2$为定值.

(i)点P在$\angle ACB$内(图10)，实施同样的旋转和连线.

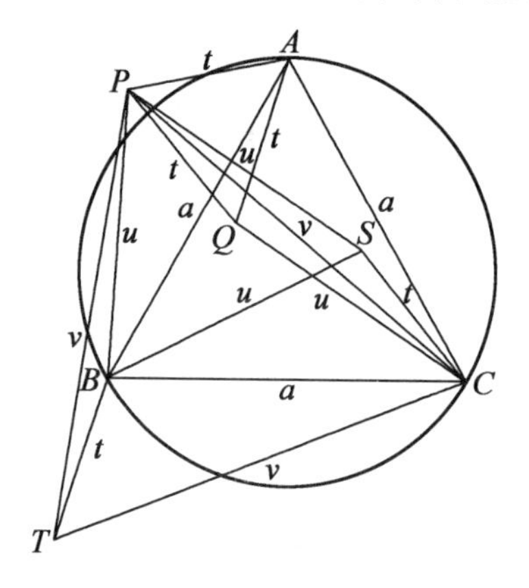

图10

在四边形$APQC$中，$\frac{\sqrt{3}}{4}t^2+(atu)=S(tuv)+(avt)$.

在四边形$BPSC$中，$\frac{\sqrt{3}}{4}u^2+(atu)=S(tuv)+(auv)$.

在$\triangle CPT$中，$\frac{\sqrt{3}}{4}v^2=S(tuv)+(avt)+(auv)$.

相加后,得到

$$\frac{\sqrt{3}}{4}(t^2+u^2+v^2)+2(atu)=3S(tuv)+2(avt)+2(auv)$$

因为点 P 在等边$\triangle ABC$ 外,所以 $S_{\triangle ABC}+(atu)=(avt)+(auv)$,于是

$$\frac{\sqrt{3}}{4}(t^2+u^2+v^2)=3S(tuv)+2S_{\triangle ABC}=3S(tuv)+\frac{\sqrt{3}}{2}a^2$$

$$t^2+u^2+v^2-4\sqrt{3}S(tuv)=2a^2$$

(ii)点 P 在$\angle ACB$ 外(图 11),实施同样的旋转和连线.

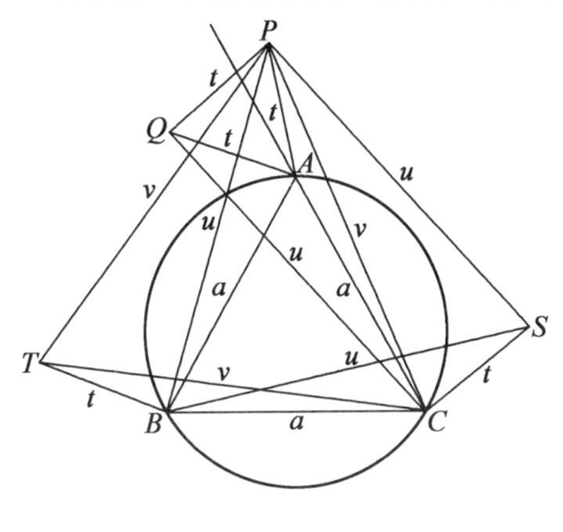

图 11

在$\triangle PQC$ 中

$$\frac{\sqrt{3}}{4}t^2+(atu)+(avt)=S(tuv)$$

在四边形 $BCSP$ 中

$$\frac{\sqrt{3}}{4}u^2+(atu)=S(tuv)+(auv)$$

在四边形 $BCPT$ 中

$$\frac{\sqrt{3}}{4}v^2+(avt)=S(tuv)+(auv)$$

相加后,得到

$$\frac{\sqrt{3}}{4}(t^2+u^2+v^2)+2(atu)+2(avt)=3S(tuv)+2(auv)$$

因为点 P 在等边$\triangle ABC$ 外,所以 $S_{\triangle ABC}+(atu)+(avt)=(auv)$,于是

$$\frac{\sqrt{3}}{4}(t^2+u^2+v^2)-2S_{\triangle ABC}=3S(tuv)$$

$$\frac{\sqrt{3}}{4}(t^2+u^2+v^2)=3S(tuv)+2S_{\triangle ABC}=3S(tuv)+\frac{\sqrt{3}}{2}a^2$$

$$t^2+u^2+v^2-4\sqrt{3}S(tuv)=2a^2$$

特别当点 P 在等边 $\triangle ABC$ 的边 AB 上时，$S(tuv)=\frac{\sqrt{3}}{4}tu$，$4\sqrt{3}S(tuv)=3tu$.

由于 $t+u=a$，$v^2=a^2+t^2-at$，所以

$$\begin{aligned}t^2+u^2+v^2&=a^2-2tu+a^2+t^2-at\\&=2a^2+t(t-2u-a)=2a^2-3tu=2a^2-4\sqrt{3}S(tuv)\end{aligned}$$

当点 P 在等边 $\triangle ABC$ 的外接圆的 $\overset{\frown}{BC}$ 上时，由于 $t+u=v$，所以 $S(tuv)=0$，于是 $t^2+u^2+(t+u)^2=2(t^2+tu+u^2)=2a^2$.

当点 P 在 CA 的延长线上时，$S(tuv)=\frac{\sqrt{3}}{4}tv$，$4\sqrt{3}S(tuv)=3tv$. 由于 $v=t+a$，$u^2=a^2+t^2+at$，所以

$$\begin{aligned}t^2+u^2+v^2&=t^2+a^2+t^2+at+(t+a)^2=2a^2+3t^2+3at\\&=2a^2+3t(a+t)=2a^2+3tv=2a^2+4\sqrt{3}S(tuv)\end{aligned}$$

由结论(1)可知 $t^2+u^2+v^2=3d^2+a^2$，由结论(2)，(3)可知 $3d^2+a^2=2a^2\pm4\sqrt{3}\cdot S(tuv)$，所以 $\pm4\sqrt{3}S(tuv)=3d^2-a^2$，即 $S(tuv)=\frac{\sqrt{3}}{4}|OP^2-R^2|$.

上式表明：当点 P 在等边 $\triangle ABC$ 所在的平面内一点，则以 PA，PB，PC 为边构成的三角形的面积只与 $\triangle ABC$ 的外接圆 O 的半径 R 以及 P 到 O 的距离有关.

特别当点 P 在 $\triangle ABC$ 的外接圆上时，$OP=R$，此时 $S(tuv)=0$，即 PA，PB，PC 中的两者之和等于第三者.

3.2 由“三角形的两边之和大于第三边”引出的问题

3.2.1 问题的引出

众所周知，三角形的任何两边之和大于第三边，即在 $\triangle ABC$ 中，设 $BC=a$，$CA=b$，$AB=c$，则有 $\begin{cases}a+b>c\\b+c>a\\c+a>b\end{cases}$，或 $|b-c|<a<b+c$.

本文对不等式 $a<b+c$ 提出以下三个问题,并做进一步的探讨.

(1)在不等式 $a<b+c$ 中,对于确定的 a,在某种情况下右边的 $b+c$ 是否有上界?

(2)在不等式 $a<b+c$ 中,不等号"<"是严格的,左边的 a 是否能够加一个正数或乘以一个大于1的正数,使不等式仍能成立?

(3)如果左边的 a 能够放大,那么能放大到什么程度?

3.2.2 a 和 $\angle A$ 为定值时,$b+c$ 的取值范围

由正弦定理可知

$$b+c=2R(\sin B+\sin C)=4R\sin\frac{B+C}{2}\cos\frac{B-C}{2}\leqslant 4R\cos\frac{A}{2}$$

$$=\frac{2a}{\sin A}\cos\frac{A}{2}=\frac{a}{\sin\frac{A}{2}}$$

也就是说,对于任何 $\triangle ABC$,有 $a<b+c\leqslant\frac{a}{\sin\frac{A}{2}}$.

其几何意义是:在圆内接 $\triangle ABC$ 中,当 $BC=a$ 固定,点 A 在 BC 的一侧的圆弧上移动时,$b+c$ 的取值范围是 $a<b+c\leqslant\frac{a}{\sin\frac{A}{2}}$;当且仅当 $B=C$,即 $b=c$ 时等号成立,$b+c$ 取到最大值$\frac{a}{\sin\frac{A}{2}}$.

如果在不等式 $a<b+c$ 的左边加上某个正数以后,那么该不等式未必成立. 例如,当 $\angle A\geqslant 90°$ 时,就有 $b+c<a+h$,这里 h 是 BC 边上的高. 证明如下:

$$\begin{aligned}(b+c)^2&=b^2+c^2+2bc\\&=a^2+2bc\cos A+2bc\\&=a^2+2bc(1+\cos A)\\&=a^2+2bc\sin A\times\frac{1+\cos A}{\sin A}\\&=a^2+4S_{\triangle ABC}\times\cot\frac{A}{2}\\&\leqslant a^2+4S_{\triangle ABC}\\&=a^2+2ah\\&<a^2+2ah+h^2\end{aligned}$$

$$=(a+h)^2$$

所以 $b+c<a+h$.

这一结论使我们想到:当 $b+c$ 为定值时,是否存在一个小于1的正数 α,使 $\alpha(a+h)\leqslant b+c$? 如果这样的 α 存在,那么 α 的最大值是多少? 下面我们不受 $\angle A\geqslant 90°$ 这一条件的限制,探究这一问题.

3.2.3 $b+c$ 为定值时,$a+h$ 的取值范围

现在探究以下问题:在 $\triangle ABC$ 中,$AD=h$ 是高. 当 $b+c$ 为定值时,求 $a+h$ 的取值范围,并求 a,b,c 的长.

在图1与图2中,$BD\pm CD=a$(当 $\angle C=90°$ 时,$CD=0$),于是 $BD=a\mp CD$,即

$$\sqrt{c^2-h^2}=a\mp\sqrt{b^2-h^2}$$

$$c^2-h^2=a^2\mp 2a\sqrt{b^2-h^2}+b^2-h^2$$

$$c^2-b^2-a^2=\mp 2a\sqrt{b^2-h^2},(c^2-b^2-a^2)^2=4a^2b^2-4a^2h^2$$

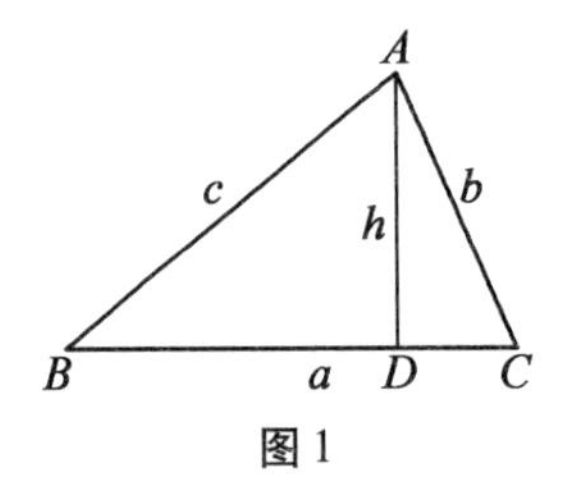

图1

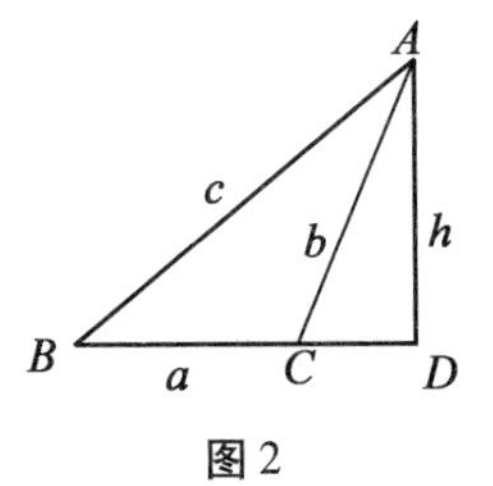

图2

不失一般性,设 $b\leqslant c$. 为方便起见,设 $b+c=u,a+h=v$,则 $c=u-b\geqslant\frac{1}{2}u$,

$h=v-a$. 于是

$$c^2-b^2=(u-b)^2-b^2=u^2-2ub$$

$$(u^2-2ub-a^2)^2=4a^2b^2-4a^2(v-a)^2$$

$$u^4+4u^2b^2+a^4-4u^3b-2u^2a^2+4ua^2b=4a^2b^2-4a^2v^2+8a^3v-4a^4$$

$$u^4-u^2a^2-4u^3b+4ua^2b+4u^2b^2-4a^2b^2=u^2a^2-a^4-4a^2v^2+8a^3v-4a^4$$

$$u^2(u^2-a^2)-4ub(u^2-a^2)+4(u^2-a^2)b^2=u^2a^2-a^4-4a^2(v-a)^2$$

$$(u^2-a^2)(u-2b)^2=a^2(u^2-4v^2+8va-5a^2) \tag{1}$$

将式(1)的两边乘以5,得

$$5(u^2-a^2)(u-2b)^2+a^2(5a-4v)^2=a^2(5u^2-4v^2),$$

$$5(u^2-a^2)(c-b)^2+a^2(a-4h)^2=a^2[5(b+c)^2-4(a+h)^2] \tag{2}$$

因为 $u=b+c>a$,所以 $u^2>a^2$,于是 $(u^2-a^2)(c-b)^2+a^2(a-4h)^2\geqslant 0$. 由式(2)得

$$4(a+h)^2 \leqslant 5(b+c)^2,$$

$$a+h \leqslant \frac{\sqrt{5}}{2}(b+c) \tag{3}$$

当且仅当 $b=c, a=4h$ 时,等式成立. 此时 $\triangle ABC$ 是底边的长是高的 4 倍的等腰三角形.

由式(3)可知 $\frac{\sqrt{5}}{2}(b+c)$ 是 $a+h$ 的上界. 由于 $\frac{2\sqrt{5}}{5}(a+h) \leqslant b+c$,所以 3.2.2 的最后提到的小于 1 的正数 a 的最大值就是 $\frac{2\sqrt{5}}{5}$.

下面我们求 $a+h$ 的下界.

因为在任何 $\triangle ABC$ 中,有 $a>|c-b|, h>0$,所以 $a+h>|c-b|$. 下面证明 $a+h$ 可以充分接近 $|c-b|$.

例如,设 $c \neq b, a=|c-b|+\alpha(\alpha>0)$,则 $h=b\sin C$(图 3).

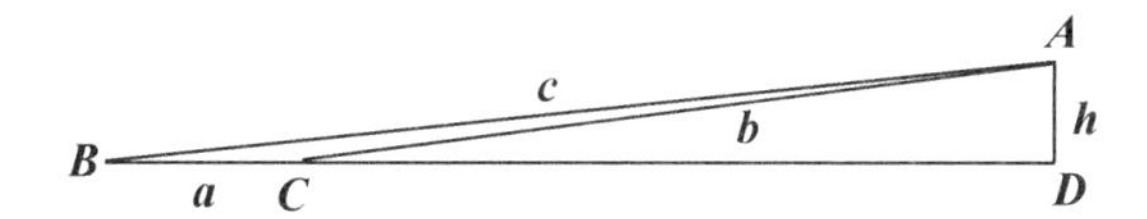

图 3

$$\begin{aligned}\cos C &= \frac{(|c-b|+\alpha)^2+b^2-c^2}{2b(|c-b|+\alpha)} = \frac{|c-b|^2+2|c-b|\alpha+\alpha^2+b^2-c^2}{2b(|c-b|+\alpha)} \\ &= \frac{-2b(c-b)+2|c-b|\alpha+\alpha^2}{2b(|c-b|+\alpha)}.\end{aligned}$$

因为 $|c-b| \neq 0$,所以当 $\alpha \to 0$ 时,$\cos C \to -1$,或 $\cos C \to 1$,于是 $\sin C \to 0$,$b\sin C \to 0$,$a+h=|c-b|+\alpha+b\sin C \to |c-b|$,所以 $|c-b|$ 是 $a+h$ 的下界.

由此得到,当 $b+c$ 为定值时,$a+h$ 的取值范围是

$$|c-b| < a+h < \frac{\sqrt{5}}{2}(b+c) \tag{4}$$

3.2.4 当 u, v 为定值时,已知三角形的一边的长,求另两边的长

如果已知 $\triangle ABC$ 的三边 a, b, c 的长,则 $u=b+c$ 的值已知. 由海伦公式可求出 $\triangle ABC$ 的面积,从而求出 h 和 $v=a+h$ 的值. 本部分提出并解决一个相反的问题,即 u, v 的值已知,三角形的一边已知,求另两边的长. 我们分以下两种情况讨论:

情况 1 已知 u, v 和 a 的值,求 b, c 的长. 此时 u, v 应满足条件 $0<v \leqslant \frac{\sqrt{5}}{2}u$.

此外，对于确定的 u 和 v，还要由式(3)求出 a 的取值范围，因此不能任意确定 u,v 和 a 的值.

由式(2)的上面一行的等式得 $(5a-4v)^2\leqslant 5u^2-4v^2$，于是 $-\sqrt{5u^2-4v^2}\leqslant 5a-4v\leqslant\sqrt{5u^2-4v^2}$，$\dfrac{4v-\sqrt{5u^2-4v^2}}{5}\leqslant a\leqslant\dfrac{4v+\sqrt{5u^2-4v^2}}{5}$.

因为 $0<a<v$，所以还应比较 $\dfrac{4v-\sqrt{5u^2-4v^2}}{5}$ 与 0 的大小，以及 $\dfrac{4v+\sqrt{5u^2-4v^2}}{5}$ 与 v 的大小. 为此，我们对 $0<v\leqslant\dfrac{\sqrt{5}}{2}u$，分三种情况讨论：

(i) 当 $0<v\leqslant\dfrac{1}{2}u$ 时，$4v^2\leqslant u^2$，$16v^2\leqslant 5u^2-4v^2$，$4v\leqslant\sqrt{5u^2-4v^2}$，所以 $\dfrac{4v-\sqrt{5u^2-4v^2}}{5}\leqslant 0$；

又 $5v<8v\leqslant 4v+\sqrt{5u^2-4v^2}$，$v<\dfrac{4v+\sqrt{5u^2-4v^2}}{5}$，此时 $0<a<v$.

(ii) 当 $\dfrac{1}{2}u<v\leqslant u$ 时，$u^2<4v^2$，$16v^2>5u^2-4v^2$，$\dfrac{4v-\sqrt{5u^2-4v^2}}{5}>0$；

又 $5v^2\leqslant 5u^2$，$v^2\leqslant 5u^2-4v^2$，$v\leqslant\sqrt{5u^2-4v^2}$，$5v\leqslant 4v+\sqrt{5u^2-4v^2}$，$v\leqslant\dfrac{4v+\sqrt{5u^2-4v^2}}{5}$，此时 $\dfrac{4v-\sqrt{5u^2-4v^2}}{5}\leqslant a<v$.

(iii) 当 $u<v\leqslant\dfrac{\sqrt{5}}{2}u$ 时，$20v^2>5u^2$，$16v^2>5u^2-4v^2$，$\dfrac{4v-\sqrt{5u^2-4v^2}}{5}>0$；

又 $5u^2-4v^2<v^2$，$\sqrt{5u^2-4v^2}<v$，于是 $\dfrac{4v+\sqrt{5u^2-4v^2}}{5}<v$，此时 $\dfrac{4v-\sqrt{5u^2-4v^2}}{5}\leqslant a\leqslant\dfrac{4v+\sqrt{5u^2-4v^2}}{5}$.

由此可知，当 u,v 为定值时，对 u,v 的不同的值，a 的取值范围也不同. 于是已知 u,v 的值，就应在相应的范围中取 a 的值，再利用式(2)求出 b,c 的值.

由式(2)得 $5(u^2-a^2)(u-2b)^2=a^2(5u^2-4v^2)-a^2(5a-4v)^2$，于是

$$(u-2b)^2=\frac{a^2(5u^2-4v^2)-a^2(5a-4v)^2}{5(u^2-a^2)}$$

由于 $b\leqslant\dfrac{1}{2}u\leqslant c$，所以解得 $b=\dfrac{u}{2}-\dfrac{a\sqrt{5u^2-4v^2-(5a-4v)^2}}{2\sqrt{5(u^2-a^2)}}$，$c=\dfrac{u}{2}+$

$\dfrac{a\sqrt{5u^2-4v^2-(5a-4v)^2}}{2\sqrt{5(u^2-a^2)}}$.

例1 当 $u=54,v=26$ 时(a 的值有待选取)(图4),求 b,c.

解 $0<v\leqslant\dfrac{1}{2}u$,属于情况(i),则 $0<a<26$,若取 $a=6$,则

$$\sqrt{5(u^2-a^2)}=\sqrt{5(54^2-6^2)}=120$$

$$\begin{aligned}\sqrt{5u^2-4v^2-(5a-4v)^2}&=\sqrt{5\times54^2-4\times26^2-(30-104)^2}\\&=\sqrt{6400}=80\end{aligned}$$

于是 $b=27-\dfrac{6\times80}{2\times120}=27-2=25,c=27+2=29$.

例2 当 $u=28,v=26$ 时(a 的值有待选取)(图5),求 b,c.

解 $\dfrac{1}{2}u<v\leqslant u$,属于情况(ii),则 $\dfrac{4v-\sqrt{5u^2-4v^2}}{5}\leqslant a<v$. 因为 $\dfrac{4v-\sqrt{5u^2-4v^2}}{5}=\dfrac{104-\sqrt{5\times28^2-4\times26^2}}{5}=\dfrac{104-8\sqrt{19}}{5}$,所以 $\dfrac{104-8\sqrt{19}}{5}\leqslant a<26$.

因为 $\dfrac{104-8\sqrt{19}}{5}<14$,所以若取 $a=14$,则

$$b=14-\frac{14\sqrt{1216-(70-104)^2}}{2\sqrt{5(28^2-14^2)}}=14-\frac{14\times2\sqrt{15}}{2\times14\sqrt{15}}=14-1=13$$

$$c=14+1=15$$

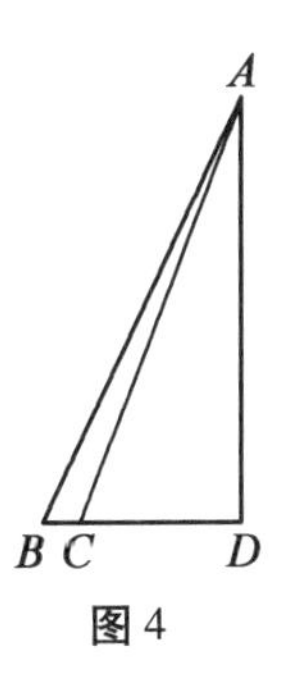

图4

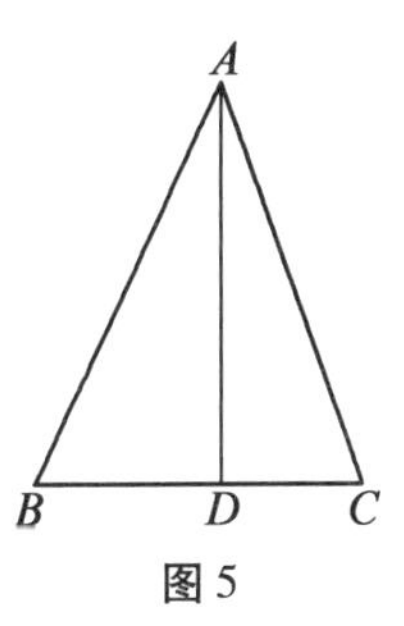

图5

例3 当 $u=27,v=29$ 时(a 的值有待选取)(图5),求 b,c.

解 $u<v\leqslant\dfrac{\sqrt{5}}{2}u$,属于情况(iii),则 $\dfrac{4v-\sqrt{5u^2-4v^2}}{5}\leqslant a\leqslant\dfrac{4v+\sqrt{5u^2-4v^2}}{5}$. 因为 $\dfrac{4v-\sqrt{5u^2-4v^2}}{5}=\dfrac{116-\sqrt{281}}{5}$,$\dfrac{4v+\sqrt{5u^2-4v^2}}{5}=\dfrac{116+\sqrt{281}}{5}$,所以

$$\frac{116-\sqrt{281}}{5}\leqslant a\leqslant\frac{116+\sqrt{281}}{5}.$$

因为$\frac{116-\sqrt{281}}{5}>19,\frac{116+\sqrt{281}}{5}<27$,所以可取 $a=21$,则

$$\sqrt{5(u^2-a^2)}=\sqrt{5(27^2-21^2)}=\sqrt{1440}=12\sqrt{10}$$

$$\sqrt{5u^2-4v^2-(5a-4v)^2}=\sqrt{5\times27^2-4\times29^2-(105-116)^2}=\sqrt{160}=4\sqrt{10}$$

$$b=\frac{u}{2}-\frac{a\sqrt{5u^2-4v^2-(5a-4v)^2}}{2\sqrt{5(u^2-a^2)}}=\frac{27}{2}-\frac{21\times4\sqrt{10}}{2\times12\sqrt{10}}=\frac{27}{2}-\frac{7}{2}=10$$

$$c=\frac{27}{2}+\frac{7}{2}=17$$

情况 2 已知 u,v 和 b 的值,求 a,c 的长.此时由 $c=u-b$ 可直接求出 c,所以已知 u,v,b 的值,求 a,c 的长的问题变为:已知 b,c,v 的值,求 a 的值.

此时将式(1)中的 u 换成 $b+c$,得到

$$[(b+c)^2-a^2](b-c)^2=a^2[(b+c)^2-4v^2+8va-5a^2]$$

$$(b-c)^2(b+c)^2-(b-c)^2a^2=(b^2+2bc+c^2-4v^2)a^2+8va^3-5a^4$$

$$5a^4-8va^3+2(2v^2-b^2-c^2)a^2+(b-c)^2(b+c)^2=0 \tag{5}$$

式(5)是关于 a 的四次方程.

因为 $h=v-a<b$,所以 $a>v-b$.同理 $a>v-c$,于是

$$a>\max(v-b,v-c)=v-\min(b,c)$$

例 4 已知 $b=17,c=10,v=29$,求 a.

解 $8v=232,2(2v^2-b^2-c^2)=2(2\times29^2-17^2-10^2)=2\ 586,(b-c)^2\cdot(b+c)^2=7^2\times27^2=35\ 721$.所以式(5)化为

$$5a^4-232a^3+2\ 586a^2+35\ 721=0$$

因为 $35\ 721=3^3\cdot7^2\cdot17$,尝试后知 21 是上述方程的根,所以

$$(a-21)(5a^3-127a^2-81a-1\ 701)=0$$

于是

$$a=21\text{ 或 }5a^3-127a^2-81a-1\ 701=0$$

$5a^3-127a^2-81a-1701=0$ 可化为

$$(a-26.496)(a-3.077)(5a+20.863)\approx0$$

方程 $5a^3-127a^2-81a-1701=0$ 有近似解 $a\approx26.496,a\approx3.077,a\approx-4.173$.

由于 $a>v-\min(b,c)=29-10=19$,所以 $a\approx3.077$(舍去),$a\approx-4.173$(舍去).于是本题有两解:$a=21$ 或 $a=26.496$.

3.2.5 满足 $a+h=b+c$ 的正整数 a,b,c,h 的值

当 $a+h=b+c$,即 $u=v=b+c$ 时,式(5)变为

$$5a^4-8(b+c)a^3+2(b^2+4bc+c^2)a^2+(b-c)^2(b+c)^2=0 \tag{6}$$

下面对式(6)分解因式.将 $a=b+c$ 代入式(6)的左边,得

$$\begin{aligned}&5(b+c)^4-8(b+c)^4+2(b^2+4bc+c^2)(b+c)^2+(b-c)^2(b+c)^2\\&=-3(b+c)^4+2(b^2+4bc+c^2)(b+c)^2+(b-c)^2(b+c)^2\\&=(b+c)^2(-3b^2-6bc-3c^2+2b^2+8bc+2c^2+b^2-2bc+c^2)=0\end{aligned}$$

因此方程(6)的左边有一个因子 $a-b-c$,于是式(6)化为

$$(a-b-c)[5a^3-3(b+c)a^2-(b-c)^2a-(b-c)^2(b+c)]=0$$

因为 $a-b-c<0$,所以

$$5a^3-3(b+c)a^2-(b-c)^2a-(b-c)^2(b+c)=0 \tag{7}$$

方程(7)就是当 $a+h=b+c$ 时,$\triangle ABC$ 的三边 a,b,c 满足的条件(a,b,c 是实数).方程(7)也可由海伦公式的变形形式 $16S^2=(a+b+c)(-a+b+c)\cdot(a-b+c)(a+b-c)$ 求得.

下面利用图形求方程(7)的一切正整数解 a,b,c.

当 $\angle ACB\geqslant 90°$ 时(图2),由于 $a<c,h<b$,所以 $a+h<b+c$,于是只有当 $\angle ACB$ 和 $\angle ABC$ 都是锐角时,才有可能使 $a+h=b+c$ 成立.此时直角 $\triangle ABD$ 和直角 $\triangle ACD$ 分居公共边 AD 的两侧(图1),且 $a=BD+DC$,即 $a=\sqrt{c^2-h^2}+\sqrt{b^2-h^2}$,于是

$$a-\sqrt{b^2-h^2}=\sqrt{c^2-h^2}$$

$$a^2-2a\sqrt{b^2-h^2}+b^2-h^2=c^2-h^2$$

$$DC=\sqrt{b^2-h^2}=\frac{a^2+b^2-c^2}{2a}$$

因为 a,b,c 是正整数,所以 DC 是有理数.由 $a+h=b+c$ 可知 h 也是正整数,所以 $b^2-h^2=\left(\frac{a^2+b^2-c^2}{2a}\right)^2$ 是正整数.由于 $\frac{a^2+b^2-c^2}{2a}$ 是有理数,所以 $\frac{a^2+b^2-c^2}{2a}$ 是正整数,即 $DC=\sqrt{b^2-h^2}$ 是正整数.同理 BD 也是正整数,于是直角 $\triangle ABD$ 和直角 $\triangle ACD$ 的各边都是正整数.设 $\triangle ABD$ 的两直角边分别是 $(p^2-q^2)k$ 和 $2pqk$,斜边是 $(p^2+q^2)k$,其中 p,q,k 是正整数,$p>q$,p,q 一奇一偶,$(p,q)=1$.再设 $\triangle ACD$ 的两直角边分别是 $(r^2-s^2)l$ 和 $2rsl$,斜边是 $(r^2+s^2)l$,其中 r,s,l 是正整数,$r>s$,r,s 一奇一偶,$(r,s)=1$.

将直角三角形 $\triangle ABD$ 和 $\triangle ACD$ 在公共边 AD 的两侧拼成 $\triangle ABC$,有三种情

况：

①$AD=h=2pqk=2rsl$（图6），不失一般性，设$(k,l)=1$. $BD=(p^2-q^2)k$，$DC=(r^2-s^2)l$，则

$$a=(p^2-q^2)k+(r^2-s^2)l$$
$$b=(r^2+s^2)l$$
$$c=(p^2+q^2)k$$

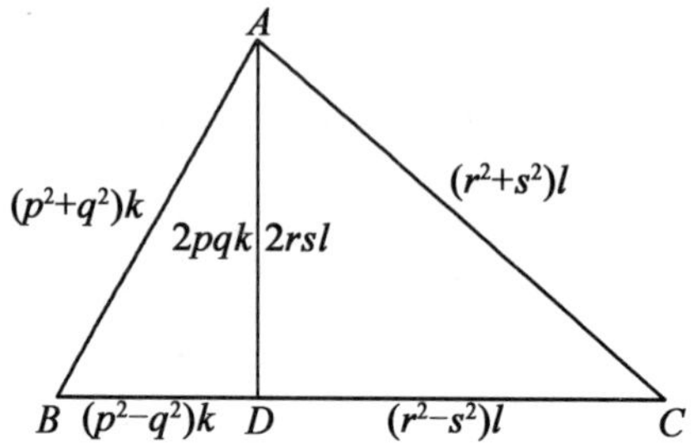

图6

由$a+h=b+c$，得

$$(p^2-q^2)k+(r^2-s^2)l+2pqk=(p^2+q^2)k+(r^2+s^2)l$$
$$pqk=q^2k+s^2l$$
$$rpqk=rq^2k+rs^2l=rq^2k+pqsk$$
$$rp=rq+ps$$
$$r(p-q)=ps$$

于是$r\mid ps$. 因为$(r,s)=1$，所以$r\mid p$. 因为$p(r-s)=rq$，于是$p\mid rq$. 因为$(p,q)=1$，所以$p\mid r$. 由$r\mid p$和$p\mid r$得$r=p$，于是$s=p-q$.

由$pqk=rsl$得$pqk=p(p-q)l$，$qk=(p-q)l$. 因为$(q,p-q)=(k,l)=1$，所以$k=p-q>0$，$p>q$，$l=q$. 再与$r=p$，$s=p-q$一起代入$a=(p^2-q^2)k+(r^2-s^2)l$，$b=(r^2+s^2)l$，$c=(p^2+q^2)k$，$h=2pqk$中，化简后得到

$$\begin{cases}a=p(p^2-pq+q^2)\\b=q(2p^2-2pq+q^2)\\c=(p^2+q^2)(p-q)\\h=2pq(p-q)\end{cases}\tag{8}$$

这里p,q是正整数，$(p,q)=1$，$p>q$，p,q一奇一偶.

②$AD=h=2pqk=(r^2-s^2)l$（图7），不失一般性，设$(k,l)=1$.

$$BD=(p^2-q^2)k$$
$$DC=2rsl$$

$$a=(p^2-q^2)k+2rsl$$

$$b=(r^2+s^2)l$$

$$c=(p^2+q^2)k$$

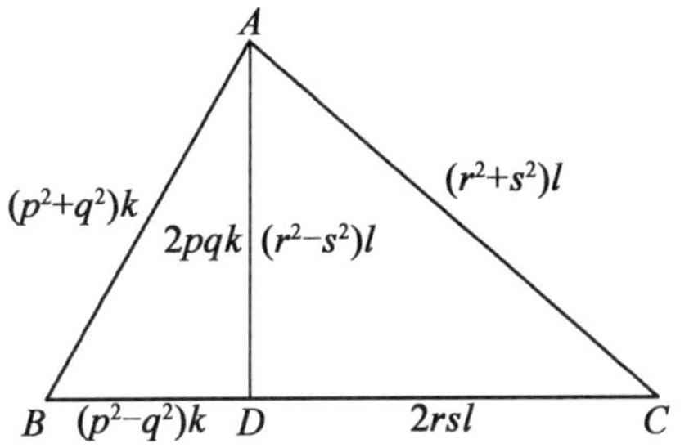

图7

由 $a+h=b+c$，得

$$(p^2-q^2)k+2rsl+(r^2-s^2)l=(p^2+q^2)k+(r^2+s^2)l$$

$$rsl=q^2k+s^2l$$

$$s(r-s)l=q^2k$$

$$2ps(r-s)l=2pq^2k=q(r^2-s^2)l$$

$$2ps=q(r+s)$$

$$\frac{p}{q}=\frac{r+s}{2s}$$

因为$(p,q)=1$，所以：

(i)当 r,s 一奇一偶时，$(r+s,2s)=1$，于是 $r+s=p,2s=q,r-s=p-q$. p 是奇数，q 是偶数. 由 $2pqk=(r^2-s^2)l$ 得 $2pqk=p(p-q)l,2qk=(p-q)l,\frac{k}{l}=\frac{p-q}{2q}$.

因为 p 是奇数，q 是偶数，所以$(p-q,2q)=1$，于是 $k=p-q,l=2q$. 因为 $k>0$，所以 $p>q$. 将 $r=p-\frac{q}{2},s=\frac{q}{2},k=p-q,l=2q$ 代入 $a=(p^2-q^2)k+2rsl$，$b=(r^2+s^2)l,c=(p^2+q^2)k,h=2pqk$ 中，得到

$$\begin{cases}a=p(p^2-pq+q^2)\\b=q(2p^2-2pq+q^2)\\c=(p^2+q^2)(p-q)\\h=2pq(p-q)\end{cases}\tag{9}$$

其中 p 是奇数，q 是偶数，$(p,q)=1$，$p>q$. 与式(8)相同.

(ii) 当 r,s 都是奇数时，$(r+s,2s)=2$，$r+s=2p$，$2s=2q$，$r-s=2(p-q)$.

由 $2pqk=(r^2-s^2)l$ 得 $2pqk=4p(p-q)l$，$qk=2(p-q)l$，$\frac{k}{l}=\frac{2(p-q)}{q}$. 因为 $q=s$ 是奇数，所以 $(2(p-q),q)=(p-q,q)=1$，于是 $k=2(p-q)$，$l=q$. 因为 $k>0$，所以 $p>q$. 将 $r=2p-q$，$s=q$，$k=2(p-q)$，$l=q$ 代入 $a=(p^2-q^2)k+2rsl$，$b=(r^2+s^2)l$，$c=(p^2+q^2)k$，$h=2pqk$ 中，得到

$$\begin{cases}a=2p(p^2-pq+q^2)\\b=2q(2p^2-2pq+q^2)\\c=2(p^2+q^2)(p-q)\\h=4pq(p-q)\end{cases}\tag{10}$$

式(10)中的 a,b,c 都除以 2 后，式(10)变为式(8).

③$AD=h=(p^2-q^2)k=(r^2-s^2)l$(图 8)，$BD=2pqk$，$DC=2rsl$，$a=2pqk+2rsl$，$b=(r^2+s^2)l$，$c=(p^2+q^2)k$. 由 $a+h=b+c$，得

$$2pqk+2rsl+(p^2-q^2)k=(p^2+q^2)k+(r^2+s^2)l$$

$$2pqk+2rsl=2q^2k+(r^2+s^2)l$$

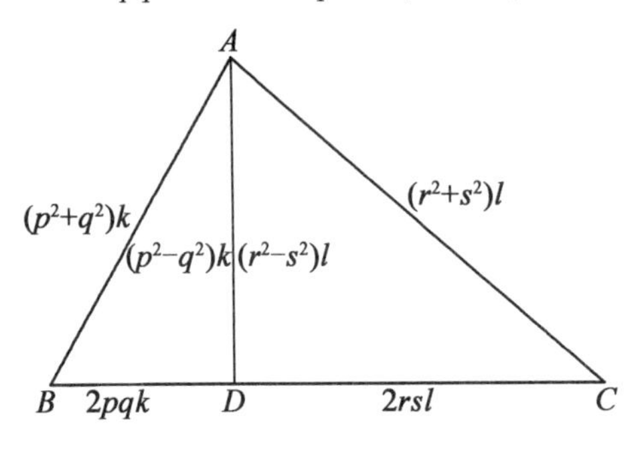

图 8

又由 $(p^2-q^2)k=(r^2-s^2)l$，得 $2q(p-q)(r^2-s^2)lk=(r-s)^2(p^2-q^2)kl$，$2q(r+s)=(r-s)(p+q)$.

因为 p,q 一奇一偶，r,s 一奇一偶，所以 $(p+q)(r-s)$ 是奇数，但 $2q(r+s)$ 是偶数，这不可能.

综上所述，若 $\triangle ABC$ 的边长 a,b,c 和 a 边上的高 h 为正整数，$(a,b,c,h)=1$，则满足 $a+h=b+c$ 的一切解是式(8).

例如，取 $p=3$，$q=2$，由式(8)得 $a=21$，$b=20$，$c=13$，$h=12$.

取 $p=4$，$q=1$，得 $a=52$，$b=25$，$c=51$，$h=24$.

如果在式(8)中取 p,q 为实数,那么可得到方程(7)的满足条件 $a+h=b+c$ 的实数解 a,b,c,h.

3.3 将两个相似的等腰三角形分割成若干块后拼成一个大的相似三角形

众所周知,将任何两个面积相等的多边形中的一个分割成若干块(多边形)后可拼成另一个多边形. 在理论上这个过程是将一个多边形分割成若干个三角形(或四边形),再将这些三角形(或四边形)分割成若干块后各拼成一个矩形,每个矩形都可矩形分割成若干块后拼成一个正方形,每两个正方形可分割成若干块后拼成一个正方形,最后得到一个正方形. 对另一个多边形也进行同样的操作,得到两个大小相同的正方形. 虽然在实际操作中形成的碎片很多,但是这种方法证明了将任何两个面积相等的多边形中的一个分割成若干块(多边形)后可拼成另一个多边形. 其中有一个步骤是将两个正方形分割成若干块后拼成一个正方形,这是常见的,方法很多,图1(a)就是其中的一种. 这一方法的特点是只将大正方形分割成1,2,3,4同样的四块,小正方形5不变,而且有实际用途. 例如,采用这一方法可以利用中间有一个洞的正方形桌布(图1(b)),得到一个较小的正方形桌布.

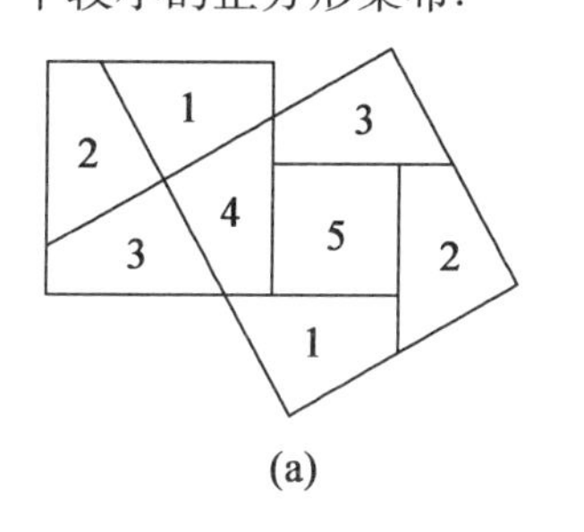

(a)

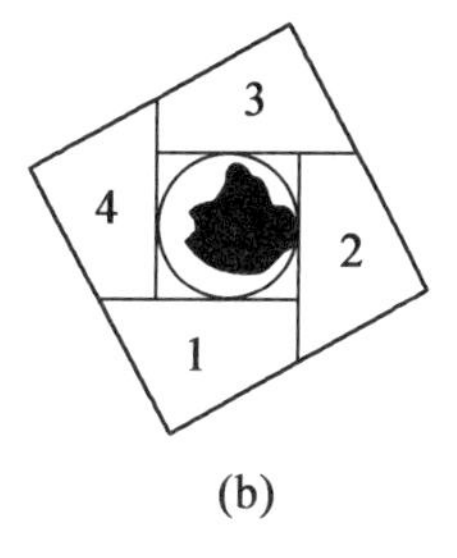

(b)

图1

将一个正方形分割成若干块后可拼成一个正三角形(图2),反之,一个正三角形也可分割成若干块后拼成一个正方形. 读者不妨计算一下如何分割.

由于一个正三角形可分割成若干块后拼成一个正方形,那么将两个正三角形都分割成若干块后各拼成一个正方形,再将这两个拼成的正方形分割成若干块后拼成一个正三角形,这样就将两个正三角形分割成若干块后拼成一个正三角形.

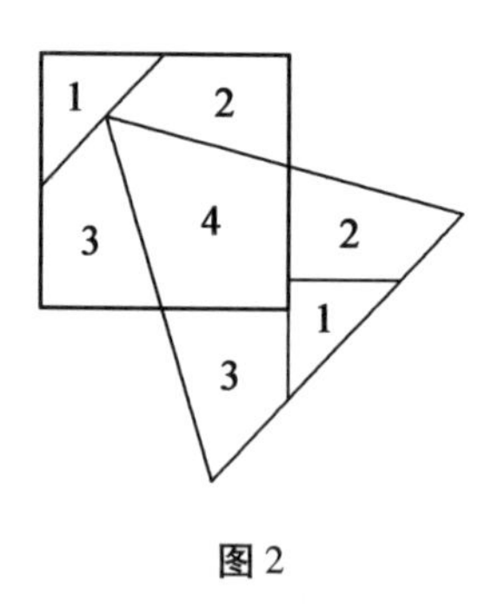

图 2

一个等腰直角三角形可分割成两个全等的等腰直角三角形(图 3(a)),然后拼成一个正方形(图 3(b)),反之,一个正方形可以分割成两个全等的等腰直角三角形,然后拼成一个等腰直角三角形. 于是将两个等腰直角三角形都分割成若干块后可拼成一个等腰直角三角形.

由于上面的分割方法都要借助于正方形,而且产生的碎片很多,所以并不是一个简捷的方法,那么有没有将两个正三角形(或等腰直角三角形)各分割成若干块后直接拼成一个正三角形(或等腰直角三角形)的方法呢? 下面我们探究这一问题.

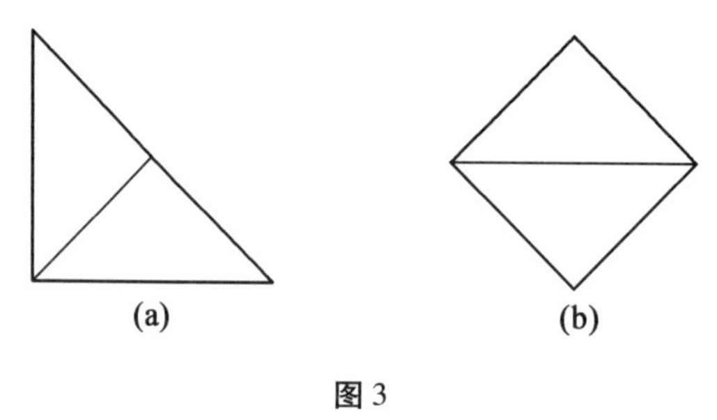

图 3

3.3.1 相似的等腰三角形的情况

因为正三角形和等腰直角三角形都是等腰三角形,所以我们考虑一般的等腰三角形情况:将两个相似的等腰三角形分割成若干块后拼成一个与原等腰三角形相似的三角形.

设两个等腰三角形的腰长分别为 a 和 b(不失一般性,设 $a \geqslant b$),顶角都是 α. 因为相似三角形的面积的比等于相似比的平方,所以得到的等腰三角形的腰长是 $\sqrt{a^2+b^2}$,顶角也是 α. 为方便起见,设 $\triangle ABC$ 和 $\triangle ECD$ 具有同一顶点 C,顶角都是 α, $AB=BC=a$, $EC=CD=b$, B, C, D 在同一直线上, B, D 两点在点 C 的两侧, A, E 两点在直线 BD 的同侧(图 4(a)).

为了得到$\sqrt{a^2+b^2}$,将$\triangle CDE$绕点C按逆时针方向旋转$90°$得到图4(b).联结BD,则$BD=\sqrt{a^2+b^2}$.设$\angle DBC=\theta$,则$\tan\theta=\frac{b}{a}$.由$a\geqslant b$得$\theta\leqslant 45°$.设直线AC与DE,BD分别相交于F,G.由$\angle DCB=90°$得$\angle DCF=90°-\angle ACB=90°-\left(90°-\frac{\alpha}{2}\right)=\frac{\alpha}{2}$,所以$\angle ECF=\alpha-\frac{\alpha}{2}=\frac{\alpha}{2}$,于是$\triangle CEF\cong\triangle CDF$,直线$AC$是$ED$的垂直平分线.如果将$BD$绕点$B$按顺时针方向旋转角$\alpha$转到$BD'$,那么联结$DD'$,就得到腰长是$\sqrt{a^2+b^2}$,顶角是$\alpha$的等腰$\triangle BDD'$.

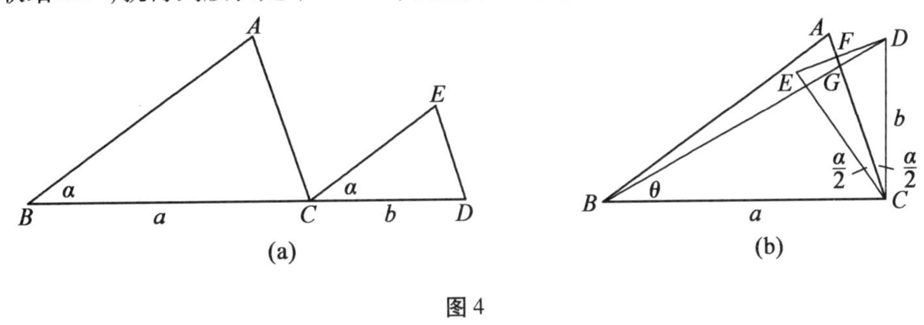

图4

对于不同的α,D'点的位置也不同,但总是在以B为圆心,$\sqrt{a^2+b^2}$为半径的半圆上(端点除外)(图5).设半圆分别与射线BC,DC和DB相交于点P,Q和R,则考虑α与θ的大小关系,D'点的位置有以下5种不同的情况:

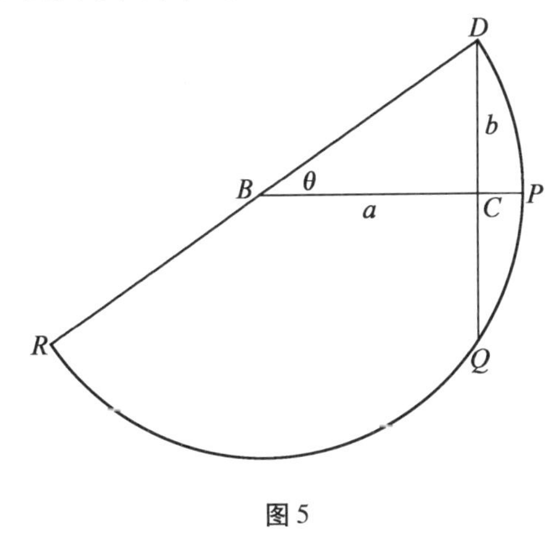

图5

1. 当$\alpha<\theta$时,D'在$\overset{\frown}{DP}$上.
2. 当$\alpha=\theta$时,D'与点P重合.
3. 当$\theta<\alpha<2\theta$时,D'在$\overset{\frown}{PQ}$上.

4. 当 $\alpha=2\theta$ 时,D'与点 Q 重合.

5. 当 $\alpha>2\theta$ 时,D'在 $\overset{\frown}{QR}$ 上.

前3种情况都有 $\angle BDD'>\angle BDC$. 第4种情况有 $\angle BDD'=\angle BDC$. 第5种情况有 $\angle BDD'<\angle BDC$.

因为$\triangle CEF$ 与$\triangle ABC$ 有重叠的部分,所以将$\triangle CEF$ 绕点 F 旋转 $180°$,得到$\triangle C'DF$(图6). 当 $\alpha<\theta$ 时,得到图6(a);当 $\theta<\alpha<2\theta$ 时,得到图6(b);当 $\alpha>2\theta$ 时,得到图6(c). 当 $\alpha=\theta$ 和 $\alpha=2\theta$ 时,另行处理.

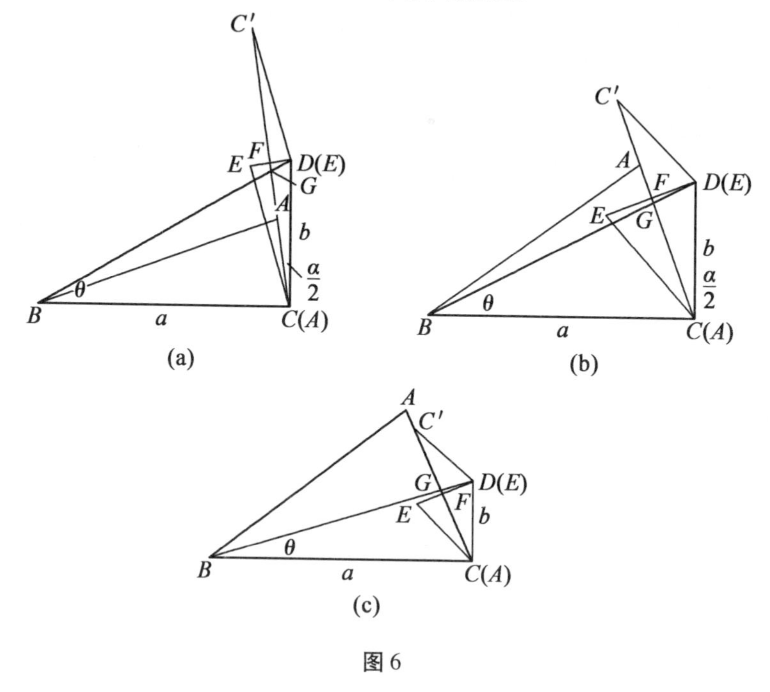

图6

在将 BD 绕点 B 按顺时针方向旋转角 α 转到 BD'时,同时将 BD 所在的四边形 $BAC'D$(交叉四边形或凹四边形,即$\triangle ABG$ 和$\triangle C'DG$)绕点 B 旋转角 α 得到四边形 $BCC''D'$(图7),此时点 A 转到点 C(即 A 与 C 重合),点 C'转到点 C'',点 D 转到点 D'. 于是 BD 上的点 G 转到 BD'上的点 G',直线 AC' 上的点 F 转到直线 CC''上的点 F'. 因为 $DF\perp C'F$,所以 $D'F'\perp C''F'$. 联结 DD',得到等腰$\triangle BDD'$. 因为 $BD'=BD=\sqrt{a^2+b^2}$,$\angle DBD'=\alpha$,所以$\triangle DBD'\backsim\triangle ABC$.

下面探究如何分割$\triangle ABC$ 和$\triangle ECD$ 拼成等腰$\triangle DBD'$($\triangle ECD$ 已分割成$\triangle CDF$ 和$\triangle C'DF$). 设 CC''与 DD' 相交于 H,因为 $\angle G'C''D'=\angle GC'D=\dfrac{\alpha}{2}$,$\angle BCC''=\angle BAC'=90°+\dfrac{\alpha}{2}$(图7(a)和图7(b)),所以 $\angle C''CD=\dfrac{\alpha}{2}=\angle G'C''D'$.

于是 $C''D'/\!/CD$. 在图7(c)中, $\angle BCC''=\angle A=90^\circ-\dfrac{\alpha}{2}$, $\angle C''CD=90^\circ+\angle BCC''=90^\circ+90^\circ-\dfrac{\alpha}{2}=180^\circ-\dfrac{\alpha}{2}$, $\angle G'C''D'=\angle GC'D=\dfrac{\alpha}{2}$, 所以 $\angle CC''D'=180^\circ-\angle G'C''D'=180^\circ-\dfrac{\alpha}{2}=\angle C''CD$, 于是 $C''D'/\!/CD$. 又 $C''D'=CD$, 所以 H 是 CC'' 和 DD' 的中点, 即 H 是 $\triangle CDH$ 和 $\triangle C''D'H$ 的对称中心.

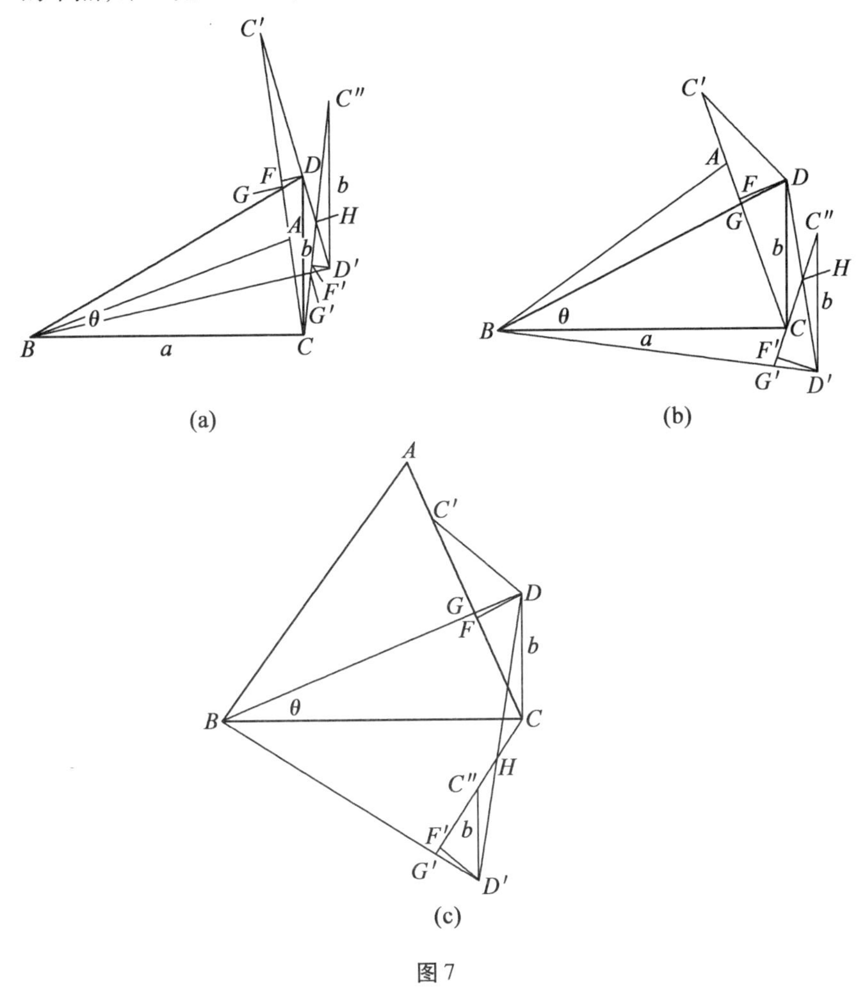

图7

下面分别按照上述5种情况从形和数两个方面研究分割的方法.

1. 当 $\alpha<\theta$ 时, G 在 CA 的延长线上, 且 $\tan\alpha<\dfrac{b}{a}$. 因为 $\tan\dfrac{\alpha}{2}<\tan\alpha<\dfrac{b}{a}$, 所以 $2b\cos\dfrac{\alpha}{2}>2a\sin\dfrac{\alpha}{2}$, 即 $CC'>CA$, C' 在 CA 的延长线上(图8(a)). 因为 $\alpha<$

θ,$90°-\dfrac{\alpha}{2}<90°$,即$\angle ABC<\angle DBC$,$\angle BCA<\angle BCD$,所以点$A$在$\triangle BCD$的内部.因为$\alpha<\theta$,即$\angle DBD'<\angle DBC$,又$\angle BDD'>\angle BDC$,所以$BD'$必与$AC$,$DC$相交,设交点分别为$M$,$N$.

线段BM将$\triangle ABC$分割成$\triangle ABM$和$\triangle BCM$两部分,其中$\triangle BCM$不是$\triangle DBD'$的一部分,所以将$\triangle BCM$绕点B逆时针旋转到$\triangle BAM'$(图8(b)),即BG'上的M转到BG上的M',联结AM'.下面分割$\triangle CDC'$.在$C'C$上取点H',G''(图8(b)),使$C'H'=CH$,$C'G''=CG'$.在$C'D$上取点N'',使$C'N''=CN$,联结DH',$G''N''$.过D'作$D'F'\perp G'C''$,F'是垂足.在$M'G$上取点N',使$M'N'=MN$.于是$\triangle CMN\cong\triangle AM'N'$,$\triangle C'N''G''\cong\triangle CNG'\cong\triangle AN'G$,$\triangle DFH'\cong\triangle D'F'H$,$\triangle DFG\cong\triangle D'F'G'$,四边形$DN''G''H'\cong$四边形$DNG'H$,且走向都相同.这样就可将$\triangle ABC$和$\triangle CDE$分割后拼成三角形$\triangle DBD'$.

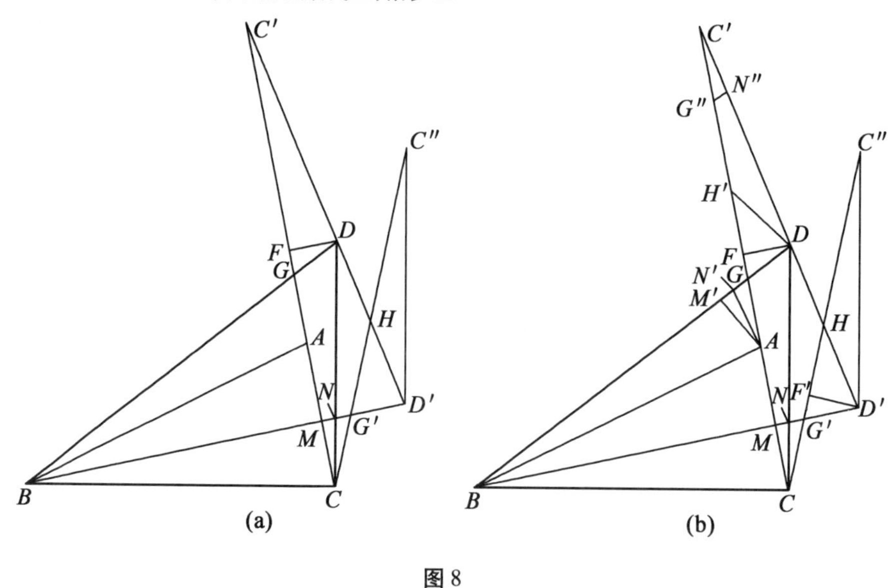

图8

下面根据a,b和α计算分割所需要的线段CN,CM,CG',CH的长.

因为$S_{\triangle BCG}+S_{\triangle CDG}=S_{\triangle BCD}$,即$\dfrac{1}{2}CG\times a\sin\left(90°-\dfrac{\alpha}{2}\right)+\dfrac{1}{2}CG\times b\sin\dfrac{\alpha}{2}=\dfrac{1}{2}ab$,所以$CG=\dfrac{ab}{a\cos\dfrac{\alpha}{2}+b\sin\dfrac{\alpha}{2}}$.

在$\triangle BCN$中，$CN = a\tan(\theta - \alpha) = a \times \dfrac{\dfrac{b}{a} - \tan\alpha}{1 + \dfrac{b}{a}\tan\alpha} = \dfrac{a(b - a\tan\alpha)}{a + b\tan\alpha}$，于是

$$CM = \frac{a \times CN}{a\cos\frac{\alpha}{2} + CN\sin\frac{\alpha}{2}} = \frac{a \times \dfrac{a(b - a\tan\alpha)}{a + b\tan\alpha}}{a\cos\dfrac{\alpha}{2} + \dfrac{a(b - a\tan\alpha)}{a + b\tan\alpha}\sin\dfrac{\alpha}{2}}$$

$$= \frac{a(b - a\tan\alpha)}{(a + b\tan\alpha)\cos\frac{\alpha}{2} + (b - a\tan\alpha)\sin\frac{\alpha}{2}}$$

$$CG' = AG = CG - AC = \frac{ab}{a\cos\frac{\alpha}{2} + b\sin\frac{\alpha}{2}} - 2a\sin\frac{\alpha}{2}$$

$$= \frac{a}{a\cos\frac{\alpha}{2} + b\sin\frac{\alpha}{2}}\left(b - 2a\sin\frac{\alpha}{2}\cos\frac{\alpha}{2} - 2b\sin^2\frac{\alpha}{2}\right)$$

$$= \frac{a(b\cos\alpha - a\sin\alpha)}{a\cos\frac{\alpha}{2} + b\sin\frac{\alpha}{2}}$$

$$CH = \frac{1}{2}CC'' = \frac{1}{2}AC' = \frac{1}{2}(CC' - CA)$$

$$= \frac{1}{2}\left(2b\cos\frac{\alpha}{2} - 2a\sin\frac{\alpha}{2}\right)$$

$$= b\cos\frac{\alpha}{2} - a\sin\frac{\alpha}{2}$$

于是得到用计算的方法作图分割的步骤（为方便起见，利用计算器取近似值，用量角器画角，不用严格的几何作图，下同）：

（1）作顶角为$\angle B = \alpha$，腰长为a的$\triangle ABC$（图9（a）），在底边AC上取一点M，使$CM = \dfrac{a(b - a\tan\alpha)}{(a + b\tan\alpha)\cos\frac{\alpha}{2} + (b - a\tan\alpha)\sin\frac{\alpha}{2}}$，联结$BM$，则$BM$将$\triangle ABC$分割成$\triangle ABM$和$\triangle BCM$.

（2）作顶角为$\angle C = \alpha$，腰长为b的$\triangle CDE$（图9（b）），作高CF.

（3）在CF上取点M, G, H, G'，使

$$CM = \frac{a(b - a\tan\alpha)}{(a + b\tan\alpha)\cos\frac{\alpha}{2} + (b - a\tan\alpha)\sin\frac{\alpha}{2}}$$

$$CG=\frac{ab}{a\cos\frac{\alpha}{2}+b\sin\frac{\alpha}{2}}$$

$$CH=b\cos\frac{\alpha}{2}-a\sin\frac{\alpha}{2}$$

$$CG'=\frac{a(b\cos\alpha-a\sin\alpha)}{a\cos\frac{\alpha}{2}+b\sin\frac{\alpha}{2}}$$

联结 DG',EH.

(4)在 CD 上取点 N,使 $CN=\frac{a(b-a\tan\alpha)}{a+b\tan\alpha}$,联结 MN.

(5)在 CE 上取点 N',使 $CN'=\frac{a(b-a\tan\alpha)}{a+b\tan\alpha}$,联结 GN'.

这样就可将 1,2,3,4,5,6,7,8 拼成△BDD'(图 9(c)).

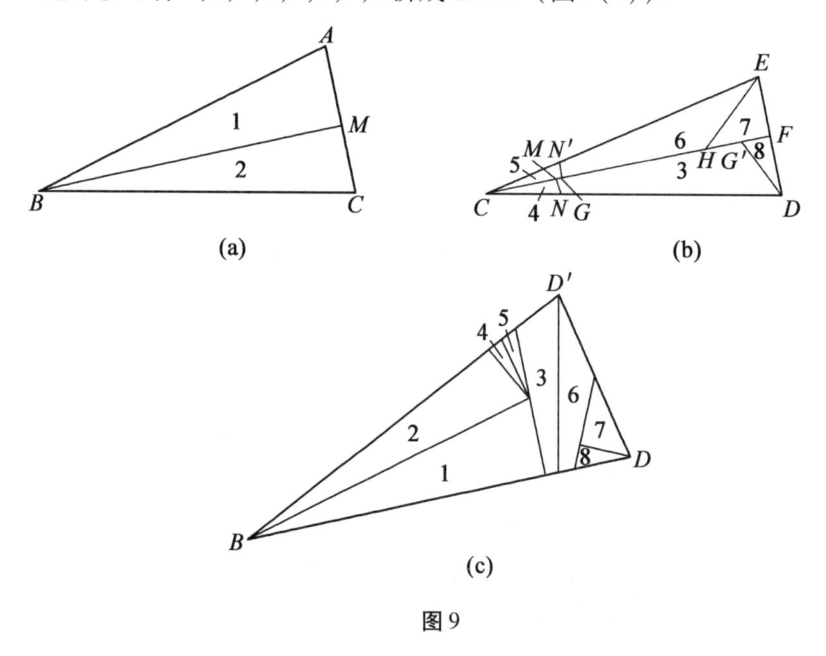

图 9

2. 当 $\alpha=\theta$ 时,$\tan\alpha=\frac{b}{a}$,$b=a\tan\alpha$,$CM=0$,所以图 8(a)变为图 10. 作顶角为 $\angle B=\alpha$,腰长为 a 的△ABC,不需要分割△ABC.

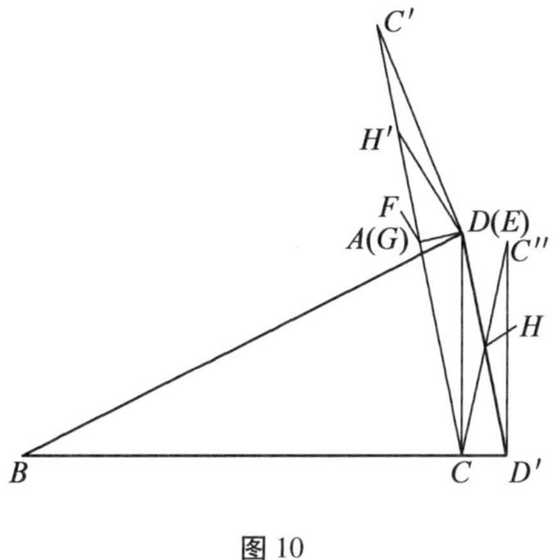

图10

再作顶角为$\angle C=\alpha$，腰长为b的$\triangle CDE$（图11(a)），并作高CF. 因为$\angle BDC'=\angle CDC'-\angle BDC=180^\circ-\alpha-(90^\circ-\theta)=90^\circ$，所以$CH=C'H'=\frac{1}{2}AC'=\frac{b}{2\cos\frac{\alpha}{2}}$.

在CF上取点G,H，使$CG=CA$，$CH=\frac{b}{2\cos\frac{\alpha}{2}}$. 联结$DG,EH$，则$CF,DG,EH$将$\triangle CDE$分割成四部分1,2,3,4. $\triangle ABC$与这四部分可拼成$\triangle BDD'$（图11(b)）.

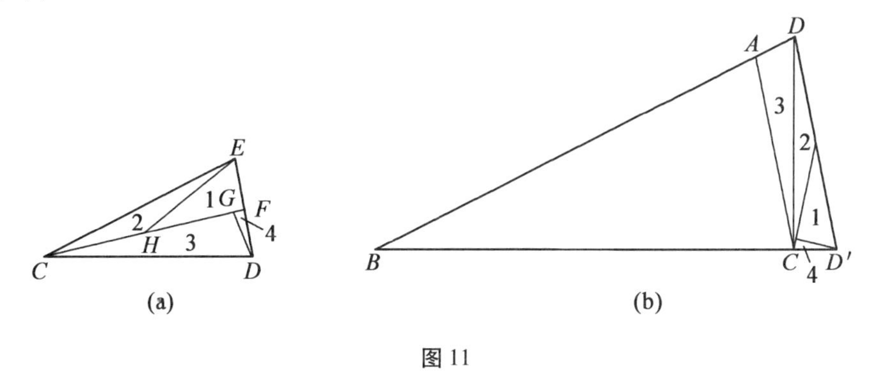

图11

另一种分割方法是在$\triangle CDF$的边CF上取一点G，使$CG=AC$，联结DG（图12(a)），则CF,DG将$\triangle CDE$分割成三部分1,2,3. 将3翻转后，$\triangle ABC$与这三部分可拼成$\triangle BDD'$（图12(b)）.

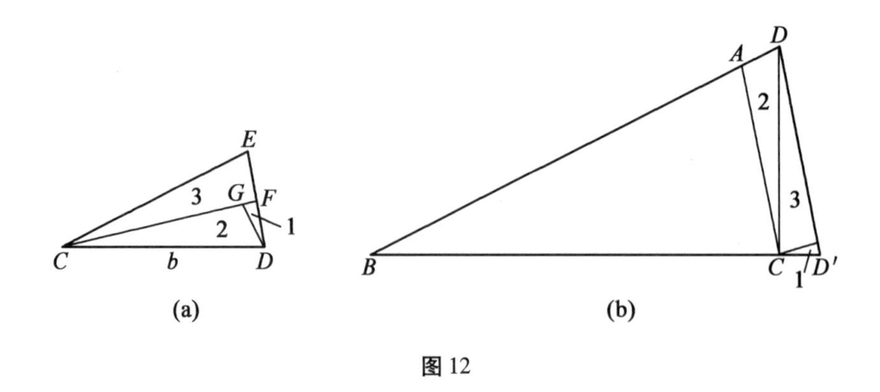

图 12

3. 当 $\theta<\alpha<2\theta$ 时(图 13),$\frac{\theta}{2}<\frac{\alpha}{2}<\theta$. 由 $\frac{\alpha}{2}<\theta$ 得 $\tan\frac{\alpha}{2}<\tan\alpha<\frac{b}{a}$,所以 $2b\cos\frac{\alpha}{2}>2a\sin\frac{\alpha}{2}$,即 $CC'>CA$,C' 在 CA 的延长线上. 由 $\theta<\alpha$ 得 $\angle DBC<\angle BDD'$,由 $\theta>\frac{\alpha}{2}$,得 $90^\circ-\theta<90^\circ-\frac{\alpha}{2}$,即 $\angle BDC<\angle BDD'$,点 C 在 $\triangle BDD'$ 的内部. 由 $\theta<\alpha$ 得 $\angle DBC<\angle ABC$,点 A 在 $\triangle BCD$ 的外部,所以四边形 $BAC'D$ 是凹四边形. 下面将 $\triangle ABC$ 和 $\triangle CDC'$(由 $\triangle CDE$ 分割后拼成的)分割后拼成 $\triangle DBD'$.

线段 BG 将 $\triangle ABC$ 分割成 $\triangle BCG$ 和 $\triangle ABG$(图 13(a)),其中 $\triangle ABG$ 不是 $\triangle DBD'$ 的一部分,所以将 $\triangle ABG$ 绕点 B 顺时针旋转角 α 得到 $\triangle BCG'$(图 13(b)),BD 上的点 G 转到 BD' 上的点 G'. 过 D' 作 $D'F'\perp CG'$,垂足是 F'. 在 AC' 上取点 H',使 $C'H'=CH$,联结 DH',则 $\triangle DFG\cong\triangle D'F'G'$,$\triangle DH'F\cong\triangle D'HF'$,$\triangle C'D'H\cong\triangle CDH$,且走向都相同,这样就可将 $\triangle ABC$ 和 $\triangle CDE$ 分割后拼成三角形 $\triangle DBD'$.

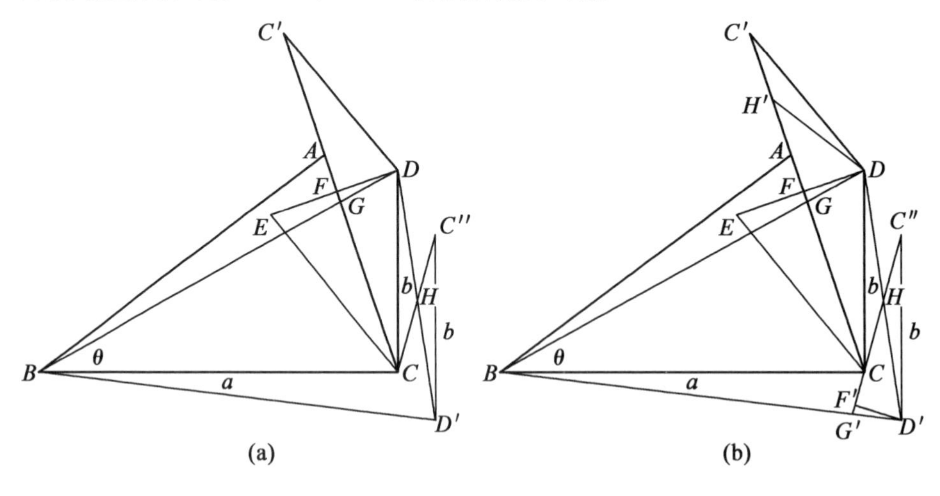

图 13

下面根据 α 与 a 和 b 计算分割所需要的线段 CG,$C'H'$的长

$$CG=\frac{ab}{a\cos\frac{\alpha}{2}+b\sin\frac{\alpha}{2}}$$

$$C'H'=\frac{1}{2}(CC'-CA)=b\cos\frac{\alpha}{2}-a\sin\frac{\alpha}{2}$$

于是得到分割的步骤:

(1)作顶角为$\angle B=\alpha$,腰长为 a 的$\triangle ABC$(图 14(a)),在 AC 上取点 G,使 $CG=\frac{ab}{a\cos\frac{\alpha}{2}+b\sin\frac{\alpha}{2}}$.

(2)作顶角为$\angle C=\alpha$,腰长为 b 的$\triangle CDE$(图 14(b)),并作高 CF. 在 CF 上取点 G,H,使 $CG=\frac{ab}{a\cos\frac{\alpha}{2}+b\sin\frac{\alpha}{2}}$,$CH=b\cos\frac{\alpha}{2}-a\sin\frac{\alpha}{2}$. 联结 GD,EH.

这样就可将 1,2,3,4,5,6 拼成$\triangle BDD'$(图 14(c)).

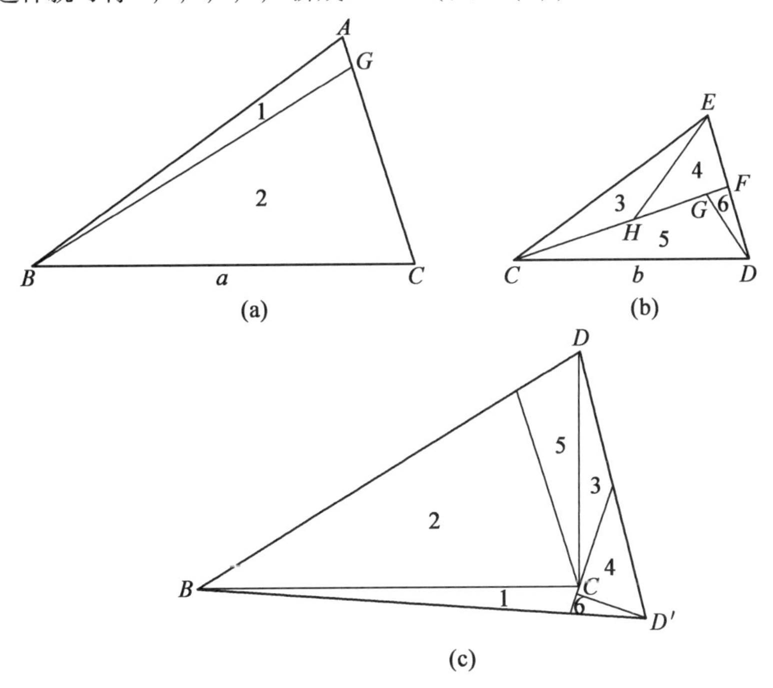

图 14

4. 当 $\alpha=2\theta$ 时,$\theta=\frac{\alpha}{2}$,$\frac{b}{a}=\tan\theta=\tan\frac{\alpha}{2}$,$b\cos\frac{\alpha}{2}=a\sin\frac{\alpha}{2}$.

将$\triangle ABC$分割成全等的两部分1,2(图15(a)).将$\triangle CDE$分割成全等的两部分3,4(图15(b)).因为$CF=b\cos\dfrac{\alpha}{2}=a\sin\dfrac{\alpha}{2}=\dfrac{1}{2}AC$,所以1,2,3,4可拼成$\triangle BDD'$(图15(c)).

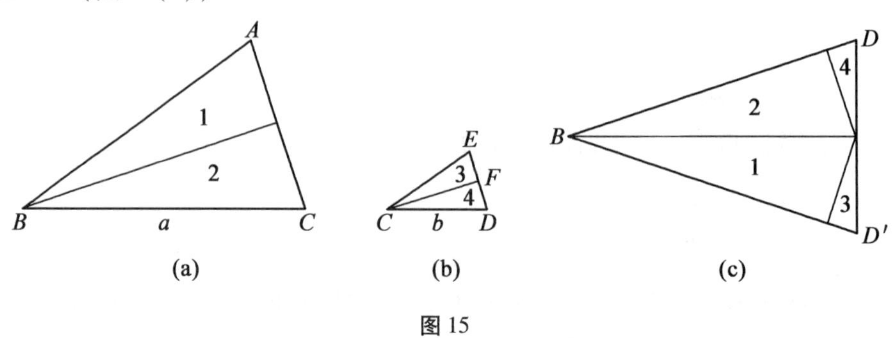

图15

5.当$\alpha>2\theta$时,$\dfrac{\alpha}{2}>\theta,\tan\dfrac{\alpha}{2}>\dfrac{b}{a},2b\cos\dfrac{\alpha}{2}<2a\sin\dfrac{\alpha}{2}$,即$CC'<AC$,所以$C'$在$AC$上.$90^\circ-\dfrac{\alpha}{2}<90^\circ-\theta$,即$\angle BDD'<\angle BDC$,点$C$在$\triangle BDD'$外,所以$DD'$与$AC,BC,G'C$(图16)都相交,设交点分别为$L,K,H$.

下面将$\triangle ABC$和$\triangle CDC'$(由$\triangle CDE$分割后拼成的)分割后拼成$\triangle DBD'$.线段BG将$\triangle ABC$分割成$\triangle BCG$和$\triangle ABG$两部分(图16(a)).在$\triangle BCG$中,$\triangle CKL$不是$\triangle DBD'$的一部分,必须截去,所以在$D'H$上分别取点K,L的对称点K'',L',联结$C''K'',C''L'$,则$\triangle DCL\cong\triangle D'C''L',\triangle CKL\cong\triangle C''K''L',\triangle CKH\cong\triangle C''K''H$.$\triangle ABG$已转为$\triangle CBG'$,在$\triangle CBG'$中,$\triangle CKH$不是$\triangle DBD'$的一部分,必须截去,所以在$AG$上取一点$H'$,使$AH'=CH$,在$AB$上取一点$K'$,使$AK'=CK$,联结$H'K'$,于是$\triangle AK'H'\cong\triangle CKH\cong\triangle C''K''H$.又四边形$BK'H'G\cong$四边形$BKHG'$,且走向都相同,这样就将$\triangle ABC$和$\triangle CDE$分割后拼成三角形$\triangle DBD'$.

下面根据α与a和b计算分割所需要的线段$CG,C'G,AH',AK',CL$的长.

由上面的计算可知

$$CG=\frac{ab}{a\cos\dfrac{\alpha}{2}+b\sin\dfrac{\alpha}{2}}$$

$$C'G=CC'-CG=2b\cos\frac{\alpha}{2}-\frac{ab}{a\cos\dfrac{\alpha}{2}+b\sin\dfrac{\alpha}{2}}=\frac{b(a\cos\alpha+b\sin\alpha)}{a\cos\dfrac{\alpha}{2}+b\sin\dfrac{\alpha}{2}}$$

因为H是CC''的中点,所以H'是AC'的中点,所以

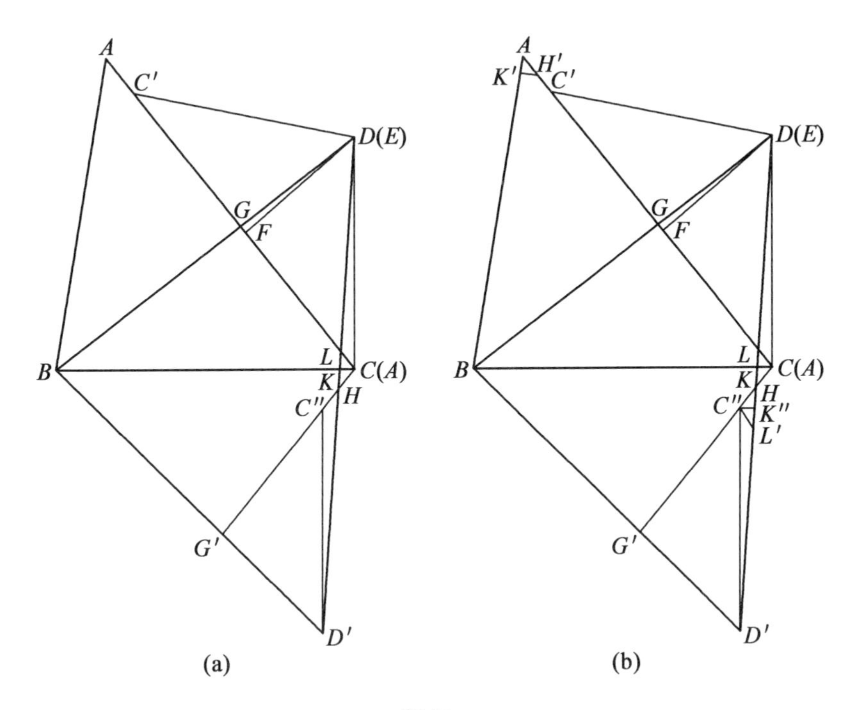

图 16

$$AH' = \frac{1}{2}AC' = \frac{1}{2}(AC - CC') = a\sin\frac{\alpha}{2} - b\cos\frac{\alpha}{2}$$

在$\triangle CDK$中,因为$\angle CKD = \theta + 90° - \frac{\alpha}{2}$,所以

$$\begin{aligned} AK' = CK &= b\cot\left(\theta + 90° - \frac{\alpha}{2}\right) \\ &= b\tan\left(\frac{\alpha}{2} - \theta\right) = \frac{b\left(\tan\frac{\alpha}{2} - \frac{b}{a}\right)}{1 + \frac{b}{a}\tan\frac{\alpha}{2}} = \frac{b\left(a\tan\frac{\alpha}{2} - b\right)}{a + b\tan\frac{\alpha}{2}} \\ &= \frac{b\left(a\sin\frac{\alpha}{2} - b\cos\frac{\alpha}{2}\right)}{a\cos\frac{\alpha}{2} + b\sin\frac{\alpha}{2}} \end{aligned}$$

在$\triangle CKL$中,$\angle CLK = \frac{\alpha}{2} + \left(\frac{\alpha}{2} - \theta\right) = \alpha - \theta$,所以$\frac{CL}{\sin\left(\theta + 90° - \frac{\alpha}{2}\right)} = \frac{CK}{\sin(\alpha - \theta)}$,$CL = \frac{CK\cos\left(\frac{\alpha}{2} - \theta\right)}{\sin(\alpha - \theta)}$,由于

$$\frac{\cos\left(\frac{\alpha}{2}-\theta\right)}{\sin(\alpha-\theta)}=\frac{\cos\frac{\alpha}{2}\cos\theta+\sin\frac{\alpha}{2}\sin\theta}{\sin\alpha\cos\theta-\cos\alpha\sin\theta}=\frac{a\cos\frac{\alpha}{2}+b\sin\frac{\alpha}{2}}{a\sin\alpha-b\cos\alpha}$$

所以 $CL=\frac{b\left(a\sin\frac{\alpha}{2}-b\cos\frac{\alpha}{2}\right)}{a\cos\frac{\alpha}{2}+b\sin\frac{\alpha}{2}}\times\frac{a\cos\frac{\alpha}{2}+b\sin\frac{\alpha}{2}}{a\sin\alpha-b\cos\alpha}=\frac{b\left(a\sin\frac{\alpha}{2}-b\cos\frac{\alpha}{2}\right)}{a\sin\alpha-b\cos\alpha}$.

于是得到分割的步骤:

(1)作顶角为$\angle B=\alpha$,腰长为 a 的$\triangle ABC$(图 17(a)),在 AC 上取点 G,H,L,使 $CG=\frac{ab}{a\cos\frac{\alpha}{2}+b\sin\frac{\alpha}{2}}$,$AH=a\sin\frac{\alpha}{2}-b\cos\frac{\alpha}{2}$,$CL=\frac{b\left(a\sin\frac{\alpha}{2}-b\cos\frac{\alpha}{2}\right)}{a\sin\alpha-b\cos\alpha}$.

在 AB 上取一点 K',使 $AK'=\frac{b\left(a\sin\frac{\alpha}{2}-b\cos\frac{\alpha}{2}\right)}{a\cos\frac{\alpha}{2}+b\sin\frac{\alpha}{2}}$.

在 BC 上取点 K,使 $CK=AK'$.联结 BG,HK',LK,则 BG,HK',LK 将$\triangle ABC$ 分割成$\triangle AHK'$,$\triangle CKL$ 和四边形 $BGHK'$,四边形 $BKLG$.

(2)作顶角为$\angle C=\alpha$,腰长为 b 的$\triangle CDE$(图 17(b)),作高 CF.

(3)在 CF 上取点 G',L,使 $CG'=\frac{b(a\cos\alpha+b\sin\alpha)}{a\cos\frac{\alpha}{2}+b\sin\frac{\alpha}{2}}$,$CL=\frac{b\left(a\sin\frac{\alpha}{2}-b\cos\frac{\alpha}{2}\right)}{a\sin\alpha-b\cos\alpha}$,联结 EG,DL.

这样就可将 1,2,3,4,5,6,7,8 拼成$\triangle BDD'$(图 17(c)).

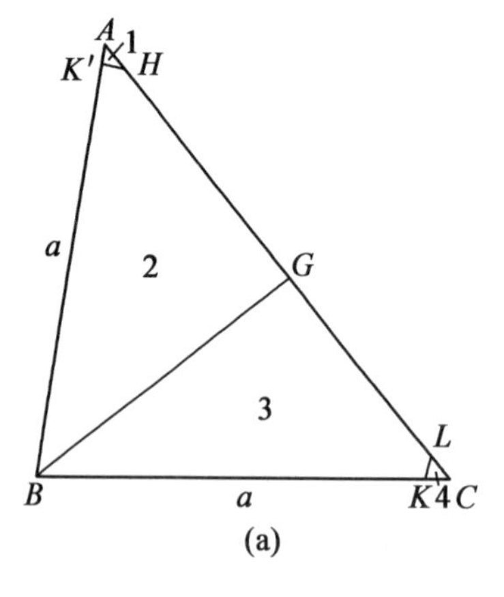

(a)

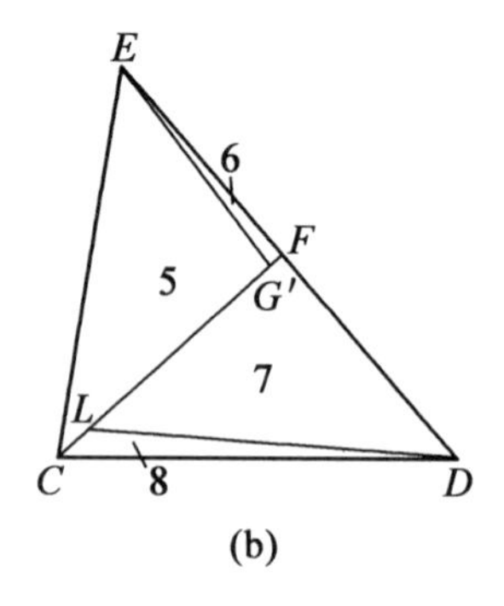

(b)

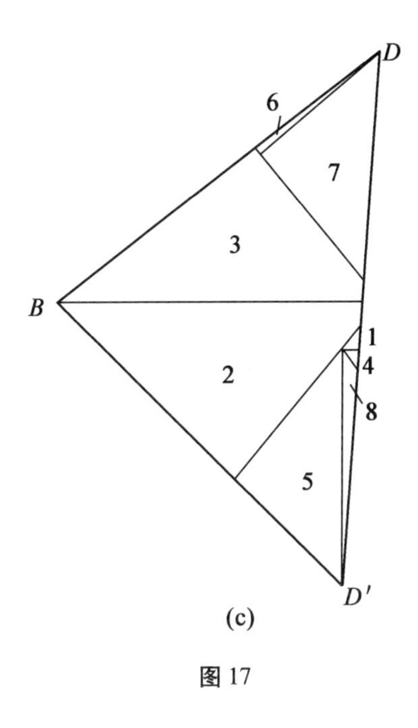

(c)

图 17

3.3.2 等边三角形和等腰直角三角形的情况

现在回到等边三角形和等腰直角三角形的情况,因为这两种三角形都是特殊的等腰三角形,所以只要在上述的讨论中分别取 $\alpha = 60°$ 和 $\alpha = 90°$ 即可.

因为 $\theta \leqslant 45°$,等边三角形的顶角 $\alpha = 60°$,所以只有 $\theta < 60° < 2\theta$,$60° = 2\theta$ 和 $60° > 2\theta$,即 $30° < \theta < 60°$,$\theta = 30°$ 和 $\theta < 30°$ 这三种情况. 由于 $\alpha = 60°$ 已经确定,所以考虑 a 和 b 的大小关系.

1. 当 $30° < \theta < 60°$ 时,$\frac{\sqrt{3}}{3} < \frac{b}{a} < \sqrt{3}$,$\frac{\sqrt{3}}{3}a < b < \sqrt{3}a$. 由于 $b \leqslant a$. 所以只需考虑当 $a < \sqrt{3}b$ 时的情况,分割的具体步骤是:

(1)作边长为 a 的正$\triangle ABC$(图 18(a)),在 AC 上取一点 G,使 $CG = \frac{2ab}{\sqrt{3}a + b}$,联结 BG,则 BG 将正$\triangle ABC$ 分割成两部分 1 和 2.

(2)作边长为 b 的正$\triangle CDE$(图 18(b)),再作高 CF. 在 CF 上取点 G,使 $CG = \frac{2ab}{\sqrt{3}a + b}$,联结 DG;在 CF 上取点 H,使 $CH = \frac{\sqrt{3}b - a}{2}$,联结 EH,则 CF,DG,EH 将$\triangle CED$ 分割成四部分 3,4,5,6.

(3)将 1,2,3,4,5,6 拼成正$\triangle BDD'$(图 18(c)).

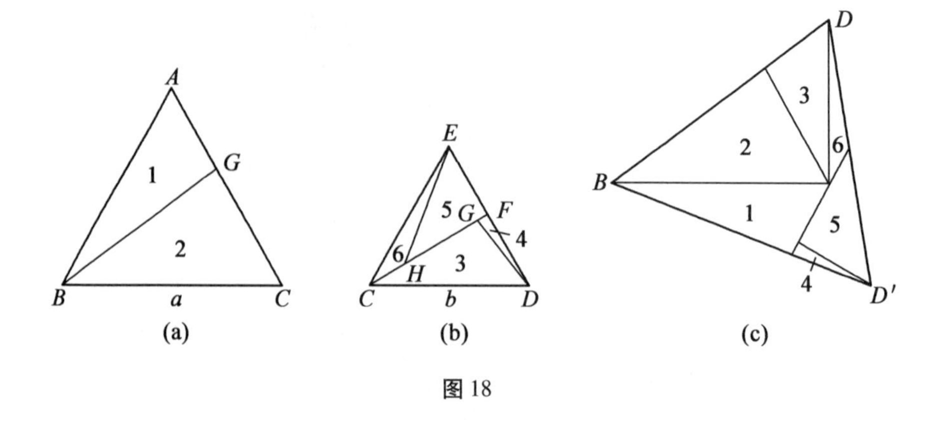

图 18

2. 当 $\theta=30°$ 时,即当 $a=\sqrt{3}b$ 时,分割的具体步骤是:

(1)分别将边长为 a 的正$\triangle ABC$ 和边长为 b 的正$\triangle CDE$ 分割成两个直角三角形(图 19(a)和图 19(b)).

(2)将这四个三角形拼成一个边长为 $\sqrt{a^2+b^2}=2b$ 的正$\triangle BDD'$(图 19(c)).

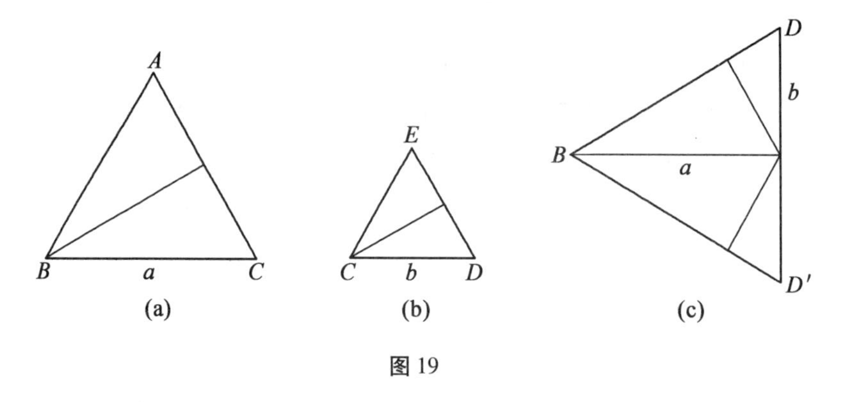

图 19

3. 当 $\theta<30°$ 时,即当 $a>\sqrt{3}b$ 时,分割的具体步骤是:

(1)作边长为 a 的正三角形 ABC(图 20(a)),在 AC 上取一点 G,使 $CG=\dfrac{2ab}{\sqrt{3}a+b}$,联结 BG.

(2)在 BC 上取一点 K,使 $CK=\dfrac{(a-\sqrt{3}b)b}{\sqrt{3}a+b}$,在 CG 上取一点 L,使 $CL=\dfrac{(a-\sqrt{3}b)b}{\sqrt{3}a-b}$,联结 KL;在 AC 上取一点 H,使 $AH=\dfrac{a-\sqrt{3}b}{2}$,在 AB 上取一点 K',使

$AK'=CK$,联结 HK';则 BG,KL,HK'将正$\triangle ABC$ 分割成四部分 1,2,3,4.

(3)作边长为 b 的正$\triangle CDE$(图 20(b))的高 CF. 在 CF 上取点 G,使 $CG=\frac{(a+\sqrt{3}b)b}{\sqrt{3}a+b}$,联结 EG. 在 CF 上取点 L,使 $CL=\frac{(a-\sqrt{3}b)b}{\sqrt{3}a-b}$,联结 DL,则 CF,DL,EG 将$\triangle CDE$ 分割成四部分 5,6,7,8.

(4)将 1,2,3,4,5,6,7,8 拼成正$\triangle BDD'$(图 20(c)).

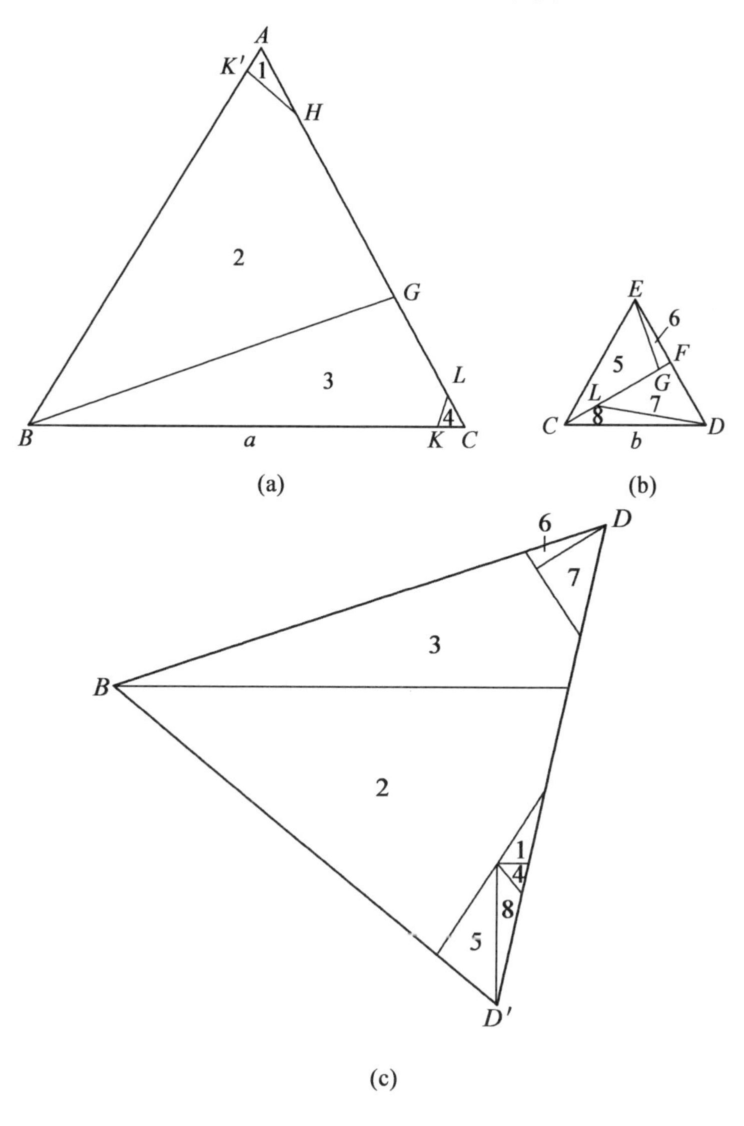

图 20

因为 $\theta\leqslant 45°$，等腰直角三角形的顶角 $\alpha=90°$，所以只考虑 $90°\geqslant 2\theta$ 的情况. 当 $\theta=45°$时，$b=a$，这两个等腰直角三角形可直接拼成一个等腰直角三角形，见图 3(a). 下面考虑 $b<a$ 的情况，分割的具体步骤是：

(1)作顶角为$\angle B=90°$，腰长为 a 的$\triangle ABC$(图 21(a))，在 AC 上取点 G，H，L，使 $CG=\dfrac{\sqrt{2}ab}{a+b}$，$AH=\dfrac{\sqrt{2}}{2}(a-b)$，$CL=\dfrac{\sqrt{2}b(a-b)}{2a}$，联结 BG. 在 AB 上取一点 K'，使 $AK'=\dfrac{b(a-b)}{a+b}$. 在 BC 上取点 K，使 $CK=AK'$. 联结 HK'，BG，LK，则 BG，HK'，LK 将$\triangle ABC$ 分割成四部分 1，2，3，4.

(2)作顶角为$\angle C=90°$，腰长为 b 的$\triangle CDE$(图 21(b))，将$\triangle CDE$ 分割成两个全等的直角三角形$\triangle CDF$ 和$\triangle CEF$.

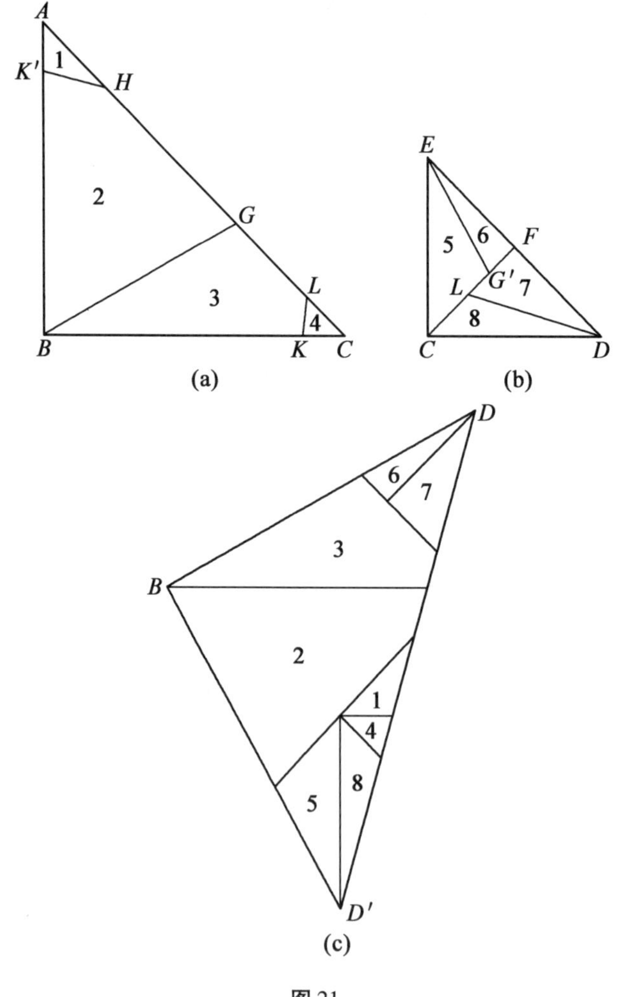

图 21

(3)在 CF 上取点 G',L,使 $CG'=\dfrac{\sqrt{2}b^2}{a+b}$,$CL=\dfrac{\sqrt{2}b(a-b)}{2a}$,联结 EG',DL,则 CF,EG',DL 将 $\triangle CDE$ 分割成四部分 5,6,7,8.

(4)将 1,2,3,4,5,6,7,8 拼成等腰直角 $\triangle BDD''$(图 21(c)).

3.4 凸多边形的各边与各角之间的关系

本节研究凸 n 边形中 n 条边与 n 个角这 $2n$ 个元素之间的关系,即把三角形的余弦定理和正弦定理推广到一般的凸 n 边形的情况.

3.4.1 一次形式的余弦定理和正弦定理

为方便起见,设 n 边形 $A_1A_2\cdots A_n$ 是逆时针走向,边是 $A_kA_{k+1}=a_k$(这里 $A_0=A_n,A_{n+1}=A_1$),内角是 $\angle A_{k-1}A_kA_{k+1}$,相应的外角 $\alpha_k=\pi-\angle A_{k-1}A_kA_{k+1}$ $(k=1,2,\cdots,n)$.由于 A_1A_2 对于 A_nA_1 的转角是 α_1,A_2A_3 对于 A_1A_2 的转角是 α_2,所以 A_2A_3 对于 A_nA_1 的转角是 $\alpha_1+\alpha_2$,依此类推,边 A_kA_{k+1}对于 A_nA_1 的转角是 $\alpha_1+\alpha_2+\cdots+\alpha_k$,因此边 A_kA_{k+1}在直线 A_nA_1 上的射影是

$$\begin{aligned}a_k\cos(\alpha_1+\alpha_2+\cdots+\alpha_k)&=\alpha_k\cos[k\pi-(A_1+A_2+\cdots+A_k)]\\&=(-1)^{k-1}a_k\cos(A_1+A_2+\cdots+A_k)\end{aligned}$$

同理 A_kA_{k+1}在垂直于 A_nA_1 的直线上的射影是

$$\begin{aligned}&a_k\sin(\alpha_1+\alpha_2+\cdots+\alpha_k)\\=&a_k\sin[k\pi-(A_1+A_2+\cdots+A_k)]\\=&(-1)^{k-1}a_k\sin(A_1+A_2+\cdots+A_k)\end{aligned}$$

由于凸 n 边形是封闭折线,所以各边在一直线上的射影之和是 0,即

$$a_1\cos A_1-a_2\cos(A_1+A_2)+\cdots+(-1)^{n-1}a_n\cos(A_1+A_2+\cdots+A_n)=0$$

$$a_1\sin A_1-a_2\sin(A_1+A_2)+\cdots+(-1)^{n-1}a_n\sin(A_1+A_2+\cdots+A_n)=0$$

由于 n 边形 $A_1A_2\cdots A_n$ 是凸多边形,所以 $A_1+A_2+\cdots+A_n=(n-2)\pi$,于是

$$\begin{aligned}(-1)^{n-1}a_n\cos(A_1+A_2+\cdots+A_n)&=(-1)^{n-1}a_n\cos(n-2)\pi\\&=(-1)^{n-1}a_n\times(-1)^{n-2}=-a_n\end{aligned}$$

$$(-1)^{n-1}a_n\sin(A_1+A_2+\cdots+A_n)=0$$

由此得到

$$a_n=a_1\cos A_1-a_2\cos(A_1+A_2)+\cdots+(-1)^{n-2}a_{n-1}\cos(A_1+A_2+\cdots+A_{n-1})\tag{1}$$

$$0=a_1\sin A_1-a_2\sin(A_1+A_2)+\cdots+(-1)^{n-2}a_{n-1}\sin(A_1+A_2+\cdots+A_{n-1})\tag{2}$$

式(1)表示凸 n 边形 $A_1A_2\cdots A_n$ 的各边和各角的余弦之间的关系，称为余弦定理. 式(1)包含 n 条边和 $n-1$ 个角共 $2n-1$ 个元素. 由于凸 n 边形的自由度是 $2n-3$，所以只根据其中的 $2n-3$ 个元素，即使再加上凸 n 边形的内角和定理这一条件也不能求出其他元素，因此需要将边和角的下标轮换，再得到一个等式，组成方程组，求出另两个元素.

式(2)表示凸 n 边形 $A_1A_2\cdots A_n$ 的各边和各角的正弦之间的关系，称为正弦定理. 式(2)包含 $n-1$ 条边和 $n-1$ 个角，共 $2n-2$ 个元素. 根据其中的 $2n-3$ 个元素可求出其中的第 $2n-2$ 个元素.

3.4.2 二次形式的余弦定理

下面利用式(1)，(2)对式(1)进行变形，推出平方关系的余弦定理.

将式(1)的两边平方. 由于 a_n 是 $n-1$ 项的和，所以 a_n^2 由两部分组成，一部分是这 $n-1$ 项的平方和 $\sum\limits_{i=1}^{n-1} a_i^2\cos^2(A_1+A_2+\cdots+A_i)$. 另一部分是所有两两之积之和的两倍(即交叉项). 设相乘的两项的下标的差为 k，则第 i 项与第 $i+k$ 项的积的两倍是

$$\begin{aligned}&2(-1)^{i-1}a_i\cos(A_1+A_2+\cdots+A_i)\times(-1)^{i+k-1}a_{i+k}\cos(A_1+A_2+\cdots+A_{i+k})\\&=2(-1)^k a_ia_{i+k}\cos(A_1+A_2+\cdots+A_i)\cos(A_1+A_2+\cdots+A_{i+k})\end{aligned}$$

由于下标的差 k 最小是1，最大是 $n-2$，所以 $1\leqslant k\leqslant n-2$. 由于下标 $i+k\leqslant n-1$，所以 $1\leqslant i\leqslant n-k-1$，于是对于下标的差为 k 的所有交叉项的和是

$$2\sum_{i=1}^{n-k-1}(-1)^k a_ia_{i+k}\cos(A_1+A_2+\cdots+A_i)\cos(A_1+A_2+\cdots+A_{i+k})$$

当 $k=1,2,\cdots,n-2$ 时，得到所有的交叉项的和是

$$\sum_{k=1}^{n-2}\left[\sum_{i=1}^{n-k-1}2(-1)^k a_ia_{i+k}\cos(A_1+A_2+\cdots+A_i)\cos(A_1+A_2+\cdots+A_{i+k})\right]$$

于是

$$\begin{aligned}a_n^2 = {}&\sum_{i=1}^{n-1}a_i^2\cos^2(A_1+A_2+\cdots+A_i)+\\&\sum_{i=1}^{n-2}\left[\sum_{k=1}^{n-i-1}2(-1)^k a_ia_{i+k}\cos(A_1+A_2+\cdots+A_i)\cos(A_1+A_2+\cdots+A_{i+k})\right]\end{aligned}$$

同理将式(2)的两边平方，得到

$$\begin{aligned}0^2 = {}&\sum_{i=1}^{n-1}a_i^2\sin^2(\alpha_1+\alpha_1+\cdots+\alpha_i)+\\&\sum_{i=1}^{n-2}\left[\sum_{k=1}^{n-i-1}2(-1)^k a_ia_{i+k}\sin(A_1+A_2+\cdots+A_i)\sin(A_1+A_2+\cdots+A_{i+k})\right]\end{aligned}$$

将这两式相加，并利用两角差的余弦公式得

$$a_n^2 = \sum_{i=1}^{n-1} a_i^2 + 2\sum_{k=1}^{n-2}(-1)^k\left[\sum_{i=1}^{n-k-1} a_i a_{i+k}\cos(A_{i+1}+A_{i+2}+\cdots+A_{i+k})\right]$$

这就是凸 n 边形的边的二次关系的余弦定理.

3.4.3 二次形式的余弦定理的对称形式

在三角形中,余弦定理呈二次形式,并不像正弦定理那样对称.本部分中探究凸 n 边形的二次形式的余弦定理的对称形式.

将式(1)中的下标进行轮换,即下标逐次增加1,增加2,……,增加 $n-1$(如果下标大于 n,则减去 n,下同),每一次轮换得到一个等式,轮换 $n-1$ 次后连同式(1)共得到 n 个等式.每一个等式的右边都是 $n-1$ 个平方项的和加上所有的交叉项(两两之积)的两倍.将这 n 个式子相加后,得到左边是 $\sum\limits_{i=1}^{n} a_i^2$,右边是 $n(n-1)$ 个平方项的和,再加上所有的交叉项的和.这些平方项中只有 n 项是互不相同的,所以每项都重复 $n-1$ 次,即右边的平方项部分是 $(n-1)\sum\limits_{i=1}^{n} a_i^2$.交叉项中两边的下标的差为 k 的项是 $\sum\limits_{i=1}^{n-k-1} 2(-1)^k a_i a_{i+k}\cos(A_{i+1}+A_{i+2}+\cdots+A_{i+k})$,该和式有 $n-k-1$ 项,对下标进行 $n-1$ 次轮换,连同原式的 $(n-k-1)$ 项,共有 $n(n-k-1)$ 项,其中只有 n 种不同的项,所以每一种项都重复 $n-k-1$ 次,合并相同的项后,这 $n(n-k-1)$ 项的和变为

$$(n-k-1)\sum_{i=1}^{n-k-1} 2(-1)^k a_i a_{i+k}\cos(A_{i+1}+A_{i+2}+\cdots+A_{i+k})$$

取 $k=1,2,\cdots,n-2$,得到 $n-2$ 个式子,相加后得到各交叉项之和为

$$2\sum_{k=1}^{n-2}(-1)^k(n-k-1)\sum_{i=1}^{n} a_i a_{i+k}\cos(A_{i+1}+A_{i+2}+\cdots+A_{i+k})$$

于是

$$\sum_{i=1}^{n} a_i^2 = (n-1)\sum_{i=1}^{n} a_i^2 + 2\sum_{k=1}^{n-2}(-1)^k(n-k-1)\cdot$$
$$\sum_{i=1}^{n} a_i a_{i+k}\cos(A_{i+1}+A_{i+2}+\cdots+A_{i+k})$$

$$(n-2)\sum_{i=1}^{n} a_i^2 - 2(n-2)\sum_{i=1}^{n} a_i a_{i+k}\cos A_{i+1} +$$
$$2\sum_{k=2}^{n-2}(-1)^k(n-k-1)\sum_{i=1}^{n} a_i a_{i+k}\cos(A_{i+1}+A_{i+2}+\cdots+A_{i+k}) = 0$$

下面化简最后一个和式

$$2\sum_{k=2}^{n-2}(-1)^k(n-k-1)\sum_{i=1}^{n} a_i a_{i+k}\cos(A_{i+1}+A_{i+2}+\cdots+A_{i+k})$$

将 $2(-1)^k(n-k-1)\sum\limits_{i=1}^{n} a_i a_{i+k}\cos(A_{i+1}+A_{i+2}+\cdots+A_{i+k})$ 中的 k 换成 $n-$

k,下标 i 换成 $i+k$,则当 $k=2,3,\cdots,n-2$ 时,相应的 $n-k=n-2,n-3,\cdots,3,2$. 当 $i=1,2,\cdots,n$ 时,$i+k=1+k,2+k,\cdots,n+k$. 将这 n 个正整数中大于 n 的正整数减去 n,就得到 $1,2,\cdots,n$ 的一个排列. 此时 a_ia_{i+n-k} 就变为 $a_{i+k}a_{i+n}$. 同时 $A_{i+1},A_{i+2},\cdots,A_{i+n-k}$ 分别变为 $A_{i+k+1},A_{i+k+2},\cdots,A_{i+n}$. 由于 $n-k$ 个连续正整数 $i+k+1,i+k+2,\cdots,i+n$ 与 k 个连续正整数 $i+1,i+2,\cdots,i+k$ 一共 n 个连续正整数各不相同,所以将这 n 个连续正整数中大于 n 的正整数减去 n,就得到 $1,2,\cdots,n$ 的一个排列,于是 $A_{i+1},A_{i+2},\cdots,A_{i+n-k},A_{i+k+1},A_{i+k+2},\cdots,A_{i+n}$ 这 n 个角恰好是凸 n 边形的 n 个内角,于是

$$(A_{i+1}+A_{i+2}+\cdots+A_{i+k})+(A_{i+k+1}+A_{i+k+2}+\cdots+A_{i+n})=(n-2)\pi$$

$$\begin{aligned}&\cos(A_{i+k+1}+A_{i+k+2}+\cdots+A_{i+n})\\=&\cos[(n-2)\pi-(A_{i+k+1}+A_{i+k+2}+\cdots+A_{i+n})]\\=&(-1)^{n-2}\cos(A_{i+k+1}+A_{i+k+2}+\cdots+A_{i+n})\end{aligned}$$

将 $2(-1)^k(n-k-1)\sum\limits_{i=1}^{n}a_ia_{i+k}\cos(A_{i+1}+A_{i+2}+\cdots+A_{i+k})$ 中的 k 换成 $n-k$,将 i 换成 $i+k$,则该式就变为

$$\begin{aligned}&2(-1)^{n-k}(k-1)\sum_{i=1}^{n}(-1)^{n-2}a_ia_{i+k}\cos(A_{i+k+1}+A_{i+k+2}+\cdots+A_{i+2k})\\=&2(-1)^{n-k}(k-1)(-1)^{n-2}\sum_{i=1}^{n}a_ia_{i+k}\cos(A_{i+1}+A_{i+2}+\cdots+A_{i+k})\\=&2(-1)^{k}(k-1)\sum_{i=1}^{n}a_ia_{i+k}\cos(A_{i+1}+A_{i+2}+\cdots+A_{i+k})\end{aligned}$$

二者之差别仅在于 $n-k-1$ 变为 $k-1$. 将这样的相应两项配对后相加,得到 $2(-1)^k(n-2)\sum\limits_{i=1}^{n}a_ia_{i+k}\cos(A_{i+1}+A_{i+2}+\cdots+A_{i+k})$.

因为 $k=2,3,\cdots,n-2$,所以共有 $n-3$ 项,可配成 $\left[\frac{n-3}{2}\right]$ 对,且当 $2\leqslant k<\frac{n}{2}$ 时,$\frac{n}{2}<n-k\leqslant n-2$.

(1)当 n 是奇数时,$\left[\frac{n-3}{2}\right]=\frac{n-3}{2}$,恰可配成 $\frac{n-3}{2}$ 对. 取 $k=2,3,\cdots,\frac{n-1}{2}$,相应的 $n-k=n-2,n-3,\cdots,\frac{n+1}{2}$,于是

$$\begin{aligned}&(n-2)\sum_{i=1}^{n}a_i^2-2(n-2)\sum_{i=1}^{n}a_ia_{i+k}\cos A_{i+1}+\\&2(n-2)\sum_{k=2}^{\frac{n-1}{2}}(-1)^k\sum_{i=1}^{n}a_ia_{i+k}\cos(A_{i+1}+A_{i+2}+\cdots+A_{i+k})=0\end{aligned}$$

即

$$\sum_{i=1}^{n} a_i^2 - 2\sum_{i=1}^{n} a_i a_{i+1}\cos A_{i+1} + 2\sum_{k=2}^{\frac{n-1}{2}}(-1)^k \sum_{i=1}^{n} a_i a_{i+k}\cos(A_{i+1} + A_{i+2} + \cdots + A_{i+k}) = 0$$

这就是当 n 是奇数时,凸 n 边形的余弦定理的对称形式.

(2)当 n 是偶数时,$\left[\frac{n-3}{2}\right] = \frac{n-4}{2}$. 因为 $n-3-2\times\frac{n-4}{2}=1$,所以配成$\frac{n-4}{2}$对后多一项. 取 $k=2,3,\cdots,\frac{n}{2}-1$,相应的 $n-k=n-2,n-3,\cdots,\frac{n}{2}+1$,多出的一项 $k=\frac{n}{2}$,于是

$$(n-2)\sum_{i=1}^{n} a_i^2 - 2(n-2)\sum_{i=1}^{n} a_i a_{i+k}\cos A_{i+1} + 2(n-2)\sum_{k=2}^{\frac{n}{2}-1}(-1)^k(n-k-1)\cdot$$
$$\sum_{i=1}^{n} a_i a_{i+k}\cos(A_{i+1} + A_{i+2} + \cdots + A_{i+k}) + (-1)^{\frac{n}{2}}(n-2)\cdot$$
$$\sum_{i=1}^{n} a_i a_{i+\frac{n}{2}}\cos(A_{i+1} + A_{i+2} + \cdots + A_{i+\frac{n}{2}}) = 0$$
$$\sum_{i=1}^{n} a_i^2 - 2\sum_{i=1}^{n} a_i a_{i+1}\cos A_{i+1} +$$
$$2\sum_{k=2}^{\frac{n}{2}-1}(-1)^k(n-k-1)\sum_{i=1}^{n} a_i a_{i+k}\cos(A_{i+1} + A_{i+2} + \cdots + A_{i+k}) +$$
$$(-1)^{\frac{n}{2}}\sum_{i=1}^{n} a_i a_{i+\frac{n}{2}}\cos(A_{i+1} + A_{i+2} + \cdots + A_{i+\frac{n}{2}}) = 0$$

下面化简 $k=\frac{n}{2}$这一项:$a_i a_{i+\frac{n}{2}}\cos(A_{i+1} + A_{i+2} + \cdots + A_{i+\frac{n}{2}})$. 将其中的 i 换成 $i+\frac{n}{2}$,得到

$$\begin{aligned} & a_{i+\frac{n}{2}} a_{i+n}\cos(A_{i+\frac{n}{2}+1} + A_{i+\frac{n}{2}+2} + \cdots + A_{i+n}) \\ = & a_i a_{i+\frac{n}{2}}\cos(A_{i+1} + A_{i+2} + \cdots + A_{i+\frac{n}{2}}) \end{aligned}$$

当 $i=1,2,\cdots,\frac{n}{2}$时,$i+\frac{n}{2}=1+\frac{n}{2},2+\frac{n}{2},\cdots,n$,所以

$$\begin{aligned} & \sum_{i=1}^{n} a_i a_{i+\frac{n}{2}}\cos(A_{i+1} + A_{i+2} + \cdots + A_{i+\frac{n}{2}}) \\ = & 2\sum_{i=1}^{\frac{n}{2}} a_i a_{i+\frac{n}{2}}\cos(A_{i+1} + A_{i+2} + \cdots + A_{i+\frac{n}{2}}) \end{aligned}$$

于是 $\sum_{i=1}^{n} a_i^2 - 2\sum_{i=1}^{n} a_i a_{i+1}\cos A_{i+1} + 2\sum_{k=2}^{\frac{n}{2}-1}(-1)^k\sum_{i=1}^{n} a_i a_{i+k}\cos(A_{i+1} + A_{i+2} + \cdots +$

$A_{i+k}) + (-1)^{\frac{n}{2}} \sum_{i=1}^{n} a_i a_{i+\frac{n}{2}} \cos(A_{i+1} + A_{i+2} + \cdots + A_{i+\frac{n}{2}}) = 0.$

这就是当 n 是偶数时,凸 n 边形的余弦定理的对称形式.

3.4.4 凸 n 边形的正弦定理和余弦定理几种特殊情况

在3.4.3中,我们介绍了凸 n 边形的余弦定理的对称形式.下面,我们考虑几种特殊情况,对余弦定理的对称形式有更清楚的认识.

1. 当 $n=3$ 时

(i)正弦定理是

$$a_1\sin A_1 - a_2\sin(A_1+A_2)=0$$
$$a_2\sin A_2 - a_3\sin(A_2+A_3)=0$$
$$a_3\sin A_3 - a_1\sin(A_3+A_1)=0$$

(ii)一次形式的余弦定理是

$$a_3 = a_1\cos A_1 - a_2\cos(A_1+A_2)$$
$$a_2 = a_3\cos A_3 - a_1\cos(A_3+A_1)$$
$$a_1 = a_2\cos A_2 - a_3\cos(A_2+A_3).$$

(iii)二次形式的余弦定理是

$$a_3^2 = a_1^2 + a_2^2 - 2a_1a_2\cos A_2$$
$$a_2^2 = a_3^2 + a_1^2 - 2a_2a_3\cos A_3$$
$$a_1^2 = a_2^2 + a_3^2 - 2a_3a_1\cos A_1$$

(iv)对称的二次形式的余弦定理是

$$a_1^2 + a_2^2 + a_3^2 - 2a_1a_2\cos A_2 - 2a_2a_3\cos A_3 - 2a_3a_1\cos A_1 = 0$$

如果换成通常的记号,则有

$$a^2 + b^2 + c^2 - 2ab\cos C - 2bc\cos A - 2ca\cos B = 0$$

2. 当 $n=4$ 时

(i)正弦定理是

$$a_1\sin A_1 - a_2\sin(A_1+A_2) + a_3\sin(A_1+A_2+A_3)=0$$
$$a_2\sin A_2 - a_3\sin(A_2+A_3) + a_4\sin(A_2+A_3+A_4)=0$$
$$a_3\sin A_3 - a_4\sin(A_3+A_4) + a_1\sin(A_3+A_4+A_1)=0$$
$$a_4\sin A_4 - a_1\sin(A_4+A_1) + a_2\sin(A_4+A_1+A_2)=0$$

(ii)一次形式的余弦定理是

$$a_4 = a_1\cos A_1 - a_2\cos(A_1+A_2) + a_3\cos(A_1+A_2+A_3)$$
$$a_1 = a_2\cos A_2 - a_3\cos(A_2+A_3) + a_4\cos(A_2+A_3+A_4)$$
$$a_2 = a_3\cos A_3 - a_4\cos(A_3+A_4) + a_1\cos(A_3+A_4+A_1)$$
$$a_3 = a_4\cos A_4 - a_1\cos(A_4+A_1) + a_2\cos(A_4+A_1+A_2)$$

(iii)二次形式的余弦定理是

$$a_4^2=a_1^2+a_2^2+a_3^2-2a_1a_2\cos A_2-2a_2a_3\cos A_3+2a_1a_3\cos(A_2+A_3)$$
$$a_1^2=a_2^2+a_3^2+a_4^2-2a_2a_3\cos A_3-2a_3a_4\cos A_4+2a_2a_4\cos(A_3+A_4)$$
$$a_2^2=a_3^2+a_4^2+a_1^2-2a_3a_4\cos A_4-2a_4a_1\cos A_1+2a_3a_1\cos(A_4+A_1)$$
$$a_3^2=a_4^2+a_1^2+a_2^2-2a_4a_1\cos A_1-2a_1a_2\cos A_2+2a_4a_2\cos(A_1+A_2)$$

(iv)对称的二次形式的余弦定理是

$$a_1^2+a_2^2+a_3^2+a_4^2-2a_1a_2\cos A_2-2a_2a_3\cos A_3-2a_3a_4\cos A_4-2a_2a_3\cos A_1+2a_1a_3\cos(A_2+A_3)+2a_2a_4\cos(A_3+A_4)+2a_3a_1\cos(A_4+A_1)+2a_4a_2\cos(A_1+A_2)=0$$

3.4.5　解四边形的例子

在四边形 $ABCD$ 中(如图1),如果设 $AB=a,BC=b,CD=c,DA=d$,则正弦定理是

$$a\sin A=b\sin(A+B)+c\sin D$$
$$b\sin B=c\sin(B+C)+d\sin A$$
$$c\sin C=d\sin(C+D)+a\sin B$$
$$d\sin D=a\sin(D+A)+b\sin C$$

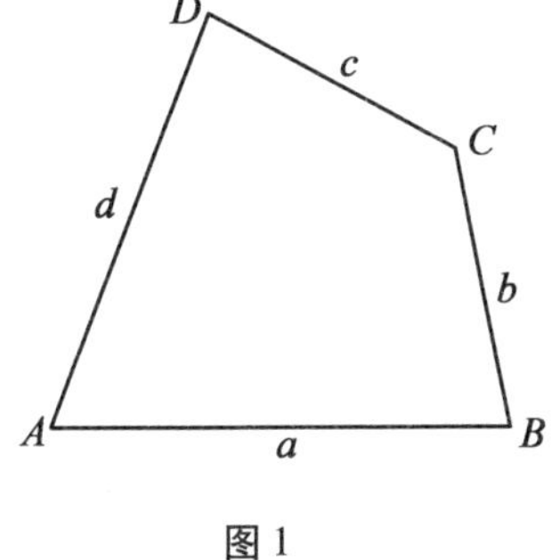

图1

四边形的正弦定理的式子都表示四边形中三条边和三个角共六个元素之间的关系.已知其中的任意五个元素,可求出第六个元素,所以可解决以下两类问题:

(i)已知三条边和两个角求第三个角;(ii)已知两条边和三个角求第三条边.

一次的余弦定理是

$$d=a\cos A-b\cos(A+B)+c\cos(A+B+C)$$
$$a=b\cos A-c\cos(B+C)+d\cos(B+C+D)$$
$$b=c\cos A-d\cos(C+D)+a\cos(C+D+A)$$
$$c=d\cos A-a\cos(D+A)+b\cos(D+A+B)$$

四边形的一次的余弦定理表示四边形中四条边和三个角共七个元素之间的关系.已知其中的任意五个元素,必须用方程组才可求出第六个元素,所以一般采用二次的余弦定理.

二次的余弦定理是

$$d^2=a^2+b^2+c^2-2ab\cos B-2bc\cos C+2ac\cos(B+C)$$
$$a^2=b^2+c^2+d^2-2bc\cos C-2cd\cos D+2bd\cos(C+D)$$
$$b^2=c^2+d^2+a^2-2cd\cos D-2da\cos A+2ca\cos(D+A)$$

$$c^2=d^2+a^2+b^2-2da\cos A-2ab\cos B+2db\cos(A+B)$$

二次的余弦定理表示四边形中四条边和两个角共六个元素之间的关系.已知其中的任意五个元素,可求出第六个元素,所以可解决以下两类问题:

(i)已知三条边和两个角求第四条边;(ii)已知四条边和一个角求另一个角.

例 在四边形 $ABCD$ 中,已知 $a=3,b=2,\angle A=60°,\angle B=45°,\angle C=105°$,求 c,d.

解法 1 由于已知在四边形 $ABCD$ 中的两条边和三个角,所以用正弦定理.

$$\angle D=360°-60°-45°-105°=150°$$

由 $a\sin A=b\sin(A+B)+c\sin D$,得 $3\sin 60°=2\sin 105°+c\sin 150°$,即

$$\frac{3\sqrt{3}}{2}=\frac{\sqrt{6}+\sqrt{2}}{2}+\frac{c}{2},c=3\sqrt{3}-\sqrt{6}-\sqrt{2}$$

由 $d\sin D=a\sin(D+A)+b\sin C$,得 $d\sin 150°=3\sin 210°+2\sin 105°$,即

$$d=6\sin 210°+4\sin 105°=-3+\sqrt{6}+\sqrt{2}$$

解法 2 也可用一次的余弦定理求 c,d.

由 $a=b\cos B-c\cos(B+C)+d\cos A$ 和 $d=a\cos A-b\cos(A+B)+c\cos D$,即

$$3=2\cos 45°-c\cos 150°+d\cos 60°$$

和

$$d=3\cos 60°-2\cos 105°+c\cos 150°$$

于是

$$\begin{aligned}3&=2\cos 45°-c\cos 150°+(3\cos 60°-2\cos 105°+c\cos 150°)\cos 60°\\&=\sqrt{2}+\frac{\sqrt{3}}{2}c+\frac{3}{4}+\frac{\sqrt{6}-\sqrt{2}}{4}-\frac{\sqrt{3}}{4}c\end{aligned}$$

$$12=4\sqrt{2}+2\sqrt{3}c+3+\sqrt{6}-\sqrt{2}-\sqrt{3}c,\sqrt{3}c=9-3\sqrt{2}-\sqrt{6}$$

$$c=3\sqrt{3}-\sqrt{6}-\sqrt{2}$$

$$\begin{aligned}d&=\frac{3}{2}+\frac{\sqrt{6}-\sqrt{2}}{2}-(3\sqrt{3}-\sqrt{6}-\sqrt{2})\frac{\sqrt{3}}{2}\\&=\frac{1}{2}(3+\sqrt{6}-\sqrt{2}-9+3\sqrt{2}+\sqrt{6})\\&=\sqrt{6}+\sqrt{2}-3\end{aligned}$$

求出 $c=3\sqrt{3}-\sqrt{6}-\sqrt{2}$ 后,也可用二次形式的余弦定理求 d.

$$d^2=a^2+b^2+c^2-2ab\cos B-2bc\cos C+2ac\cos(B+C)$$

$$=3^2+2^2+(3\sqrt{3}-\sqrt{6}-\sqrt{2})^2-2\times3\times2\times\frac{\sqrt{2}}{2}+2\times2\times(3\sqrt{3}-\sqrt{6}-\sqrt{2})\times\frac{\sqrt{6}-\sqrt{2}}{4}-2\times3\times(3\sqrt{3}-\sqrt{6}-\sqrt{2})\times\frac{\sqrt{3}}{2}$$

$$=13+27+6+2-18\sqrt{2}-6\sqrt{6}+4\sqrt{3}-6\sqrt{2}+9\sqrt{2}-6-2\sqrt{3}-3\sqrt{6}+2\sqrt{3}+2-27+9\sqrt{2}+3\sqrt{6}$$

$$=17-6\sqrt{6}+4\sqrt{3}-6\sqrt{2}$$

$$=(\sqrt{6}+\sqrt{2}-3)^2$$

$$d=\sqrt{6}+\sqrt{2}-3$$

也可以用解三角形的方法求 c,d.

3.5　从黄金三角形谈顶角为$\frac{\pi}{n}$的等腰三角形的性质

黄金三角形指的是顶角为 $\alpha=36^\circ=\frac{\pi}{5}$的等腰三角形(如图1).黄金三角形的一个重要的性质就是底边和腰的比是黄金比,即$\frac{\sqrt{5}-1}{2}$.设黄金三角形 ABC 的底边为 a,腰为 b,顶角为 $\alpha(\alpha=36^\circ=\frac{\pi}{5})$,那么底角为 2α,且 $a=2b\cos 2\alpha$.

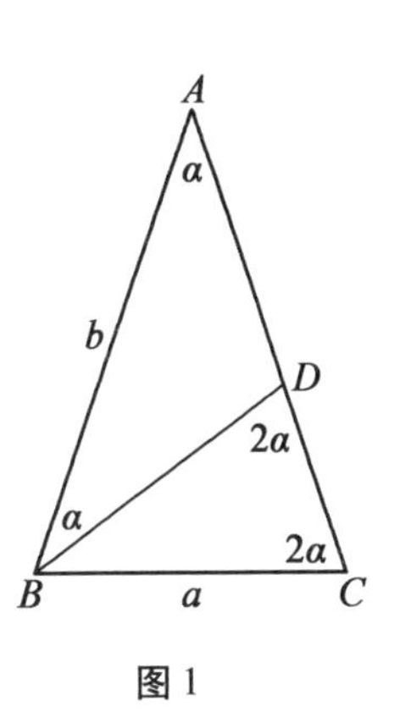

图1

以 B 为圆心,a 为半径画弧,交 AC 于点 D,联结 BD,则 $\triangle BCD$ 和 $\triangle ABD$ 都是等腰三角形. 由 $\triangle BCD\backsim\triangle ABC$ 得

$$\frac{CD}{a}=\frac{a}{b}$$

$$CD=\frac{a^2}{b}$$

$$AD=b-\frac{a^2}{b}=a$$

$$a^2+ab-b^2=0$$

解得$\frac{a}{b}=\frac{\sqrt{5}-1}{2}$.

由此得到黄金三角形的性质:

性质1 黄金三角形可分割成两个等腰三角形,这两个等腰三角形的腰长都是 a,底角分别为 $36°$和 $2\times36°=72°$.

性质2 黄金三角形的底边 a 和腰 b 满足各项系数都是整数的二次齐次方程 $a^2+ab-b^2=0$.

下面研究一般的情况,即顶角 $\alpha=\frac{\pi}{n}$的等腰三角形的性质(对黄金三角形而言,$n=5$).

在$\triangle ABC$ 中,设 $BC=a$,$AB=AC=b$,$\angle BAC=\alpha=\frac{\pi}{n}$(图2),则以 B 为圆心,a 为半径画弧,交 AC 于 D_1,联结 BD_1,得到等腰$\triangle BCD_1$;以 D_1 为圆心,a 为半径画弧,交 AB 于 D_2,联结 D_1D_2,得到等腰$\triangle BD_1D_2$;以 D_2 为圆心,a 为半径画弧,交 AC 于 D_3,联结 D_2D_3,得到等腰$\triangle D_1D_2D_3$;以 D_3 为圆心,a 为半径画弧,交 AB 于 D_4,联结 D_3D_4,得到等腰$\triangle D_2D_3D_4$;以 D_4 为圆心,a 为半径画弧,交 AC 于 D_5,联结 D_4D_5,得到等腰$\triangle D_3D_4D_5$;…….这些等腰三角形腰长都是 a,底边都在等腰$\triangle ABC$ 的腰上.

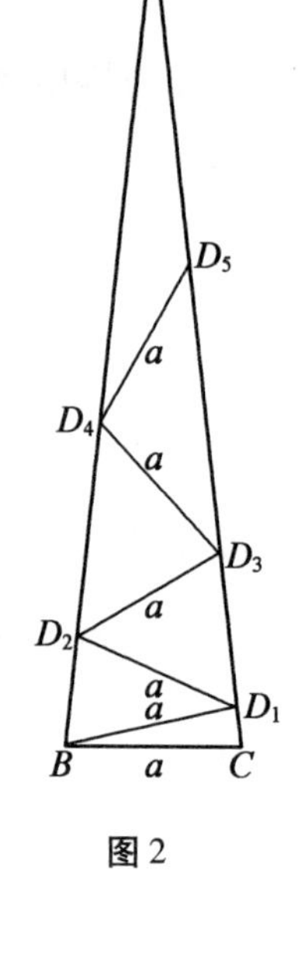

图2

下面求这样得到的各等腰三角形的底角的大小.在图3中,显然有 $\beta+\delta=2\gamma$,即 β,γ,δ 依次成等差数列,所以上面形成的任意连续的三个等腰三角形的底角依次成等差数列.

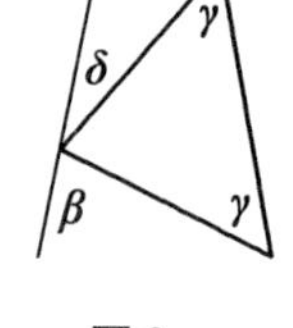

图3

由于图2中的等腰$\triangle BCD_1$ 的底角 $\angle ACB=\frac{n-1}{2}\alpha$,等腰$\triangle BD_1D_2$ 的底角 $\angle D_1BD_2=\frac{n-1}{2}\alpha-\alpha=\frac{n-3}{2}\alpha$,所以该等差数列的公差是 $-\alpha$,于是从$\frac{n-1}{2}\alpha$ 开始,每次减去 α,可得到等差数列:

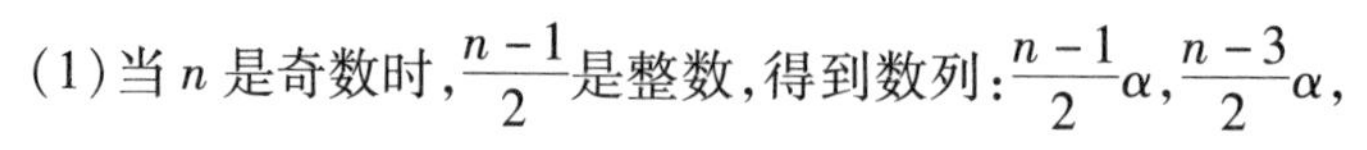
$\frac{n-1}{2}\alpha,\frac{n-3}{2}\alpha,\frac{n-5}{2}\alpha,\cdots$.

(1)当 n 是奇数时,$\frac{n-1}{2}$是整数,得到数列:$\frac{n-1}{2}\alpha,\frac{n-3}{2}\alpha,\frac{n-5}{2}\alpha,\cdots,\alpha$.由于末项为 α,$\angle A=\alpha=\frac{\pi}{n}$,所以最后得到的是底角为 α 的等腰三角形.

这样就证明了当 n 是奇数时,顶角为$\frac{\pi}{n}$的等腰三角形可分割成$\frac{n-1}{2}$个等腰三角形,其腰长均等于底边 a,从上到下底角分别是 $\alpha,2\alpha,3\alpha,\cdots,\frac{n-1}{2}\alpha$. 这就是性质1的推广.

(2)当 n 是偶数时,得到数列:$\frac{n-1}{2}\alpha,\frac{n-3}{2}\alpha,\frac{n-5}{2}\alpha,\cdots,\frac{3}{2}\alpha,\frac{1}{2}\alpha$.

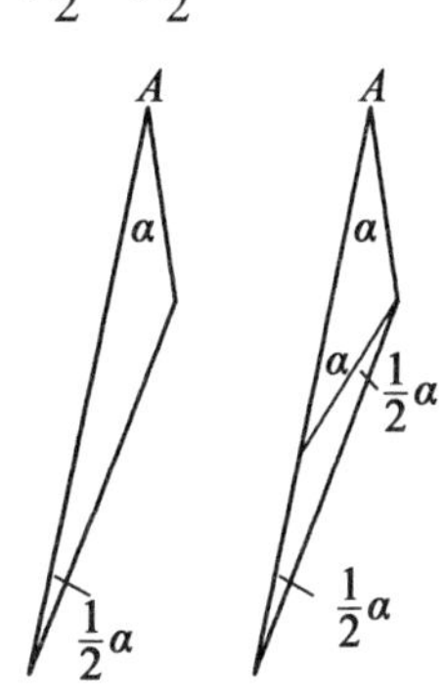

图4

由于末项是$\frac{1}{2}\alpha$,所以最后得到的三角形中一个角是$\frac{1}{2}\alpha$,另一个角是$\angle A=\alpha$,即在最上面的三角形中有一个锐角是另一个角的两倍,它也可分割成两个等腰三角形(如图4,作$\angle A$ 的对边的垂直平分线),所以$\triangle ABC$ 被分割成$\frac{n}{2}$个等腰三角形,从上到下底角分别是 $\alpha,\frac{1}{2}\alpha,\frac{3}{2}\alpha,\frac{5}{2}\alpha,\cdots,\frac{n-1}{2}\alpha$,这与 n 是奇数的情况不同.

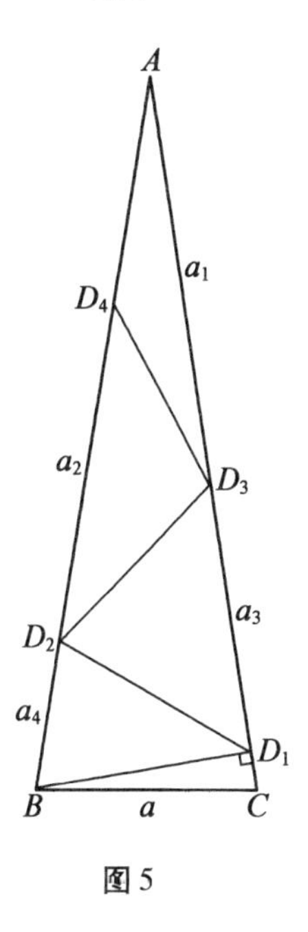

图5

由于当 n 是偶数时,底角$\angle ABC=\frac{n-1}{2}\alpha$ 不是 α 的整数倍(图5是 $n=10$ 的情况),于是作腰 AC 上的高 BD_1,则$\angle ABD_1=\frac{n-2}{2}\alpha$ 是 α 的整数倍,以后就可与 n 为奇数的情况做同样处理,得到数列:$\frac{n-2}{2}\alpha,\frac{n-4}{2}\alpha,\cdots,\alpha$.

这样就把原$\triangle ABC$ 分割成一个直角$\triangle BCD_1$ 和$\frac{n-2}{2}$个等腰三角形. 该直角三角形的斜边是 a,一个锐角是$\frac{1}{2}\alpha$. 这$\frac{n-2}{2}$个等腰三角形的腰长都是直角三角形的锐角$\frac{1}{2}\alpha$的邻边 $a\cos\frac{1}{2}\alpha=a\cos\frac{\pi}{2n}$,底角从上到下分别是 α, $2\alpha,\cdots,\frac{n-2}{2}\alpha$(图5).

由于当 n 是奇数时,$\frac{n-2}{2}=\left[\frac{n-1}{2}\right]$,当 n 是偶数时,$\frac{n-2}{2}=\left[\frac{n-1}{2}\right]$,所以无论 n 是奇数还是偶数,都能得到$\left[\frac{n-1}{2}\right]$个等腰三角形,从上到下底角依次是 α, $2\alpha,\cdots,\left[\frac{n-1}{2}\right]\alpha$. 下面探求这$\left[\frac{n-1}{2}\right]$个等腰三角形的底边与腰的关系. 为了与

原三角形使用的字母一致,底边用 a_k 表示,设底角 $k\alpha=\theta$,则 $\theta=k\alpha=\frac{k\pi}{n}<\frac{\pi}{2}$,$k<\frac{n}{2}$,$k\theta=n\pi$.(1)当 n 是奇数时(图6(a)),腰长是 a,则 $a_k=2a\cos k\alpha=2a\cos\theta$,$\cos\theta=\frac{a_k}{2a}\left(k=1,2,\cdots,\frac{n-1}{2}\right)$.

(2)当 n 是偶数时(图6(b)),腰长是 $a\cos\frac{\pi}{2n}$. 为方便起见,设 $a\cos\frac{\pi}{2n}=a'$,则 $a_k=2a\cos\frac{\pi}{2n}\cos k\alpha=2a'\cos\theta$,$\cos\theta=\frac{a_k}{2a'}\left(k=1,2,\cdots,\frac{n-2}{2}\right)$.

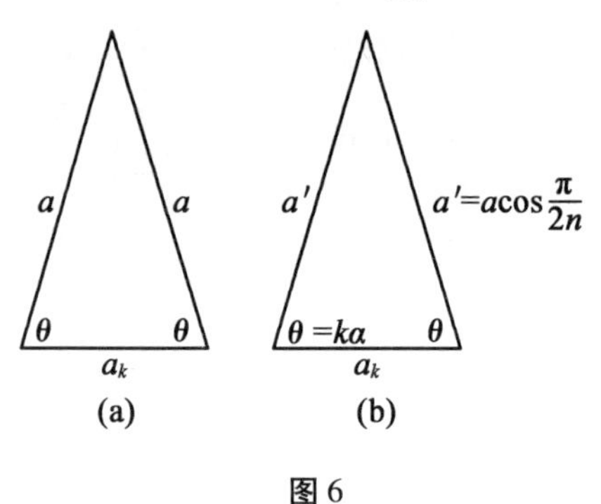

图6

下面证明这些等腰三角形的底边 a_k 和腰 a(或 a')都满足一个次数不超过 $\frac{n-1}{2}$ 的整系数齐次方程.

(1)当 n 是奇数时,设 $n=2m+1$,则 $(2m+1)\theta=k\pi$,$(m+1)\theta=k\pi-m\theta$,$\sin(m+1)\theta=\sin(k\pi-m\theta)=-(-1)^k\sin m\theta$,$\sin(m+1)\theta+(-1)^k\sin m\theta=0$.

因为 $\sin\theta\neq0$,所以 $\frac{\sin(m+1)\theta}{\sin\theta}+(-1)^k\frac{\sin m\theta}{\sin\theta}=0$.

(2)当 n 是偶数时,设 $n=2m$,则 $2m\theta=k\pi$, $\sin 2m\theta=0$,$2\sin m\theta\cos m\theta=0$,$\sin m\theta=0$ 或 $\cos m\theta=0$. 因为 $\sin\theta\neq0$,所以 $\frac{\sin m\theta}{\sin\theta}=0$ 或 $\cos m\theta=0$.

于是只要证明:当 $m\geqslant2$ 时,$\cos m\theta$ 和 $\frac{\sin(m+1)\theta}{\sin\theta}$($\sin\theta\neq0$)都可用 $\cos\theta$ 的 m 次整系数多项式表示.

因为 $\cos\theta=\frac{a_k}{2a}$(或 $\cos\theta=\frac{a_k}{2a'}$),所以 $\cos m\theta=0$ 和 $\frac{\sin(m+1)\theta}{\sin\theta}=0$ 都是关于 $\frac{a_k}{2a}$(或 $\frac{a_k}{2a'}$)的 $m=\left[\frac{n}{2}\right]$ 次整系数方程,去分母后,得到关于 a_k 和 a(或 a')的

$\left[\frac{n}{2}\right]$次齐次式方程.如果这个方程的左边在整数范围内可因式分解,那次数就更低了.

下面用数学归纳法证明:$\cos m\theta$ 可用 $\cos\theta$ 的 m 次整系数多项式表示,$\frac{\sin m\theta}{\sin\theta}(\sin\theta\neq 0)$可用 $\cos\theta$ 的 $m-1$ 次整系数多项式表示,且这两个多项式的首项系数均为 2^{m-1}.

当 $m=2$ 时,$\cos 2\theta=2\cos^2\theta-1$,$\frac{\sin 2\theta}{\sin\theta}=2\cos\theta$,结论成立.

假定 $\cos m\theta$ 可用 $\cos\theta$ 的 m 次整系数多项式表示,$\frac{\sin m\theta}{\sin\theta}(\sin\theta\neq 0)$可用 $\cos\theta$ 的 $m-1$ 次整系数多项式表示,且两个多项式的首项系数均为 2^{m-1}.由于

$$\begin{aligned}\cos(m+1)\theta&=\cos m\theta\cos\theta-\sin m\theta\sin\theta\\&=\cos m\theta\cos\theta-\frac{\sin m\theta}{\sin\theta}(1-\cos^2\theta)\\&=\cos m\theta\cos\theta+\frac{\sin m\theta}{\sin\theta}\times\cos^2\theta-\frac{\sin m\theta}{\sin\theta}\end{aligned}$$

是 $\cos\theta$ 的 $m+1$ 次整系数多项式,$\cos m\theta\cos\theta$ 和$\frac{\sin m\theta}{\sin\theta}\times\cos^2\theta$ 的首项系数均为 2^{m-1},所以 $\cos(m+1)\theta$ 的首项系数为 $2^{m-1}+2^{m-1}=2^m$.

$\frac{\sin(m+1)\theta}{\sin\theta}=\frac{\sin m\theta}{\sin\theta}\times\cos\theta+\cos m\theta$ 是 m 次整系数多项式,$\frac{\sin m\theta}{\sin\theta}\times\cos\theta$ 和 $\cos m\theta$ 的首项系数均为 2^m,所以$\frac{\sin(m+1)\theta}{\sin\theta}$的首项系数为 2^m,即 $\cos(m+1)\theta$ 可用 $\cos\theta$ 的 $m+1$ 次整系数多项式表示,$\frac{\sin m\theta}{\sin\theta}$可用 $\cos\theta$ 的 m 次的整系数多项式表示,这样就证明了上述结论.

如果 n 是奇数,那么当 $k=\frac{n-1}{2}$时,就是最下面的等腰三角形,它与原等腰三角形相似,所以 $\cos\frac{n-1}{2n}\pi=\frac{a_{\frac{n-1}{2}}}{2a}=\frac{a}{2b}$,$a_{\frac{n-1}{2}}=\frac{a^2}{b}$.

下面举一些具体的例子:

例 1 当 $n=7$ 时(图 7),$\alpha=\frac{\pi}{7}$,$\theta=\frac{k\pi}{7}=k\alpha$,$k=1,2,3$,得到$\left[\frac{n-1}{2}\right]=3$ 个等腰三角形,底角分别是 $\alpha,2\alpha,3\alpha$.此时 $n=2m+1=7$,$m=3$.

$$\frac{\sin(m+1)\theta}{\sin\theta}+(-1)^k\frac{\sin m\theta}{\sin\theta}=0$$

变为

$$\frac{\sin 4\theta}{\sin\theta}+(-1)^k\frac{\sin 3\theta}{\sin\theta}=0$$

由于 $\sin 4\theta=2\sin 2\theta\cos 2\theta=4\sin\theta\cos\theta(2\cos^2\theta-1)=\sin\theta(8\cos^3\theta-4\cos\theta)$, $\sin 3\theta=3\sin\theta-4\sin^3\theta=\sin\theta(3-4\sin^2\theta)=\sin\theta(4\cos^2\theta-1)$,所以

$$8\cos^3\theta-4\cos\theta+(-1)^k(4\cos^2\theta-1)=0$$

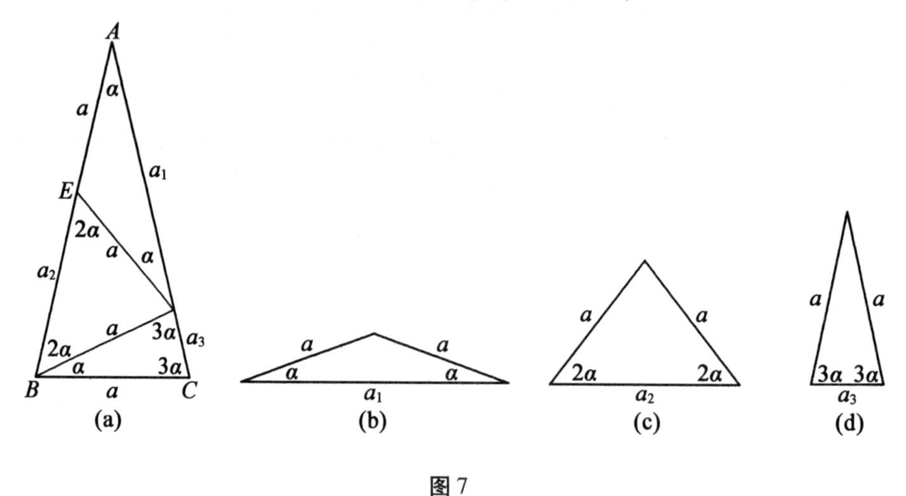

图 7

由于 $\cos\theta=\frac{a_k}{2a}$,所以

$$8\left(\frac{a_k}{2a}\right)^3-4\left(\frac{a_k}{2a}\right)+(-1)^k\left[4\left(\frac{a_k}{2a}\right)^2-1\right]=0$$

$$a_k^3-2a_ka^2+(-1)^k(a_k^2a-a^3)=0$$

这就是关于 a_k 和 a 的整系数三次齐次方程.

(1)当 $k=1,3$ 时,相应的等腰三角形的底角分别是 $\alpha,3\alpha$. 得到

$$a_1^3-a_1^2a-2a_1a^2+a^3=0 \text{ 和 } a_3^3-a_3^2a-2a_3a^2+a^3=0$$

因为 $a_3=\frac{a^2}{b}$,所以 $\left(\frac{a^2}{b}\right)^3-\left(\frac{a^2}{b}\right)^2a-2\left(\frac{a^2}{b}\right)a^2+a^3=0, a^3-a^2b-2ab^2+b^3=0.$

这就是顶角 $\alpha=\frac{\pi}{7}$的等腰三角形的底边 a 和腰 b 之间的关系.

(2)当 $k=2$ 时,相应的底角是 2α,得到 $a_2^3+a_2^2a-2a_2a^2-a^3=0$.

例 2 当 $n=8$ 时(图 8),$\alpha=\frac{\pi}{8}$,$\theta=\frac{k\pi}{8}=k\alpha, k=1,2,3$,得到一个直角三角

形和$\left[\frac{n-1}{2}\right]=3$ 个等腰三角形,底角分别是 $\alpha,2\alpha,3\alpha$. 此时 $n=2m,m=4$.

(1)若$\frac{\sin 4\theta}{\sin\theta}=8\cos^3\theta-4\cos\theta=0$,则 $2\cos^2\theta-1=0$. 因为 $\cos\theta=\frac{a_k}{2a'}$,所以 $2\left(\frac{a_k}{2a'}\right)^2-1=0$,于是 $a_k^2-2a'^2=0$.

这是关于 a_k 和 a'的整系数二次齐次方程,解得 $a_k=\sqrt{2}a'=\sqrt{2}a\cos\frac{\pi}{16}$.

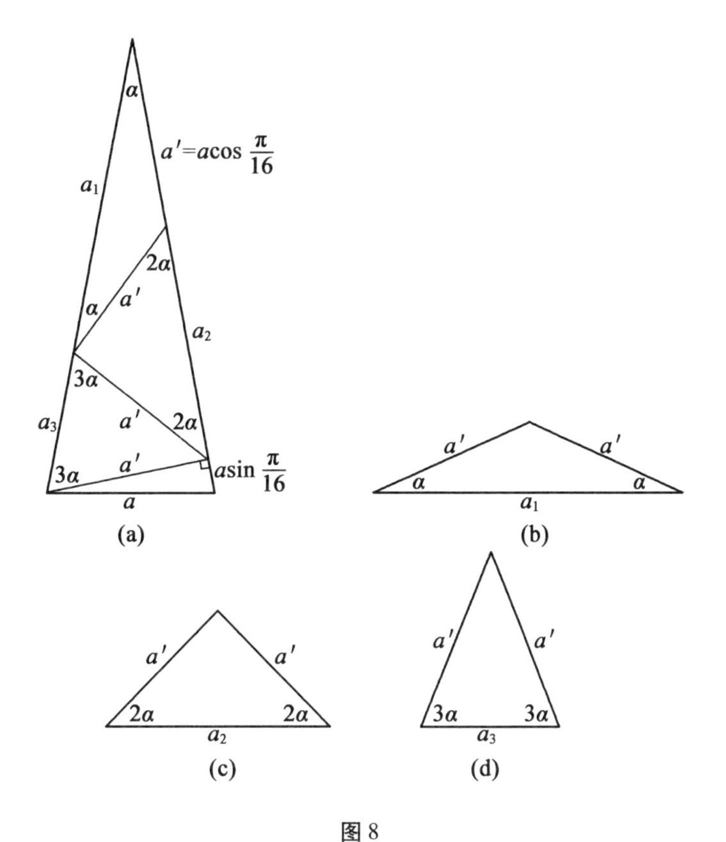

图 8

(2)若 $\cos 4\theta=8\cos^4\theta-8\cos^2\theta+1=0$,则 $8\left(\frac{a_k}{2a'}\right)^4-8\left(\frac{a_k}{2a'}\right)^2+1=0$,于是 $a_k^4-4a_k^2a'^2+2a'^4=0$. 这是关于 a_k 和 a'的整系数四次齐次方程,解得 $a_k=\sqrt{2\pm\sqrt{2}}a'=\sqrt{2\pm\sqrt{2}}a\cos\frac{\pi}{16}$.

由于 $a_1>a_2>a_3$, $\sqrt{2+\sqrt{2}}>\sqrt{2}>\sqrt{2-\sqrt{2}}$,所以

$$a_1=\sqrt{2+\sqrt{2}}\,a\cos\frac{\pi}{16}$$

$$a_2=\sqrt{2}\,a\cos\frac{\pi}{16}$$

$$a_3=\sqrt{2-\sqrt{2}}\,a\cos\frac{\pi}{16}$$

因为无论是奇数还是偶数，这$\left[\frac{n-1}{2}\right]$个等腰三角形的底边都在原等腰$\triangle ABC$的腰上，所以下面探求这些等腰三角形的底边与原等腰$\triangle ABC$的边长$a,b$的关系.

(1)当n是奇数时，从下到上这些等腰三角形的底边依次在右腰上，左腰上，右腰上，左腰上，……，所以最上面的等腰三角形的底边在右腰上还是在左腰上由整数$\frac{n-1}{2}$的奇偶性确定，所以还需要对$\frac{n-1}{2}$的奇偶性进行讨论.

(i)当$\frac{n-1}{2}$是偶数时，$n\equiv1\pmod 4$（图9是$n=13$的情况），下标是奇数的底边都在左腰上，下标是偶数的底边都在右腰上，所以$a_1+a_3+\cdots+a_{\frac{n-3}{2}}=a+a_2+a_4+\cdots+a_{\frac{n-1}{2}}=b$，即$\sum_{k=1}^{\frac{n-1}{4}}a_{2k-1}=a+\sum_{k=1}^{\frac{n-1}{4}}a_{2k}=b$，这就是这些等腰三角形的底边与原等腰$\triangle ABC$的边长之间的关系.

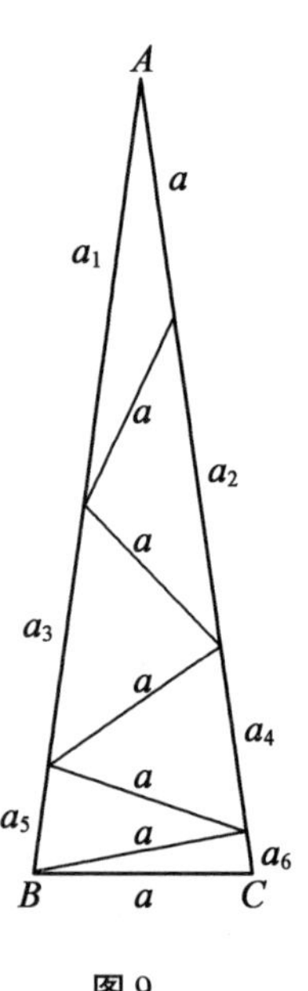

图9

因为$a_k=2a\cos k\alpha=2a\cos\frac{k\pi}{n}$，$b=\frac{a}{2\sin\frac{\pi}{2n}}$，所以

$$2a\sum_{k=1}^{\frac{n-1}{4}}\cos\frac{2k-1}{n}\pi=a+2a\sum_{k=1}^{\frac{n-1}{4}}\cos\frac{2k}{n}\pi=\frac{a}{2\sin\frac{\pi}{2n}}，于是$$

$$\sum_{k=1}^{\frac{n-1}{4}}\cos\frac{2k-1}{n}\pi=\frac{1}{2}+\sum_{k=1}^{\frac{n-1}{4}}\cos\frac{2k}{n}\pi=\frac{1}{4\sin\frac{\pi}{2n}}$$

得到一个三角恒等式，其中$n\equiv1\pmod 4$.

例如，当$n=5$时，$\cos\frac{\pi}{5}=\frac{1}{2}+\cos\frac{2\pi}{5}=\frac{1}{4\sin\frac{\pi}{10}}$.

当 $n=9$ 时，$\cos\frac{\pi}{9}+\cos\frac{3\pi}{9}=\frac{1}{2}+\cos\frac{2\pi}{9}+\cos\frac{4\pi}{9}=\frac{1}{4\sin\frac{\pi}{18}}$.

(ii)当$\frac{n-1}{2}$是奇数时，$n\equiv3(\bmod 4)$（图 10 是 $n=15$ 的情况），下标是奇数的底边都在右腰上，下标是偶数的底边都在左腰上，所以

$$a_1+a_3+\cdots+a_{\frac{n-1}{2}}=a+a_2+a_4+\cdots+a_{\frac{n-3}{2}}=b$$

即

$$\sum_{k=1}^{\frac{n+1}{4}}a_{2k-1}=a+\sum_{k=1}^{\frac{n-3}{4}}a_{2k}=b$$

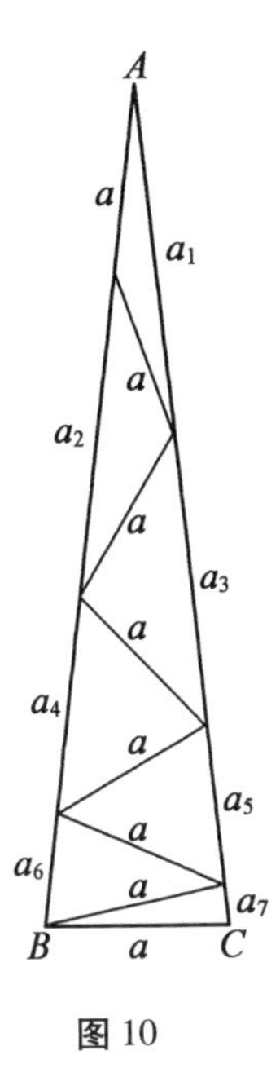

图 10

这就是这些等腰三角形的底边与原等腰△ABC 的边长之间的关系. 由于 $a_k=2a\cos\frac{k\pi}{n}$，$b=\frac{a}{2\sin\frac{\pi}{2n}}$，所以

$$2a\sum_{k=1}^{\frac{n+1}{4}}\cos\frac{2k-1}{n}\pi=a+2a\sum_{k=1}^{\frac{n-3}{4}}\cos\frac{2k}{n}\pi=\frac{a}{2\sin\frac{\pi}{2n}}$$

即

$$\sum_{k=1}^{\frac{n+1}{4}}\cos\frac{2k-1}{n}\pi=\frac{1}{2}+\sum_{k=1}^{\frac{n-3}{4}}\cos\frac{2k}{n}\pi=\frac{1}{4\sin\frac{\pi}{2n}}$$

得到一个三角恒等式，其中 $n\equiv3(\bmod 4)$.

例如，当 $n=3$ 时，$\cos\frac{\pi}{3}=\frac{1}{2}=\frac{1}{4\sin\frac{\pi}{6}}$.

当 $n=7$ 时，$\cos\frac{\pi}{7}+\cos\frac{3\pi}{7}=\frac{1}{2}+\cos\frac{2\pi}{7}=\frac{1}{4\sin\frac{\pi}{14}}$.

(2)当 n 是偶数时，从下到上这些等腰三角形的底边依次在右腰上，左腰上，右腰上，左腰上，……，所以最上面的等腰三角形的底边在右腰上还是在左腰上由整数$\frac{n-2}{2}$的奇偶性确定，所以还需要对$\frac{n-2}{2}$的奇偶性进行讨论.

(i)当$\frac{n-2}{2}$是偶数时，$n\equiv2(\bmod 4)$（图 11 是 $n=10$ 的情况），下标为奇数的

底边都在右侧腰上，下标是偶数的底边的都在左侧腰上，所以 $a_1+a_3+\cdots+a_{\frac{n-2}{2}}+a\sin\frac{\pi}{2n}=a\cos\frac{\pi}{2n}+a_2+a_4+\cdots+a_{\frac{n-4}{2}}=b$，即

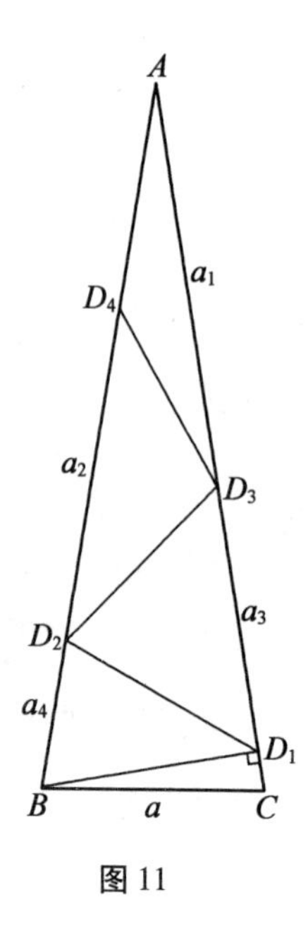

图 11

$$\sum_{k=1}^{\frac{n-2}{4}}a_{2k-1}+a\sin\frac{\pi}{2n}=a\cos\frac{\pi}{2n}+\sum_{k=1}^{\frac{n-2}{4}}a_{2k}=b$$

这就是这些等腰三角形的底边与原等腰 $\triangle ABC$ 的边长之间的关系.

因为 $a_k=2a\cos\frac{\pi}{2n}\cos\frac{k\pi}{n}$，$b=\frac{a}{2\sin\frac{\pi}{2n}}$，所以

$$\begin{aligned}&2a\cos\frac{\pi}{2n}\sum_{k=1}^{\frac{n-2}{4}}\cos\frac{2k-1}{n}\pi+a\sin\frac{\pi}{2n}\\=&a\cos\frac{\pi}{2n}+2a\cos\frac{\pi}{2n}\sum_{k=1}^{\frac{n-2}{4}}\cos\frac{2k}{n}\pi\\=&\frac{a}{2\sin\frac{\pi}{2n}}\end{aligned}$$

于是

$$\sum_{k=1}^{\frac{n-2}{4}}\cos\frac{2k-1}{n}\pi+\frac{1}{2}\tan\frac{\pi}{2n}=\frac{1}{2}+\sum_{k=1}^{\frac{n-2}{4}}\cos\frac{2k}{n}\pi=\frac{1}{2\sin\frac{\pi}{n}}$$

得到一个三角恒等式，其中 $n\equiv2\pmod 4$.

例如，当 $n=6$ 时，$\cos\frac{\pi}{6}+\frac{1}{2}\tan\frac{\pi}{12}=\frac{1}{2}+\cos\frac{\pi}{3}=\frac{1}{2\sin\frac{\pi}{6}}$.

当 $n=10$ 时，$\cos\frac{\pi}{10}+\cos\frac{3\pi}{10}+\frac{1}{2}\tan\frac{\pi}{20}=\frac{1}{2}+\cos\frac{\pi}{5}+\cos\frac{2\pi}{5}=\frac{1}{2\sin\frac{\pi}{10}}$.

(ii) 当$\frac{n-2}{2}$是奇数时，$n\equiv 0 \pmod 4$(图12是$n=8$的情况)，下标为奇数的底边都在左侧腰上，下标是偶数的底边的都在右侧腰上，所以$a_1+a_3+\cdots+a_{\frac{n-2}{2}}=a\cos\frac{\pi}{2n}+a_2+a_4+\cdots+a_{\frac{n-4}{2}}+a\sin\frac{\pi}{2n}=b$，即

$$\sum_{k=1}^{\frac{n}{4}} a_{2k-1}=a\cos\frac{\pi}{2n}+\sum_{k=1}^{\frac{n-4}{4}} a_{2k}+a\sin\frac{\pi}{2n}=b$$

这就是这些等腰三角形的底边与原等腰$\triangle ABC$的边长之间的关系.

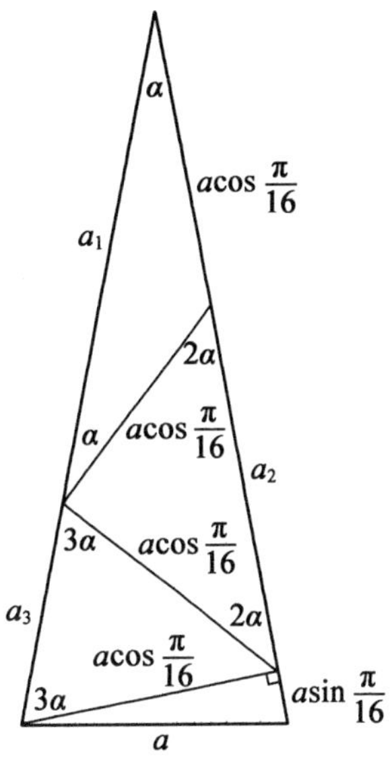

图12

因为

$$a_k=2a\cos\frac{\pi}{2n}\cos\frac{k\pi}{n},b=\frac{a}{2\sin\frac{\pi}{2n}}$$

所以

$$2a\cos\frac{\pi}{2n}\sum_{k=1}^{\frac{n}{4}}\cos\frac{2k-1}{n}\pi=a\cos\frac{\pi}{2n}+2a\cos\frac{\pi}{2n}\sum_{k=1}^{\frac{n-4}{4}}\cos\frac{2k}{n}\pi+a\sin\frac{\pi}{2n}=\frac{a}{2\sin\frac{\pi}{2n}}$$

$$\sum_{k=1}^{\frac{n}{4}}\cos\frac{2k-1}{n}\pi=\frac{1}{2}+\sum_{k=1}^{\frac{n-4}{4}}\cos\frac{2k}{n}\pi+\frac{1}{2}\tan\frac{\pi}{2n}=\frac{1}{2\sin\frac{\pi}{n}}$$

得到一个三角恒等式，其中$n\equiv 0 \pmod 4$.

例如，当$n=4$时，$\cos\frac{\pi}{4}=\frac{1}{2}+\cos\frac{\pi}{2}+\frac{1}{2}\tan\frac{\pi}{8}=\frac{1}{2\sin\frac{\pi}{4}}$.

当$n=8$时，$\cos\frac{\pi}{8}+\cos\frac{3\pi}{8}=\frac{1}{2}+\cos\frac{\pi}{4}+\cos\frac{\pi}{2}+\frac{1}{2}\tan\frac{\pi}{16}=\frac{1}{2\sin\frac{\pi}{8}}$.

附录

1. 当n是奇数时，作各等腰三角形的底边关于原三角形的对称轴的对称图形，就得到n条相等的线段组成的对称图形(如图13)，其中$\alpha=\frac{\pi}{n}$.

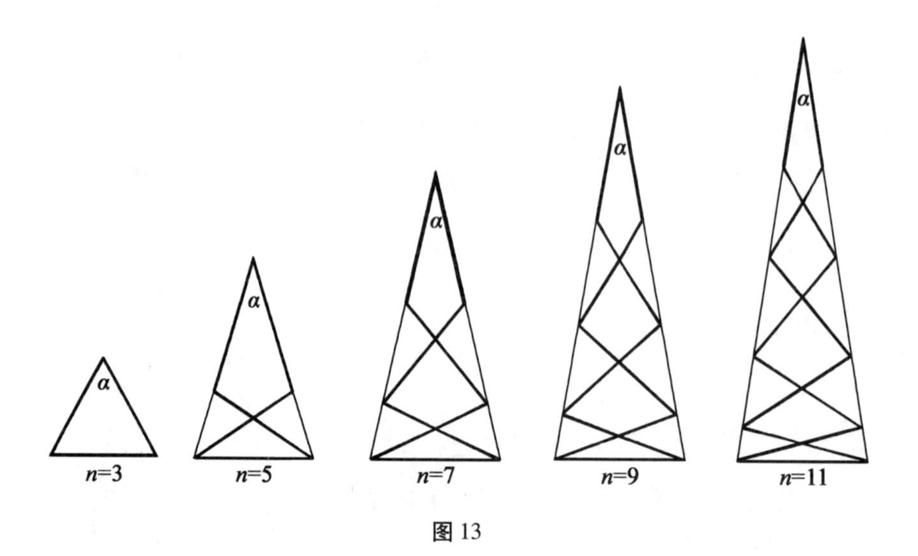

图 13

2. 当 n 是偶数时，作各等腰三角形的底边关于原三角形的对称轴的对称图形，就得到 n 条相等的线段组成的对称图形(如图 14)，其中 $\alpha=\frac{\pi}{n}$.

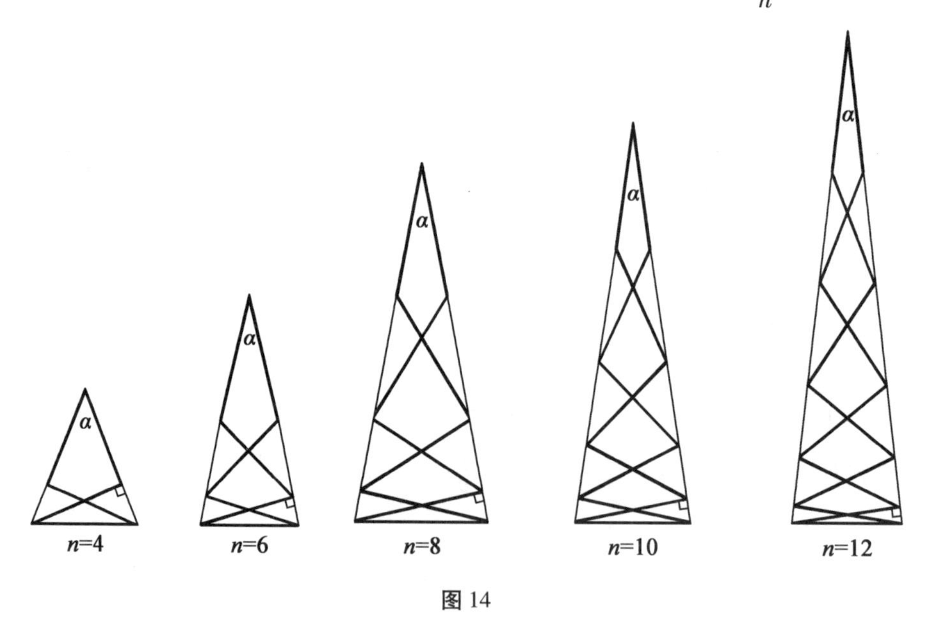

图 14

3. 当 n 是偶数时，对分割成$\frac{n-2}{2}$个等腰直角三角形的长直角边竖直放置，并作这些等腰三角形的底边关于长直角边的对称图形，就得到 $n-\frac{1+(-1)^{\frac{n}{2}}}{2}$

条相等的线段组成的对称图形(如图15),其中 $\alpha=\frac{\pi}{n}$.

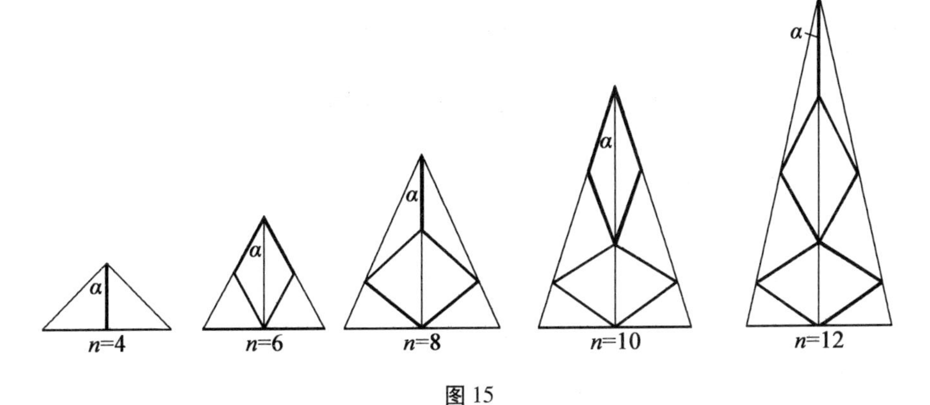

图15

4. $\cos n\theta$ 的展开式:

$\cos 2\theta=2\cos^2\theta-1$;

$\cos 3\theta=4\cos^3\theta-3\cos\theta$;

$\cos 4\theta=8\cos^4\theta-8\cos^2\theta+1$;

$\cos 5\theta=16\cos^5\theta-20\cos^3\theta+5\cos\theta$;

$\cos 6\theta=32\cos^6\theta-48\cos^4\theta+18\cos^2\theta-1$;

$\cos 7\theta=64\cos^7\theta-112\cos^5\theta+56\cos^3\theta-7$;

$\cos 8\theta=128\cos^8\theta-256\cos^6\theta+160\cos^4\theta-32\cos^2\theta+1$;

$\cos 9\theta=256\cos^9\theta-576\cos^7\theta+432\cos^5\theta-126\cos^3\theta+9\cos\theta$;

$\cos 10\theta=512\cos^{10}\theta-1\ 280\cos^8\theta+1\ 120\cos^6\theta-400\cos^4\theta+50\cos^2\theta-1$;

……

5. $\frac{\sin n\theta}{\sin\theta}$的展开式:

$\frac{\sin 2\theta}{\sin\theta}=2\cos\theta$;

$\frac{\sin 3\theta}{\sin\theta}=4\cos^2\theta-1$;

$\frac{\sin 4\theta}{\sin\theta}=8\cos^3\theta-4\cos\theta$;

$\frac{\sin 5\theta}{\sin\theta}=16\cos^4\theta-12\cos^2\theta+1$;

$\frac{\sin 6\theta}{\sin\theta}=32\cos^5\theta-32\cos^3\theta+6\cos\theta$;

$$\frac{\sin 7\theta}{\sin\theta}=64\cos^6\theta-80\cos^4\theta+24\cos^2\theta-1;$$

$$\frac{\sin 8\theta}{\sin\theta}=128\cos^7\theta-192\cos^5\theta+80\cos^3\theta-8\cos\theta;$$

$$\frac{\sin 9\theta}{\sin\theta}=256\cos^8\theta-448\cos^6\theta+240\cos^4\theta-40\cos^2\theta+1;$$

$$\frac{\sin 10\theta}{\sin\theta}=512\cos^9\theta-10\ 246\cos^7\theta+672\cos^5\theta-160\cos^3\theta+10\cos\theta;$$

……

读者不妨进一步研究这些展开式中各项的规律.

6. 本节中的一些三角形恒等式的总结:

(1) 当 $n\geqslant 5, n\equiv 1(\bmod 4)$ 时

$$\sum_{k=1}^{\frac{n-1}{4}}\cos\frac{2k-1}{n}\pi=\frac{1}{2}+\sum_{k=1}^{\frac{n-1}{4}}\cos\frac{2k}{n}\pi=\frac{1}{4\sin\frac{\pi}{2n}}$$

(2) 当 $n\geqslant 3, n\equiv 3(\bmod 4)$ 时

$$\sum_{k=1}^{\frac{n+1}{4}}\cos\frac{2k-1}{n}\pi=\frac{1}{2}+\sum_{k=1}^{\frac{n-3}{4}}\cos\frac{2k}{n}\pi=\frac{1}{4\sin\frac{\pi}{2n}}$$

(3) 当 $n\geqslant 4, n\equiv 0(\bmod 4)$ 时

$$\sum_{k=1}^{\frac{n}{4}}\cos\frac{2k-1}{n}\pi=\frac{1}{2}+\sum_{k=1}^{\frac{n-4}{4}}\cos\frac{2k}{n}\pi+\frac{1}{2}\tan\frac{\pi}{2n}=\frac{1}{2\sin\frac{\pi}{n}}$$

(4) 当 $n\geqslant 6, n\equiv 2(\bmod 4)$ 时

$$\sum_{k=1}^{\frac{n-2}{4}}\cos\frac{2k-1}{n}\pi+\frac{1}{2}\tan\frac{\pi}{2n}=\frac{1}{2}+\sum_{k=1}^{\frac{n-2}{4}}\cos\frac{2k}{n}\pi=\frac{1}{2\sin\frac{\pi}{n}}$$

3.6 点到直线同侧两点的距离以及到直线的距离之和的最小值

在平面内有一条直线 l,在直线 l 的同侧有 A,B 两点(图 1(a)). 在直线 l 上求一点,使这一点到 A,B 两点的距离的和最小,这一问题用对称的方法容易解决,本节不再赘述.

现在将这一问题稍作改变,这一点可以不在直线上,那么该点除了到 A,B

两点的距离以外,到直线也有一个距离,于是我们提出这样的问题:

在平面内有一条直线 l,在直线 l 的同侧有 A,B 两点(图1(a)).在平面内求一点,使这一点到 A,B 两点的距离以及到直线 l 距离的和 S 为最小.

为研究方便,分别过 A 和 B 作直线 l 的垂线,设垂足分别是 C 和 D,$AC=a$,$BD=b(a\leqslant b)$,$CD=c$,平面内的点 P 到直线 l 的距离为 PE(图1(b)).

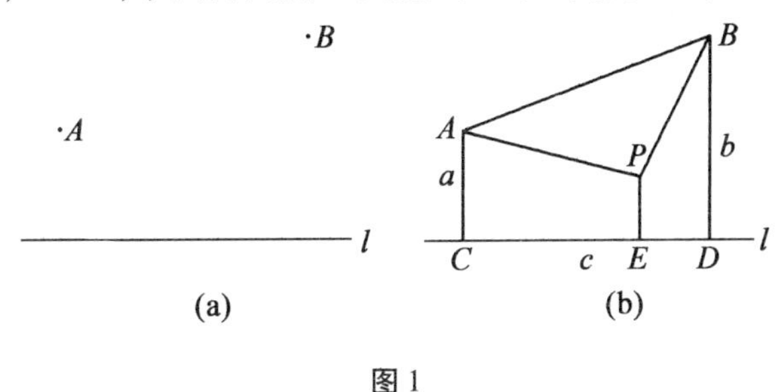

图1

首先证明:到 A,B 两点的距离以及到直线 l 距离的和 S 为最小的点 P 不可能在梯形 $ACDB$(或矩形 $ACDB$)的外部.

假定点 P 在梯形的 $ACDB$ 的外部,过点 A 作直线 $l_1/\!/l$.

(1)当点 P 在直线 l_1 的上方或在 l_1 上时(图2(a)),则 $PA+PB+PE>AB+AC$.

(2)当点 P 在直线 l_1 与 l 之间时(图2(b)),过 P 作直线 $l_2/\!/l$ 交 AC 于 F,则点 F 不在梯形的 $ACDB$ 的外部,联结 BF,于是 $PA+PB+PE>FA+FB+FC$.

(3)当点 P 在直线 l 的下方时(图2(c)),$\angle AEP$ 和 $\angle BEP$ 都是钝角,则 $PA+PB+PE>AE+EB$,点 E 不在梯形 $ACDB$ 的外部.

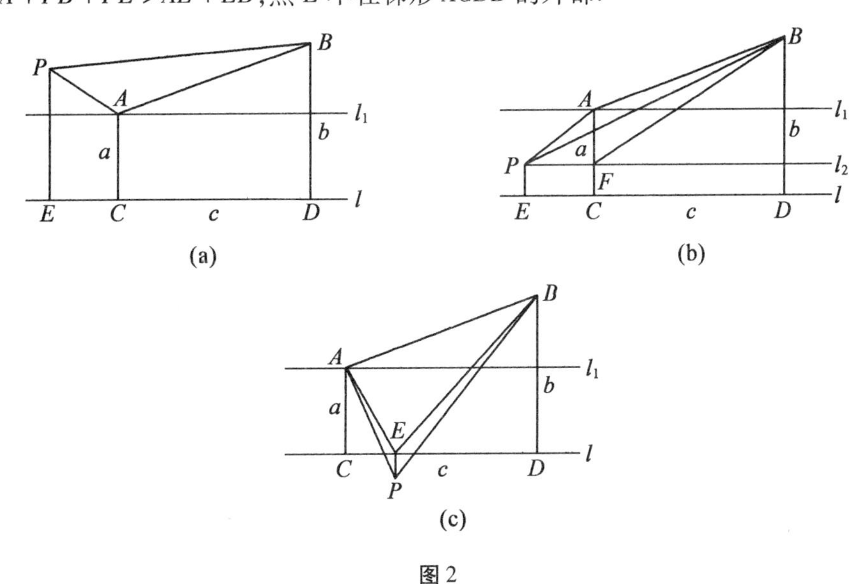

图2

由此可见，如果一点到 A,B 两点的距离以及到直线 l 距离的和 S 为最小，那么这一点不可能在梯形 $ACDB$ 的外部，所以只需考虑所求的点在梯形 $ACDB$ 的内部或边界上的情况，为此引进以下引理：

引理 1　如图 3，在 $\triangle ABC$ 中，$\angle BAC \geqslant 120°$，点 P 在 $\triangle ABC$ 内，则 $PA+PB+PC>AB+AC$.

证明　延长 CA 到 D，使 $DA=AB$，作 $\angle DAE=\angle BAP$，并使 $AE=AP$，则 $\triangle ADE \cong \triangle ABP$，于是 $DE=BP$，$\angle PAE=\angle BAD \leqslant 60°$.

在等腰 $\triangle AEP$ 中，$\angle AEP \geqslant 60°$，所以 $PA \geqslant EP$. 于是 $PA+PB+PC \geqslant EP+DE+PC>DC=DA+AC=AB+AC$.

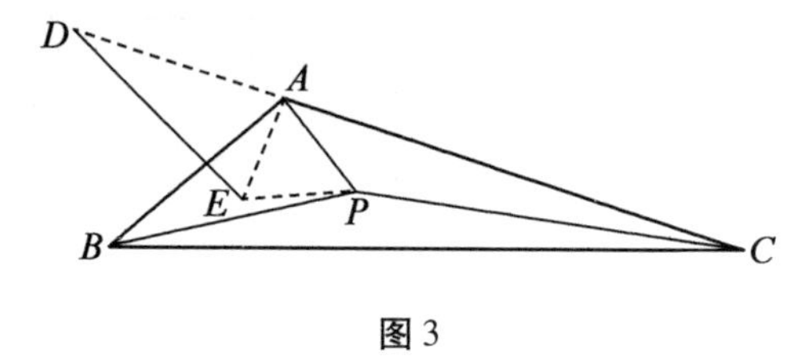

图 3

引理 2　如图 4，点 P 是等边 $\triangle ABC$ 的外接圆的 $\overset{\frown}{BC}$ 上任意一点，则 $PB+PC=PA$.

证明　在 PA 上取一点 Q，使 $PQ=BP$，联结 BQ，因为 $\angle APB=\angle ACB=60°$，所以 $\triangle BPQ$ 是等边三角形，于是 $BQ=BP$，又 $AB=CB$，$\angle ABQ=\angle ABC-\angle QBC=60°-\angle QBC=\angle PBQ-\angle QBC=\angle PBC$，则 $\triangle ABQ \cong \triangle CBP$，$QA=PC$，所以 $PB+PC=PQ+QA=PA$.

引理 3　如图 5，点 D 是等边 $\triangle ABC$ 外一点，$\angle BDC>120°$，则 $DB+DC>DA$.

证明　作 $\triangle ABC$ 的外接圆，因为 $\angle BDC>120°$，所以点 D 在 $\triangle ABC$ 的外接圆内，延长 AD 交 $\overset{\frown}{BC}$ 于 P，联结 PB,PC. 由引理 1 和引理 2 可知，$DB+DC+DP>PB+PC=PA=PD+DA$，所以 $DB+DC>DA$.

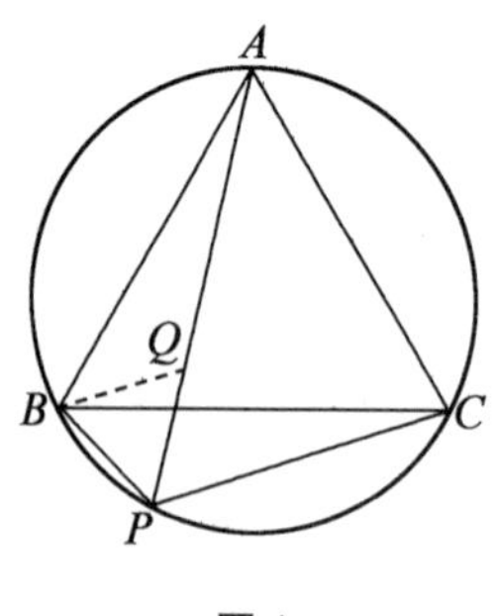

图 4

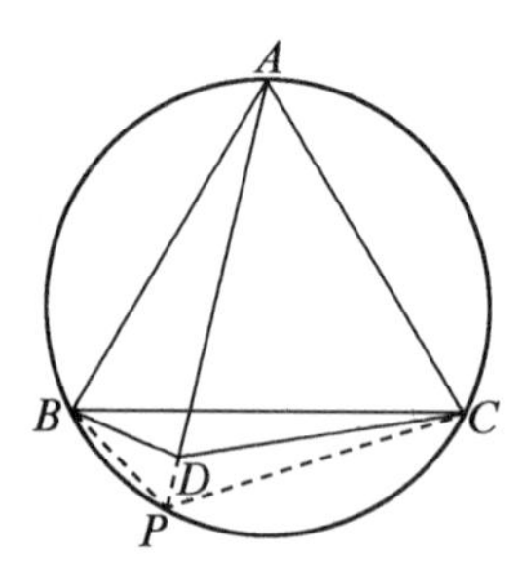

图 5

引理4 如图6(a)和图6(b)，$\triangle ABC$ 的三个内角都小于 $120°$，P,Q 是 $\triangle ABC$ 内的不同的两点，$\angle APB=\angle APC=\angle BPC=120°$，则 $QA+QB+QC>PA+PB+PC$.

证明 以 AC 为边作等边 $\triangle DAC$，使 D 在 $\triangle ABC$ 外，联结 QD,PD. 因为 $\angle APD=60°$，$\angle BPC=120°$，所以 B,P,D 在一条直线上. 无论点 Q 在 AP 上(图6(a))还是在 $\triangle APC$ 内(图6(b))，都有 $\angle AQC>120°$，由引理3可知，$AQ+QC>QD$，于是 $QA+QB+QC>QB+QD>DB=DP+PB=PA+PB+PC$.

此时的点 P 称为 $\triangle ABC$ 的费马点.

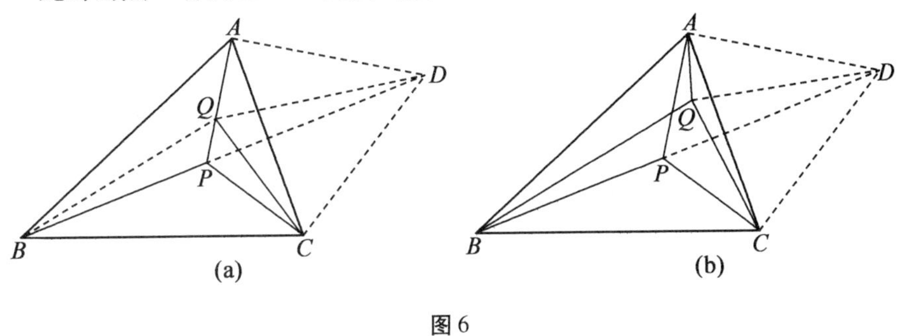

图6

现在来解决本节一开始提出的问题. 只考虑所求的点 P 在梯形 $ACDB$ 的内部或边界上的情况.

情况1 当 $c\leqslant\sqrt{3}(b-a)$ 时，$\angle BAC\geqslant120°$(如图7).

延长 CA 到 F，使 $AF=AB$，作 $\angle FAG=\angle BAP$，使 $AG=AP$，则 $\triangle AFG\cong\triangle ABP$，于是 $FG=BP$，$\angle PAG=\angle BAF\leqslant60°$. 在等腰 $\triangle AGP$ 中，$\angle AGP\geqslant60°$，所以 $PA\geqslant GP$. 于是 $PA+PB+PE\geqslant GP+FG+PE\geqslant FC=FA+AC=AB+AC$. 当且仅当 P 与 A 重合时，等式成立，由此可见，当 $c\leqslant\sqrt{3}(b-a)$ 时，点 A 就是所求的点，且 A 到 A，B 两点的距离以及到直线 l 距离的和是最小值 $S=AB+AC=\sqrt{(b-a)^2+c^2}+a$.

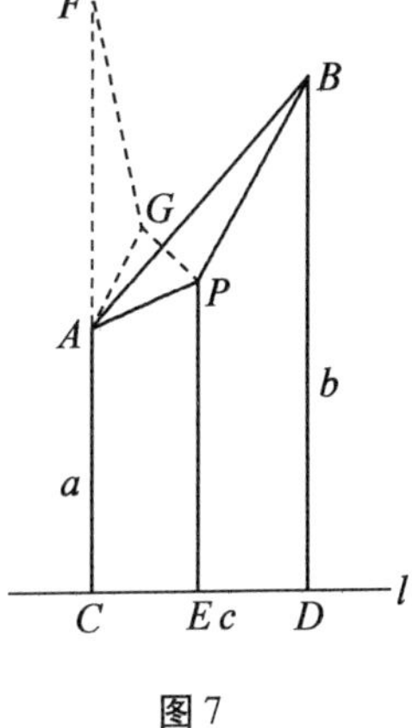

图7

情况2 当 $c>\sqrt{3}(b-a)$ 时，$\angle BAC<120°$(如图8).

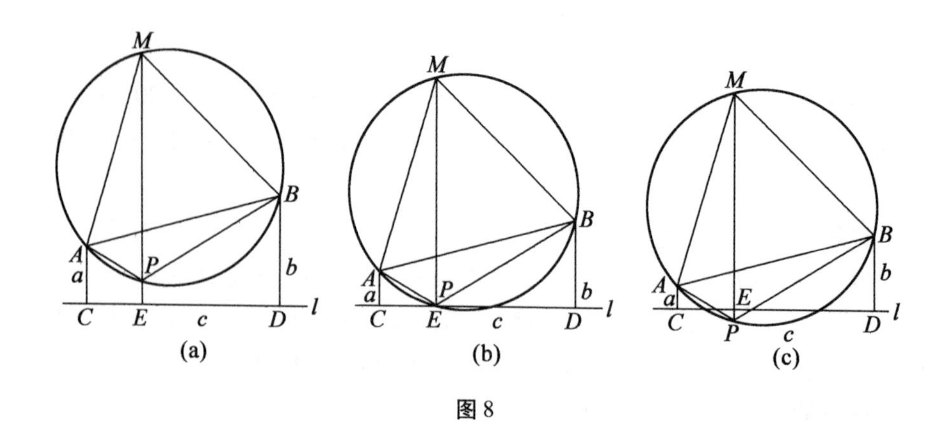

图 8

以 AB 为边作等边$\triangle ABM$，使 M 点在 AB 的上方，再作$\triangle ABM$ 的外接圆. 过 M 点作 $ME \perp CD$，E 为垂足，设 ME 交 $\overset{\frown}{AB}$ 于点 P，联结 AP, BP，则 $\angle CAP = \angle DBP = 60°$，且 $c = \frac{\sqrt{3}}{2}(AP + BP)$.

(1)当点 P 在直线 l 的上方时(图 8(a))，$AP < 2a, BP < 2b$，则 $c < \sqrt{3}(a + b)$；

(2)当点 P 在直线 l 上时(图 8(b))，$AP = 2a, BP = 2b$，则 $c = \sqrt{3}(a + b)$；

(3)当点 P 在直线 l 的下方时(图 8(c))，$AP > 2a, BP > 2b$，则 $c > \sqrt{3}(a + b)$. 因为点 P 在梯形 $ABCD$ 外，所以点 P 不是所求的点，下面另找其他的点.

下面分别研究以上三种情况：

设点 Q 是梯形 $ACDB$ 内不同于 P 的点，联结 QM, QA, QB，作 $QF \perp CD$，F 为垂足，考虑 $QA + QB + QF$ 与 $PA + BP + PE$ 的大小关系.

(1)当点 P 在直线 l 的上方时，$c < \sqrt{3}(b + a)$.

(i)若点 Q 在$\triangle ABM$ 的外接圆内(图 9(a))，$\angle AQB > 120°$，由引理 3 可知 $QA + QB > QM$，所以 $QA + QB + QF > QM + QF > ME = MP + PE = PA + BP + PE$；

(ii)若点 Q 在$\triangle ABM$ 的外接圆上(图 9(b))，由引理 2 可知 $QA + QB = QM$，所以 $QA + QB + QF = QM + QF > ME = PM + PE = PA + BP + PE$；

(iii)若点 Q 在$\triangle ABM$ 的外接圆外(图 9(c))，设 QM 交 $\overset{\frown}{AB}$ 于 T，联结 TA, TB，则 T 是$\triangle ABQ$ 的费马点，于是 $QA + QB + QF > TA + TB + TQ + QF = TM + TQ + QF = MQ + QF > ME = MP + PE = PA + PB + PE$.

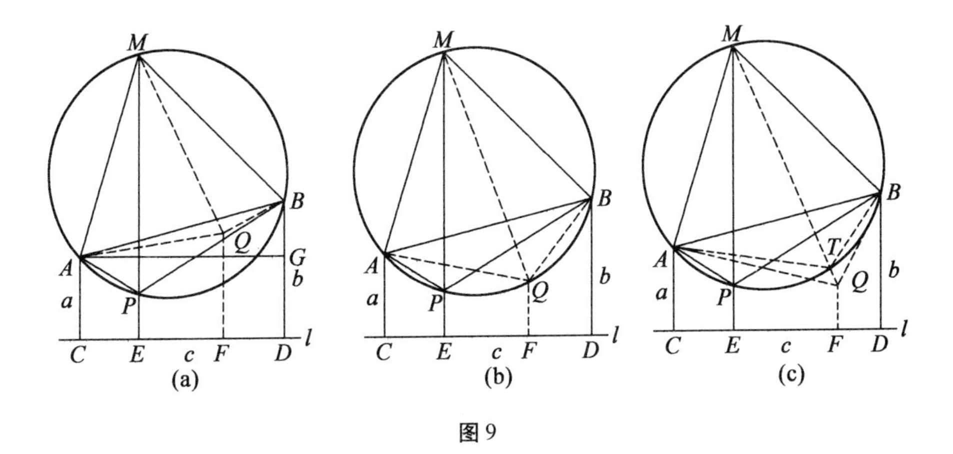

图9

综上所述,当$\sqrt{3}(b-a)<c<\sqrt{3}(a+b)$时,点$P$就是所求的点.下面求$PA+PB+PE$的值:

为方便起见,设$PE=h$,则$CE=\sqrt{3}(a-h)$,$ED=\sqrt{3}(b-h)$,所以$CD=c=\sqrt{3}(a+b-2h)$,$\sqrt{3}c=3(a+b-2h)$,$3h=\dfrac{3(a+b)-\sqrt{3}c}{2}$. $PA=2(a-h)$,$PB=2(b-h)$,所以$PA+PB+PE=2(a+b)-3h=2(a+b)-\dfrac{3(a+b)-\sqrt{3}c}{2}=\dfrac{a+b+\sqrt{3}c}{2}$,即到$A,B$两点的距离以及到直线$l$距离的和的最小值$S=\dfrac{a+b+\sqrt{3}c}{2}$.

(2)当点P在直线l上时,点P与点E重合(如图10),即(1)中$h=0$的情况.此时$CP=\sqrt{3}a$,$DP=\sqrt{3}b$,$\angle APC=\angle BPD=30°$,$\angle APM=\angle BPM=60°$,即光线从$A$射出经过点$P$反射到点$B$(入射角等于反射角),所以$AP+BP$最小.

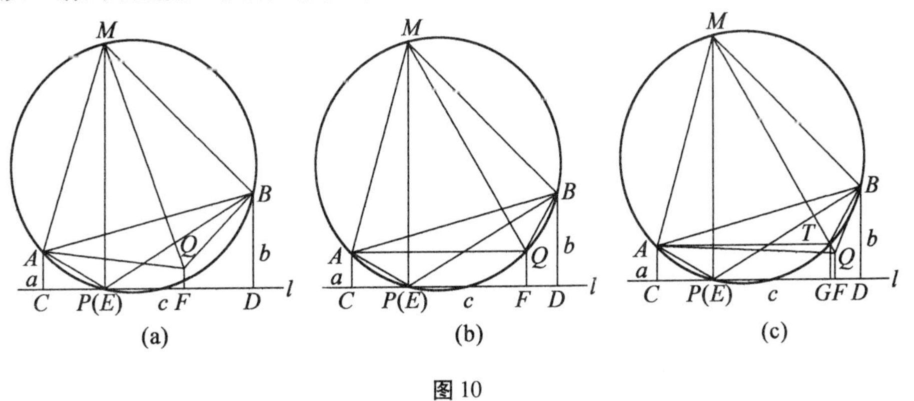

图10

点 $P(E)$ 就是所求的点,即当 $c=\sqrt{3}(a+b)$ 时,到 A,B 两点的距离以及到直线 l 距离的和的最小值 $S=\frac{a+b+\sqrt{3}c}{2}=2(a+b)$.

(3)当点 P 在直线 l 的下方时,$c>\sqrt{3}(a+b)$. 因为点 P 在梯形 $ABCD$ 外,所以点 P 不是所求的点,下面另找其他的点.

设$\triangle ABM$ 的外接圆与直线 l 的一个交点为 L,联结 LM,LA,LB. 再作 A 关于直线 l 的对称点 A'. 联结 $A'L,A'B$,设 $A'B$ 与直线 l 相交于 N,联结 AN.

(i)若点 Q 在$\triangle ABM$ 的外接圆内(图 11(a)),由引理 3 可知 $QA+QB>QM$,所以 $QA+QB+QF>QM+QF>ML=LA+LB=LA'+LB>A'B=A'N+NB=AN+NB$;

(ii)若点 Q 在$\triangle ABM$ 的外接圆上(图 11(b)),由引理 2 可知 $QA+QB=QM$,所以 $QA+QB+QF=QM+QF\geqslant ML=AL+LB>AN+NB$($N$ 在图 11(a)中);

(iii)若点 Q 在$\triangle ABM$ 的外接圆外(图 11(c)),设 QM 交 $\overset{\frown}{AB}$ 于 T,联结 TA,TB,则 T 是$\triangle ABQ$ 的费马点,于是 $QA+QB+QF>TA+TB+TQ+QF=TM+TQ+QF=MQ+QF\geqslant ML=AL+LB>AN+NB$($N$ 在图 11(a)中).

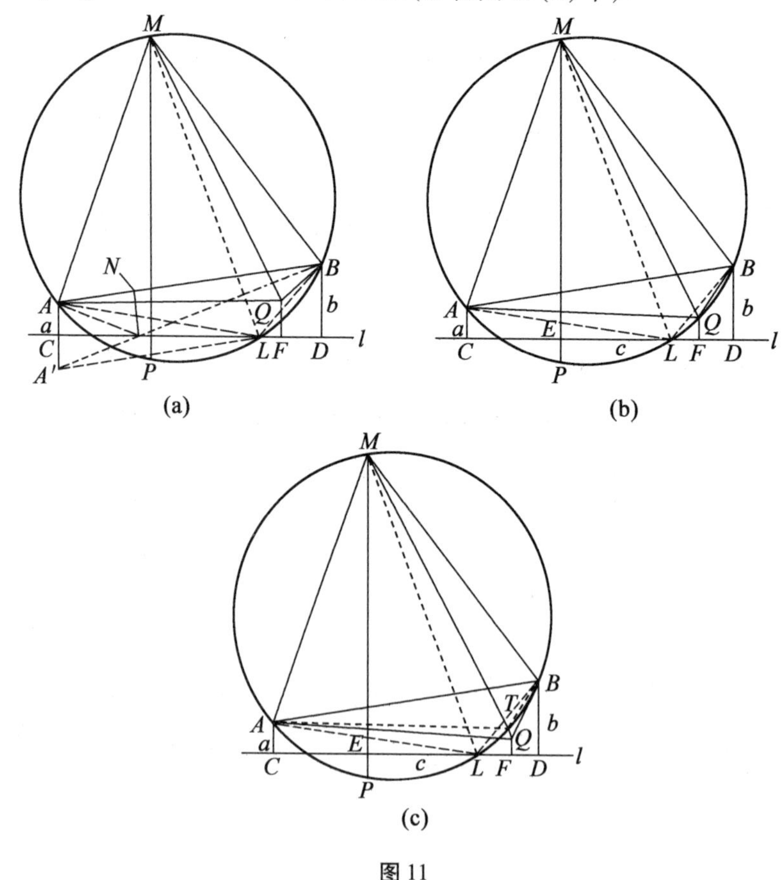

图 11

综上所述,点 N 就是所求的点,即当 $c>\sqrt{3}(a+b)$ 时,N 到 A,B 两点的距离以及到直线 l 距离的和的最小值 $S=\sqrt{(a+b)^2+c^2}$.

将以上的讨论总结如下:设平面内的直线 l 的同侧的两点 A,B 在 l 上射影分别是 C 和 D,$AC=a$,$BD=b(a\leqslant b)$,$CD=c$,那么有:

(1)当 $c\leqslant\sqrt{3}(b-a)$ 时,点 A 到 A,B 两点的距离以及到直线 l 距离的和最小,最小值为 $S=\sqrt{(b-a)^2+c^2}+a$.

(2)当 $\sqrt{3}(b-a)<c\leqslant\sqrt{3}(a+b)$ 时,设 P 点到直线 l 的垂线是 PE,且 PA,PB,PE 两两之间的夹角都是 $120°$,则点 P 到 A,B 两点的距离以及到直线 l 的距离的和最小,最小值 $S=\dfrac{a+b+\sqrt{3}c}{2}$.

(3)当 $c>\sqrt{3}(b+a)$ 时,设 A 关于 l 的对称点是 A',$A'B$ 与直线 l 的交点为 N,则点 N 到 A,B 两点的距离以及到直线 l 距离的和最小,最小值 $S=\sqrt{(a+b)^2+c^2}$.

3.7 四边形的内切圆和旁切圆

3.7.1 概述

众所周知,每个三角形都有一个内切圆和三个旁切圆.这四个圆都与三角形的三边所在的直线相切,内切圆在三角形的内部,旁切圆在三角形的外部.与三角形的内切圆和旁切圆类似,我们将四边形的内切圆和旁切圆分别定义为:如果一个圆与四边形的四边所在的直线都相切,且在四边形的内部,那么这个圆称为四边形的内切圆,此时这个四边形称为圆外切四边形;如果一个圆与四边形的四边所在的直线都相切,且在四边形的外部,那么这个圆称为四边形的旁切圆,此时这个四边形称为圆旁切四边形(这里的四边形指的都是凸四边形).

在本节中,我们用将圆内切四边形与圆旁切四边形进行对比的方法来研究这两种四边形的性质.

为了研究圆外切四边形与圆旁切四边形的性质,首先画出这两种四边形.先任意画一个圆,然后在圆上任取四点,再过这四点分别作圆的切线.下面按照这四点在圆上的分布情况进行讨论.

(1)如果这四点将圆分成的四条弧都是劣弧,那么这四条切线能围成一个四边形,此时圆在四边形的内部,这个圆就是四边形的内切圆,这个四边形就是圆外切四边形(图1(a)中的四边形 $ABCD$).

(2)如果这四点将圆分成的四条弧中有一条弧是优弧,那么这四条切线也能围成一个四边形,此时圆在四边形的外部,这个圆就是四边形的旁切圆,这个四边形就是圆旁切四边形(图1(b)中的四边形 $ABCD$).

(3)如果这四条弧中有一条弧是半圆,那么这四条切线不能围成一个四边形,因此得不到圆外切四边形或圆旁切四边形(图1(c)).

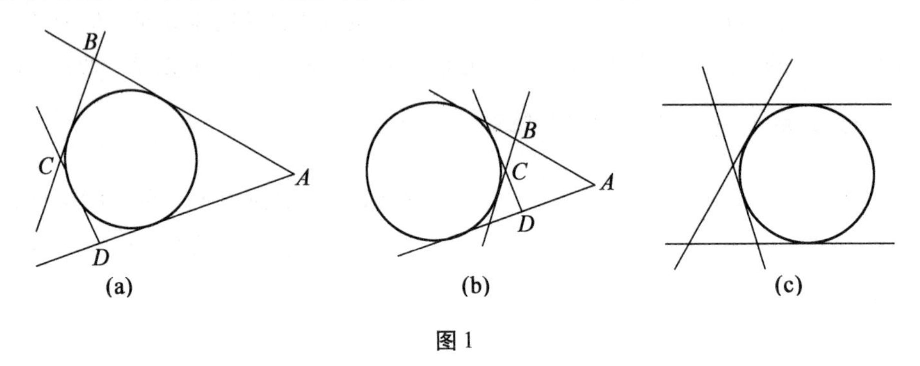

图1

为方便起见,设四边形 $ABCD$ 的四边分别为 $AB = a, BC = b, CD = c, DA = d$,周长 $a + b + c + d = 2p$,四个内角分别为 $\angle A, \angle B, \angle C, \angle D$,内切圆的半径为 r,C 侧的旁切圆半径为 r_c,面积为 $S_{\text{四边形}ABCD}$.

3.7.2 四边形有内切圆或旁切圆(关于边的)的充分必要条件

与四边形未必有外接圆的情况类似,四边形也未必有内切圆或旁切圆,四边形有内切圆或旁切圆是有一定的条件的.

定理1 四边形有内切圆的(关于边的)充分必要条件是对边之和相等.

证明 必要性:设圆 O 是四边形 $ABCD$ 的内切圆(图2(a)).圆 O 分别与边 AB, BC, CD, DA 切于 E, F, G, H,则 $AB + CD = (AE + EB) + (CG + GD) = AH + BF + CF + DH = (BF + CF) + (DH + AH) = BC + DA$,即 $a + c = b + d$.

充分性:在四边形 $ABCD$ 中,设 $AB + CD = BC + DA$(图2(b)).

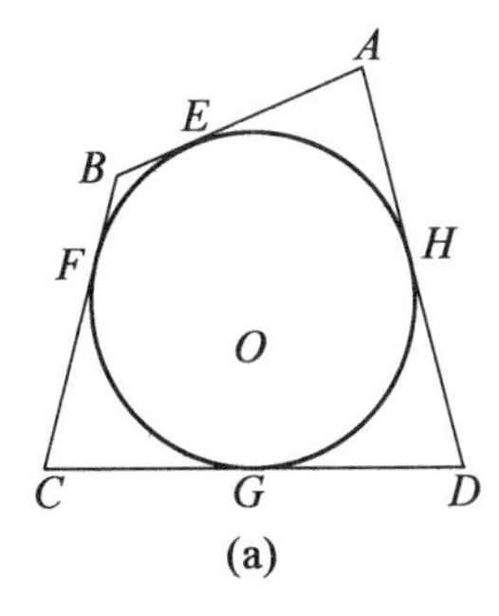

(a)

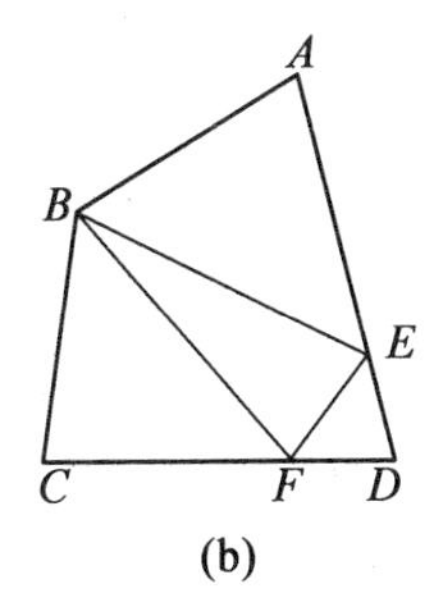

(b)

图2

(i)若四边形 $ABCD$ 的四边都相等,则四边形 $ABCD$ 是菱形,对边之和相等,显然有内切圆.

(ii)若四边形 $ABCD$ 的四边不都相等,则必有两邻边不等,不失一般性,设 $AB < DA$,则 $CD > BC$. 在 AD 上截取 $AE = AB$,在 CD 上截取 $CF = CB$,则 $DF = DE$. 联结 BE,BF,EF. 等腰$\triangle ABE$、$\triangle DEF$ 和$\triangle BCF$ 的顶角的平分线就是$\triangle BEF$ 的三边 BE,EF 和 BE 的垂直平分线. 由于$\triangle BEF$ 的三边的垂直平分线相交于一点,即$\angle A$, $\angle C$, $\angle D$ 的角平分线相交于一点,设这一点为 O. 因为 O 在$\angle A$ 的平分线上,所以 O 到 AB,AD 的距离相等. 因为 O 在$\angle C$ 的平分线上,所以 O 到 CB,CD 的距离相等. 因为 O 在$\angle D$ 的平分线上,所以 O 到 AD,CD 的距离相等. 于是 O 到四边形 $ABCD$ 的四边的距离都相等,所以四边形 $ABCD$ 有内切圆.

定理2　四边形有旁切圆(关于边的)的充分必要条件是对边之差相等,且两组对边都不平行.

证明　设圆 O 是四边形 $ABCD$ 的 C 侧的旁切圆(图3). 圆 O 分别与直线 AB,BC,CD,DA 切于点 E,F,G,H.

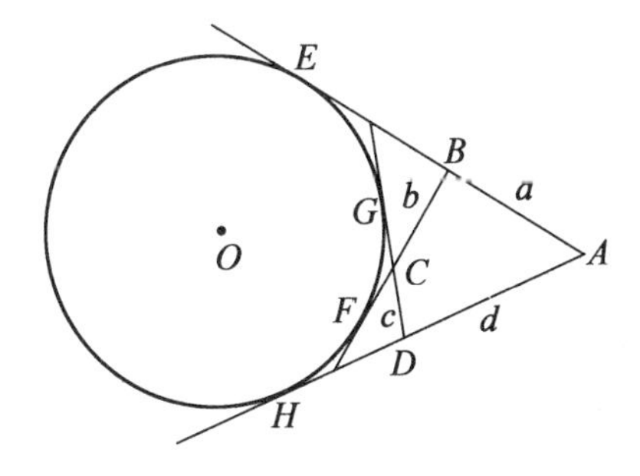

图3

必要性:$AB - CD = (AE - EB) - (DG - CG) = (AH - BF) - (DH - CF) = (AH - DH) - (BF - FC) = AD - BC$,即 $a - c = d - b$.

以上结论也可改写为 $AB + BC = AD + CD$,即 AC 一侧的两边之和等于另一侧的两边之和,即 $a + b = d + c$.

因为$\angle ABC > \angle BCG$,所以$\angle ABC + \angle DCB = \angle ABC + 180° - \angle BCG > 180°$,所以 $AB \nparallel CD$. 同理 $BC \nparallel DA$,即两组对边都不平行.

充分性:在四边形 $ABCD$ 中,设 $AB \nparallel CD, BC \nparallel DA, AB + BC = CD + AD$.

因为 $AB \nparallel CD, BC \nparallel DA$,所以直线 AB 与 DC 相交,BC 与 AD 相交,不失一般性,设这两个交点分别在 DC 和 BC 的延长线上,且 $AB \leqslant DA$.

(i)若 $AB = DA$,则 $BC = CD$(图 4(a)),显然四边形 $ABCD$ 是轴对称图形,直线 AC 是对称轴,直线 AC 与$\angle B$ 的外角平分线的交点也是与$\angle D$ 的外角平分线的交点. 这一交点到直线 AB,BC,CD,DA 的距离相等,于是四边形 $ABCD$ 有旁切圆.

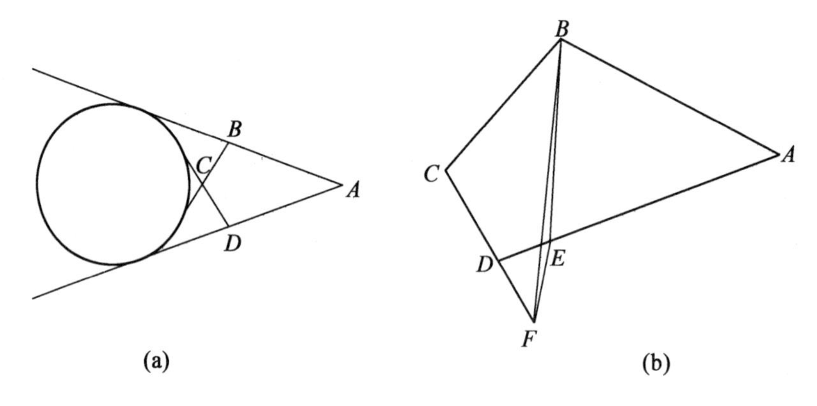

图 4

(ii)若 $AB < DA$,则 $BC > CD$(图 4(b)),在 AD 上截取 $AE = AB$,延长 CD 到 F,使 $CF = BC$. 因为 $AB + BC = CD + AD$,所以 $AD - AB = BC - CD$,即 $DE = DF$. 联结 BF,BE,EF,因为 $AE = AB$,所以$\angle AEB = 90° - \frac{1}{2}\angle A$. 因为 $DE = DF$,所以$\angle DEF = \frac{1}{2}\angle CDA$. 因为 $AB \nparallel CD$,所以$\angle CDA \neq 180° - \angle A$,于是 $\frac{1}{2}\angle CDA \neq 90° - \frac{1}{2}\angle A$,即$\angle DEF \neq \angle AEB$. 因为在点 A,E,D 共线,所以 B,E,F 三点不共线. 在$\triangle BEF$ 中,三边 BE,EF,FB 的垂直平分线分别是等腰$\triangle ABE$,$\triangle DEF$ 的和$\triangle BCF$ 顶角的平分线. 由于$\triangle BEF$ 的三边的垂直平分线

相交于一点,所以$\angle A$的内角平分线、$\angle D$的外角平分线和$\angle C$的内角平分线相交于一点,设这一点为O.因为O在$\angle A$的内角平分线上,所以O到直线AB,AD的距离相等.因为O在$\angle C$的内角平分线上,所以O到直线CB,CD的距离相等.因为O在$\angle D$的外角平分线上,所以O到直线AD,CD的距离相等.即O到四边形$ABCD$的边所在的直线的距离相等,四边形$ABCD$有旁切圆.

3.7.3 四边形既有内切圆又有旁切圆的充分必要条件

当且仅当四边形$ABCD$有内切圆(图5)时,$a+c=b+d$.当且仅当四边形$ABCD$在C侧有旁切圆时,$a-c=d-b$.如果四边形$ABCD$既有内切圆又在C侧有旁切圆,那么相加后得$a=d$,于是$c=b$.由此可知,当且仅当一个四边形既有内切圆又在C侧有旁切圆时,对角线BD的一侧的两边相等,另一侧的两边也相等.又因为两组对边都不平行,所以四边不都相等,这样的四边形称为筝形(图5中的四边形$ABCD$).即四边形既有内切圆又有旁切圆的四边形的充要条件是筝形.

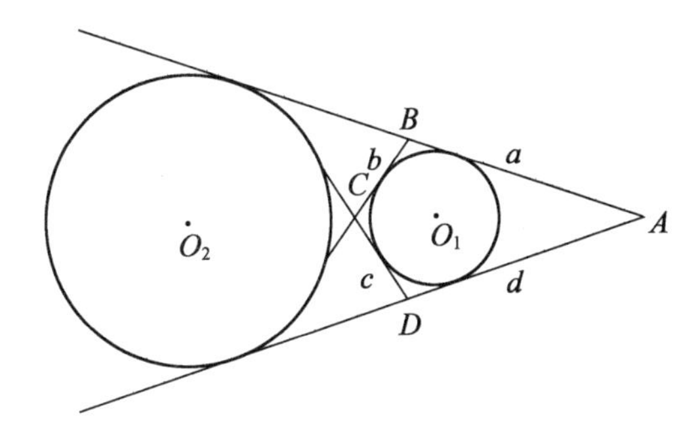

图5

筝形的四边所在的直线实际上就是大小不等的外离两圆的内公切线和外公切线,其中小圆是筝形的内切圆,大圆是筝形的旁切圆.

筝形$ABCD$是轴对称图形,直线AC是对称轴.如果设$AB=AD=a$,$BC=CD=b$,内切圆和旁切圆的半径分别是r和r_c,那么$\frac{r}{r_c}=\frac{a-b}{a+b}$.

证明 由$S_{\triangle ABC}=\frac{1}{2}ab\sin B=\frac{1}{2}ra+\frac{1}{2}rb=\frac{1}{2}r_ca-\frac{1}{2}r_cb$,得$\frac{r}{r_c}=\frac{a-b}{a+b}$.

也可求出$r=\frac{ab\sin B}{a+b}$,$r_c=\frac{ab\sin B}{a-b}$.

3.7.4 四边形的内切圆或旁切圆半径与边、角和面积的关系

1. r 或 r_c 与边和角的关系.

(1)在圆外切四边形 $ABCD$ 中,由(图 6(a))得到 $a = r\left(\cot\frac{A}{2} + \cot\frac{B}{2}\right)$,同样有

$$b = r\left(\cot\frac{B}{2} + \cot\frac{C}{2}\right), c = r\left(\cot\frac{C}{2} + \cot\frac{D}{2}\right), d = r\left(\cot\frac{D}{2} + \cot\frac{A}{2}\right)$$

(由此也可推出 $a + c = b + d$). 可见给定 r 和两个邻角的大小,就可求出四边形 $ABCD$ 的边长.

例如,取 $r = 1, A = 135°, B = 60°, C = 90°, D = 75°$,得到

$$a = \sqrt{3} + \sqrt{2} - 1, b = \sqrt{3} + 1, c = \sqrt{6} - \sqrt{3} - \sqrt{2} + 3, d = \sqrt{6} - \sqrt{3} + 1$$

反之,已知圆外切四边形 $ABCD$ 的两个邻角和一条夹边,可求出内切圆的半径 $r = \dfrac{a}{\cot\frac{A}{2} + \cot\frac{B}{2}} = \dfrac{a\sin\frac{A}{2}\sin\frac{B}{2}}{\sin\frac{A+B}{2}}$,所以

$$r = \frac{a\sin\frac{A}{2}\sin\frac{B}{2}}{\sin\frac{A+B}{2}} = \frac{b\sin\frac{B}{2}\sin\frac{C}{2}}{\sin\frac{B+C}{2}} = \frac{c\sin\frac{C}{2}\sin\frac{D}{2}}{\sin\frac{C+D}{2}} = \frac{d\sin\frac{D}{2}\sin\frac{A}{2}}{\sin\frac{D+A}{2}} \quad (1)$$

(2)在 C 侧有旁切圆的四边形 $ABCD$ 中,由(图 6(b))得到 $a = r_c\left(\cot\frac{A}{2} - \tan\frac{B}{2}\right), b = r_c\left(\tan\frac{B}{2} - \cot\frac{C}{2}\right), c = r_c\left(\tan\frac{D}{2} - \cot\frac{C}{2}\right), d = r_c\left(\cot\frac{A}{2} - \tan\frac{D}{2}\right)$(由此也可推出 $a - c = d - b$). 可见给定 r_c 和两个邻角就可求出这两个邻角的夹边的长.

例如,取 $r_c = 1, A = 60°, B = 90°, C = 135°, D = 75°$,得到

$$a = \sqrt{3} - 1, b = 2 - \sqrt{2}, c = \sqrt{6} + \sqrt{3} - 2\sqrt{2} - 1, d = \sqrt{2} + 2 - \sqrt{6}$$

反之,已知在 C 侧有旁切圆的四边形 $ABCD$ 的两个邻角和一条夹边,可求出旁切圆的半径 $r_c = \dfrac{a}{\cot\frac{A}{2} - \tan\frac{B}{2}} = \dfrac{a\sin\frac{A}{2}\cos\frac{B}{2}}{\cos\frac{A+B}{2}}$,所以

$$r_c = \frac{a\sin\frac{A}{2}\cos\frac{B}{2}}{\cos\frac{A+B}{2}} = \frac{b\sin\frac{C}{2}\cos\frac{B}{2}}{\cos\frac{A+D}{2}} = \frac{c\sin\frac{C}{2}\cos\frac{D}{2}}{\cos\frac{A+B}{2}} = \frac{d\sin\frac{A}{2}\cos\frac{D}{2}}{\cos\frac{A+D}{2}} \quad (2)$$

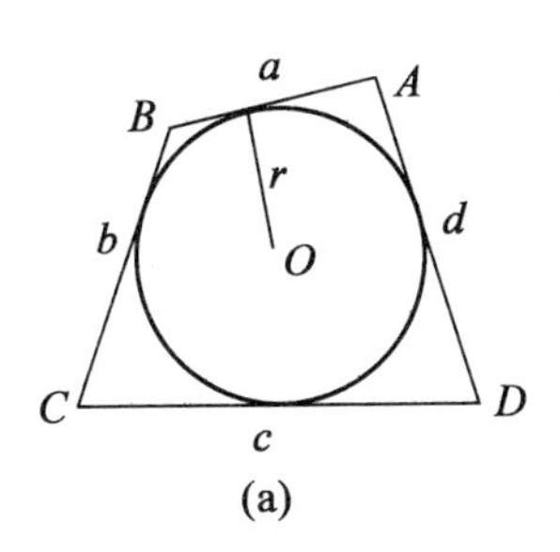

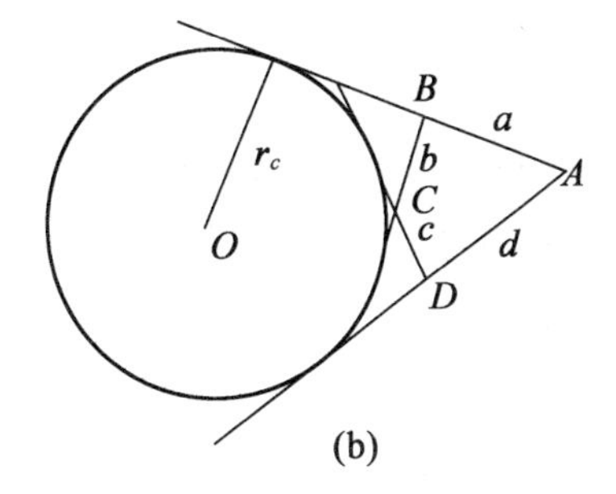

图6

2. r 或 r_c 与四边形的面积的关系(包括边和角).

在圆外切四边形 $ABCD$ 中(图6(a)),

$$\begin{aligned} S_{\text{四边形}ABCD} &= S_{\triangle OAB} + S_{\triangle OBC} + S_{\triangle OCD} + S_{\triangle ODA} \\ &= \frac{1}{2}ar + \frac{1}{2}br + \frac{1}{2}cr + \frac{1}{2}dr \\ &= \frac{1}{2}r(a+b+c+d) \\ &= r(a+c) = r(b+d) \end{aligned}$$

即

$$S_{\text{四边形}ABCD} = rp \tag{3}$$

在点 C 侧有圆旁切圆的四边形 $ABCD$ 中(图6(b)),有

$$\begin{aligned} S_{\text{四边形}ABCD} &= S_{\text{四边形}OBAD} - S_{\text{四边形}OBCD} = (S_{\triangle OBA} + S_{\triangle ODA}) - (S_{\triangle OBC} + S_{\triangle ODC}) \\ &= \left(\frac{1}{2}ar_c + \frac{1}{2}dr_c\right) - \left(\frac{1}{2}cr_c + \frac{1}{2}br_c\right) = \frac{1}{2}r_c(a-c+d-b) \end{aligned}$$

假定 $a \leqslant c$,那么由 $a+b=c+d$ 得到 $b \geqslant d$,所以 $S_{\text{四边形}ABCD} \leqslant 0$,这不可能,于是 $a>c$,同理 $d>b$,由此得到

$$S_{\text{四边形}ABCD} = r_c(a-c) = r_c(d-b) \tag{4}$$

在任意凸四边形 $ABCD$ 中,有面积公式

$$S = \sqrt{(p-a)(p-b)(p-c)(p-d) - abcd\cos^2\frac{A+C}{2}}$$

特别是在圆外切四边形 $ABCD$ 中,有 $a+c=b+d=p$,在点 C 侧有圆旁切圆的四边形 $ABCD$ 中,有 $a+b=c+d=p$,所以有内切圆或旁切圆的四边形 $ABCD$ 的面积

$$S_{\text{四边形}ABCD} = \sqrt{abcd - abcd\cos^2\frac{A+C}{2}} = \sqrt{abcd}\sin\frac{A+C}{2} \tag{5}$$

当圆外切四边形和圆旁切四边形的四边的长确定时(实际上只确定三边的长),因此四边形的形状不确定,面积 $S_{四边形ABCD}$ 和内切圆的半径 r 或旁切圆的半径 r_c 都不确定. 下面我们来求 $S_{四边形ABCD}$ 和 r 或 r_c 的取值范围.

由式(5)可知,当圆外切四边形或圆旁切四边形 $ABCD$ 的对角互补,即 $A + C = 180°$ 时,$\sin\frac{A+C}{2} = 1$,于是四边形 $ABCD$ 面积有最大值 $\sqrt{abcd}$,r 有最大值 $\frac{\sqrt{abcd}}{p}$,r_c 有最大值 $\frac{\sqrt{abcd}}{a-c}$. 下面我们求面积 $S_{四边形ABCD}$ 的下界.

首先考虑圆外切四边形的情况.

1. 当四边形 $ABCD$ 是菱形时,设菱形的边长为 a,则菱形面积的最大值是 a^2(此时菱形为正方形). 由于菱形的锐角可以任意小,所以面积也可以任意小,于是

$$0 < S_{菱形ABCD} \leqslant a^2, \quad 0 < r \leqslant \frac{1}{2}a$$

2. 当四边形 $ABCD$ 的边不都相等时,不失一般性,设 $b = \max\{a,b,c,d\}$. 因为 $a + c = b + d$,所以 $d = \min\{a,b,c,d\} < a \leqslant c < b$. 当 $\angle DAB$ 增大时(图 6(a)),对角线 BD 增大,所以 $\angle BCD$ 也增大,可使 $\angle DAB + \angle BCD > 180°$. 此时四边形 $ABCD$ 的面积减小. 当 $\angle DAB$ 趋近于 $180°$,即 D,A,B 趋近于成一直线时,四边形 $ABCD$ 趋近于以 $a + d,b,c$ 为边的 $\triangle BCD$(A 在 BD 上)(因为 $2d < 2c$,所以 $a + d < 2c + a - d = b + c$,于是这是可能的). 同理,当 $\angle ADC$ 趋近于 $180°$ 时,此时四边形 $ABCD$ 趋近于以 $d + c,b,a$ 为边的 $\triangle ABC$(D 在 AC 上)(因为 $d + c < a + b$,所以这是可能的).

因为

$$S_{\triangle BCD} = \sqrt{p(p-a-d)(p-b)(p-c)} = \sqrt{(a+c)(b-a)ad}$$

$$S_{\triangle ABC} = \sqrt{p(p-d-c)(p-a)(p-b)} = \sqrt{(a+c)(b-c)cd}$$

由于 $c(b-c) - a(b-a) = bc - c^2 - ab + a^2 = b(c-a) - (c+a)(c-a) = (c-a)(b-c-a) = -d(c-a) \leqslant 0$,所以 $S_{\triangle ABC} \leqslant S_{\triangle DBC}$,于是 $S_{四边形ABCD}$ 的取值范围是

$$\sqrt{(a+c)(b-c)cd} < S_{四边形ABCD} \leqslant \sqrt{abcd} \tag{6}$$

r 的取值范围是

$$\frac{\sqrt{(a+c)(b-c)cd}}{a+c} < r \leqslant \frac{\sqrt{abcd}}{p} \tag{7}$$

这里 $b = \max\{a,b,c,d\}$,$a \leqslant c$.

由于菱形的四边都相等,所以 $\sqrt{(a+c)(b-c)cd}=0$,于是式(6)和(7)对一切圆外切四边形都成立.

现在考虑圆旁切四边形的情况.

因为 $S_{四边形ABCD}=\frac{1}{2}r_c(a-c+d-b)$,所以 $a+d>b+c$. 当 $\angle BCD$ 增大时(图6(b)),对角线 BD 增大,$\angle DAB$ 也增大. 可使 $\angle BCD+\angle DAB>180°$,此时四边形 $ABCD$ 的面积减小. 当 $\angle DAB$ 趋近于 $180°$,即 B,C,D 趋近于一直线时,四边形 $ABCD$ 趋近于以 $b+c,a,d$ 为边的 $\triangle ABD$(C 在 BD 上).

因为 $S_{\triangle ABD}=\sqrt{p(p-b-c)(p-a)(p-d)}=\sqrt{(a+b)(a-c)bc}$,所以 $S_{四边形ABCD}$ 的取值范围是

$$\sqrt{(a+b)(a-c)bc}<S_{四边形ABCD}\leqslant\sqrt{abcd} \tag{8}$$

r_c 的取值范围是

$$\frac{\sqrt{(a+b)(a-c)bc}}{a-c}<r_c\leqslant\frac{\sqrt{abcd}}{a-c} \tag{9}$$

从以上的讨论可知,三角形可看作是圆外切四边形或圆旁切四边形的退化情况.

如果四边形 $ABCD$ 既有外接圆,又有内切圆或旁切圆,那么这样的四边形称为双圆四边形或双心四边形,它的面积 $S=\sqrt{abcd}$.

设四边形 $ABCD$ 的外接圆和内切圆的半径分别是 R 和 r,两个圆心之间的距离是 d,可以证明:

$$\frac{1}{(R+d)^2}+\frac{1}{(R-d)^2}=\frac{1}{r^2} \tag{10}$$

三角形既有外接圆又有内切圆,有欧拉定理 $d^2=R^2-2Rr$. 有趣的是由欧拉定理可推出一个与式(10)类似的式子

$$\frac{1}{R+d}+\frac{1}{R-d}=\frac{1}{r} \tag{11}$$

设四边形 $ABCD$ 的外接圆和旁切圆的半径分别是 R 和 r_c,两个圆心之间的距离是 d,可以证明

$$\frac{1}{(d-R)^2}+\frac{1}{(d+R)^2}=\frac{1}{r_c^2} \tag{10'}$$

三角形既有外接圆又有旁切圆,有 $d^2=R^2+2Rr_c$. 可推出一个与式(11)类似的式子

$$\frac{1}{d-R}-\frac{1}{d+R}=\frac{1}{r_c} \tag{11'}$$

式(10),(10′)和(11),(11′)分别与四边形和三角形的边长无关.

3.7.5 四边形有内切圆或旁切圆(用边和角表示)的充分必要条件

因为凸四边形的自由度是5,所以在一般情况下(这里指的是四边形的任意三边之和大于第四边,任意三角之和大于180°,小于360°),有5个独立的条件就可确定一个凸四边形,但是这个四边形未必有内切圆或旁切圆.

下面求用两条边和三个角(已知三个角就是已知四个角),以及三条边和两个夹角的关系表示四边形有内切圆或旁切圆的充分必要条件.

首先研究四边形有内切圆的情况,然后研究四边形旁切圆的情况.在两种情况下都先考虑两条边和三个角的关系(此时两条边有邻边和对边之别,所以分别处理),然后考虑三条边和两个夹角的关系.

1. 两条边是邻边的情况.

不失一般性,取两邻边 a,b,则四边形 $ABCD$ 有内切圆的充要条件是

$$\frac{a\sin\frac{A}{2}}{\sin\frac{A+B}{2}}=\frac{b\sin\frac{C}{2}}{\sin\frac{B+C}{2}} \tag{12}$$

证明 作 $\angle A,\angle B$ 和 $\angle C$ 的平分线,设 $\angle A$ 和 $\angle B$ 的平分线相交于点 O,点 O 到 DA,AB,BC 的距离都是 r.设 $\angle B$ 和 $\angle C$ 的平分线相交于点 O'(图7),点 O' 到 AB,BC,CD 的距离都是 r'.

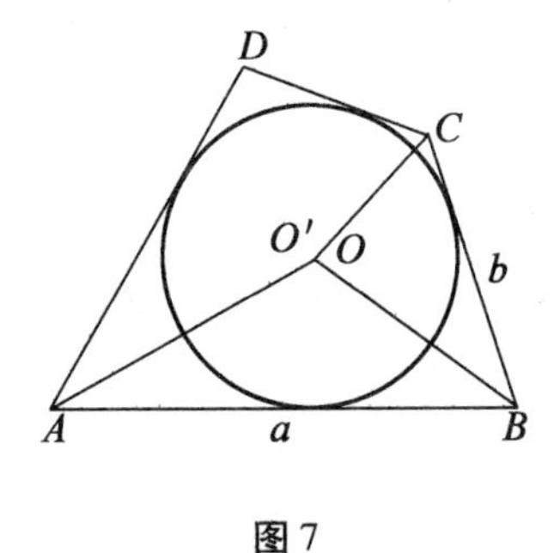

图7

因为 $\angle OAB=\frac{1}{2}\angle A,\angle OBA=\frac{1}{2}\angle B,\angle O'CB=\frac{1}{2}\angle C$,所以

$\angle AOB=180°-\frac{1}{2}(\angle A+\angle B),\angle BO'C=180°-\frac{1}{2}(\angle B+\angle C)$

在 $\triangle AOB$ 中,$\frac{a}{\sin\frac{A+B}{2}}=\frac{OB}{\sin\frac{A}{2}},OB=\frac{a\sin\frac{A}{2}}{\sin\frac{A+B}{2}}$.

在$\triangle BO'C$中，$\dfrac{b}{\sin\frac{B+C}{2}}=\dfrac{O'B}{\sin\frac{C}{2}}$，有$O'B=\dfrac{b\sin\frac{C}{2}}{\sin\frac{B+C}{2}}$.

当且仅当O'与O重合时，$r'=r$，即O到四边形$ABCD$的四边的距离相等，四边形$ABCD$有内切圆O，半径为r. 此时$OB=O'B$，即

$$\frac{a\sin\frac{A}{2}}{\sin\frac{A+B}{2}}=\frac{b\sin\frac{C}{2}}{\sin\frac{B+C}{2}}$$

(1)式(12)是以比例的形式出现的，也可改写为乘积的形式，下同.

(2)如果对边和角进行轮换：$a\to b, b\to c, c\to d, d\to a; A\to B, B\to C, C\to D, D\to A$，那么由式(12)可依次得到

$$\frac{b\sin\frac{B}{2}}{\sin\frac{B+C}{2}}=\frac{c\sin\frac{D}{2}}{\sin\frac{C+D}{2}},\quad \frac{c\sin\frac{C}{2}}{\sin\frac{C+D}{2}}=\frac{d\sin\frac{A}{2}}{\sin\frac{D+A}{2}},\quad \frac{d\sin\frac{D}{2}}{\sin\frac{D+A}{2}}=\frac{a\sin\frac{B}{2}}{\sin\frac{A+B}{2}}$$

上述各式都是四边形$ABCD$有内切圆的充要条件.

2. 两条边是一组对边的情况.

由式(12)和进行轮换得到的上面三个式子分别消去b和d得到

$$a\sin\frac{A}{2}\sin\frac{B}{2}=c\sin\frac{C}{2}\sin\frac{D}{2} \tag{13}$$

$$d\sin\frac{D}{2}\sin\frac{A}{2}=b\sin\frac{B}{2}\sin\frac{C}{2} \tag{13'}$$

式(13)和(13′)都是四边形$ABCD$的一组对边和内角表示的四边形$ABCD$有内切圆的充要条件.

3. 三条边和两个角的情况，这里研究三条边a,b,c和两个夹角B,C的情况.

四边形$ABCD$有内切圆的充要条件是

$$ab(1-\cos B)+bc(1-\cos C)-ac[1-\cos(B+C)]=0 \tag{14}$$

也可写成与式(14)等价的

$$ab\sin^2\frac{B}{2}+bc\sin^2\frac{C}{2}=ac\sin^2\frac{B+C}{2} \tag{14'}$$

证明 如图8建立直角坐标系. 设四边形$ABCD$的边AB, BC, CD都与半径为r的圆O相切，BC与x轴平行，则点B的坐标为$\left(-r\cot\frac{B}{2}, -r\right)$，点$C$的坐标为$\left(r\cot\frac{C}{2}, -r\right)$，且$r\cot\frac{B}{2}+r\cot\frac{C}{2}=b$.

直线 AB 的参数方程为 $\begin{cases} x = -r\cot\dfrac{B}{2} + t\cos B \\ y = -r + t\sin B \end{cases}$. 因为 $AB = a$, 所以点 A 的坐标为 $\begin{cases} x_1 = -r\cot\dfrac{B}{2} + a\cos B \\ y_1 = -r + a\sin B \end{cases}$.

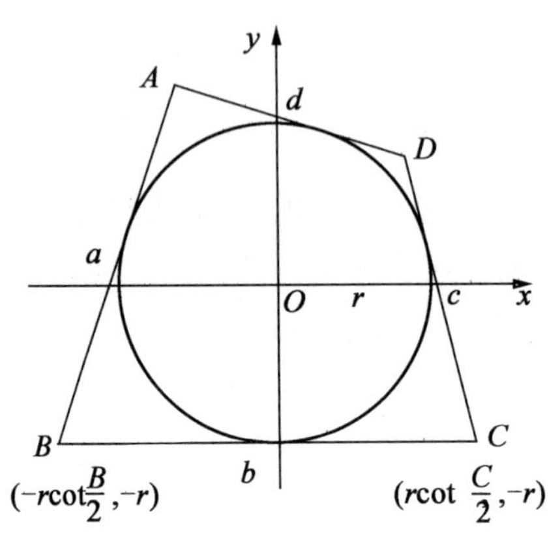

图 8

直线 DC 的参数方程为 $\begin{cases} x = r\cot\dfrac{C}{2} - t\cos C \\ y = -r + t\sin C \end{cases}$. 因为 $DC = c$, 所以点 D 的坐标为 $\begin{cases} x_2 = r\cot\dfrac{C}{2} - c\cos C \\ y_2 = -r + c\sin C \end{cases}$, 于是

$$
\begin{aligned}
d^2 = AD^2 &= (x_2 - x_1)^2 + (y_2 - y_1)^2 \\
&= \left(r\cot\frac{C}{2} - c\cos C + r\cot\frac{B}{2} - a\cos B\right)^2 + (c\sin C - a\sin B)^2 \\
&= (b - c\cos C - a\cos B)^2 + (c\sin C - a\sin B)^2 \\
&= b^2 + c^2 + a^2 - 2bc\cos C - 2ab\cos B + 2ac\cos B\cos C - 2ac\sin B\sin C \\
&= a^2 + b^2 + c^2 - 2bc\cos C - 2ab\cos B + 2ac\cos(B + C) \\
&= a^2 + b^2 + c^2 + 2ac - 2ab - 2bc + \\
&\quad 2ab(1 - \cos B) + 2bc(1 - \cos C) - 2ac[1 - \cos(B + C)] \\
&= (a + c - b)^2 + 2ab(1 - \cos B) + 2bc(1 - \cos C) - 2ac[1 - \cos(B + C)]
\end{aligned}
$$

当四边形 $ABCD$ 有内切圆时, $a + c - b = d$, 则

$$ab(1 - \cos B) + bc(1 - \cos C) - ac[1 - \cos(B + C)] = 0$$

当 $ab(1-\cos B)+bc(1-\cos C)-ac[1-\cos(B+C)]=0$ 时,$d^2=(a+c-b)^2$,于是 $d=a+c-b$,或 $d=b-a-c$.

若 $d=a+c-b$,则 $b+d=a+c$,四边形 $ABCD$ 有内切圆.

若 $d=b-a-c$,则 $d+a+c=b$,这不可能.

如果对边和角进行轮换:$a\to b,b\to c,c\to d,d\to a;A\to B,B\to C,C\to D,D\to A$,那么由式(14)或(14′)可依次得到另三个类似的等式.

现在考虑四边形 $ABCD$ 在 C 侧有旁切圆的情况.

1. 与邻边 a,b 有关的充要条件是

$$\frac{a\sin\dfrac{A}{2}}{\cos\dfrac{A+B}{2}}=\frac{b\sin\dfrac{C}{2}}{\cos\dfrac{A+D}{2}}\tag{15}$$

证明 作 $\angle A$ 的平分线和 $\angle B$ 的外角平分线,设交点为 O,则 O 到直线 DA,AB,BC 的距离都是 r_c. 作 $\angle C$ 的对顶角的平分线,与 OB 交于点 O'(图9),则 O' 到 AB,CD,BC 的距离都是 r_c'. 在 $\triangle AOB$ 中

$$\angle ABO=\frac{1}{2}\angle A$$

$$\angle OBA=\angle B+\frac{1}{2}(180^\circ-\angle B)=90^\circ+\frac{1}{2}\angle B$$

$$\angle AOB=180^\circ-\frac{1}{2}\angle A-\left(90^\circ+\frac{1}{2}\angle B\right)=90^\circ-\frac{1}{2}(\angle A+\angle B)$$

由正弦定理得

$$\frac{OB}{\sin\dfrac{A}{2}}=\frac{a}{\sin\left(90^\circ-\dfrac{A+B}{2}\right)},OB=\frac{a\sin\dfrac{A}{2}}{\cos\dfrac{A+B}{2}}$$

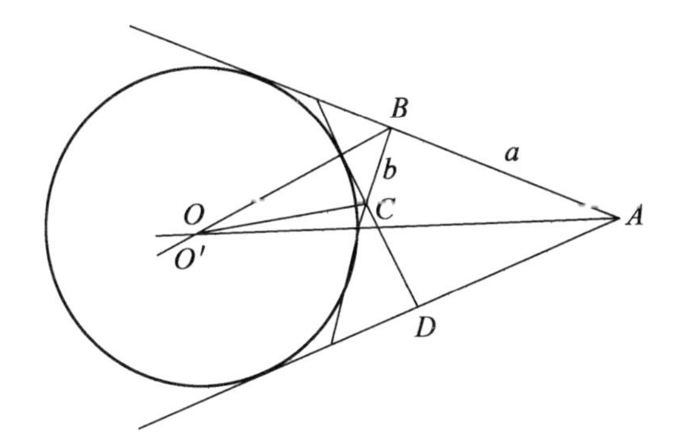

图9

在$\triangle BO'C$中，由$\angle O'BC=\frac{1}{2}(180^\circ-\angle B)$，$\angle O'CB=\frac{1}{2}\angle C+(180^\circ-\angle C)=180^\circ-\frac{1}{2}\angle C$，$\angle BO'C=180^\circ-\frac{1}{2}(180^\circ-\angle B)-(180^\circ-\frac{1}{2}\angle C)=\frac{1}{2}(\angle B+\angle C)-90^\circ$. 由正弦定理

$$\frac{O'B}{\sin(180^\circ-\frac{C}{2})}=\frac{b}{\sin(\frac{B+C}{2}-90^\circ)}$$

$$O'B=\frac{b\sin\frac{C}{2}}{-\cos\frac{B+C}{2}}=\frac{b\sin\frac{C}{2}}{\cos\frac{A+D}{2}}$$

当且仅当O'与O重合时，$r_c'=r_c$，点O到四边所在的直线的距离都相等，即四边形$ABCD$的C侧有旁切圆O，半径为r_c. 此时，$OB=O'B$，即

$$\frac{a\sin\frac{A}{2}}{\cos\frac{A+B}{2}}=\frac{b\sin\frac{C}{2}}{\cos\frac{A+D}{2}}$$

由对称性，将式(15)中的a和b分别换成d和c，将B互换D，得到d和c的关系

$$\frac{d\sin\frac{A}{2}}{\cos\frac{A+D}{2}}=\frac{c\sin\frac{C}{2}}{\cos\frac{A+B}{2}} \qquad (15')$$

2. 与邻边b,c有关的充要条件是

$$\frac{b\cos\frac{B}{2}}{\cos\frac{A+D}{2}}=\frac{c\cos\frac{D}{2}}{\cos\frac{A+B}{2}} \qquad (16)$$

证明 作$\angle B$的外角的平分线和$\angle C$的对顶角的平分线(图10)，设交点为O，O到直线AB,BC,CD的距离都是r_c. 作$\angle D$的外角的平分线，设$\angle D$的外角平分线与OC的交点为O'，O'到直线AD,DC,CB的距离都是r_c'.

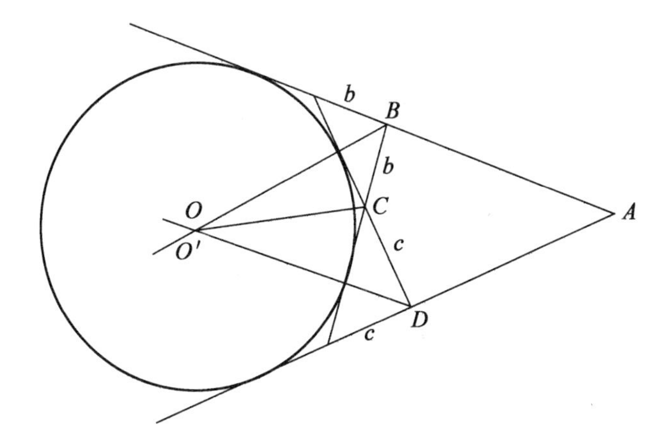

图10

在$\triangle BOC$中

$$\angle OBC = \frac{1}{2}(180° - \angle B)$$

$$\angle OCB = \frac{1}{2}\angle C + (180° - \angle C) = 180° - \frac{1}{2}\angle C$$

$$\angle BOC = 180° - \frac{1}{2}(180° - \angle B) - (180° - \frac{1}{2}\angle C)$$

$$= \frac{1}{2}(\angle B + \angle C) - 90°$$

由正弦定理

$$\frac{OC}{\sin(90^{\circ} - \frac{B}{2})} = \frac{b}{\sin(\frac{B+C}{2} - 90^{\circ})}$$

$$OC = \frac{b\cos\frac{B}{2}}{-\cos\frac{B+C}{2}} = \frac{b\cos\frac{B}{2}}{\cos\frac{A+D}{2}}$$

同理,在$\triangle COD$中,$O'C = \dfrac{c\cos\frac{D}{2}}{\cos\frac{A+B}{2}}$.

当且仅当O'与O重合时,$r_c' = r_c$,即O到四边形$ABCD$的四边所在的直线的距离相等,四边形$ABCD$有旁切圆O,半径为r_c. 此时$OC = O'C$,于是

$$\frac{b\cos\frac{B}{2}}{\cos\frac{A+D}{2}}=\frac{c\cos\frac{D}{2}}{\cos\frac{A+B}{2}}$$

3. 与邻边 a,d 有关的充要条件是

$$\frac{a\cos\frac{B}{2}}{\cos\frac{A+B}{2}}=\frac{d\cos\frac{D}{2}}{\cos\frac{A+D}{2}} \tag{17}$$

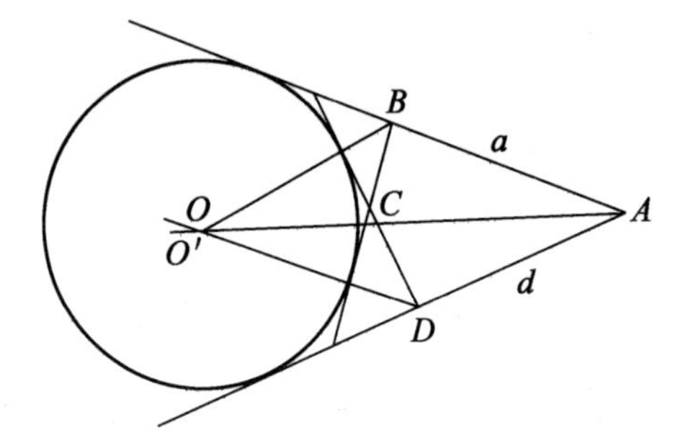

图 11

证明 作 $\angle A$ 的平分线和 $\angle B$ 的外角平分线，设交点为 O，则 O 到直线 DA,AB,BC 的距离都是 r_c. 作 $\angle D$ 的外角平分线，与交 OA 于点 O'（图 11），则 O'到 AB,CD,DA 的距离都是 r_c'. 在$\triangle AOB$ 中

$$\angle ABO=\frac{1}{2}\angle A$$

$$\angle OBA=\angle B+\frac{1}{2}(180°-\angle B)=90°+\frac{1}{2}\angle B$$

$$\angle AOB=180°-\frac{1}{2}\angle A-(90°+\frac{1}{2}\angle B)=90°-\frac{1}{2}(\angle A+\angle B)$$

由正弦定理

$$\frac{OA}{\sin(90^\circ+\frac{B}{2})}=\frac{a}{\sin(90^\circ-\frac{A+B}{2})}$$

$$OA=\frac{a\cos\frac{B}{2}}{\cos\frac{A+B}{2}}$$

在$\triangle AO'D$ 中

$$\angle O'AD=\frac{1}{2}\angle A$$

$$\angle O'DA=\angle D+\frac{1}{2}(180^\circ-\angle D)=90^\circ+\frac{1}{2}\angle D$$

$$\angle AO'D=180^\circ-\frac{1}{2}\angle A-(90^\circ+\frac{1}{2}\angle D)=90^\circ-\frac{1}{2}(\angle A+\angle D)$$

由正弦定理,$\dfrac{O'A}{\sin(90^\circ+\frac{D}{2})}=\dfrac{d}{\sin(90^\circ-\frac{A+D}{2})}$,$O'A=\dfrac{d\cos\frac{D}{2}}{\cos\frac{A+D}{2}}$.

当且仅当 O' 与 O 重合时,$r_c'=r_c$,即 O 到四边形 $ABCD$ 的四边的距离相等,四边形 $ABCD$ 有旁切圆 O. 此时 $OA=O'A$,即 $\dfrac{a\cos\frac{B}{2}}{\cos\frac{A+B}{2}}=\dfrac{d\cos\frac{D}{2}}{\cos\frac{A+D}{2}}$.

4. 与对边 b 和 d 有关的充要条件是

$$b\cos\frac{B}{2}\sin\frac{C}{2}=d\cos\frac{D}{2}\sin\frac{A}{2}\tag{18}$$

式(18)可由式(15)和(17)消去 a 得到.

由对称性,将式(18)中的 b 和 d 分别换成 c 和 a,将 B 和 D 互换,得到对边 c 和 a 的关系

$$c\cos\frac{D}{2}\sin\frac{C}{2}=a\cos\frac{B}{2}\sin\frac{A}{2}\tag{18$'$}$$

5. 三边和两角的情况,这里研究三条边 a,b,c 和两个夹角 B,C 的情况.

四边形 $ABCD$ 在 C 侧有旁切圆的充要条件是

$$-ab(1+\cos B)+bc(1+\cos C)+ac[1+\cos(B+C)]=0\tag{19}$$

也可写成与式(19)等价的

$$-ab\cos^2\frac{B}{2}+bc\cos^2\frac{C}{2}+ac\cos^2\frac{B+C}{2}=0\tag{19$'$}$$

证明 如图12所示建立直角坐标系. 设四边形 $ABCD$ 的边 AB,BC,CD 都与半径为 r_c 的圆 O 相切,BC 与 x 轴平行,则点 B 的坐标为$(-r_c\tan\frac{B}{2},r_c)$,点 C 的坐标为$(-r_c\cot\frac{C}{2},r_c)$,且 $b=r_c\tan\frac{B}{2}-r_c\cot\frac{C}{2}$.

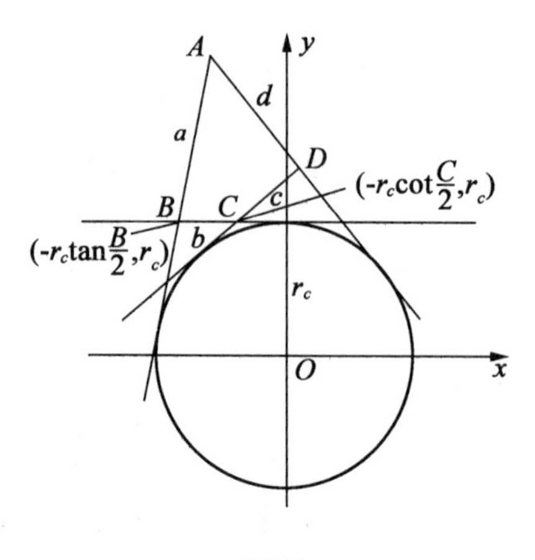

图 12

直线 AB 的参数方程为 $\begin{cases} x = -r_c\tan\dfrac{B}{2} + t\cos B \\ y = r_c + t\sin B \end{cases}$. 因为 $AB = a$，所以点 A 的坐标为 $\begin{cases} x_1 = -r_c\tan\dfrac{B}{2} + a\cos B \\ y_1 = r_c + a\sin B \end{cases}$.

直线 DC 的参数方程为 $\begin{cases} x = -r_c\cot\dfrac{C}{2} + t\cos C \\ y = r_c + t\sin C \end{cases}$. 因为 $DC = c$，所以点 D 的坐标为 $\begin{cases} x_2 = -r_c\cot\dfrac{C}{2} + c\cos C \\ y_2 = r_c + c\sin C \end{cases}$，于是

$$
\begin{aligned}
d^2 = AD^2 &= (x_2 - x_1)^2 + (y_2 - y_1)^2 \\
&= \left(-r_c\cot\frac{C}{2} + c\cos C + r_c\tan\frac{B}{2} - a\cos B\right)^2 + \\
&\quad (c\sin C - a\sin B)^2 = (b + c\cos C - a\cos B)^2 + (c\sin C - a\sin B)^2 \\
&= b^2 + c^2 + a^2 + 2bc\cos C - 2ab\cos B - 2ac\cos B\cos C - 2ac\sin B\sin C \\
&= a^2 + b^2 + c^2 + 2bc\cos C - 2ab\cos B + 2ac\cos(B+C) \\
&= a^2 + b^2 + c^2 + 2ab - 2ac - 2bc - 2ab(1 + \cos B) + \\
&\quad 2bc(1 + \cos C) + 2ac[1 + \cos(B + C)] \\
&= (a + b - c)^2 - 2ab(1 + \cos B) + \\
&\quad 2bc(1 + \cos C) + 2ac[1 + \cos(B + C)].
\end{aligned}
$$

当四边形 $ABCD$ 在 C 侧有旁切圆时，$a + b - c = d$，则

$$-ab(1+\cos B)+bc(1+\cos C)+ac[1+\cos(B+C)]=0$$

当 $-ab(1+\cos B)+bc(1+\cos C)+ac[1+\cos(B+C)]=0$ 时，$d^2=(a+b-c)^2$.

于是 $d=a+b-c$，或 $d=-a-b+c$.

若 $d=a+b-c$，则 $a+b=c+d$，四边形 $ABCD$ 在 C 侧有旁切圆.

若 $d=b-a-c$，则 $d+a+c=b$，这不可能.

3.7.6 非封闭四边形的内切圆和旁切圆

当一个凸四边形的三个内角的和增大时，第四个角的顶点的位置就变远. 当这三个内角的和达到或超过360°时，两边的长就变得无穷大，第四个角的顶点就不存在，此时的凸四边形就变为一条四节折线，其中两侧的两条折线是不相交的射线，这样的图形称为非封闭四边形（如图13(a)和图13(b)中的非封闭四边形 $GFCEH$）. 当两条射线 FG 和 EH 不平行时（图13(b)），则延长非封闭四边形 $GFCEH$ 的各边 GF,FC,CE,HE，得到四边形 $ABCD$（图13(c)）. 其中 C 是四边形 $ABCD$ 和非封闭四边形 $GFCEH$ 的公共顶点.

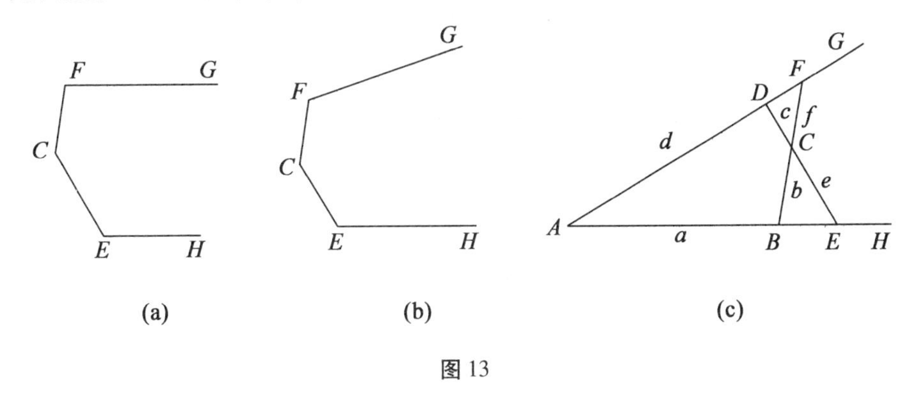

图13

为方便起见，在非封闭四边形 $GFCEH$ 中，设 $CE=e,FC=f,\angle CEH=\angle E,\angle GFC=\angle F$.

因为凸四边形和非封闭四边形的自由度都是5，所以由五个独立的条件就可确定一个四边形或一个非封闭四边形. 在一般情况下（这里指的是任意三边之和大于第四边，任意三角之和大于180°，小于360°），由两条边和三个角就可确定一个凸四边形，同时两组对边都不平行的四边形的四边所在的直线确定了在某一顶点一侧的非封闭四边形. 不失一般性，下面求四边形 $ABCD$ 与在 C 侧的非封闭四边形 $GFCEH$（图13(c)）的边和角之间的关系.

四边形 $ABCD$ 的 $\angle BCD$ 和非封闭四边形 $GFCEH$ 的 $\angle FCE$ 互为对顶角.

因为$\triangle BCE$的三个外角之和是360°,所以$\angle E = 360° - (\angle B + \angle C)$.同理$\angle F = 360° - (\angle D + \angle C)$.

反之,有$\angle B = 360° - (\angle E + \angle C)$,$\angle D = 360° - (\angle F + \angle C)$.

在$\triangle BCE$中,由正弦定理,得到

$$e = \frac{b\sin B}{\sin E} = -\frac{b\sin B}{\sin(B + C)}, f = \frac{c\sin D}{\sin F} = -\frac{c\sin D}{\sin(D + C)}$$

反之,有$b = -\dfrac{e\sin E}{\sin(E + C)}$,$c = -\dfrac{f\sin F}{\sin(F + C)}$.

因为四边形$ABCD$的旁切圆就是非封闭四边形$GFCEH$的内切圆,所以将$\angle B = 360° - (\angle E + \angle C)$,$\angle D = 360° - (\angle F + \angle C)$,$b = -\dfrac{e\sin E}{\sin(E + C)}$,$c = -\dfrac{f\sin F}{\sin(F + C)}$代入式(16),得到

$$\frac{e\sin\dfrac{E}{2}}{\sin\dfrac{E + C}{2}} = \frac{f\sin\dfrac{F}{2}}{\sin\dfrac{F + C}{2}} \tag{20}$$

式(20)就是非封闭四边形$GFCEH$有内切圆(用e,f,$\angle F$,$\angle C$,$\angle E$之间的关系表示)的充要条件.

非封闭四边形$GFCEH$的内切圆的半径就是四边形$ABCD$的旁切圆的半径

$$r_c = -\frac{e\sin\dfrac{E}{2}\sin\dfrac{C}{2}}{\cos\dfrac{E + C}{2}} \tag{21}$$

或

$$r_c = -\frac{f\sin\dfrac{F}{2}\sin\dfrac{C}{2}}{\sin\dfrac{F + C}{2}} \tag{21'}$$

将$\angle B = 360° - (\angle E + \angle C)$,$\angle D = 360° - (\angle F + \angle C)$,$b = -\dfrac{e\sin E}{\sin(E + C)}$,$c = -\dfrac{f\sin F}{\sin(F + C)}$代入式(16),得到

$$\frac{e\cos\dfrac{E}{2}}{\cos\dfrac{E + C}{2}} = \frac{f\cos\dfrac{F}{2}}{\cos\dfrac{F + C}{2}} \tag{22}$$

式(22)就是非封闭四边形$GFCEH$有旁切圆(用e,f,F,C,E之间的关系表示)的充要条件.

非封闭四边形$GFCEH$的旁切圆的半径就是四边形$ABCD$的内切圆的半径

$$r=-\frac{e\cos\frac{E}{2}\sin\frac{C}{2}}{\cos\frac{E+C}{2}} \tag{23}$$

或

$$r=-\frac{f\cos\frac{F}{2}\sin\frac{C}{2}}{\cos\frac{F+C}{2}} \tag{23'}$$

3.7.7 圆外切四边形和圆旁切四边形的一些性质

性质1 一个四边形被一条对角线分成两个三角形,这两个三角形各有一个内切圆,则该四边形有内切圆的充要条件是这两个三角形的内切圆与该对角线切于同一点.

证明 在四边形 $ABCD$ 中,不失一般性,设对角线 AC 将四边形 $ABCD$ 分割成 $\triangle ABC$ 和 $\triangle ACD$(图14).设 $\triangle ABC$ 和 $\triangle ACD$ 的内切圆的圆心分别是 O_1 和 O_2,半径分别是 r_1 和 r_2,圆 O_1 分别切 AB,BC,CA 于 E,F,M;圆 O_2 分别切 CD,DA,AC 于 G,H,N,则

$$AB+CD=(AE+EB)+(CG+GD)=AM+BE+CN+DG$$

$$BC+DA=(BF+FC)+(DH+HA)=BE+CM+DG+AN$$

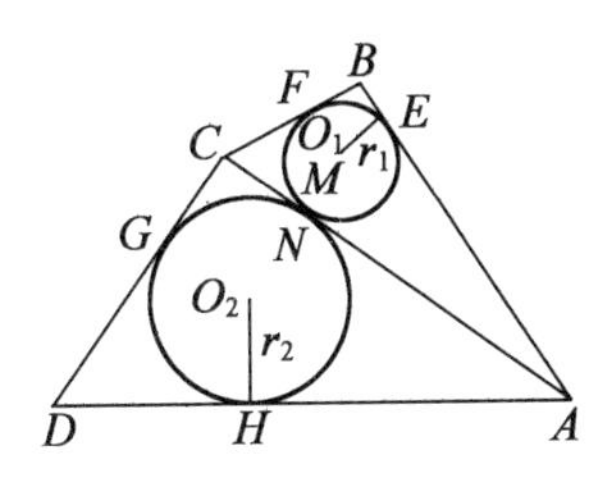

图14

必要性:当 $AB+CD=BC+DA$ 时

$$AM+BE+CN+DG=BE+CM+DG+AN$$

于是 $AM+CN=CM+AN$,即

$$AM-CM=AN-CN,AC-2CM=AC-2CN$$

于是 $CM=CN$,即 N 与 M 重合,即 $\triangle ABC$ 和 $\triangle ACD$ 的内切圆与对角线切 AC 于同一点.

充分性:设圆 O_1 和圆 O_2 都与 AC 相切于同一点 M(图14中,N 与 M 重合于 M),则 $AB+CD=AM+BE+CM+DG$,$BC+DA=BE+CM+DG+AM$,即 $AB+CD=BC+DA$,四边形 $ABCD$ 有内切圆.

对角线 BD 将四边形 $ABCD$ 分割成 $\triangle ABD$ 和 $\triangle CBD$ 的情况相同.

以上结论可以推广到非封闭四边形的情况(见 3.7.8 附录中第 4 点).

此外,还可以得到 Iosifescu 定理:

定理 1 凸四边形 $ABCD$ 有内切圆的充要条件是

$$\tan\frac{\angle BAC}{2}\tan\frac{\angle ACD}{2}=\tan\frac{\angle BCA}{2}\tan\frac{\angle CAD}{2}$$

(这里 $\angle BAC$ 和 $\angle ACD$, $\angle BCA$ 和 $\angle CAD$ 分别是 AC 两侧的内错角)

证明 必要性:设 $\triangle ABC$ 和 $\triangle ACD$ 的内切圆 O_1 和 O_2 都与 AC 相切于点 M(图 14),于是

$$\tan\frac{\angle BAC}{2}=\tan\angle O_1AC=\frac{r_1}{AM},\tan\frac{\angle BCA}{2}=\tan\angle O_1CA=\frac{r_1}{CM}$$

$$\tan\frac{\angle DAC}{2}=\tan\angle O_2AC=\frac{r_2}{AM},\tan\frac{\angle ACD}{2}=\tan\angle O_2CA=\frac{r_2}{CM}$$

所以 $\tan\frac{\angle BAC}{2}\tan\frac{\angle ACD}{2}=\frac{r_1\cdot r_2}{AM\cdot CM}=\tan\frac{\angle BCA}{2}\tan\frac{\angle CAD}{2}$.

充分性:设 $\triangle ABC$ 的内切圆 O_1 分别切 AB,BC,CA 于 E,F,M; $\triangle ACD$ 的内切圆 O_2 分别切 CD,DA,AC 于 G,H,N(图 14),则

$$\tan\frac{\angle BAC}{2}=\tan\angle O_1AC=\frac{r_1}{AM},\tan\frac{\angle BCA}{2}=\tan\angle O_1CA=\frac{r_1}{CM}$$

$$\tan\frac{\angle CAD}{2}=\tan\angle O_2AC=\frac{r_2}{AN},\tan\frac{\angle ACD}{2}=\tan\angle O_2CA=\frac{r_2}{CN}$$

当 $\tan\frac{\angle BAC}{2}\tan\frac{\angle ACD}{2}=\tan\frac{\angle BCA}{2}\tan\frac{\angle CAD}{2}$ 时,有

$$\frac{r_1}{AM}\cdot\frac{r_2}{CN}=\frac{r_1}{CM}\cdot\frac{r_2}{AN}$$

于是 $AM\cdot CN=CM\cdot AN$,即

$$AM\cdot(AC-AN)=(AC-AM)\cdot AN$$

$$AM\cdot AC-AM\times AN=AC\cdot AN-AM\cdot AN,AM\cdot AC=AC\cdot AN$$

$AM=AN$,即 M 与 N 重合,则由性质 1 的充分性可知四边形 $ABCD$ 有内切圆.

性质 2 一个四边形被一条对角线分割成两个三角形,这两个三角形各有一个内切圆,则该四边形 $ABCD$ 在 C 侧有旁切圆的充要条件是:

(1)当对角线是 AC 时, B 到 $\triangle ABC$ 的内切圆的切线的长等于 D 到 $\triangle ADC$ 的内切圆的切线的长;

(2)当对角线是 BD 时, B 到其中一个内切圆的切线的长等于 D 到另一个内切圆的切线的长.

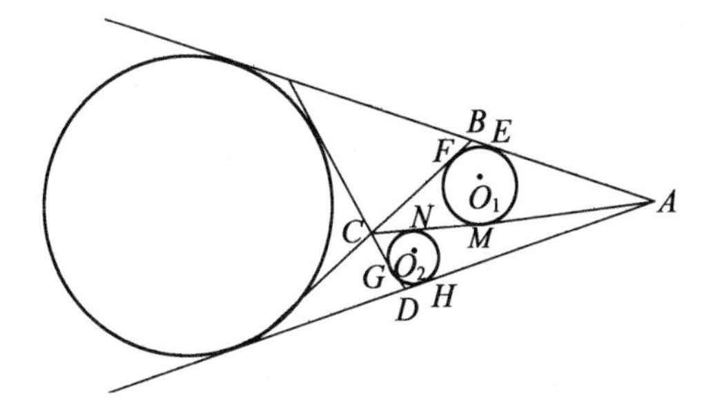

图 15

证明 (i)对角线 AC 将四边形 $ABCD$ 分割成$\triangle ABC$ 和$\triangle ADC$(图 15). 设$\triangle ABC$ 的内切圆 O_1 分别切 AB,BC,AC 于 E,F,M;$\triangle ADC$ 的内切圆 O_2 分别切 CD,DA,AC 于 G,H,N,则

$$\begin{aligned}AB+BC&=(AE+EB)+(BF+FC)\\&=AM+2BE+CM=AC+2BE,\\CD+DA&=(CG+GD)+(DH+HA)\\&=CN+2DH+NA=AC+2DH.\end{aligned}$$

必要性:当 $AB+BC=CD+DA$ 时,$EB=DH$,即 B 到圆 O_1 的切线的长等于 D 到圆 O_2 的切线的长.

充分性:当 $BE=DH$ 时,$AB+BC=CD+DA$,凸四边形 $ABCD$ 在 C 侧有旁切圆.

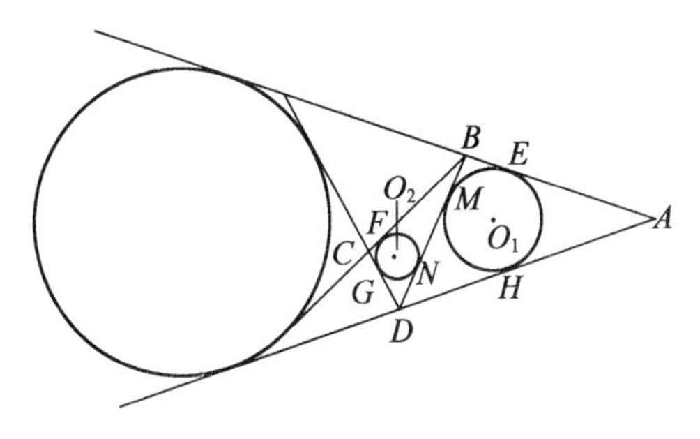

图 16

(ii)对角线 BD 将四边形 $ABCD$ 分割成$\triangle ABD$ 和$\triangle BCD$(图 16). 设$\triangle ABD$ 的内切圆 O_1 分别切 DA,AB,BD 于 H,E,M;$\triangle BCD$ 的内切圆 O_2 分别切 BC,CD,DB 于 F,G,N,则

$$AB+BC=(AE+EB)+(BF+FC)=AE+BM+BN+FC$$

$$CD+DA=(CG+GD)+(DH+HA)=FC+DN+DM+AE$$

必要性：当 $AB + BC = CD + DA$ 时，$AE + BM + BN + FC = FC + DN + DM + AE$，$BM + BN = DN + DM$，$BD - DM + BN = BD - BN + DM$，$BN = DM$，于是 $BM = DN$，即 B 到圆 O_2 的切线的长等于 D 到圆 O_1 的切线的长；B 到圆 O_1 的切线的长等于 D 到圆 O_2 的切线的长.

充分性：$BM = DN$ 和 $BN = DM$ 中一个成立，则另一个也成立. 当 $BM = DN$ 时，$AB + BC = AE + BM + BN + FC = AE + DN + DM + FC = AH + DG + DH + CG = CD + DA$，所以四边形 $ABCD$ 在 C 侧有旁切圆.

此外，也可以得到与 Iosifescu 定理类似的定理：

定理 2　凸四边形 $ABCD$ 的 C 侧有旁切圆的充要条件是

$$\tan\frac{\angle ABD}{2}\tan\frac{\angle CBD}{2} = \tan\frac{\angle ADB}{2}\tan\frac{\angle CDB}{2}$$

（这里 $\angle ABD$ 和 $\angle CBD$ 有共同的顶点 B，且位于公共边 BD 的两侧，$\angle ADB$ 和 $\angle CDB$ 有共同的顶点 D，且位于公共边 BD 的两侧.）

证明　设 $\triangle ABD$ 和 $\triangle BCD$ 的内切圆的圆心分别是 O_1 和 O_2，半径分别是 r_1 和 r_2，由于四边形 $ABCD$ 的 C 侧有旁切圆，设圆 O_1 和圆 O_2 分别与 BD 相切于点 M 和 N（图 16），则

$$\tan\frac{\angle ABD}{2} = \tan\angle O_1BD = \frac{r_1}{BM},\tan\frac{\angle ADB}{2} = \tan\angle O_1DB = \frac{r_1}{DM}$$

$$\tan\frac{\angle CBD}{2} = \tan\angle O_2BD = \frac{r_2}{BN},\tan\frac{\angle CDB}{2} = \tan\angle O_2DB = \frac{r_2}{DN}$$

必要性：当 $BM = DN$，$BN = DM$ 时，有

$$\begin{aligned}\tan\frac{\angle ABD}{2}\tan\frac{\angle CBD}{2} &= \frac{r_1r_2}{BM\cdot BN} = \frac{r_1r_2}{DN\cdot DM}\\ &= \tan\frac{\angle ADB}{2}\tan\frac{\angle CDB}{2}\end{aligned}$$

充分性：当 $\tan\frac{\angle ABD}{2}\tan\frac{\angle CBD}{2} = \tan\frac{\angle ADB}{2}\tan\frac{\angle CDB}{2}$ 时，有

$$\frac{r_1r_2}{BM\cdot BN} = \frac{r_1r_2}{DN\cdot DM}$$

则 $BM\cdot BN = DN\cdot DM$，即

$$BM(BD - DN) = DN(BD - BM)$$

$$BM\cdot BD - BM\cdot DN = DN\cdot BD - DN\cdot BM$$

$$BM\cdot BD = DN\cdot BD$$

所以 $BM = DN$，于是 $BN = DM$. 由性质 2（ii）的充分性可知四边形 $ABCD$ 在 C 侧有旁切圆.

性质3 圆外切四边形 $ABCD$ 的内切圆分别与边 AB,BC,CD,DA 切于 E,F,G,H,则 AC,BD,EG,FH 共点(图17).

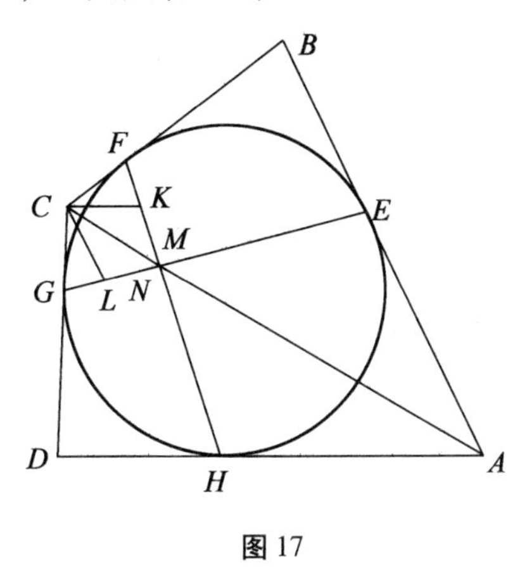

图17

证明 设 HF 交对角线 AC 于 M,过点 C 作 $CK/\!/HA$ 交 HF 于 K,则 $\angle CFH=\angle DHF=\angle CKF$,于是 $CK=CF$,且 $\dfrac{CM}{MA}=\dfrac{CK}{AH}=\dfrac{CF}{AH}$.

设 EG 交对角线 AC 于 N,过点 C 作 $CL/\!/EA$ 交 GE 于 L,则 $\angle CGE=\angle BEG=\angle CLG$,于是 $CG=CL$,且 $\dfrac{CN}{NA}=\dfrac{CL}{AE}=\dfrac{CG}{AE}=\dfrac{CF}{AH}$,所以 $\dfrac{CM}{MA}=\dfrac{CN}{NA}$,$N$ 与 M 重合,即 GE 与 HF 的交点在对角线 AC 上.同理,GE 与 HF 的交点在对角线 BD 上,于是 AC,BD,EG,FH 共点.

性质4 圆旁切四边形 $ABCD$ 的 C 侧的旁切圆分别与边 AB,BC,CD,DA 所在的直线切于 E,F,G,H,则 AC,BD,EG,FH 共点(图18).

证明 (i)设直线 FH 交对角线 AC 于 M,过点 C 作 $CK/\!/HA$ 交直线 HF 于 K,则 $\angle CFK=\angle FHD=\angle CKF$,于是 $CK=CF$,且 $\dfrac{CM}{MA}=\dfrac{CK}{AH}=\dfrac{CF}{AH}$.

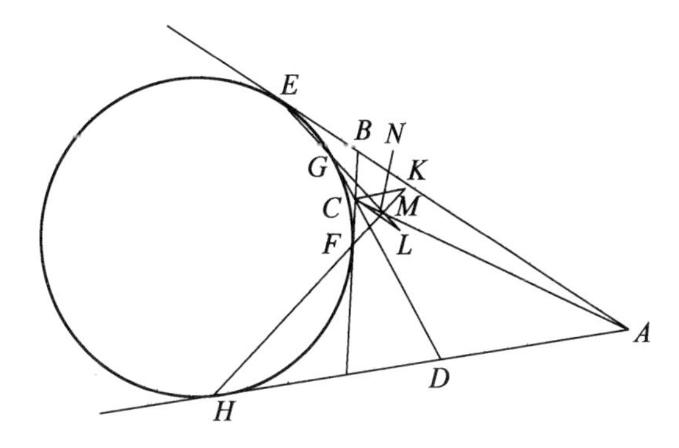

图18

设直线 EG 交对角线 AC 于 N，过点 C 作 $CL /\!/ EA$ 交直线 GE 于 L，则 $\angle CGL = \angle GEB = \angle CLG$，于是 $CL = CG$，且 $\frac{CN}{NA} = \frac{CL}{AE} = \frac{CG}{AE} = \frac{CF}{AH}$，所以 $\frac{CM}{MA} = \frac{CN}{NA}$，于是 N 与 M 重合，即 GE 与 HF 的交点在对角线 AC 上.

(ii)设直线 HF 交 BD 于 P，过 B 作 $BS /\!/ HA$ 交直线 HF 于 S(图 19)，则 $\angle BFS = \angle FHD = \angle BSF$，于是 $BS = BF$，且 $\frac{BP}{PD} = \frac{BS}{HD} = \frac{BF}{HD}$.

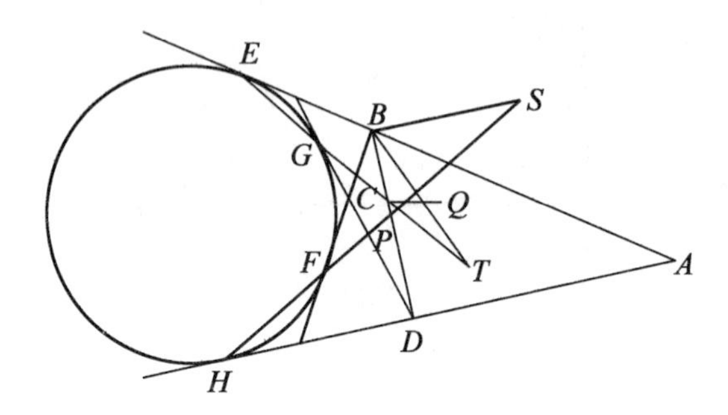

图 19

设直线 EG 交 BD 于 Q，过点 B 作 $BT /\!/ CG$ 交直线 EG 于 T，则 $\angle BEG = \angle DGT = \angle GTB$，于是 $BE = BT$，且 $\frac{BQ}{QD} = \frac{BT}{GD} = \frac{BE}{GD} = \frac{BF}{HD}$，所以 $\frac{BP}{PD} = \frac{BQ}{QD}$，于是 Q 与 P 重合，即 GE 与 HF 的交点在对角线 BD 上，于是 GE 与 HF 的交点既在对角线 AC 上，又在对角线 BD 上，所以 AC,BD,EG,FH 共点.

性质 5　圆外切四边形的两条对角线的中点与内切圆的圆心共线.

证明　设 M,N 分别是圆外切四边形 $ABCD$ 的对角线 AC,BD 的中点，O 是内切圆的圆心.

(i)若四边形 $ABCD$ 中有两边平行，不失一般性，设 $BA /\!/ CD$(图 20)，因为 M,O,N 到 BA 和 CD 的距离相等，所以 M,O,N 共线.

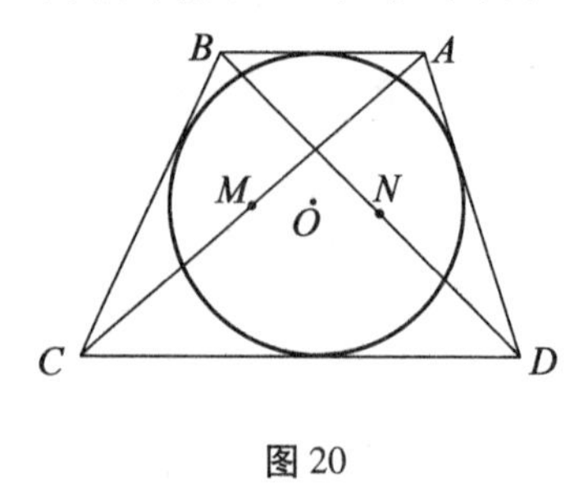

图 20

(ii)若四边形 $ABCD$ 中无两边平行，设 AB 和 DC 的延长线相交于 P(图

21). 在 PA 上截取 $PE=AB$,在 PD 上截取 $PF=CD$,联结 $EF,MB,MD,ME,MF,MP,NA,NC,NE,NF,NP,OA,OB,OC,OD,OE,OF,OP$,则

$$S_{\triangle MAB}+S_{\triangle MCD}=S_{\triangle MPE}+S_{\triangle MPF}=S_{\text{四边形}MEPF}=S_{\triangle PEF}+S_{\triangle MEF}$$

$$S_{\triangle NAB}+S_{\triangle NCD}=S_{\triangle NPE}+S_{\triangle NPF}=S_{\text{四边形}NEPF}=S_{\triangle PEF}+S_{\triangle NEF}$$

$$S_{\triangle OAB}+S_{\triangle OCD}=S_{\triangle OPE}+S_{\triangle OPF}=S_{\text{四边形}OEPF}=S_{\triangle PEF}+S_{\triangle OEF}$$

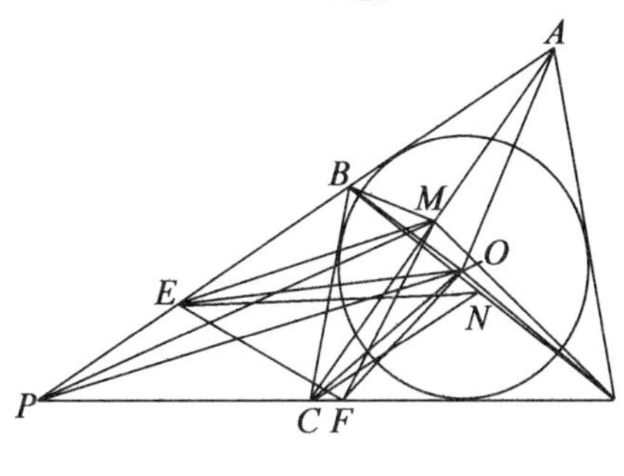

图 21

因为 M,N 分别是四边形 $ABCD$ 的对角线 AC,BD 的中点,所以

$$S_{\triangle MAB}+S_{\triangle MCD}=\frac{1}{2}S_{\text{四边形}ABCD},S_{\triangle NAB}+S_{\triangle NCD}=\frac{1}{2}S_{\text{四边形}ABCD}$$

设圆 O 的半径为 r,则 $S_{\triangle OAB}+S_{\triangle OCD}=\frac{1}{2}(AB+CD)r$. 因为 $AB+CD=AD+BC$,所以 $S_{\triangle OAB}+S_{\triangle OCD}=\frac{1}{4}(AB+CD+AD+BC)r=\frac{1}{2}S_{\text{四边形}ABCD}$,于是

$$S_{\triangle PEF}+S_{\triangle MEF}=S_{\triangle PEF}+S_{\triangle NEF}=S_{\triangle PEF}+S_{\triangle OEF},S_{\triangle MEF}=S_{\triangle NEF}=S_{\triangle OEF}$$

M,O,N 到 EF 的距离相等,又 M,O,N 在 EF 的同侧,所以 M,O,N 共线.

性质 6 圆旁切四边形的对角线的中点与旁切圆的圆心共线.

证明 设 M,N 分别为圆旁切四边形 $ABCD$ 的对角线 AC,BD 的中点,O 是旁切圆的圆心(图 22).

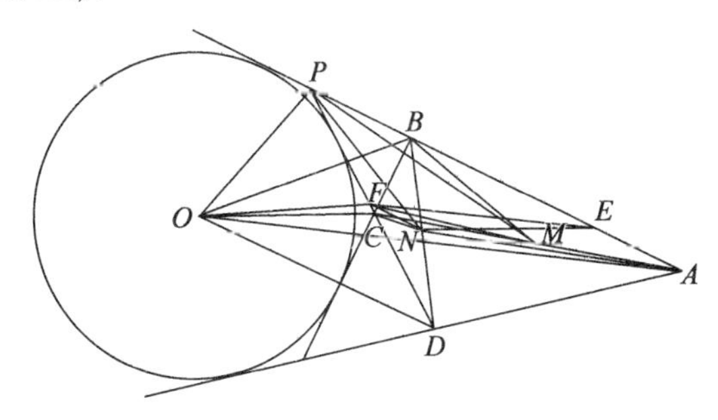

图 22

因为圆旁切四边形 $ABCD$ 的任何两边都不平行，不失一般性，设 AB 和 DC 相交于 P. 在 PA 上截取 $PE=AB$，在 PD 上截取 $PF=DC$，联结 $EF,MB,MD,ME,MF,MP,NA,NC,NE,NF,NP,OA,OB,OC,OD,OE,OF,OP$，则

$$S_{\triangle MAB}+S_{\triangle MCD}=S_{\triangle MPE}+S_{\triangle MPF}=S_{\text{四边形}MEPF}=S_{\triangle PEF}+S_{\triangle MEF}$$

$$S_{\triangle NAB}+S_{\triangle NCD}=S_{\triangle NPE}+S_{\triangle NPF}=S_{\text{四边形}NEPF}=S_{\triangle PEF}+S_{\triangle NEF}$$

$$S_{\triangle OAB}-S_{\triangle OCD}=S_{\triangle OPE}-S_{\triangle OPF}=S_{\text{四边形}OEPF}=S_{\triangle PEF}+S_{\triangle OEF}$$

因为 M,N 分别是四边形 $ABCD$ 的对角线 AC,BD 的中点，所以

$$S_{\triangle MAB}+S_{\triangle MCD}=\frac{1}{2}S_{\text{四边形}ABCD},S_{\triangle NAB}+S_{\triangle NCD}=\frac{1}{2}S_{\text{四边形}ABCD}$$

设圆 O 的半径为 r，则

$$\begin{aligned}S_{\text{四边形}ABCD}=S_{\text{四边形}ABOD}-S_{\text{四边形}CBOD}&=(S_{\triangle OAB}+S_{\triangle OAD})-(S_{\triangle OCB}+S_{\triangle OCD})\\&=\left(\frac{1}{2}AB\times r+\frac{1}{2}AD\times r\right)-\left(\frac{1}{2}BC\times r+\frac{1}{2}CD\times r\right)\\&=\frac{1}{2}(AB-CD+AD-BC)\times r\end{aligned}$$

因为 $AB-CD=AD-BC$，所以 $\frac{1}{2}(AB-CD)\times r=\frac{1}{2}S_{\text{四边形}ABCD}$，即 $S_{\triangle OAB}-S_{\triangle OCD}=\frac{1}{2}S_{\text{四边形}ABCD}$，于是 $S_{\triangle PEF}+S_{\triangle MEF}=S_{\triangle PEF}+S_{\triangle NEF}=S_{\triangle PEF}+S_{\triangle OEF}$，即 $S_{\triangle MEF}=S_{\triangle NEF}=S_{\triangle OEF}$，$M,O,N$ 到 EF 的距离相等，又 M,O,N 在 EF 的同侧，所以 M,O,N 共线.

性质7 如果一个四边形既有内切圆，又有外接圆，那么联结该四边形的一组对边与内切圆的切点的线段与联结另一组对边与内切圆的切点的线段互相垂直.

证明 设四边形 $ABCD$ 的内切圆分别与边 AB,BC,CD,DA 切于 E,F,G,H（图23），联结 EG,FH，设 EG 与 FH 相交于 P，$\angle EPF=\alpha$，则$\angle GPH=\alpha$.

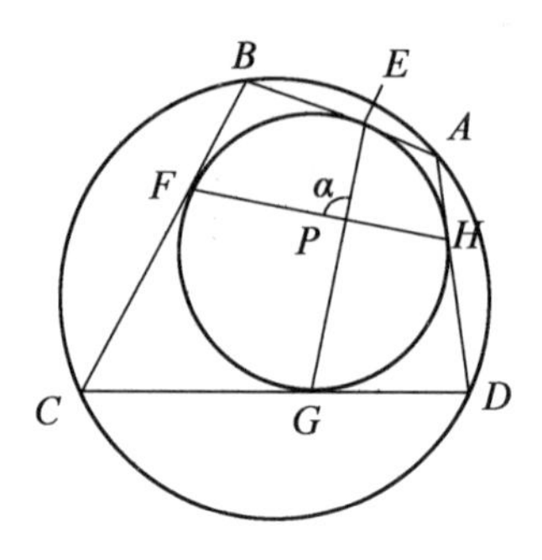

图23

因为$\angle BFP=\angle AHP=180^\circ-\angle PHD$,所以$\angle BFP+\angle PHD=180^\circ$.

同理$\angle BEP+\angle PGD=180^\circ$.

在四边形$BFPE$中,$\angle BFP+\angle B+\angle BEP+\alpha=360^\circ$,在四边形$DHPG$中,$\angle PHD+\angle D+\angle PGD+\alpha=360^\circ$,因为$\angle B+\angle D=180^\circ$. 相加后得到$180^\circ+180^\circ+180^\circ+2\alpha=720^\circ$, $\alpha=90^\circ$,即$EG\perp FH$.

性质8 如果一个四边形既有旁切圆,又有外接圆,那么联结该四边形的一组对边与旁切圆的切点的线段与联结另一组对边与旁切圆的切点的线段互相垂直.

证明 设圆内接四边形$ABCD$的旁切圆分别与边AB,BC,CD,DA所在的直线切于E,F,G,H(图24),联结EF,GH,EG,FH,设EG与FH相交于P,设$\angle EPF=\alpha$. 在$\triangle PGH$中,$\alpha+\angle HGP+\angle GHP=180^\circ$. 由于$\angle HGP=\angle HGD+\angle DGP=\frac{1}{2}\angle CDA+\angle GEB$, $\angle GHP=\angle GEF$, $\angle GEB+\angle GEF=\angle BEF=\frac{1}{2}\angle CBA$,所以$\alpha+\left(\frac{1}{2}\angle CDA+\angle GEB\right)+\angle GEF=\alpha+\frac{1}{2}\angle CDA+\frac{1}{2}\angle CBA=\alpha+90^\circ=180^\circ$, $\alpha=90^\circ$,即$EG\perp FH$.

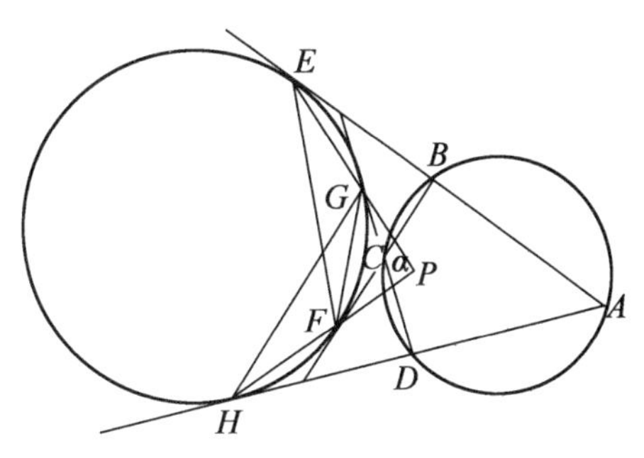

图24

性质9 在圆外切梯形$ABCD$中(图25),$AD/\!/BC$,对角线AC,BD相交于O,$\triangle DOA,\triangle AOB,\triangle BOC,\triangle COD$的内切圆的半径分别为$r_1,r_2,r_3,r_4$,则$\frac{1}{r_1}+\frac{1}{r_3}=\frac{1}{r_2}+\frac{1}{r_4}$.

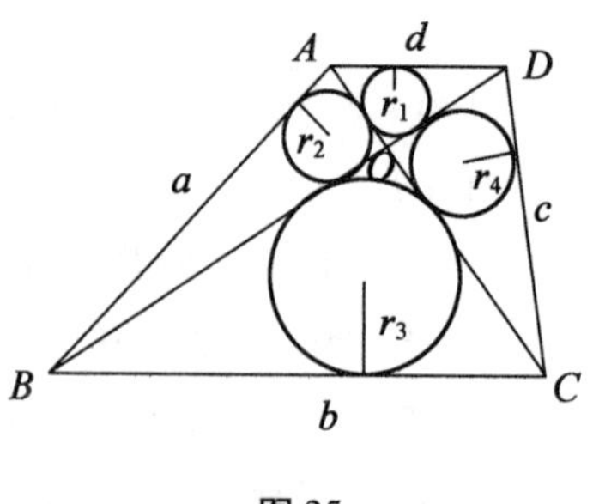

图 25

证明 设四边形 $ABCD$ 的四边分别为 $AB=a,BC=b,CD=c,DA=d$；$S_{\triangle DOA}=S_1,S_{\triangle AOB}=S_{\triangle COD}=S_2,S_{\triangle BOC}=S_3$，则 $a+c=b+d,S_1S_3=S_2^{\ 2}$. 设 $AO=kd,DO=ld$，则 $CO=kb,BO=lb,S_1=\frac{1}{2}r_1(d+kd+ld)$，$\frac{1}{r_1}=\frac{d(1+k+l)}{2S_1}$，同理 $\frac{1}{r_3}=\frac{b(1+k+l)}{2S_3}$，于是 $\frac{1}{r_1}+\frac{1}{r_3}=\frac{1+k+l}{2}(\frac{d}{S_1}+\frac{b}{S_3})$.

$$S_2=\frac{1}{2}r_2(a+kd+lb)=\frac{1}{2}r_4(c+ld+kb)$$

$$\frac{1}{r_2}=\frac{a+kd+lb}{2S_2}$$

$$\frac{1}{r_4}=\frac{c+ld+kb}{2S_2}$$

$$\frac{1}{r_2}+\frac{1}{r_4}=\frac{a+c+(k+l)(d+b)}{2S_2}=\frac{(1+k+l)(d+b)}{2S_2}$$

因为 $\frac{S_1}{S_3}=\frac{d^2}{b^2}$，所以 $S_1=\frac{d^2}{b^2}S_3$. 因为 $\frac{S_2}{S_3}=\frac{d}{b}$，所以 $S_2=\frac{d}{b}S_3$. 于是

$$\frac{1}{r_1}+\frac{1}{r_3}=\frac{1+k+l}{2}(\frac{b^2}{dS_3}+\frac{b}{S_3})=\frac{b(1+k+l)(b+d)}{2dS_3}$$

$$\frac{1}{r_2}+\frac{1}{r_4}=\frac{(1+k+l)(d+b)}{2\cdot\frac{d}{b}\cdot S_3}=\frac{b(1+k+l)(b+d)}{2dS_3}$$

所以 $\frac{1}{r_1}+\frac{1}{r_3}=\frac{1}{r_2}+\frac{1}{r_4}$.

有兴趣的读者不妨探究圆外切四边形和圆旁切四边形的其他一些性质.

3.7.8 附录

1. 四边形 $ABCD$ 有内切圆的充要条件.

(1) $a+c=b+d$（边与边之间的关系）；

(2) $\dfrac{b\sin\dfrac{B}{2}}{\sin\dfrac{B+C}{2}}=\dfrac{c\sin\dfrac{D}{2}}{\sin\dfrac{D+C}{2}}$(邻边与四角之间的关系),

$a\sin\dfrac{A}{2}\sin\dfrac{B}{2}=c\sin\dfrac{C}{2}\sin\dfrac{D}{2}$(对边与四角之间的关系);

(3) $\tan\dfrac{\angle BAC}{2}\tan\dfrac{\angle ACD}{2}=\tan\dfrac{\angle BCA}{2}\tan\dfrac{\angle CAD}{2}$(角与角之间的关系).

2. 四边形 $ABCD$ 在 C 侧有旁切圆的充要条件.

(1) $a+b=c+d$(边与边之间的关系);

(2) $\dfrac{b\cos\dfrac{B}{2}}{\cos\dfrac{A+D}{2}}=\dfrac{c\cos\dfrac{D}{2}}{\cos\dfrac{A+B}{2}},\dfrac{a\cos\dfrac{B}{2}}{\cos\dfrac{A+B}{2}}=\dfrac{d\cos\dfrac{D}{2}}{\cos\dfrac{A+D}{2}}$,

$\dfrac{a\sin\dfrac{A}{2}}{\cos\dfrac{A+B}{2}}=\dfrac{b\sin\dfrac{C}{2}}{\cos\dfrac{A+D}{2}}$(邻边与角之间的关系);

$b\cos\dfrac{B}{2}\sin\dfrac{C}{2}=d\cos\dfrac{D}{2}\sin\dfrac{A}{2}$(对边与角之间的关系);

(3) $\tan\dfrac{\angle ABD}{2}\tan\dfrac{\angle CBD}{2}=\tan\dfrac{\angle ADB}{2}\tan\dfrac{\angle CDB}{2}$(角与角之间的关系).

3. 圆外切四边形 $ABCD$ 的面积公式与内切圆的半径及其取值范围.

(1)面积 $S_{四边形ABCD}=pr=\sqrt{abcd}\sin\dfrac{A+C}{2}$,取值范围是

$$\sqrt{(a+c)(b-c)cd}<S_{四边形ABCD}\leqslant\sqrt{abcd}$$

这里 $b=\max\{a,b,c,d\},a\leqslant c$.

(2)内切圆的半径 $r=\dfrac{a}{\cot\dfrac{A}{2}+\cot\dfrac{B}{2}}=\dfrac{a\sin\dfrac{A}{2}\sin\dfrac{B}{2}}{\sin\dfrac{A+B}{2}}$,取值范围是

$$\frac{\sqrt{(a+c)(b-c)cd}}{a+c}<r\leqslant\frac{\sqrt{abcd}}{p}$$

这里 $b=\max\{a,b,c,d\},a\leqslant c$.

4. C 侧的旁切四边形的面积公式与旁切圆的半径及其取值范围.

(1)面积 $S_{四边形ABCD}=r_c(a-c)=r_c(d-b)=\sqrt{abcd}\sin\dfrac{A+C}{2}$,取值范围是

$$\sqrt{(a+b)(a-c)bc} < S_{四边形ABCD} \leqslant \sqrt{abcd}$$

(2)旁切圆的半径 $r_c = \dfrac{a}{\cot\dfrac{A}{2} - \tan\dfrac{B}{2}} = \dfrac{a\sin\dfrac{A}{2}\cos\dfrac{B}{2}}{\cos\dfrac{A+B}{2}}$,取值范围是

$$\frac{\sqrt{(a+b)(a-c)bc}}{a-c} < r_c \leqslant \frac{\sqrt{abcd}}{a-c}$$

5.将3.7.6中的性质1的四边形推广为非封闭四边形的情况.此时的结论是:

情况1:对角线 FE 将非封闭四边形 $GFCEH$ 分割成两部分(图26).

情况2:过 C 的一条射线将非封闭四边形 $GFCEH$ 分割成两部分(图27和图28).

首先考虑情况1.联结 FE,则 FE 将非封闭四边形 $GFCEH$ 分割成 $\triangle CFE$ 和非封闭三角形 $GFEH$ 两部分(图26);设非封闭三角形 $GFEH$ 和 $\triangle FCE$ 的内切圆的圆心分别是 O_1 和 O_2. O_1 分别与 GF, FE, EH 切于点 P, M, Q;O_2 分别与 FC, CE, EF 切于点 S, T, N.

下面证明:非封闭四边形 $GFCEH$ 有内切圆的充要条件是:圆 O_1 和圆 O_2 切 EF 于同一点(即 N 与 M 重合).

证明 必要性:设非封闭四边形 $GFCEH$ 的内切圆 O 分别切 GF, FC, CE, EH 于点 K, L, I, J(图26),则圆 O 和圆 O_1 的外公切线的长 $JQ = KP$.

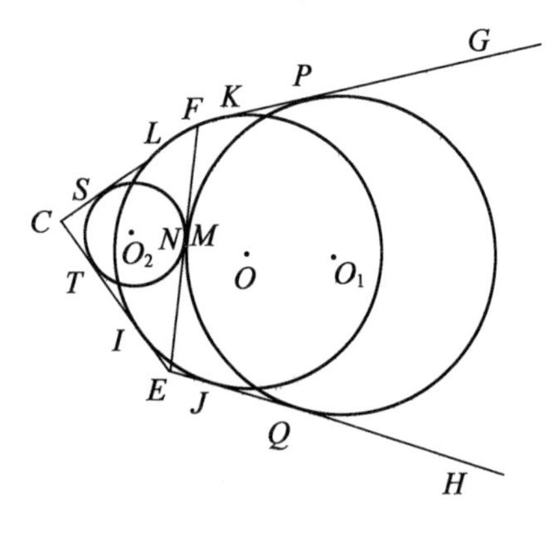

图26

$EF - 2FM = EM - FM = EQ - FP = EJ + JQ - FK - KP = EJ - FK = EI - FL = CE - CI - CF + CL = CE - CF = CT + TE - CS - SF = TE - SF = EN - FN = EF - 2FN$,于是 $FM = FN$,N 与 M 重合.

充分性:设 N 与 M 重合于 M.

(i)若 C 和 O_1,O_2 共线(图27),由于 M 与 O_1,O_2 共线,所以 M,O_1,O_2,C 四点共线,于是直线 CO_1 是非封闭四边形 $GFCEH$ 的对称轴. 设 $\angle CFG$ 的角平分线 FO 交 CO_1 于点 O,联结 EO,则 EO 平分 $\angle CEH$. 即 O 到 GF,FC,CE,EH 的距离都相等,非封闭四边形 $GFCEH$ 有内切圆.

(ii)若 C 和 O_1,O_2 不共线(图28),则作 PQ 的垂直平分线. 设 PQ 的垂直平分线(经过 O_1)与射线 CO_2($\angle ECF$ 的角平分线)交于点 O. 显然 $CS=CT$. 过 O 作 OL,OI 分别垂直于 CF,CE,垂足是 L,I,显然 $OL=OI$,于是 $CL=CI$. 过 O 作 OK,OJ 分别垂直于 FG,EH,垂足是 K,J. 联结 OP,OQ. 由于 $OP=OQ$,则 O 到 O_1P 和到 O_1Q 距离相等,所以 $KP=JQ$,于是 $\triangle OPK\cong\triangle OQJ$,于是 $OK=OJ$. 因为

$$CE-CF=CI+IE-CL-LF=IE-LF;$$

$$\begin{aligned}CE-CF&=CT+TE-CS-SF=TE-SF=EM-FM\\&=EQ-FP=EJ+JQ-FK-KP=EJ-FK\end{aligned}$$

所以 $IE-LF=EJ-FK$.

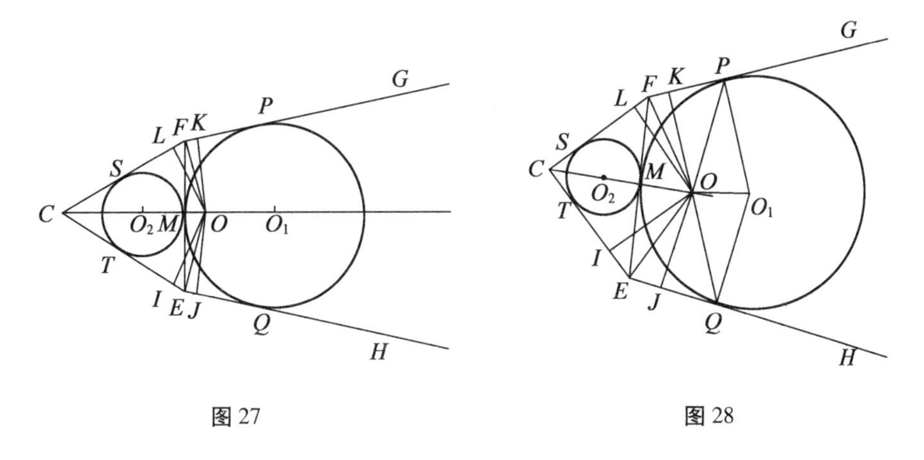

图27　　图28

如果 $IE-LF$,则 $EJ=FK,CE=CF$,非封闭四边形 $GFCEH$ 是轴对称图形,

C 和 O_1,O_2 共线(图27),已证. 所以假定 $IE\neq LF$,则 $EJ\neq FK$,为方便起见,设 $JE=x,IE=y,FK=z,FL=w,OI=OL=a,OJ=OK=b$,则有

$$\begin{cases}y-w=x-z\\a^2+y^2=b^2+x^2\\a^2+w^2=b^2+z^2\end{cases}$$

得 $\begin{cases} y-w=x-z \\ y^2-w^2=x^2-z^2 \end{cases}$, $\begin{cases} y-w=x-z \\ (y+w)(y-w)=(z+x)(x-z) \end{cases}$

由于 $IE \neq LF$,即 $y \neq w$,所以 $\begin{cases} y-w=x-z \\ y+w=z+x \end{cases}$,相加得 $x=y, z=w$,于是 $a=b$,即 $OI=OJ=OL=OK$,O 到 GF, FC, CE, EH 的距离都相等,非封闭四边形 $GFCEH$ 有内切圆.

其次考虑情况 2. 在非封闭四边形 $GFCEH$ 中:

(1)若 $FG /\!/ EH$,则过点 C 作 $CA' /\!/ FG$(图 29).

(2)若 FG 和 EH 不平行,则设 FG 和 EH 的反向延长线相交于 A,过 A, C 作直线 AA'(图 30).

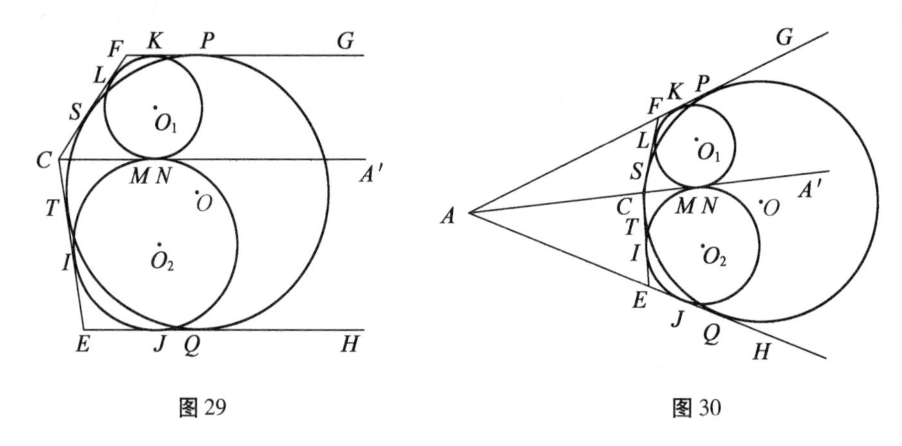

图 29　　　　图 30

无论 FG 和 EH 平行与否,射线 CA' 都将非封闭四边形 $GFCEH$ 分割成两个非封闭三角形 $GFCA'$ 和非封闭三角形 $A'CEH$.

(1)如果 $FG /\!/ EH$(图 29),那么直径是平行线 FG 和 CA' 之间的距离的圆在 FG 和 CA' 之间沿水平方向上移动时,恰有一处与 FC 相切,所以非封闭三角形 $GFCA'$ 有内切圆. 同理,非封闭三角形 $A'CEH$ 也有内切圆.

(2)如果 FG 与 EH 不平行(图 30),那么因为任意三角形都有旁切圆,所以任意非封闭三角形都有内切圆. 设非封闭三角形 $GFCA'$ 和非封闭三角形 $A'CEH$ 的内切圆的圆心分别为 O_1 和 O_2. 圆 O_1 分别与 FG, FC, CA' 切于点 K, L, M;圆 O_2 分别与 CA', CE, EH 切于点 N, I, J.

非封闭四边形 $GFCEH$ 有内切圆的充要条件是:O_1 和 O_2 切 CA' 于同一点(即 N 与 M 重合). 下面分别考虑这两种情况:

证明　必要性:设非封闭四边形 $GFCEH$ 的内切圆分别与 FG, FC, CE, EH 切于点 P, S, T, Q(图 29 和图 30).

$$CM=CL=CF-FL=CS+SF-FK$$

$$= CT + FP - FK = CT + KP$$

K,P,M,T 分别换成 J,Q,N,S，得到 $CN = CS + JQ$，相减得

$$CN - CM = JQ - KP.$$

（i）在图29中，因为 $FG /\!/ CA' /\!/ EH$，所以 KM,NJ,PQ 分别是圆 O_1、圆 O_2 和圆 O 的竖直方向上的直径.

如果 $CM < CN$，那么 $CN - CM = MN = KP - JQ > 0$，但 $CN - CM = JQ - KP < 0$，这不可能，同理 $CM > CN$ 也不可能，所以 $CM = CN$，M 与 N 重合.

（ii）在图30中，由 $CN - CM = JQ - KP$ 得

$$\begin{aligned} &AN - AC - AM + AC \\ &= AQ - AJ - (AP - AK) \\ &= AK - AJ = AM - AN \end{aligned}$$

即 $AN - AM = AM - AN$，所以 $AM = AN$，即 M 与 N 重合.

充分性：设 N 与 M 重合于 M.

（i）在图31中，$CA' /\!/ FG /\!/ EH$，作直线 $l /\!/ EH$，且使 l 与 FG 和 EH 的距离相等. 作 $\angle FCE$ 的角平分线 CO.

若 $CO /\!/ l$，则 CO 经过点 M，且平分 $\angle O_1CO_2$. 于是 O_1 圆 O_2 是等圆，CO 落在直线 l 重合上，非封闭四边形 $GFCEH$ 是轴对称图形，直线 l 是对称轴，此时直径为 GF 和 EH 的距离的圆沿着 GF 的方向移动，必有一处与 FC,CE 都相切，非封闭四边形 $GFCEH$ 有内切圆.

若 CO 与直线 l 相交，设交点为 O（图31），过 O 作 FC,CE 的垂线 OS,OT，S,T 是垂足，显然 $KP = JQ$，于是

$$\begin{aligned} CE - CF &= CI + IE - CL - LF = IE - LF \\ &= JE - KF = JE + JQ - KF - KP = EQ - FP \end{aligned}$$

$$CE - CF = CT + TE - CS - SF = TE - SF, TE - SF = EQ - FP$$

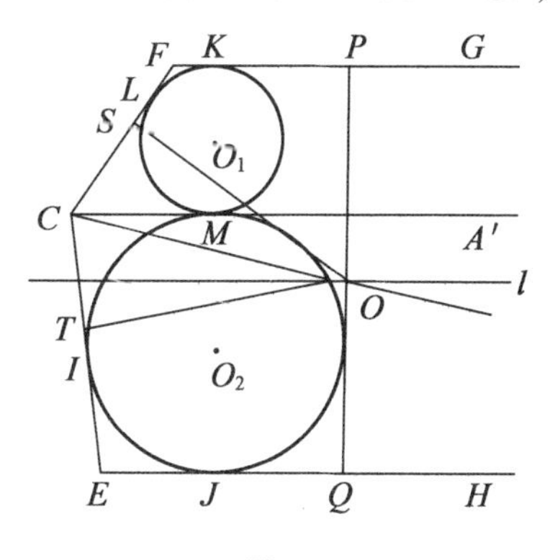

图31

如果 $TE = SF$,那么 $CE = CF, EQ = FP$. 非封闭四边形 $GFCEH$ 的对称轴是轴对称图形,非封闭四边形 $GFCEH$ 有内切圆,所以设 $TE \neq SF$. 为方便起见,设 $TE = x, SF = y, EQ = w, FP = z, OP = OQ = a, OS = OT = b$,则有

$$\begin{cases} x - y = w - z \\ b^2 + x^2 = a^2 + w^2 \\ b^2 + y^2 = a^2 + z^2 \end{cases}, \begin{cases} x - y = w - z \\ x^2 - y^2 = w^2 - z^2 \end{cases}$$

$$\begin{cases} x - y = w - z \\ (x + y)(x - y) = (w + z)(w - z) \end{cases}$$

因为 $x \neq y$,所以

$$\begin{cases} x - y = w - z \\ x + y = w + z \end{cases}$$

相加得 $x = w, z = y$,于是 $a = b$,即 $OP = OQ = OS = OT$,O 到 GF, FC, CE, EH 的距离都相等,非封闭四边形 $GFCEH$ 有内切圆.

(ii)在图 32 中,$FG \nparallel HE$,分别作 $\angle FCE$ 和 $\angle FAE$ 的角平分线 CO, AO'.

设 $\angle FCM = \alpha, \angle ECM = \beta, \angle FAM = \gamma, \angle EAM = \delta$,则 $\alpha, \beta, \gamma, \delta$ 都是锐角,显然 $\alpha > \gamma, \beta > \delta$. 不失一般性,设 $\alpha < \beta < \frac{\pi}{2}, \gamma < \delta < \frac{\pi}{2}$.

$$\angle OCM = \frac{1}{2}(\beta + \alpha) - \alpha = \frac{1}{2}(\beta - \alpha), \angle O'AM = \frac{1}{2}(\gamma + \delta) - \gamma = \frac{1}{2}(\delta - \gamma)$$

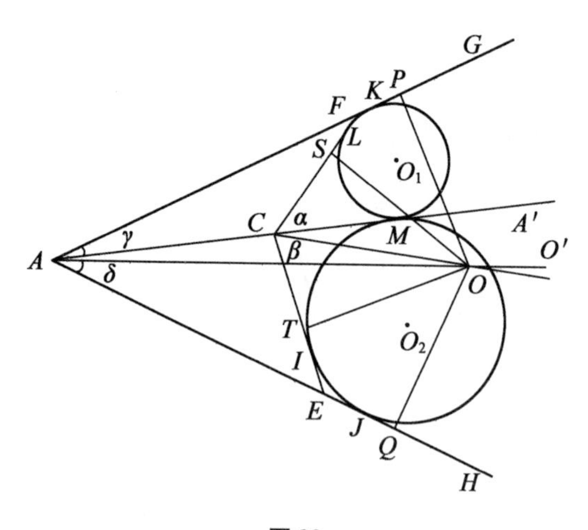

图 32

如果 $CO /\!/ AO'$,那么 $\angle OCM = \angle O'AM$,即

$\frac{1}{2}(\beta-\alpha)=\frac{1}{2}(\delta-\gamma)$，$\frac{1}{2}(\alpha+\delta)=\frac{1}{2}(\beta+\gamma)$，$\cot\frac{1}{2}(\alpha+\delta)=\cot\frac{1}{2}(\beta+\gamma)$，

$$\frac{\cot\frac{\alpha}{2}\cot\frac{\delta}{2}-1}{\cot\frac{\alpha}{2}+\cot\frac{\delta}{2}}=\frac{\cot\frac{\beta}{2}\cot\frac{\gamma}{2}-1}{\cot\frac{\beta}{2}+\cot\frac{\gamma}{2}}.$$

因为 $CM=r_1\cot\frac{\alpha}{2}=r_2\cot\frac{\beta}{2}$，$AM=r_1\cot\frac{\gamma}{2}=r_2\cot\frac{\delta}{2}$，所以

$$\cot\frac{\alpha}{2}\cot\frac{\delta}{2}=\cot\frac{\beta}{2}\cot\frac{\gamma}{2}$$

因为 $\frac{\alpha}{2}+\frac{\delta}{2}<\frac{\pi}{2}$，所以 $\cot\frac{\alpha}{2}\cot\frac{\delta}{2}\neq 1$，于是 $\cot\frac{\beta}{2}\cot\frac{\gamma}{2}\neq 1$，得到

$$\cot\frac{\alpha}{2}+\cot\frac{\delta}{2}=\cot\frac{\beta}{2}+\cot\frac{\gamma}{2}$$

为方便起见，设 $\cot\frac{\alpha}{2}=x$，$\cot\frac{\delta}{2}=y$，$\cot\frac{\beta}{2}=z$，$\cot\frac{\gamma}{2}=w$，则 $x<y$，$z<w$，$\begin{cases}x+y=z+w\\xy=zw\end{cases}$．由此得 $x^2+y^2=z^2+w^2$，$(y-x)^2=(w-z)^2$，$y-x=w-z$，$\begin{cases}x+y=z+w\\y-x=w-z\end{cases}$，$y=w$，$z=x$，即 $\cot\frac{\delta}{2}=\cot\frac{\gamma}{2}$，$\cot\frac{\beta}{2}=\cot\frac{\alpha}{2}$，于是 $\delta=\gamma$，$\alpha=\beta$．由 $\delta=\gamma$ 得 AO' 经过点 M；由 $\alpha=\beta$ 得 CO 经过点 M，所以 A,C,O,O' 共线，该直线就是非封闭四边形 $GFCDH$ 的对称轴，此时 $\angle GFC$ 和 $\angle CEH$ 的角平分线相交于对称轴上，设交点为 O，则 O 到 GF,FC,CE,EH 之间的距离相等，则非封闭四边形 $GFCEH$ 有内切圆.

如果 $CO\nparallel AO'$，设 CO 与 AO' 相交于点 O，过点 O 分别作 GF,FC,CE,EH 的垂线，OP,OS,OT,OQ（P,S,T,Q 为垂足）.

因为 $AJ=AM=AK$，所以 $AE+EJ=AF+FK$，于是 $AE-AF=FK-EJ$.

因为 $AQ=AP$，所以 $AE+EQ=AF+FP$，于是

$$AE-AF=FP-EQ=FK+KP-EJ-JQ$$

于是
$$FK-EJ=FK+KP-EJ-JQ,JQ=KP$$

$$CE-CF=CI+IE-CL-LF=JE-KF$$
$$=JE+JQ-KF-KP=EQ-FP$$

$$CE-CF=CT+TE-CS-SF=TE-SF=EQ-FP$$

为方便起见，设 $TE=x$，$SF=y$，$EQ=w$，$FP=z$，$OP=OQ=a$，$OS=$

$OT = b$,则有

$$\begin{cases} x - y = w - z \\ b^2 + x^2 = a^2 + w^2 \\ b^2 + y^2 = a^2 + z^2 \end{cases}$$

同样解得 $x = y, z = w$,于是 $a = b$,即 $OP = OQ = OS = OT$,O 到 GF,FC,CE,EH 的距离都相等,非封闭四边形 $GFCEH$ 有内切圆.

3.8 与正多面体有关的一些数据

在平面几何中,各边都相等,各角都相等的多边形称为正多边形.正多边形有无穷多种,边数为 n 的正多边形称为正 n 边形.正 n 边形有 n 条对称轴,有一个中心,有一个外接圆和一个内切圆,这两个圆是同心圆,圆心就是正多边形的中心.已知正多边形的边长就可以求出这两个圆的半径以及面积.

在立体几何中,若一个凸多面体的各个面都是全等的正多边形,且各个多面角都是全等的多面角,那么这种凸多面体称为正多面体.

本节除了求正多面体(图 1)的顶点数、面数和棱数以外,还要探究正多面体的对偶,对称性,相邻两面所成的二面角 θ,以及内切球的半径 r,棱切球的半径 r_1,外接球的半径 R 和体积 V 与棱长 a 的关系,等等.

3.8.1 正多面体的基本情况

与平面几何中的正多边形不同,正多面体只有五种:正四面体、正六面体(即正方体)、正八面体、正十二面体和正二十面体(图 1).

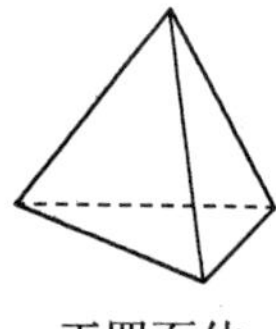
正四面体

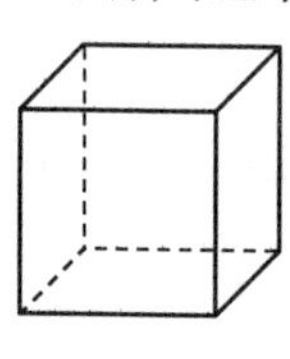
正方体

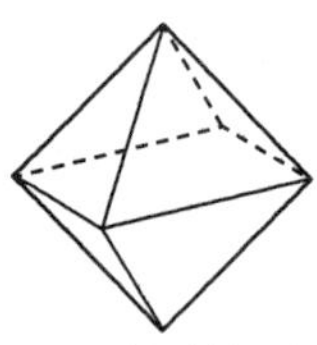
正八面体

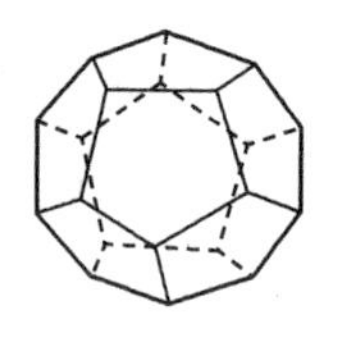
正十二面体

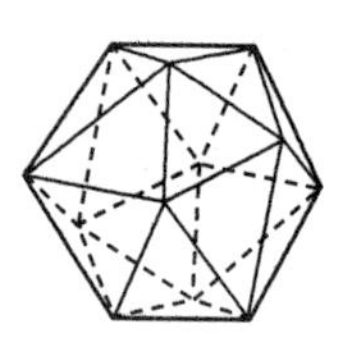
正二十面体

图 1

首先证明正多面体只有五种.

证明 设正多面体共有 V 个顶点,F 个面,E 条棱,每个顶点处都有 k 个相等的面角(即有 k 条棱),每个面都是正 n 边形,则各个面角的和 $k \times$

$\frac{(n-2)180°}{n}<360$,所以$(k-2)(n-2)<4$. 由于每条棱都有2个端点,所以$kV=2E$. 由于每条棱的两侧各有一个面,所以$nF=2E$,于是$V=\frac{2E}{k}$,$F=\frac{2E}{n}$. 将$V=\frac{2E}{k}$,$F=\frac{2E}{n}$代入多面体的欧拉公式$V+F-E=2$中,得$\frac{2E}{k}+\frac{2E}{n}-E=2$,解出

$$E=\frac{2kn}{4-(k-2)(n-2)},V=\frac{4n}{4-(k-2)(n-2)},F=\frac{4k}{4-(k-2)(n-2)}$$

(1)当$(k-2)(n-2)=1$时,$k=3$,$n=3$,于是$E=6$,$V=4$,$F=4$,得到正四面体.

(2)当$(k-2)(n-2)=2$时,若$k=3$,则$n=4$,于是$E=12$,$V=8$,$F=6$,得到正六面体. 若$k=4$,则$n=3$,于是$E=12$,$V=6$,$F=8$,得到正八面体.

(3)当$(k-2)(n-2)=3$时,若$k=3$,则$n=5$,于是$E=30$,$V=20$,$F=12$,得到正十二面体. 若$k=5$,则$n=3$,于是$E=30$,$V=12$,$F=20$,得到正二十面体.

所以正多面体只有五种. 将以上数据列表如下(表1):

表1

	k	n	E	V	F
正四面体	3	3	6	4	4
正六面体	3	4	12	8	6
正八面体	4	3	12	6	8
正十二面体	3	5	30	20	12
正二十面体	5	3	30	12	20

从表1看出:

(1)在正四面体中,$k=n$,$V=F$,即正四面体的四个面的中心是另一个正四面体的顶点.

(2)正六面体的k和n与正八面体的k和n互换,正六面体的V和F与正八面体的V和F互换,两者的E相等,即正六面体的六个面的中心是正八面体的顶点,正八面体的八个面的中心是正六面体的顶点.

(3)正十二面体的k和n与正二十面体的k和n互换,正十二面体的V和F与正二十面体的V和F互换,两者的E相等,即正十二面体的十二个面的中心是正二十面体的顶点,正二十面体的二十个面的中心是正十二面体的顶点.

以上情况称为对偶(图2). 这就是说,正四面体自身对偶,正六面体与正八

面体对偶，正十二面体与正二十面体对偶.

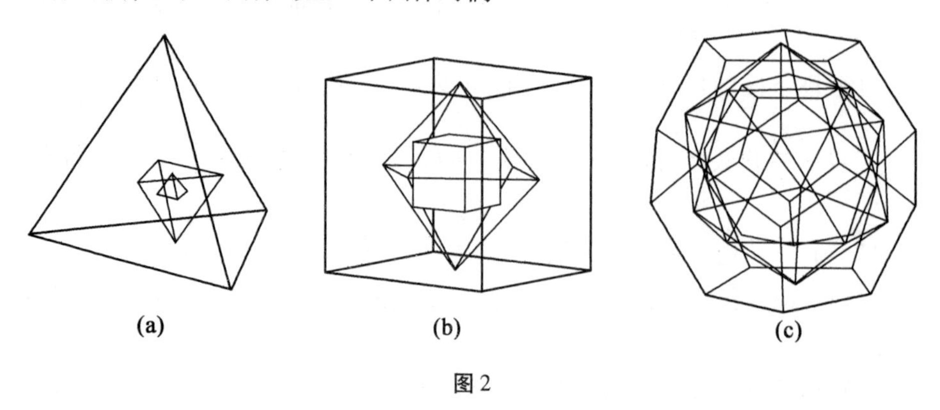

图 2

3.8.2　正多面体的对称性

为了探究正多面体的对称性，我们先将平面几何中的中心对称和轴对称统一起来，并研究正 n 边形的对称性，再进行推广.

在平面几何中，轴对称图形就是将图形绕一条（空间）直线旋转（包括翻转）180°以后保持不变. 中心对称图形就是将图形绕一点旋转 180°以后保持不变. 这里绕一点的旋转也可以看作是绕经过该点，且垂直于所在平面的直线的旋转，所以中心对称和轴对称都是绕一条直线旋转 180°以后保持不变.

如果将一个图形绕一条直线旋转$\frac{360°}{n}, \frac{2\times360°}{n}, \cdots, \frac{(n-1)\times360°}{n}$以后，都保持不变，当然旋转 0°，即不动也保持不变，这样就有 n 个动作使图形保持不变，这样的直线称为 n 次对称轴. 于是在中心对称中，经过对称中心，且垂直于所在平面的直线就是 2 次对称轴. 在轴对称中的对称轴也是 2 次对称轴. 于是，图形的对称性就看作为使图形保持不变的动作总数.

下面首先研究使正 n 边形保持不变的动作总数，再研究使正多面体保持不变的动作总数.

将正 n 边形绕经过一边的中点，且垂直于该边的直线旋转 180°（即翻转）（即 2 次对称轴）以后保持不变. 由于正 n 边形有 n 条边，所以有 n 种动作使正 n 边形保持不变. 将正 n 边形绕着经过中心，且垂直于所在平面的直线旋转有 $n-1$ 种动作使正 n 边形保持不变. 于是使正 n 边形保持不变的动作的总数（包括不动）为

$$1+n\times(2-1)+(n-1)=2n$$

使正多面体保持不变的动作是绕中心的旋转. 由于空间中绕定点的旋转就

是绕通过该定点的轴的旋转,所以只需要求出所有通过中心的对称轴.此外对称轴还通过正多面体的顶点,或面的中心,或棱的中点.

除了正四面体以外,其余四种正多面体的每个面都有相对的面,每条棱都有相对的棱,每个顶点都有相对的顶点,于是有三种旋转情况:

(1)由于正多面体的每个面都是正 n 边形,每对面决定一个 n 次对称轴,所以共有$\frac{F}{2}$条 n 次对称轴,有$\frac{F}{2}(n-1)$个使正多面体不变的动作.

(2)由于正多面体的每对对棱的中点决定一个2次对称轴,所以共有$\frac{E}{2}$条2次对称轴,有$\frac{E}{2}(2-1)$个使正多面体不变的动作.

(3)由于正多面体的每个顶点都是 k 面角,每对相对的顶点决定一个 k 次对称轴,所以共有$\frac{V}{2}$条 k 次对称轴,有$\frac{V}{2}(k-1)$个使正多面体不变的动作.

于是使正多面体不变的动作的总数(包括不动)为

$$N=1+\frac{F}{2}(n-1)+\frac{E}{2}(2-1)+\frac{V}{2}(k-1)$$

由于正四面体的每个面都与一个顶点一一对应,每条棱都有相对的棱,所以上式也适用于正四面体.

由于$\frac{F}{2}=\frac{E}{n}$,$\frac{V}{2}=\frac{E}{k}$,所以 $N=1+\frac{E}{n}(n-1)+\frac{E}{2}+\frac{E}{k}(k-1)=1+E-\frac{E}{n}+\frac{E}{2}+E-\frac{E}{k}=2E-\left(\frac{E}{k}+\frac{E}{n}-\frac{E}{2}\right)+1=2E$.

可见使正多面体不变的动作有(包括不动)$2E$ 个,是棱数的两倍(这与正 n 边形的情况类似,是边数的两倍).具体地说,使正四面体不变的动作有12个;使正六面体和正八面体不变的动作有24个;使正十二面体和正二十面体不变的动作有60个.

3.8.3 正多面体的相邻两面所成的二面角

以多面角的顶点为顶点,过该多面角的 k 条棱的另一端点作一截面,得到一个正 k 棱锥.这个正 k 棱锥的底面是正 k 边形,侧面都是腰长为棱,顶角为$\frac{(n-2)\pi}{n}$的等腰三角形(图3).为方便起见,设正多面体的棱长为 $a=1$,相邻两侧面所成的二面角为 θ(图4),下面计算 $\cos\theta$.

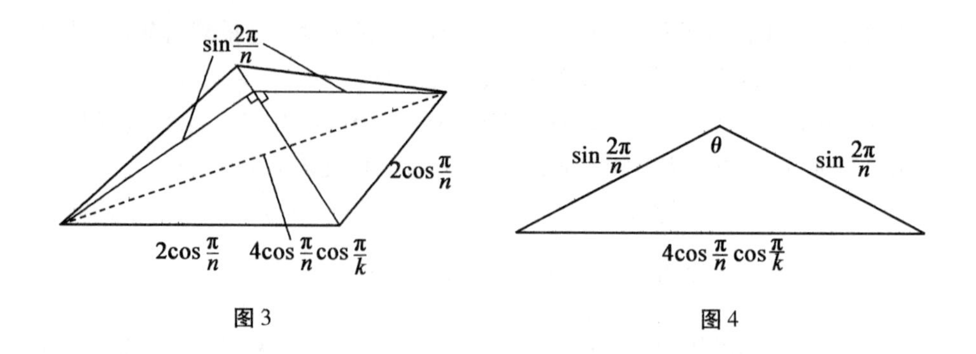

图 3　　　　图 4

因为这个正 k 棱锥的 k 个侧面都是腰长为 1，顶角为$\frac{(n-2)\pi}{n}$的等腰三角形，所以腰上的高是 $\sin\frac{2\pi}{n}$（当顶角为钝角时，高在三角形外，当顶角为直角时，高就是腰，当顶角为锐角时，高在三角形内）. 底边的长为 $2\cos\frac{\pi}{n}$，它也是底面正 k 边形的边长，这个正 k 边形的最短的对角线的长（当 $k=3$ 时即边长）是 $4\cos\frac{\pi}{n}\cos\frac{\pi}{k}$. 在腰长为 $\sin\frac{2\pi}{n}$，顶角为 θ，底边长是 $4\cos\frac{\pi}{n}\cos\frac{\pi}{k}$的等腰三角形中

$$\sin\frac{\theta}{2}=\frac{4\cos\frac{\pi}{n}\cos\frac{\pi}{k}}{2\sin\frac{2\pi}{n}}=\frac{\cos\frac{\pi}{k}}{\sin\frac{\pi}{n}}$$

于是

$$\cos\theta=1-2\sin^2\frac{\theta}{2}=1-\frac{2\cos^2\frac{\pi}{k}}{\sin^2\frac{\pi}{n}}=\frac{\sin^2\frac{\pi}{n}-2\cos^2\frac{\pi}{k}}{\sin^2\frac{\pi}{n}}$$

$$=-\frac{1+\cos\frac{2\pi}{n}+2\cos\frac{2\pi}{k}}{1-\cos\frac{2\pi}{n}}$$

由于 $\cos\frac{2\pi}{3}=-\frac{1}{2}$，$\cos\frac{2\pi}{4}=0$，$\cos\frac{2\pi}{5}=\frac{\sqrt{5}-1}{4}$，所以

当 $k=3$，$n=3$ 时，得到正四面体，$\cos\theta=-\frac{1-\frac{1}{2}-1}{1+\frac{1}{2}}=\frac{1}{3}$；

当 $k=3,n=4$ 时,得到正六面体, $\cos\theta=-\dfrac{1+0-1}{1-0}=0$;

当 $k=4,n=3$ 时,得到正八面体,$\cos\theta=-\dfrac{1-\dfrac{1}{2}+0}{1+\dfrac{1}{2}}=-\dfrac{1}{3}$;

当 $k=3,n=5$ 时,得到正十二面体,$\cos\theta=-\dfrac{1+\dfrac{\sqrt{5}-1}{4}-1}{1-\dfrac{\sqrt{5}-1}{4}}=-\dfrac{\sqrt{5}-1}{5-\sqrt{5}}=-\dfrac{\sqrt{5}}{5}$;

当 $k=5,n=3$ 时,得到正二十面体,$\cos\theta=-\dfrac{1-\dfrac{1}{2}+\dfrac{\sqrt{5}-1}{2}}{1+\dfrac{1}{2}}=-\dfrac{\sqrt{5}}{3}$.

3.8.4 正多面体的内切球的半径

设正多面体的内切球的球心是 O,半径是 r,正多面体的面上的正 n 边形的内切圆的半径为 r'(图5),则 $r'=\dfrac{1}{2}a\cot\dfrac{\pi}{n}$,于是

$$r=r'\tan\frac{\theta}{2}=\frac{1}{2}a\cot\frac{\pi}{n}\times\sqrt{\frac{1-\cos\theta}{1+\cos\theta}}$$

当 $n=3$ 时,对于正四面体,$\cos\theta=\dfrac{1}{3}$,有

$$r=\frac{1}{2}a\times\frac{\sqrt{3}}{3}\times\sqrt{\frac{1-\dfrac{1}{3}}{1+\dfrac{1}{3}}}=\frac{1}{2}a\times\frac{\sqrt{3}}{3}\times\frac{\sqrt{2}}{2}=\frac{\sqrt{6}}{12}a$$

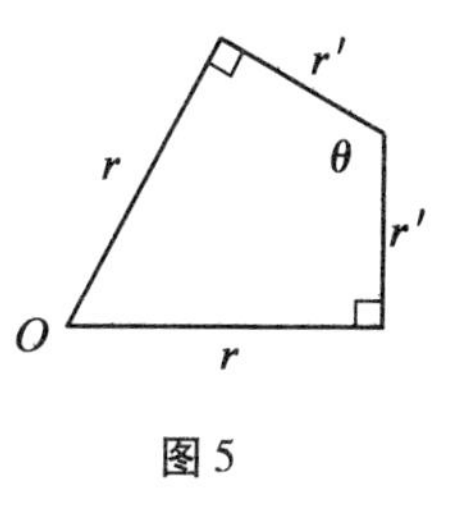

图5

当 $n=4$ 时,得到正六面体,$\cos\theta=0$,有

$$r=\frac{1}{2}a$$

当 $n=3$ 时,对于正八面体,$\cos\theta=-\dfrac{1}{3}$,有

$$r=\frac{1}{2}a\times\frac{\sqrt{3}}{3}\times\sqrt{\frac{1+\dfrac{1}{3}}{1-\dfrac{1}{3}}}=\frac{\sqrt{6}}{6}a$$

当 $n=5$ 时,得到正十二面体,$\cos\theta=-\dfrac{\sqrt{5}}{5}$,有

$$r=\frac{1}{2}a\times\sqrt{\frac{5+2\sqrt{5}}{5}}\times\sqrt{\frac{1+\frac{\sqrt{5}}{5}}{1-\frac{\sqrt{5}}{5}}}=\sqrt{\frac{5+2\sqrt{5}}{5}}\times\frac{\sqrt{5}+1}{4}a=\frac{\sqrt{250+110\sqrt{5}}}{20}a$$

当 $n=3$ 时,对于正二十面体,$\cos\theta=-\frac{\sqrt{5}}{3}$,有

$$r=\frac{1}{2}a\times\frac{\sqrt{3}}{3}\times\sqrt{\frac{1+\frac{\sqrt{5}}{3}}{1-\frac{\sqrt{5}}{3}}}=\frac{1}{2}a\times\frac{\sqrt{3}}{3}\times\frac{3+\sqrt{5}}{2}=\frac{\sqrt{3}(3+\sqrt{5})}{12}a$$

3.8.5 正多面体的棱切球的半径

设正多面体的棱切球的球心是 O,面上的正 n 边形的中心是 O',正 n 边形的内切圆的半径是 r',棱的中点是 P(图6).由于 OO'垂直于正 n 边形所在的平面,所以$\angle OO'P=90°$. $\angle OO'P$ 是相邻两面的二面角的一半,OP 是棱切球的半径 r_1,于是在$\triangle OO'P$ 中

$$r_1=\frac{r'}{\cos\frac{\theta}{2}}=\frac{a\cot\frac{\pi}{n}}{2\cos\frac{\theta}{2}}=\frac{a\cot\frac{\pi}{n}}{\sqrt{2(1+\cos\theta)}}$$

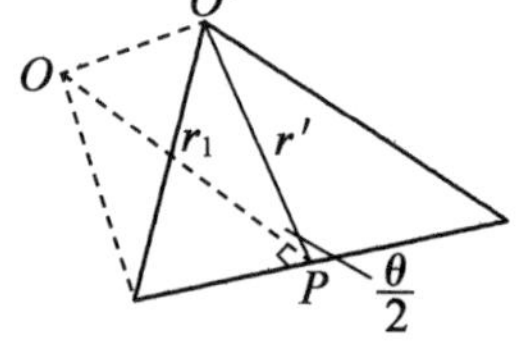

图6

对于正四面体,$n=3$,$\cos\theta=\frac{1}{3}$,有

$$r_1=\frac{a\cot\frac{\pi}{3}}{\sqrt{2\left(1+\frac{1}{3}\right)}}=\frac{a}{\sqrt{6\left(1+\frac{1}{3}\right)}}=\frac{\sqrt{2}}{4}a$$

对于正六面体,$n=4$,$\cos\theta=0$,有

$$r_1=\frac{\sqrt{2}}{2}a$$

对于正八面体,$n=3$,$\cos\theta=-\frac{1}{3}$,有

$$r_1=\frac{a\cot\frac{\pi}{3}}{\sqrt{2\left(1-\frac{1}{3}\right)}}=\frac{a}{\sqrt{6\left(1-\frac{1}{3}\right)}}=\frac{1}{2}a$$

对于正十二面体,$n=5$,$\cos\theta=-\frac{\sqrt{5}}{5}$,有

$$r_1=\frac{a\cot\frac{\pi}{5}}{\sqrt{2\left(1-\frac{\sqrt{5}}{5}\right)}}=\frac{a\sqrt{\frac{5+2\sqrt{5}}{5}}}{\sqrt{2\left(1-\frac{\sqrt{5}}{5}\right)}}=a\sqrt{\frac{5+2\sqrt{5}}{10-2\sqrt{5}}}=\frac{3+\sqrt{5}}{4}a$$

对于正二十面体，$n=3,\cos\theta=-\frac{\sqrt{5}}{3}$，有

$$r_1=\frac{a\cot\frac{\pi}{3}}{\sqrt{2\left(1-\frac{\sqrt{5}}{3}\right)}}=\frac{a}{\sqrt{6\left(1-\frac{\sqrt{5}}{3}\right)}}=\frac{a}{\sqrt{6-2\sqrt{5}}}=\frac{\sqrt{5}+1}{4}a$$

3.8.6 正多面体的外接球的半径

设正多面体的外接球的球心是 O，半径是 R，面上的正 n 边形的中心是 O'，外接圆的半径是 R'，内切圆的半径是 r'，棱切圆的半径是 r_1（图 7），则在 $\triangle AOP$ 中

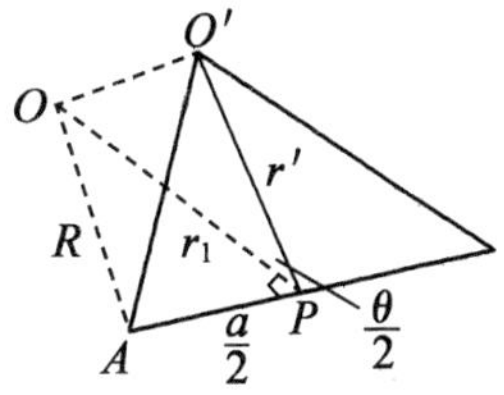

图 7

$$R^2=r_1^2+\left(\frac{a}{2}\right)^2=\left(\frac{r'}{\cos\frac{\theta}{2}}\right)^2+\left(\frac{a}{2}\right)^2$$

$$=\left(\frac{a\cot\frac{\pi}{n}}{2\cos\frac{\theta}{2}}\right)^2+\left(\frac{a}{2}\right)^2$$

$$=\frac{a^2}{4}\left(\frac{\cot^2\frac{\pi}{n}}{\cos^2\frac{\theta}{2}}+1\right)=\frac{a^2}{4}\left[\cot^2\frac{\pi}{n}\left(\tan^2\frac{\theta}{2}+1\right)+1\right]$$

$$=\frac{a^2}{4}\left[\cot^2\frac{\pi}{n}\left(\frac{1-\cos\theta}{1+\cos\theta}+1\right)+1\right]=\frac{a^2}{4}\left(\frac{2\cot^2\frac{\pi}{n}}{1+\cos\theta}+1\right)$$

对于正四面体，$n=3,\cos\theta=\frac{1}{3},\cot^2\frac{\pi}{3}=\frac{1}{3}$，有

$$R^2=\frac{a^2}{4}\left(\frac{2\times\frac{1}{3}}{1+\frac{1}{3}}+1\right)=\frac{3}{8}a^2$$

$$R=\frac{\sqrt{6}}{4}a$$

对于正六面体，$n=4,\cos\theta=0,\cot^2\frac{\pi}{4}=1$，有

$$R^2=\frac{3a^2}{4}$$

$$R=\frac{\sqrt{3}}{2}a$$

对于正八面体,$n=3,\cos\theta=-\frac{1}{3},\cot^2\frac{\pi}{3}=\frac{1}{3}$,有

$$R^2=\frac{a^2}{4}\left(\frac{2\times\frac{1}{3}}{1-\frac{1}{3}}+1\right)=\frac{a^2}{2}$$

$$R=\frac{\sqrt{2}}{2}a$$

对于正十二面体,$n=5,\cos\theta=-\frac{\sqrt{5}}{5},\cot^2\frac{\pi}{5}=\frac{5+2\sqrt{5}}{5}$,有

$$R^2=\frac{a^2}{4}\left(\frac{\frac{2(5+2\sqrt{5})}{5}}{1-\frac{\sqrt{5}}{5}}+1\right)=\frac{3(3+\sqrt{5})}{8}a^2$$

$$R=\frac{\sqrt{3}(\sqrt{5}+1)}{4}a$$

对于正二十面体,$n=3,\cos\theta=-\frac{\sqrt{5}}{3},\cot^2\frac{\pi}{3}=\frac{1}{3}$,有

$$R^2=\frac{a^2}{4}\left(\frac{2\times\frac{1}{3}}{1-\frac{\sqrt{5}}{3}}+1\right)=\frac{5+\sqrt{5}}{8}a^2$$

$$R=\frac{\sqrt{10+2\sqrt{5}}}{4}a$$

3.8.7 正多面体的体积

以正多面体的一个面(正 n 边形)为底,以球心为顶点组成一个正 n 棱锥.内切球的半径就是这个正 n 棱锥的高,所以体积是 $\frac{1}{3}\times r\times S_{正n边形}$,于是正多面体的体积 $V=\frac{1}{3}\times F\times r\times S_{正n边形}$,这里 F 是正多面体的面数.

正 n 边形的内切圆的半径 $r'=\frac{1}{2}a\cot\frac{\pi}{n}$,正三角形的面积 $S=\frac{\sqrt{3}}{4}a^2$,正方形

的面积 $S=a^2$，正五边形的面积 $S=\frac{5}{4}a^2\cot\frac{\pi}{5}=\frac{5a^2}{4}\sqrt{\frac{5+2\sqrt{5}}{5}}$.

对于正四面体，$F=4$，$n=3$，$V=\frac{1}{3}\times4\times\frac{\sqrt{6}}{12}a\times\frac{\sqrt{3}}{4}a^2=\frac{\sqrt{2}}{12}a^3$；

对于正六面体，$F=6$，$n=4$，$V=\frac{1}{3}\times6\times\frac{1}{2}a\times a^2=a^3$；

对于正八面体，$F=8$，$n=3$，$V=\frac{1}{3}\times8\times\frac{\sqrt{6}}{6}a\times\frac{\sqrt{3}}{4}a^2=\frac{\sqrt{2}}{3}a^3$；

对于正十二面体，$F=12$，$n=5$，

$$V=\frac{1}{3}\times12\times\sqrt{\frac{5+2\sqrt{5}}{5}}\times\frac{\sqrt{5}+1}{4}a\times\frac{5}{4}\sqrt{\frac{5+2\sqrt{5}}{5}}a^2=\frac{15+7\sqrt{5}}{4}a^3$$

对于正二十面体，$F=20$，$n=3$，

$$V=\frac{1}{3}\times20\times\frac{\sqrt{3}(3+\sqrt{5})}{12}a\times\frac{\sqrt{3}}{4}a^2=\frac{5(3+\sqrt{5})}{12}a^3$$

正多面体的有关数据列表如下(表2)(正多面体的棱长为 a)：

表2

	相邻二面的夹角 θ 的余弦	内切球的半径 r	棱切球的半径 r_1	外接球的半径 R	体积 V
正四面体	$\frac{1}{3}$	$\frac{\sqrt{6}}{12}a$	$\frac{\sqrt{2}}{4}a$	$\frac{\sqrt{6}}{4}a$	$\frac{\sqrt{2}}{12}a^3$
正六面体	0	$\frac{1}{2}a$	$\frac{\sqrt{2}}{2}a$	$\frac{\sqrt{3}}{2}a$	a^3
正八面体	$-\frac{1}{3}$	$\frac{\sqrt{6}}{6}a$	$\frac{1}{2}a$	$\frac{\sqrt{2}}{2}a$	$\frac{\sqrt{2}}{3}a^3$
正十二面体	$-\frac{\sqrt{5}}{5}$	$\frac{\sqrt{250+110\sqrt{5}}}{20}a$	$\frac{3+\sqrt{5}}{4}a$	$\frac{\sqrt{3}(\sqrt{5}+1)}{4}a$	$\frac{15+7\sqrt{5}}{4}a^3$
正二十面体	$-\frac{\sqrt{5}}{3}$	$\frac{\sqrt{3}(3+\sqrt{5})}{12}a$	$\frac{\sqrt{5}+1}{4}a$	$\frac{\sqrt{10+2\sqrt{5}}}{4}a$	$\frac{5(3+\sqrt{5})}{12}a^3$

3.8.8 在正十二面体和正二十面体中出现的黄金数

由于正十二面体中出现正五边形，所以正十二面体与黄金数 $\varphi=\frac{\sqrt{5}+1}{2}$ 有关. 由于正二十面体的每个顶点都是五个正三角形，这五个正三角形的公共顶点的对边形成一个正五边形，所以正二十面体也与黄金数 $\varphi=\frac{\sqrt{5}+1}{2}$ 有关.

在正十二面体的二十个顶点中，十二个顶点分别是三个两两垂直的矩形的顶点，这三个矩形的长与宽之比是 φ^2. 其余八个顶点是一个正方体的顶点，其边长与正十二面体的棱长之比是黄金数 φ(图 8).

正二十面体的十二个顶点是三个互相垂直的黄金矩形的顶点，即长与宽之比是黄金数 φ 的矩形(图 9).

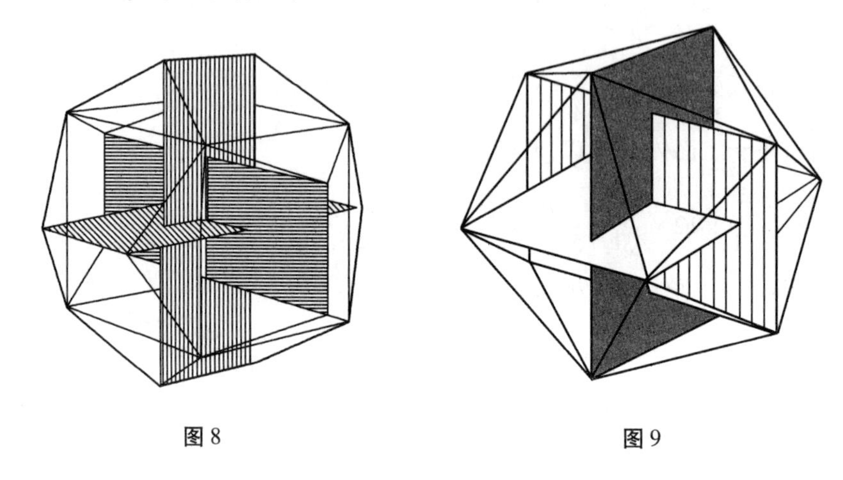

图 8　　图 9

有兴趣的读者不妨证明上述性质.

3.9　探求阿基米德多面体

如果一个多面体的各个面都是同一种正多边形，那么这种多面体被称为正多面体. 众所周知，正多面体共有五种，即正四面体、正方体、正八面体、正十二面体和正二十面体.

如果一个多面体的各个面是两种或者两种以上不同的正多边形，并且每个多面角都相同，那么这种多面体被称为阿基米德多面体(Archimedean polyhedra)或者半正多面体. 其中最简单的例子是正棱柱和正拟柱体，二者的两个底面都是互相平行的正 n 边形，前者的侧面为 n 个正方形，后者的侧面为 $2n$ 个正三角形(图 1 是 $n=5$ 时的正拟柱体). 除此之外，半正多面体只有 13 种. 下面我们来寻求这 13 种半正多面体.

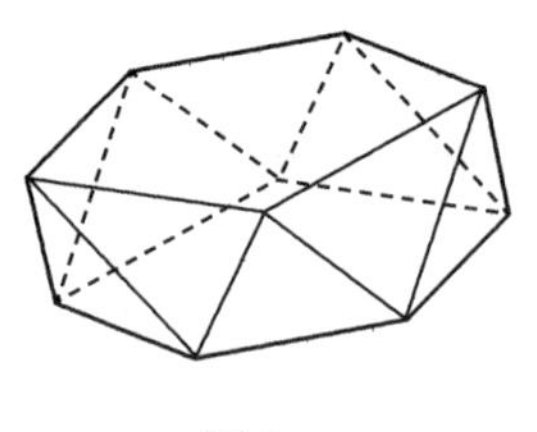

图 1

设多面体的面的个数为 F，顶点的个数为 V，棱的条数为 E.

由于多面角的各个面角的和都小于 $360°$，正三角形、正方形、正五边形和正六边形的内角分别是 $60°$,$90°$,$108°$和 $120°$,而 $60°+90°+108°+120°>360°$,所以半正多面体的每个顶点处至多只有三种不同的正多边形,于是可设半正多面体的面中正 k 边形有 x 个,正 l 边形有 y 个,正 m 边形有 z 个($3\leqslant k<l<m$). 显然有

$$F=x+y+z \tag{1}$$

再设每个顶点处都有 a 个正 k 边形,b 个正 l 边形,c 个正 m 边形. 因为每个顶点至少有两种多边形,所以不失一般性,设 $a\geqslant 1,b\geqslant 1,c\geqslant 0$. 由于 x 个正 k 边形共有 kx 个内角,所以 $kx=aV$,同理 $ly=bV,mz=cV$,于是 $y=\frac{bkx}{al},z=\frac{ckx}{am}$,代入式(1)后,得

$$F=\frac{(alm+bmk+ckl)x}{alm} \tag{2}$$

显然有

$$V=\frac{kx}{a} \tag{3}$$

由于多面体的每条棱都是两个多边形的公共边,所以 $E=\frac{kx+ly+mz}{2}$,于是

$$E=\frac{(a+b+c)kx}{2a} \tag{4}$$

将式(2),(3),(4)代入多面体的欧拉公式 $F+V-E=2$ 后,得

$$\left[\frac{alm+bmk+ckl}{alm}+\frac{k}{a}-\frac{(a+b+c)k}{2a}\right]x=2$$

即

$$[2alm+2bmk+2ckl-(a+b+c-2)klm]x=4alm$$

为方便起见,设 $S=2alm+2bmk+2ckl-(a+b+c-2)klm$,则

$$x=\frac{4alm}{S} \tag{5}$$

$$y=\frac{4bmk}{S} \tag{6}$$

$$z=\frac{4ckl}{S} \tag{7}$$

又由

$$S=2alm+2bmk+2ckl-(a+b+c-2)klm>0 \tag{8}$$

得

$$a\left(1-\frac{2}{k}\right)+b\left(1-\frac{2}{l}\right)+c\left(1-\frac{2}{m}\right)<2 \tag{9}$$

因为 $k\geqslant 3$, $l\geqslant 4$, $m\geqslant 5$，所以由式(9)得

$$\frac{a}{3}+\frac{b}{2}+\frac{3c}{5}\leqslant a\left(1-\frac{2}{k}\right)+b\left(1-\frac{2}{l}\right)+c\left(1-\frac{2}{m}\right)<2$$

于是 $10a+15b+18c<60$

$$a<\frac{60-15b-18c}{10} \tag{10}$$

由于多面角至少有三个面角，所以

$$a+b+c\geqslant 3 \tag{11}$$

由式(10)，(11)得到

$$3-(b+c)\leqslant a<\frac{60-15b-18c}{10} \tag{12}$$

下面求 a,b,c 的值：

当 $c=0$ 时，式(12)变为 $3-b\leqslant a<\frac{12-3b}{2}$.

(i)若 $b=1$，则 $2\leqslant a<\frac{9}{2}$, $a=2,3,4$；

(ii)若 $b=2$，则 $1\leqslant a<3$，所以 $a=1,2$；

(iii)若 $b=3$，则 $1\leqslant a<\frac{3}{2}$，所以 $a=1$.

当 $c=1$ 时，由式(10)得 $1\leqslant a<\frac{42-15b}{10}$, $42-15b>10$, $b<\frac{32}{15}$, $b\leqslant 2$.

(i)若 $b=1$，则 $2\leqslant a<\frac{27}{10}$，所以 $a=1,2$；

(ii)若 $b=2$，则 $1\leqslant a<\frac{6}{5}$，所以 $a=1$.

当 $c\geqslant 2$ 时，由式(10)得 $1\leqslant a<\frac{24-15b}{10}$, $24-15b>10$, $b<\frac{14}{15}$，这不可能.

于是得到下表(表1)：

表1

情况	1	2	3	4	5	6	7	8	9
a	2	3	4	1	2	1	1	2	1
b	1	1	1	2	2	3	1	1	2
c	0	0	0	0	0	0	1	1	1

对于 a,b,c 的不同的值，先由不等式(8)求出 k,l,m 的值，从而求出 S 的

值.再由式(5),(6),(7)分别求出 x,y,z 的值,最后由式(1),(3),(4)求出 F, V,E 的值.

情况1 $a=2,b=1,c=0$,此时每个顶点处有两个正 k 边形和一个正 l 边形.每个正 k 边形的 k 条边的外侧依次是一个正 k 边形、一个正 l 边形、一个正 k 边形、一个正 l 边形、……、一个正 k 边形、一个正 l 边形,所以 k 是偶数.由 $S=(4l+2k-kl)m>0$,得 $(k-4)l<2k$.

当 $k=4$ 时,$l\geqslant 5$,$S=8m$,得到 $x=l$,$y=2$,$z=0$,$F=l+2$,$V=2l$,$E=3l$.这是两底都是正 l 边形,侧面都是正方形的正 l 棱柱.

当 $k\geqslant 6$ 时,$k<l<\dfrac{2k}{k-4}$,得 $k<6$,这不可能.

情况2 $a=3,b=1,c=0$,由 $S=(3l+k-kl)2m>0$,得 $(k-3)l<k$.

当 $k=3$ 时,$l\geqslant 4$,$S=6m$,得 $x=2l$,$y=2$,$z=0$,$F=2(l+1)$,$V=2l$,$E=4l$.这是两底都是正 l 边形,侧面都是正三角形的正拟棱柱(见图1).

当 $k\geqslant 4$ 时,$k<l<\dfrac{k}{k-3}$,得 $k<4$,这不可能.

情况3 $a=4,b=1,c=0$,由 $S=(8l+2k-3kl)m>0$,得 $(3k-8)l<2k$,$k<l<\dfrac{2k}{3k-8}$,$3k-8<2$,$k<\dfrac{10}{3}$,$k=3$,$l<6$,$l=4,5$.于是得到表2:

表2

k	l	S	x	y	z	F	V	E
3	4	$2m$	32	6	0	38	24	60
3	5	m	80	12	0	92	60	150

当 $l=4$ 时,由表2中的相应的数值可得到扭棱立方体(snub cube)(图2).它是先将正方体的6个面向外移动一定距离,然后扭转一下,再用32个正三角形填补向外移动后形成的空缺得到的.

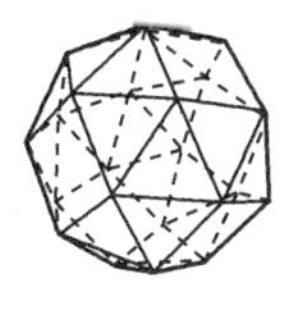

扭棱立方体

扭棱十二面体

图2

当 $l=5$ 时,由表 2 中的相应的数值可得到扭棱十二面体(snub dodecahedron)(图 2).

它是先将正十二面体的 12 个面向外移动一定距离,然后扭转一下,再用 80 个正三角形填补向外移动后形成的空缺得到的.

对于正方体和正十二面体的每一个面来说,由于向外移动一定距离后可以向左扭转,也可以向右扭转,所以它们都有两种形式,这两种形式互成镜面对称.

情况 4 $a=1,b=2,c=0$,此时每个顶点处有一个正 k 边形和两个正 l 边形,每个正 l 边形的 l 条边的外侧依次是一个正 l 边形、一个正 k 边形、一个正 l 边形、一个正 k 边形、……、一个正 l 边形、一个正 k 边形,所以 l 是偶数. 由 $S=(2l+4k-kl)m>0$,得 $(k-2)l<4k$, $k<l<\frac{4k}{k-2}$, $k<6$, $k=3,4,5$.

(i) 当 $k=3$ 时, $3<l<12$,所以 $l=4,6,8,10$. 于是得到表 3:

表 3

k	l	x	y	z	F	V	E
3	4	2	3	0	5	6	9
3	6	4	4	0	8	12	18
3	8	8	6	0	14	24	36
3	10	20	12	0	32	60	90

当 $l=4$ 时,由表 3 中的相应的数值可得到侧面为正方形的正三棱柱.

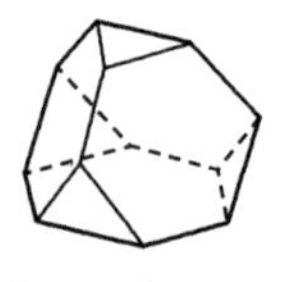

截顶正四面体

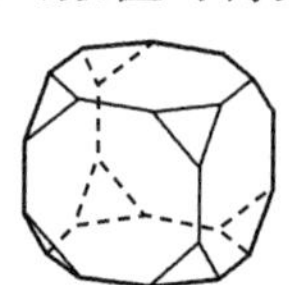

截顶正方体

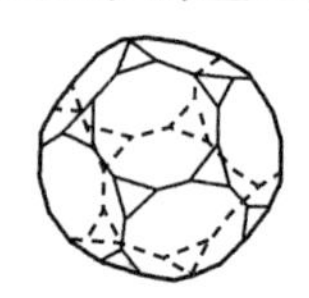

截顶正十二面体

图 3

当 $l=6$ 时,由表 3 中的相应的数值可得到截顶正四面体(truncated tetrahedron)(图 3). 它是用平面将正四面体的 4 个顶点截去,使原来的 4 个顶点都变为正三角形,原来的 4 个面(正三角形)都变为正六边形后得到的.

当 $l=8$ 时,由上表中的相应的数值可得到截顶正方体(truncated cube)(图 3). 它是用平面将正方体的 8 个顶点截去,使原来的 8 个顶点都变为正三角形,原来的 6 个面(正方形)都变为正八边形后得到的.

当 $l=10$ 时,由上表中的相应的数值可得到截顶正十二面体(truncated dodecahedron)(图3). 它是用平面将正十二体的20个顶点截去,使原来的20个顶点都变为正三角形,原来的12个面(正五边形)都变为正十边形后得到的.

(ii)当 $k=4$ 时,$4<l<8, l=6$.

(iii)当 $k=5$ 时,$5<l<\frac{20}{3}, l=6$.

于是得到表4:

表4

k	l	x	y	z	F	V	E
4	6	6	8	0	14	24	36
5	6	12	20	0	32	60	90

当 $k=4$ 时,由表4中相应的数值可得到截顶正八面体(truncated octahedron)(图4). 它是用平面将正八面体的6个顶点截去,使原来的6个顶点都变为正方形,原来的8个面(正三角形)都变为正六边形后得到的.

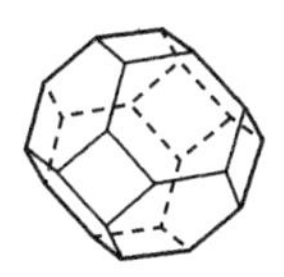
截顶正八面体

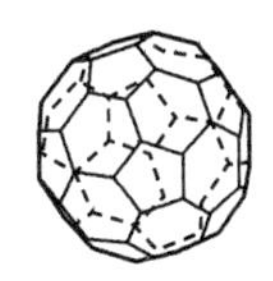
截顶正二十面体

图4

当 $k=5$ 时,由表4中的相应的数值可得到截顶正二十面体(truncated icosahedron)(图4). 它是用平面将正二十面体的12个顶点截去,使原来的12个顶点都变为正五边形,原来20个面(正三角形)都变为正六边形后得到的.

情况5 $a=2, b=2, c=0$,此时 $S=(2l+2k-kl)2m>0$,得 $(k-2)l<2k$, $k<l<\frac{2k}{k-2}$, $k<4$, $k=3$,于是 $3<l<6$, $l=4,5$,得到表5:

表5

k	l	x	y	z	F	V	E
3	4	8	6	0	14	12	24
3	5	20	12	0	32	30	60

当 $k=3$ 时,无论 $l=4$ 还是 $l=5$,如果每个顶点处的两个正三角形相邻,例

如在 A,B 两处，那么在 C 处就有三个相邻的正三角形（如图5），这不可能，所以每个顶点处的两个正三角形不相邻，于是两个正 l 边形也不相邻.

图5

这样当 $l=4$ 时，由表5中的相应的数值可得到立方八面体(cuboctahedron)（图6）. 它是用过正方体的从同一顶点出发的棱的中点的平面将8个顶点截去，使原来的8个顶点都变为正三角形，原来的6个面（正方形）都变为另一个正方形后得到的.

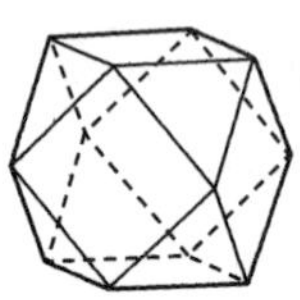

立方八面体

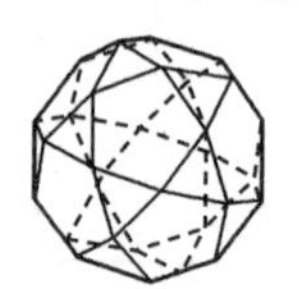

二十十二面体

图6

当 $l=5$ 时，由上表中的相应的数值可得到二十十二面体(icosidodecahedron)（图6）. 它是用过正十二面体的从同一顶点出发的棱的中点的平面将20个顶点截去，使原来的20个顶点都变为正三角形，原来的12个面（正五边形）都变为另一个正五边形后得到的.

情况6　$a=1,b=3,c=0$，此时 $S=(l+3k-kl)2m>0$，得 $(k-1)l<3k$，$k<l<\frac{3k}{k-1}$，$k<4$，$k=3$，$3<l<\frac{9}{2}$，$l=4$，得 $x=8$，$y=18$，$z=0$，$F=26$，$V=24$，$E=48$，可得到小斜方立方八面体(small rhombicuboctahedron)（图7）. 它是先将正方体的6个面向外平移一定距离，再用8个正三角形和12个正方形填补平移形成的空缺后得到的. 它还有一种形式：将其上方的5个正方形和4个三角形旋转 $45°$ 后得到.

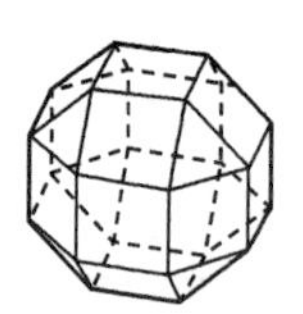

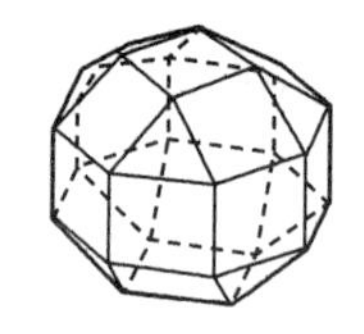

图7　小斜方立方八面体

情况7　$a=1,b=1,c=1$，此时每个正 k 边形的 k 条边的外侧依次是一个正 l 边形、一个正 m 边形、一个正 l 边形、一个正 m 边形、……、一个正 l 边形、一个正 m 边形，所以 k 是偶数，同理 l,m 都是偶数. 由 $S=2lm+2mk+2kl-klm$

>0,得

$$1<\frac{2}{k}+\frac{2}{l}+\frac{2}{m}<\frac{6}{k},k<6,k=4$$

由 $S=2(4m+4l-lm)>0$,得 $(l-4)m<4l,l<m<\frac{4l}{l-4},\frac{4l}{l-4}>l,l<8,l=6$.

由 $S=4(12-m)>0$,得 $m<12$,于是 $m=8,10$,得到表6:

表6

k	l	m	x	y	z	F	V	E
4	6	8	12	8	6	26	48	72
4	6	10	30	20	12	62	120	180

当 $m=8$ 时,由表6中的相应的数值可得到大斜方立方八面体(great rhombicuboctahedron)(图9).先将截顶正方体的6个正八边形的面向外平移一定距离,此时相邻的正八边形的每一条公共棱(共12条)都变为两条平行且相等的棱,三角形已不复存在,再连接每一对棱的相应端点得到12个正方形,同时也得到6个正六边形(如图8),这样就形成大斜方立方八面体.

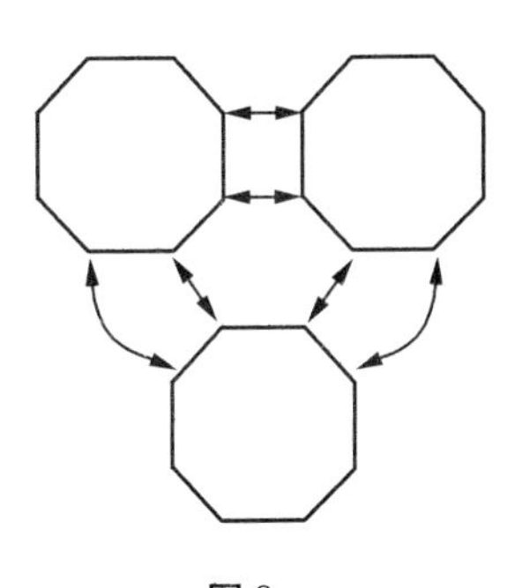

图8

当 $m=10$ 时,由表6中的相应的数值可得到大斜方二十十二面体(great rhombicosidodecahedron)(图9).先将截顶正十二面体的12个正十边形的面向外平移一定距离,此时相邻的正十边形的每一条公共棱(共30条)都变为两条平行且相等的棱,三角形已不复存在,再连接每一对棱的相应端点得到30个正方形,同时也得到12个正六边形(如图8,把正八边形成换成正十边形),这样就形成大斜方二十十二面体.

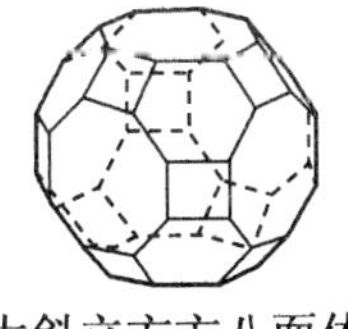

大斜立方方八面体

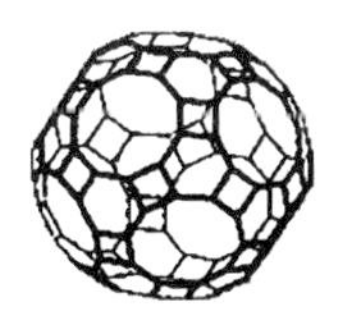

大斜方二十十二面体

图9

情况 8 $a=2,b=1,c=1$,此时 $S=2(2lm+mk+kl-klm)>0$,于是

$$1<\frac{2}{k}+\frac{1}{l}+\frac{1}{m}<\frac{4}{k},k<4,k=3$$

此时每一个顶点处都有两个正三角形,一个正 l 边形和一个正 m 边形.

若这两个正三角形不相邻,那么一个正 l 边形和一个正 m 边形也不相邻(如图10),下方的两个正三角形之间既不能是正 l 边形,也不能是正 m 边形,否则就发生一个顶点处有两个正三角形和两个边数相同的正多边形的情况,即 $l=m$,这与 $l<m$ 矛盾.所以这两个正三角形必相邻.此时每一个顶点处有两个相邻的正三角形,一个正 l 边形和一个正 m 边形(如图11),于是在顶点 A 处出现三个正三角形,这也不可能.

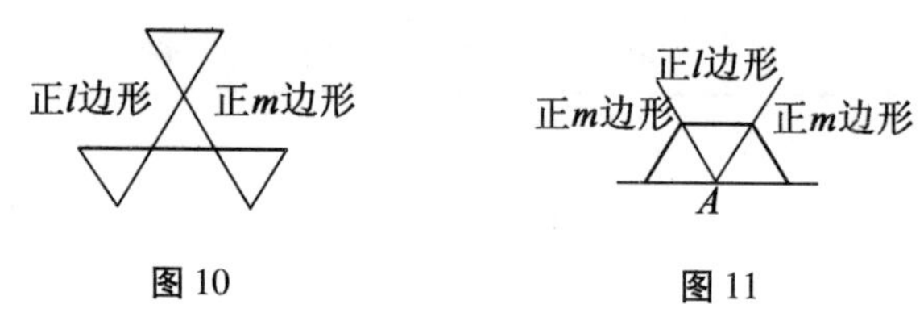

图 10　　　　图 11

情况 9 $a=1,b=2,c=1$,此时 $S=2(lm+2mk+kl-klm)>0$,于是

$$1<\frac{1}{k}+\frac{2}{l}+\frac{1}{m}$$

若 $k\geqslant4$,则 $l\geqslant5,m\geqslant6$,则 $1<\frac{1}{k}+\frac{2}{l}+\frac{1}{m}\leqslant\frac{1}{4}+\frac{2}{5}+\frac{1}{6}=\frac{49}{60}$,这不可能,所以 $k=3$. 此时 $S=2(6m+3l-2lm)>0$,于是 $2m(l-3)<3l,l<m<\frac{3l}{2(l-3)},l<\frac{3l}{2(l-3)},l<\frac{9}{2},l=4$. 由 $S=4(6-m)>0$,得 $m<6,m=5$. 于是 $x=20,y=30,z=12,F=62,V=60,E=120$, 此时每一个顶点处都有两个正方形,一个正三角形和一个正五边形.

如果每个顶点处的两个正方形相邻,例如在 A,B 两处,那么在 C 处就有两个正五边形(如图12),这不可能,所以每个顶点处的两个正方形不相邻,于是一个正三角形和一个正五边形也不相邻.这样可得到小斜方二十十二面体(small rhombicosidodecahedron)(图13).

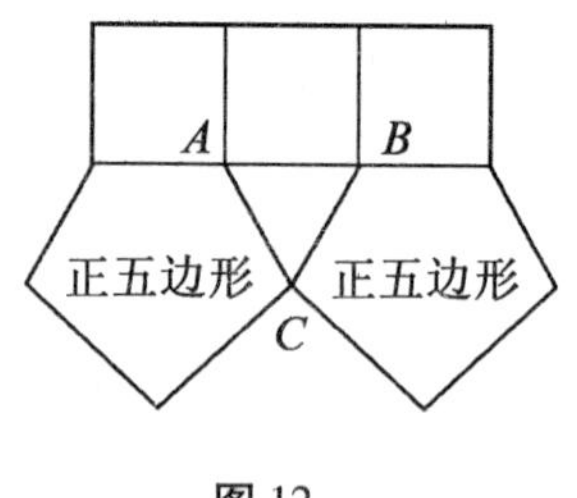

图 12

它是先将正十二面体的12个面(正五边形)向外平移一定距离后,再用20个正三角形和30个正方形填补平移形成的空缺后得到的.

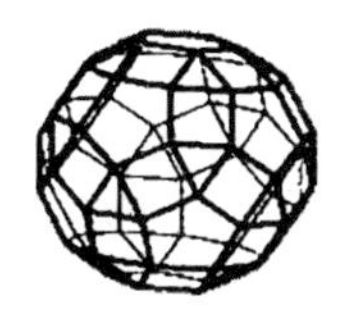

图13 小斜方二十十二面体

由此可见,半正多面体共有十三种.这里要说明的是:

这十三种半正多面体不包括正棱柱和正拟柱体(图1);

这十三种半正多面体是将情况6中的成镜面对称的两种小斜方立方八面体只算作一种.如果各算一种,那么共有十四种半正多面体.

我们用直观图(图14)列出五种正多面体和十三种半正多面体之间的关系.

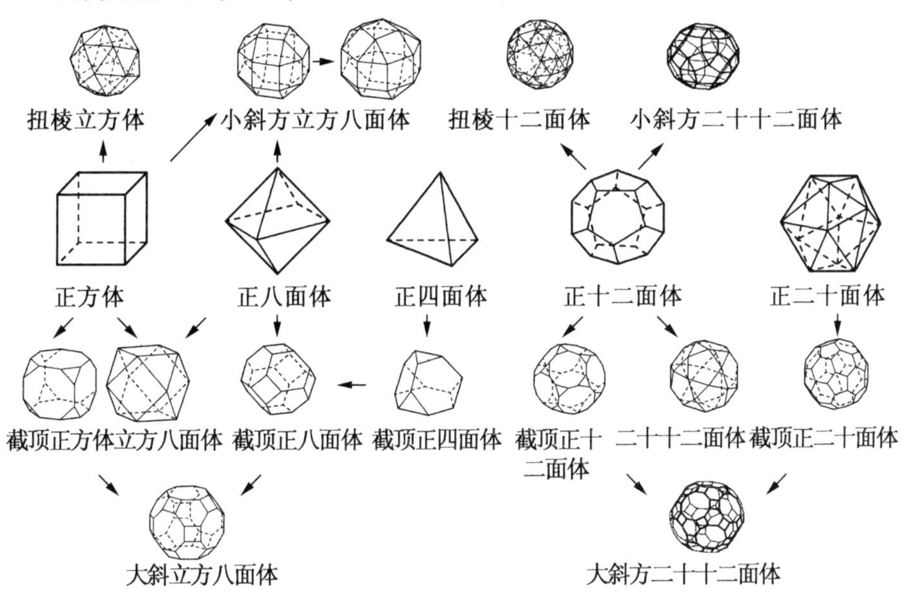

图14

最后提供阿基米德多面体的展开图,供读者在制作纸质模型时使用.

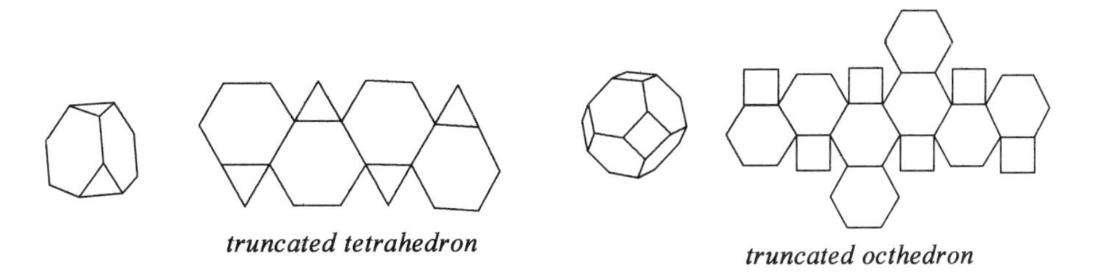

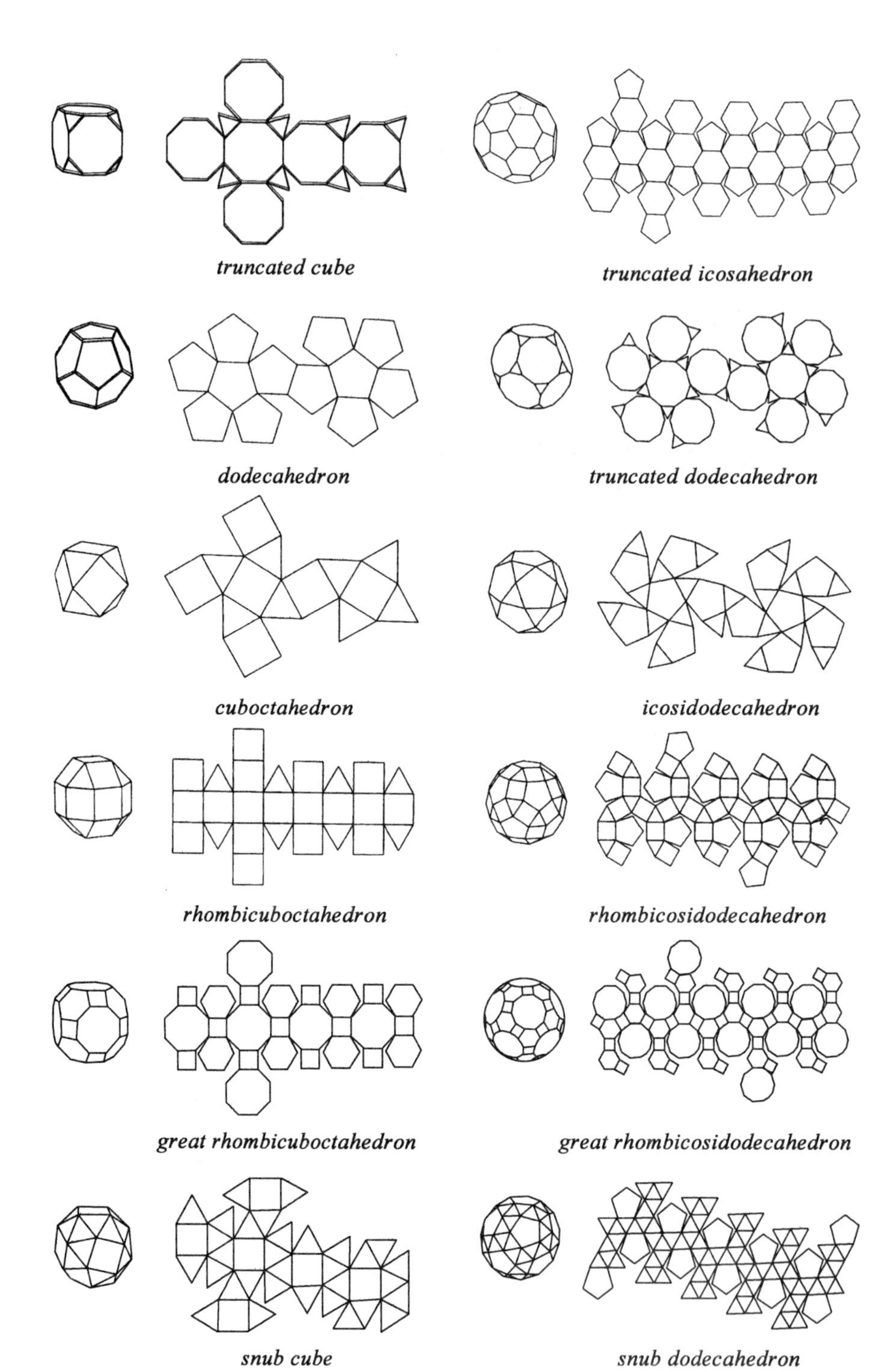
truncated cube
truncated icosahedron
dodecahedron
truncated dodecahedron
cuboctahedron
icosidodecahedron
rhombicuboctahedron
rhombicosidodecahedron
great rhombicuboctahedron
great rhombicosidodecahedron
snub cube
snub dodecahedron

3.10　平移、旋转和第四维

我们生活的空间是三维空间，也就是说，我们的空间中恰好有三个自由度，可以实施三类互相垂直方向（前后、左右、上下）的运动. 三维空间内的任意一点的运动可实施这三种方向的运动到达另一个点. 例如，我们可以向前走200米到达河边，然后向右走50米到达一棵大树，最后向上爬4米到达树顶. 对于在只有两条车道的道路上行驶的汽车，这个空间实际上是一维的；对于在宽阔的空地上行驶的汽车，这个空间实际上是二维的. 在通常情况下，我们要实施向上的运动并不是十分自由的. 三维空间对于鸟类或鱼类比我们人类更为自由.

是否有可能存在第四维呢？也就是说，是否存在一个与表示我们的三维空间中的每一个方向都垂直的方向呢？为了对第四维的意义有一个更好的理解，我们实施以下一些平移变换：

1. 取一个0维的点（图1），将该点任意平移距离 a（也可将距离 a 作为单位长度1），此时从0维升到1维，得到1条长为 a 的1维的线段，有2个端点（图2），记作 $1\cdot a^1+2\cdot a^0=a+2$.

2. 将长为 a 的线段沿垂直于该线段的方向平移距离 a，联结原线段和新线段的端点，此时从1维升到2维，得到一个2维的正方形（图3），记作 $(a+2)(a+2)=(a+2)^2$. 在平移的过程：

（1）长为 a 的线段变为面积为 a^2 的正方形，得到 a^2；原线段的2个顶点都变为长为 a 的线段，得到 $2a$.

（2）原来长为 a 的线段平移距离 a 后，得到1条新的长为 a 的线段，共有2条长为 a 的线段，得到 $2a$；

原来的线段的2个顶点平移距离 a 后，各得到1个新的顶点，共有4个顶点，得到4.

即 $(a+2)^2=(a+2)(a+2)=a^2+2a+2a+4=a^2+4a+4$.

这就是说，边长为 a 的正方形的面积为 a^2，有4条长为 a 的边和4个顶点.

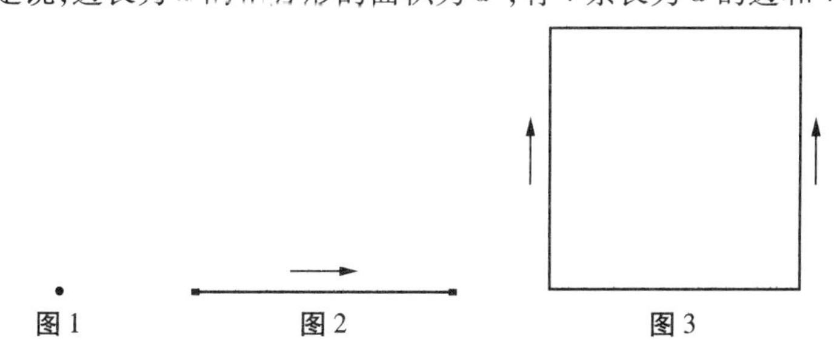

图1　　图2　　图3

3. 将 2 维的正方形升到 3 维的正方体时，由于实际上我们不能在 2 维平面的纸上画 3 维的正方体，所以我们将斜穿左右和上下这两维的一条直线的方向表示第三维. 将边长为 a 的正方形沿这一方向平移距离 a，联结相应的顶点得到一个三维的正方体(图4)，记作 $(a+2)^2(a+2)=(a+2)^3$. 在平移的过程中：

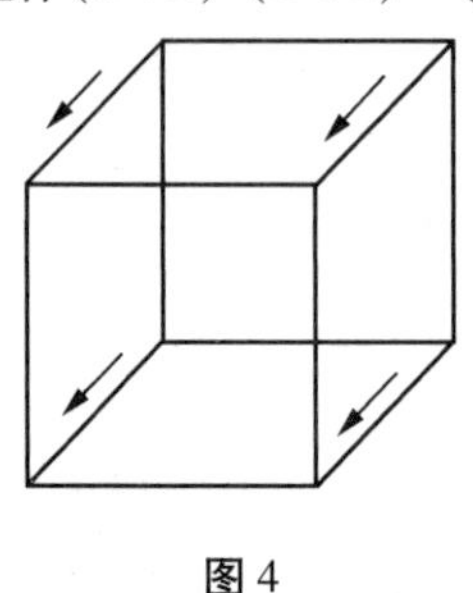

图4

(1) 原来面积为 a^2 的正方形变为体积为 a^3 的正方体；

原正方形的 4 条长为 a 的边都变为边长为 a 的正方形，得到 $4a^2$；

原正方形的 4 个顶点都变为长为 a 的线段，得到 $4a$.

(2) 面积为 a^2 的原正方形平移距离 a 后，得到 1 个面积为 a^2 的新的正方形，共有 2 个面积为 a^2 的正方形，得到 $2a^2$；

原正方形的 4 条长为 a 的边平移距离 a 后，得到 4 条新的长为 a 的边，共有 8 条长为 a 的棱，得到 $8a$；

原正方形的 4 个顶点平移距离 a 后，得到 4 个新的顶点，共有 8 个顶点，得到 8.

即 $(a^2+4a+4)(a+2)=a^3+4a^2+4a+2a^2+8a+8=a^3+6a^2+12a+8$.

这就是说，棱长为 a 的正方体的体积为 a^3，有 6 个面积为 a^2 的正方形的面，12 条长为 a 的棱和 8 个顶点.

4. 下面将 3 维的正方体升到 4 维的超正方体. 由于实际上我们还不知道第四维的任何情况，想象第四维的最佳方法是类比. 因此像从 2 维到 3 维那样，将正方体沿一个面的对角线的方向平移，得到 4 维的超正方体(图 5)，记作 $(a+2)^3(a+2)=(a+2)^4$.

设原正方体为 $ABCD-A_1B_1C_1D_1$，棱长为 a，平移距离 a 后的正方体为 $abcd-a_1b_1c_1d_1$①，得到超正方体(图 5)②. 在二维平面内表示超正方体的具体画法

① 这里的 $ABCD-abcd$ 只是习惯用法，其中 a 与前面的棱长 a 和平移距离 a 无关.

② 超立方体的画法很多，图 5 这个 4 维的超立方体的设计取自于布拉格东(Claude Bragdon)在 1913 年所作.

为：

画一个边长为 a 的正八边形；

以该正八边形的边长 a 为边，在该正八边形内各作一个正方形.

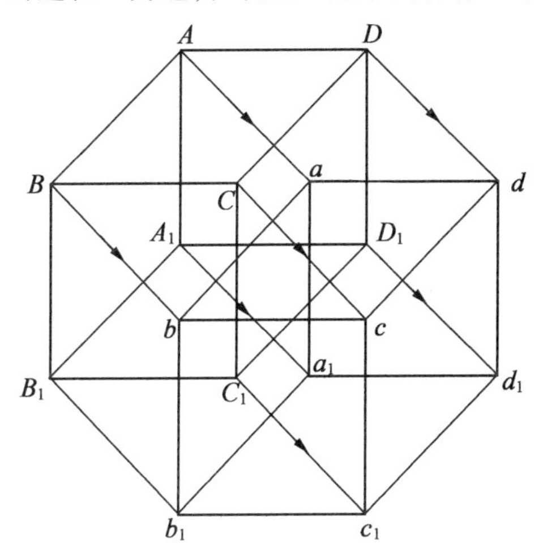

图5

在平移的过程中：

(1)体积为 a^3 的原正方体变为超体积为 a^4 的四维正方体.

原正方体的6个边长为 a 的正方形都变为棱长为 a 的正方体：$ABCD-abcd$，$A_1B_1C_1D_1-a_1b_1c_1d_1$，$ABB_1A_1-abb_1a_1$，$DCC_1D_1-dcc_1d_1$，$CBB_1C_1-cbb_1c_1$，$DAA_1D_1-daa_1d_1$，得到 $6a^3$；

原正方体的12条棱都变为边长为 a 的正方形：$ABba$，$BCcb$，$CDdc$，$DAad$，$A_1B_1b_1a_1$，$B_1C_1c_1b_1$，$C_1D_1d_1c_1$，$D_1A_1a_1d_1$，AA_1a_1a，BB_1b_1b，CC_1c_1c，DD_1d_1d，得到 $12a^2$；

原正方体的8个顶点都变为长为 a 的棱：Aa，Bb，Cc，Dd，A_1a_1，B_1b_1，C_1c_1，D_1d_1，得到 $8a$.

(2)体积为 a^3 的原正方体平移距离 a 后，得到1个体积为 a^3 的新的正方体，共有2个体积为 a^3 的正方体：$ABCD-A_1B_1C_1D_1$，$abcd-a_1b_1c_1d_1$，得到 $2a^3$；

棱长为 a 的原正方体的6个面积为 a^2 的正方形平移距离 a 后，得到6个新的面积为 a^2 的正方形：$ABCD$，$abcd$，$A_1B_1C_1D_1$，$a_1b_1c_1d_1$，ABB_1A_1，abb_1a_1，$DCcd$，$D_1C_1c_1d_1$，BCC_1B_1，bcc_1b_1，AA_1D_1D，aa_1d_1d，共有12个面积为 a^2 的正方形，得到 $12a^2$；

棱长为 a 的原正方体的12条棱平移距离 a 后，得到12条长为 a 的新的棱，共有24条长为 a 的棱：AB，BC，CD，DA，A_1B_1，B_1C_1，C_1D_1，D_1A_1，AA_1，BB_1，

$CC_1, DD_1, ab, bc, cd, da, a_1b_1, b_1c_1, c_1d_1, d_1a_1, aa_1, bb_1, cc_1, dd_1$,得到 $24a$;

棱长为 a 的原正方体的 8 个顶点平移距离 a 后,得到 8 个新的顶点,共有 16 个顶点:$A, B, C, D, A_1, B_1, C_1, D_1, a, b, c, d, a_1, b_1, c_1, d_1$,得到 16.

$$\begin{aligned}(a^3+6a^2+12a+8)(a+2) &= a^4+6a^3+12a^2+8a+2a^3+12a^2+24a+16\\ &= a^4+8a^3+24a^2+32a+16\end{aligned}$$

这就是说,棱长为 a 的超正方体的超体积为 a^4,有 8 个体积为 a^3 的正方体,24 个面积为 a^2 的正方形,32 条长为 a 的棱和 16 个顶点.

下面探究实施旋转变换出现的情况.

由于一个球(不一定是 3 维的球)由球心和半径确定,因此球心为 0,半径为 $r(r>0)$ 的球是使 P 到 0 的距离是 r 的一切点 P 的集合. 这一定义与所说的空间的维数无关.

说半径为 r 的 0 维球是无意义的,因为 0 维空间只有一个点.

半径为 r 的 1 维球由 0 的两侧的两点组成(图 6).

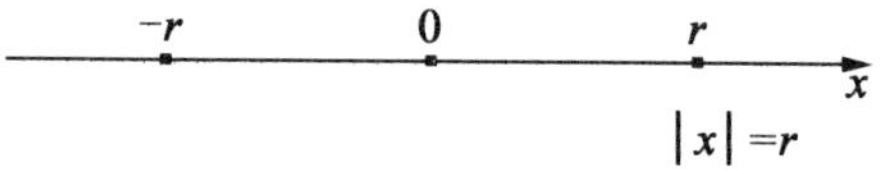

$-r$　　0　　r　　x

$|x|=r$

图 6

1. 将一条长为 r 的线段的一个端点 P 绕着另一个端点 0 旋转一周,此时点 P 就形成一个半径为 r 的 2 维球,可由 xy - 坐标平面内的圆表示(图 7). 这条长为 r 的线段可分成无穷多个点,每一点同时旋转一周都形成一个圆,这些圆的圆心都是点 0,组成这个半径为 r 的 2 维球的内部(图 8).

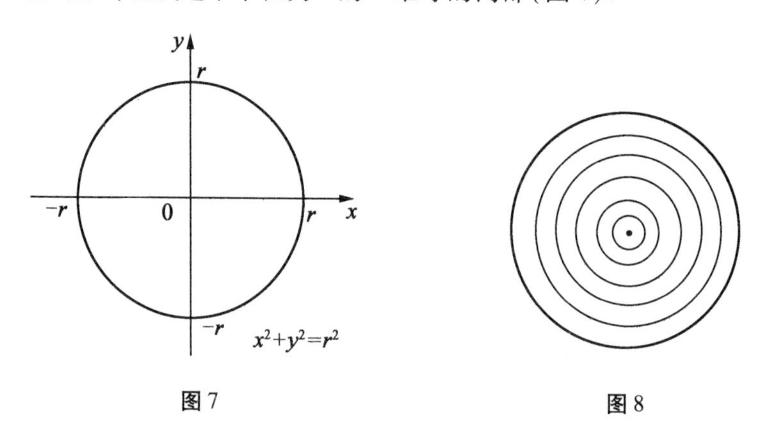

图 7　　　　图 8

2. 半径为 r 的 3 维球可以这样构成:作图 7 中圆的无穷多条平行于 x 轴的弦(图 9),将每一条弦绕着 y 轴旋转一周,这些弦的两个端点就形成半径为 r

的3维球,可由 xyz - 坐标平面内的图形表示(图10). 各弦的内部各点形成3维球的内部.

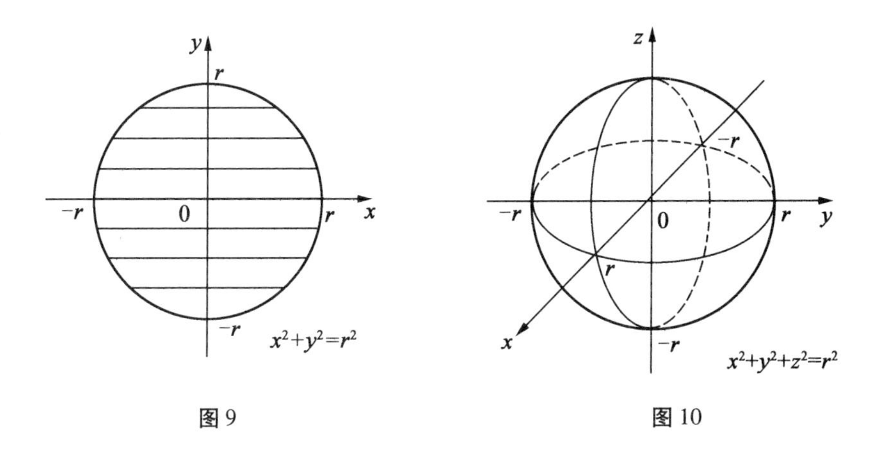

图9　　　　图10

3. 类似地,半径为 r 的4维球可以这样构成:将半径为 r 的3维球沿着平行于 xy 平面的方向截成无穷多个截面(图11),每个截面都是一个圆面,将这些圆面绕平行于 y 轴的方向旋转一周,就像百叶窗的叶片那样旋转,都得到一个3维球,这些3维球的表面组成一个半径为 r 的4维球(超球),可以看作是 $xyzt$ - 坐标系中使 $x^2+y^2+z^2+t^2=r^2$ 的四元数组 (x,y,z,t) 的集合. 这些3维球的内部形成半径为 r 的4维球的内部.

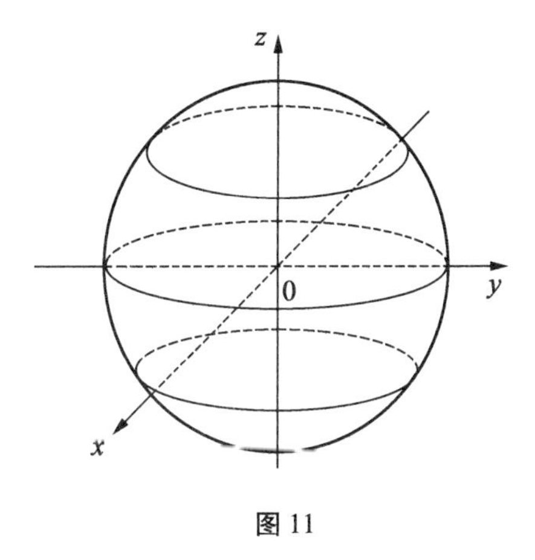

图11

虽然我们难以想象4维球成什么形状,但是实际上在数学分析中不需要图形,只要从 n 维球在 n 维坐标系的方程 $x_1^2+x_2^2+\cdots+x_n^2=r^2$ 出发,用积分的方法就可求出在 n 维空间 $(n=2,3,4)$ 中的给定半径为 r 的球的内部有多少 n 维空间.

此外,由于一个 n 维球可以分割成无穷多个球环(正中间是一个 n 维球,当 $n=2$ 时,见图 8),每个球环的内外两个边界都是一个 n 维球的边界($n-1$ 维空间),且球环的厚度处处相同,所以只需对 n 维球的边界的表达式中的半径进行积分,也可得到给定半径为 r 的球的内部有多少 n 维空间. 反之,n 维球的内部有多少 n 维空间的表达式中的 r 的导数就是球的边界有多少 $n-1$ 维空间.

1. 半径为 r 的 1 维球的内部是长度 $2r$,边界是 $(2r)'=2\cdot r^0$,2 个 0 维的点,即端点.

2. 半径为 r 的 2 维球的内部是面积 $2\int_{-r}^{r}\sqrt{r^2-x^2}\,dx$.

下面计算 $\int_{-r}^{r}\sqrt{r^2-x^2}\,dx$. 设 $x=r\cos\theta,\theta\in[0,\pi]$,则 $\sqrt{r^2-x^2}=r\sin\theta$, $dx=dr\cos\theta=-r\sin\theta d\theta$,于是

$$2\int_{-r}^{r}\sqrt{r^2-x^2}\,dx=-2\int_{\pi}^{0}r^2\sin^2\theta d\theta=2r^2\int_{0}^{\pi}\sin^2\theta d\theta$$

$$=r^2\int_{0}^{\pi}(1-\cos 2\theta)d\theta=r^2\left(\theta-\frac{1}{2}\sin 2\theta\right)\Big|_{0}^{\pi}=\pi r^2$$

所以半径为 r 的 2 维球的内部是面积 πr^2,边界(即圆周长)$=(\pi r^2)'=2\pi r$.

3. 半径为 r 的 3 维球的内部是体积 $2\int_{-r}^{r}\left(\int_{-\sqrt{r^2-x^2}}^{\sqrt{r^2-x^2}}\sqrt{r^2-x^2-y^2}\,dy\right)dx$.

将 $2\int_{-r}^{r}\sqrt{r^2-x^2}\,dx=\pi r^2$ 中的 r 换成 $\sqrt{r^2-x^2}$,x 换成 y,则

$$2\int_{-\sqrt{r^2-x^2}}^{\sqrt{r^2-x^2}}\sqrt{r^2-x^2-y^2}\,dy=\pi(r^2-x^2)$$

于是

$$2\int_{-r}^{r}\left(\int_{-\sqrt{r^2-x^2}}^{\sqrt{r^2-x^2}}\sqrt{r^2-x^2-y^2}\,dy\right)dx=\int_{-r}^{r}\left(2\int_{-\sqrt{r^2-x^2}}^{\sqrt{r^2-x^2}}\sqrt{r^2-x^2-y^2}\,dy\right)dx$$

$$=\pi\int_{-r}^{r}(r^2-x^2)dx=\pi\left(r^2x-\frac{x^3}{3}\right)\Big|_{-r}^{r}$$

$$=\frac{4}{3}\pi r^3$$

所以半径为 r 的 3 维球的内部是体积 $\frac{4}{3}\pi r^3$，边界（即球面的面积）是 $\left(\frac{4}{3}\pi r^3\right)' = 4\pi r^2$.

4. 半径为 r 的 4 维球的内部是超体积

$$2\int_{-r}^{r}\left[\int_{-\sqrt{r^2-x^2}}^{\sqrt{r^2-x^2}}\left(\int_{-\sqrt{r^2-x^2-y^2}}^{\sqrt{r^2-x^2-y^2}}\sqrt{r^2-x^2-y^2-z^2}\,\mathrm{d}z\right)\mathrm{d}y\right]\mathrm{d}x$$

将 $2\int_{-\sqrt{r^2-x^2}}^{\sqrt{r^2-x^2}}\sqrt{r^2-x^2-y^2}\,\mathrm{d}y = \pi(r^2-x^2)$ 中的 r^2-x^2 换成 $r^2-x^2-y^2$，y 换成 z，则 $2\int_{-\sqrt{r^2-x^2-y^2}}^{\sqrt{r^2-x^2-y^2}}\sqrt{r^2-x^2-y^2-z^2}\,\mathrm{d}z = \pi(r^2-x^2-y^2)$. 于是

$$\begin{aligned}\int_{-\sqrt{r^2-x^2}}^{\sqrt{r^2-x^2}}\left(2\int_{-\sqrt{r^2-x^2-y^2}}^{\sqrt{r^2-x^2-y^2}}\sqrt{r^2-x^2-y^2-z^2}\,\mathrm{d}z\right)\mathrm{d}y &= \pi\int_{-\sqrt{r^2-x^2}}^{\sqrt{r^2-x^2}}(r^2-x^2-y^2)\,\mathrm{d}y\\ &= \pi\left[(r^2-x^2)y-\frac{y^3}{3}\right]\Bigg|_{-\sqrt{r^2-x^2}}^{\sqrt{r^2-x^2}}\\ &= \frac{4}{3}\pi(r^2-x^2)^{\frac{3}{2}}\end{aligned}$$

于是

$$\begin{aligned}&2\int_{-r}^{r}\left[\int_{-\sqrt{r^2-x^2}}^{\sqrt{r^2-x^2}}\left(\int_{-\sqrt{r^2-x^2-y^2}}^{\sqrt{r^2-x^2-y^2}}\sqrt{r^2-x^2-y^2-z^2}\,\mathrm{d}z\right)\mathrm{d}y\right]\mathrm{d}x\\ &= \int_{-r}^{r}\left[\int_{-\sqrt{r^2-x^2}}^{\sqrt{r^2-x^2}}\left(2\int_{-\sqrt{r^2-x^2-y^2}}^{\sqrt{r^2-x^2-y^2}}\sqrt{r^2-x^2-y^2-z^2}\,\mathrm{d}z\right)\mathrm{d}y\right]\mathrm{d}x\\ &= \frac{4}{3}\pi\int_{-r}^{r}(r^2-x^2)^{\frac{3}{2}}\,\mathrm{d}x\end{aligned}$$

设 $x=\cos\theta,\theta\in[0,\pi]$，则 $\sqrt{r^2-x^2} = r\sin\theta, \mathrm{d}x = \mathrm{d}r\cos\theta = -r\sin\theta\mathrm{d}\theta$，于是

$$\begin{aligned}\frac{4}{3}\pi\int_{-r}^{r}(r^2-x^2)^{\frac{3}{2}}\mathrm{d}x &= \frac{4}{3}\pi\int_{\pi}^{0}r^3\sin^3\theta\mathrm{d}r\cos\theta = \frac{4}{3}\pi\int_{0}^{\pi}r^4\sin^4\theta\mathrm{d}\theta\\ &= \frac{4}{3}\pi r^4\int_{0}^{\pi}\frac{1}{8}(\cos 4\theta-4\cos 2\theta+3)\mathrm{d}\theta\\ &= \frac{1}{6}\pi r^4\left(\frac{1}{4}\sin 4\theta-2\sin 2\theta+3\theta\right)\Bigg|_{0}^{\pi}\end{aligned}$$

$$= \frac{1}{2}\pi^2 r^4$$

所以半径为 r 的 4 维球的内部是超体积$\frac{1}{2}\pi^2 r^4$,用类比的方法可得到 4 维球的边界是体积$\left(\frac{1}{2}\pi^2 r^4\right)' = 2\pi^2 r^3$.

数论

第4章

4.1 十进制多位数与 $10^n \pm 1$ 的约数的整除关系

众所周知,判别一个多位数能否被9(或3)整除的方法是判别其各位数字之和能否被9(或3)整除.判别一个多位数能否被11整除的方法是判别该数从右到左的奇数位上的数字的和与偶数位上的数字的和之差能否被11整除.这两种方法实际上就是对一个较大的多位数进行变换,变换成一个较小的多位数,并使其能否被9(或3),或11整除保持不变.

本节将这两种判别方法推广到判别一个多位数能否被 10^n-1 或 10^n+1 的约数整除的方法,并研究能被 10^n-1 或 10^n+1 的约数整除的 n 位数的性质.

4.1.1 判别一个多位数能否被 10^n-1 或 10^n+1 的约数整除的方法

设 a,n 是正整数,$a>1$,$a\mid 10^n-1$,正整数 N 是 m 位数,将 N 写成 10^n 进位制的形式:$N=\sum_{i=0}^{k}A_i\times(10^n)^i$.

其中 $k=\left[\frac{m-1}{n}\right]$,$0\leqslant A_i<10^n$,$i=0,1,2,\cdots,k$,$A_k>0$.

如果对于某些 i,有 $0\leqslant A_i<10^{n-1}$,即 A_i 不到 n 位数,则在 A_i 前添加若干个0,补成 n 位数.为叙述方便,也称之为 n 位数,或广义 n 位数.

当 $a\mid 10^n-1$ 时,$10^n-1\equiv 0\pmod a$,于是

$$N=\sum_{i=0}^{k}A_i\times(10^n)^i=\sum_{i=0}^{k}A_i(10^n-1+1)^i\equiv\sum_{i=0}^{k}A_i(\bmod a)$$

由此可知,要判别一个多位数能否被 a 整除,只要将该多位数从右到左,每 n 位分成一段,判别各段之和是否能被 a 整除即可.

当$a|10^n+1$ 时,即 $10^n+1\equiv0(\bmod a)$,于是

$$N=\sum_{i=0}^{k}A_i\times(10^n)^i=\sum_{i=0}^{k}A_i\times(10^n+1-1)^i\equiv\sum_{i=0}^{k}(-1)^iA_i(\bmod a)$$

由此可知,要判别一个多位数能否被 a 整除,只要将该多位数从右到左,每 n 位分成一段,依次一正、一负、一正、一负、…….计算其代数和是否能被 a 整除即可.

如果 $\sum_{i=0}^{k}A_i$ 或 $\sum_{i=1}^{k}(-1)^iA_i$ 超过 n 位数,那么将 $\sum_{i=0}^{k}A_i$ 或 $\sum_{i=1}^{k}(-1)^iA_i$ 作为 N,重复上述过程,直至 $\sum_{i=0}^{k}A_i$ 或 $\sum_{i=1}^{k}(-1)^iA_i$ 不超过 n 位数.

因此,判别一个多位数能否被 10^n-1 或 10^n+1 的约数 a 整除的问题实际上就是对 N 实施一种变换.当$a|10^n-1$ 时,这种变换是 $N\to\sum_{i=1}^{k}A_i$;当$a|10^n+1$ 时,这种变换是 $N\to\sum_{i=1}^{k}(-1)^iA_i$.在两种变换下,分别使得能否被 a 整除的性质保持不变,且变换后得到的数不超过 n 位.

此外,由于$(10^n-1)(10^n+1)=10^{2n}-1$,所以当$a|10^n+1$ 时,有$a|10^{2n}-1$,于是 10^n+1 的情况也可归结为 $10^{2n}-1$ 的情况.为研究方便,下面对 n 的一些值给出 10^n-1 和 10^n+1 的标准分解式表(表 1):

表 1

n	10^n-1	10^n+1
2	$3^2\times11$	101
3	$3^3\times37$	$7\times11\times13$
4	$3^2\times11\times101$	73×137
5	$3^2\times41\times271$	11×9091
6	$3^3\times7\times11\times13\times37$	101×9901
7	$3^2\times239\times4649$	11×909091

例 1 判别 23052813762 能否被 99(或 33,11)整除.

解 将 23052813762 从右到左,每 2 位分成一段,得到 2′30′52′81′37′62.计

算各段之和:$2+30+52+81+37+62=264$,$2+64=66$,所以23052813762能被33整除,但不能被99整除.

例2 判别4352885622能否被41整除.

解 因为$41\mid 10^5-1=99999$,所以将4352885622从右到左,每5位分成一段,得到43528′85622,计算各段之和:$43528+85622=129150=41\times3150$,于是4352885622能被41整除.

此外,由于$4(10x+y)=41x-(x-4y)$,所以要判别$10x+y$能否被41整除,只要判别$x-4y$能否被41整除即可. 于是$12915\to1291-4\times5=1271\to127-4\times1=123=41\times3$能被41整除.

例3 判别313676474能否被73整除.

解 因为$73\mid10^4+1=10001$,所以将313676474从右到左,每4位分成一段,得到3′1367′6474,计算$6474-1367+3=5110$. 因为$(10,73)=1$,所以只要判别511能否被73整除即可. 这可以直接除得:$511=73\times7$,所以511能被73整除,从而313676474能被73整除.

此外,由于$22(10x+y)=220x+22y=73\times3x+x+22y$,所以要判别$10x+y$能否被73整除,只要判别$x+22y$能否被73整除即可.

例如,$511\to51+22\times1=73$.

下面研究能被10^n-1或10^n+1的约数整除的n位数的性质.

4.1.2 能被10^n-1的约数整除的n位数的性质

设a,n是正整数,$a>1$,$a\mid10^n-1$,将n位数$\overline{a_1a_2\cdots a_{n-1}a_n}$的首位移到末位,得到$\overline{a_2\cdots a_{n-1}a_na_1}$,即实施变换$\overline{a_1a_2\cdots a_{n-1}a_n}\to\overline{a_2\cdots a_{n-1}a_na_1}$,则$\overline{a_1a_2\cdots a_{n-1}a_n}$与$\overline{a_2\cdots a_{n-1}a_na_1}$能否被$a$整除保持不变.

证明 $10\,\overline{a_1a_2\cdots a_{n-1}a_n}=\overline{a_2\cdots a_{n-1}a_na_1}+(10^n-1)a_1$. 因为$a\mid10^n-1$,所以$10^n-1\equiv0\pmod a$,于是$10\,\overline{a_1a_2\cdots a_{n-1}a_n}\equiv\overline{a_2\cdots a_{n-1}a_na_1}\pmod a$.

因为$a\mid10^n-1$,所以$(a,10)=1$,于是当且仅当$a\mid\overline{a_1a_2\cdots a_{n-1}a_n}$时,有$a\mid\overline{a_2\cdots a_{n-1}a_na_1}$,于是$\overline{a_1a_2\cdots a_{n-1}a_n}$与$\overline{a_2\cdots a_{n-1}a_na_1}$同时能或同时不能被$a$整除,即变换$\overline{a_1a_2\cdots a_{n-1}a_n}\to\overline{a_2\cdots a_{n-1}a_na_1}$使得能否被$a$整除保持不变.

对$\overline{a_2\cdots a_{n-1}a_na_1}$,…进行同样的变换,可知$\overline{a_1a_2\cdots a_{n-1}a_n}$,$\overline{a_2\cdots a_{n-1}a_na_1}$,…,$\overline{a_na_1a_2\cdots a_{n-1}}$能否被$a$整除保持不变.

当$n=4$时,$10^4-1=9999=9\times11\times101$,9,11倍数都无需多作研究. 四位

数中 101 的倍数都呈$\overline{abab}$形，也无需多作研究. 下面对 $n=5$，作进一步的研究.

当 $n=5$ 时，五位数$\overline{abcde}$，$\overline{bcdea}$，$\overline{cdeab}$，$\overline{deabc}$和$\overline{eabcd}$同时能或同时不能被 10^5-1 的正约数 a 整除. 由于 $10^5-1=99999=3^2\times41\times271$，所以除了 1 和本身以外，$10^5-1$ 还有 3，9，41，123，271，369，813，2439，7317，21951 共 10 个正约数. 这里取 $a=2439$（也可取这 10 个数中的其他数）为例加以说明（表 2）.

表 2　10000 以内的 2439 的倍数表

1	2	3	4	5	6	7	8	9	10
02439	04878	07317	09756	12195	14634	17073	19512	21951	24390
11	12	13	14	15	16	17	18	19	20
26829	29268	31707	34146	36585	39024	41463	43902	46341	48780
21	22	23	24	25	26	27	28	29	30
51219	53658	56097	58536	60975	63414	65853	68292	70731	73170
31	32	33	34	35	36	37	38	39	40
75609	78048	80487	82926	85365	87804	90243	92682	95121	97560

在表中任取一数$\overline{abcde}$，则五个数$\overline{abcde}$，$\overline{bcdea}$，$\overline{cdeab}$，$\overline{deabc}$和$\overline{eabcd}$同时出现在表中，将这五个数归为同一类，于是表中的 40 个数可分成 8 类，每类 5 个数.

在表中任取一数$\overline{abcde}=2439\times k$（$k$ 是正整数），则 $41\times\overline{abcde}=99999\times k$，$\frac{k}{41}=\frac{\overline{abcde}}{99999}=0.\dot{a}bcd\dot{e}$. 由此可知，分母是 41 的分数化成循环小数后，循环周期是 5，并且恰有 8 类. 例如，取 $29268=12\times2439$，则有$\frac{12}{41}=\frac{29268}{99999}=0.\dot{2}926\dot{8}$，于是$\frac{38}{41}=\frac{92682}{99999}=0.\dot{9}268\dot{2}$，$\frac{11}{41}=\frac{26829}{99999}=0.\dot{2}682\dot{9}$，$\frac{28}{41}=\frac{68292}{99999}=0.\dot{6}829\dot{2}$，$\frac{34}{41}=\frac{82926}{99999}=0.\dot{8}292\dot{6}$属于同一类.

一般地，若$a\mid10^n-1$，$(a,k)=1$，则$\frac{k}{a}$的循环节的长 r 是欧拉函数 $\varphi(a)$ 的一个因子.

4.1.3　能被 10^n+1 的约数整除的 n 位数的性质

在 4.1.2 中，我们研究了当 $a>1$，n 是正整数，$a\mid10^n-1$ 时，能被 a 整除的

n 位数的性质(或变换$\overline{a_1a_2\cdots a_{n-1}a_n}\to\overline{a_2\cdots a_{n-1}a_na_1}$使能否被 a 整除的性质保持不变).

下面,我们研究当$a\mid 10^n+1$ 时,对 n 位数$\overline{a_1a_2\cdots a_{n-1}a_n}$实施何种变换,才能使得能否被 a 整除的性质保持不变,下面列举四种变换:

变换1 $\overline{a_1a_2\cdots a_{n-1}a_n}\to\overline{a_2\cdots a_{n-1}a_na_1}-2a_1$.

证明
$$\begin{aligned}10\,\overline{a_1a_2\cdots a_{n-1}a_n}&=10^na_1+\overline{a_2\cdots a_{n-1}a_n0}\\&=(10^n+1)a_1+\overline{a_2\cdots a_{n-1}a_na_1}-2a_1\end{aligned}$$

因为$a\mid 10^n+1$,所以 $10\,\overline{a_1a_2\cdots a_{n-1}a_n}\equiv\overline{a_2\cdots a_{n-1}a_na_1}-2a_1\pmod a$,即 $10\,\overline{a_1a_2\cdots a_{n-1}a_n}$与$\overline{a_2\cdots a_{n-1}a_na_1}-2a_1$ 同时能或同时不能被 a 整除.

因为$a\mid 10^n+1$,所以$(a,10)=1$,于是$\overline{a_1a_2\cdots a_{n-1}a_n}$与$\overline{a_2\cdots a_{n-1}a_na_1}-2a_1$ 同时能或同时不能被 a 整除.

为便于记忆,特编口诀:向后移,减2倍末.

例如,当 $n=3$ 时,因为 $10^3+1=1001=7\times11\times13$,所以可取 $a=13$(也可取 $a=7,11,77,91,143$).对三位数 $689=13\times53$,有 $689\to896-2\times6=884=13\times68$ 也是13的倍数.

当 $n=4$ 时,因为 $10^4+1=10001=73\times137$,所以可取 $a=73$(也可取 $a=137$).对四位数 $7519=73\times103$,有 $7519\to5197-2\times7=5183=73\times71$ 也是73的倍数.

变换2 设$\overline{a_1a_2\cdots a_{n-1}a_n}$的末位数 $a_n>0$,$\overline{a_1a_2\cdots a_{n-1}a_n}-2a_n=\overline{b_1b_2\cdots b_{n-1}b_n}$.

$$\overline{a_1a_2\cdots a_{n-1}a_n}\to\overline{b_nb_1b_2\cdots b_{n-1}}+2$$

证明 因为 $a_n>0$,所以 $a_n<2a_n$,由$\overline{a_1a_2\cdots a_{n-1}a_n}-2a_n=\overline{b_1b_2\cdots b_{n-1}b_n}$,得

$$b_n=10+a_n-2a_n,\ a_n+b_n=10$$

$$\begin{aligned}\overline{a_1a_2\cdots a_{n-1}a_n}-2a_n&=10\,\overline{b_1b_2\cdots b_{n-1}}+b_n\\&=10^nb_n+10\,\overline{b_1b_2\cdots b_{n-1}}-(10^n+1)b_n+2b_n\\&=10\,\overline{b_nb_1b_2\cdots b_{n-1}}-(10^n+1)b_n+2b_n\end{aligned}$$

于是

$$\begin{aligned}\overline{a_1a_2\cdots a_{n-1}a_n}&=10\,\overline{b_nb_1b_2\cdots b_{n-1}}-(10^n+1)b_n+2(a_n+b_n)\\&=10(\overline{b_nb_1b_2\cdots b_{n-1}}+2)-(10^n+1)b_n\end{aligned}$$

因为$a\mid 10^n+1$,$10^n+1\equiv0\pmod a$,于是

$$\overline{a_1a_2\cdots a_{n-1}a_n} \equiv 10(\overline{b_nb_1b_2\cdots b_{n-1}}+2)(\bmod a)$$

因为$a\mid 10^n+1$,所以$(a,10)=1$,于是$\overline{a_1a_2\cdots a_{n-1}a_n}$与$\overline{b_nb_1b_2\cdots b_{n-1}}+2$同时能或同时不能被$a$整除.

口诀:减2倍末,向前移,加2.

例如,$884=13\times 68\to 884-2\times 4=876\to 687+2=689=13\times 53$.

$5183=73\times 71\to 5183-2\times 3=5177\to 7517+2=7519=73\times 103$.

变换3 设$\overline{a_1a_2\cdots a_{n-1}a_n}-2=\overline{b_1b_2\cdots b_{n-1}b_n}$.

$$\overline{a_1a_2\cdots a_{n-1}a_n}\to\overline{b_2\cdots b_{n-1}b_nb_1}+2(10-b_1)$$

证明 由$\overline{a_1a_2\cdots a_{n-1}a_n}-2=\overline{b_1b_2\cdots b_{n-1}b_n}$,得

$$\begin{aligned}10(\overline{a_1a_2\cdots a_{n-1}a_n}-2)&=10\,\overline{b_1b_2\cdots b_{n-1}b_n}\\&=10^nb_1+\overline{b_2\cdots b_{n-1}b_n0}\\&=(10^n+1)b_1+\overline{b_2\cdots b_{n-1}b_nb_1}-2b_1\end{aligned}$$

于是

$$10\,\overline{a_1a_2\cdots a_{n-1}a_n}=\overline{b_2\cdots b_{n-1}b_nb_1}+(10^n+1)b_1+2(10-b_1)$$

因为$a\mid 10^n+1$,所以$10^n+1\equiv 0(\bmod a)$,于是

$$10\,\overline{a_1a_2\cdots a_{n-1}a_n}\equiv\overline{b_2\cdots b_{n-1}b_nb_1}+2(10-b_1)(\bmod a)$$

即$10\,\overline{a_1a_2\cdots a_{n-1}a_n}$与$\overline{b_2\cdots b_{n-1}b_nb_1}+2(10-b_1)$同时能或同时不能被$a$整除.

因为$a\mid 10^n+1$,所以$(a,10)=1$,于是$\overline{a_1a_2\cdots a_{n-1}a_n}$与$\overline{b_2\cdots b_{n-1}b_nb_1}+2(10-b_1)$同时能或同时不能被$a$整除.

口诀:减2,向后移,加2倍末补(两数字之和为10,称互补).

例如,$689\to 689-2=687\to 876+2(10-6)=884=13\times 68$.

$7519\to 7519-2=7517\to 5177+2(10-7)=5183=73\times 71$.

变换4 设$\overline{a_1a_2\cdots a_{n-1}a_n}$的末位数$a_n>0$,$\overline{a_1a_2\cdots a_{n-1}a_n}+2(10-a_n)=\overline{b_1b_2\cdots b_{n-1}b_n}$.

$$\overline{a_1a_2\cdots a_{n-1}a_n}\to\overline{b_nb_1b_2\cdots b_{n-1}}$$

证明 因为$a_n+2(10-a_n)=20-a_n>10$,$\overline{a_1a_2\cdots a_{n-1}a_n}+2(10-a_n)=\overline{b_1b_2\cdots b_{n-1}b_n}$,所以$b_n=a_n+2(10-a_n)-10$,$a_n+b_n=10$.

由$\overline{a_1a_2\cdots a_{n-1}a_n}+2(10-a_n)=\overline{b_1b_2\cdots b_{n-1}b_n}$,得

$$\begin{aligned}\overline{a_1a_2\cdots a_{n-1}a_n}+2(10-a_n)&=10\ \overline{b_1b_2\cdots b_{n-1}}+b_n\\&=10^nb_n+10\ \overline{b_1b_2\cdots b_{n-1}}-(10^n+1)b_n+2b_n\\&=10\ \overline{b_nb_1b_2\cdots b_{n-1}}-(10^n+1)b_n+2b_n\end{aligned}$$

于是

$$\begin{aligned}\overline{a_1a_2\cdots a_{n-1}a_n}&=10\ \overline{b_nb_1b_2\cdots b_{n-1}}-(10^n+1)b_n-2(10-a_n-b_n)\\&=10\ \overline{b_nb_1b_2\cdots b_{n-1}}-(10^n+1)b_n\end{aligned}$$

因为 $a\mid 10^n+1$，所以 $10^n+1\equiv 0\pmod a$，于是 $\overline{a_1a_2\cdots a_{n-1}a_n}\equiv 10\ \overline{b_nb_1b_2\cdots b_{n-1}}\pmod a$，即$\overline{a_1a_2\cdots a_{n-1}a_n}$与 $10\ \overline{b_nb_1b_2\cdots b_{n-1}}$同时能或同时不能被 a 整除.

因为$a\mid 10^n+1$，所以$(a,10)=1$，于是$\overline{a_1a_2\cdots a_{n-1}a_n}$与$\overline{b_nb_1b_2\cdots b_{n-1}}$同时能或同时不能被 a 整除.

口诀：加2倍末补，向前移.

例如，$884\to 884+2(10-4)=896\to 689=13\times 53$.

$5183\to 5183+2(10-3)=5197\to 7519=73\times 103$.

这些变换的特点是：

(1)变换1和变换3都是向后移；变换2和变换4都是向前移.

(2)变换1和变换2都是减2倍末；变换3和变换4都是加2倍末补.

从以上例子，可以发现：当 n 位数$\overline{a_1a_2\cdots a_{n-1}a_n}$的末位数 $a_n>0$ 时，变换1和变换2是互逆的；变换3和变换4也是互逆的；变换1和变换3的结果相同，因此是等价的；变换2和变换4也是等价的.

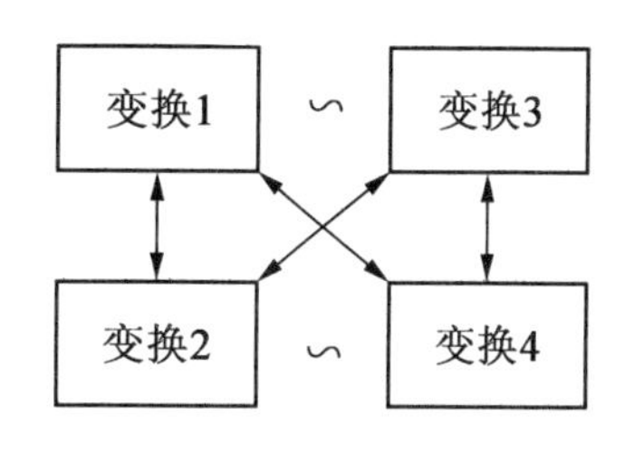

图1

如果用"∽"表示等价，用"↔"表示互逆，那么这四个变换之间的关系如图1所示. 为此只要证明以下三点：

(1)变换1 $\overline{a_1a_2\cdots a_{n-1}a_n}\to\overline{a_2\cdots a_{n-1}a_na_1}-2a_1$ 和变换3 $\overline{a_1a_2\cdots a_{n-1}a_n}\to\overline{b_2\cdots b_{n-1}b_nb_1}+2(10-b_1)$等价.

其中$\overline{b_1b_2\cdots b_{n-1}b_n}=\overline{a_1a_2\cdots a_{n-1}a_n}-2$.

只要证：$\overline{a_2\cdots a_{n-1}a_na_1}-2a_1=\overline{b_2\cdots b_{n-1}b_nb_1}+2(10-b_1)$.

证明　因为$\overline{a_1a_2\cdots a_{n-1}a_n}-2=\overline{b_1b_2\cdots b_{n-1}b_n}$，所以 $a_1=b_1$，于是

$$\overline{a_2\cdots a_{n-1}a_n}-2=\overline{b_2\cdots b_{n-1}b_n}$$

$$\overline{a_2\cdots a_{n-1}a_n0}-20=\overline{b_2\cdots b_{n-1}b_n0}$$

$$\overline{a_2\cdots a_{n-1}a_na_1}-20=\overline{b_2\cdots b_{n-1}b_nb_1}$$

所以$\overline{a_2\cdots a_{n-1}a_na_1}-2a_1=\overline{b_2\cdots b_{n-1}b_nb_1}+2(10-b_1)$，即变换 1 和变换 3 等价.

(2) 变换 2 $\overline{a_1a_2\cdots a_{n-1}a_n}\to\overline{b_nb_1b_2\cdots b_{n-1}}+2$ 和变换 4 $\overline{a_1a_2\cdots a_{n-1}a_n}\to\overline{c_nc_1c_2\cdots c_{n-1}}$等价.

其中$\overline{b_1b_2\cdots b_{n-1}b_n}=\overline{a_1a_2\cdots a_{n-1}a_n}-2a_n$，$\overline{c_1c_2\cdots c_{n-1}c_n}=\overline{a_1a_2\cdots a_{n-1}a_n}+2(10-a_n)$.

只要证：$\overline{b_nb_1b_2\cdots b_{n-1}}+2=\overline{c_nc_1c_2\cdots c_{n-1}}$.

证明 由 $\overline{b_1b_2\cdots b_{n-1}b_n}=\overline{a_1a_2\cdots a_{n-1}a_n}-2a_n=\overline{c_1c_2\cdots c_{n-1}c_n}-20$，得 $\overline{b_1b_2\cdots b_{n-1}b_n}+20=\overline{c_1c_2\cdots c_{n-1}c_n}$，所以 $b_n=c_n$，于是

$$\overline{b_nb_1b_2\cdots b_{n-1}0}+20=\overline{c_nc_1c_2\cdots c_{n-1}0}$$

$$\overline{b_nb_1b_2\cdots b_{n-1}}+2=\overline{c_nc_1c_2\cdots c_{n-1}}$$

即变换 2 和变换 4 等价.

(3) 变换 1 $\overline{a_1a_2\cdots a_{n-1}a_n}\to\overline{a_2\cdots a_{n-1}a_na_1}-2a_1$ 和变换 2 $\overline{a_1a_2\cdots a_{n-1}a_n}\to\overline{b_nb_1b_2\cdots b_{n-1}}+2$ 互逆.

其中$\overline{b_1b_2\cdots b_{n-1}b_n}=\overline{a_1a_2\cdots a_{n-1}a_n}-2a_n$.

只要证：$\overline{a_1a_2\cdots a_{n-1}a_n}=\overline{b_nb_1b_2\cdots b_{n-1}}+2$.

证明 如果 $a_1=0$，那么$\overline{a_1a_2\cdots a_{n-1}a_n}=\overline{a_2\cdots a_{n-1}a_n}$和$\overline{a_2\cdots a_{n-1}a_n0}$同时能或不能被 a 整除，此时 n 位数$\overline{a_2\cdots a_{n-1}a_n0}$的末位数是 0，这不可能，所以 $a_1>0$.

设变换 1 的结果$\overline{a_2\cdots a_{n-1}a_na_1}-2a_1=\overline{c_1c_2\cdots c_{n-1}c_n}$.

因为 $a_1>0$，所以 $a_1<2a_1$，于是 $c_n=10+a_1-2a_1=10-a_1$.

由变换 2，设$\overline{c_1c_2\cdots c_{n-1}c_n}-2c_n=\overline{b_1b_2\cdots b_{n-1}b_n}$，所以

$$\overline{c_1c_2\cdots c_{n-1}c_n}=\overline{b_1b_2\cdots b_{n-1}b_n}+2c_n=\overline{b_1b_2\cdots b_{n-1}b_n}+2(10-a_1)$$

于是

$$\overline{a_2\cdots a_{n-1}a_na_1}-2a_1=\overline{b_1b_2\cdots b_{n-1}b_n}+2(10-a_1)$$

$$\overline{a_2\cdots a_{n-1}a_na_1}=\overline{b_1b_2\cdots b_{n-1}b_n}+20$$

所以 $a_1=b_n$，于是

$$\overline{a_2\cdots a_{n-1}a_n0}=\overline{b_1b_2\cdots b_{n-1}0}+20$$

$$\overline{a_1a_2\cdots a_{n-1}a_n}=\overline{b_nb_1b_2\cdots b_{n-1}}+2$$

即变换1和变换2互逆.

有兴趣的读者不妨对下面的表3、表4、表5中各数连续实施上述的一些变换,可得到一些有趣的结论,也可自己创新一些变换,看看会发现什么现象.

4.1.4 附表

1. 不超过1001的13的倍数表(表3):

表3

1	2	3	4	5	6	7	8	9	10	11
013	026	039	052	065	078	091	104	117	130	143
12	13	14	15	16	17	18	19	20	21	22
156	169	182	195	208	221	234	247	260	273	286
23	24	25	26	27	28	29	30	31	32	33
299	312	325	338	351	364	377	390	403	416	429
34	35	36	37	38	39	40	41	42	43	44
442	455	468	481	494	507	520	533	546	559	572
45	46	47	48	49	50	51	52	53	54	55
585	598	611	624	637	650	663	676	689	702	715
56	57	58	59	60	61	62	63	64	65	66
728	741	754	767	780	793	806	819	832	845	858
67	68	69	70	71	72	73	74	75	76	77
871	884	897	910	923	936	949	962	975	988	1001

2. 10000以内的73的倍数表(表4):

表4

1	2	3	4	5	6	7	8
0073	0146	0219	0292	0365	0438	0511	0584
9	10	11	12	13	14	15	16
0657	0730	0803	0876	0949	1022	1095	1168
17	18	19	20	21	22	23	24
1241	1314	1387	1460	1533	1606	1679	1752

续表 4

25	26	27	28	29	30	31	32
1825	1898	1971	2044	2117	2190	2263	2336
33	34	35	36	37	38	39	40
2409	2482	2555	2628	2701	2744	2847	2920
41	42	43	44	45	46	47	48
2993	3066	3139	3212	3285	3358	3431	3504
49	50	51	52	53	54	55	56
3577	3650	3723	3796	3869	3942	4015	4088
57	58	59	60	61	62	63	64
4161	4234	4307	4380	4453	4526	4599	4672
65	66	67	68	69	70	71	72
4745	4818	4891	4964	5037	5110	5183	5256
73	74	75	76	77	78	79	80
5329	5402	5475	5548	5621	5694	5767	5840
81	82	83	84	85	86	87	88
5913	5986	6059	6132	6205	6278	6351	6424
89	90	91	92	93	94	95	96
6497	6570	6643	6716	6789	6862	6935	7008
97	98	99	100	101	102	103	104
7081	7154	7227	7300	7373	7446	7519	7592
105	106	107	108	109	110	111	112
7665	7738	7811	7884	7957	8030	8103	8176
113	114	115	116	117	118	119	120
8249	8322	8395	8468	8541	8614	8687	8760
121	122	123	124	125	126	127	128
8833	8906	8979	9052	9125	9198	9271	9344
129	130	131	132	133	134	135	136
9417	9490	9563	9636	9709	9782	9855	9928

3. 10000 以内的 137 的倍数表(表 5):

表 5

1	2	3	4	5	6	7	8
0137	0274	0411	0548	0685	0822	0959	1096
9	10	11	12	13	14	15	16
1233	1370	1507	1644	1781	1918	2055	2192
17	18	19	20	21	22	23	24
2329	2466	2603	2740	2877	3014	3151	3288
25	26	27	28	29	30	31	32
3425	3562	3699	3836	3973	4110	4247	4384
33	34	35	36	37	38	39	40
4521	4658	4795	4932	5069	5206	5343	5480
41	42	43	44	45	46	47	48
5617	5754	5891	6028	6165	6302	6439	6576
49	50	51	52	53	54	55	56
6713	6850	6987	7124	7261	7398	7535	7672
57	58	59	60	61	62	63	64
7809	7946	8083	8220	8357	8494	8631	8768
65	66	67	68	69	70	71	72
8905	9042	9179	9316	9453	9590	9727	9864

4.2 从“数的金蝉脱壳”谈起

本节的标题是从“数的金蝉脱壳”谈起. 奇怪,数怎么会与金蝉脱壳挂上钩呢? 我们来看看是怎么回事. 有两组数

123789,561945,642864 和 242868,323787,761943

这两组数不但和相等,而且平方和也相等. 即

$$\begin{cases}123789+561945+642864=242868+323787+761943\\123789^2+561945^2+642864^2=242868^2+323787^2+761943^2\end{cases}$$

要找两组每组三个数的数,使它们的和相等并不稀罕,但同时平方和也相等就不容易了. 且慢,真正的妙事还在后面呢. 我们把各数的最左一位数都抹

掉,即

$$123789 \to 23789, 561945 \to 61945, 642864 \to 42864$$
$$242868 \to 42868, 323787 \to 23787, 761943 \to 61943$$

仍有和相等,平方和也相等这一性质,即

$$\begin{cases} 23789+61945+42864=42868+23787+61943 \\ 23789^2+61945^2+42864^2=42868^2+23787^2+61943^2 \end{cases}$$

再把新得到的各数的最左一位数都抹掉,得到

$$\begin{cases} 3789+1945+2864=2868+3787+1943 \\ 3789^2+1945^2+2864^2=2868^2+3787^2+1943^2 \end{cases}$$

继续这一过程,进一步得到

$$\begin{cases} 789+945+864=868+787+943 \\ 789^2+945^2+864^2=868^2+787^2+943^2 \end{cases}$$

$$\begin{cases} 89+45+64=68+87+43 \\ 89^2+45^2+64^2=68^2+87^2+43^2 \end{cases}$$

$$\begin{cases} 9+5+4=8+7+3 \\ 9^2+5^2+4^2=8^2+7^2+3^2 \end{cases}$$

这就像“金蝉脱壳”脱到最后一层,金蝉却还是货真价实的金蝉. 这一个性质可谓“至死不变”,实在不可思议. 这两组数竟有这么神奇! 其奥妙究竟何在? 我们不禁提出这样的问题:

(1)最初的这两组数 123789,561945,642864 和 242868,323787,761943 是如何得到的?

(2)除了把各数的最左一位数都抹掉以外,是否还有其他方法使各个数的位数增加或减少或改变数字?

(3)除了这两组数以外,是否还有其他的数组也具有同样的性质呢?

(4)两组数中每一组都是三个数,是否可以是四个数,五个数,甚至更多个数?

(5)这两组数为什么有这样的性质?

我们怀着好奇的心理来探究这些问题的答案. 考虑一般的情况

$$\begin{cases} x_1+x_2+\cdots+x_n=y_1+y_2+\cdots+y_n \\ x_1^2+x_2^2+\cdots+x_n^2=y_1^2+y_2^2+\cdots+y_n^2 \end{cases} \quad (*)$$

下面我们首先介绍求方程组(*)的整数解的方法,然后根据方程组(*)的特点,研究其整数解的一些性质. 有了这些性质以后,上面提出的问题就不言自明了.

4.2.1　求方程组(*)的整数解的方法

因为方程组的未知数的个数比方程的个数多 $2n-2$,所以当 $n\geqslant 2$ 时,可以对方程中的 $2n-2$ 个未知数任意取值,再由方程组(*)求出最后两个未知数.

如果在方程一边取 $n-2$ 个未知数的值,另一边取 n 个未知数的值,那么得到形如$\begin{cases}x_{n-1}+x_n=p\\x_{n-1}^2+x_n^2=q\end{cases}$的方程组(其中 p,q 是某整数).由此可推得$(x_n-y_n)^2=2q-p^2$,但 $2q-p^2$ 未必是完全平方数,所以如果这样取值,那么方程组(*)未必有整数解,于是在方程的两边各取 $n-1$ 个未知数的值.不失一般性,对 $x_1,x_2,\cdots,x_{n-1},y_1,y_2,\cdots,y_{n-1}$ 任意取整数值,则方程组(*)变为$\begin{cases}y_n-x_n=k\\y_n^2-x_n^2=l\end{cases}$,这里 $k=\sum\limits_{i=1}^{n-1}(x_i-y_i)$,$l=\sum\limits_{i=1}^{n-1}(x_i^2-y_i^2)$.

如果 $k\neq 0$,那么$\begin{cases}y_n-x_n=k\\y_n+x_n=\dfrac{l}{k}\end{cases}$,于是得到$\begin{cases}x_n=\dfrac{l-k^2}{2k}\\y_n=\dfrac{l+k^2}{2k}\end{cases}$.

如果得到的 x_n,y_n 是分数,因为方程组(*)中的两个方程都是齐次方程,所以只要将各数乘以分母后就得到整数解.

如果 $k=0$,那么 $x_n=y_n$,方程组(*)就变为 $2n-2$ 元的方程组,可再用上述方法求解.

例如,求方程组

$$\begin{cases}x+y+z=t+u+v\\x^2+y^2+z^2=t^2+u^2+v^2\end{cases}\tag{* *}$$

的正整数解.

首先任取 $x=3,y=6,t=5,u=1$,则 $k=3+6-5-1=3$,$l=3^2+6^2-5^2-1^2=19$,得到 $z=\dfrac{19-9}{6}=\dfrac{5}{3}$,$v=\dfrac{19+9}{6}=\dfrac{14}{3}$是分数,于是将各数都乘以 3 后就得到整数解 $x=9,y=18,z=5;t=15,u=3,v=14$.有

$$\begin{cases}9+18+5=15+3+14\\9^2+18^2+5^2=15^2+3^2+14^2\end{cases}$$

4.2.2　方程组(*)的平凡解以及一些性质

本节中我们将利用方程组(*)的平凡解以及一些性质求出方程组(*)的无穷多组整数解.

方程组(*)的"平凡解"指的是方程组(*)的当然解,即一看就能看出的解.

设 $x_1,x_2,\cdots,x_n$ 是任意一组整数,$y_1,y_2,\cdots,y_n$ 是 $x_1,x_2,\cdots,x_n$ 的一个排列,则 $x_1,x_2,\cdots,x_n;y_1,y_2,\cdots,y_n$ 显然是方程组(*)的一组整数解,这样的解就是方程组(*)的平凡解.

方程组(*)的整数解的性质:

性质 1 如果 $x_1,x_2,\cdots,x_n;y_1,y_2,\cdots,y_n$ 是方程组(*)的一组整数解,那么对于任何非零整数 k,$kx_1,kx_2,\cdots,kx_n,ky_1,ky_2,\cdots,ky_n$ 也是方程组(*)的整数解;反之亦然. 于是可设 $(x_1,x_2,\cdots,x_n)=1$.

性质 2 如果 $x_1,x_2,\cdots,x_n;y_1,y_2,\cdots,y_n$ 和 $u_1,u_2,\cdots,u_n;v_1,v_2,\cdots,v_n$ 都是方程组(*)的整数解,那么当且仅当 $x_1u_1+x_2u_2+\cdots+x_nu_n=y_1v_1+y_2v_2+\cdots+y_nv_n$ 时,对于任何非零整数 k,l,$kx_1+lu_1,kx_2+lu_2,\cdots,kx_n+lu_n;ky_1+lv_1,ky_2+lv_2,\cdots,ky_n+lv_n$ 也是方程组(*)的整数解.

证明

$$\begin{aligned}&(kx_1+lu_1)+(kx_2+lu_2)+\cdots+(kx_n+lu_n)\\=&k(x_1+x_2+\cdots+x_n)+l(u_1+u_2+\cdots+u_n)\\=&k(y_1+y_2+\cdots+y_n)+l(v_1+v_2+\cdots+v_n)\\=&(ky_1+lv_1)+(ky_2+lv_2)+\cdots+(ky_n+lv_n)\end{aligned}$$

将 $kx_1+lu_1,kx_2+lu_2,\cdots,kx_n+lu_n;ky_1+lv_1,ky_2+lv_2,\cdots,ky_n+lv_n$ 代入方程组(*)的第二个方程,则

$$\begin{aligned}\text{左边}&=(kx_1+lu_1)^2+(kx_2+lu_2)^2+\cdots+(kx_n+lu_n)^2\\&=k^2(x_1^2+x_2^2+\cdots+x_n^2)+l^2(u_1^2+u_2^2+\cdots+u_n^2)+\\&\quad 2kl(x_1u_1+x_2u_2+\cdots+x_nu_n)\\\text{右边}&=(ky_1+lv_1)^2+(ky_2+lv_2)^2+\cdots+(ky_n+lv_n)^2\\&=k^2(y_1^2+y_2^2+\cdots+y_n^2)+l^2(v_1^2+v_2^2+\cdots+v_n^2)+\\&\quad 2kl(y_1v_1+y_2v_2+\cdots+y_nv_n)\end{aligned}$$

当 $x_1u_1+x_2u_2+\cdots+x_nu_n=y_1v_1+y_2v_2+\cdots+y_nv_n$ 时,左边 = 右边.

当左边 = 右边时,因为 $kl\neq0$,所以 $x_1u_1+x_2u_2+\cdots+x_nu_n=y_1v_1+y_2v_2+\cdots+y_nv_n$,证毕.

由性质 2 可知,在方程组(*)的两组整数解中,如果前 n 个数的相应的积的和等于后 n 个数的相应的积的和,那么对 k 和 l 取不同的整数值,就可求出方程组(*)的无穷多组解. 为方便起见,先取方程组(*)的两组平凡解.

例如,首先对 $x_1,x_2,\cdots,x_n$ 任意取一组最大公约数为 1 的已知的整数值,再取这组整数的任意一个排列 $y_1,y_2,\cdots,y_n$,此时 $x_1,x_2,\cdots,x_n;y_1,y_2,\cdots,y_n$ 是方

程组(*)的一组平凡解. 然后取另一组待定的整数 $u_1,u_2,\cdots,u_n$ 及其排列 v_1, $v_2,\cdots,v_n$,使 $x_1u_1+x_2u_2+\cdots+x_nu_n=y_1v_1+y_2v_2+\cdots+y_nv_n$. 最后求出满足上式的 $u_1,u_2,\cdots,u_n$ 的一组值,就得到方程组(*)的无穷多组整数解

$$kx_1+lu_1,kx_2+lu_2,\cdots,kx_n+lu_n;ky_1+lv_1,ky_2+lv_2,\cdots,ky_n+lv_n$$

其中 k,l 是任意整数.

下面以 $n=4$ 为例,求方程组 $\begin{cases}x_1+x_2+x_3+x_4=y_1+y_2+y_3+y_n\\x_1^2+x_2^2+x_3^2+x_n^2=y_1^2+y_2^2+y_3^2+y_n^2\end{cases}$ 的无穷多组整数解.

首先任取整数 $x_1=3,x_2=2,x_3=4,x_4=1$,再取 x_1,x_2,x_3,x_4 的任意一个排列 $y_1=4,y_2=1,y_3=2,y_4=3$,为方便起见,取 $v_1=u_1,v_2=u_2,v_3=u_3,v_4=u_4$ 得到 $3u_1+2u_2+4u_3+u_4=4u_1+u_2+2u_3+3u_4$,于是 $u_1=u_2+2u_3-2u_4$.

可取 $u_2=3,u_3=4,u_4=5$,则 $u_1=1$,得到方程组(*)的整数解

$$3k+l,2k+3l,4k+4l,k+5l;4k+l,k+3l,2k+4l,3k+5l$$

这里 k,l 是任意整数,即有

$$\begin{gathered}(3k+l)+(2k+3l)+(4k+4l)+(k+5l)\\=(4k+l)+(k+3l)+(2k+4l)+(3k+5l)\\(3k+l)^2+(2k+3l)^2+(4k+4l)^2+(k+5l)^2\\=(4k+l)^2+(k+3l)^2+(2k+4l)^2+(3k+5l)^2\end{gathered}$$

(1)若取 $k=3,l=-2$,得到 $x_1=7,x_2=0,x_3=4,x_4=-7;y_1=10,y_2=-3$, $y_3=-2,y_4=-1$,有

$$\begin{cases}7+0+4+(-7)=10+(-3)+(-2)+(-1)\\7^2+0^2+4^2+(-7)^2=10^2+(-3)^2+(-2)^2+(-1)^2\end{cases}$$

(2)若取 $k=2,l=3$,得到 $x_1=9,x_2=13,x_3=20,x_4=17;y_1=11,y_2=11$, $y_3=16,y_4=21$,有

$$\begin{cases}9+13+20+17=11+11+16+21\\9^2+13^2+20^2+17^2=11^2+11^2+16^2+21^2\end{cases}$$

(3)若取 $k=5,l=2$,得到 $x_1=17,x_2=16,x_3=28,x_4=15;y_1=22,y_2=11$, $y_3=18,y_4=25$,有

$$\begin{cases}17+16+28+15=22+11+18+25\\17^2+16^2+28^2+15^2=22^2+11^2+18^2+25^2\end{cases}$$

因为 $9\times17+13\times16+20\times28+17\times15=11\times22+11\times11+16\times18+21\times25$,所以对于任何整数 k,l,方程(*)有整数解

$$9k+17l,13k+16l,20k+28l,17k+15l$$

$$11k+22l,11k+11l,16k+18l,21k+25l$$

例如，取 $k=100,l=1$，得到

$$\begin{cases}917+1316+2028+1715=1122+1111+1618+2125\\917^2+1316^2+2028^2+1715^2=1122^2+1111^2+1618^2+2125^2\end{cases}$$

再由 $x_1=9,x_2=13,x_3=20,x_4=17;y_1=11,y_2=11,y_3=16,y_4=21$，得到

$$\begin{cases}91709+131613+202820+171517=112211+111111+161816+212521\\91709^2+131613^2+202820^2+171517^2=112211^2+111111^2+161816^2+212521^2\end{cases}$$

这一过程可以无限进行下去.

若以 $n=3$ 为例，方程组为：$\begin{cases}x+y+z=t+u+v\\x^2+y^2+z^2=t^2+u^2+v^2\end{cases}$.

取整数 $x=9,y=5,t=8,u=7$，则$\begin{cases}z-v=1\\z^2-v^2=7\end{cases}$，$\begin{cases}z-v=1\\z+v=7\end{cases}$，$\begin{cases}z=4\\v=3\end{cases}$. 有

$$\begin{cases}9+5+4=8+7+3\\9^2+5^2+4^2=8^2+7^2+3^2\end{cases}$$

我们从方程组（*）的整数解$(9,5,4;8,7,3)$出发，将平凡解$(a,b,c;c,a,b)$作为另一组解，于是 $9a+5b+4c=8c+7a+3b$，得到 $2c=a+b$. 取 $a=8,b=4,c=6$（也可以取满足 $2c=a+b$ 的 a,b,c 的其他整数值），得到平凡解$(8,4,6;6,8,4)$，于是 $9k+8l,5k+4l,4a+6b;8k+6l,7k+8l,3a+4b$ 就是方程组 $\begin{cases}x+y+z=t+u+v\\x^2+y^2+z^2=t^2+u^2+v^2\end{cases}$的整数解. 再取 $k=1,l=10$，得到整数解$(89,45,64;68,87,43)$，这组解与$(9,5,4;8,7,3)$就是“金蝉脱壳”脱到的最后两组数. 再从 $\begin{cases}89+45+64=68+87+43\\89^2+45^2+64^2=68^2+87^2+43^2\end{cases}$出发，用同样的方法，继续这一过程，就可得到“数的金蝉脱壳”的所有数组. 于是上面提出的问题已经全部有了答案.

此外，从原来的数组 123789，561945，642864 和 242868，323787，761943 中，任取同样的数位上的数组成的数组仍具有和相等，平方和也相等的性质.

例如，在第一组中从左到右分别取第 3 位，第 4 位和第 6 位得到 379，195，284；第二组中也从左到右分别取第 3 位，第 4 位和第 6 位得到 288，377，193，那么有

$$\begin{cases}379+195+284=288+377+193\\379^2+195^2+284^2=288^2+377^2+193^2\end{cases}$$

将以上数组中的各位数字颠倒，得到 973，591，482 和 882，773，391，仍具有和相等，平方和也相等的性质

$$\begin{cases}973+591+482=882+773+391\\973^2+591^2+482^2=882^2+773^2+391^2\end{cases}$$

实际上,可将以上数组中的各位数字作任意相同的排列,例如,793,951,842和882,773,931,仍具有和相等,平方和也相等的性质

$$\begin{cases}793+951+842=882+773+931\\793^2+951^2+842^2=882^2+773^2+931^2\end{cases}$$

进行如此"剧烈"的变动,这种性质居然还能保留下来,数学真是奥妙无穷,实在令人惊叹,本节仅仅是沧海一粟!

4.2.3 与方程组(*)有关的几个问题

在正整数组(9,5,4;8,7,3)中,除了

$$\begin{cases}9+5+4=8+7+3\\9^2+5^2+4^2=8^2+7^2+3^2\end{cases}$$

这一性质以外,还有其他性质,例如,这6个数的和是 $36=3\times12$. 在9,5,4和8,7,3这两组数中各取一数相加,得到的和都是12,$9+3=5+7=4+8=12$,这使我们想到以下的几何问题:

问题1 设点 P 是边长为 a 的等边 $\triangle ABC$ 内任意一点,过点 P 分别向三边作垂线,垂足分别是 D,E,F. 如果设 $BD=x,CE=y,AF=z,DC=t,EA=u,FB=v$(如图1),那么 x,y,z,t,u,v 满足方程组(**).

证明 为方便起见,设 $PD=h_1,PE=h_2,PF=h_3$(如图2),显然有

$$x^2+h_1^2=v^2+h_3^2,y^2+h_2^2=t^2+h_1^2,z^2+h_3^2=u^2+h_2^2$$

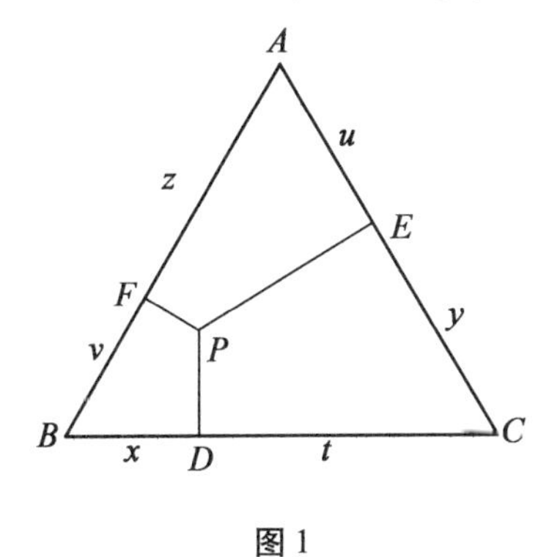

图1

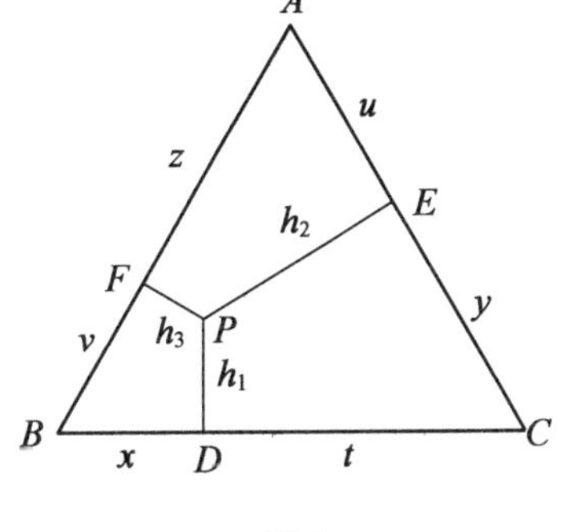

图2

将这三式相加,得到

$$x^2+y^2+z^2=t^2+u^2+v^2$$

将上式变形为

$$x^2-t^2+y^2-u^2+z^2-v^2=0$$

$$(x+t)(x-t)+(y+u)(y-u)+(z+v)(z-v)=0$$

因为 $x+t=y+u=z+v=a$，所以 $a(x-t+y-u+z-v)=0$.

因为 $a\neq 0$，所以 $x-t+y-u+z-v=0$，于是 $x+y+z=t+u+v$，证毕.

这里的 $x,y,z;t,u,v$ 都是正实数. 但是当 $x,y,z;t,u,v$ 是方程(* *)的正整数解时，未必能构成图1中的情况. 下面研究还必须符合什么条件，不失一般性，设 $x=\min(x,y,z,t,u,v)$，则 $t=\max(x,y,z,t,u,v)$.

(1)因为 $\triangle ABC$ 是边长为 a 的等边三角形，即 $x+t=y+u=z+v=a$，所以 $x+y+z=t+u+v=\frac{3a}{2}$. 可见 a 为偶数，$x+y+z=t+u+v$ 是3的倍数.

例如，在方程(* *)的正整数解 $\begin{cases}3+9+14=15+6+5\\3^2+9^2+14^2=15^2+6^2+5^2\end{cases}$ 中，$3+9+14$ 不是3的倍数，应予以排除.

(2)因为 $x+t=y+u=z+v=a$，所以在 x,y,z 和 t,u,v 这两组中，应能各取出一数相加，得到的三个和相等.

例如，在方程(* *)的正整数解 $\begin{cases}22+35+45=47+30+25\\22^2+35^2+45^2=47^2+30^2+25^2\end{cases}$ 中，虽然 $22+35+45=102=3\times 34$ 是3的倍数，但是 $22+47=69\neq 35+30$，也要排除.

(3)因为点 P 在 $\triangle ABC$ 内，所以在四边形 $BDPF$，$CDPE$ 和 $PEAF$ 中，都有一个角是 $60°$，一组对角是直角(图1). 下面证明：能构成一个角是 $60°$，一组对角是直角的四边形的充要条件是：夹 $60°$ 角的两边的比大于 $\frac{1}{2}$，但小于2.

证明 必要性：在四边形 $BDPF$ 中，设 $\angle F=\angle D=90°$，$\angle B=60°$(图3). 延长 BD，FP 相交于 G，作 $\triangle BGF$ 的高 FH，因为 $PD /\!/ FH$，P 在 FG 上，所以 D 在 HG 上，于是 $\frac{1}{2}BF=BH<BD<BG=2BF$，即 $\frac{1}{2}<\frac{BD}{BF}<2$.

充分性：作直角 $\triangle BGF$，使 $\angle F=90°$，$\angle B=60°$(图3). 作高 FH，在 HG 上任取一点 D，则 $\frac{1}{2}<\frac{BD}{BF}<2$. 过点 D 作 $DP\perp BG$，交 FG 于 P，得到四边形 $BDPF$，在四边形 $BDPF$ 中，有 $\angle F=\angle D=90°$，$\angle B=60°$(图3)，证毕.

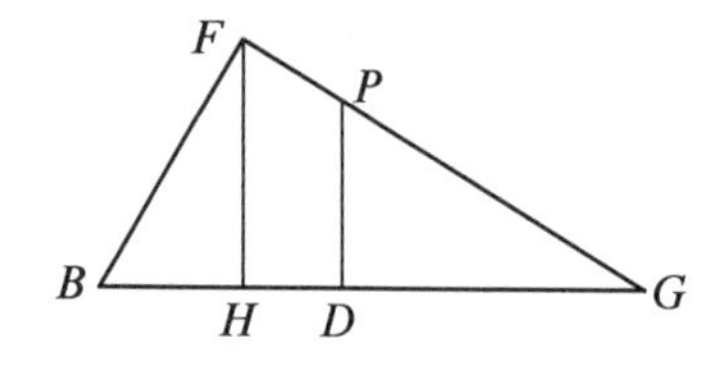

图3

因此,方程(* *)的正整数解还应满足$\frac{1}{2}<\frac{x}{v}<2,\frac{1}{2}<\frac{y}{t}<2,\frac{1}{2}<\frac{z}{u}<2$.如果将 u 和 v 交换,那么 y 和 z 交换,则有$\frac{1}{2}<\frac{x}{u}<2,\frac{1}{2}<\frac{y}{v}<2,\frac{1}{2}<\frac{z}{t}<2$.

例如,在方程(* *)的正整数解$\begin{cases}1+5+6=7+3+2\\1^2+5^2+6^2=7^2+3^2+2^2\end{cases}$中,虽然 $1+5+6=12=3\times4$ 是3的倍数,$1+7=5+3=6+2=8$ 是偶数,但是因为$\frac{x}{v}=\frac{1}{2}$时,点 P 不在等边$\triangle ABC$的内部而在边 AB 上(图4),应予以排除. 如果将 u 和 v 交换,那么因为$\frac{x}{u}=\frac{1}{3}<\frac{1}{2}$,点 P 在等边$\triangle ABC$外,也应排除(图5).

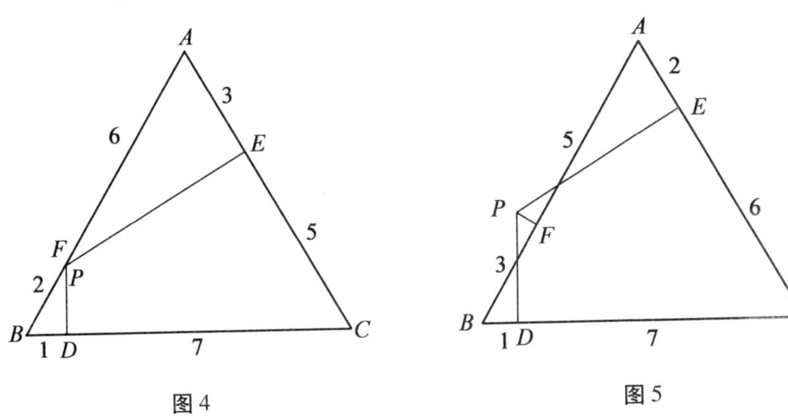

图4　　　　图5

下面对方程(* *)的正整数解(43,68,87;89,64,45)构造图1.

设 $x=43,y=68,z=87$,则 $t=89,u=64,v=45$. 因为:

(1)$43+68+87=89+64+45=198=3\times66$ 是3的倍数;

(2)$43+89=68+64=87+45=132$ 是偶数;

(3)$\frac{1}{2}<\frac{43}{45}<2,\frac{1}{2}<\frac{68}{89}<2,\frac{1}{2}<\frac{87}{64}<2$.

所以(43,68,87;89,64,45)可以构成图1中的等边三角形. 做法如下:

(1)作边长为132的等边$\triangle ABC$(图6);

(2)在 BC 上取一点 D,使 $BD=43$,则 $DC=132-43=89$;

(3)在 AB 上取一点 F,使 $FB=45$,则 $AF=132-45=87$;

(4)过点 D 作 BC 的垂线,过点 F 作 AB 的垂线,设这两条直线相交于点 P;

(5)过点 P 作 $PE\perp AC$ 交 AC 于 E,则 $EC=198-43-87=68$,于是 $AE=132-68=64$.

如果将 u 和 v 交换，那么 y 和 z 交换，有 $\frac{1}{2}<\frac{43}{64}<2$，$\frac{1}{2}<\frac{87}{89}<2$，$\frac{1}{2}<\frac{68}{45}<2$，也可以构成如图 1 的等边三角形（图 7）.

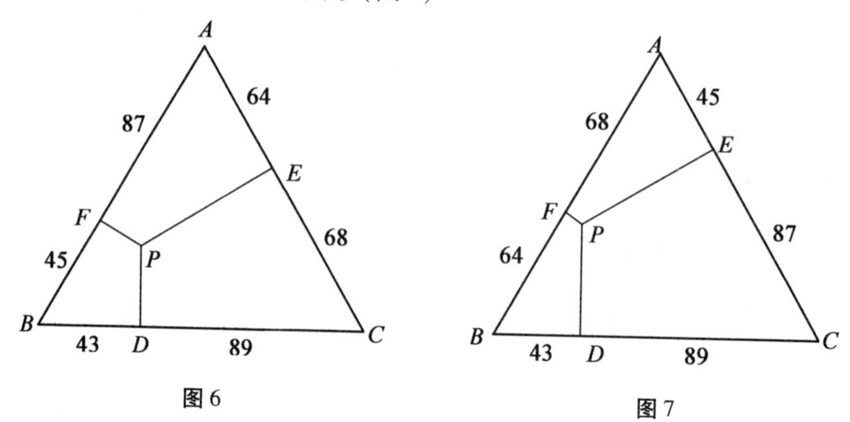

图 6　　图 7

注 1　还可以证明：$2x+y=2v+u$，$2x+z=2u+v$，$2y+x=2v+t$，$2y+z=2t+v$，$2z+x=2u+t$，$2z+y=2t+u$（图 1）.

注 2　等边三角形的以上结论可以推广到正 n 边形：过正 n 边形内部一点向各边作垂线（垂足在边上），垂足将各边分成线段 x_i，y_i（$i=1,2,\cdots,n$），则 x_i，y_i（$i=1,2,\cdots,n$）满足方程组（$*$）.

问题 2　设等边 $\triangle PQR$ 和等边 $\triangle TUV$ 全等，它们相交成一个六边形 $ABCDEF$，设 $AB=x$，$CD=y$，$EF=z$，$BC=t$，$DE=u$，$FA=v$（图 8）. 求证：

$$\begin{cases}x+y+z=t+u+v\\x^2+y^2+z^2=t^2+u^2+v^2\end{cases}.$$

证明　设 $\triangle PAB$，$\triangle QCD$，$\triangle REF$，$\triangle TBC$，$\triangle UDE$，$\triangle VFA$ 的面积分别为 S_1，S_2，S_3，T_1，T_2，T_3，其余两边分别为 p_1，q_1，p_2，q_2，p_3，q_3，r_1，s_1，r_2，s_2，r_3，s_3（图 9）. 显然 $\triangle PAB$，$\triangle QCD$，$\triangle REF$，$\triangle TBC$，$\triangle UDE$，$\triangle VFA$ 都相似，所以

$$\frac{x^2}{S_1}=\frac{y^2}{S_2}=\frac{z^2}{S_3}=\frac{t^2}{T_1}=\frac{u^2}{T_2}=\frac{v^2}{T_3}=k$$

$$\frac{x}{p_1+q_1}=\frac{y}{p_2+q_2}=\frac{z}{p_3+q_3}=\frac{t}{r_1+s_1}=\frac{u}{r_2+s_2}=\frac{v}{r_3+s_3}=l$$

其中 k，l 是某个常数，$l<1$.

由等比定理，得到 $\frac{x^2+y^2+z^2}{S_1+S_2+S_3}=\frac{t^2+u^2+v^2}{T_1+T_2+T_3}=k$. 因为等边 $\triangle PQR$ 和等边 $\triangle TUV$ 全等，所以 $S_{\triangle PQR}=S_{\triangle TUV}$，即 $S_1+S_2+S_3+S_{六边形ABCDEF}=T_1+T_2+T_3+S_{六边形ABCDEF}$，于是

$$S_1+S_2+S_3=T_1+T_2+T_3$$
$$x^2+y^2+z^2=t^2+u^2+v^2$$
$$\frac{x+y+z}{p_1+q_1+x+p_2+q_2+y+p_3+q_3+z}=\frac{t+u+v}{r_1+s_1+t+r_2+s_2+u+r_3+s_3+v}=l$$

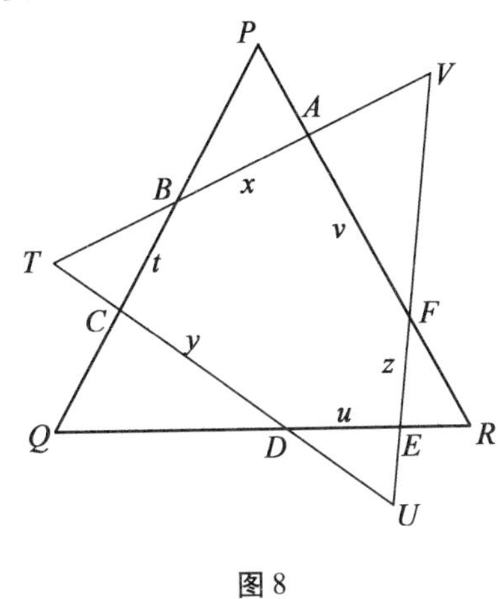

图8

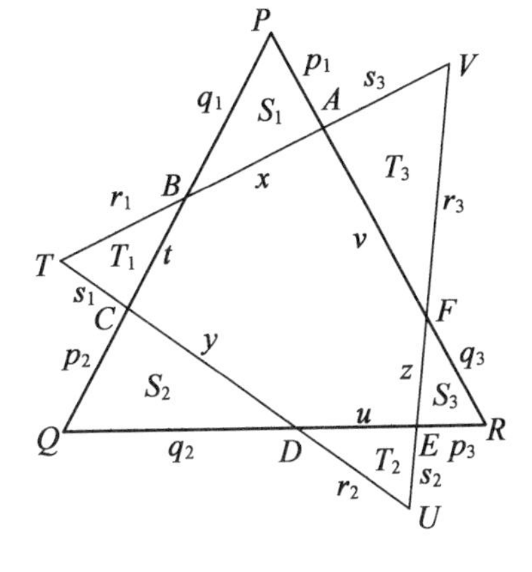

图9

所以

$$x+y+z+l(t+u+v)=l(q_1+t+p_2+q_2+u+p_3+q_3+v+p_1)$$
$$t+u+v+l(x+y+z)=l(s_3+x+r_1+s_1+y+r_2+s_2+z+r_3)$$

因为 $q_1+t+p_2, q_2+u+p_3, q_3+v+p_1$ 和 $s_3+x+r_1, s_1+y+r_2, s_2+z+r_3$ 分别是全等的等边$\triangle PQR$ 和等边$\triangle TUV$ 的边长,所以

$$q_1+t+p_2=q_2+u+p_3=q_3+v+p_1=s_3+x+r_1=s_1+y+r_2=s_2+z+r_3$$

于是

$$x+y+z+l(t+u+v)=t+u+v+l(x+y+z)$$
$$(1-l)(x+y+z)=(1-l)(t+u+v)$$

因为 $l<1$,所以 $x+y+z=t+u+v$.

注　如果两个全等的正 n 边形相交成一个 $2n$ 边形,且这个 $2n$ 边形的边长依次是 $x_1, y_1, x_2, y_2, \cdots, x_n, y_n$,那么类似的结论也成立,即方程(*)成立.

问题3　有 n 个排球队,每两队都进行一场比赛. 设第 i 队胜 x_i 场,负 y_i 场 $(i=1,2,\cdots,n)$,则 $x_i, y_i(i=1,2,\cdots,n)$ 是方程(*)的非负整数解.

证明　因为排球比赛没有平局,所以每比赛一场,就有一队胜、一队负,于是胜的总场数等于负的总场数,即 $x_1+x_2+\cdots+x_n=y_1+y_2+\cdots+y_n$.

因为有 n 个排球队,所以每一队都恰好比赛 $n-1$ 场,即 $x_i+y_i=n-1(i=1,2,\cdots,n)$. 于是

$$x_1^2+x_2^2+\cdots+x_n^2-(y_1^2+y_2^2+\cdots+y_n^2)$$
$$=(x_1^2-y_1^2)+(x_2^2-y_2^2)+\cdots+(x_n^2-y_n^2)$$
$$=(x_1+y_1)(x_1-y_1)+(x_2+y_2)(x_2-y_2)+\cdots+(x_n+y_n)(x_n-y_n)$$
$$=(n-1)(x_1-y_1+x_2-y_2+\cdots+x_n-y_n)=0$$

所以 $x_1^2+x_2^2+\cdots+x_n^2=y_1^2+y_2^2+\cdots+y_n^2$

问题 4 有九个圆圈排成三角形的形状(图 10).

将 1,2,3,4,5,6,7,8,9 分别填在这九个圆圈中,使

(1)三角形的每条边上的四个数的和都相等;

(2)三角形的每条边上的四个数的平方和都相等.

求:满足以上两个条件的所有排法.

解 设三个角上的数分别为 a,b,c(图 11),因为角上的数是两条边上的数,所以三边上的四数的和是

$$a+b+c+1+2+3+4+5+6+7+8+9=a+b+c+45$$

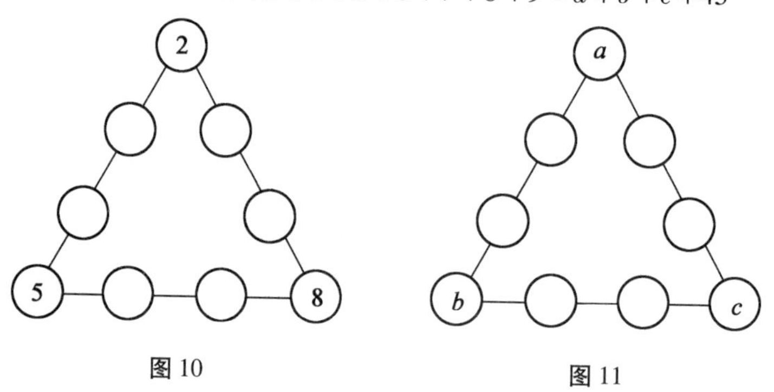

图 10　　　　图 11

因为三角形的每条边上的四个数的和都相等,所以每条边上的四个数的和都等于$\frac{a+b+c}{3}+15$是整数,于是 $a+b+c$ 是 3 的倍数.

因为 $1^2+2^2+3^2+4^2+5^2+6^2+7^2+8^2+9^2=285$,且三角形的每条边上的四个数的平方和都相等,所以每条边上的四个数的平方和等于$\frac{a^2+b^2+c^2}{3}+95$是整数,于是 $a^2+b^2+c^2$ 也是 3 的倍数,有 $a+b+c\equiv a^2+b^2+c^2\equiv 0 \pmod 3$.

因为$(3k\pm1)^2\equiv 1 \pmod 3$,$(3k)^2\equiv 0 \pmod 3$,且 $a+b+c\equiv a^2+b^2+c^2\equiv 0 \pmod 3$,所以 $a\equiv b\equiv c \pmod 3$.

不失一般性,设 $a<b<c$,则 $1\leqslant a\leqslant 3$,$b=a+3$,$c=a+6$.

(1)当 $a=1$ 时,$b=4$,$c=7$. 各边上四数的平方和等于$\frac{1^2+4^2+7^2}{3}+95=$

117,但是 $117-1^2-7^2=67\equiv 3 \pmod 4$,67 不是两个正整数的平方和.

(2)当 $a=3$ 时,$b=6$,$c=9$. 各边上四数的平方和等于 $\frac{3^2+6^2+9^2}{3}+95=137$,但是 $137-3^2-9^2=47\equiv 3 \pmod 4$,47 不是两个正整数的平方和.

(3)当 $a=2$ 时,$b=5$,$c=8$(图 12).

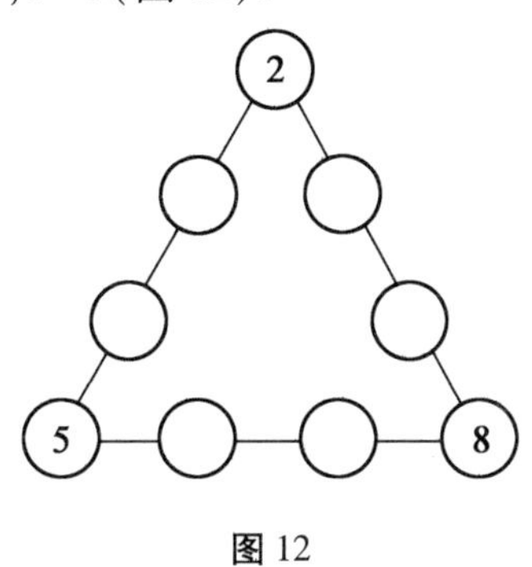

图 12

各边上四数的平方和等于 $\frac{2^2+5^2+8^2}{3}+95=126$,$126-2^2-5^2=97=4^2+9^2$,$126-5^2-8^2=37=1^2+6^2$,$126-2^2-8^2=58=3^2+7^2$. 可以填成图 14,于是得到图 13.

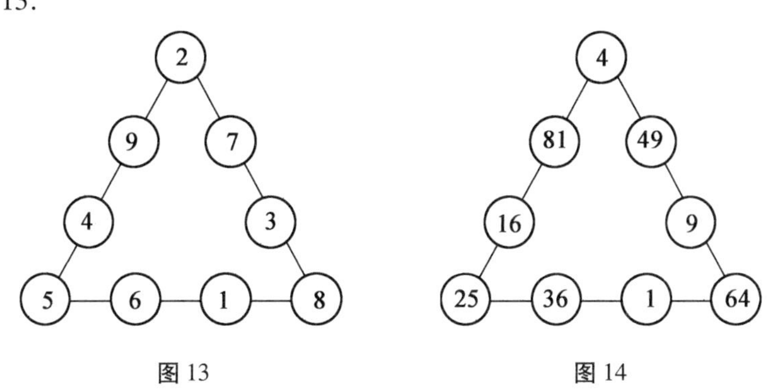

图 13　　　　图 14

检验后可知图 13 中各边上四数的和都是 $\frac{2+5+8}{3}+15=20$,所以图 13 和图 14 是满足题目条件的解(在图 13 中 4 和 9,1 和 6,3 和 7 可以交换,因此在图 14 中 16 和 81,1 和 36,9 和 49 也可以交换).

此外,由图 13 和图 14 可得到不定方程组(* *)在 10 以内的三组正整数解:

$$\begin{cases}1+5+6=2+3+7\\1^2+5^2+6^2=2^2+3^2+7^2\end{cases},\begin{cases}1+6+8=2+4+9\\1^2+6^2+8^2=2^2+4^2+9^2\end{cases}\text{和}\begin{cases}3+7+8=4+5+9\\3^2+7^2+8^2=4^2+5^2+9^2\end{cases}.$$

但是这三组正整数解并不是不定方程组(* *)在 10 以内的全部正整数解.

例如，正整数解 $\begin{cases}1+4+4=2+2+5\\1^2+4^2+4^2=2^2+2^2+5^2\end{cases}$，$\begin{cases}1+6+9=3+5+8\\1^2+6^2+9^2=3^2+5^2+8^2\end{cases}$，$\begin{cases}2+5+5=3+3+6\\2^2+5^2+5^2=3^2+3^2+6^2\end{cases}$等就不在其中.

4.3 二元最大不可表数

设 $k,n,a_i\in\mathbf{N},a_i>1(i=1,2,\cdots,k),k\geqslant 2,(a_1,a_2,\cdots,a_k)=1$，考虑 k 元一次不定方程 $a_1x_1+a_2x_2+\cdots+a_kx_k=n$ 的非负整数解 $x_i\geqslant 0(i=1,2,\cdots,k)$ 的问题. 可以证明存在一个只与 $a_i(i=1,2,\cdots,k)$ 有关的正整数 $n=n(a_1,a_2,\cdots,a_k)$ 不能表示为 $a_1x_1+a_2x_2+\cdots+a_kx_k$ 的形式，但对大于 n 的一切正整数 N 都能表示为 $a_1x_1+a_2x_2+\cdots+a_kx_k$ 的形式. 这样的正整数 n 称为该一次式的最大不可表数. 由 $a_i(i=1,2,\cdots,k)$ 求出这样的 n 的问题，即所谓一次方程的 Frobenius 问题.

如果某个 i，有 $a_i=1$，则 $a_1x_1+a_2x_2+\cdots+a_kx_k$ 无最大不可表数. 所以 $a_i>1(i=1,2,\cdots,k)$.

本节将对 $k=2$ 时的 Frobenius 问题作一介绍. 即对于大于 1 的互质的正整数 a,b，求方程 $ax+by=n$ 没有非负整数解的 n 的最大值，这里的正整数 n 就是 $ax+by$ 的最大不可表数.

为了较为直观地认识这一问题，我们从一个无需代数知识就能解决的具体例子开始.

有大小两种乒乓球盒子，每个小盒子装 5 个乒乓球，每个大盒子装 8 个乒乓球，问最多买多少个乒乓球必须拆开盒子？

例如，买少于 5 个乒乓球，必须拆开盒子；买 5 个，8 个，13 个乒乓球就不必拆开盒子. 显然拆开盒子还是不拆开盒子与买的乒乓球的个数有关.

为了解决这一问题，首先列出 5 和 8 的非负整数倍

$$0,5,10,15,20,25,\cdots$$
$$0,8,16,24,32,40,\cdots$$

在这两行数中各取一数相加，得到不必拆开盒子就能够买乒乓球的个数

$$0,5,8,10,13,15,16,18,20,21,23,24,25,26,28,29,30,31,32,\cdots$$

从上面的一行数中容易看出，没有出现的数中最大的是 27，因为从 28 开始，后面的数都连续了，所以最多买 27 个乒乓球必须拆开盒子. 虽然答案已经

求出，但是有几个值得思考的问题：

(1)为什么 27 没有出现，而且从 28 开始，后面的数都连续了？

(2)27 这个数与 5 和 8 有什么关系？

(3)有多少种情况必须拆开盒子？

(4)如果不拆开盒子可以买的话，那么有多少种不同的买法？

对于问题(1)，因为 $5\times5-8\times3=1$，$8\times2-5\times3=1$，所以如果把 5 个小盒子换成 3 个大盒子，或将 2 个大盒子换成 3 个小盒子，就可以减少 1 个乒乓球. 因为 $28=5\times4+8\times1$，而且 28 个乒乓球只有 4 个小盒子和 1 个大盒子，所以将大小盒子交换得不到 27 个乒乓球，所以 27 没有出现. 如果把 3 个小盒子换成 2 个大盒子就增加一个乒乓球，或把 3 个大盒子换成 5 个小盒子也增加一个乒乓球，那么立刻就得到

$$29=5\times1+8\times3,\ 30=5\times6+8\times0,\ 31=5\times3+8\times2,\ 32=5\times0+8\times4,\cdots$$

以后各数只要在上面各数中分别加上 5 的倍数即可，所以从 28 开始，后面的数都连续了，于是最多买 27 个乒乓球必须拆开盒子.

对于问题(2)，因为 $5\times5-8\times3=1$，$28=5\times4+8\times1=5\times(5-1)+8\times(5-3-1)=5\times5-5+8\times5-8\times3-8=1-5+8\times5-8$，所以 $27=5\times8-5-8$，只与 5 和 8 有关.

对于问题(3)，如果将 0 到 27 这 28 个数依次排列，并在 14 处折返，排成两行对齐. 再将必须拆开盒子的数外加一个圈，否则就不加圈，于是得到

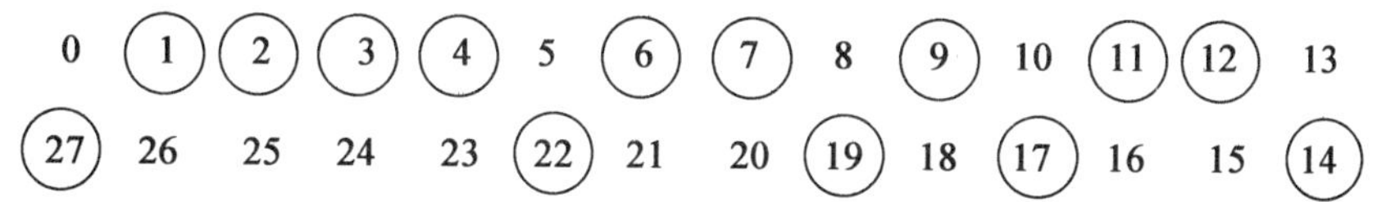

我们发现，这两行中，上面一行中有圈的数的下面的数就无圈；上面一行中无圈的数的下面的数就有圈，也就是说，如果两数的和是 27，那么其中恰有一个数有圈，另一个数无圈，有圈的数与无圈的数各有 14 个. 这是不是巧合呢？

对于问题(4)，结论是：

(i)当乒乓球的个数不到 40 时，因为大盒子不到 5 个，小盒子不到 8 个，即使可以不拆开盒子买乒乓球也只有一种买法.

例如，买 36 个乒乓球，只有一种买法：$36=5\times4+8\times2$.

(ii)当乒乓球的个数达到 $8\times5=40$ 时，就有可能有不止一种买法.

例如，买 40 个乒乓球可以 8 个小盒子，也可以 5 个大盒子.

买 47 个乒乓球，只有一种买法：$47=5\times3+8\times4$.

买 71 个乒乓球，有两种买法：$71=5\times11+8\times2=5\times3+8\times7$.

现在将 5 和 8 推广到一般的情况，并对上述问题进行证明.

设 $a,b,n\in\mathbf{N},a>1,b>1,(a,b)=1$. 为方便起见，设方程 $ax+by=n$ 的非负整数解的数组是 $f(n)$，于是求 $ax+by$ 的最大不可表数的问题就变成求正整数 n，使 $f(n)=0$，且对任何 $j\in\mathbf{N}^*$，有 $f(n+j)\geqslant 1$.

由数论的基本知识可知，当 $a>1,b>1,(a,b)=1$ 时，可用连分数或尝试的方法求出唯一的一对正整数 $u,v,0<u<b,0<v<a$，使 $au-bv=1$. 并可以证明方程 $ax+by=n$ 的一切整数解可用 $x=un-bt,y=at-vn$ 表示，这里 t 是任意整数.

因为要求方程 $ax+by=n$ 的非负整数解，所以只使 $x=un-bt\geqslant 0$ 和 $y=at-vn\geqslant 0$，即 $\frac{vn}{a}\leqslant t\leqslant\frac{un}{b}$. 于是满足这一不等式的整数 t 的个数就是方程 $ax+by=n$ 的非负整数解的数组 $f(n)$.

首先证明对于任何实数 $\alpha,\beta(\alpha<\beta)$，在闭区间 $[\alpha,\beta]$ 上有 $[\beta]+[-\alpha]+1$ 个整数.

证明 设 $x\in\mathbf{Z},\alpha,\beta\in\mathbf{R},x\in[\alpha,\beta]$.

(1) 因为 $x\leqslant\beta$，所以 $x\leqslant\beta<[\beta]+1$，于是 $x\leqslant[\beta]$.

(2) 因为 $x\geqslant\alpha$，$-x$ 是整数，所以 $-x\leqslant-\alpha$，由 (1) 可知，$-x\leqslant[-\alpha]$，$x\geqslant-[-\alpha]$，于是 $-[-\alpha]\leqslant x\leqslant[\beta]$，即在闭区间 $[\alpha,\beta]$ 上有 $[\beta]+[-\alpha]+1$ 个整数.

由此可知，$f(n)=\left[\frac{un}{b}\right]+\left[-\frac{vn}{a}\right]+1$. 于是只要由 a,b 先求出正整数 $u,v(0<u<b,0<v<a)$，使 $au-bv=1$，也就可求出 $f(n)$ 了.

例如，对 $a=5,b=8$，求 $f(n)$.

由 $5\times5-8\times4=1$ 可知 $u=5,v=3$. 于是 $f(n)=\left[\frac{5n}{8}\right]+\left[-\frac{3n}{5}\right]+1$ 就是不拆开盒子能买 n 个乒乓球的买法种数. 如果 $f(n)=0$，就表示买 n 个乒乓球必须拆开盒子才能买.

取 $n=0,1,2,\cdots,39$ 逐个代入 $f(n)=\left[\frac{5n}{8}\right]+\left[-\frac{3n}{5}\right]+1$，可得下表（表 1）：

表1

n	0	1	2	3	4	5	6	7	8	9	10	11	12	13
$f(n)$	1	0	0	0	0	1	0	0	1	0	1	0	0	1
n	27	26	25	24	23	22	21	20	19	18	17	16	15	14
$f(n)$	0	1	1	1	1	0	1	1	0	1	0	1	1	0
n	28	29	30	31	32	33	34	35	36	37	38	39		
$f(n)$	1	1	1	1	1	1	1	1	1	1	1	1		

利用$f(n)=\left[\frac{5n}{8}\right]+\left[-\frac{3n}{5}\right]+1$填写表1比较麻烦.实际上,当$0\leqslant n\leqslant 27$时,只要将14个是5和8的非负整数倍的和的$n$的函数值填1,其余14个数的函数值填0,28到39的函数值都填1,40的函数值填2,其余的值可根据这41个函数值容易求出.下面我们将对任何整数n,研究方程$ax+by=n$的非负整数解的个数$f(n)$的性质,由此说明上面的填法的依据.

为方便起见,设$n=kab+r$(k是非负整数,$0\leqslant r<ab$).首先证明以下引理:

引理　设$n\in\mathbf{Z}$,$(a,b)=1$,方程$ax+by=n$有满足$0\leqslant x_0\leqslant b-1$的整数解$(x_0,y_0)$.

证明　因为$(a,b)=1$,所以方程$ax+by=n$有整数解(x_0,y_0).

如果$x_0<0$,或$x_0>b$,那么设$x_0=bt+x_1$,其中t是整数,$0\leqslant x_1\leqslant b-1$.设$y_1=y_0+at$,则$ax_1+by_1=a(x_0-bt)+b(y_0+at)=ax_0+by_0=n$,即$(x_1,y_1)$是方程$ax+by=n$的整数解,其中$0\leqslant x_1\leqslant b-1$.

性质1　$f(0)=1$.

证明　方程$ax+by=0$显然有唯一的非负整数解$(0,0)$,所以$f(0)=1$.

性质2　$f(ab)=2$.

证明　因为$(a,b)=1$,所以方程$ax+by=ab$有整数解(x_0,y_0),即$ax_0+by_0=ab\geqslant ax_0$,所以$x_0\leqslant b$.又因为$b\mid x_0$,于是$x_0=0$或$x_0=b$,方程$ax+by=ab$恰有两组非负整数解$(b,0)$和$(0,a)$,即$f(ab)=2$.

性质3　当$0\leqslant r\leqslant ab-a-b$时,$f(r)+f(ab-a-b-r)=1$.

证明　(i)如果方程$ax+by=r$有非负整数解(x_0,y_0)和(x_1,y_1),那么$ax_0+by_0=r\leqslant ab-a-b$.$a(x_0+1)+b(y_0+1)\leqslant ab$,所以$x_0+1\leqslant b$,$0\leqslant x_0\leqslant b-1$.同理,$0\leqslant x_1\leqslant b-1$,于是$|x_0-x_1|<b$.由$ax_0+by_0=ax_1+$

by_1 得 $a(x_0 - x_1) + b(y_0 - y_1) = 0$. 由于 $(a,b) = 1$,所以 $b \mid |x_0 - x_1|$,再由 $|x_0 - x_1| < b$,得 $|x_0 - x_1| = 0$,于是 $x_0 = x_1, y_0 = y_1$,即当 $0 \leqslant r \leqslant ab - a - b$ 时,$f(r) \leqslant 1$. 同理 $f(ab - a - b - r) \leqslant 1$.

(ii)如果方程 $ax + by = r$ 有非负整数解 (x_0, y_0),方程 $ax + by = ab - a - b - r$ 有非负整数解 (x_1, y_1),那么 $ax_0 + by_0 = r, ax_1 + by_1 = ab - a - b - r$. 相加后移项得 $a(x_0 + x_1 + 1) + b(y_0 + y_1 + 1) = ab$. 由性质 2,得 $x_0 + x_1 + 1 = 0$ 或 $y_0 + y_1 + 1 = 0$,这都不可能,所以方程 $ax + by = r$ 和 $ax + by = ab - a - b - r$ 不可能都有非负整数解,即 $f(r)$ 和 $f(ab - a - b - r)$ 中至少有一个是 0,所以 $f(r) + f(ab - a - b - r) \leqslant 1$.

(iii)由引理,方程 $ax + by = r$ 有整数解 (x_0, y_0),且 $0 \leqslant x_0 \leqslant b - 1$. 若方程 $ax + by = r$ 没有非负整数解,因为 $0 \leqslant x_0 \leqslant b - 1$,所以 $y_0 < 0$,于是 $y_0 \leqslant -1$. 设 $x_1 = b - x_0 - 1, y_1 = -y_0 - 1$,则 $x_1 \geqslant 0, y_1 \geqslant 0, ax_1 + by_1 = a(b - x_0 - 1) + b(-y_0 - 1) = ab - ax_0 - a - by_0 - b = ab - a - b - r$,即 (x_1, y_1) 是方程 $ax + by = ab - a - b - r$ 的非负整数解. 由(i),(ii)可知,当 $0 \leqslant r \leqslant ab - a - b$ 时,在方程 $ax + by = r$ 和 $ax + by = ab - a - b - r$ 中恰有一个方程有非负整数解,即当 $0 \leqslant r \leqslant ab - a - b$ 时,$f(r) + f(ab - a - b - r) = 1$.

由性质 1 和性质 3 得到

推论 1　$f(ab - a - b) = 0$.

推论 2　当 $r = 0, 1, 2, \cdots, ab - a - b$ 时,方程 $ax + by = r$ 有非负整数解和没有非负整数解的各占一半,即各有 $\frac{(a-1)(b-1)}{2}$ 个方程.

性质 4　当 $ab - a - b < r < ab$ 时,$f(r) = 1$.

证明　(i)由引理,方程 $ax + by = r$ 有整数解 (x_0, y_0),即 $ax_0 + by_0 = r$,且 $0 \leqslant x_0 \leqslant b - 1$. 因为 $by_0 = r - ax_0 > ab - a - b - a(b - 1) = -b$,所以 $y_0 > -1, y_0 \geqslant 0$,于是 (x_0, y_0) 是方程 $ax + by = r$ 的非负整数解,即 $f(r) \geqslant 1$.

(ii)假定 (x_1, y_1) 也是方程 $ax + by = r$ 的非负整数解,那么 $ax_1 + by_1 = ax_0 + by_0, a(x_1 - x_0) + b(y_1 - y_0) = 0$,因为 $(a,b) = 1$,所以 $b \mid x_1 - x_0$. 不失一般性,设 $x_1 > x_0 \geqslant 0$,所以存在正整数 t,有 $x_1 - x_0 = bt, x_1 = x_0 + bt \geqslant bt \geqslant b$,于是 $r = ax_1 + by_1 \geqslant ax_1 \geqslant ab$,这与 $r < ab$ 矛盾,所以方程 $ax + by = n$ 有唯一的非负整数解,即 $f(r) = 1$.

因为在性质 4 的(i)的证明过程中没有用到 $r < ab$,所以得到

推论 3　当 $n > ab - a - b$ 时,$f(n) \geqslant 1$.

由推论1和推论3得到

推论4 正整数 $n = ab - a - b$ 是 $ax + by$ 的最大不可表数.

推论5 恰有 $\frac{(a-1)(b-1)}{2}$ 个正整数值 n,使方程 $ax + by = n$ 没有非负整数解,即 $f(n) = 0$.

因为当 $n < 0$ 时,方程 $ax + by = n$ 无非负整数解,所以对于任何整数 n,在方程 $ax + by = n$ 和方程 $ax + by = ab - a - b - n$ 中,恰有一个方程有非负整数解.

性质5 设 $n = kab + r$(k 是正整数,$0 \leqslant r < ab$),则 $f(n) = k + f(r)$.

证明 (i)如果方程 $ax + by = r$ 有非负整数解 (x_0, y_0),那么 $ax_0 \leqslant ax_0 + by_0 = r < ab$,$x_0 < b$.同理 $y < a$.于是 $ax + by = abk + r = abk + ax_0 + by_0$,$a(x - x_0) + b(y - y_0) = abk$.因为 $(a,b) = 1$,所以 $b \mid x - x_0$.设 $x - x_0 = bt$(t 是整数),则 $x = x_0 + bt$,再设 $y = y_0 + a(k - t)$,则 $ax + by = a(x_0 + bt) + b[y_0 + a(k - t)] = ax_0 + abt + by_0 + abk - abt = abk + r$,即 $x = x_0 + bt$,$y = y_0 + a(k - t)$ 是方程 $ax + by = abk + r$ 的整数解.要使 $x = x_0 + bt \geqslant 0$,由 $x_0 < b$,得 $t \geqslant 0$.要使 $y = y_0 + a(k - t) \geqslant 0$,所以 $-a(k - t) \leqslant y_0 < a$,$t - k < 1$,$t < k + 1$,于是 $0 \leqslant t \leqslant k$,即 t 可取 $k + 1$ 个整数值,即方程 $ax + by = abk + r$ 有 $k + 1$ 组非负整数解,即 $f(n) = k + f(r)$.

(ii)如果方程 $ax + by = r$ 没有非负整数解,即 $f(r) = 0$.因为 $ab + r > ab - a - b$,由推论3可知方程 $ax + by = ab + r$ 有非负整数解.设 (x_0, y_0) 是方程 $ax + by = ab + r$ 的非负整数解,则 $ax_0 + by_0 = ab + r$,$a(x_0 - b) + by_0 = r$.因为方程 $ax + by = r$ 没有非负整数解,且 $y_0 \geqslant 0$,所以 $x_0 - b < 0$,于是 $0 \leqslant x_0 < b$.假定方程 $ax + by = ab + r$ 还有非负整数解 (x_1, y_1),同理有 $0 \leqslant x_1 < b$,于是 $|x_0 - x_1| < b$.由 $ax_0 + by_0 = ax_1 + by_1 = ab + r$,得 $a(x_0 - x_1) + b(y_0 - y_1) = 0$.由于 $(a,b) = 1$,所以 $b \mid |x_0 - x_1|$,再由 $|x_0 - x_1| < b$,得 $|x_0 - x_1| = 0$,于是 $x_0 = x_1$,$y_0 = y_1$,则方程 $ax + by = ab + r$ 有唯一的非负整数解.

设 $x = x_0 + b(t - 1)$,$y = y_0 + a(k - t)$,则 $ax + by = a[x_0 + b(t - 1)] + b[y_0 + a(k - t)] = ax_0 + abt - ab + by_0 + abk - abt = abk + ax_0 + by_0 - ab = abk + r$,所以 $x = x_0 + b(t - 1)t$,$y = y_0 + a(k - t)$ 是方程 $ax + by = abk + r$ 的整数解.要使 $x = x_0 + b(t - 1) \geqslant 0$,由 $x_0 < b$,得 $t \geqslant 1$.要使 $y = y_0 + a(k - t) \geqslant 0$,由 $y_0 < a$,得 $k - t \geqslant 0$,于是 $1 \leqslant t \leqslant k$,即 t 可取 k 个整数值,即方程 $ax + by = abk + r$ 有 k 组非负整数解,即 $f(n) = k$.因

为$f(r) = 0$,所以$f(n) = k + f(r)$.

由(i)和(ii)可知$f(n) = k + f(r)$.

因此,根据性质5,如果求出了$f(r)$,那么方程$ax + by = n$的非负整数解的组数可用$f(n) = k + f(r)$求出. 下面总结求$f(n)$的步骤:

(1)将n写成$n = abk + r$的形式,其中(k是正整数,$0 \leqslant r < ab$),先求$f(r)$的值.

(2)$f(0) = 1$.

(3)当$0 < r < ab - a - b$时,判定方程$ax + by = r$是否有非负整数解,可将r逐个减去b,尝试是否能得到a的倍数,得到使$f(r) = 1$的$\frac{(a-1)(b-1)}{2}$个r,其余的r,都有$f(r) = 0$. 也可检查在闭区间$[\frac{vr}{a}, \frac{ur}{b}]$上是否有整数,或用公式$f(r) = [\frac{ur}{b}] + [-\frac{vr}{a}] + 1$求出. 实际上,通常使用$a$和$b$的非负整数倍的和确定比较简便.

(4)当$r = ab - a - b$时,$f(r) = 0$.

(5)当$ab - a - b < r < ab$时,$f(r) = 1$.

(6)利用$f(n) = k + f(r)$求出其余一切$f(n)$的值.

例如,当$a = 4, b = 9$时,$ab - a - b = 23$. 先对$0 < r < ab - a - b$求出12个使$f(r) = 1$的r.

4的倍数:0,4,8,12,16,20;9的倍数:9,18,4的倍数和9的倍数的和:13,17,21,22. 这12个数的函数值1,小于24的其余数的函数值填0,24到35的函数值填1. 得到表2:

表2

n	0	1	2	3	4	5	6	7	8	9	10	11
	1	0	0	0	1	0	0	0	1	1	0	0
n	23	22	21	20	19	18	17	16	15	14	13	12
$f(n)$	0	1	1	1	0	1	1	1	0	0	1	1
n	24	25	26	27	28	29	30	31	32	33	34	35
$f(n)$	1	1	1	1	1	1	1	1	1	1	1	1

$f(n)$的以后各数的值只要分别在表2中的同样位置上的数加1即可得到表3:

表3

n	36	37	38	39	40	41	42	43	44	45	46	47
$f(n)$	2	1	1	1	2	1	1	1	2	2	1	1
n	59	58	57	56	55	54	53	52	51	50	49	48
$f(n)$	1	2	2	2	1	2	2	2	1	1	2	2
n	60	61	62	63	64	65	66	67	68	69	70	71
$f(n)$	2	2	2	2	2	2	2	2	2	2	2	2

如果只对某个n求$f(n)$的值,可以利用公式$f(r)=\left[\frac{un}{b}\right]+\left[-\frac{vn}{a}\right]+1$计算,但是比较麻烦,还是做连续减法方便.

例如,当$a=7,b=10$时,求(1)$f(274)$,(2)$f(483)$的值.

解:(1)$274=7\cdot10\cdot3+64,k=3,r=64.ab-a-b=70-17=53,ab=70$,因为$53<64<70$,所以$f(64)=1$,于是$f(274)=3+1=4$.

事实上,$64=7\cdot2+10\cdot5$,且

$274=7\cdot2+10\cdot26=7\cdot12+10\cdot19=7\cdot22+10\cdot20=7\cdot32+10\cdot5$.

(2)$453=7\cdot10\cdot6+33,k=6,r=33$.

因为$33-10=23,33-20=13,33-30=3$都不是7的倍数,所以$f(33)=0$,于是$f(453)=6+0=6$.

事实上,$453=7\cdot9+10\cdot39=7\cdot19+10\cdot32=7\cdot29+10\cdot25=7\cdot39+10\cdot18=7\cdot49+10\cdot11=7\cdot59+10\cdot4$.

如果感兴趣的读者不妨选择a和b的一些值进行尝试.

4.4　平方后末k位数不变与立方后末k位数不变的正整数

我们知道,末位数分别是0,1,5,6的正整数平方后的末位数是不变的,末两位数分别是00,01,25,76的正整数平方后的末两位数也是不变的,对于末三位数、末四位数、……、末k位数,平方后的情况会怎么样呢?立方后的情况会如何呢?下面我们来探求这两个问题.

4.4.1　平方后末k位数不变的正整数

设正整数n的末k位数是r,即$n=10^kl+r$(k是正整数,l,r是非负整数,

$0 \leqslant r < 10^k$)，则 $n \equiv r(\bmod 10^k)$. 由于 n^2 的末 k 位数不变，所以 $n^2 = (10^k l + r)^2 \equiv r^2 \equiv r(\bmod 10^k)$，或 $r(r-1) \equiv 0(\bmod 10^k)$，即 $r(r-1)$ 是 $10^k = 5^k \times 2^k$ 的倍数. 因为 $(r, r-1) = 1$，所以 r 与 $r-1$ 中至多有一个是 10^k 倍数.

(1) r 与 $r-1$ 中有一个是 10^k 倍数.

(i) 当 r 是 10^k 倍数时，假定 $r > 0$，那么 $r \geqslant 10^k$，这与 $r < 10^k$ 矛盾，所以 $r = 0$.

(ii) 当 $r-1$ 是 10^k 倍数时，假定 $r-1 > 0$，那么 $r-1 \geqslant 10^k$，$r \geqslant 10^k$，这与 $r < 10^k$ 矛盾，所以 $r-1=0$，$r=1$.

可见，如果正整数 n 的末 k 位数都是 0，或末 k 位数中前 $k-1$ 个是 0，末位数 1，那么正整数 n 平方后末 k 位数不变，这种情况已十分清楚，无需进一步研究.

(2) r 与 $r-1$ 都不是 10^k 的倍数. 因为 $(r, r-1) = 1$，所以其中一个是 5^k 的倍数，另一个是 2^k 的倍数.

(i) 当 r 是 5^k 的倍数时，$r-1$ 是 2^k 的倍数. 设 $r = 5^k x$，$r-1 = 2^k y$，则 $5^k x - 2^k y = 1$.

设上述不定方程的最小正整数解是 x_0, y_0，则一般解是 $x = x_0 + 2^k t$，$y = y_0 + 5^k t$（t 是非负整数），所求的正整数 n 的末 k 位数 $r = 5^k(x_0 + 2^k t) = 5^k x_0 + 10^k t < 10^k$，于是 $t=0$，$r = 5^k x_0$. 由于要求的是 $r = 5^k x_0$，所以只需求 x_0，不必求 y_0.

(ii) 当 r 是 2^k 的倍数时，$r-1$ 是 5^k 的倍数，设 $r = 2^k u$，$r-1 = 5^k v$，则 $2^k u - 5^k v = 1$.

设上述不定方程的最小正整数是 u_0, v_0，同理 $r = 2^k u_0$，只需求 u_0，不必求 v_0.

$r = 5^k x_0$ 和 $r = 2^k u_0$ 是两种不同的情况，下面探求 $r = 5^k x_0$ 与 $r = 2^k u_0$ 之间的关系.

为方便起见，设 $5^k x_0 = r$，$2^k u_0 = r'$，$r = 5^k x_0$ 中的 x_0 满足 $5^k x - 2^k y = 1$；$r' = 2^k u_0$ 中的 u_0 满足 $2^k u - 5^k v = 1$. 由于方程 $2^k u - 5^k v = 1$ 可化为 $5^k v - 2^k u = -1$，所以 $u_0 = 5^k - y_0$（同时 $v_0 = 2^k - x_0$），于是 $r' = 2^k u_0 = 2^k(5^k - y_0) = 10^k - 2^k y_0 = 10^k - (5^k x_0 - 1)$，$5^k x_0 + 2^k u_0 = 10^k + 1$，即 $r + r' = 10^k + 1$.

因为 $10^k + 1$ 是奇数，$r' = 2^k u_0$ 是偶数，所以 r 是奇数，于是 $r = 5^k x_0$ 的末位数字是 5. 因为 $r' = 10^k + 1 - r$，所以 r' 的末位数字是 6.

下面我们来求满足不定方程 $5^k x - 2^k y = 1$ 的最小正整数 x_0，从而求出相应的 r 与 r'.

因为只要求 x_0 的值，所以计算 $\frac{5^k}{2^k}$ 的渐近分数.

例如,当 $k=11$ 时,$5^{11}x-2^{11}y=1$,即 $48828125x-2048y=1$.

下面用连分数方法求方程 $48828125x-2048y=1$ 的最小正整数解:

$$\frac{48828125}{2048}=23841+\frac{1757}{2048}$$

$$\frac{2048}{1757}=1+\frac{291}{1757}$$

$$\frac{1757}{291}=6+\frac{11}{291}$$

$$\frac{291}{11}=26+\frac{5}{11}$$

$$\frac{11}{5}=2+\frac{1}{5}$$

		23841	1	6	26	2
1	0	$23841\times0+1=1$	$1\times1+0=1$	$6\times1+1=7$	$26\times7+1=183$	$2\times183+7=373$

$$x_0=373$$

$$r=48828125x_0=48828125\times373=18212890625$$

$$y=8893013\text{(可以不求)}$$

$$r'=100000000001-18212890625=81787109376$$

末十一位数是18,212,890,625或81,787,109, 376的正整数平方后末十一位数不变.

又如,当 $k=12$ 时,$5^{12}x-2^{12}y=1$,即 $244140625x-4096y=1$.

$$\frac{244140625}{4096}=59604+\frac{2641}{4096}$$

$$\frac{4096}{2641}=1+\frac{1455}{2641}$$

$$\frac{2641}{1455}=1+\frac{1186}{1455}$$

$$\frac{1455}{1186}=1+\frac{269}{1186}$$

$$\frac{1186}{269}=4+\frac{110}{269}$$

$$\frac{269}{110}=2+\frac{49}{110}$$

$$\frac{110}{49}=2+\frac{12}{49}$$

$$\frac{49}{12}=4+\frac{1}{12}$$

$$\frac{12}{1}=1+\frac{1}{1}$$

		59604	1	1	1	4	2	2	4	11
1	0	1	1	2	3	14	31	76	335	3761

$$x_0=3761$$

$$r=244140625x_0=244140625\times3761=918\ 212\ 890\ 625$$

$$r'=1\ 000\ 000\ 000\ 001-918\ 212\ 890\ 625=081\ 787\ 109\ 376$$

末十二位数是 918 212 890 625 或 081 787 109 376 的正整数平方后末十二位数不变. 这是解不定方程 $5^{12}x-2^{12}y=1$ 得到的.

于是产生一个问题:是否可不解方程 $5^{12}x-2^{12}y=1$ 直接从 18 212 890 625 和 81 787 109 376 求出 918 212 890 625 和 081 787 109 376 呢? 下面我们来回答这一问题.

设正整数 n 的末 k 位数是 r_k,末 $k+1$ 位数是 r_{k+1},n^2 的末 k 位数和末 $k+1$ 位数分别也是 r_k 和 r_{k+1},下面求 r_k 与 r_{k+1}的关系.

由于 n^2 的末 $k+1$ 位数不变,所以 r_{k+1}的末 k 位数也是 r_k,于是可设 $r_{k+1}=10^kp_k+r_k$(p_k 是 0 到 9 的整数). 只要求出 p_k 就可求出 r_{k+1}. 因为 $r_k^2\equiv r_k \pmod{10^k}$,所以$\frac{r_k^2-r_k}{10^k}$是整数,设$\frac{r_k^2-r_k}{10^k}$的末位数是 q_k,即 $r_k^2-r_k=10^k(10u_k+q_k)$($u_k$ 是正整数,q_k 是 0 到 9 的整数),于是 $r_k^2-r_k=10^{k+1}u_k+10^kq_k\equiv10^kq_k \pmod{10^{k+1}}$.

由 $r_{k+1}^2\equiv r_{k+1} \pmod{10^{k+1}}$ 和 $r_{k+1}=10^kp_k+r_k$,得

$$(10^kp_k+r_k)^2\equiv10^kp_k+r_k \pmod{10^{k+1}}$$

$$10^{2k}p_k^2+2\times10^kp_kr_k+r_k^2\equiv10^kp_k+r_k \pmod{10^{k+1}}$$

因为 $2k\geqslant k+1$,所以 $10^{2k}p_k^2\equiv0 \pmod{10^{k+1}}$,于是$(2r_k-1)10^kp_k+r_k^2-r_k=2r_k\times10^kp_k-10^kp_k+10^kq_k\equiv0 \pmod{10^{k+1}}$.

(1) 当 r_k 的末位数字是 5 时,$2r_k\equiv0 \pmod{10}$,$2r_k\times10^kp_k\equiv0 \pmod{10^{k+1}}$,于是

$$-10^kp_k+10^kq_k\equiv0 \pmod{10^{k+1}}$$

$$10^k q_k \equiv 10^k p_k \equiv r_k^2 - r_k \pmod{10^{k+1}}$$

$$10^k p_k + r_k \equiv r_k^2 \pmod{10^{k+1}}$$

即 $r_{k+1} \equiv r_k^2 \pmod{10^{k+1}}$.

(2)当 r_k 的末位数字是6时

$$2r_k - 2 \equiv 0 \pmod{10}$$

$$(2r_k - 2) \times 10^k p_k \equiv 0 \pmod{10^{k+1}}$$

$$2r_k \times 10^k p_k \equiv 2 \times 10^k p_k \pmod{10^{k+1}}$$

于是

$$10^k p_k + 10^k q_k \equiv 0 \pmod{10^{k+1}}$$

$$10^k q_k \equiv -10^k p_k \pmod{10^{k+1}}$$

$$-10^k p_k + r_k \equiv r_k^2 \pmod{10^{k+1}}$$

$$-10^k p_k - r_k \equiv r_k^2 - 2r_k \pmod{10^{k+1}}$$

$$-r_{k+1} \equiv r_k^2 - 2r_k \pmod{10^{k+1}}$$

$$r_{k+1} \equiv 2r_k - r_k^2 \pmod{10^{k+1}}$$

$$r_{k+1} \equiv 10^{2k} + 2r_k - r_k^2 \pmod{10^{k+1}}$$

或 $r_{k+1} \equiv 10^{2k} + 1 - (r_k - 1)^2 \pmod{10^{k+1}}$(为了使同余式的右边为正,所以补上 10^{2k}).

从 $r_1 = 5$ 出发,利用 $r_{k+1} \equiv r_k^2 \pmod{10^{k+1}}$ 可逐个求出 $r_2, r_3, r_4, \cdots$. 也可从 $r'_1 = 6$ 出发,利用 $r_{k+1} \equiv 10^{k+1} + 1 - (r_k - 1)^2 \pmod{10^{k+1}}$ 逐个求出 $r_2, r_3, r_4, \cdots$).

因为 $r_1^2 = 5^2 = 25$,所以 $r_2 = 5^2 = 25$, $r'_2 = 101 - 25 = 76$.

因为 $r_2^2 = 25^2 = 625$,所以 $r_3 = 625$, $r'_3 = 1\ 001 - 625 = 376$.

因为 $r_3^2 = 625^2 = 390\ 625$, $r_4 = 0\ 625$, $r'_4 = 10\ 001 - 0\ 625 = 9\ 376$.

因为 $r_4^2 = 0\ 625^2 = 390\ 625$, $r_5 = 90\ 625$, $r'_5 = 100\ 001 - 90\ 625 = 09\ 376$.

因为 $r_5^2 = 90\ 625^2 = 8\ 212\ 890\ 625$, $r_6 = 890\ 625$, $r'_6 = 1\ 000\ 001 - 890\ 625 = 109\ 376$.

因为 $r_6^2 = 89\ 0625^2 = 793\ 212\ 890\ 625$, $r_7 = 2\ 890\ 625$, $r'_7 = 10\ 000\ 001 - 2\ 890\ 625 = 7\ 109\ 376$.

因为 $r_7^2 = 2\ 890\ 625^2 = 8\ 355\ 712\ 890\ 625$, $r_8 = 12\ 890\ 625$, $r'_8 = 100\ 000\ 001 - 12\ 890\ 625 = 87\ 109\ 376$.

因为 $r_8^2 = 12\ 890\ 625^2 = 166\ 168\ 212\ 890\ 625$, $r_9 = 212\ 890\ 625$, $r'_9 = 1\ 000\ 000\ 001 - 212\ 890\ 625 = 787\ 109\ 376$.

因为 $r_9^2 = 212\ 890\ 625^2 = 45\ 322\ 418\ 212\ 890\ 625$, $r_{10} = 8\ 212\ 890\ 625$, $r'_{10} =$

$10\ 000\ 000\ 001 - 8\ 212\ 890\ 625 = 1\ 787\ 109\ 376$.

因为 $r_{10}^2 = 8\ 212\ 890\ 625^2 = 67\ 451\ 572\ 418\ 212\ 890\ 625$，$r_{11} = 18\ 212\ 890\ 625$，$r'_{11} = 100\ 000\ 000\ 001 - 18\ 212\ 890\ 625 = 81\ 787\ 109\ 376$.

因为 $r_{11}^2 = 18\ 212\ 890\ 625^2 = 331\ 709\ 384\ 918\ 212\ 890\ 625$，所以 $r_{12} = 918\ 212\ 890\ 625$，$r'_{12} = 1\ 000\ 000\ 000\ 001 - 918\ 212\ 890\ 625 = 081\ 787\ 109\ 376$.

随着 k 的增加，计算 r_k^2 并不容易，我们还可采用以下方法：

当 r_k 的末位数字是 5 时，利用 $\frac{r_k^2 - r_k}{10^k} = \frac{r_k}{5^k} \times \frac{r_k - 1}{2^k} = x \times \frac{5^k x_0 - 1}{2^k} = x_0 \times \frac{2^k y_0}{2^k} = x_0 y_0 \equiv q_k \pmod{10} \equiv p_k \pmod{10}$，计算 p_k 相对容易，但是要求出 y_0.

下面我们来求满足不定方程 $5^k x - 2^k y = 1$ 的最小正整数 x_0，从而求出相应的 r 与 r'.

当 $k=1$ 时

$$5x - 2y = 1, \begin{cases} x_0 = 1 \\ y_0 = 2 \end{cases}, x_0 y_0 \equiv 2 \pmod{10}$$

$$r_2 = 25, r'_2 = 101 - 25 = 76$$

当 $k=2$ 时

$$25x - 4y = 1, \begin{cases} x_0 = 1 \\ y_0 = 6 \end{cases}, x_0 y_0 \equiv 6 \pmod{10}$$

$$r_3 = 625, r'_3 = 1\ 001 - 625 = 376$$

当 $k=3$ 时

$$125x - 8y = 1, \begin{cases} x_0 = 5 \\ y_0 = 78 \end{cases}, x_0 y_0 \equiv 0 \pmod{10}$$

$$r_4 = 0\ 625, r'_4 = 10\ 001 - 0\ 625 = 9\ 376$$

当 $k=4$ 时

$$625x - 16y = 1, \begin{cases} x_0 = 1 \\ y_0 = 39 \end{cases}, x_0 y_0 \equiv 9 \pmod{10}$$

$$r_5 = 90\ 625, r'_5 = 100\ 001 - 90\ 625 = 09\ 376$$

当 $k=5$ 时

$$3125x - 32y = 1, \begin{cases} x_0 = 29 \\ y_0 = 2832 \end{cases}, x_0 y_0 \equiv 8 \pmod{10}$$

$$r_6 = 890\ 625, r'_6 = 1\ 000\ 001 - 890\ 625 = 109\ 376$$

当 $k=6$ 时

$$15625x-64y=1,\begin{cases}x_0=57\\y_0=13916\end{cases},x_0y_0\equiv 2\pmod{10}$$

$$r_7=2\ 890\ 625,r_7'=10\ 000\ 001-2\ 890\ 625=7\ 109\ 376$$

当 $k=7$ 时

$$78125x-128y=1,\begin{cases}x_0=37\\y_0=22583\end{cases},x_0y_0\equiv 1\pmod{10}$$

$$r_8=12\ 890\ 625,r_8'=100\ 000\ 001-12\ 890\ 625=87\ 109\ 376$$

当 $k=8$ 时

$$390625x-256y=1,\begin{cases}x_0=33\\y_0=50354\end{cases},x_0y_0\equiv 2\pmod{10}$$

$$r_9=212\ 890\ 625,r_9'=1\ 000\ 000\ 001-212\ 890\ 625=787\ 109\ 376$$

当 $k=9$ 时

$$1953125x-512y=1,\begin{cases}x_0=109\\y_0=415802\end{cases},x_0y_0\equiv 8\pmod{10}$$

$$r_{10}=8\ 212\ 890\ 625$$

$$r_{10}'=10\ 000\ 000\ 001-8\ 212\ 890\ 625=1\ 787\ 109\ 376$$

当 $k=10$ 时

$$9765625x-1024y=1,\begin{cases}x_0=841\\y_0=8020401\end{cases},x_0y_0\equiv 1\pmod{10}$$

$$r_{11}=18\ 212\ 890\ 625$$

$$r_{11}'=100\ 000\ 000\ 001-18\ 212\ 890\ 625=81\ 787\ 109\ 376$$

当 $k=11$ 时

$$48828125x-2048y=1,\begin{cases}x_0=373\\y_0=8893013\end{cases},x_0y_0\equiv 9\pmod{10}$$

$$r_{12}=918\ 212\ 890\ 625$$

$$r_{12}'=1\ 000\ 000\ 000\ 001-918\ 212\ 890\ 625=081\ 787\ 109\ 376.$$

当 $k=12$ 时

$$244140625x-4096y=1,\begin{cases}x_0=3761\\y_0=224173069\end{cases},x_0y_0\equiv 9\pmod{10}$$

$$r_{13}=9\ 918\ 212\ 890\ 625$$

$$r_{13}'=10\ 000\ 000\ 000\ 001-9\ 918\ 212\ 890\ 625=0\ 081\ 787\ 109\ 376$$

当 $k=13$ 时

$$1220703125x-8\ 192y=1,\ \begin{cases}x_0=8\ 125\\y_0=1210719347\end{cases},x_0y_0\equiv5(\bmod 10)$$

$$r_{14}=59\ 918\ 212\ 890\ 625$$

$$r'_{14}=100\ 000\ 000\ 000\ 001-59\ 918\ 212\ 890\ 625=40\ 081\ 787\ 109\ 376$$

当 $k=14$ 时

$$6103515625x-16384y=1,\ \begin{cases}x_0=9817\\y_0=3657117486\end{cases},x_0y_0\equiv2(\bmod 10)$$

$$r_{15}=259\ 918\ 212\ 890\ 625$$

$$\begin{aligned}r'_{15}&=1\ 000\ 000\ 000\ 000\ 001-259\ 918\ 212\ 890\ 625\\&=740\ 081\ 787\ 109\ 376\end{aligned}$$

当 $k=15$ 时

$$30517578125x-32\ 768y=1,\begin{cases}x_0=8\ 517\\y_0=32074368\end{cases},x_0y_0\equiv6(\bmod 10)$$

$$r_{16}=6\ 259\ 918\ 212\ 890\ 625$$

$$\begin{aligned}r'_{16}&=10\ 000\ 000\ 000\ 000\ 001-6\ 259\ 918\ 212\ 890\ 625\\&=3\ 740\ 081\ 787\ 109\ 376\end{aligned}$$

验证：

$6\ 259\ 918\ 212\ 890\ 625^2=39\ 186\ 576\ 032\ 079\ 846\ 259\ 918\ 212\ 890\ 625.$

$3\ 740\ 081\ 787\ 109\ 376^2=13\ 988\ 211\ 774\ 267\ 353\ 740\ 081\ 787\ 109\ 376.$

这两个数平方后末16位数不变，有兴趣的读者不妨探求更多位这样的数.

4.4.2 立方后末 k 位数不变的正整数

我们知道，如果正整数 n 的末位数是0，1，4，5，6，9，那么 n^3 的末位数是不变的，即仍分别是0，1，4，5，6，9. 当 n 的末两位数，末三位数，末四位数，……，末 k 位数是怎么样的数时，n^3 的末两位数，末三位数，末四位数，……，末 k 位数会保持不变呢？下面我们来探求这一问题.

设正整数 $n=10^kl+r$（k 是正整数，l,r 是非负整数，$0\leqslant r<10^k$），则 $n\equiv r(\bmod 10^k)$，$n^3=(10^kl+r)^3\equiv r^3(\bmod 10^k)$. 由于立方后末 k 位数不变，于是 $r^3\equiv r(\bmod 10^k)$，$(r-1)r(r+1)\equiv0(\bmod 10^k)$，即 $(r-1)r(r+1)$ 是 $10^k=2^k\times5^k$ 的倍数. 因为 $(r-1,r)=(r,r+1)=1$，且当 r 是偶数时，$(r-1,r+1)=1$；当 r 是奇数时，$(r-1,r+1)=2$. 所以 $r-1,r$ 与 $r+1$ 三数中至多有一个是 10^k 的倍数.

1. $r-1,r$ 与 $r+1$ 三数中有一个是 10^k 的倍数.

(1)当$r-1$是10^k的倍数时,若$r-1>0$,则$r-1\geqslant 10^k$,这与$r<10^k$矛盾,所以$r-1=0$,于是$r=1$,末k位是$00\cdots01$.

(2)当r是10^k的倍数时,若$r>0$,则$r\geqslant 10^k$,这与$r<10^k$矛盾,所以$r=0$,末k位是$00\cdots00$.

(3)当$r+1$是10^k的倍数时,若$r+1>0$,则$r+1\geqslant 10^k$,$10^k-1\leqslant r\leqslant 10^k-1$,所以$r=10^k-1$,末$k$位是$99\cdots9$.

2. $r-1$,r与$r+1$三数都不是10^k的倍数.

(1)当r是偶数时,$r-1$与$r+1$都是奇数,r是2^k的倍数,设$r=2^kx$.

$r(r-1)(r+1)=(2^kx-1)2^kx(2^kx+1)$是$10^k$的倍数,$(2^kx-1)x(2^kx+1)$是$5^k$的倍数.因为$2^kx-1$,$x$,$2^kx+1$两两互质,所以在$2^kx-1$,$x$,$2^kx+1$中只有一个是5的倍数,于是也是$5^k$的倍数.

i. 若2^kx-1是5^k的倍数,设$2^kx-1=5^ky$,则

$$2^kx-5^ky=1 \tag{1}$$

ii. 若2^kx+1是5^k的倍数,设$2^kx+1=5^ky$,则

$$5^ky-2^kx=1 \tag{2}$$

iii. 若x是5^k的倍数,设$x=5^ky$,则$r=2^kx=2^k\times 5^ky=10^ky$,这与$r<10^k$矛盾.

(2)当r是奇数时,$r-1$与$r+1$都是偶数,$(r-1)(r+1)$是2^k的倍数.因为$(r-1,r+1)=2$,所以$r-1$和$r+1$有一个是2的奇数倍,另一个是2^{k-1}的倍数.

i. 若$r-1$是2的奇数倍,则$r+1$是2^{k-1}的倍数.设$r-1=2(2p-1)=4p-2$,$r+1=2^{k-1}q$,于是$r=4p-1=2^{k-1}q-1$.因为$(r-1)r(r+1)$是10^k的倍数,即$(r-1)r(r+1)=(2^{k-1}q-2)(2^{k-1}q-1)2^{k-1}q=(2^{k-2}q-1)(2^{k-1}q-1)2^kq$是$10^k$的倍数,所以$(2^{k-2}q-1)(2^{k-1}q-1)q$是$5^k$的倍数.由于$2^{k-2}q-1$,$2^{k-1}q-1$,$q$两两互质,所以在$2^{k-2}q-1$,$2^{k-1}q-1$,$q$中只有一个是$5^k$的倍数.

(i)$2^{k-2}q-1$是5^k的倍数,设$2^{k-2}q-1=5^ks$,则

$$2^{k-2}q-5^ks=1 \tag{3}$$

(ii)$2^{k-1}q-1$是5^k的倍数,设$2^{k-1}q-1=5^ks$,则

$$2^{k-1}q-5^ks=1 \tag{4}$$

(iii)q是5^k的倍数,设$q=5^ks$,则$r=2^{k-1}q-1=2^{k-1}\times 5^ks-1=5\times 10^{k-1}s-1<10^k$,$10^ks<2\times 10^k+1$,$s<2+\dfrac{2}{10^k}$,所以$s=1$或$s=2$,于是$q=5^k$或$q=2\times 5^k$,$r=5\times 10^{k-1}-1$,$r$的末$k$位是$499\cdots9$;或$r=10^k-1$,$r$的末$k$位是$99\cdots9$.

ii. 若 $r+1$ 是 2 的奇数倍，则 $r-1$ 是 2^{k-1} 的倍数. 设 $r+1=2(2p-1)=4p-2$，$r-1=2^{k-1}q$，于是 $r=4p+1=2^{k-1}q+1$. 因为 $(r-1)r(r+1)$ 是 10^k 的倍数，即 $(r-1)r(r+1)=2^{k-1}q(2^{k-1}q+1)(2^{k-1}q+2)=(2^{k-2}q+1)(2^{k-1}q+1)2^kq$ 是 10^k 的倍数，所以 $(2^{k-2}q+1)(2^{k-1}q+1)q$ 是 5^k 的倍数. 由于 $2^{k-2}q+1$，$2^{k-1}q+1$，q 两两互质，所以在 $2^{k-2}q+1$，$2^{k-1}q+1$，q 中只有一个是 5^k 的倍数.

(i) $2^{k-2}q+1$ 是 5^k 的倍数，设 $2^{k-2}q+1=5^ks$，则

$$5^ks-2^{k-2}q=1 \tag{5}$$

(ii) $2^{k-1}q+1$ 是 5^k 的倍数，设 $2^{k-1}q+1=5^ks$，则

$$5^ks-2^{k-1}q=1 \tag{6}$$

(iii) q 是 5^k 的倍数，设 $q=5^ks$，则 $r=2^{k-1}q+1=2^{k-1}\times5^ks+1=5\times10^{k-1}s+1<10^k$，$10^k s<2\times10^k+1$，$s<2-\dfrac{2}{10^k}$，于是 $s=1$，$q=5^k$，$r=5\times10^{k-1}+1$，r 的末 k 位是 $500\cdots01$.

综上所述，n 的末 k 位 r 的值是：

1. $r=0$，$r=1$，$r=10^k-1$，$r=5\times10^{k-1}-1$，$r=5\times10^{k-1}+1$.

2. r 用以下方程(1)～(6)的正整数解表示：

(1) $2^kx-5^ky=1$，$r=2^kx$.

(2) $5^ky-2^kx=1$，$r=2^kx$.

(3) $2^{k-2}q-5^ks=1$，$r=2^{k-1}q-1$.

(4) $2^{k-1}q-5^ks=1$，$r=2^{k-1}q-1$.

(5) $5^ks-2^{k-2}q=1$，$r=2^{k-1}q+1$.

(6) $5^ks-2^{k-1}q=1$，$r=2^{k-1}q+1$.

例如，当 $k=2$ 时，$r=0$，$r=1$，$r=99$，$r=49$，$r=51$.

(1) $4x-25y=1$，$x=19+25t$，$r=4x=4(19+25t)=76+100t<100$，取 $t=0$，$r=76$.

(2) $25y-4x=1$，$x=6+25t$，$r=4x=4(6+25t)=24+100t<100$，取 $t=0$，$r=24$.

(3) $q-25s=1$，$q=26+25t$，$r=2q-1=2(26+25t)-1=51+50t<100$，取 $t=0$，$r=51$.

(4) $2q-25s=1$，$q=13+25t$，$r=2q-1=2(13+25t)-1=25+50t<100$，取 $t=0$，$r=25$；$t=1$，$r=75$.

(5) $25s-q=1$，$q=24+25t$，$r=2q+1=2(24+25t)+1=49+50t<100$，取 $t=0$，$r=49$；$t=1$，$r=99$.

(6)$25s-2q=1, q=12+25t, r=2q+1=2(12+25t)+1=25+50t<100$，取 $t=0, r=25$；$t=1, r=75$.

末两位是 00，01，24，25，49，51，75，76，99 的正整数立方后末三位不变.

当 $k=3$ 时，$r=0, r=1, r=999, r=499, r=501$.

(1)$8x-125y=1, x=47+125t, r=8x=8(47+125t)=376+1000t<1000$，取 $t=0, r=376$.

(2)$125y-8x=1, x=78+125t, r=8x=8(78+125t)=624+1000t<1000$，取 $t=0, r=624$.

(3)$2q-125s=1, q=63+125t, r=4q-1=4(63+125t)-1=251+500t<1000$，取 $t=0, r=251$；$t=1, r=751$.

(4)$4q-125s=1, q=94+125t, r=4q-1=4(94+125t)-1=375+500t<1000$，取 $t=0, r=375$；$t=1, r=875$.

(5)$125s-2q=1, q=62+125t, r=4q+1=4(62+125t)=249+500t<1000$，取 $t=0, r=249$；$t=1, r=749$.

(6)$125s-4q=1, q=31+125t, r=4q+1=4(31+125t)+1=125+500t<1000$，取 $t=0, r=125$；$t=1, r=625$.

末三位是 000，001，125，249，251，375，376，499，501，624，625，749，751，875，999 的正整数立方后末三位不变.

当 $k=4$ 时，$r=0, r=1, r=9999, r=4999, r=5001$.

(1)$16x-625y=1, x=586+625t, r=16x=16(586+625t)=9376+10000t<10000$，取 $t=0, r=9376$.

(2)$625y-16x=1, x=39+625t, r=16x=16(39+625t)=624+10000t<10000$，取 $t=0, r=624$.

(3)$4q-625s=1, q=469+625t, r=8q-1=8(469+625t)-1=3751+5000t<10000$，取 $t=0, r=3751$；$t=1, r=8751$.

(4)$8q-625s=1, q=547+625t, r=8q-1=8(547+625t)-1=4375+5000t<10000$，取 $t=0, r-4375$；$t=1, r=9375$.

(5)$625s-4q=1, q=156+625t, r=8q+1=8(156+625t)+1=1249+5000t<10000$，取 $t=0, r=1249$；$t=1, r=6249$.

(6)$625s-8q=1, q=78+625t, r=8q+1=8(78+625t)+1=625+5000t<10000$，取 $t=0, r=625$；$t=1, r=5625$.

末四位是 0000，0001，0624，0625，1249，3751，4375，4999，5001，5625，6249，8751，9375，9376，9999 的正整数立方后末四位不变.

当 $k=5$ 时,$r=0$,$r=1$,$r=99999$,$r=49999$,$r=50001$.

(1)$32x-3125y=1$,$x=293+3125t$,$r=32x=32(293+3125t)=9376+100000t<100000$,取 $t=0$,$r=9376$.

(2)$3125y-32x=1$,$x=2832+3125t$,$r=32x=32(2832+3125t)=90624+100000t<100000$,取 $t=0$,$r=90624$.

(3)$8q-3125s=1$,$q=1172+3125t$,$r=16\times(1172+3125t)-1=18751+50000t<100000$. 取 $t=0$,$r=18751$;$t=1$,$r=68751$.

(4)$16q-3125s=1$,$q=586+3125t$,$r=16\times(586+3125t)-1=9375+50000t<100000$. 取 $t=0$,$r=9375$;$t=1$,$r=59375$.

(5)$3125s-8q=1$,$q=1953+3125t$,$r=16\times(1953+3125t)+1=31249+50000t<100000$. 取 $t=0$,$r=31249$;$t=1$,$r=81249$.

(6)$3125s-16q=1$,$q=2539+3125t$,$r=16(2539+3125t)+1=40625+50000t<100000$. 取 $t=0$,$r=40625$;$t=1$,$r=90625$.

末五位是 00000,00001,09375,09376,18751,31249,40625,49999,50001,59375,68751,81249,90624,90625,99999 的正整数立方后末五位不变.

此外,因为 $r=10^k-r(\bmod 10^k)$,所以当末 k 位数 r 的立方不变时,末 k 位数 10^k-r 的立方也不变. 例如,当 $k=5$ 时,上面各数中除了 00000 以外,这 14 个数可以配成 7 对,每对两数的和是 100000:00001 + 99999 = 09375 + 90625 = 09376 + 90624 = 18751 + 81249 = 31249 + 68751 = 40625 + 59375 = 49999 + 50001 = 100000.

4.5 一些多元二次不定方程的解法

三元二次不定方程 $x^2+y^2=z^2$ 是最基本的、最常见的,也是用途最广的二次不定方程,我们对此也最感兴趣. 该方程的正整数解 x,y,z 组成所谓的勾股数,人们对勾股三角形已有详尽的研究. 勾股数的公式

$$\begin{cases}x=(p^2-q^2)t\\ y=2pqt\\ z=(p^2+q^2)t\end{cases}$$

更是众所周知的,这里的 p,q,t 是正整数,$p>q$,$(p,q)=1$,p,q 一奇一偶,x 和 y 可以交换.

利用勾股数,可以求出方程 $x^2+y^2=2z^2$ 的所有正整数解. 如果整数 x 和 y

满足方程 $x^2+y^2=2z^2$,那么 x 和 y 同时是奇数或同时是偶数,所以 $x+y$ 和 $x-y$ 都是偶数,设 $x+y=2u, x-y=2v$,则 $x=u+v, y=u-v, x^2+y^2=2(u^2+v^2)=2z^2$,所以只要取 $u^2+v^2=z^2$,就得到 $x^2+y^2=2z^2$. 另一方面,如果 $u^2+v^2=z^2$,那么取 $x=u+v, y=u-v$,就有 $x^2+y^2=2z^2$.

但是方程 $x^2+y^2=3z^2$ 却无非零的整数解,这很容易验证. 因为不能被3整除的整数的平方除以3余1. 由此可见,并非任何多元(两个以上的未知数)的二次不定方程都有非零的整数解. 在某些情况下多元的二次不定方程必有正整数解,且有无穷多组. 本节介绍几种特殊的多元二次不定方程的解法.

4.5.1 形如 $a_1x_1^2+a_2x_2^2+\cdots+a_{n-1}x_{n-1}^2+a_nx_n^2=a_nx_{n+1}^2$ 的方程

设 $n\geqslant 2, a_1, a_2, \cdots, a_{n-1}$ 是已知的非零整数,a_n 是正整数,$(a_1, a_2, \cdots, a_n)=1$,方程

$$a_1x_1^2+a_2x_2^2+\cdots+a_{n-1}x_{n-1}^2+a_nx_n^2=a_nx_{n+1}^2 \tag{1}$$

有正整数解. 方程(1)是一个 $n+1$ 元二次不定方程,其特点是 x_n^2 的系数与 x_{n+1}^2 的系数相同,下面求这样的方程的非负整数解.

将方程(1)变形为

$$a_1x_1^2+a_2x_2^2+a_3x_3^2+\cdots+a_{n-1}x_{n-1}^2=a_n(x_{n+1}+x_n)(x_{n+1}-x_n) \tag{2}$$

如果 $x_n=x_{n+1}$,那么式(2)变为 $a_1x_1^2+a_2x_2^2+a_3x_3^2+\cdots+a_{n-1}x_{n-1}^2=0$.

此时,如果 $(a_1, a_2, \cdots, a_{n-1})=d>1$,则将 $a_1, a_2, \cdots, a_{n-1}$ 都除以 d,所以可设 $(a_1, a_2, \cdots, a_{n-1})=1$. 如果在 $a_1, a_2, a_3, \cdots, a_{n-1}$ 中没有两数互为相反数,那么就不是形如(1)的方程. 如果在 $a_1, a_2, a_3, \cdots, a_{n-1}$ 中有两数互为相反数,那么又得到形如方程(1)的 $n-1$ 元二次不定方程,所以可假定 $x_n\neq x_{n+1}$,设

$$x_i=\frac{p_i}{p_n}(x_{n+1}-x_n) \tag{3}$$

在式(3)中,$i=1,2,3,\cdots,n-1$, p_i 和 p_n 是正整数. 尽管 p_i 与 p_n 可能不互质,但总可使 $(p_1, p_2, \cdots, p_{n-1}, p_n)=1$,且 $x_{n+1}>x_n$.

(若 $x_{n+1}<x_n$,则将方程(1)变形为:$-a_1x_1^2-a_2x_2^2-\cdots-a_{n-1}x_{n-1}^2+a_nx_{n+1}^2=a_nx_n^2$).

将式(3)代入式(2),得

$$(a_1p_1^2+a_2p_2^2+\cdots+a_{n-1}p_{n-1}^2)(x_{n+1}-x_n)^2=a_n p_n^2(x_{n+1}+x_n)(x_{n+1}-x_n)$$

因为 $x_n\neq x_{n+1}$,所以

$$(a_1p_1^2+a_2p_2^2+\cdots+a_{n-1}p_{n-1}^2)(x_{n+1}-x_n)=a_n p_n^2(x_{n+1}+x_n)$$

$$(a_1p_1^2+a_2p_2^2+\cdots+a_{n-1}p_{n-1}^2-a_n p_n^2)x_{n+1}$$

$$=(a_1p_1^2+a_2p_2^2+\cdots+a_{n-1}p_{n-1}^2+a_n\,p_n^2)x_n \tag{4}$$

式(4)是关于 x_n 和 x_{n+1} 的二元一次齐次方程.

若 $a_1p_1^2+a_2p_2^2+\cdots+a_{n-1}p_{n-1}^2-a_n\,p_n^2=0$,则 $a_1p_1^2+a_2p_2^2+\cdots+a_{n-1}p_{n-1}^2+a_n\,p_n^2=0$,于是 $a_n\,p_n^2=0$,这不可能,所以 $a_1p_1^2+a_2p_2^2+\cdots+a_{n-1}p_{n-1}^2-a_n\,p_n^2\neq 0$,设 $d=(a_1p_1^2+a_2p_2^2+\cdots+a_{n-1}p_{n-1}^2-a_np_n^2,a_1p_1^2+a_2p_2^2+\cdots+a_{n-1}p_{n-1}^2+a_n\,p_n^2)$,则 $d=(a_1p_1^2+a_2p_2^2+\cdots+a_{n-1}p_{n-1}^2-a_np_n^2,2a_n\,p_n^2)$. 于是式(4)的一切非负整数解可表示为

$$\begin{cases}x_n=|a_1p_1^2+a_2p_2^2+\cdots+a_{n-1}p_{n-1}^2-a_np_n^2|\dfrac{t}{d}\\ x_{n+1}=|a_1p_1^2+a_2p_2^2+\cdots+a_{n-1}p_{n-1}^2+a_np_n^2|\dfrac{t}{d}\end{cases} \tag{5}$$

这里取正整数 $p_i(i=1,2,3,\cdots,n)$,使 $a_1p_1^2+a_2p_2^2+\cdots+a_{n-1}p_{n-1}^2-a_np_n^2>0$,$d=(a_1p_1^2+a_2p_2^2+\cdots+a_{n-1}p_{n-1}^2-a_np_n^2,2a_n\,p_n^2)$,$t$ 是正整数.

由式(5)得

$$x_{n+1}-x_n=2a_n\,p_n^2\times\frac{t}{d} \tag{6}$$

将式(6)代入式(3),得

$$x_i=2a_np_ip_n\times\frac{t}{d}\quad(i=1,2,3,\cdots,n-1) \tag{7}$$

由于 $d|2a_np_n$,所以 x_i 是正整数,于是(7),(5)两式就是方程(1)的正整数解.

特别当 $n=2,a_1=a_2=1$ 时,方程(1)就变为 $x_1^2+x_2^2=x_3^2$,其正整数解就是勾股数,不再赘述.

例 1 求方程 $5x_1^2+2x_2^2-x_3^2+3x_4^2=3x_5^2$ 的一切非负整数解.

解 方程(1)中的 $n=4,a_1=5,a_2=2,a_3=-1,a_4=a_5=3$,由式(7),(5)得

$$\begin{cases}x_1=6p_1p_4\times\dfrac{t}{d}\\ x_2=6p_2p_4\times\dfrac{t}{d}\\ x_3=6p_3p_4\times\dfrac{t}{d}\\ x_4=|5p_1^2+2p_2^2-p_3^2-3p_4^2|\times\dfrac{t}{d}\\ x_5=|5p_1^2+2p_2^2-p_3^2+3p_4^2|\times\dfrac{t}{d}\end{cases}$$

其中 $d=(5p_1^2+2p_2^2-p_3^2-3p_4^2,6p_4^2)$,$t$ 是正整数.

例如,取 $p_1=2,p_2=3,p_3=5,p_4=2,t=1$,则 $d=(5\times 2^2+2\times 3^2-5^2-3\times 2^2,6\times 2^2)=(1,24)=1$,于是 $x_1=24,x_2=36,x_3=60,x_4=1,x_5=25$,事实上有 $5\times 24^2+2\times 36^2-60^2+3\times 1^2=3\times 25^2$.

有兴趣的读者不妨进行变换后,再用类似的方法求以下方程的非负整数解:

设 n 是正整数 $n\geqslant 3,a_1,a_2,\cdots,a_{n-1},k$ 是非零整数 $(a_1,a_2,\cdots,a_{n-1},k)=1$

$$a_1kx_1^2+a_2x_2^2+\cdots+a_{n-1}x_{n-1}^2+a_1x_n^2=a_1k(k+1)x_{n+1}^2$$

(答案见附录)

4.5.2 形如 $ax^2+by^2=cz^2$ 的方程的几种特殊情况

设正整数 a,b,c 两两互质,皆无大于1的平方因子,则方程 $ax^2+by^2=cz^2$ 有不全为零的满足 $(x,y,z)=1$ 的正整数解的充要条件是:存在正整数 α,β,γ,使 $\alpha^2\equiv bc(\bmod a),\beta^2\equiv ca(\bmod b),\gamma^2\equiv -ab(\bmod c)$. 对于这一问题,读者可参阅有关不定方程的书籍,下面我们只对几种特殊情况进行探讨.

情况1 设 $c>1$,且无大于1的平方因子,求方程 $x^2+y^2=cz^2$ 的满足 $(x,y,z)=1$ 的一切正整数解.

并不是对任何正整数 c,方程 $x^2+y^2=cz^2$ 都有正整数解的. 当且仅当 c 是两个整数的平方和时,方程 $x^2+y^2=cz^2$ 有正整数解. 例如当 $c=3$ 时,方程 $x^2+y^2=cz^2$ 就无正整数解.

因为对于正整数 n,只有当正整数 n 的质因数分解式中有质因数 $3(\bmod 4)$,并且它的幂是奇数时,n 不能表示为两个整数的平方和,所以如果 c 不是两个整数的平方和,那么 cz^2 也不是两个整数的平方和,于是方程 $x^2+y^2=cz^2$ 无正整数解.

设 $c=a^2+b^2$,则原方程变为 $x^2+y^2=(a^2+b^2)z^2$. 将该方程变形为

$$x^2-a^2z^2=b^2z^2-y^2$$

$$(x+az)(x-az)=(bz+y)(bz-y)$$

若 $x-az=0$,则 $bz-y=0$,于是 $x=az,y=bz$. 由 $a^2z^2+b^2z^2=(a^2+b^2)z^2$,得到平凡解:$\begin{cases}x=az\\y=bz\end{cases}$,$z$ 可取任意正整数.

于是设 $x-az\neq 0$,则 $\dfrac{x+az}{bz+y}=\dfrac{bz-y}{x-az}$ 是有理数. 设 $\dfrac{x+az}{bz+y}=\dfrac{bz-y}{x-az}=\dfrac{p}{q}$,其中 p,q 是正整数,$(p,q)=1$,于是

$$\begin{cases}qx-py+(aq-bp)z=0\\px+qy-(ap+bq)z=0\end{cases}$$

$$\begin{vmatrix} -p & aq-bp \\ q & -(ap+bq) \end{vmatrix} = ap^2+2bpq-aq^2$$

$$\begin{vmatrix} aq-bp & q \\ -(ap+bq) & p \end{vmatrix} = -bp^2+2apq+bq^2$$

$$\begin{vmatrix} q & p \\ -p & q \end{vmatrix} = p^2+q^2 \neq 0$$

若 $ap^2+2bpq-aq^2=0$，则 $\dfrac{p}{q}=\dfrac{-b+\sqrt{a^2+b^2}}{a}=\dfrac{-b+\sqrt{c}}{a}$ 是无理数，这不可能，所以 $ap^2+2bpq-aq^2\neq 0$.

若 $-bp^2+2apq+bq^2=0$，则 $\dfrac{p}{q}=\dfrac{a+\sqrt{a^2+b^2}}{b}=\dfrac{a+\sqrt{c}}{b}$ 是无理数，这不可能，所以 $-bp^2+2apq+bq^2\neq 0$. 于是 $\dfrac{x}{ap^2+2bpq-aq^2}=\dfrac{y}{-bp^2+2apq+bq^2}=\dfrac{z}{p^2+q^2}$.

设 $d=(ap^2+2bpq-aq^2,\ -bp^2+2apq+bq^2,p^2+q^2)$，则

$$\begin{cases} x=|ap^2+2bpq-aq^2|\dfrac{1}{d} \\ y=|-bp^2+2apq+bq^2|\dfrac{1}{d} \\ z=(p^2+q^2)\dfrac{1}{d} \end{cases}$$

是原方程的满足 $(x,y,z)=1$ 的一切正整数解.

情况 2　当 $a+b=c$ 时，方程 $ax^2+by^2=cz^2$ 除 $x=y=z$ 以外还有满足 $(x,y,z)=1$ 的正整数解.

下面探究 $z\neq x,z\neq y$，且满足 $(x,y,z)=1$ 的正整数解. 将方程 $ax^2+by^2=(a+b)z^2$ 变形为 $a(x+z)(x-z)=b(z+y)(z-y)$，于是 $\dfrac{a(x+z)}{z-y}=\dfrac{b(z+y)}{x-z}$.

因为 $\dfrac{a(x+z)}{z-y}=\dfrac{b(z+y)}{x-z}$ 是有理数，所以可设 $\dfrac{a(x+z)}{z-y}=\dfrac{b(z+y)}{x-z}=\dfrac{p}{q}$，$p,q$ 是正整数，$(p,q)=1$，于是

$$\begin{cases} aqx+py+(aq-p)z=0 \\ -px+bqy+(p+bq)z=0 \end{cases}$$

$$\begin{vmatrix} p & aq-p \\ bq & p+bq \end{vmatrix} = p^2+2bpq-abq^2$$

$$\begin{vmatrix} aq-p & aq \\ p+bq & -p \end{vmatrix} = p^2-2apq-abq^2$$

$$\begin{vmatrix} aq & p \\ -p & bq \end{vmatrix} = p^2 + abq^2 \neq 0$$

若 $p^2 + 2bpq - abq^2 = 0$，则 $\frac{p}{q} = -b + \sqrt{b^2 + ab} = -b + \sqrt{bc}$. 因为 b, c 无大于 1 的平方因子，且 $b \neq c$，所以 $\sqrt{bc}$ 是无理数，这不可能，于是 $p^2 + 2bpq - abq^2 \neq 0$.

同理 $p^2 - 2apq - abq^2 \neq 0$，所以可解出

$$\frac{x}{p^2 + 2bpq - abq^2} = \frac{y}{p^2 - 2apq - abq^2} = \frac{z}{p^2 + abq^2}$$

设 $d = (p^2 + 2bpq - abq^2, p^2 - 2apq - abq^2, p^2 + abq^2)$，则

$$\begin{cases} x = |p^2 + 2bpq - abq^2| \frac{1}{d} \\ y = |p^2 - 2apq - abq^2| \frac{1}{d} \\ z = (p^2 + abq^2) \frac{1}{d} \end{cases}$$

是原方程的满足 $(x, y, z) = 1$ 的一切正整数解.

情况 3　当 $a = 1$，$c - b$ 是完全平方数时，$ax^2 + by^2 = cz^2$ 有正整数解.

设 $c - b = k^2$，则方程 $x^2 + by^2 = cz^2$ 变为方程 $x^2 + by^2 = (k^2 + b)z^2$.

下面求该方程的满足 $(x, y, z) = 1$ 的正整数解. 将方程 $x^2 + by^2 = (k^2 + b)z^2$ 变形为：$x^2 - k^2z^2 = b(z^2 - y^2)$，$(x + kz)(x - kz) = b(z + y)(z - y)$.

当 $z = y$ 时，$x = kz$，即 $\begin{cases} x = kz \\ y = z \end{cases}$，$z$ 可取一切正整数.

当 $z \neq y$ 时，$\frac{x + kz}{z - y} = \frac{b(z + y)}{x - kz}$. 因为 $\frac{x + kz}{z - y} = \frac{b(z + y)}{x - kz}$ 是有理数，所以可设 $\frac{x + kz}{z - y} = \frac{b(z + y)}{x - kz} = \frac{p}{q}$，$p, q$ 是正整数，$(p, q) = 1$，于是 $\begin{cases} qx + py - (p - kq)z = 0 \\ -px + bqy + (kp + bq)z = 0 \end{cases}$.

用与上面类似的方法可得：$\begin{cases} x = |kp^2 + 2bpq - bkq^2| \frac{1}{d} \\ y = |p^2 - 2kpq - bq^2| \frac{1}{d} \\ z = (p^2 + bq^2) \frac{1}{d} \end{cases}$.

其中 p, q 是正整数，$(p, q) = 1$，$d = (kp^2 + 2bpq - bkq^2, kp^2 - 2bpq - bq^2, p^2 + bq^2)$.

情况 4　当 $a = c = 1$ 时，习惯上将 b 换成 k，得到方程 $x^2 + ky^2 = z^2$（这里 $k \in$

$\mathbf{N}$,k 无大于 1 的平方因子). 下面求该方程的一切整数解.

(1)当 $y=0$ 时,$|x|=|z|$,$x=\pm z$,z 可取一切整数.

(2)当 $y\neq 0$ 时,$|x|\neq|z|$,$x\pm z\neq 0$. 此时方程 $x^2+ky^2=z^2$ 可化为 $ky^2=(z+x)(z-x)$,即$\frac{ky}{z-x}=\frac{z+x}{y}$. 由于$\frac{ky}{z-x}=\frac{z+x}{y}$是有理数,所以可设$\frac{ky}{z-x}=\frac{z+x}{y}=\frac{p}{q}$,其中 $p,q\in\mathbf{Z}$,$(p,q)=1$,$p>0$,$q\neq 0$. 于是得$\begin{cases}-px-kqy+pz=0\\ qx-py+qz=0\end{cases}$.

当$\begin{vmatrix}-kq & p\\ -p & q\end{vmatrix}=p^2-kq^2=0$ 时,$p^2=kq^2$. 因为 k 无大于 1 的平方因子,所以 $k=1$,于是 $p^2=q^2$,$p=|q|$,$\begin{cases}x=0\\ y=\pm z\end{cases}(z\in\mathbf{Z})$.

当$\begin{vmatrix}-kq & p\\ -p & q\end{vmatrix}\neq 0$ 时,由于$\begin{vmatrix}p & -p\\ q & q\end{vmatrix}=2pq\neq 0$,$\begin{vmatrix}-p & -kq\\ q & -p\end{vmatrix}=p^2+kq^2\neq 0$,

解得$\dfrac{x}{\begin{vmatrix}-kq & p\\ -p & q\end{vmatrix}}=\dfrac{y}{\begin{vmatrix}p & -p\\ q & q\end{vmatrix}}=\dfrac{z}{\begin{vmatrix}-p & -kq\\ q & -p\end{vmatrix}}$,即$\frac{x}{p^2-kq^2}=\frac{y}{2pq}=\frac{z}{p^2+kq^2}$.

设$(p^2-kq^2,2pq,p^2+kq^2)=d$,则方程 $x^2+ky^2=z^2$ 的满足$(x,y,z)=1$ 的一切整数解为:$\begin{cases}x=|p^2-kq^2|\times\frac{1}{d}\\ y=2pq\times\frac{1}{d}\\ z=(p^2+kq^2)\times\frac{1}{d}\end{cases}$,这里 $p,q,t\in\mathbf{Z}$,$p>0$,$q\neq 0$,$(p,q)=1$,$d=(p^2-kq^2,2pq,p^2+kq^2)$.

注:$d=(kp^2-q^2,2pq,kp^2+q^2)$可以简化为

$$d=\begin{cases}2(k,q),当\ kpq\ 为奇数时\\ (k,q),当\ kpq\ 为偶数时\end{cases}$$

(证明见 4.5.5 附录).

此外,形如 $ax^2+y^2=a(a+1)z^2$ 或有交叉项的方程都可用类似的方法求解.

例如,求方程 $x^2+xy-y^2=z^2$ 的满足$(x,y,z)=1$ 的 $x\neq y$,$z\neq x$ 的正整数解.

将方程 $x^2+xy-y^2=z^2$ 变形为:$y(x-y)=(z+x)(z-x)$.

因为$\frac{y}{z-x}=\frac{z+x}{x-y}$是有理数,所以设$\frac{y}{z-x}=\frac{z+x}{x-y}=\frac{p}{q}$,最后可得

$$\begin{cases} x=(p^2+q^2)\times\dfrac{1}{d} \\ y=|p^2-2pq|\times\dfrac{1}{d} \\ z=|p^2+pq-q^2|\times\dfrac{1}{d} \end{cases}$$

其中 p,q 是正整数,$(p,q)=1$,$d=(p^2+q^2,p^2-2pq,p^2+pq-q^2)$.

以上所用的方法是先将原方程化为 $A\times B=C\times D$ 的形式,其中 A,B,C,D 都是一次式,再写成比例的形式,然后得到三元一次齐次方程组求出解.

4.5.3　求方程 $x^2+y^2=z^2+u^2$ 的正整数解的几种方法

若 $x=z$,则 $y=u$,得到方程 $x^2+y^2=z^2+u^2$ 的当然解,于是还要求方程 $x^2+y^2=z^2+u^2$ 的非当然正整数解,即 $x\neq z,x\neq u$ 的正整数解.下面用几种方法求方程 $x^2+y^2=z^2+u^2$ 的正整数解.

方法1　不失一般性,设 $x>z$,于是 $u>y$,$x>z>y$,x,y,z,u 中必有奇数(否则将 $x^2+y^2=z^2+u^2$ 的两边都除以4).若 x,y 都是奇数,则 z,u 也都是奇数;若 x,y 一奇一偶,则 z,u 也是一奇一偶,可见 x,y 中一数与 z,u 中一数的奇偶性相同,另一数与另一数的奇偶性相同.不失一般性,设 x 的奇偶性与 z 的奇偶性相同,则 y 的奇偶性与 u 的奇偶性相同,于是 $x^2-z^2=u^2-y^2$ 是4的倍数.设 $x^2-z^2=u^2-y^2=4pq\ (p\geq q)$,则 $(u+y)(u-y)=4pq$,$\begin{cases} u+y=2p \\ u-y=2q \end{cases}$,于是 $\begin{cases} y=p-q>0 \\ u=p+q \end{cases}$,这里 x 与 z 是奇偶性相同的任意正整数,$x>z$,$pq=\dfrac{x^2-z^2}{4}$,$p>q$,$p+q\neq x$.

例如:任取 $x=11$,$z=3$,得 $\dfrac{x^2-z^2}{4}=28$.

若取 $p=28$,$q=1$,则 $y=28-1=27$,$u=28+1=29$,得到

$$11^2+27^2=3^2+29^2$$

若取 $p=14$,$q=2$,则 $y=14-2=12$,$u=14+2=16$,得到

$$11^2+12^2=3^2+16^2$$

方法2　任取正整数 p,q,r,s 满足 $pq=rs(p>q,r>s)$,则

$$(p+q)^2+(r-s)^2=(r+s)^2+(p-q)^2$$

取 $x=p+q$,$y=r-s$,$z=r+s$,$u=p-q$,得 $x^2+y^2=z^2+u^2$.

例如:若取 $p=6$,$q=2$,$r=4$,$s=3$,有 $6\times2=4\times3$,则 $x=8$,$y=1$,$z=7$,$u=4$,得 $8^2+1^2=7^2+4^2$.

若取 $p=12,q=1,r=4,s=3$，有 $12\times1=4\times3$，则 $x=13,y=1,z=7,u=11$，得 $13^2+1^2=7^2+11^2$.

当 $s=r$ 时，$pq=r^2$，得到勾股数 $(p-q,2r,p+q)$. 这里 p,q 都取完全平方数，则 $r=\sqrt{pq}$，且满足：$(p-q)^2+(2r)^2=(p+q)^2$.

例如：由 $4\times1=2^2$，得 $3^2+4^2=5^2$；由 $16\times1=4^2$，得 $15^2+8^2=17^2$；

由 $9\times4=6^2$，得 $5^2+12^2=13^2$；由 $64\times1=8^2$，得 $63^2+16^2=65^2$；…….

方法 3 利用恒等式：

$(a^2+b^2)(c^2+d^2)=(ad+bc)^2+(ac-bd)^2=(ac+bd)^2+(ad-bc)^2$

取 $x=ad+bc,y=ac-bd,z=ac+bd,u=ad-bc$，则 $x^2+y^2=z^2+u^2$.

由 $ac-bd>0$ 和 $ad-bc>0$ 得 $\frac{a}{b}>\frac{d}{c},\frac{a}{b}>\frac{c}{d}$.

例如，当 $a=4,b=1,c=2,d=3$ 时，$x=4\times3+1\times2=14,y=4\times2-1\times3=5,z=4\times2+1\times3=11,u=4\times3-1\times2=10$，有 $14^2+5^2=11^2+10^2$.

方法 4 将 $x^2+y^2=z^2+u^2$ 化为 $x^2-z^2+y^2=u^2$，利用 4.5.1 中的方法可得到：

$$\begin{cases} x=2pr\times\frac{t}{d} \\ y=|p^2-q^2-r^2|\times\frac{t}{d} \\ z=2qr\times\frac{t}{d} \\ u=|p^2-q^2+r^2|\times\frac{t}{d} \end{cases}$$

这里 t 是正整数，$d=(p^2-q^2-r^2,p^2-q^2+r^2)$，$p^2>q^2+r^2$.

例如：取 $p=4,q=3,r=2,t=1$，则 $d=(4^2-3^2-2^2,4^2-3^2+2^2)=(3,11)=1$，得 $x=16,y=3,z=12,u=11$，有 $16^2+3^2=12^2+11^2$.

有兴趣的读者不妨思考一下是否还有其他方法.

4.5.4 其他一些多元二次不定方程和方程组

1. 方程 $(x+y+z)^2=x^2+y^2+z^2$ 等价于 $xy+yz+zx=0$. 读者不妨证明这一方程的整数解都包括在 $\begin{cases} x=p(p+q)t \\ y=q(p+q)t \\ z=-pqt \end{cases}$ 中，这里 p,q,t 是任意整数.

2. 方程 $x^2+y^2=z^2+1$ 有无穷多组正整数解. 因为它可以从恒等式 $(n^2+n-1)^2+(2n+1)^2=(n^2+n+1)^2+1$ 推出；也可从恒等式 $[2n(4n+1)]^2+$

$(16n^3-1)^2=(16n^3+2n)^2+1$ 推出.

3. 容易证明,对于每一个正整数 k,方程 $x^2+y^2-z^2=k$ 都有无穷多组正整数解. 因为它可以从恒等式 $2t-1=(2n)^2+(2n^2-t)^2-(2n^2-t+1)^2$ 和 $2t=(2n+1)^2+(2n^2+2n-t)^2-(2n^2+2n-t-1)^2$ 推出. 由此可见,每个自然数都是三个自然数的平方的代数和.

4. 探求多元二次方程组成的方程组是否有正整数解的问题是一个比较困难的问题. 例如证明方程组 $\begin{cases}x^2+y^2=z^2\\x^2-y^2=u^2\end{cases}$ 没有正整数解就十分困难. 但已经证明了方程组 $\begin{cases}x(x+1)+y(y+1)=z(z+1)\\x(x+1)-y(y+1)=u(u+1)\end{cases}$ 有无穷多组正整数解,换句话说,存在无穷多对三角形数,它们的和与差都是三角形数. 例如 $\begin{cases}x=6\\y=5\\z=8\\u=3\end{cases}$, $\begin{cases}x=18\\y=14\\z=23\\u=11\end{cases}$, $\begin{cases}x=37\\y=27\\z=46\\u=25\end{cases}$, $\begin{cases}x=44\\y=39\\z=59\\u=20\end{cases}$, …. 当 $y<x\leqslant100$ 时,这种数对 $\frac{x(x+1)}{2}$, $\frac{y(y+1)}{2}$ 只有 $(x,y)=(6,5),(18,14),(37,27),(44,39),(86,65),(91,54)$ 六对.

5. 可以证明:如果方程组 $\begin{cases}x^2+ky^2=z^2\\x^2-ky^2=t^2\end{cases}$(其中 k 无大于1的平方因子)有正整数解 x,y,z,t,那么有无穷多组正整数解 x,y,z,t,且 $(x,y)=1$.

下面是对一些 k 值的方程组的解(表1):

表1

k	x	y	z	t
5	41	12	49	31
6	5	2	7	1
7	337	120	463	113
13	106921	19380	127729	80929
15	17	4	23	7
30	13	2	17	7

6. 已经证明了方程组$\begin{cases}x^2+y^2=t^2\\x^2+z^2=u^2\\y^2+z^2=v^2\end{cases}$有无穷多组正整数解 x,y,z,t,u,v.

例如 $x=44, y=117, z=240, t=125, u=244, v=267$. 但还不知道方程组

$$\begin{cases}x^2+y^2=t^2\\x^2+z^2=u^2\\y^2+z^2=v^2\\x^2+y^2+z^2=w^2\end{cases}$$

是否有正整数解 x,y,z,t,u,v,w.

7. 我们也不知道方程组$\begin{cases}x^2+y^2=t^2\\(x+t)^2+y^2=u^2\\x^2+(y+t)^2=v^2\\(x+t)^2+(y+t)^2=w^2\end{cases}$是否有正整数解 x,y,z,t,u,v,w,这里 $t\neq0$.

4.5.5 附录

1. $$\begin{cases}x_1=|a_1(k+1)p_1^2+a_2p_2^2+\cdots+a_{n-1}p_{n-1}^2+a_1p_n^2-2(k+1)a_1p_1p_n|\times\dfrac{t}{d}\\x_i=2ka_1p_ip_n\times\dfrac{t}{d}(i=2,3,\cdots,n-1)\\x_n=k|a_1(k+1)p_1^2+a_2p_2^2+\cdots+a_{n-1}p_{n-1}^2-a_1p_n^2|\times\dfrac{t}{d}\\x_{n+1}=|a_1(k+1)p_1^2+a_2p_2^2+\cdots+a_{n-1}p_{n-1}^2+a_1p_n^2-2a_1p_1p_n|\times\dfrac{t}{d}\end{cases},$$

其中 $p_i(i=1,2,\cdots,n)$, t 是正整数, $(p_1,p_2,\cdots,p_{n-1},p_n)=1$, d 是右边除$\dfrac{t}{d}$外的部分的最大公约数.

2. $d=(p^2-kq^2,2pq,p^2+kq^2)$可以简化为:$d=\begin{cases}2(k,p),当 kpq 是奇数时\\(k,p),当 kpq 是偶数时\end{cases}$.

证明 因为$(p,q)=1$,所以$(p^2,q^2)=1$. 为方便起见,设$e=(p^2-kq^2,p^2+kq^2)$,则$e=(2p^2,p^2+kq^2)$,所以$d=(p^2-kq^2,2pq,p^2+kq^2)=(2pq,e)$.

(1)当 kpq 为奇数时,k,p,q 皆为奇数,p^2+kq^2 为偶数,于是$(p^2+kq^2,2)=2$. 因为$(p,q)=1$,k 无大于 1 的平方因子,所以

$$(p^2,kq^2)=(p^2,k)=(p,k)$$

$$e=(2p^2,p^2+kq^2)=(p^2,p^2+kq^2)$$
$$=2(p^2,kq^2)=2(p^2,k)=2(p,k)$$

(2)当 kpq 为偶数时:

i. 如果 p 为奇数,那么 kq 为偶数,p^2+kq^2 为奇数,$(p^2+kq^2,2)=1$.

$e=(2p^2,p^2+kq^2)=(p^2,p^2+kq^2)=(p^2,kq^2)=(p^2,k)=(p,k)$.

ii. 如果 p 为偶数,因为 $(p,q)=1$,所以 q 为奇数. 设 $p=2r(r\in\mathbf{Z})$,显然 $(r,q)=1$,$(p^2,r^2)=1$.

因为 k 无大于1的平方因子,所以 $(k,2r^2)=(k,2r)=(k,p)$.

(i)如果 k 为偶数,那么设 $k=2s\ (s\in\mathbf{Z})$. 因为 k 无大于1的平方因子,所以 s 为奇数,sq^2+2r^2 为奇数. 此时 $(sq^2+2r^2,4)=1$.

$$e=(2p^2,p^2+kq^2)=(8r^2,4r^2+2sq^2)=2(4r^2,2r^2+sq^2)$$
$$=2(r^2,2r^2+sq^2)=2(r^2,sq^2)=2(r^2,s)=(2r^2,2s)=(2r^2,k)$$
$$=(2r,k)=(p,k)$$

(ii)如果 k 为奇数,那么 $p^2+kq^2=4r^2+kq^2$ 为奇数,此时 $(4r^2+kq^2,8)=1$.

$$e=(2p^2,p^2+kq^2)=(8r^2,4r^2+kq^2)=(r^2,4r^2+kq^2)$$
$$=(r^2,kq^2)=(r^2,k)=(r,k)=(2r,k)=(p,k)$$

综上所述,$e=\begin{cases}2(k,p),\text{当 } kpq \text{ 是奇数时}\\(k,p),\text{当 } kpq \text{ 是偶数时}\end{cases}$.

由于 $e\mid 2p$,所以 $e\mid 2pq$,于是 $d=(2pq,e)=e$.

4.6 两个周长和面积分别相等的等腰三角形

两个全等的三角形的周长和面积必定分别相等. 反之,如果两个三角形的周长和面积分别相等,那么这两个三角形仍未必全等. 如果再增添一个条件,譬如,这两个三角形是等腰三角形,那么情况如何呢? 下面我们来探究这一问题.

4.6.1 两个周长和面积分别相等的等腰三角形

首先考虑两个等腰三角形的边长和面积都是实数的情况. 为方便起见,设这样的两个等腰三角形的三边的长分别为 $2a,b,b$ 和 $2c,d,d$,其中 $a<b,c<d$(图1),则底边上的高的长分别为 $\sqrt{b^2-a^2}$ 和 $\sqrt{d^2-c^2}$,周长分别为 $2a+2b$ 和 $2c+2d$,面积分别为 $a\sqrt{b^2-a^2}$ 和 $c\sqrt{d^2-c^2}$.

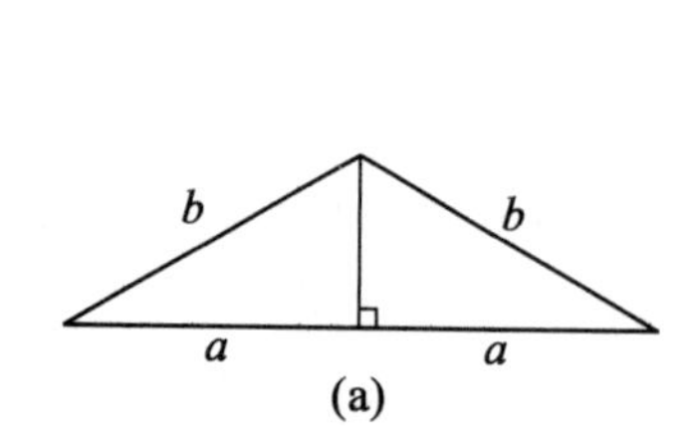

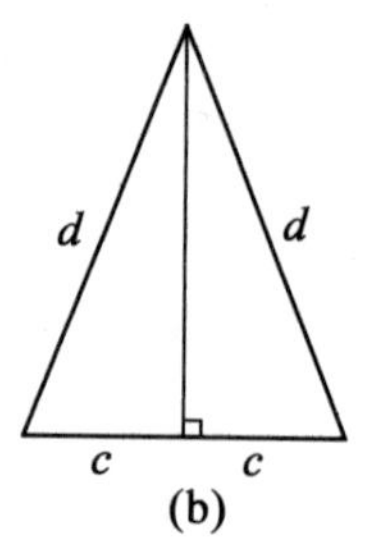

图 1

因为这两个等腰三角形的周长相等,面积也相等,所以得到方程组

$$\begin{cases} a+b=c+d \\ a\sqrt{b^2-a^2}=c\sqrt{d^2-c^2} \end{cases} \quad (1)$$

下面求满足方程组(1)的实数 a,b,c,d. 因为方程组(1)有两个方程和四个未知数,所以可以任取其中两个未知数的值,然后根据这两个值求出另两个值. 在 a,b,c,d 是实数的情况下,将方程组(1)的 a,b 作为已知数,求 c,d 的长.

由 $a+b=c+d$,得到

$$\begin{cases} a+b=c+d \\ a\sqrt{b-a}=c\sqrt{d-c} \end{cases} \quad (2)$$

将方程组(2)的第二个方程的两边平方,得到

$$\begin{cases} a+b=c+d \\ a^2(b-a)=c^2(d-c) \end{cases} \quad (3)$$

由 $a+b=c+d$ 得 $d=a+b-c$,于是

$$a^2(b-a)=c^2(a+b-2c)$$

$$2c^3-(a+b)c^2+a^2b-a^3=0$$

$$2c^3-2ac^2-(b-a)c^2+a(b-a)c-a(b-a)c+a^2(b-a)=0$$

$$2c^2(c-a)-c(b-a)(c-a)-a(b-a)(c-a)=0$$

$$(c-a)[2c^2-(b-a)c-a(b-a)]=0$$

(i)如果 $a=c$,那么 $b=d$,这两个等腰三角形全等.

(ii)如果 $a\neq c$,那么得到关于 c 的一元二次方程

$$2c^2-(b-a)c-a(b-a)=0 \quad (4)$$

因为 $a<b$,所以方程(4)的常数项 $-a(b-a)<0$,于是方程(4)有一正一负两个实根,c 是一个正根. 方程(4)的判别式 $\Delta=(b-a)^2+8a(b-a)=(b+3a)^2-(4a)^2$. 设 $u=\sqrt{(b+3a)^2-(4a)^2}$,则

$$c=\frac{b-a+u}{4}$$

$$d=a+b-c=\frac{4a+4b-b+a+u}{4}=\frac{5a+3b+u}{4}$$

这样求出的 c 和 d 只是必要条件,下面证明这一条件也是充分的.

(1)这两个等腰三角形的周长显然相等.

(2)下面证明这样的两个等腰三角形的面积相等,即 $a\sqrt{b^2-a^2}=c\sqrt{d^2-c^2}$.

$$\begin{aligned}c^2(d^2-c^2)&=c^2(d+c)(d-c)\\&=\left(\frac{b-a+u}{4}\right)^2(a+b)\left(\frac{b+3a-u}{2}\right)\\&=\frac{(a+b)}{32}[(b-a)^2+2(b-a)u+u^2](b+3a-u)\\&=\frac{(a+b)}{32}[(b-a)^2+2(b-a)u+(b+3a)^2-16a^2](b+3a-u)\\&=\frac{(a+b)}{32}[2b^2+4ab-6a^2+2(b-a)u](b+3a-u)\\&=\frac{(a+b)}{32}[2(b+3a)(b-a)+2(b-a)u](b+3a-u)\\&=\frac{(a+b)}{16}(b-a)(b+3a+u)(b+3a-u)\\&=\frac{(a+b)}{16}(b-a)\cdot 16a^2=a^2(b^2-a^2).\end{aligned}$$

所以 $c\sqrt{d^2-c^2}=a\sqrt{b^2-a^2}$.

由方程(4)得 $2c^2=(b-a)(c+a)$, $2c^2-ac-a^2=(b-2a)(c+a)$,

$$(2c+a)(c-a)=(b-2a)(c+a).$$

如果 $b=2a$,那么 $c=a$,于是 $d=b$,这两个等腰三角形是全等的等边三角形.

如果 $b\neq 2a$,那么 $c\neq a$,这两个等腰三角形不全等.

这样就得到了求与一个已知的等腰三角形的周长和面积分别相等的另一个等腰三角形的边长的步骤:

(1)任取实数 a,b,使 $b\neq 2a$, $b>a$,计算 $u=\sqrt{(b+3a)^2-(4a)^2}$.

(2)由 a,u 计算 $c=\dfrac{b-a+u}{4}$, $d=\dfrac{5a+3b-u}{4}$.

例如,取实数 $a=6,b=11$,则 $u^2=29^2-24^2=265,u=\sqrt{265},c=\dfrac{b-a+u}{4}=$

$\dfrac{5+\sqrt{265}}{4},d=\dfrac{63-\sqrt{265}}{4}$.得到两个等腰三角形的三边的长分别是12,11,11 和

$\dfrac{5+\sqrt{265}}{2},\dfrac{63-\sqrt{265}}{4},\dfrac{63-\sqrt{265}}{4}$;周长都是34,面积都是 $6\sqrt{85}$.

由此可以看出:

(1)如果一个等腰三角形是等边三角形,那么周长和面积与该等边三角形的周长和面积分别相等的等腰三角形必定也是等边三角形,这两个三角形全等.

(2)如果一个等腰三角形不是等边三角形,那么唯一存在与它不全等的等腰三角形,使其周长和面积与该等腰三角形的周长和面积分别相等.

(3)如果一个等腰三角形的边长都是正整数,那么其面积未必是正整数,与它周长和面积分别相等的另一个等腰三角形的边长和面积都未必是正整数.

4.6.2 边长是正整数,周长和面积分别相等的两个不全等的等腰三角形

用4.6.1中的方法求得的等腰三角形的边长和面积都是实数,未必是正整数,下面我们将探求的是这两个等腰三角形边长都是正整数的情况,此时这两个等腰三角形边长都不能任意确定.为方便起见,设这两个等腰三角形的底边的长分别为 $a_1=2a$ 和 $c_1=2c$,腰长分别是 b,d,这里 a_1,b,c_1,d 都是正整数.

将式(4)乘以4,得

$$8c^2-4(b-a)c-4a(b-a)=0$$

$$2c_1^2-(2b-a_1)c_1-a_1(2b-a_1)=0$$

设判别式 $\Delta=(2b-a_1)^2+8a_1(2b-a_1)=(2b+7a_1)(2b-a_1)=u^2(u>0)$,则

$$u=\sqrt{(2b+7a_1)(2b-a_1)}$$

因为 $c_1=\dfrac{2b-a_1+u}{4}$ 是正整数,所以 u 是正整数.

由 $(2b+7a_1)(2b-a_1)=u^2$ 得 $\dfrac{2b-a_1}{u}=\dfrac{u}{2b+7a_1}$ 是有理数,所以设 $\dfrac{2b-a_1}{u}=\dfrac{u}{2b+7a_1}=\dfrac{q}{p}$,这里 p,q 是正整数,p,q 互质,$p>q$,于是

$$\begin{cases}2pb-pa_1=qu\\2qb+7qa_1=pu\end{cases}$$

$$\begin{cases}2p^2b-p^2a_1=pqu\\2q^2b+7q^2a_1=pqu\end{cases}$$

$$2p^2b-p^2a_1=2q^2b+7q^2a_1$$

$$2(p^2-q^2)b=(p^2+7q^2)a_1 \tag{5}$$

式(5)是关于 a_1 和 b 的一次齐次不定方程，a_1 和 b 的互质的正整数解是

$$\begin{cases}a_1=2(p^2-q^2)\dfrac{1}{e}\\b=(p^2+7q^2)\dfrac{1}{e}\end{cases}$$

这里

$$e=(2p^2-2q^2,p^2+7q^2) \tag{6}$$

下面化简式(6)中的 $e=(2p^2-2q^2,p^2+7q^2)$.

(1)如果 p,q 一奇一偶，则 p^2-q^2 和 p^2+7q^2 都是奇数，此时

$$e=(p^2-q^2,p^2+7q^2)=(p^2-q^2,8q^2)=(p^2-q^2,q^2)=(p^2,q^2)=1$$

于是 $a_1=2(p^2-q^2)$，$b=p^2+7q^2$，$qu=2pb-pa_1=2p^3+14pq^2-2p^3+2pq^2=16pq^2$，$u=16pq$ 是正整数.

$$c_1=\frac{2b-a_1+u}{4}=\frac{2p^2+14q^2-2p^2+2q^2+16pq}{4}=4(pq+q^2)$$

$$d=\frac{a_1+2b-c_1}{2}=\frac{2(p^2-q^2)+2(p^2+7q^2)-4(pq+q^2)}{2}=2(p^2-pq+2q^2)$$

由 $a_1\neq c_1$ 得 $p^2-q^2\neq 2pq+2q^2$，$p^2-2pq-3q^2\neq 0$，$(p-3q)(p+q)\neq 0$，$p\neq 3q$. 于是得到

$$\begin{cases}a_1=2(p^2-q^2)\\b=p^2+7q^2\\c_1=4q(p+q)\\d=2(p^2-pq+2q^2)\end{cases}，p,q\text{ 一奇一偶},(p,q)=1,p>q,p\neq 3q \tag{7}$$

这两个等腰三角形的周长都是 $4(p^2+3q^2)$，面积都是 $4(p^2-q^2)q\cdot\sqrt{p^2+3q^2}$.

例如，取 $p=3$，$q=2$，由式(7)得到 $\begin{cases}a_1=10\\b=37\\c_1=40\\d=22\end{cases}$. 这两个等腰三角形的周长都是 84，面积都是 $40\sqrt{21}$.

(2)如果 p,q 都是奇数,则设 $p+q=2r,p-q=2s$,则

$$p=r+s,q=r-s,r,s\text{ 一奇一偶}$$

$$p^2-q^2=4rs$$

$$p^2+7q^2=(r+s)^2+7(r-s)^2=4(2r^2-3rs+2s^2)$$

$$\begin{aligned} e&=4(rs,2r^2-3rs+2s^2)=4(rs,2r^2+2s^2)\\ &=4(r,2r^2+2s^2)(s,2r^2+2s^2)=8 \end{aligned}$$

$$a_1=\frac{p^2-q^2}{4},b=\frac{p^2+7q^2}{8}$$

都是正整数,且$(a_1,b)=1$.

$$qu=2pb-pa_1=\frac{p^3+7pq^2-p^3+pq^2}{4}=2pq^2,u=2pq$$

是正整数

$$c_1=\frac{2b-a_1+u}{4}=\frac{2p^2+14q^2-2p^2+2q^2+16pq}{32}=\frac{pq+q^2}{2}$$

是正整数

$$2d=a_1+2b-c_1=\frac{p^2-q^2+p^2+7q^2-2pq-2q^2}{4}=\frac{p^2-pq+2q^2}{2}$$

$$d=\frac{p^2-pq+2q^2}{4}$$

(i)当 $p+q\equiv 0 \pmod 4$ 时,$p^2-pq+2q^2\equiv 0 \pmod 4$,所以 d 是正整数,于是得到

$$\begin{cases} a_1=\dfrac{p^2-q^2}{4}\\ b=\dfrac{p^2+7q^2}{8}\\ c_1=\dfrac{q(p+q)}{2}\\ d=\dfrac{p^2-pq+2q^2}{4} \end{cases},p,q\text{ 皆奇},(p,q)=1,p>q,p\neq 3q \tag{8}$$

这两个等腰三角形的周长都是$\frac{p^2+3q^2}{2}$,面积都是$\frac{(p^2-q^2)q}{16}\sqrt{p^2+3q^2}$.

(ii)当 $p+q\equiv 2 \pmod 4$ 时,$p^2-pq+2q^2\equiv 2 \pmod 4$,$d$ 是分母为 2 的正分数. 为了使 d 是正整数,将 a_1,b,c_1,d 的表达式都乘以 2. 此时设$\begin{cases} P=\dfrac{p+3q}{4}\\ Q=\dfrac{p-q}{4} \end{cases}$,则

$\begin{cases}p=P+3Q\\q=P-Q\end{cases}$. 于是

$$a_1=\frac{p^2-q^2}{2}=\frac{(P+3Q)^2-(P-Q)^2}{2}=4(PQ+Q^2)$$

$$b=\frac{p^2+7q^2}{4}=\frac{(P+3Q)^2+7(P-Q)^2}{4}=2(P^2-2PQ+Q^2)$$

$$c_1=pq+q^2=(P+3Q)(P-Q)+(P-Q)^2=2(P^2-Q^2)$$

$$d=\frac{p^2-pq+2q^2}{2}=\frac{(P+3Q)^2-(P+3Q)(P-Q)+2(P-Q)^2}{2}=P^2+7Q^2$$

这恰相当于式(7)中的(c_1,d,a_1,b),所以当p,q为奇数,$p+q\equiv2(\mathrm{mod}\ 4)$的情况无需考虑.

例如,取$p=5,q=3,p+q\equiv0(\mathrm{mod}\ 4)$,由式(8)得到$\begin{cases}a_1=4\\b=11\\c_1=12\\d=7\end{cases}$.

这两个等腰三角形的周长都是26,面积都是$6\sqrt{13}$.

4.6.3　边长和面积都是正整数,周长和面积分别相等的两个不全等的等腰三角形

在4.6.2中,我们求得了边长都是正整数,周长和面积分别相等,但不全等的两个等腰三角形的边长,可是这两个等腰三角形的面积未必是正整数. 下面我们将探求边长和面积都是正整数的情况.

因为p^2+3q^2是正整数,所以这两个等腰三角形的面积$2(p^2-q^2)\cdot q\sqrt{p^2+3q^2}$是正整数的充要条件是:$\sqrt{p^2+3q^2}$是正整数.

设$t=\sqrt{p^2+3q^2}$是正整数,则$p^2+3q^2=t^2$,$(t-p)(t+p)=3q^2$,$\frac{t-p}{3q}=\frac{q}{t+p}$是有理数,所以设$\frac{t-p}{3q}=\frac{q}{t+p}=\frac{s}{r}$($r,s$是正整数,$r,s$互质),于是

$$\begin{cases}rt-rp=3sq\\st+sp=rq\end{cases},\begin{cases}rst-rsp=3s^2q\\rst+rsp=r^2q\end{cases}$$

两式相减后,得到

$$2rsp=(r^2-3s^2)q \tag{9}$$

式(9)是关于p和q的一次齐次不定方程,p和q的互质的正整数解是

$$\begin{cases} p = |r^2 - 3s^2| \dfrac{1}{f} \\ q = 2rs\dfrac{1}{f} \end{cases}, r,s \text{ 是正整数}, (r,s)=1, f=(r^2-3s^2,2rs) \qquad (10)$$

下面化简式(10)中的$f=(r^2-3s^2,2rs)$.

(1)当r,s一奇一偶时,r^2-3s^2是奇数,所以

$$\begin{aligned} f &= (r^2-3s^2,2rs)=(r^2-3s^2,rs) \\ &= (r^2-3s^2,r)(r^2-3s^2,s) \\ &= (3s^2,r)(r^2,s)=(3,r) \end{aligned}$$

(i)当r不是3的倍数时,$f=1$. 由$rt=rp+3sq=r(r^2-3s^2)+6rs^2$,得到$t=r^2+3s^2$是正整数.

因为式(7)中的$p>q$,所以$|r^2-3s^2|>2rs$,$(r^2-2rs-3s^2)(r^2+2rs-3s^2)>0$,$(r+s)(r-3s)(r-s)(r+3s)>0$,$(r-3s)(r-s)>0$,所以$r>3s$,或$r<s$.

因为$p=|r^2-3s^2|$是奇数,$3q=6rs$是偶数,所以$p\neq 3q$. 于是式(10)变为

$$\begin{cases} p = |r^2-3s^2| \\ q = 2rs \end{cases}, r,s \text{ 一奇一偶}, (r,s)=1, r>3s, \text{或 } r<s, r \text{ 不是 3 的倍数} \qquad (11)$$

式(11)中得到的p,q是一奇一偶,且$(p,q)=1$,代入式(7)后,就得到a_1,b,c_1,d的值.

例如,取$r=1$,$s=2$,则$p=11$,$q=4$,由式(7)得到:$\begin{cases} a_1=210 \\ b=233 \\ c_1=240 \\ d=218 \end{cases}$,周长都是676,面积都是21840.

例如,取$r=4$,$s=1$,则$p=13$,$q=8$,由式(7)得到:$\begin{cases} a_1=210 \\ b=617 \\ c_1=672 \\ d=386 \end{cases}$,周长都是1444,面积都是63840.

(ii)当r是3的倍数时,$f=3$. 设$r=3v$,则$r^2-3s^2=9v^2-3s^2=3(3v^2-s^2)$,$2rs=6vs$,于是式(10)变为

$$\begin{cases} p = |3v^2-s^2| \\ q = 2vs \end{cases}, (v,s)=1, v>s, \text{或 } 3v<s \qquad (12)$$

由 $rt=rp+3sq$，得到 $3vt=3vp+3s\cdot 2vs$，$t=p+2s^2$ 是正整数. 将式(12)中的 v,s 分别换成 s,r 后与式(11)相同，所以无需考虑 r 是3的倍数的情况.

例如，取 $r=6,s=1$，则 $v=2,p=11,q=4$，由式(7)得到：$\begin{cases}a_1=210\\b=233\\c_1=240\\d=218\end{cases}$，周长都是676，面积都是21840.

这与在式(11)中取 $r=1,s=2$ 的情况相同.

(2) 当 r,s 皆奇时，设 $r+s=2k,r-s=2l$，则

$$r=k+l,s=k-l,k,l\text{ 一奇一偶},k>l$$

$$(k+l,k-l)=(2k,k-l)=(k,k-l)=1$$

$$r^2-3s^2=k^2+2kl+l^2-3k^2+6kl-3l^2=-2k^2+8kl-2l^2=-2(k^2-4kl+l^2)$$

$$2rs=2k^2-2l^2$$

$$\begin{aligned}f&=2(k^2-4kl+l^2,k^2-l^2)=2(2k^2-4kl,k^2-l^2)=2(k^2-2kl,k^2-l^2)\\&=2(k^2-2kl,k+l)(k^2-2kl,k-l)=2(k-2l,k+l)(k-2l,k-l)\\&=2(3l,k+l)(l,k-l)=2(3l,r)=2(3,r)\end{aligned}$$

(i) 当 r 不是3的倍数时，$f=2$. 于是式(11)变为

$$\begin{cases}p=\dfrac{|r^2-3s^2|}{2}\\q=rs\end{cases},r,s\text{ 皆奇},(r,s)=1,r\text{ 不是 3 的倍数},r>3s,\text{或 }r<s \tag{13}$$

因为由式(13)得到的 p,q 的值都是奇数，所以应代入式(8)求 a_1,b,c_1,d 的值.

例如，取 $r=1,s=3$，则 $p=13,q=3$，再由式(8)得到 $\begin{cases}a_1=40\\b=29\\c_1=24\\d=37\end{cases}$，周长都是98，面积都是420.

(ii) 当 r 是3的倍数时，$f=6$. 设 $r=3v$，则 $r^2-3s^2=9v^2-3s^2=3(3v^2-s^2)$，$2rs=6vs$，于是式(12)变为

$$\begin{cases}p=\dfrac{|3v^2-s^2|}{2}\\q=vs\end{cases},v,s\text{ 皆奇},(v,s)=1,v>s,\text{或 }3r<s \tag{14}$$

将式(14)中的 v,s 分别换成 s,r 后与式(13)相同，所以无需考虑 r 是3的

倍数的情况.

由此得到求边长和面积都是正整数,周长和面积分别相等的两个不全等的等腰三角形的边长的方法:

取两个互质的正整数 r,s,使 $r>3s$,或 $r<s$,r 不是 3 的倍数.

(1)若 r,s 一奇一偶,则由式(11)求出 p,q;再由式(7)求出 a_1,b,c_1,d.

(2)若 r,s 皆奇,则由式(13)求出 p,q;再由式(8)求出 a_1,b,c_1,d.

例如,取 $r=11,s=2$,则由式(11)得到 $p=109,q=44$,由式(7)得到

$$\begin{cases}a_1=19890\\b=25433\\c_1=26928\\d=21914\end{cases}$$

这两个等腰三角形的边长分别是 19890,25433,25433 和 26928,21914,21914,周长都是 70756,面积都是 232792560.

又如,取 $r=11,s=3$,则由式(13)得到 $p=47,q=33$,由式(8)得到

$$\begin{cases}a_1=280\\b=1229\\c_1=1320\\d=709\end{cases}$$

这两个等腰三角形的边长分别是 280,1229,1229 和 1320,709,709,周长都是 2738,面积都是 170940.

4.7 谈谈海伦三角形

已知三角形 ABC 的三边的长分别为 a,b,c,那么三角形 ABC 的面积可用海伦公式 $S=\sqrt{p(p-a)(p-b)(p-c)}$ 求出,其中 $p=\frac{1}{2}(a+b+c)$ 是半周长.

因为海伦公式带有根号,所以当 a,b,c 都是正整数时,面积 S 未必是正整数. 本节要探讨的是当边长 a,b,c 是正整数时,面积 S 也是正整数的三角形,这样的三角形称为海伦三角形.

三边的长都是正整数的直角三角形称为勾股三角形. 假定勾股三角形的两条直角边的长都是奇数,因为奇数的平方是 4 的倍数加 1,所以斜边的平方是 4

的倍数加2,不是完全平方数,这与斜边的长是正整数矛盾.因此勾股三角形至少有一条直角边的长是偶数,面积是正整数.于是勾股三角形是特殊的海伦三角形.此外,三边的长的最大公约数是1的海伦三角形称为本原海伦三角形.类似地,三边的长的最大公约数是1的勾股三角形称为本原勾股三角形.

求海伦三角形的方法很多,最常见的方法是用两个勾股三角形构成(见4.7.2).此外本节还介绍了利用参数法求海伦三角形,并进一步求出周长和面积分别相等的两个不全等的海伦三角形,等等.

本书首先叙述海伦三角形的性质,在这一基础上作进一步的探讨.

4.7.1　海伦三角形一些性质

由海伦三角形的定义可推出以下性质:

性质1　海伦三角形的高的长都是有理数.

证明　由于海伦三角形的边长 a 和面积 S 都是正整数,所以 $h_a=\frac{2S}{a}$ 是有理数.同理 h_b 和 h_c 也是有理数.

性质2　海伦三角形的三个内角的正弦和余弦都是有理数.

证明　由于海伦三角形的边长 a,b,c 和面积 S 都是正整数,所以 $\sin A=\frac{2S}{bc}$ 和 $\cos A=\frac{b^2+c^2-a^2}{2bc}$ 都是有理数.同理 $\sin B,\cos B$ 和 $\sin C,\cos C$ 也都是有理数.

性质3　本原海伦三角形的三边的长是两奇一偶.

证明　设本原海伦三角形的三边 a,b,c 是正整数,这里 $(a,b,c)=1$.此时三边的长不都是偶数,假定 a,b,c 都是奇数,或一奇两偶,那么 $2p=a+b+c$, $2(p-a)=b+c-a,2(p-b)=c+a-b,2(p-c)=a+b-c$ 都是奇数,$p,p-a$, $p-b$ 和 $p-c$ 都是分母是2,分子是奇数的有理数,于是 $S^2=p(p-a)(p-b)\times(p-c)$ 是分母是16,分子是奇数的有理数,这与 S^2 是正整数矛盾,所以 a,b,c 两奇一偶.

性质4　对于任何海伦三角形,都存在一个由两个勾股三角形框成的三角形与它相似.

(“框成”的三角形指的是将有一条直角边对应相等的两个勾股三角形(不必本原)沿这条直角边重合(直角顶点也重合),另一条直角边分别在这条直角边的两侧(或同侧)形成的一个新的三角形(见4.7.2中的图)).

证明　作海伦三角形的高,这条高将这个海伦三角形分成两个直角三角形. 由于海伦三角形的高的长和内角的正弦和余弦都是有理数,所以两个直角三角形的边长都是有理数. 将这两个直角三角形的边的边长都扩大某一个倍数,使两个直角三角形的边都是正整数,即勾股三角形,于是得到所求的性质.

注 我们所涉及的海伦三角形一般指本原的.

性质5 如果海伦三角形有一条高的长度是正整数,那么这个海伦三角形可由两个勾股三角形框成.

证明 这条长度是正整数的高所在的直角三角形的斜边是正整数,因为其锐角的正弦是有理数,所以另一条直角边也是有理数,这个有理数不可能是分数(因为正整数的平方根或者是无理数或者是整数),所以这条高所在的两个直角三角形都是勾股三角形.

4.7.2 用两个勾股三角形框成海伦三角形

两个同样的勾股三角形容易拼合成一个等腰的海伦三角形. 如果这两个勾股三角形的大小不一,那么可以将这两个勾股三角形的一组直角边分别放大适当的整数倍后使其相等,然后重合(直角顶点也重合). 另一条直角边分别在这条直角边的两侧(或同侧)形成一个新的三角形,这个新的三角形是海伦三角形.

例如,取(3,4,5)和(5,12,13)这两个不同的勾股三角形就可拼成8个海伦三角形(见图1~图8).

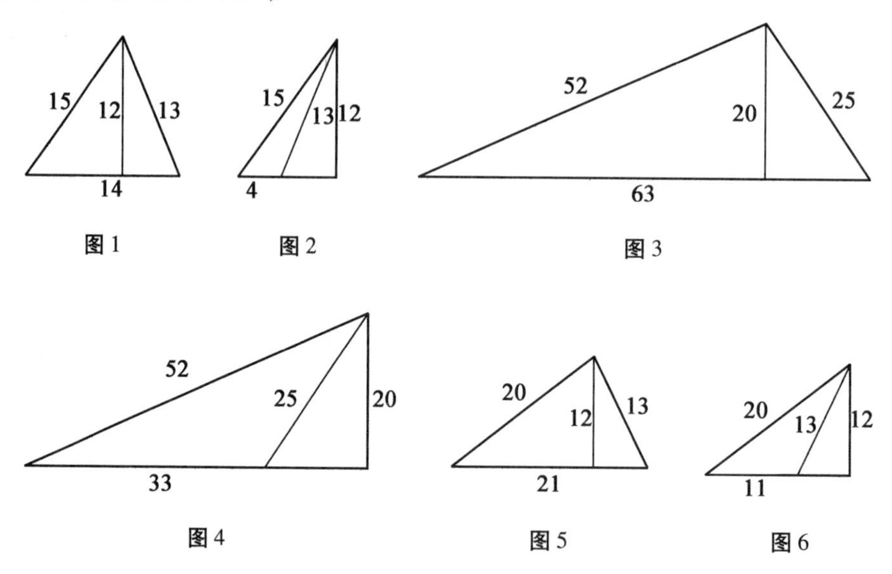

图1 图2 图3

图4 图5 图6

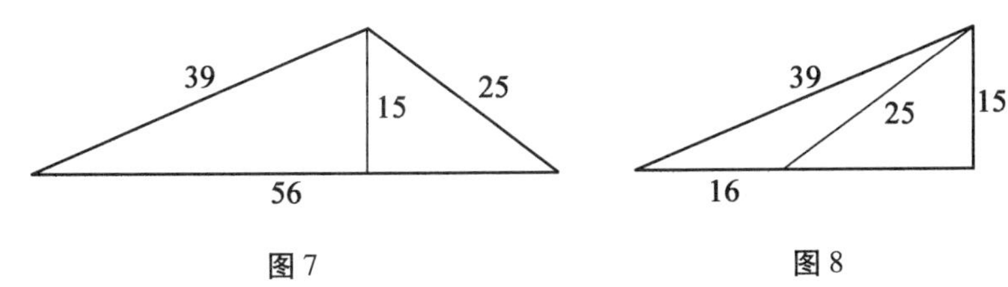

图7　　　　　　　　　　图8

上述框成的8个海伦三角形的边长,周长和面积列表如下(表1):

表1

图号	1	2	3	4
边长	14,13,15	4,13,15	63,25,52	33,25,52
周长	42	32	140	110
面积	84	24	630	330
图号	5	6	7	8
边长	21,13,20	11,13,20	56,25,39	16,25,39
周长	54	44	120	80
面积	126	66	420	120

有些海伦三角形不能这样框成.例如,边长分别为 $a=5,b=29,c=30$ 的三角形的半周长是32,面积 $S=\sqrt{32(32-5)(32-29)(32-30)}=72$,三条高的长分别是 $\frac{144}{5},\frac{144}{29},\frac{24}{5}$ 都不是正整数,所以这个三角形不能由两个勾股三角形拼得.但是与它相似的边长分别为25,145,150的三角形可以由边长分别为42,144,150和17,144,145的两个勾股三角形框成.

4.7.3　用参数的方法求海伦三角形

求海伦三角形的方法很多,除了4.7.2中的方法以外,还有其他的一些方法.下面要介绍的是用参数法求海伦三角形.

设海伦三角形的三边 a,b,c 是正整数,且 $(a,b,c)=1$.因为 a,b,c 是两奇一偶,于是 $b+c-a,c+a-b,a+b-c$ 都是偶数,设 $b+c-a=2x,c+a-b=2y$, $a+b-c=2z$(x,y,z 都是正整数),于是 $a=y+z,b=z+x,c=x+y,p=x+y+z$, $p-a=x,p-b=y$ 和 $p-c=z$, $S^2=p(p-a)(p-b)(p-c)=(x+y+z)xyz$ 是完全平方数, $S=\sqrt{p(p-a)(p-b)(p-c)}=\sqrt{(x+y+z)xyz}$ 是正整数.

下面探求如何对 x,y,z 取值,得到边长 a,b,c 和 $S=\sqrt{(x+y+z)xyz}$ 都是正整数的三角形,即海伦三角形.为方便起见,通常将 x,y,z 取为正整数,使 a,b,c 和 S 都是正整数(由于某种需要或条件的限制, x,y,z 未必都能取到正整数,可能只是正分数,此时得到的 a,b,c 和 S 也可能只是正分数,那么只要将边长 a,

b,c 乘以各分母的最小公倍数就可得到正整数).

设参数 k 是正有理数,$x=k(y+z)$,则$(x+y+z)xyz=(y+z)^2k(k+1)yz$ 是完全平方数(或有理数的平方),于是 $k(k+1)yz$ 是完全平方数(这是因为正整数 x 未必是正整数$y+z$ 的整数倍,所以取 k 为有理数,如果 k 只取正整数就会遗漏许多情况).

于是得到求海伦三角形的方法:

(1)任取有理数 k,计算 $k(k+1)$,再取有理数(或正整数)y,z,使 $k(k+1)yz$ 是完全平方数(或有理数的平方).

(2)用 $x=k(y+z)$求出 x.

(3)用$\begin{cases}a=y+z\\b=z+x\\c=x+y\end{cases}$求出边长 a,b,c.

(4)用 $2p=a+b+c=2(x+y+z)=2k(k+1)(y+z)$求出周长.

(5)用 $S=\sqrt{p(p-a)(p-b)(p-c)}=\sqrt{(x+y+z)xyz}=(y+z)\cdot\sqrt{k(k+1)yz}$求出面积.

注1 如果边长是由分数乘一个正整数后得到的正整数,那么用 $2p=a+b+c$ 求周长,用 $S=\sqrt{p(p-a)(p-b)(p-c)}$求面积.

注2 由于$\triangle ABC$ 的外接圆的半径 $R=\dfrac{abc}{4S}$,内切圆的半径 $r=\dfrac{s}{p}$,海伦三角形的边长 a,b,c 和面积 S 都是正整数,所以 R 和 r 都是有理数.

例如:取参数 $k=3$,则 $k(k+1)=12$. 取 $yz=3$,则 $\sqrt{k(k+1)yz}=6$.

取 $y=1,z=3$,则 $x=3(1+3)=12$,$\begin{cases}a=1+3=4\\b=3+12=15\\c=12+1=13\end{cases}$. 周长 $=2(1+3+12)=32$, 面积 $S=(1+3)6=24$.

取参数 $k=\dfrac{1}{2}$,则 $k(k+1)=\dfrac{3}{4}$. 取 $yz=12$,则 $\sqrt{k(k+1)yz}=3$.

取 $y=3,z=4$,则 $x=\dfrac{1}{2}(3+4)=\dfrac{7}{2}$,$\begin{cases}a=3+4=7\\b=4+\dfrac{7}{2}=\dfrac{15}{2}\\c=\dfrac{7}{2}+3=\dfrac{13}{2}\end{cases}$. 将 a,b,c 乘以 2,得到 $(a,b,c)=(14,15,13)$,半周长 $p=\dfrac{1}{2}(14+15+13)=21$,面积 $S=\sqrt{21\times7\times6\times8}=84$. 此外,$R=\dfrac{14\times13\times15}{4\times84}=\dfrac{65}{8}$,$r=\dfrac{84}{21}=4$.

4.7.4　周长和面积分别相等的两个不全等的海伦三角形

从4.7.2中的表1可以看出，这些海伦三角形的周长和面积各不相等. 要使两个海伦三角形的周长相等是容易做到的. 例如，将三边(56，25，39)扩大为(112，50，78)，将三边(16，25，39)扩大为(48，75，117). 得到两个三角形的周长都是240，但此时面积分别为1680和1080，并不相等. 要使两个三角形的面积相等也是容易做到的. 例如，两个边长为(3，4，5)的勾股三角形可拼成边长分别为(6，5，5)和(8，5，5)的三角形，面积都是12，但周长分别为16和18，并不相等. 那么周长和面积分别相等的两个不全等的海伦三角形是否存在呢？下面我们将探究这一问题.

设x,y,z,t,u,v是有理数(为方便起见，通常将x,y,z,t,u,v中的一些数取为正整数)，设周长和面积分别相等的海伦三角形ABC和$A'B'C'$的边长分别为

$$\begin{cases}a=y+z\\ b=z+x\\ c=x+y\end{cases}\text{和}\begin{cases}a'=u+v\\ b'=v+t\\ c'=t+u\end{cases},\text{集合}\{a,b,c\}\neq\{a',b',c'\} \tag{1}$$

因为这两个三角形的周长相等，所以

$$x+y+z=t+u+v \tag{2}$$

因为这两个三角形的面积相等，所以

$$S=\sqrt{(x+y+z)xyz}=\sqrt{(t+u+v)tuv} \tag{3}$$

由式(2)和式(3)，得

$$xyz=tuv \tag{4}$$

因为S是正整数，所以$(x+y+z)xyz$是完全平方数.

取$t=\dfrac{x}{k^2}$(k是任意正有理数，$k\neq1$)，$u=ky$，$v=kz$，则$tuv=\dfrac{x}{k^2}\times ky\times kz=xyz$满足式(4). 此时式(2)变为$x+y+z=\dfrac{x}{k^2}+ky+kz$，于是

$$x=\frac{k^2}{k+1}(y+z) \tag{5}$$

由式(3)得$S^2=(x+y+z)xyz=\left[\dfrac{k(y+z)}{k+1}\right]^2(k^2+k+1)yz$是完全平方数，所以$(k^2+k+1)yz$是完全平方数. 这样就得到求周长和面积分别相等的不全等的两个海伦三角形的方法：

(1)任取有理数$k\neq1$，计算k^2+k+1，适当选取y,z，使$(k^2+k+1)yz$是完全平方数.

(2)对于正整数y,z，计算$x=\dfrac{k^2}{k+1}(y+z)$，$t=\dfrac{1}{k+1}(y+z)$，$u=ky$，$v=kz$.

(3)用式(1)计算这两个三角形的边长a,b,c和a',b',c'(如果这两个三角形的

边长中出现分数,则将所有的边长都乘以各分母的最小公倍数得到正整数).

(4)用 $a+b+c$ 计算周长.

(5)用 $S=\sqrt{p(p-a)(p-b)(p-c)}$ 计算面积.

例如:取 $k=2$,则 $k^2+k+1=7$,取正整数 $y=1,z=7$,则 $(k^2+k+1)yz=49=7^2$,于是 $x=\frac{32}{3}, t=\frac{8}{3}, u=2, v=14$. 得到

$$\begin{cases} a=1+7=8 \\ b=7+\frac{32}{3}=\frac{53}{3} \\ c=\frac{32}{3}+1=\frac{35}{3} \end{cases}, \begin{cases} a'=2+14=16 \\ b'=14+\frac{8}{3}=\frac{50}{3} \\ c'=\frac{8}{3}+2=\frac{14}{3} \end{cases}$$

将各边的长都乘以3,得到 $(a,b,c)=(24,53,35)$ 和 $(a',b',c')=(48,50,14)$,周长都是112,面积都是336.

若取不同的 k 和 y,z 的值,可以得到更多周长和面积分别相等的两个不全等的海伦三角形.

4.7.5 列举周长和面积分别相等的两个海伦三角形

由上述方法可以求出无穷多对周长和面积分别相等的不全等的海伦三角形,现列举一些如下(表2):

表2

边长	边长	周长	面积
20,21,29	17,25,28	70	210
35,24,53	14,48,50	112	336
84,85,13	28,89,65	182	546
105,148,85	120,145,73	338	4368
200,225,65	120,233,137	490	6300
200,205,85	120,221,149	490	8400
210,317,149	240,314,122	676	13104
135,352,377	132,366,366	864	23760
600,675,195	360,699,411	1470	56700
1000,245,1205	600,637,1213	2450	73500
6600,377,6713	1400,5473,6817	13690	1196580
33640,7589,41189	20184,21037,41197	82418	14482020
…	…	…	…

这样的海伦三角形有无穷多对，其中是否存在一个是直角三角形，另一个是等腰三角形呢？答案是唯一存在的. 表2中的边长为(135，352，377)的三角形是直角三角形，边长分别为(132，366，366)的三角形是等腰三角形，它们的周长都是864，面积是23760. 我们自然会问：如果这样的两个海伦三角形都是直角三角形或者都是等腰三角形，那么情况会怎么样呢？

4.7.6 周长和面积分别相等的两个直角三角形

设这两个直角三角形的三边的长分别是 $a,b,\sqrt{a^2+b^2}$ 和 $a',b',\sqrt{a'^2+b'^2}$ (a,b,a',b' 是正实数). 由周长和面积分别相等，得到方程组

$$\begin{cases} a+b+\sqrt{a^2+b^2}=a'+b'+\sqrt{a'^2+b'^2} \\ ab=a'b' \end{cases} \tag{6}$$

将方程组(6)的第一个方程的两边平方，得到

$$\begin{aligned} &(a+b)^2+2(a+b)\sqrt{a^2+b^2}+a^2+b^2 \\ =&(a'+b')^2+2(a'+b')\sqrt{a'^2+b'^2}+a'^2+b'^2 \end{aligned}$$

因为 $ab=a'b'$，所以

$$a^2+b^2+(a+b)\sqrt{a^2+b^2}=a'^2+b'^2+(a'+b')\sqrt{a'^2+b'^2}$$

$$(a+b)^2+(a+b)\sqrt{a^2+b^2}=(a'+b')^2+(a'+b')\sqrt{a'^2+b'^2}$$

$$(a+b)(a+b+\sqrt{a^2+b^2})=(a'+b')(a'+b'+\sqrt{a'^2+b'^2})$$

因为 $a+b+\sqrt{a^2+b^2}=a'+b'+\sqrt{a'^2+b'^2}$，所以 $a+b=a'+b'$. 于是得到

$$\begin{cases} a+b=a'+b' \\ ab=a'b' \end{cases} \Rightarrow \begin{cases} (a+b)^2=(a'+b')^2 \\ ab=a'b' \end{cases} \Rightarrow \begin{cases} (a+b)^2=(a'+b')^2 \\ (a-b)^2=(a'-b')^2 \end{cases}$$

$$\Rightarrow \begin{cases} a-b=a'-b' \\ a+b=a'+b' \end{cases} \text{或} \begin{cases} a-b=b'-a' \\ a+b=b'+a' \end{cases} \Rightarrow \begin{cases} a=a' \\ b=b' \end{cases} \text{或} \begin{cases} a=b' \\ b=a' \end{cases}$$

由此可见，边长是实数，周长和面积分别相等的两个直角三角形必定全等，特别是周长和面积分别相等的两个勾股三角形必定全等.

4.7.7 周长和面积分别相等的两个不全等的等腰的海伦三角形

在式(1)中，取 $b=c,b'=c'$ 得到 $y=z,u=v=ky$. 于是 $x+2y=t+2u,xy^2=tu^2$，式(1)变为

$$\begin{cases} a=2y \\ b=y+x \end{cases} \text{和} \begin{cases} a'=2u \\ b'=u+t \end{cases} \tag{7}$$

以及 $x=\dfrac{2k^2y}{k+1}$，$t=\dfrac{2y}{k+1}$. $S^2=(x+y+z)xyz=\left(\dfrac{2ky^2}{k+1}\right)^2(k^2+k+1)$ 是完全平方数，所以 k^2+k+1 是完全平方数. 因为 $k^2<k^2+k+1<(k+1)^2$，所以 k 不是正整数. 设 $k=\dfrac{r}{s}$，这里 r,s 是正整数，$(r,s)=1$，则 $k^2+k+1=\dfrac{r^2+rs+s^2}{s^2}$，于是 r^2+rs+s^2 是完全平方数. 设 $r^2+rs+s^2=l^2$（l 是正整数），则 $r(r+s)=(l+s)(l-s)$，$\dfrac{r+s}{l-s}=\dfrac{l+s}{r}$ 是有理数. 设 $\dfrac{r+s}{l-s}=\dfrac{l+s}{r}=\dfrac{g}{h}$，这里 g,h 是正整数，$(g,h)=1$，$g>h$. 于是

$\begin{cases}hr+(g+h)s-gl=0\\-gr+hs+hl=0\end{cases}$，解出

$$\frac{r}{\begin{vmatrix}g+h & -g\\ h & h\end{vmatrix}}=\frac{s}{\begin{vmatrix}-g & h\\ h & -g\end{vmatrix}}=\frac{l}{\begin{vmatrix}h & g+h\\ -g & h\end{vmatrix}}$$

$$\frac{r}{2gh+h^2}=\frac{s}{g^2-h^2}=\frac{l}{g^2+gh+h^2}$$

设 $d=(2gh+h^2,g^2-h^2,g^2+gh+h^2)$，则 $r=(2gh+h^2)\dfrac{1}{d}$，$s=(g^2-h^2)\dfrac{1}{d}$，$l=(g^2+gh+h^2)\dfrac{1}{d}$，于是 $k=\dfrac{r}{s}=\dfrac{2gh+h^2}{g^2-h^2}$，$k^2+k+1=\left(\dfrac{l}{s}\right)^2=\left(\dfrac{g^2+gh+h^2}{g^2-h^2}\right)^2$.

于是得到求周长和面积分别相等的两个不全等的等腰的海伦三角形的步骤：

(1)任取正整数 g,h，使 $(g,h)=1$，$g>h$，计算 $k=\dfrac{2gh+h^2}{g^2-h^2}$ 的值.

(2)计算 $x=\dfrac{2k^2}{k+1}y$，$t=\dfrac{2}{k+1}y$，$u=ky$.

(3)由式(7) $\begin{cases}a=2y\\b=y+x=\dfrac{2k^2+k+1}{k+1}y\end{cases}$ 和 $\begin{cases}a'=2u=2ky\\b'=u+t=\dfrac{k^2+k+2}{k+1}y\end{cases}$，求出两个等腰三角形的边长，适当取正整数 y，使 a,b,a',b' 都是正整数.

(4)计算周长 $2p=a+b+c$.

(5)计算面积 $S=\sqrt{p(p-a)(p-b)(p-c)}$.

例如，取 $g=2$，$h=1$，得 $k=\dfrac{5}{3}$，$x=\dfrac{25}{12}y$，$t=\dfrac{3}{4}y$，$u=\dfrac{5}{3}y$. 于是 $\begin{cases}a=2y\\b=\dfrac{37}{12}y\end{cases}$，

$\begin{cases} a'=\dfrac{10}{3}y \\ b'=\dfrac{29}{12}y \end{cases}$，取 $y=12$，得到边长分别为 $(a,b,b)=(24,37,37)$ 和 $(a',b',b')=(40,29,29)$，周长都是98，面积都是420的两个等腰的海伦三角形.

注 如果将 g,h,k,t 分别换成 G,H,K,T. 取 $G=g+2h$，$H=g-h$，则

$$K=\frac{2GH+H^2}{G^2-H^2}=\frac{2(g+2h)(g-h)+(g-h)^2}{(g+2h)^2-(g-h)^2}=\frac{3(g+h)(g-h)}{3h(2g+h)}$$
$$=\frac{g^2-h^2}{2gh+h^2}=\frac{1}{k}$$

或者说，将 g 换成 $g+2h$，h 换成 $g-h$，则 k 变为 $\dfrac{1}{k}$，$x=\dfrac{2k^2}{k+1}y$ 变为 $x=\dfrac{2}{k(k+1)}y$，$t=\dfrac{2}{k+1}y$ 变为 $t=\dfrac{2k}{k+1}y$，$u=ky$ 变为 $u=\dfrac{1}{k}y$，有

$$\begin{cases} a=2y \\ b=y+x=\dfrac{k^2+k+2}{k(k+1)}y \end{cases} \text{和} \begin{cases} a'=2u=\dfrac{2}{k}y \\ b'=u+t=\dfrac{2k^2+k+1}{k(k+1)}y \end{cases}$$

如果将这里的 y 换成 $\dfrac{1}{k}y$，那么得到 (a,b,b) 和 (a',b',b') 与前面的 (a,b,b) 和 (a',b',b') 互换，所以得到的两个等腰三角形分别相同.

例如，取 $g=4$，$h=3$，得到 $k=\dfrac{3}{5}$，则 $x=\dfrac{9}{20}y$，$t=\dfrac{5}{4}y$，$u=\dfrac{3}{5}y$. 于是 $\begin{cases} a=2y \\ b=\dfrac{29}{20}y \end{cases}$，$\begin{cases} a'=\dfrac{6}{5}y \\ b'=\dfrac{37}{20}y \end{cases}$. 取 $y=20$，得到边长分别为 $(a,b,b)=(40,29,29)$ 和 $(a',b',b')=(24,37,37)$，周长都是98，面积都是420的两个等腰的海伦三角形.

若取不同的 g 和 h 的值，可以得到更多周长和面积分别相等的两个等腰的不全等的海伦三角形. 下面列出一些这样的三角形（表3）：

表 3

底边长,腰长,腰长	周长	底边上的高长	面积
40,29,29	98	21	420
24,37,37		35	
624,1537,1537	3698	1505	469560
1680,1009,1009		559	
1320,709,709	2738	259	170940
280,1229,1229		1221	
1360,4649,4649	10658	4599	3127320
5040,2809,2809		1241	
6384,6217,6217	18818	5335	17029320
6160,6329,6329		5529	
…	…	…	…

4.8 佩尔方程简介

设 D 是正整数,$\sqrt{D}$是无理数,则称方程 $x^2-Dy^2=1$ 为佩尔(Pell)方程. 因为很多二元二次不定方程都可归结为佩尔方程,所以佩尔方程的重要性是显而易见的. 本节将介绍佩尔方程的解法以及一些性质.

由佩尔方程的理论可知:

(1)佩尔方程 $x^2-Dy^2=1$ 恒有无穷多组正整数解.

(2)如果求出其最小正整数解,即基本解(x_1,y_1),为方便起见,记作 $x_1+\sqrt{D}y_1$,那么佩尔方程的一切正整数解$(x_n,y_n)=x_n+\sqrt{D}y_n(n=2,3,\cdots)$都可用$x_n+\sqrt{D}y_n=(x_1+\sqrt{D}y_1)^n$ 依次求出.

例如,当 $n=2$ 时

$$x_2+\sqrt{D}y_2=(x_1+\sqrt{D}y_1)^2=x_1^2+Dy_1^2+2x_1y_1\sqrt{D}=2x_1^2-1+2x_1y_1\sqrt{D}$$

所以

$$\begin{cases}x_2=2x_1^2-1\\y_2=2x_1y_1\end{cases}$$

当 $n=3$ 时

$$\begin{aligned} x_3+\sqrt{D}y_3&=(x_1+\sqrt{D}y_1)^3=(x_1+\sqrt{D}y_1)(x_1+\sqrt{D}y_1)^2\\ &=(x_1+\sqrt{D}y_1)(x_1^2+Dy_1^2+2x_1y_1\sqrt{D})\\ &=x_1^3+3Dx_1y_1^2+\sqrt{D}(3x_1^2y_1+Dy_1^3)\\ &=x_1^3+3x_1(x_1^2-1)+\sqrt{D}[3x_1^2y_1+y_1(x_1^2-1)]\\ &=(4x_1^3-3x_1)+\sqrt{D}(4x_1^2y_1-y_1) \end{aligned}$$

所以

$$\begin{cases} x_3=4x_1^3-3x_1\\ y_3=4x_1^2y_1-y_1 \end{cases}$$

由于当 n 较大时，计算 $(x_1+\sqrt{D}y_1)^n$ 较麻烦，所以可从初始条件 $\begin{cases} x_2=2x_1^2-1\\ y_2=2x_1y_1 \end{cases}$ 出发，利用递推关系

$$\begin{cases} x_{n+2}=2x_1x_{n+1}-x_n\\ y_{n+2}=2x_1y_{n+1}-y_n \end{cases}\quad (n=1,2,\cdots) \tag{1}$$

逐个求出方程 $x^2-Dy^2=1$ 的一切正整数解.

下面证明递推关系(1)成立.

证明　因为 $x_{n+1}+\sqrt{D}y_{n+1}=(x_1+\sqrt{D}y_1)^{n+1}=(x_1+\sqrt{D}y_1)(x_1+\sqrt{D}y_1)^n=(x_1+\sqrt{D}y_1)(x_n+\sqrt{D}y_n)=(x_1x_n+Dy_1y_n)+\sqrt{D}(x_1y_n+y_1x_n)$，所以有

$$\begin{cases} x_{n+1}=x_1x_n+Dy_1y_n\\ y_{n+1}=x_1y_n+y_1x_n \end{cases} \tag{2}$$

由初始条件 $\begin{cases} x_2=2x_1^2-1\\ y_2=2x_1y_1 \end{cases}$ 和递推关系(2)可求出佩尔方程 $x^2-Dy^2=1$ 的一切正整数解.

由于递推关系(2)中既有 x_n，又有 y_n，递推时很不方便，下面我们将 x_n 和 y_n 分离.

由 $x_{n+1}=x_1x_n+Dy_1y_n$，解出 $y_n=\dfrac{1}{y_1D}(x_{n+1}-x_1x_n)$. 并将其中的 n 换成 $n+1$，得到 $y_{n+1}=\dfrac{1}{y_1D}(x_{n+2}-x_1x_{n+1})$. 再将 y_n 和 y_{n+1} 代入 $y_{n+1}=x_1y_n+y_1x_n$ 中，得到

$$\frac{1}{y_1D}(x_{n+2}-x_1x_{n+1})=x_1\cdot\frac{1}{y_1D}(x_{n+1}-x_1x_n)+y_1x_n$$

$$x_{n+2}-x_1x_{n+1}=x_1x_{n+1}-x_1^2x_n+Dy_1^2x_n=x_1x_{n+1}-(x_1^2-Dy_1^2)x_n=x_1x_{n+1}-x_n$$

于是 $x_{n+2}=2x_1x_{n+1}-x_n$.

由 $y_{n+1}=x_1y_n+y_1x_n$，解出 $x_n=\frac{1}{y_1}(y_{n+1}-x_1y_n)$. 将其中的 n 换成 $n+1$，得到 $x_{n+1}=\frac{1}{y_1}(y_{n+2}-x_1y_{n+1})$. 再将 x_n 和 x_{n+1} 代入 $x_{n+1}=x_1x_n+Dy_1y_n$ 中，得到

$$\frac{1}{y_1}(y_{n+2}-x_1y_{n+1})=x_1\cdot\frac{1}{y_1}(y_{n+1}-x_1y_n)+Dy_1y_n$$

$$y_{n+2}-x_1y_{n+1}=x_1y_{n+1}-x_1^2y_n+Dy_1^2y_n=x_1y_{n+1}-(x_1^2-Dy_1^2)y_n=x_1y_{n+1}-y_n$$

于是 $y_{n+2}=2x_1y_{n+1}-y_n$.

这样我们就证明了递推关系(1)成立.

有了初始条件和递推关系，所以求佩尔方程 $x^2-Dy^2=1$ 的一切正整数解就归结为求最小正整数解 x_1,y_1. 在求最小正整数解 x_1,y_1 时，可用尝试法.

由 $x^2-Dy^2=1$ 得到 $x=\sqrt{Dy^2+1}$. 依次将 $y=1,2,\cdots$ 代入 $x=\sqrt{Dy^2+1}$ 中直至得到 x 是正整数为止(也可解出 $y=\sqrt{\frac{x^2-1}{D}}$. 依次将 $x=1,2,\cdots$ 代入 $y=\sqrt{\frac{x^2-1}{D}}$ 中直至得到 y 是正整数为止). 此时的 x 和 y 的值就是 x_1,y_1.

有时用尝试法可能要尝试好多次，即当 y 取很大的值时，才能使 $x=\sqrt{Dy^2+1}$ 是正整数. 甚至此时的 y 值已经达到难以计算的程度. 例如：

方程 $x^2-13y^2=1$ 的最小正整数解是 $x_1=649,y_1=180$；

方程 $x^2-61y^2=1$ 的最小正整数解是 $x_1=1766319049,y_1=226153980$；

方程 $x^2-991y^2=1$ 的最小正整数解是 $x_1=379516400906811930638014896080$, $y_1=12055735790331359447442538767$.

此时就用连分数法. 根据连分数的理论：

(1) 如果实数 α 的连分数是 $\alpha=[a_1,a_2,a_3,\cdots]$，这里的 a_k 称为连分数的部分商，且 α 的第 n 个渐近分数是 $\frac{p_n}{q_n}$，那么

$$\begin{cases}p_n=a_np_{n-1}+p_{n-2}\\q_n=a_nq_{n-1}+q_{n-2}\end{cases}$$

其中 $\begin{cases}p_{-1}=0\\q_{-1}=1\end{cases}$, $\begin{cases}p_0=1\\q_0=0\end{cases}$, $k=1,2,\cdots$.

(2) 形如 $\sqrt{D}$ 的无理数展开成连分数是除 a_1 以外都是循环的. 设循环的周期为 n，则 $\sqrt{D}$ 呈以下形式：$\sqrt{D}=[a_1;\overline{a_2,a_3,\cdots,a_n,2a_1}]$.

(3)(i)当 n 是偶数时,方程 $x^2-Dy^2=1$ 的最小正整数解为$\begin{cases}x_1=p_n\\y_1=q_n\end{cases}$.

(ii)当 n 是奇数时,方程 $x^2-Dy^2=1$ 的最小正整数解为$\begin{cases}x_1=2p_n^2+1\\y_1=2p_nq_n\end{cases}$.

下面举例说明利用连分数解佩尔方程的方法.

例1　求方程 $x^2-23y^2=1$ 的一切正整数解.

解　将 $\sqrt{23}$ 展开成循环连分数的形式

$$\sqrt{23}=4+\frac{1}{\alpha_1}$$

$$\alpha_1=\frac{1}{\sqrt{23}-4}=\frac{\sqrt{23}+4}{7}=1+\frac{1}{\alpha_2}$$

$$\alpha_2=\frac{7}{\sqrt{23}-3}=\frac{\sqrt{23}+3}{2}=3+\frac{1}{\alpha_3}$$

$$\alpha_3=\frac{2}{\sqrt{23}-3}=\frac{\sqrt{23}+3}{7}=1+\frac{1}{\alpha_4}$$

$$\alpha_4=\frac{7}{\sqrt{23}-4}=\sqrt{23}+4=8+\frac{1}{\alpha_5}$$

$$\alpha_5=\frac{1}{\sqrt{23}-4}=\alpha_1$$

所以 $\sqrt{23}=[4;\overline{1,3,1,8}]$,周期 $n=4$ 是偶数.

下面求 $\sqrt{23}$ 的渐近分数(表1):

表1

n	0	1	2	3	4
a_n	0	4	1	3	1
p_n	1	4	5	19	24
q_n	0	1	1	4	5

第4个渐近分数是 $\frac{24}{5}$,则最小正整数解是$\begin{cases}x_1=24\\y_1=5\end{cases}$,有 $24^2-23\times5^2=1$.

可以用 $x_n+\sqrt{D}y_n=(x_1+\sqrt{D}y_1)^n$ 求 x_n,y_n,但是比较麻烦,所以利用初始条件和递推关系求 x_n,y_n.

初始条件$\begin{cases}x_1=24\\y_1=5\end{cases}$，$\begin{cases}x_2=2\times24^2-1=1151\\y_2=240\end{cases}$，所以方程 $x^2-23y^2=1$ 的一切正整数解是$\begin{cases}x_{n+2}=48x_{n+1}-x_n\\y_{n+2}=48y_{n+1}-y_n\end{cases}$，$\begin{cases}x_1=24\\y_1=5\end{cases}$，$\begin{cases}x_1=1151\\y_1=240\end{cases}$，$(n=1,2,3,\cdots)$. 前几个正整数解是：

$$\{x_n\}:24,1151,55224,2649601,127125624,\cdots$$

$$\{y_n\}:5,240,11515,552480,26507525,\cdots$$

例 2　求方程 $x^2-13y^2=1$ 的一切正整数解.

解　将 $\sqrt{13}$ 展开成循环连分数的形式：

$$\sqrt{13}=4+\frac{1}{\alpha_1}$$

$$\alpha_1=\frac{1}{\sqrt{13}-3}=\frac{\sqrt{13}+3}{4}=1+\frac{1}{\alpha_2}$$

$$\alpha_2=\frac{4}{\sqrt{13}-1}=\frac{\sqrt{13}+1}{3}=1+\frac{1}{\alpha_3}$$

$$\alpha_3=\frac{3}{\sqrt{13}-2}=\frac{\sqrt{13}+2}{3}=1+\frac{1}{\alpha_4}$$

$$\alpha_4=\frac{3}{\sqrt{13}-1}=\frac{\sqrt{13}+1}{4}=1+\frac{1}{\alpha_5}$$

$$\alpha_5=\frac{4}{\sqrt{13}-3}=\sqrt{13}+3=6+\frac{1}{\alpha_6}$$

$$\alpha_6=\frac{1}{\sqrt{13}-3}=\alpha_1$$

所以 $\sqrt{13}=[3;\overline{1,1,1,1,6}]$，周期 $n=5$ 是奇数.

下面求 $\sqrt{13}$ 的渐近分数（表 2）：

表 2

n	0	1	2	3	4	5
a_n	0	3	1	1	1	1
p_n	1	3	4	7	11	18
q_n	0	1	1	2	3	5

第 5 个渐近分数是 $\frac{18}{5}$，则有 $18^2-13\times5^2=-1$，于是 $(18+\sqrt{13}\times5)(18-$

$\sqrt{13}\times5)=-1$. 两边平方

$$(18^2+13\times5^2+2\times18\times\sqrt{13}\times5)(18^2+13\times5^2-2\times18\times\sqrt{13}\times5)=(-1)^2$$

即$(649+\sqrt{13}\times180)(649-\sqrt{13}\times180)=649^2-13\times180^2=1$. 最小正整数解是$\begin{cases}x_1=649\\y_1=180\end{cases}$,或$\begin{cases}x_1=2\times18^2+1=649\\y_1=2\times18\times5=180\end{cases}$.

也可以继续求第10个渐近分数(表3):

表3

n	6	7	8	9	10
a_n	6	1	1	1	1
p_n	119	137	256	393	649
q_n	33	38	71	109	180

第10个渐近分数是$\frac{649}{180}$,则$\begin{cases}x_1=649\\y_1=180\end{cases}$.

所以方程 $x^2-13y^2=1$ 的一切正整数解是:$\begin{cases}x_1=649\\y_1=180\end{cases}$, $\begin{cases}x_2=842403\\y_2=233640\end{cases}$, $\begin{cases}x_{n+2}=1298x_{n+1}-x_n\\y_{n+2}=1298y_{n+1}-y_n\end{cases}(n=1,2,3,\cdots)$.

广义佩尔方程$x^2-Dy^2=\pm N(N>0)$的正整数解.

设$u_1+v_1\sqrt{D}$是方程$u^2-Dv^2=1$的基本解. 根据佩尔方程的理论:

(1)若$x_1+y_1\sqrt{D}$是方程$x^2-Dy^2=N$的某个结合类k的基本解,则

$$0\leqslant|x_1|\leqslant\sqrt{\frac{(u_1+1)N}{2}}$$

$$0\leqslant|y_1|\leqslant v_1\sqrt{\frac{N}{2(u_1+1)}}$$

(2)若$x_1+y_1\sqrt{D}$是方程$x^2-Dy^2=-N$的某个结合类k的基本解,则

$$0\leqslant|x_1|\leqslant\sqrt{\frac{(u_1-1)N}{2}}$$

$$0\leqslant|y_1|\leqslant v_1\sqrt{\frac{N}{2(u_1-1)}}$$

(3)若方程 $x^2-Dy^2=\pm N$ 的某个结合类 k 的解是

$$x_1,x_2,\cdots,x_n,\cdots$$

$$y_1,y_2,\cdots,y_n,\cdots$$

则 $\begin{cases} x_2=u_1x_1+Dv_1y_1=\begin{vmatrix} u_1 & Dv_1 \\ -y_1 & x_1 \end{vmatrix} \\ y_2=u_1y_1+v_1x_1=\begin{vmatrix} u_1 & v_1 \\ -x_1 & y_1 \end{vmatrix} \end{cases}$，$\begin{cases} x_{n+2}=2u_1x_{n+1}-x_n \\ y_{n+2}=2u_1y_{n+1}-y_n \end{cases}$.

例 3 求方程 $x^2-7y^2=18$ 的正整数解.

解 先求方程 $u^2-7v^2=1$ 的基本解,解出 $u=\sqrt{7v^2+1}$. 列表如下(表 4):

表 4

v	1	2	3
$u=\sqrt{7v^2+1}$	$\sqrt{8}$	$\sqrt{29}$	8

得到最小正整数 $\begin{cases} u_1=8 \\ v_1=3 \end{cases}$. $0\leqslant|y_1|\leqslant 3\sqrt{\dfrac{18}{2(8+1)}}=3$.

再求方程 $x^2-7y^2=18$ 的正整数解,$x=\sqrt{7y^2+18}$. 列表如下(表 5):

表 5

y	1	2	3
$x=\sqrt{7y^2+18}$	5	$\sqrt{46}$	9

(1) $\begin{cases} x_1=5 \\ y_1=1 \end{cases}$，$\begin{cases} x_2=8\times 5+7\times 3\times 1=61 \\ y_2=8\times 1+3\times 5=23 \end{cases}$，$\begin{cases} x_{n+2}=16x_{n+1}-x_n \\ y_{n+2}=16y_{n+1}-y_n \end{cases}$,得到

$$\begin{cases} x_3=971 \\ y_3=367 \end{cases},\begin{cases} x_4=15475 \\ y_4=5849 \end{cases},\begin{cases} x_5=246629 \\ y_5=93217 \end{cases},\begin{cases} x_6=3930589 \\ y_6=1485623 \end{cases},\cdots$$

(2) $\begin{cases} x_1=5 \\ y_1=-1 \end{cases}$，$\begin{cases} x_2=8\times 5+7\times 3\times(-1)=19 \\ y_2=8\times(-1)+3\times 5=7 \end{cases}$，$\begin{cases} x_{n+2}=16x_{n+1}-x_n \\ y_{n+2}=16y_{n+1}-y_n \end{cases}$,得到

$$\begin{cases} x_3=299 \\ y_3=113 \end{cases},\begin{cases} x_4=4765 \\ y_4=1801 \end{cases},\begin{cases} x_5=75941 \\ y_5=28703 \end{cases},\begin{cases} x_6=1210291 \\ y_6=457447 \end{cases},\cdots$$

(3) $\begin{cases} x_1=9 \\ y_1=-3 \end{cases}$，$\begin{cases} x_2=8\times 9+7\times 3\times(-3)=9 \\ y_2=8\times(-3)+3\times 9=3 \end{cases}$，$\begin{cases} x_{n+2}=16x_{n+1}-x_n \\ y_{n+2}=16y_{n+1}-y_n \end{cases}$,得到

$$\begin{cases}x_3=135\\y_3=51\end{cases},\begin{cases}x_4=2151\\y_4=813\end{cases},\begin{cases}x_5=34281\\y_5=12957\end{cases},\begin{cases}x_6=546345\\y_6=206499\end{cases},\cdots$$

佩尔方程 $x^2-Dy^2=1$ 的最小正整数解表(表6)：

表6

D	$\sqrt{D}$的连分数	x	y	x^2-Dy^2
2	1;2	1	1	-1
3	1;1,2	2	1	+1
5	2;4	2	1	-1
6	2;2,4	5	2	+1
7	2;1,1,1,1,4	8	3	+1
8	2;1,4	3	1	+1
10	3;6	3	1	-1
11	3;3,6	10	3	+1
12	3;26	7	2	+1
13	3;1,1,1,1,6	18	5	-1
14	3;1,2,1,6	15	4	+1
15	3;1,6	4	1	+1
17	4;8	4	1	-1
18	4;4,8	17	4	+1
19	4;2,1,3,1,2,8	170	39	+1
20	4;2,8	9	2	+1
21	4;1,1,2,1,1,8	55	12	+1
22	4;1,2,4,2,1,8	197	42	+1
23	4;1,3,1,8	24	5	+1
24	4;1,8	5	1	+1
26	5;10	5	1	-1
27	5;5,10	26	5	+1
28	5;3,2,3,10	127	24	+1

续表 6

D	$\sqrt{D}$的连分数	x	y	x^2-Dy^2
29	5;2,1,1,2,10	70	13	−1
30	5;2,10	11	2	+1
31	5;1,1,3,5,3,1,10	1520	273	+1
32	5;1,1,1,10	17	3	+1
33	5;1,2,1,10	23	4	+1
34	5;1,4,1,10	35	6	+1
35	5;1,10	6	1	+1
37	6;12	6	1	−1
38	6;6,12	37	6	+1
39	6;4,12	25	4	+1
40	6;3,12	19	3	+1
41	6;2,2,12	32	5	−1
42	6;2,12	13	2	+1
43	6;1,1,3,1,5,1,3,1,1,12	3482	531	+1
44	6;1,1,1,2,1,1,1,12	199	30	+1
45	6;1,2,2,2,1,12	161	24	+1
46	6;1,3,1,1,2,6,2,1,1,3,1,12	24335	3588	+1
47	6;1,5,1,12	48	7	+1
48	6;1,12	7	1	+1
50	7;14	7	1	−1
51	7;7,7,14	4999	700	+1
52	7;4,1,2,1,4,14	649	90	+1
53	7;3,1,1,3,14	182	25	−1
54	7;2,1,6,1,2,14	485	66	+1
…	…	…	…	…

4.9 几种特殊的勾股三角形及其性质

众所周知,如果直角三角形的两直角边 a,b 和斜边 c 的长都是正整数,那么称这样的直角三角形为勾股三角形,称这样的数组 (a,b,c) 为勾股数. 称 a, b,c 的最大公约数为 1 的勾股三角形为基本勾股三角形或本原勾股三角形(此时 a,b,c 两两互质),称这样的数组 (a,b,c) 为基本勾股数. 如果 a,b 都是奇数,则 a^2+b^2 是 4 的倍数加 2,不是完全平方数,即 $a^2+b^2=c^2$ 不成立,所以 a,b 一奇一偶,于是 c 是奇数. 不失一般性,设 a 是奇数,b 是偶数,可以证明所有 a 是奇数,b 是偶数的基本勾股三角形都可表示为:

$$\begin{cases} a=p^2-q^2 \\ b=2pq \\ c=p^2+q^2 \end{cases}$$,这里 p,q 是正整数,$p>q$,$(p,q)=1$,p,q 一奇一偶.

下面列举一些由 p,q 的较小的值构成的基本勾股数 (a,b,c)(表 1):

表 1

p	q	a	b	c	a^2	b^2	c^2
2	1	3	4	5	9	16	25
3	2	5	12	13	25	144	169
4	1	15	8	17	225	64	289
4	3	7	24	25	49	576	625
5	2	21	20	29	441	400	841
5	4	9	40	41	81	1600	1681
6	1	35	12	37	1225	144	1369
6	5	11	60	61	121	3600	3721
7	2	45	28	53	2025	784	2809
7	4	33	56	65	1089	3136	4225
7	6	13	84	85	169	7056	7225
…	…	…	…	…	…	…	…

本节的目的是要求出一些特殊的基本勾股三角形,并研究这些三角形的性质. 我们考虑的是以下几个问题:

问题 1 观察到 $c=p^2+q^2$. 如果 c 本身就是完全平方数,那么会发生什么情况？如果有一条直角边是完全平方数，那么会发生什么情况？有两条边都是完全平方数的情况是怎样的呢？

问题2 由于直角三角形的形状可由两条直角边的长的差确定. 如果两条直角边相差很大，那么勾股三角形的两个锐角相差也很大，这样的勾股三角形就比较“尖”. 如果两条直角边相差很小，那么勾股三角形就接近于等腰直角三角形. 这样的勾股三角形是如何构成的？有什么性质？

问题3 如果任取两个正整数作为直角三角形的三边 a,b,c 中的两边的长，那么第三边的长不一定是正整数，很可能出现比$\frac{a}{b}$(或$\frac{a}{c}$,$\frac{b}{c}$)是无理数 λ 的情况. 如何求出与无理数 λ 接近的勾股三角形(a,b,c)呢？

4.9.1 有一条边的长是完全平方数的勾股三角形

从表1看出，在$(7,24,25)$中 $25=5^2$，$(9,40,41)$中 $9=3^2$，也就是说勾股三角形中可能有一边的长是完全平方数. 是否还存在这样的勾股三角形呢？最简单的方法是将 $a^2+b^2=c^2$ 的两边分别乘以 a^2(或 b^2 或 c^2)即可. 但这样得到的三角形就不是基本勾股三角形了，所以不作研究，于是我们探求另一些方法.

(1)斜边的长是完全平方数.

设 $c=p^2+q^2=u^2$，于是 $p=r^2-s^2, q=2rs, u=r^2+s^2$ 或 $p=2rs, q=r^2-s^2$, $u=r^2+s^2$，这里 r,s 是正整数，$r>s$，$(r,s)=1$，r,s 一奇一偶.

因为 $p>q$，所以在勾股数中应取较大的直角边为 p，较小的直角边为 q.

例如，取$(p,q)=(4,3)$，得到$(a,b,c)=(7,24,25)$. 取$(p,q)=(12,5)$，得到$(a,b,c)=(119,120,169)$，等等.

(2)一条直角边的长是完全平方数.

(i)设 $a=p^2-q^2=u^2$，则 $u^2+q^2=p^2$，其中 p 是奇数. 由于 p,q 一奇一偶，所以 q 是偶数. 于是设 $u=r^2-s^2, q=2rs, p=r^2+s^2$，这里 r,s 是正整数，$r>s$，$(r,s)=1$，r,s 一奇一偶.

在勾股数中取斜边为 p，长为偶数的直角边为 q.

例如，取$(p,q)=(5,4)$，得到$(a,b,c)=(9,40,41)$. 取$(p,q)=(13,12)$，得到$(a,b,c)=(25,312,313)$，等等.

(ii)设 $b=2pq=u^2$，因为 $p>q$，$(p,q)=1$，p,q 一奇一偶，所以要使 $2pq$ 是完全平方数，可取 $p=2r^2, q=s^2, 2r^2>s^2$，这里$(r,s)=1$，s 是奇数，r 是偶数.

例如，取$(r,s)=(2,1)$，得到$(p,q)=(8,1)$，于是$(a,b,c)=(63,16,65)$.

取$(r,s)=(4,3)$，得到$(p,q)=(32,9)$，于是$(a,b,c)=(943,576,1105)$.

要使 $2pq$ 是完全平方数，也可取 $p=r^2, q=2s^2, r^2>2s^2$，这里$(r,s)=1$，r 是

奇数，s 是偶数.

例如，取$(r,s)=(3,2)$，得到$(p,q)=(9,8)$，于是$(a,b,c)=(17,144,145)$.

取$(r,s)=(5,3)$，得到$(p,q)=(25,18)$，于是$(a,b,c)=(301,900,949)$，等等.

(3)两条边的长都是完全平方数.

由于方程 $x^4+y^4=z^2$ 和 $x^4+y^2=z^4$ 都没有正整数解(见柯召，孙琦的著作《谈谈不定方程》)，所以不存在两条边的长都是完全平方数的勾股三角形.

4.9.2　斜边与一条直角边相差1的勾股三角形

不失一般性，可设 $c=b+1$，于是 $a^2+b^2=(b+1)^2$，$a^2=2b+1$，则 a 是奇数. 设 $a=2n+1$（n 是正整数），则 $4n^2+4n+1=2b+1$，$b=2n(n+1)$，于是得到恒等式

$$(2n+1)^2+[2n(n+1)]^2=[2n(n+1)+1]^2$$

下面对 n 的一些值列表如下(表2)：

表2

n	$(2n+1)^2+[2n(n+1)]^2=[2n(n+1)+1]^2$
1	$3^2+4^2=5^2$
2	$5^2+12^2=13^2$
3	$7^2+24^2=25^2$
4	$9^2+40^2=41^2$
5	$11^2+60^2=61^2$
6	$13^2+84^2=85^2$
7	$15^2+112^2=113^2$
…	…

设这样的直角三角形的一个小的锐角为 A_n，由于 $\lim\limits_{n\to\infty}\tan A_n=\lim\limits_{n\to\infty}\dfrac{2n+1}{2n(n+1)}=0$，所以当 $n\to\infty$ 时，角 $A_n\to 0$，即这样的直角三角形的一个锐角越来越“尖”.

4.9.3　接近于等腰直角三角形的勾股三角形

当两条直角边相差很小时，这样的勾股三角形接近于等腰直角三角形. 从表1中看到，当 $a=3$，$b=4$，以及 $a=21$，$b=20$ 时，a 与 b 只相差1，比较接近于等腰直角三角形. 下面我们用两种方法来寻找所有使 a 与 b 只相差1的勾股三角形.

方法 1 利用佩尔方程求解.

不失一般性,设 $b=a+1$,则 $a^2+(a+1)^2=c^2$,$2a^2+2a+1=c^2$,$4a^2+4a+2=2c^2$,$(2a+1)^2-2c^2=-1$. 佩尔方程指的是形如 $x^2-Dy^2=1$(D 是正整数,$\sqrt{D}$是无理数)的方程,佩尔方程恒有无穷多组正整数解. 因为这里的方程 $(2a+1)^2-2c^2=-1$ 的右边不等于 1,所以是一个广义的佩尔方程.

由于叙述佩尔方程的理论需要很大篇幅,所以这里不作介绍,有兴趣的读者可阅读有关书籍. 由佩尔方程的理论,可求出方程$(2a+1)^2-2c^2=-1$ 的一切正整数解,从而可求出两直角边的长相差 1 的勾股三角形的边长的数列$\{a_n\}$,$\{b_n\}$和$\{c_n\}$的递推关系(过程从略)

$$\begin{cases} a_{n+2}=6a_{n+1}-a_n+2, a_1=3, a_2=20 \\ b_{n+2}=6b_{n+1}-b_n-2, b_1=4, b_2=21 \\ c_{n+2}=6c_{n+1}-c_n, c_1=5, c_2=29 \end{cases} \quad (n\text{ 是正整数})$$

由上述递推关系和初始条件可推出(请读者自行证明)

$$a_{n+2}=\frac{(a_{n+1}-1)^2-4}{a_n}$$

$$a_{n+1}=3a_n+1+\sqrt{2(2a_n+1)^2+2}$$

$$b_{n+2}=\frac{(b_{n+1}+1)^2-4}{b_n}$$

$$b_{n+1}=3b_n-1+\sqrt{2(2b_n-1)^2+2}$$

$$c_{n+2}=\frac{c_n^2+4}{b_n}$$

$$c_{n+1}=3c_n+\sqrt{2(2c_{n+1})^2-4}$$

根据上述递推关系和初始条件列出该数列的前几项(表 3):

表 3

n	1	2	3	4	5	6	…
a_n	3	20	119	696	4059	23660	…
b_n	4	21	120	697	4060	23661	…
c_n	5	29	169	985	5741	33461	…

利用特征根和初始条件可求出$\{a_n\}$,$\{b_n\}$和$\{c_n\}$的通项(过程从略)

$$a_n=\frac{1}{4}[(1+\sqrt{2})(3+2\sqrt{2})^k+(1-\sqrt{2})(3-2\sqrt{2})^k-2]$$

$$b_n=\frac{1}{4}[(1+\sqrt{2})(3+2\sqrt{2})^k+(1-\sqrt{2})(3-2\sqrt{2})^k-2]+1$$

$$c_n=\frac{1}{4}[(2+\sqrt{2})(3+2\sqrt{2})^k+(2-\sqrt{2})(3-2\sqrt{2})^k]$$

方法2 用连分数的方法求解(佩尔方程也是用连分数的方法解的).其一般步骤是:

(1)设$\frac{a}{b}=\frac{p^2-q^2}{2pq}\approx\lambda>0$(等腰直角三角形的$\lambda=1$,也可将$\frac{a}{b}$换成$\frac{a}{c}$或$\frac{b}{c}$,得到不同的$\lambda$).

(2)将$\frac{p^2-q^2}{2pq}\approx\lambda$变形:$p^2-2\lambda pq-q^2\approx0,(p-\lambda q)^2\approx(\lambda^2+1)q^2,p\approx(\lambda\pm\sqrt{\lambda^2+1})q$,因为$p>q$,所以得到$\frac{p}{q}\approx\lambda+\sqrt{\lambda^2+1}$.

(3)将$\lambda+\sqrt{\lambda^2+1}$展开成连分数,求出$\lambda+\sqrt{\lambda^2+1}$的渐近分数$\frac{p_k}{q_k}$.

(4)根据p_k和q_k的值,用公式$a_k=p_k^2-q_k^2,b_k=2p_kq_k,c_k=p_k^2+q_k^2$,求出$\frac{a}{b}=\frac{p^2-q^2}{2pq}\approx\lambda$的勾股三角形$(a_k,b_k,c_k)$.

注 这里$\lambda+\sqrt{\lambda^2+1}$是无理数,否则设$\lambda+\sqrt{\lambda^2+1}=\frac{p}{q}$是有理数,解出$\lambda=\frac{p^2-q^2}{2pq}$.这就是勾股三角形的两直角边的比,不必求与某直角三角形接近的直角三角形.

现在以$\lambda=1$为例,求与等腰直角三角形接近的勾股三角形.

当$\lambda=1$时,$\frac{p}{q}\approx1+\sqrt{2}$(因为$c=p^2+q^2$,所以也可考虑$p^2+q^2\approx\sqrt{2}(p^2-q^2)$或$p^2+q^2\approx\sqrt{2}\cdot2pq$,也得到$\frac{p}{q}\approx1+\sqrt{2}$).为了用连分数的方法求$1+\sqrt{2}$的近似值,即$1+\sqrt{2}$的渐近分数,我们首先介绍连分数的一个基本性质(因篇幅有限,这里不予证明,读者可参见有关连分数的书籍):

如果实数α的连分数是$\alpha=[a_1,a_2,a_3,\cdots]$,这里的$a_k$称为连分数的部分商,且$\alpha$的第$k$个渐近分数是$\frac{p_k}{q_k}$,那么

$$\begin{cases}p_k=a_kp_{k-1}+p_{k-2}\\q_k=a_kq_{k-1}+q_{k-2}\end{cases}$$

其中$\begin{cases}p_{-1}=0\\q_{-1}=1\end{cases}$，$\begin{cases}p_0=1\\q_0=0\end{cases}$，$k=1,2,\cdots$.

下面将$1+\sqrt{2}$展开为连分数. 设$1+\sqrt{2}=2+\frac{1}{\alpha_1}$，得到部分商$a_1=2$，$\alpha_1=\frac{1}{\sqrt{2}-1}=1+\sqrt{2}=2+\frac{1}{\alpha_2}$，$\alpha_2=\frac{1}{\sqrt{2}-1}=1+\sqrt{2}=\alpha_1$，因此$1+\sqrt{2}$的连分数的每一个部分商都是2，即$1+\sqrt{2}=[2,2,2,\cdots]$，于是数列$\{p_k\}$和$\{q_k\}$的递推关系是：$\begin{cases}p_{k+2}=2p_{k+1}+p_k\\q_{k+2}=2q_{k+1}+q_k\end{cases}$（$k$是非负整数）. 再利用初始条件$\begin{cases}p_0=1\\q_0=0\end{cases}$，$\begin{cases}p_1=2\\q_1=1\end{cases}$，可求出$1+\sqrt{2}$的渐近分数$\frac{p_k}{q_k}$，列表如下（表4）：

表4

k	-1	0	1	2	3	4	5	6	7	…
a_k			2	2	2	2	2	2	2	…
p_k	0	1	2	5	12	29	70	169	408	…
q_k	1	0	1	2	5	12	29	70	169	…

由于数列$\{p_k\}$和$\{q_k\}$的递推关系相同，且$q_0=0=p_{-1}$，$q_1=1=p_0$，所以当k为正整数时，有$q_k=p_{k-1}$，因此$\{q_k\}$已不需要，在求勾股三角形(a_k,b_k,c_k)时，只需p_k的值.

设与等腰直角三角形接近的勾股三角形的边a,b,c的数列分别是$\{a_k\}$，$\{b_k\}$，$\{c_k\}$（这里的a_k不是连分数的部分商）. 若定义$a_0=1$，$b_0=0$，$c_0=1$，则$a_k=p_k^2-p_{k-1}^2$，$b_k=2p_kp_{k-1}$，$c_k=p_k^2+p_{k-1}^2$（k是非负整数）. 由数列$\{p_k\}$的值，得到逐步接近于等腰直角三角形的前几个勾股三角形（表5）：

表5

k	0	1	2	3	4	5	6	…
p_k	1	2	5	12	29	70	169	…
a_k	1	3	21	119	697	4059	23661	…
b_k	0	4	20	120	696	4060	23660	…
c_k	1	5	29	169	985	5741	33641	…

下面研究数列$\{p_k\}$，$\{a_k\}$，$\{b_k\}$，$\{c_k\}$的性质：

(1)设 k 为非负整数,则:

(i)$p_k^2-p_{k-1}^2-2p_kp_{k-1}=(-1)^k$;

(ii)$a_k-b_k=(-1)^k$.

证明 (i)用数学归纳法证明.

当 $k=0$ 时,$p_0^2-p_{-1}^2-2p_0p_{-1}=1^2-0^2-2\cdot1\cdot0=1=(-1)^0$,结论成立.

假定 $p_k^2-p_{k-1}^2-2p_kp_{k-1}=(-1)^k$,则

$$\begin{aligned}p_{k+1}^2-p_k^2-2p_{k+1}p_k&=(2p_k+p_{k-1})^2-p_k^2-2(2p_k+p_{k-1})p_k\\&=4p_k^2+4p_kp_{k-1}+p_{k-1}^2-p_k^2-4p_k^2-2p_kp_{k-1}\\&=-p_k^2+p_{k-1}^2+2p_kp_{k-1}\\&=-(p_k^2-p_{k-1}^2-2p_kp_{k-1})\\&=-(-1)^k=(-1)^{k+1}\end{aligned}$$

所以结论成立.

(ii)因为 $a_k=p_k^2-p_{k-1}^2,b_k=2p_kp_{k-1}$,由 $p_k^2-p_{k-1}^2-2p_kp_{k-1}=(-1)^k$,得到

$$a_k-b_k=(-1)^k$$

此外,数列$\{p_k\}$还有两个等价的递推关系(初始条件都是 $p_0=1,p_1=2$):

$$p_{k+1}=p_k+\sqrt{2p_k^2-(-1)^k}\text{和}\ p_{k+2}=\frac{p_{k+1}^2+(-1)^k}{p_k}$$

证明如下:将 $p_k^2-p_{k-1}^2-2p_kp_{k-1}=(-1)^k$ 中的 k 换成 $k+1$,得

$$p_{k+1}^2-p_k^2-2p_{k+1}p_k=-(-1)^k,(p_{k+1}-p_k)^2=2p_k^2-(-1)^k$$

得到递推关系 $p_{k+1}=p_k+\sqrt{2p_k^2-(-1)^k}$.

由 $p_{k+1}^2-p_k^2-2p_{k+1}p_k=-(-1)^k$,得 $p_{k+1}^2-p_k(p_k+2p_{k+1})+(-1)^k=0$,于是

$$p_{k+2}p_k=p_{k+1}^2+(-1)^k$$

得到递推关系 $p_{k+2}=\dfrac{p_{k+1}^2+(-1)^k}{p_k}$.

下面利用 $a_k-b_k=(-1)^k$ 比较两直角边相差1的勾股三角形的边 a_k 的对角 A_k 与45°的大小关系.由于 $\tan A_k-1=\dfrac{a_k}{b_k}-1=\dfrac{a_k-b_k}{b_k}=\dfrac{(-1)^k}{b_k}$,所以可根据 k 的奇偶性来比较角 A_k 与45°的大小.从表5中的数据得到

$$\frac{3}{4}<\frac{119}{120}<\frac{4059}{4060}<\cdots<1<\cdots<\frac{23661}{23660}<\frac{697}{696}<\frac{21}{20}$$

即 $\tan A_k=\dfrac{a_k}{b_k}$依次小于1、大于1、小于1、大于1、……,也就是说,角 A_k 依次小

于45°、大于45°、小于45°、大于45°、……. 因为当 $n\to\infty$ 时, $b_k\to\infty$, $\frac{(-1)^k}{b_k}\to 0$,所以 $\lim\limits_{n\to\infty}\tan A_k=\lim\limits_{n\to\infty}\frac{a_k}{b_k}=1$,即 $\tan A_k=\frac{a_k}{b_k}$ 越来越接近于1,角 A_k 越来越接近45°,勾股三角形 (a_k,b_k,c_k) 越来越接近等腰直角三角形.

(2) $a_{k+1}-a_k=2(p_k+p_{k-1})^2=2(b_k+c_k)$.

证明

$$\begin{aligned}a_{k+1}-a_k&=p_{k+1}^2-p_k^2-p_k^2+p_{k-1}^2=(2p_k+p_{k-1})^2-2p_k^2+p_{k-1}^2\\&=2p_k^2+4p_kp_{k-1}+2p_{k-1}^2=2(p_k^2+2p_kp_{k-1}+p_{k-1}^2)\\&=2(p_k+p_{k-1})^2\end{aligned}$$

$$a_{k+1}-a_k=2(2p_kp_{k-1}+p_k^2+p_{k-1}^2)=2(b_k+c_k)$$

(3) (i) $a_{k+2}=6a_{k+1}-a_k+4(-1)^k$;

(ii) $b_{k+2}=6b_{k+1}-b_k-4(-1)^k$;

(iii) $c_{k+2}=6c_{k+1}-c_k$.

证明 (i) $a_{k+2}=p_{k+2}^2-p_{k+1}^2=(2p_{k+1}+p_k)^2-p_{k+1}^2=3p_{k+1}^2+4p_{k+1}p_k+p_k^2$.

利用在性质(1)中已经证明的 $p_k^2-p_{k-1}^2-2p_kp_{k-1}=(-1)^k$,得到

$$\begin{aligned}6a_{k+1}-a_k+4(-1)^k&=6p_{k+1}^2-6p_k^2-p_k^2+p_{k-1}^2+4(p_k^2-p_{k-1}^2-2p_kp_{k-1})\\&=6p_{k+1}^2-3p_k^2-3p_{k-1}^2-8p_kp_{k-1}\end{aligned}$$

由 $p_{k+1}=2p_k+p_{k-1}$,得 $p_{k-1}=p_{k+1}-2p_k$,所以

$$\begin{aligned}6a_{k+1}-a_k+4(-1)^k&=6p_{k+1}^2-3p_k^2-3(p_{k+1}-2p_k)^2-8p_k(p_{k+1}-2p_k)\\&=6p_{k+1}^2-3p_k^2-3p_{k+1}^2+12p_{k+1}p_k-12p_k^2-8p_{k+1}p_k+16p_k^2\\&=3p_{k+1}^2+4p_{k+1}p_k+p_k^2\end{aligned}$$

于是 $a_{k+2}=6a_{k+1}-a_k+4(-1)^k$.

(ii) 由性质(1),得 $a_k=b_k+(-1)^k$,代入 $a_{k+2}=6a_{k+1}-a_k+4(-1)^k$ 中,得到 $b_{k+2}+(-1)^k=6b_{k+1}-6(-1)^k-b_k-(-1)^k+4(-1)^k$,于是 $b_{k+2}=6b_{k+1}-b_k-4(-1)^k$.

(iii) 由 $2c_k=a_{k+1}-a_k-2b_k$ 和 $b_k=a_k-(-1)^k$,得到 $2c_k=a_{k+1}-3a_k+2(-1)^k$,所以

$$\begin{aligned}2c_{k+2}&=a_{k+3}-3a_{k+2}+2(-1)^k\\&=6a_{k+2}-a_{k+1}-4(-1)^k-3a_{k+2}+2(-1)^k\\&=3a_{k+2}-a_{k+1}-2(-1)^k\end{aligned}$$

$$12c_{k+1}-2c_k=6a_{k+2}-18a_{k+1}+12(-1)^k-a_{k+1}+3a_k-2(-1)^k$$

$$=3a_{k+2}-a_{k+1}-2(-1)^k+3a_{k+2}-18a_{k+1}+3a_k+12(-1)^k$$
$$=3a_{k+2}-a_{k+1}-2(-1)^k+3[a_{k+2}-6a_{k+1}+a_k+4(-1)^k]$$
$$=3a_{k+2}-a_{k+1}-2(-1)^k$$

于是 $c_{k+2}=6c_{k+1}-c_k$.

此外,将 $a_{k+2}=6a_{k+1}-a_k+4(-1)^k$,$b_{k+2}=6b_{k+1}-b_k-4(-1)^k$ 和 $c_{k+2}=6c_{k+1}-c_k$ 中的 k 换成 $k+1$,分别得到

$$a_{k+3}=6a_{k+2}-a_{k+1}-4(-1)^k$$
$$b_{k+3}=6b_{k+2}-b_{k+1}+4(-1)^k$$
$$c_{k+3}=6c_{k+2}-c_{k+1}$$

分别将相应的两式相加,得到

$$a_{k+3}=5a_{k+2}+5a_{k+1}-a_k$$
$$b_{k+3}=5b_{k+2}+5b_{k+1}-b_k$$
$$c_{k+3}=5c_{k+2}+5c_{k+1}-c_k$$

可见数列$\{a_k\}$,$\{b_k\}$和$\{c_k\}$的三阶递推关系相同.

(4)$c_k=p_{2k}$;$a_k+b_k+c_k=p_{2k+1}$,k 是正整数.

证明 因为 $c_k=p_k^2+p_{k-1}^2$,$a_k+b_k+c_k=(p_k^2-p_{k-1}^2)+(2p_kp_{k-1})+(p_k^2+p_{k-1}^2)=2p_k^2+2p_kp_{k-1}$,所以只要证明:$p_{2k}=p_k^2+p_{k-1}^2$和 $p_{2k+1}=2p_k^2+2p_kp_{k-1}$.

用数学归纳法证明:当 $k=1$ 时,$p_2=5=2^2+1^2=p_2^2+p_1^2$;$p_3=12=2\cdot2^2+2\cdot2\cdot1=2p_2^2+2p_2p_1$,结论成立.

假定 $p_{2k}=p_k^2+p_{k-1}^2$和 $p_{2k+1}=2p_k^2+2p_kp_{k-1}$,则

$$\begin{aligned}p_{2k+2}&=2p_{2k+1}+p_{2k}\\&=4p_k^2+4p_kp_{k-1}+p_k^2+p_{k-1}^2\\&=(2p_k+p_{k-1})^2+p_k^2\\&=p_{k+1}^2+p_k^2\end{aligned}$$

$$\begin{aligned}p_{2k+3}&=2p_{2k+2}+p_{2k+1}\\&=2p_{k+1}^2+2p_k^2+2p_k^2+2p_kp_{k-1}\\&=2p_{k+1}^2+4p_k^2+2p_kp_{k-1}\\&=2p_{k+1}^2+2p_k(2p_k+p_{k-1})\\&=2p_{k+1}^2+2p_{k+1}p_k\end{aligned}$$

所以 $c_k=p_{2k}$;$a_k+b_k+c_k=p_{2k+1}$.

注1 利用数列$\{p_k\}$,$\{a_k\}$,$\{b_k\}$和$\{c_k\}$的递推关系,可求出特征根,再利用初始条件,可求出$\{p_k\}$,$\{a_k\}$,$\{b_k\}$和$\{c_k\}$的通项分别为(过程从略)

$$p_k=\frac{\sqrt{2}}{4}[(1+\sqrt{2})^{k+1}-(1-\sqrt{2})^{k+1}]$$

$$a_k=\frac{1}{4}[(1+\sqrt{2})(3+2\sqrt{2})^k+(1-\sqrt{2})(3-2\sqrt{2})^k+2(-1)^k]$$

$$b_k=\frac{1}{4}[(1+\sqrt{2})(3+2\sqrt{2})^k+(1-\sqrt{2})(3-2\sqrt{2})^k-2(-1)^k]$$

$$c_k=\frac{1}{4}[(2+\sqrt{2})(3+2\sqrt{2})^k+(2-\sqrt{2})(3-2\sqrt{2})^k]$$

注 2 当下标为偶数时,这里得到的两条直角边与用佩尔方程得到的两条直角边对换,其余都相同.

注 3 有兴趣的读者不妨证明以下结论(k 是正整数):

(1)数列$\{a_k\}$的初始条件是 $a_1=3,a_2=21$,递推关系 $a_{k+2}=6a_{k+1}-a_k+4(-1)^k$ 等价于以下两个递推关系

$$a_{k+2}=\frac{[a_{k+1}+2(-1)^k]^2-4}{a_k}$$

$$a_{k+1}=3a_k-2(-1)^k+\sqrt{2[2a_k-(-1)^k]^2+2}$$

(2)若设数列$\{x_k\}$:$x_1=1,x_2=3,x_{k+2}=2x_{k+1}+x_k$,即

$$1,3,7,17,41,99,239,\cdots$$

则 $x_{k+2}=\frac{x_{k+1}^2+2(-1)^k}{x_k}$,$x_{k+1}=x_k+\sqrt{2x_k^2-2(-1)^k}$,$a_k=x_kx_{k+1}$.

(3)数列$\{b_k\}$的初始条件是 $b_1=4,b_2=20$,递推关系 $b_{k+2}=6b_{k+1}-b_k-4(-1)^k$ 等价于以下两个递推关系

$$b_{k+2}=\frac{[b_{k+1}-2(-1)^k]^2-4}{b_k}$$

$$b_{k+1}=3b_k+2(-1)^k+\sqrt{2[2b_k+(-1)^k]^2+2}$$

(4)数列$\{c_k\}$的初始条件是 $c_0=1,c_1=5$,递推关系 $c_{k+2}=6c_{k+1}-c_k$ 等价于以下两个递推关系

$$c_{k+2}=\frac{c_{k+1}^2+4}{c_k},c_{k+1}=3c_k+\sqrt{8c_k^2-4}$$

(5)若设$\{u_k\}$:$u_1=1,u_2=6,u_{k+2}=6u_{k+1}-u_k$,即

$$1,6,35,204,1189,\cdots$$

则 $u_{k+1}=c_k+u_k,b_{2k-1}=4c_ku_k,b_{2k}=4c_ku_{k+1}$.

(6)$[2a_k-(-1)^k]^2=[2b_k+(-1)^k]^2=2c_k^2-1$.

4.9.4　有一个角接近60°的勾股三角形

当直角三角形有一个角是60°时，斜边是一条直角边的两倍（也是另一条直角边的$\frac{2\sqrt{3}}{3}$倍，$\frac{2\sqrt{3}}{3}$是无理数），所以在有一个角接近60°的勾股三角形中，斜边应接近于一条直角边的两倍. 从表1中看到，当$b=8$，$c=17$，以及$a=33$，$c=65$时，斜边与一条直角边的两倍只相差1，比较接近于有一个角是60°的直角三角形. 下面也用两种方法来寻找所有使斜边与一条直角边的两倍相差1的勾股三角形.

方法1　利用佩尔方程求解.

不失一般性，设$c=2b\pm1$，则$a^2+b^2=(2b\pm1)^2$，$a^2=3b^2\pm4b+1$，配方后得到$(3b\pm2)^2-3a^2=1$. 为方便起见，设$x=3b\pm2$，$y=a$，于是得到方程$x^2-3y^2=1$，这是一个佩尔方程.

求佩尔方程的一切正整数解的步骤是：

(1)将$y=1,2,3,\cdots$依次代入$x=\sqrt{Dy^2+1}$中尝试，直到x是正整数为止. 这样就得到最小正整数解(x_1,y_1). 如果y的值很大还得不到$x=\sqrt{Dy^2+1}$是正整数，那么可用连分数的方法求出(x_1,y_1).（因篇幅有限，这里不予叙述，读者可参见有关佩尔方程的书籍.）

(2)由x_1和y_1的值，得到$x_2=2x_1^2-1$，$y_2=2x_1y_1$.

(3)由递推关系：$\begin{cases}x_{n+2}=2x_1x_{n+1}-x_n\\y_{n+2}=2x_1y_{n+1}-y_n\end{cases}$（$n$是正整数）和初始条件$(x_1,y_1)$和$(x_2,y_2)$得到佩尔方程$x^2-Dy^2=1$的一切正整数解$(x_n,y_n)$.

例如，当$D=3$时，得到$\begin{cases}x_1=2\\y_1=1\end{cases}$，$\begin{cases}x_2=7\\y_2=4\end{cases}$，递推关系是$\begin{cases}x_{n+2}=4x_{n+1}-x_n\\y_{n+2}=4y_{n+1}-y_n\end{cases}$.

因为$a=y$，所以数列$\{a_n\}$的递推关系是$a_{n+2}=4a_{n+1}-a_n$. 由于$a_1=y_1=1$不是勾股三角形的边，应舍去，但是可用来求$a_3=4\cdot4-1=15$. 由于$a_1=1$已舍去，所以将数列$\{a_n\}$的初始条件的下标分别减1，得到$a_1=4$，$a_2=15$.

下面求数列$\{b_n\}$和$\{c_n\}$. $x=3b\pm2$中的b未必都是正整数，显然当$x\equiv1\pmod 3$时，取"－"号，即$x=3b-2$，得到b是正整数，于是$c=2b-1$；当$x\equiv2\pmod 3$时，取"＋"号，即$x=3b+2$，得到b是正整数，于是$c=2b+1$. 下面利用$x_{n+2}=4x_{n+1}-x_n$求出何时有$x\equiv1\pmod 3$，何时有$x\equiv2\pmod 3$. 为此将x_n，$x_n\pmod 3$列表如下（表6）：

表6

n	1	2	3	4	5	6	…
x_n	7	26	97	362	1351	5042	…
$x_n \pmod 3$	1	2	1	2	1	2	…

由 $x_{n+2}=4x_{n+1}-x_n$ 可知,数列$\{x_n\}$每一项只与前两项有关.从表6看出,当 n 是奇数时,$x_n\equiv 1 \pmod 3$;当 n 是偶数时,$x_n\equiv 2 \pmod 3$.由此可得:

当 n 是奇数时

$$x_n=3b_n-2,c_n=2b_n-1,b_1=3$$

$$3b_{n+2}-2=4(3b_{n+1}+2)-(3b_n-2)$$

于是 $b_{n+2}=4b_{n+1}-b_n+4$.

当 n 是偶数时

$$x_n=3b_n+2,c_n=2b_n+1,b_2=8$$

$$3b_{n+2}+2=4(3b_{n+1}-2)-(3b_n+2)$$

于是 $b_{n+2}=4b_{n+1}-b_n-4$.

可见无论 n 是奇数还是偶数,都有 $b_{n+2}=4b_{n+1}-b_n-4(-1)^n,c_n=2b_n+(-1)^n$.

由 $2b_{n+2}=4\cdot 2b_{n+1}-2b_n-8(-1)^n$,得 $c_{n+2}-(-1)^n=4c_{n+1}+4(-1)^n-c_n+(-1)^n-8(-1)^n$,于是 $c_{n+2}=4c_{n+1}-c_n-2(-1)^n,c_1=5,c_2=17$.

这样我们求出了数列$\{a_n\}$,$\{b_n\}$和$\{c_n\}$的递推关系和初始条件,也就确定了有一个角接近于60°的勾股三角形(a_n,b_n,c_n),将其中前几个列表如下(表7):

表7

n	1	2	3	4	5	6	7	…
a_n	4	15	56	209	780	2911	10864	…
b_n	3	8	33	120	451	1680	6273	…
c_n	5	17	65	241	901	3361	12545	…

方法2 用连分数的方法求解.

有一个角接近于60°的勾股三角形的$\frac{a}{b}\approx\sqrt{3}=\lambda$,于是 $\lambda+\sqrt{\lambda^2+1}=2+\sqrt{3}$.当$\frac{a}{b}\approx\frac{\sqrt{3}}{3}=\lambda$ 时,只要将 a 与 b 交换,所以不必考虑 $\lambda=\frac{\sqrt{3}}{3}$的情况.

此外,因为 $a=p^2-q^2$,$b=2pq$,$c=p^2+q^2$,所以当勾股三角形中有一个角接近60°时,也可设 $p^2+q^2\approx2(p^2-q^2)$ 或 $p^2+q^2\approx4pq$,求出相应的$\frac{p}{q}$,从而求出勾股三角形(a,b,c),读者不妨尝试一下.

下面将 $2+\sqrt{3}$ 展开为连分数,设 $2+\sqrt{3}=3+\frac{1}{\alpha_1}$,得部分商 $a_1=3$,$\alpha_1=\frac{1}{\sqrt{3}-1}=\frac{\sqrt{3}+1}{2}=1+\frac{1}{\alpha_2}$,得部分商 $a_2=1$,$\alpha_2=\frac{2}{\sqrt{3}-1}=\sqrt{3}+1=2+\frac{1}{\alpha_3}$,得部分商 $a_3=2$,$\alpha_3=\frac{1}{\sqrt{3}-1}=\alpha_1$,所以当 k 是大于1的奇数时,$a_k=2$;当 k 是偶数时,$a_k=1$,于是 $2+\sqrt{3}=[3,1,2,1,2,1,2,\cdots]$,即 $a_1=3$. 当 $k>1$ 时,部分商数列$\{a_k\}$是循环的,循环部分是1,2,周期是2,所以数列$\{p_k\}$的递推关系是 $\begin{cases}p_{k+2}=p_{k+1}+p_k, k\text{ 是偶数}\\p_{k+2}=2p_{k+1}+p_k, k\text{ 是奇数}\end{cases}$,$\{q_k\}$的递推关系是 $\begin{cases}q_{k+2}=q_{k+1}+q_k, k\text{ 是偶数}\\q_{k+2}=2q_{k+1}+q_k, k\text{ 是奇数}\end{cases}$($k$ 是正整数). 下面利用上述递推关系和初始条件 $p_{-1}=0$,$p_0=1$ 以及 $q_{-1}=1$,$q_0=0$,求 $2+\sqrt{3}$的渐近分数$\frac{p_k}{q_k}$(表8):

表8

k	-1	0	1	2	3	4	5	6	7	8	…
a_k			3	1	2	1	2	1	2	1	…
p_k	0	1	3	4	11	15	41	56	153	209	…
q_k	1	0	1	1	3	4	11	15	41	56	…

因为 $q_2=1=p_0$,$q_3=3=p_1$,且$\{p_k\}$与$\{q_k\}$的递推关系相同,所以对一切正整数 k,有 $q_{k+2}=p_k$,于是$\{q_k\}$已不需要. 下面研究数列$\{p_k\}$的性质:

(1)$p_{k+2}=4p_k-p_{k-2}$(k 是正整数).

证明　(i)当 k 为奇数时,$p_{k+2}=2p_{k+1}+p_k$,于是 $2p_{k+1}=p_{k+2}-p_k$. 将 k 换成 $k-2$,得到 $2p_{k-1}=p_k-p_{k-2}$.

因为当 k 为奇数时,$k+1$ 是偶数,所以有 $p_{k+1}=p_k+p_{k-1}$,即 $2p_{k+1}=2p_k+2p_{k-1}$. 将 $2p_{k+1}=p_{k+2}-p_k$ 和 $2p_{k-1}=p_k-p_{k-2}$代入 $2p_{k+1}=2p_k+2p_{k-1}$中,得到 $p_{k+2}-p_k=2p_k+p_k-p_{k-2}$,于是 $p_{k+2}=4p_k-p_{k-2}$.

(ii)当 k 为偶数时,$p_{k+2}=p_{k+1}+p_k$,于是 $p_{k+1}=p_{k+2}-p_k$. 将 k 换成 $k-2$,得到 $p_{k-1}=p_k-p_{k-2}$.

因为当 k 为偶数时,$k+1$ 是奇数,所以有 $p_{k+1}=2p_k+p_{k-1}$. 将 $p_{k+1}=p_{k+2}-p_k$ 和 $p_{k-1}=p_k-p_{k-2}$ 代入 $p_{k+1}=2p_k+p_{k-1}$ 中,得到 $p_{k+2}-p_k=2p_k+p_k-p_{k-2}$,也有 $p_{k+2}=4p_k-p_{k-2}$.

(2)(i)当 k 是奇数时,$p_{k-2}=3p_k-2p_{k+1}$,$p_{k-1}=p_{k+1}-p_k$;

(ii)当 k 是偶数时,$p_{k-2}=3p_k-p_{k+1}$,$p_{k-1}=p_{k+1}-2p_k$.

证明 (i)当 k 是奇数时,$p_{k+2}=2p_{k+1}+p_k$. 因为 $p_{k+2}=4p_k-p_{k-2}$,所以 $p_{k-2}=4p_k-p_{k+2}=4p_k-2p_{k+1}-p_k=3p_k-2p_{k+1}$.

因为此时 $k+1$ 是偶数,所以 $p_{k+1}=p_k+p_{k-1}$,于是 $p_{k-1}=p_{k+1}-p_k$.

(ii)当 k 是偶数时,$p_{k+2}=p_{k+1}+p_k$,因为 $p_{k+2}=4p_k-p_{k-2}$,所以 $p_{k-2}=4p_k-p_{k+2}=4p_k-p_{k+1}-p_k=3p_k-p_{k+1}$.

因为此时 $k+1$ 是奇数,所以 $p_{k+1}=2p_k+p_{k-1}$,于是 $p_{k-1}=p_{k+1}-2p_k$.

(3)当 k 不是 4 的倍数加 2 时,p_k 是奇数;当 k 是 4 的倍数加 2 时,p_k 是偶数.

证明 用数学归纳法证明.

当 $k=1$ 时,$p_1=3$,结论成立. 假定当 k 是奇数时,p_k 是奇数,则 $p_{k+2}=2p_{k+1}+p_k$ 是奇数,所以对一切奇数 k,p_k 是奇数.

当 k 是偶数时,只要证明:(i)若 $k=4l$,p_k 是奇数;(ii)若 $k=4l-2$,p_k 是偶数.

(i)当 $k=4$ 时,$p_4=15$;当 $k=2$ 时,$p_2=4$,结论成立.

假定 $p_k=p_{4l}$ 是奇数;$p_k=p_{4l+2}$ 是偶数.

由于 p_{4l+1} 是奇数,所以 $p_{4l+2}=p_{4l+1}+p_{4l}$ 是偶数;

由于 p_{4l+3} 是奇数,所以 $p_{4l+4}=p_{4l+3}+p_{4l+2}$ 是奇数.

由此得到,当 k 是奇数时,由于 p_{k+2} 与 p_k 都是奇数,所以 p_k 与 p_{k-2} 的和与差都是偶数.

当 k 是偶数时,由于 p_k 与 p_{k-2} 一奇一偶,所以 p_k 与 p_{k-2} 的和与差都是奇数.

(4)当 k 是奇数时,$p_k^2+p_{k-2}^2-4p_kp_{k-2}=-2$,$2p_{k+1}^2-2p_{k+1}p_k-p_k^2=-1$;

当 k 是偶数时,$p_k^2+p_{k-2}^2-4p_kp_{k-2}=1$,$p_{k+1}^2-2p_{k+1}p_k-2p_k^2=1$.

证明 用数学归纳法证明.

当 $k=1$ 时,$p_1^2+p_{-1}^2-4p_1p_{-1}=3^2+1^2-4\cdot3\cdot1=-2$;

当 $k=2$ 时,$p_2^2+p_0^2-4p_2p_0=4^2+1^2-4\cdot4\cdot1=1$.

假定当 k 为奇数时,$p_k^2+p_{k-2}^2-4p_kp_{k-2}=-2$;

当 k 是偶数时,$p_k^2+p_{k-2}^2-4p_kp_{k-2}=1$.

由于 $p_{k+2}=4p_k-p_{k-2}$，所以 $p_{k+2}^2+p_k^2-4p_{k+2}p_k=(4p_k-p_{k-2})^2+p_k^2-4(4p_k-p_{k-2})p_k=16p_k^2-8p_kp_{k-2}+p_{k-2}^2+p_k^2-16p_k^2+4p_kp_{k-2}=p_k^2+p_{k-2}^2-4p_kp_{k-2}$.

由归纳假定，当 k 为奇数时，$p_k^2+p_{k-2}^2-4p_kp_{k-2}=-2$，所以当 k 为奇数时，有

$$p_{k+2}^2+p_k^2-4p_{k+2}p_k=-2$$

由于 $p_{k-2}=3p_k-2p_{k+1}$，所以 $p_k^2+p_{k-2}^2-4p_kp_{k-2}=p_k^2+(3p_k-2p_{k+1})^2-4p_k(3p_k-2p_{k+1})=-2p_k^2-4p_{k+1}p_k+4p_{k+1}^2=2(2p_{k+1}^2-2p_{k+1}p_k-p_k^2)=-2$，所以 $2p_{k+1}^2-2p_{k+1}p_k-p_k^2=-1$.

由归纳假定，当 k 是偶数时，$p_k^2+p_{k-2}^2-4p_kp_{k-2}=1$，所以当 k 是偶数时，有

$$p_{k+2}^2+p_k^2-4p_{k+2}p_k=1$$

由于 $p_{k+2}=3p_k-p_{k+1}$，所以 $p_{k+2}^2+p_k^2-4p_{k+2}p_k=(3p_k-p_{k+1})^2+p_k^2-4p_k(3p_k-p_{k+1})=p_{k+1}^2-2p_{k+1}p_k-2p_k^2=1$. 证毕.

设有一个角接近 60°的勾股三角形的边 a,b,c 分别是数列 $\{a_k\}$，$\{b_k\}$，$\{c_k\}$. 因为当 k 是奇数时，p_{k+2} 和 p_k 的和与差都是奇数，p_k 和 p_{k-2} 的和与差都是偶数；当 k 是偶数时，p_k 和 p_{k-2} 一奇一偶，p_k 和 p_{k-2} 的和与差都是奇数，所以：

(i)当 k 为奇数时，取 $a_k=\dfrac{p_k^2-p_{k-2}^2}{2}$，$b_k=p_k\,p_{k-2}$，$c_k=\dfrac{p_k^2+p_{k-2}^2}{2}$；

(ii)当 k 为偶数时，取 $a_k=p_k^2-p_{k-2}^2$，$b_k=2p_k\,p_{k-2}$，$c_k=p_k^2+p_{k-2}^2$.

将 p_k 的值($p_{-1}=1,p_0=1$)3，4，11，15，41，56，…逐个代入 a_k,b_k,c_k，可得到接近于有一个角是 60°的直角三角形的勾股三角形，这与用佩尔方程求出的结果一致(前面已列表).

下面研究勾股三角形(a_k,b_k,c_k)的边 a_k 的对角 A_k 与 60°的大小关系. 由性质(4)得：

当 k 为奇数时，$c_k-2b_k=\dfrac{p_k^2+p_{k-2}^2}{2}-2p_kp_{k-2}=\dfrac{1}{2}(p_k^2+p_{k-2}^2-4p_kp_{k-2})=\dfrac{1}{2}(-2)=-1$；当 k 为偶数时，$c_k-2b_k=p_k^2+p_{k-2}^2-4p_kp_{k-2}=1$.

可见无论 k 是奇数还是偶数，都有 $c_k-2b_k=(-1)^k$，于是 $\dfrac{b_k}{c_k}=\dfrac{1}{2}-\dfrac{(-1)^k}{2c_k}$. 从表 7 中的勾股三角形的数据得到

$$\frac{8}{17}<\frac{120}{241}<\frac{1680}{3361}<\cdots<\frac{1}{2}<\cdots<\frac{451}{901}<\frac{33}{65}<\frac{3}{5}$$

即 $\cos A_k=\dfrac{b_k}{c_k}$依次大于$\dfrac{1}{2}$、小于$\dfrac{1}{2}$、大于$\dfrac{1}{2}$、小于$\dfrac{1}{2}$、……，或者说角 A_k 依次小于60°、大于60°、小于60°、大于60°、……. 当 $k\to\infty$ 时，$c_k\to\infty$，$\dfrac{(-1)^k}{2c_k}\to 0$，所以$\lim\limits_{k\to\infty}\cos A_k=\lim\limits_{k\to\infty}\dfrac{b_k}{c_k}=\dfrac{1}{2}$，即 $\cos A_k=\dfrac{b_k}{c_k}$越来越接近于$\dfrac{1}{2}$，角 A_k 越来越接近60°，即斜边与一条直角边的两倍相差 1 的勾股三角形越来越接近有一个角是60°的直角三角形.

下面研究数列$\{a_k\}$，$\{b_k\}$和$\{c_k\}$的递推关系：

(1) $a_{k+2}=4a_{k+1}-a_k$.

(2) $b_{k+2}=4b_{k+1}-b_k-4(-1)^k$.

(3) $c_{k+2}=4c_{k+1}-c_k-2(-1)^k$.

证明　(1)(i) 当 k 是奇数时，$p_{k+2}=2p_{k+1}+p_k$. 由$\{p_k\}$的性质(2)(i)，

$$p_{k-2}=3p_k-2p_{k+1},p_{k-1}=p_{k+1}-p_k$$

$$a_{k+2}=\frac{1}{2}(p_{k+2}^2-p_k^2)=\frac{1}{2}(2p_{k+1}+p_k)^2-\frac{1}{2}p_k^2=2p_{k+1}^2+2p_{k+1}p_k$$

$$\begin{aligned}4a_{k+1}-a_k&=4(p_{k+1}^2-p_{k-1}^2)-\frac{1}{2}(p_k^2-p_{k-2}^2)\\&=4p_{k+1}^2-4(p_{k+1}-p_k)^2-\frac{1}{2}p_k^2+\frac{1}{2}(3p_k-2p_{k+1})^2\\&=4p_{k+1}^2-4p_{k+1}^2+8p_{k+1}p_k-4p_k^2-\frac{1}{2}p_k^2+\frac{9}{2}p_k^2-6p_{k+1}p_k+2p_{k+1}^2\\&=2p_{k+1}^2+2p_{k+1}p_k\end{aligned}$$

于是 $a_{k+2}=4a_{k+1}-a_k$.

(ii) 当 k 为偶数时，$p_{k+2}=p_{k+1}+p_k$. 由$\{p_k\}$的性质(2)(ii)

$$p_{k-2}=3p_k-p_{k+1},p_{k-1}=p_{k+1}-2p_k$$

$$a_{k+2}=p_{k+2}^2-p_k^2=(p_{k+1}+p_k)^2-p_k^2=p_{k+1}^2+2p_{k+1}p_k$$

$$\begin{aligned}4a_{k+1}-a_k&=4\cdot\frac{1}{2}(p_{k+1}^2-p_{k-1}^2)-(p_k^2-p_{k-2}^2)\\&=2p_{k+1}^2-2(p_{k+1}-2p_k)^2-p_k^2+(3p_k-p_{k+1})^2\\&=2p_{k+1}^2-2p_{k+1}^2+8p_{k+1}p_k-8p_k^2-p_k^2+9p_k^2-6p_{k+1}p_k+p_{k+1}^2\\&=p_{k+1}^2+2p_{k+1}p_k\end{aligned}$$

于是 $a_{k+2}=4a_{k+1}-a_k$.

可见无论 k 是奇数还是偶数，都有 $a_{k+2}=4a_{k+1}-a_k$，

(2)(i) 当 k 是奇数时，$p_{k+2}=2p_{k+1}+p_k$. 由$\{p_k\}$的性质(2)(i)

$$p_{k-2}=3p_k-2p_{k+1},p_{k-1}=p_{k+1}-p_k$$

$$b_{k+2}=p_{k+2}p_k=(2p_{k+1}+p_k)p_k=2p_{k+1}p_k+p_k^2$$

$$\begin{aligned}4b_{k+1}-b_k&=8p_{k+1}p_{k-1}-p_kp_{k-2}\\&=8p_{k+1}(p_{k+1}-p_k)-p_k(3p_k-2p_{k+1})\\&=8p_{k+1}^2-8p_{k+1}p_k-3p_k^2+2p_{k+1}p_k\\&=8p_{k+1}^2-6p_{k+1}p_k-3p_k^2\end{aligned}$$

因为 $2p_{k+1}^2-2p_{k+1}p_k-p_k^2=-1$，所以 $8p_{k+1}^2-8p_{k+1}p_k-4p_k^2=-4$.

$$\begin{aligned}4b_{k+1}-b_k+4&=8p_{k+1}^2-6p_{k+1}p_k-3p_k^2-8p_{k+1}^2+8p_{k+1}p_k+4p_k^2\\&=p_k^2+2p_{k+1}p_k\end{aligned}$$

于是 $b_{k+2}=4b_{k+1}-b_k+4$.

(ii)当 k 为偶数时，$p_{k+2}=p_{k+1}+p_k$. 由$\{p_k\}$的性质(2)(ii)

$$p_{k-2}=3p_k-p_{k+1},p_{k-1}=p_{k+1}-2p_k$$

$$b_{k+2}=2p_{k+2}p_k=2(p_{k+1}+p_k)p_k=2p_{k+1}p_k+2p_k^2$$

$$\begin{aligned}4b_{k+1}-b_k&=4p_{k+1}p_{k-1}-2p_kp_{k-2}\\&=4p_{k+1}(p_{k+1}-2p_k)-2p_k(3p_k-p_{k+1})\\&=4p_{k+1}^2-8p_{k+1}p_k-6p_k^2+2p_{k+1}p_k\\&=4p_{k+1}^2-6p_{k+1}p_k-6p_k^2\end{aligned}$$

因为 $p_{k+1}^2-2p_{k+1}p_k-2p_k^2=1$，所以 $4p_{k+1}^2-8p_{k+1}p_k-8p_k^2=4$，于是

$$\begin{aligned}4b_{k+1}-b_k-4&=4p_{k+1}^2-6p_{k+1}p_k-6p_k^2-4p_{k+1}^2+8p_{k+1}p_k+8p_k^2\\&=2p_k^2+2p_{k+1}p_k\end{aligned}$$

于是 $b_{k+2}=4b_{k+1}-b_k-4$.

可见无论 k 是奇数还是偶数，都有 $b_{k+2}=4b_{k+1}-b_k-4(-1)^k$.

(3)证明：因为 $c_k=2b_k+(-1)^k$，所以 $2b_k=c_k-(-1)^k$，代入 $2b_{k+2}=8b_{k+1}-2b_k-8(-1)^k$ 中，得 $c_{k+2}-(-1)^k=4c_{k+1}+4(-1)^k-c_k+(-1)^k-8(-1)^k$，$c_{k+2}=4c_{k+1}-c_k-2(-1)^k$.

分别将 $a_{k+2}=4a_{k+1}-a_k$，$b_{k+2}=4b_{k+1}-b_k-4(-1)^k$，$c_{k+2}=4c_{k+1}-c_k-2(-1)^k$中的 k 换成 $k+1$，得到

$$a_{k+3}=4a_{k+2}-a_{k+1}$$

$$b_{k+3}=4b_{k+2}-b_{k+1}+4(-1)^k$$

$$c_{k+3}=4c_{k+2}-c_{k+1}+2(-1)^k$$

分别将相应的两式相加，得到

$$a_{k+3}=3a_{k+2}+3a_{k+1}-a_k$$

$$b_{k+3}=3b_{k+2}+3b_{k+1}-b_k$$
$$c_{k+3}=3c_{k+2}+3c_{k+1}-c_k$$

可见数列$\{a_k\}$,$\{b_k\}$和$\{c_k\}$的三阶递推关系相同. 可根据递推关系和初始条件求出其通项分别为(过程从略)

$$a_k=\frac{1}{6}[(3+2\sqrt{3})(2+\sqrt{3})^k+(3-2\sqrt{3})(2-\sqrt{3})^k]$$

$$b_k=\frac{1}{6}[(2+\sqrt{3})^{k+1}+(2-\sqrt{3})^{k+1}-4(-1)^k]$$

$$c_k=\frac{1}{3}[(2+\sqrt{3})^{k+1}+(2-\sqrt{3})^{k+1}-(-1)^k]$$

有兴趣的读者不妨推出并证明与4.9.3中注3类似的一些结论.

4.9.5 勾三股四弦五

我国现存最古老的算经《周髀算经》提出"折矩以为勾广三、股修四、弦隅五"的办法,获得直角. 这就是说,在公元前一世纪,我国已经知道了勾股定理的一种特殊情况:边长的比为3:4:5的三角形是直角三角形. 下面对这个特殊的勾股三角形提出一些看法:

(1)(3,4,5)是最小的勾股三角形. 读者不妨证明:任何勾股三角形都有一边的长是3的倍数,一边的长是4的倍数,一边的长是5的倍数. 可见(3,4,5)只是一个特例.

(2)$(a,b,c)=(3,4,5)$是三边成等差数列的唯一的基本勾股三角形,也是三边为连续正整数的唯一的勾股三角形.

若设a,d是正整数,$b=a+d,c=a+2d,(a,b,c)=1$,则$a^2+(a+d)^2=(a+2d)^2,a^2-2ad-3d^2=0,(a-3d)(a+d)=0$,于是$a=3d,b=4d,c=5d$. 因为$(a,b,c)=1$,所以$(3d,4d,5d)=1,d=1$,于是$(a,b,c)=(3,4,5)$.

(3)虽然除(3,4,5)外的基本勾股三角形的三边不可能构成等差数列,但是任何直角三角形的两直角边之差的平方,斜边的平方,两直角边之和的平方却总能构成等差数列.

这是因为$a^2+b^2=c^2$等价于$(a-b)^2+(a+b)^2=2c^2$,这里a,b,c是正实数.

(4)从4.9.2,4.9.3和4.9.4的讨论中看出,斜边与一条直角边相差1的勾股三角形,接近于等腰直角三角形的勾股三角形(甚至有一个角接近于60°的勾股三角形)都是从勾股三角形(3,4,5)出发的,也就是说勾股三角形(3,4,5)的两直角边的比不是很小,也不是很大,是一个"适中的"勾股三角形.

有兴趣的读者不妨选择另一些特殊的勾股三角形,以及另一些正实数λ(λ也可以是正有理数)的值,对其性质作一些研究.

例如:(1)是否存在若干个不同的基本勾股三角形有一条相同的直角边?是否存在若干个不同的基本勾股三角形有相同的斜边?如果不存在,那么给出证明.如果存在,如何求出所有这样的基本勾股三角形?

(2)当$(7,abc)=1$时,证明:$7\mid(a^2-b^2)$.

(3)当$a^2+(a+1)^2=c^2$时,证明恒等式:

$$(3a+2c+1)^2+(3a+2c+2)^2=(4a+3c+2)^2$$

$$(17a+12c+8)^2+(17a+12c+9)^2=(24a+17c+12)^2$$

是否还存在类似的恒等式?一般的规律是什么?

等等.

4.10 三边的长是等差数列的海伦三角形

设本原海伦$\triangle ABC$的三边a,b,c的长是等差数列,$a=a_1-d,b=a_1,c=a_1+d(a_1>2d)$.由4.7.1中海伦三角形的性质3,$a_1-d,a_1,a_1+d$两奇一偶.因为$a_1-d$和$a_1+d$的奇偶性相同,所以都是奇数,即$a_1$与$d$一奇一偶.若$a_1$奇$d$偶,则$a_1-d,a_1,a_1+d$皆奇,这不可能,于是$a_1$偶$d$奇.设$a_1=2x$($x$是正整数).由于$(2x-d,2x,2x+d)=1$,所以$(4x,2x,2x+d)=(x,2x+d)=(x,d)=1$.于是$\triangle ABC$的三边的长分别是$a=2x-d,b=2x,c=2x+d$,其中$x>d$,$d$是奇数,$(x,d)=1$.

由海伦公式得$S=x\sqrt{3(x^2-d^2)}$.由于S是正整数,所以设$x^2-d^2=3y^2$,于是$S=3xy$,且得到方程

$$d^2+3y^2=x^2 \tag{1}$$

由4.5.2中的情况4可知,方程(1)的一般解是

$$\begin{cases} d=|p^2\quad 3q^2|\dfrac{1}{e} \\ y=2pq\times\dfrac{1}{e} \\ x=(p^2+3q^2)\dfrac{1}{e} \end{cases} \tag{2}$$

其中p,q是正整数,$(p,q)=1$,p,q一奇一偶,$e=\begin{cases}2(3,p),当pq是奇数时\\(3,p),当pq是偶数时\end{cases}$.

例如,取 $p=3, q=4$,则 $e=3$,由式(2)得到$\begin{cases}d=13\\y=8\\x=19\end{cases}$,于是三边的长分别是 $a=2x-d=25, b=2x=38, c=2x+d=51, S=3xy=456$.

取 $p=5, q=4$,则 $e=1$,由式(2)得到$\begin{cases}d=1\\y=15\\x=26\end{cases}$,于是 $a=51, b=52, c=53, S=3xy=1170$.

取 $p=5, q=4$,则 $e=1$,由式(2)得到$\begin{cases}d=23\\y=40\\x=73\end{cases}$,于是 $a=123, b=146, c=169, S=3xy=8760$.

由于 $(2x-d)^2+(2x)^2-(2x+d)^2=4x^2-8dx=4x(x-2d)$,所以

(1)当 $x>2d$ 时,$\triangle ABC$ 是锐角三角形;

(2)当 $x=2d$ 时,因为 $(x,d)=1$,所以 $d=1, x=2$,$\triangle ABC$ 的三边 a,b,c 的长分别为3,4,5是直角三角形. 这是唯一的三边的长是等差数列的本原海伦直角三角形;

(3)当 $d<x<2d$ 时,$\triangle ABC$ 是钝角三角形.

三边的长是等差数列的海伦三角形有以下性质:

性质1 在三边的长是等差数列的海伦三角形中,长度为偶数的边上的高长是内切圆的半径的三倍,而且都是正整数.

证明 设 $\triangle ABC$ 的边 AC 上的高为 h,内切圆的半径为 r,由于半周长 $p=3x$,面积 $S=pr=3xr=hx=3xy$,所以 $h=3r, r=y$ 都是正整数.

性质2 三边的长是等差数列的海伦斜三角形必能由两个勾股三角形"框成".

证明 因为 $\triangle ABC$ 的边 AC 上的高 $BD=h$ 是正整数,由4.7.1中海伦三角形的性质5,这样的三角形必能由两个勾股三角形"框成".

下面计算这两个勾股三角形的边长.

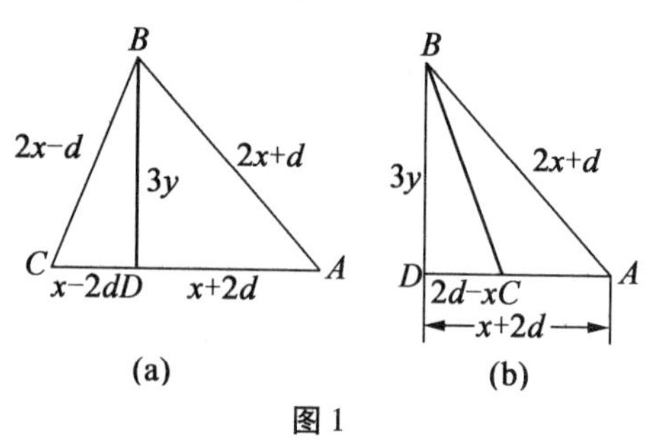

图1

(1)当 $x > 2d$ 时,$\triangle ABC$ 是锐角三角形(图1(a)),点 D 在 AC 上. 下面计算 AD 和 DC 的长.

$$\begin{aligned} AD &= \sqrt{(2x+d)^2-9y^2} = \sqrt{4x^2+4dx+d^2-9y^2} \\ &= \sqrt{4x^2+4dx+4d^2-3(d^2+3y^2)} = \sqrt{x^2+4dx+4d^2} = x+2d \end{aligned}$$

$$DC = 2x-(x+2d) = x-2d$$

因为 $x > 2d$,所以 DC 的长 $x-2d$ 是正整数.

(2)当 $d < x < 2d$ 时,$\triangle ABC$ 是钝角三角形(图1(b)),点 D 在上 AC 的延长线上.

同(1)有

$$AD = x+2d$$

$$DC = (x+2d)-2x = 2d-x$$

因为 $d < x < 2d$,所以 DC 的长 $2d-x$ 是正整数.

性质3　过三边的长是等差数列的海伦三角形的内心和重心的直线平行于一边.

证明　因为三边的长是等差数列的海伦三角形不是等边三角形,所以重心和内心不重合. 过$\triangle ABC$ 的重心 G 作直线 $l // CA$,交高 BD 于 F(图2).

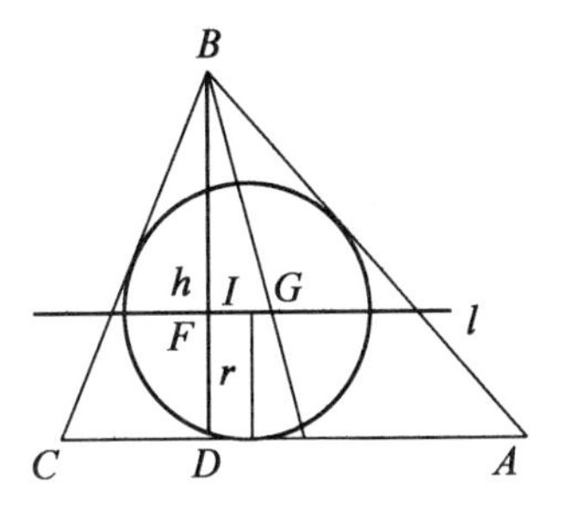

图2

由于 G 是重心,$l // CA$,所以 $BD = 3FD$. 由性质1可知 $BD = 3r$,所以$\triangle ABC$ 的内心 I 到 CA 的距离 $r = FD$,于是直线 l 过点 I,于是 $IG // CA$.

注　如果不要求三角形是海伦三角形,那么性质1可叙述为:如果三角形的三边成等差数列,那么中间一项的边上的高长是内切圆的半径的三倍. 性质3也不必是海伦三角形.

下面研究当 $d = 1$ 时的情况. 此时三边的长是连续正整数,方程(1)变为 $D = 3$ 的佩尔方程

$$x^2-3y^2=1 \tag{3}$$

由§4.8可知，用尝试法求出方程(3)的最小正整数解是 $x_1=2, y_1=1$，于是有

$$\begin{cases}x_1=2\\y_1=1\end{cases},\begin{cases}x_2=7\\y_2=4\end{cases},\begin{cases}x_{n+2}=4x_{n+1}-x_n\\y_{n+2}=4y_{n+1}-y_n\end{cases}\quad(n=1,2,3,\cdots)\tag{4}$$

对式(4)依次取 $n=1,2,3,4,\cdots$ 就得到

$$\begin{cases}x_3=26\\y_3=15\end{cases},\begin{cases}x_4=97\\y_4=56\end{cases},\begin{cases}x_5=362\\y_5=209\end{cases},\begin{cases}x_6=1351\\y_6=780\end{cases},\cdots$$

因为 $a=2x-1, b=2x, c=2x+1$，所以 $a_n=2x_n-1, b_n=2x_n, c_n=2x_n+1$，于是三边长为连续正整数的海伦三角形是

(3,4,5)，(13,14,15)，(51,52,53)，(193,194,195)，(723,724,725)，(2701,2702,2703)，…

显然，当 $n\to\infty$ 时，这样的三角形趋向于等边三角形.

除(3,4,5)以外，三边长为连续正整数的海伦三角形可分成两个勾股三角形，其边长分别为 $(x_n-1, 3y_n, 2x_n-1)$ 和 $(x_n+1, 3y_n, 2x_n+1)$.

因为 $S=3xy$，所以 $S_n=3x_ny_n$，容易得到面积数列

$$\{S_n\}:6,84,1170,16269,226974,3161340,\cdots$$

将是§2.5中已证明的一些性质分别用于数列 $\{x_n\}$ 和 $\{S_n\}$，得到：

(1)对数列 $\{x_n\}$ 用特征根的方法可求出数列 $\{x_n\}$ 的通项

$$x_n=\frac{1}{2}[(2+\sqrt{3})^n+(2-\sqrt{3})^n]\quad(n=1,2,3,\cdots)\tag{5}$$

(2)数列 $\{x_n\}$ 中连续三项之间还有关系式

$$x_{n+2}=\frac{x_{n+1}^2+3}{x_n}, x_1=2, x_2=7\quad(n=1,2,3,\cdots)\tag{6}$$

(3)数列 $\{x_n\}$ 中连续两项之间有关系式

$$x_{n+1}=2x_n+\sqrt{3(x_n^2-1)}, x_1=2\quad(n=1,2,3,\cdots)\tag{7}$$

(4)将二阶齐次递推数列中乘积公式用于数列 $\{x_n\}$，$\{y_n\}$ 得到面积数列 $\{S_n\}$ 的递推关系

$$S_{n+2}=14S_{n+1}-S_n, S_1=6, S_2=84\ (n=1,2,3,\cdots)\tag{8}$$

(5)利用特征根方法可求出面积数列 $\{S_n\}$ 的通项

$$S_n=\frac{\sqrt{3}}{4}[(2+\sqrt{3})^{2n}-(2-\sqrt{3})^{2n}]\quad(n=1,2,3,\cdots)\tag{9}$$

(6)数列 $\{S_n\}$ 的连续三项之间还有关系式

$$S_{n+2}=\frac{S_{n+1}^2-36}{S_n}, S_1=6, S_2=84\quad(n=1,2,3,\cdots)\tag{10}$$

(7)数列$\{S_n\}$的连续两项之间有关系式

$$S_{n+1} = 7S_n + 2\sqrt{12S_n^2 + 9}, S_1 = 6 \quad (n = 1,2,3,\cdots) \tag{11}$$

读者不妨证明以下结论:

设(x_n, y_n)是方程(3)的正整数解,则$3y_n = x_{n+1} - 2x_n$.

从这一等式容易推出三边长为连续正整数的海伦三角形((3,4,5)除外)被分成的两个勾股三角形的边长可以只用数列$\{x_n\}$中的项表示,即$(x_n + 2, x_{n+1} - 2x_n, 2x_n + 1)$和$(x_n - 2, x_{n+1} - 2x_n, 2x_n - 1)$,也可由此推出式(7).

计　数

第5章

5.1　三边的长都是正整数，周长是 n 的三角形的个数

三边的长分别是正整数 a,b,c，周长是 n 的三角形的个数这一问题实际上就是把正整数 n 分拆成三个正整数 a,b,c 的和，使其中任何两数之和都大于第三数，一共有多少种不同的分拆法．为解决这一问题，我们先引进集合

$$T_n=\{(a,b,c)\mid a,b,c,n\in\mathbf{N}^*,a\leqslant b\leqslant c,a+b>c,a+b+c=n\}$$

（当 $n<3$ 时，$T_n=\varnothing$）．

为研究方便起见，暂不考虑条件 $a+b>c$，再引进集合

$$P_n=\{(x,y,z)\mid x,y,z\in\mathbf{N}^*,x\leqslant y\leqslant z,x+y+z=n\}$$

（当 $n<3$ 时，$P_n=\varnothing$）．

先计算集合 P_n 中元素的个数 $|P_n|$，再利用 $|P_n|$ 计算集合 T_n 中元素的个数 $|T_n|$．集合 P_n 中元素的个数 $|P_n|$ 可以归结为求方程 $x+y+z=n$ 的满足条件 $x\leqslant y\leqslant z$ 的正整数解 (x,y,z) 的组数．

由 $n=x+y+z\geqslant 3x$，得 $x\leqslant\frac{n}{3}$．由于 x 是正整数，所以 $x\leqslant\left[\frac{n}{3}\right]$．

关于 y 和 z 的方程 $y+z=n-x$ 的一切正整数解为

$$\begin{cases}y=x+t>0\\ z=n-2x-t>0\end{cases}\quad(t\in\mathbf{Z})$$

由 $x\leqslant y=x+t$，得 $t\geqslant 0$. 由 $y\leqslant z$，得 $x+t\leqslant n-2x-t$，所以 $t\leqslant \frac{n-3x}{2}$，由 t 是整数，得 $0\leqslant t\leqslant \left[\frac{n-3x}{2}\right]$，即 t 可以取 $\left[\frac{n-3x+2}{2}\right]$ 个值. 所以方程 $x+y+z=n$ 的满足条件 $x\leqslant y\leqslant z$ 的正整数解 (x,y,z) 的组数为

$$|P_n|=\sum_{x=1}^{\left[\frac{n}{3}\right]}\left[\frac{n-3x+2}{2}\right] \tag{1}$$

下面计算式(1)的右边. 设 $n=6k+r(k\in\mathbf{Z},k\geqslant 0,r=0,1,2,3,4,5)$，则 $k=\frac{n-r}{6}$，$\left[\frac{n}{3}\right]=2k+\left[\frac{r}{3}\right]$.

(1) 当 $r=0,1,2$ 时，$\left[\frac{r}{3}\right]=0$，$\left[\frac{n}{3}\right]=2k$. 由于 $n\geqslant 3$，所以 $k>0$，于是

$$|P_n|=\sum_{x=1}^{\left[\frac{n}{3}\right]}\left[\frac{n-3x+2}{2}\right]=\sum_{x=1}^{2k}\left[\frac{n-3x+2}{2}\right] \tag{2}$$

下面证明：当 $n\in\mathbf{Z}$ 时，有

$$\left[\frac{n}{2}\right]=\frac{2n-1+(-1)^n}{4} \tag{3}$$

设 $n=2k+r(r=0,1)$，则 $\left[\frac{n}{2}\right]=k$，式(3)的右边 $=\frac{4k+2r-1+(-1)^{2k+r}}{4}=k+\frac{2r-1+(-1)^r}{4}$.

当 $r=0$ 时，式(3)的右边 $=k+\frac{-1+1}{4}=k$.

当 $r=1$ 时，式(3)的右边 $=k+\frac{1-1}{4}=k$.

可见式(3)对一切整数 n 成立. 于是式(2)可化为

$$\begin{aligned}|P_n|&=\sum_{x=1}^{2k}\left[\frac{n-3x+2}{2}\right]=\sum_{x=1}^{2k}\frac{2n-6x+3+(-1)^{n-3x+2}}{4}\\&=\frac{1}{4}\sum_{x=1}^{2k}(2n+3-6x)+\frac{1}{4}\sum_{x=1}^{2k}(-1)^{n+x}\end{aligned}$$

由 $\sum_{x=1}^{2k}(2n+3-6x)=2k(2n+3)-6k(2k+1)=4k(n-3k)$ 和 $\sum_{x=1}^{2k}(-1)^{n+x}=0$，得

$$|P_n|=k(n-3k)=kn-3k^2=\frac{n(n-r)}{6}-3\left(\frac{n-r}{6}\right)^2$$

$$=\frac{2n^2-2nr-n^2+2nr-r^2}{12}=\frac{n^2-r^2}{12} \tag{4}$$

由 $0\leqslant r<3$，得 $0<\frac{r^2+3}{12}<1$，$\left[\frac{r^2+3}{12}\right]=0$. 又因为$\frac{n^2-r^2}{12}$是整数，所以

$$|P_n|=\frac{n^2-r^2}{12}+\left[\frac{r^2+3}{12}\right]=\left[\frac{n^2-r^2+r^2+3}{12}\right]=\left[\frac{n^2+3}{12}\right] \tag{5}$$

(2)当 $r=3,4,5$ 时，$\left[\frac{r}{3}\right]=1$，$\left[\frac{n}{3}\right]=2k+1$.

(i)若 $k>0$，则

$$|P_n|=\sum_{x=1}^{2k+1}\left[\frac{n-3x+2}{2}\right]=\sum_{x=1}^{2k}\left[\frac{n-3x+2}{2}\right]+\left[\frac{n-3(2k+1)+2}{2}\right]$$

$$=\frac{n^2-r^2}{12}+\left[\frac{n-6k-1}{2}\right]=\frac{n^2-r^2}{12}+\left[\frac{r-1}{2}\right] \tag{6}$$

由于当 $3\leqslant r<6$ 时，$\left[\frac{r-1}{2}\right]=\begin{cases}1 & (r=3,4)\\ 2 & (r=5)\end{cases}$，$\left[\frac{r^2+3}{12}\right]=\begin{cases}1 & (r=3,4)\\ 2 & (r=5)\end{cases}$，所以$\left[\frac{r-1}{2}\right]=\left[\frac{r^2+3}{12}\right]$，于是$|P_n|=\frac{n^2-r^2}{12}+\left[\frac{r^2+3}{12}\right]=\left[\frac{n^2+3}{12}\right]$与式(5)相同.

(ii)若 $k=0$，则 $3\leqslant n<5$，$n=r$，$\left[\frac{n}{3}\right]=1$，式(6)变为$|P_n|=\left[\frac{r-1}{2}\right]=\left[\frac{r^2+3}{12}\right]=\left[\frac{n^2+3}{12}\right]$与式(5)相同，即式(5)对一切 $n\in\mathbf{N}$ 均成立.

下面利用$|P_n|$来计算$|T_n|$.

(1)当 n 是偶数时，设 $n=2m$，则由 $a+b>c$ 和 $a+b+c=2m$，得 $2m>2c$，$m>c$，$m-c\in\mathbf{N}^*$，同理 $m-b\in\mathbf{N}^*$，$m-a\in\mathbf{N}^*$.

由 $a\leqslant b\leqslant c$，得 $m-c\leqslant m-b\leqslant m-a$，$(m-a)+(m-b)+(m-c)=m$，设 $m-c=x$，$m-b=y$，$m-a=z$，有$|T_{2m}|=|P_m|$，于是

当 n 为偶数时

$$|T_n|=\left[\frac{\left(\frac{n}{2}\right)^2+3}{12}\right] \tag{7}$$

(2)当 n 是奇数时，设 $a'=a+1$，$b'=b+1$，$c'=c+1$，则 $a'+b'+c'=a+1+b+1+c+1=n+3$ 是偶数.

下面证明(a,b,c)与(a',b',c')一一对应.

由 $a,b,c\in\mathbf{N}^*$，得 $a'=a+1$，$b'=b+1$，$c'=c+1\in\mathbf{N}^*$.

由 $a\leqslant b\leqslant c$，得 $a+1\leqslant b+1\leqslant c+1$，即 $a'\leqslant b'\leqslant c'$.

由 $a+b>c$，得 $a'+b'=a+1+b+1>c+2=c'+1>c'$.

下面证明 $a'>1$. 假定 $a'=1$,则 $a'+b'>c'+1,1+b'>c'+1,b'>c'$. 这与 $b'\leqslant c'$矛盾,所以 $a'\geqslant 2$,于是当 $a'=a+1,b'=b+1,c'=c+1\in\mathbf{N}^*$ 时,$a=a'-1,b=b'-1,c=c'-1\in\mathbf{N}^*$,即$(a,b,c)$与$(a',b',c')$一一对应,于是有 $|T_n|=|T_{n+3}|$,即当 n 是奇数时

$$|T_n|=\left[\frac{\left(\frac{n+3}{2}\right)^2+3}{12}\right] \tag{8}$$

利用式(7)或式(8)可求出周长为 n,各边的长都是整数的三角形的个数.

例如,当 $n=15$ 时,周长为 15,各边的长为整数的三角形有

$$\left[\frac{\left(\frac{15+3}{2}\right)^2+3}{12}\right]=7(\text{个})$$

这 7 个三角形分别是:(7,7,1),(7,6,2),(7,5,3),(7,4,4),(6,6,3),(6,5,4),(5,5,5).

当 $n=18$ 时,周长为 18,各边的长为整数的三角形有

$$\left[\frac{\left(\frac{18}{2}\right)^2+3}{12}\right]=7(\text{个})$$

这 7 个三角形分别是:(8,8,2),(8,7,3),(8,6,4),(8,5,5),(7,7,4),(7,6,5),(6,6,6).

下面我们研究数列 $\{|T_n|\}$ 的递推关系,已经证明:当 n 为奇数时,有 $|T_n|=|T_{n+3}|$,即

$$|T_{n+3}|=|T_n| \tag{9}$$

实际上,当 n 为偶数时,$|T_n|$与$|T_{n+3}|$有以下关系

$$|T_{n+3}|=|T_n|+\left[\frac{n}{4}\right]+1 \tag{10}$$

证明 设 $a\leqslant b\leqslant c,a'=a+1,b'=b+1,c'=c+1$,则 $a+1\leqslant b+1\leqslant c+1$,即 $a'\leqslant b'\leqslant c'$.

由 $a+b>c$,得 $a'+b'=a+1+b+1>c+2=c'+1>c'$,所以 a',b',c'是三角形的三边,且周长 $a'+b'+c'=a+1+b+1+c+1=n+3$ 是奇数,于是 $a'+b'$ 与 c'一奇一偶. 即使 $a'+b'>c'$也未必有 $a'+b'\geqslant c'+2$. 从而当 $a'+b'<c'+2$ 时,由 $c'<a'+b'<c'+2$,得 $a'+b'=c'+1$. 此时 $a'+b'+c'=2c'+1=n+3$,$c'=\frac{n}{2}+1$.

当 $a'+b'=c'+1$ 时,$a'+b'+c'=2c'+1=n+3,c'=\frac{n}{2}+1$,对于与 a',b',

c'对应的 $a=a'-1,b=b'-1,c=c'-1$，有 $a+b=a'-1+b'-1=c'-1=c$，即 a,b,c 不能构成三角形.

下面研究使 a,b,c 不能构成三角形的 a',b',c'的个数.

由 $a'+b'=c'+1$，得 $a'+b'=\frac{n}{2}+2$，所以 $a'\leqslant b=\frac{n}{2}+2-a'$，$a'\leqslant\frac{n}{4}+1$.

因为 a'是正整数，所以 $1\leqslant a'\leqslant\left[\frac{n}{4}\right]+1$，即 a'可取$\left[\frac{n}{4}\right]+1$ 个正整数值. 此时与 a',b',c' 对应的 a,b,c 不能构成三角形，即 $\triangle A'B'C'$ 比相应的 $\triangle ABC$ 多 $\left[\frac{n}{4}\right]+1$ 个，所以 $|T_{n+3}|=|T_n|+\left[\frac{n}{4}\right]+1$，式(10)成立.

将(9)，(10)两式中的 n 换成 $n-3$，可得

$$|T_n|=|T_{n-3}|+\begin{cases}0 & (n\text{ 为大于 2 的偶数})\\ \left[\frac{n+1}{4}\right] & (n\text{ 为大于 3 的奇数})\end{cases}\tag{11}$$

利用 $|T_1|=0$，$|T_2|=0$，$|T_3|=1$ 和式(11)可逐个求出 $|T_4|=0$，$|T_5|=1$，$|T_6|=1$，$|T_7|=2$，$|T_8|=1$，$|T_9|=3$，$|T_{10}|=2$，$|T_{11}|=4$，$|T_{12}|=3$，$\cdots$.

由(10)，(11)两式以及$\frac{1+(-1)^n}{2}=\begin{cases}0 & (n\text{ 为奇数})\\ 1 & (n\text{ 为偶数})\end{cases}$，可得到

$$|T_{n+3}|=|T_n|+\frac{\left(\left[\frac{n}{4}\right]+1\right)(1+(-1)^n)}{2}\tag{12}$$

对除以 4 的余数进行讨论，可证明下式成立

$$\left[\frac{n}{4}\right]=\frac{1}{8}\left(2n-3+(-1)^n+2\sqrt{2}\cos\frac{2n-1}{4}\pi\right)\tag{13}$$

将式(13)代入式(12)，得到

$$|T_{n+3}|=|T_n|+\frac{1}{8}\left(n+3+(-1)^n n+3(-1)^n+2\cos\frac{n}{2}\pi\right)\tag{14}$$

将 $2\cos\frac{n}{2}\pi=\mathrm{i}^n+(-\mathrm{i})^n$ 代入式(14)，得

$$|T_{n+3}|=|T_n|+\frac{1}{8}(n+3+(-1)^n n+3(-1)^n+\mathrm{i}^n+(-\mathrm{i})^n)\tag{15}$$

式(15)是$|T_n|$的递推关系，其线性部分的特征方程为 $x^3=1$，特征根为 1，ω 和 ω^2，其余部分的特征根为 1，1，-1，-1，i，$-$i，共有 9 个特征根，即 1，1，1，-1，-1，i，$-$i，ω，ω^2，所以可设$|T_n|$的通项为

$$|T_n|=An^2+Bn+C+(Dn+E)(-1)^n+F\mathrm{i}^n+G(-\mathrm{i})^n+H\omega^n+K\omega^{2n}\tag{16}$$

利用初始条件可解出：$A=\frac{1}{48}$，$B=\frac{1}{16}$，$C=-\frac{1}{288}$，$D=-\frac{1}{16}$，$E=-\frac{3}{32}$，$F=-\frac{1}{16}+\frac{1}{16}\mathrm{i}$，$G=-\frac{1}{16}-\frac{1}{16}\mathrm{i}$，$H=\frac{1}{9}$，$K=\frac{1}{9}$，所以式(16)变为

$$|T_n|=\frac{6n^2+18n-1}{288}-\frac{(2n-3)(-1)^n}{32}(-1)^n-\frac{(1-\mathrm{i})\mathrm{i}^n}{16}-\frac{(1-\mathrm{i})(-\mathrm{i})^n}{16}+\frac{\omega^n+\omega^{2n}}{9}\tag{17}$$

式(17)是用复数表示的$|T_n|$. 由于$(1+\mathrm{i})\mathrm{i}^n+(-1-\mathrm{i})(-\mathrm{i})^n=2\sqrt{2}\cdot\cos\frac{2n+3}{4}\pi$，$\omega^n+\omega^{2n}=2\cos\frac{2n}{3}\pi$，所以式(16)也可改用实数表示

$$|T_n|=\frac{1}{48}\left(n^2+3(1+3(-1)^n)n+\frac{1}{6}\left(64\cos\frac{2n\pi}{3}+36\sqrt{2}\cos\frac{2n+3}{4}\pi-27(-1)^n-1\right)\right)\tag{18}$$

式(18)就是$|T_n|$的实数的表达式.

由于递推关系式(15)的特征根为$1,1,1,-1,-1,\mathrm{i},-\mathrm{i},\omega,\omega^2$，所以式(15)的特征方程为$(x-1)^3(x+1)^2(x^2+1)(x^2+x+1)=0$，即

$$x^9=x^7+x^6+x^5-x^4-x^3-x^2+1$$

所以数列$\{|T_n|\}$的各项间的递推关系为

$$|T_{n+9}|=|T_{n+7}|+|T_{n+6}|+|T_{n+5}|-|T_{n+4}|-|T_{n+3}|-|T_{n+2}|+|T_n|\tag{19}$$

其初始条件为：$|T_1|=0$，$|T_2|=0$，$|T_3|=1$，$|T_4|=0$，$|T_5|=1$，$|T_6|=1$，$|T_7|=2$，$|T_8|=1$，$|T_9|=3$.

此外，还可以证明：

(1)三边的长为正整数，最大边为 n 的三角形的个数是$\left[\left(\frac{n+1}{2}\right)^2\right]$.

(2)三边的长为正整数，次大边为 n 的三角形的个数是$\frac{n(n+1)}{2}$.

(3)三边的长为正整数，周长为 n 的等腰三角形的个数是$\left[\frac{n-1}{2}\right]-\left[\frac{n}{4}\right]$.

(4)三边的长为各不相等的正整数，周长为 n 的三角形的个数为

$$|S_n|=|S_{n-6}|\quad(n\geqslant 6)$$

(5)三边的长为正整数，周长为不超过 n 的三角形的个数为

$$\sum_{i=1}^{n}|S_i|=\begin{cases}\left[\frac{n(n+3)^2+36}{144}\right] & (n\text{ 为奇数})\\ \left[\frac{n^2(n+6)}{144}\right] & (n\text{ 为偶数})\end{cases}$$

(6)三边的长为各不相等的正整数,周长为不超过 n 的三角形的个数为

$$\sum_{i=1}^{n}|T_i|=\begin{cases}\left[\dfrac{(n-6)(n-3)^2+36}{144}\right] & (n\text{ 为奇数})\\ \left[\dfrac{n(n-6)^2}{144}\right] & (n\text{ 为偶数})\end{cases}$$

$|T_n|$表示三边的长为正整数,周长为 n 的三角形的个数;$|S_n|$表示三边的长为各不相等的正整数,周长为 n 的三角形的个数. 以上六个结论的证明读者不妨自行完成.

5.2 最多由 k 个数码组成的十进制 n 位数的个数

在十进制数中,共有 10 个数码:0,1,2,3,4,5,6,7,8,9. 由于首位不能是 0,根据乘法原理,n 位数显然有 $9\times10^{n-1}$ 个.

如果在这 10 个数码中,只出现其中的某几个,那么情况会怎么样呢? 本节主要探究的是最多由 k 个数码组成的十进制 n 位数的个数.

设最多由 $k(1\leqslant k\leqslant10)$ 个数码组成的十进制 n 位数有 $f(n,k)$ 个.

如果 $n=1$,由于一位数有 9 个,所以 $f(1,k)=9$.

如果 $n\geqslant2$,那么

(1)当 $k=1$ 时,n 位数的各位数字都相同,可取 1,2,3,4,5,6,7,8,9 中的任何一数,共有 9 种取法,所以 $f(n,1)=9$.

(2)当 $k=10$ 时,$f(n,10)$ 就是 n 位数的个数,即 $f(n,10)=9\times10^{n-1}$.

(3)当 $2\leqslant n\leqslant k$ 时,即位数 n 不超过数码的个数 k,所以 $f(n,k)$ 就是 n 位数的个数,即 $f(n,k)=9\times10^{n-1}$.

下面求当 $2\leqslant k<n$ 时,$f(n,k)$ 的值.

最多由 k 个数码组成的前 $n-1$ 位数共有 $f(n-1,k)$ 个,这 $f(n-1,k)$ 个前 $n-1$ 位数可分成两类:

(i)如果前 $n-1$ 位数中最多只出现 $k-1$ 个数码,那么这样的 $n-1$ 位数共有 $f(n-1,k-1)$ 个. 此时第 n 位数可取 0,1,2,3,4,5,6,7,8,9 中的任何一数,有 10 种取法,所以共有 $10\times f(n-1,k-1)$ 种取法.

(ii)如果前 $n-1$ 位数中已出现 k 个数码,此时第 n 位数只能取这 k 个数码中的一个,有 k 种取法. 由于在最多出现 k 个数码的 $f(n-1,k)$ 个 $n-1$ 位数中,只出现 $k-1$ 个数码的有 $f(n-1,k-1)$ 个,所以 k 个数码全出现的数还有 $f(n-1,k)-f(n-1,k-1)$ 个,于是有 $k[f(n-1,k)-f(n-1,

$k-1)]$种取法.

由(i)和(ii)得到递推关系

$$\begin{aligned} f(n,k) &= 10\times f(n-1,k-1)+k[f(n-1,k)-f(n-1,k-1)] \\ &= kf(n-1,k)+(10-k)f(n-1,k-1) \end{aligned}$$

于是$f(n,k)$的初始条件和递推关系是

$$\begin{cases} f(1,k)=9 \\ f(n,1)=9 \\ f(n,k)=9\times 10^{n-1} & (2\leqslant n\leqslant k) \\ f(n,k)=kf(n-1,k)+(10-k)f(n-1,k-1) & (2\leqslant k<n) \end{cases}$$

下面利用初始条件和递推关系求$f(n,k)$的表达式.

当$k=1$时,$f(n,1)=9$.

当$k=2$时,$f(n,2)=2f(n-1,2)+72(n\geqslant 2)$.

由于72是常数,$f(n-1,2)$的系数是2,所以$f(n,2)$的递推关系的特征根是1和2.于是$f(n,2)=A+B\times 2^{n-1}$,这里A和B是待定常数.

当$k=3$时,$f(1,3)=9$,$f(2,3)=90$,$f(n,3)=3f(n-1,2)+7f(n-1,2)=3f(n-1,2)+7(A+B\times 2^{n-2})=3f(n-1,2)+7B\times 2^{n-2}+7A$,所以$f(n,3)$的递推关系的特征根是1,2,3.

依此类推可知,当$1\leqslant k\leqslant 9$时,$f(n,k)$的递推关系的特征根是$1,2,\cdots,k$.因为$1,2,\cdots,k-1,k$各不相同,所以$f(n,k)$是$1,2,\cdots,k-1,k$的各次幂的线性组合,于是可设

$$f(n,k)=9[a(1,k)\times 1^{n-1}+a(2,k)\times 2^{n-1}+\cdots+a(k,k)k^{n-1}]=9\sum_{i=1}^{k}a(i,k)i^{n-1}$$

其中$a(1,k),a(2,k),\cdots,a(k-1,k),a(k,k)$是$k$个待定常数,由$k$个初始条件$f(n,k)=9\times 10^{n-1}(1\leqslant n\leqslant k)$确定.取$n=1,2,\cdots,k-1,k$就得到关于$a(1,k),a(2,k),\cdots,a(k-1,k),a(k,k)$的$k$元线性方程组

$$\begin{cases} a(1,k)+a(2,k)+\cdots+a(k-1,k)+a(k,k)=1 \\ a(1,k)+a(2,k)\times 2+\cdots+a(k-1,k)(k-1)+a(k,k)k=10 \\ \cdots\cdots \\ a(1,k)+a(2,k)2^{k-2}+\cdots+a(k-1,k)(k-1)^{k-2}+a(k,k)k^{k-2}=10^{k-2} \\ a(1,k)+a(2,k)2^{k-1}+\cdots+a(k-1,k)(k-1)^{k-1}+a(k,k)k^{k-1}=10^{k-1} \end{cases}$$

该线性方程组的系数行列式

$$D=\begin{vmatrix}1 & 1 & \cdots & 1 & 1\\ 1 & 2 & \cdots & k-1 & k\\ 1 & 2^2 & \cdots & (k-1)^2 & k^2\\ \vdots & \vdots & & \vdots & \vdots\\ 1 & 2^{k-1} & \cdots & (k-1)^{k-1} & k^{k-1}\end{vmatrix}$$

D 是 k 阶范得蒙行列式,D 中的元素是 $1,2,\cdots,k$ 的各次幂,所以

$$D=(k-1)!(k-2)!\cdots 2!=\prod_{i=1}^{k-2}(k-i)!\neq 0$$

将方程组中右边各项的 $1,10,10^2,\cdots,10^{k-1}$ 分别替换 D 中的第 i 列($i=1,2,\cdots,k-1,k$)中的 $1,i,i^2,\cdots,i^{k-1}$,得到行列式

$$D_i=\begin{vmatrix}1 & 1 & \cdots & 1 & \cdots & 1 & 1\\ 1 & 2 & \cdots & 10 & \cdots & k-1 & k\\ 1 & 2^2 & \cdots & 10^2 & \cdots & (k-1)^2 & k^2\\ \vdots & \vdots & & \vdots & & \vdots & \vdots\\ 1 & 2^{k-1} & \cdots & 10^{k-1} & \cdots & (k-1)^{k-1} & k^{k-1}\end{vmatrix}$$

将行列式 D_i 第 i 列 $1,10,10^2,\cdots,10^{n-1}$ 与第 $i+1$ 列到第 k 列逐列交换,共交换 $k-i$ 次,于是得到

$$D_i=(-1)^{k-i}\times\begin{vmatrix}1 & 1 & \cdots & 1 & 1 & \cdots & 1 & 1\\ 1 & 2 & \cdots & i-1 & i+1 & \cdots & k & 10\\ 1 & 2^2 & \cdots & (i-1)^2 & (i+1)^2 & \cdots & k^2 & 10^2\\ \vdots & \vdots & & \vdots & \vdots & & \vdots & \vdots\\ 1 & 2^{k-1} & \cdots & (i-1)^{k-1} & (i+1)^{k-1} & \cdots & k^{k-1} & 10^{k-1}\end{vmatrix}$$

为方便起见,设 $D_i=(-1)^{k-i}D'_i$,则 D'_i 也是范得蒙行列式,D'_i 中的元素是 $1,2,\cdots,i-1,i+1,\cdots,k,10$ 的各次幂. 下面计算 D'_i:

$$\begin{aligned}D'_i&=9\times 8\times\cdots\times(11-i)(9-i)\cdots(10-k)\times\\&(k-1)\times(k-2)\cdots\times(k+1-i)\times(k-1-i)\times\cdots\times 2\times\cdots\times\cdots\times\\&i!\times(i-2)!\times\cdots\times 2!\\&=\frac{9!}{(10-i)(9-k)!}\times\frac{(k-1)!}{(k-i)}\times\frac{(k-2)!}{(k-1-i)}\times\cdots\times\frac{(i+1)!}{2}\times(i-1)!\\&\quad\cdots\times 2!\\&=\frac{9!}{(10-i)(9-k)!(k-i)!(i-1)!}\times D\\&=\frac{9!(9-i)!}{(10-i)!(9-k)!(k-i)!(i-1)!}\times D\end{aligned}$$

$$= \frac{(9-i)!}{(k-i)!(9-k)!} \times \frac{9!}{(10-i)!(i-1)!} \times D = C_{9-i}^{k-i}C_9^{i-1} \times D$$

由克莱姆规则，得到 $a_i = \frac{D_i}{D} = (-1)^{k-i} \times \frac{D'_i}{D} = (-1)^{k-i}C_{9-i}^{k-i}C_9^{i-1}$（$i = 1,2,\cdots,k$），于是得到

$$f(n,k) = 9\sum_{i=1}^{k} a_i i^{n-1} = 9\sum_{i=1}^{k}(-1)^{k-i}C_{9-i}^{k-i}C_9^{i-1}i^{n-1}$$

若按 i 的降幂排列，则有

$$f(n,k) = 9\sum_{i=1}^{k}(-1)^{i-1}C_{8-k+i}^{i-1}C_9^{k-i}(k+1-i)^{n-1}$$

当 $k = 1,2,3,4,5,6,7,8,9,10$ 时，$f(n,k)$ 的具体的表达式如下：

$f(n,1) = 9.$

$f(n,2) = 9(9 \times 2^{n-1} - 8).$

$f(n,3) = 9(36 \times 3^{n-1} - 63 \times 2^{n-1} + 28).$

$f(n,4) = 9(84 \times 4^{n-1} - 216 \times 3^{n-1} + 189 \times 2^{n-1} - 56).$

$f(n,5) = 9(126 \times 5^{n-1} - 420 \times 4^{n-1} + 540 \times 3^{n-1} - 315 \times 2^{n-1} + 70).$

$f(n,6) = 9(126 \times 6^{n-1} - 504 \times 5^{n-1} + 840 \times 4^{n-1} - 720 \times 3^{n-1} + 315 \times 2^{n-1} - 56).$

$f(n,7) = 9(84 \times 7^{n-1} - 378 \times 6^{n-1} + 756 \times 5^{n-1} - 840 \times 4^{n-1} + 540 \times 3^{n-1} - 189 \times 2^{n-1} + 28).$

$f(n,8) = 9(36 \times 8^{n-1} - 168 \times 7^{n-1} + 378 \times 6^{n-1} - 504 \times 5^{n-1} + 420 \times 4^{n-1} - 216 \times 3^{n-1} + 63 \times 2^{n-1} - 8).$

$f(n,9) = 9(9 \times 9^{n-1} - 36 \times 8^{n-1} + 84 \times 7^{n-1} - 126 \times 6^{n-1} + 126 \times 5^{n-1} - 84 \times 4^{n-1} + 36 \times 3^{n-1} - 9 \times 2^{n-1} + 1).$

$f(n,10) = 9 \times 10^{n-1}.$

通过列表的方法可求出 $f(n,k)$ 的一些值.

首先由初始条件 $f(1,k) = 9$，$f(n,1) = 9$ 和 $f(n,k) = 9 \times 10^{n-1}$（$2 \leqslant n \leqslant k$），列出下表（表1）：

表1

k \ n	1	2	3	4	5	6	7	8	…
1	9	9	9	9	9	9	9	9	…
2	9	90							
3	9	90	900						

续表 1

4	9	90	900	9000					
5	9	90	900	9000	90000				
6	9	90	900	9000	90000	900000			
…	…	…	…	…	…	…	…	…	…

然后填表 1 中其余的数. 当 $2\leqslant k<n$ 时,由递推关系 $f(n,k)=kf(n-1,k)+(10-k)f(n-1,k-1)$ 可知,其余的数可按以下形式填写:

$f(n-1,k-1)$	$f(n,k-1)$
$f(n-1,k)$	$kf(n-1,k)+(10-k)f(n-1,k-1)$

于是得到 $f(n,k)$ 表(表 2):

表 2

k \ n	1	2	3	4	5	6	7	8	…
1	9	9	9	9	9	9	9	9	…
2	9	90	252	576	1224	2520	5112	10296	…
3	9	90	900	4464	17424	60840	200160	636264	…
4	9	90	900	9000	62784	355680	1787760	8352000	…
5	9	90	900	9000	90000	763920	5598000	36928800	…
6	9	90	900	9000	90000	900000	8455680	73126080	…
…	…	…	…	…	…	…	…	…	…

下面我们列出 $f(n,k)$ 中的项 i^{n-1} $(i\leqslant k)$ 的系数除以 9 后得到的 $(-1)^{k-i}C_{9-i}^{k-i}C_9^{i-1}$ 的表(表 3):

表 3 ($(-1)^{k-i}C_{9-i}^{k-i}C_9^{i-1}$ 表)

k \ i	10	9	8	7	6	5	4	3	2	1
1										1
2									9	-8
3								36	-63	28
4							84	-216	189	-56
5						126	-420	540	-315	70
6					126	-504	840	-720	315	-56

续表3

k \ i	10	9	8	7	6	5	4	3	2	1
7				84	-378	756	-840	540	-189	28
8			36	-168	378	-504	420	-216	63	-8
9		9	-36	84	-126	-126	84	-36	9	-1
10	1									

从表3可以看出每一行各数之和等于1.这是当$1 \leqslant k \leqslant 9$时,将$n = 1$,代入$f(n,k) = 9\sum_{i=1}^{k}(-1)^{i-1}C_{8-k+i}^{i-1}C_9^{k-i}(k+1-i)^{n-1}$中得到的,即有

$$f(1,k) = 9\sum_{i=1}^{k}(-1)^{i-1}C_{8-k+i}^{i-1}C_9^{k-i} = 9,或\sum_{i=1}^{k}(-1)^{i-1}C_{8-k+i}^{i-1}C_9^{k-i} = 1$$

变形后可推出组合恒等式(如果$n = 0$时,也有$C_n^0 = 1$,那么k可以取1)

$$\sum_{i=1}^{k}(-1)^{i}C_{9-i}^{9-k}C_9^{i-1} = (-1)^{k} \quad (1 \leqslant k \leqslant 9)$$

如果不局限于10进制,那么可将上式中的9换成正整数n,k也不局限于1与9之间的正整数,得到

$$\sum_{i=1}^{k}(-1)^{i}C_{n-i}^{n-k}C_n^{i-1} = (-1)^{k} \quad (1 \leqslant k \leqslant n)$$

例1 求最多由两个数码组成的$n(n \geqslant 2)$位数的个数.

解 设这两个数码分别是a和b,$a \neq b$.设首位是a,后$n-1$位数中的每一位都取a和b中一个,共有2^{n-1}种取法,其中除了全部取a这一种情况以外,其余$2^{n-1}-1$种取法中都有b.对于确定的a,b可取0到9中除去a以外的9种取法,所以共有$9(2^{n-1}-1)$种取法,再加上全部取a的一种,共有$9(2^{n-1}-1)+1 = 9\times 2^{n-1}-8$种取法.由于$a$有9种取法,所以总共有$9(9\times 2^{n-1}-8)$个这样的$n$位数.这与$f(n,2)$的表达式一致.

在研究了至多由k个的数码组成的十进制n位数的个数后,我们自然考虑到恰由k个数码组成的十进制n位数的个数的情况.由于这一问题的解决方法与本节所用的方法类似,所以在此只介绍这一情况的一些结论,有兴趣的读者不妨自行推导这些结论.

设恰由k个数码组成的十进制n位数的个数为$g(n,k)$,我们有

(1)当$k = 1$时,$g(n,1) = 9$;当$k = n$时,$g(k,k) = \dfrac{9\times 9!}{(10-k)!}$;

当$k > n$时,$g(n,k) = 0$.

(2)当 $2 \leqslant k < n$ 时，$g(n,k)$ 的递推关系是

$$g(n,k) = kg(n-1,k) + (11-k)g(n-1,k-1)$$

(3)当 $2 \leqslant k < n$ 时，$g(n,k)$ 的表达式是

$$g(n,k) = 9\mathrm{C}_9^{k-1}\sum_{i=1}^{k}(-1)^{k-i}\mathrm{C}_{k-1}^{i-1} \times i^{n-1}.$$

若将 $g(n,k)$ 写成按 i 的降幂排列的形式，则有

$$g(n,k) = 9\mathrm{C}_9^{k-1}\sum_{i=1}^{k}(-1)^{i-1}\mathrm{C}_{k-1}^{i-1}(k+1-i)^{n-1}$$

(4)当 $1 \leqslant k \leqslant 10$ 时，$g(n,k)$ 的具体的表达式如下：

$g(n,1) = 9.$

$g(n,2) = 81(2^{n-1}-1).$

$g(n,3) = 324(3^{n-1} - 2\times 2^{n-1} + 1).$

$g(n,4) = 756(4^{n-1} - 3\times 3^{n-1} + 3\times 2^{n-1} - 1).$

$g(n,5) = 1134(5^{n-1} - 4\times 4^{n-1} + 6\times 3^{n-1} - 4\times 2^{n-1} + 1).$

$g(n,6) = 1134(6^{n-1} - 5\times 5^{n-1} + 10\times 4^{n-1} - 10\times 3^{n-1} + 5\times 2^{n-1} - 1).$

$g(n,7) = 756(7^{n-1} - 6\times 5^{n-1} + 15\times 5^{n-1} - 20\times 4^{n-1} + 15\times 3^{n-1} - 6\times 2^{n-1} + 1).$

$g(n,8) = 324(8^{n-1} - 7\times 7^{n-1} + 21\times 6^{n-1} - 35\times 5^{n-1} + 35\times 4^{n-1} - 21\times 3^{n-1} + 7\times 2^{n-1} - 1).$

$g(n,9) = 81(9^{n-1} - 8\times 8^{n-1} + 28\times 7^{n-1} - 56\times 6^{n-1} + 70\times 5^{n-1} - 56\times 4^{n-1} + 28\times 3^{n-1} - 8\times 2^{n-1} + 1).$

$g(n,10) = 10^{n-1} - 9\times 9^{n-1} + 36\times 8^{n-1} - 84\times 7^{n-1} + 126\times 6^{n-1} - 126\times 5^{n-1} + 84\times 4^{n-1} - 36\times 3^{n-1} + 9\times 2^{n-1} - 1$

有趣的是当 $k > n$ 时，$g(n,k) = 0$，居然也满足上面各表达式，可不受 $k \leqslant 10$ 的限制，得到恒等式

$$\sum_{i=1}^{k}(-1)^{i}C_{k-1}^{i-1} \times i^{n} = 0 \quad (1 \leqslant n \leqslant k-2)$$

(5)$g(n,k)$ 表：

表4

$k\backslash n$	1	2	3	4	5	6	7	…
1	9	9	9	9	9	9	9	…
2	0	81	243	567	1215	2511	5103	…
3	0	0	648	3888	16200	58320	195048	…
4	0	0	0	4536	45360	294840	1237680	…
5	0	0	0	0	27216	408240	3810240	…
6	0	0	0	0	0	163296	3020976	…
…	…	…	…	…	…	…	…	…

例2 求恰由两个数码组成的$n(n \geqslant 2)$位数的个数.

解 设这两个数码分别是a和b,$a \neq b$,且设首位是a,则后$n-1$位数中的每一位都取a和b中的一个,共有2^{n-1}种取法.但是除去后$n-1$位数都是a的情况,共有$(2^{n-1}-1)$种取法.由于a可取1,2,3,4,5,6,7,8,9中的一个,共有9种取法,b可取0,1,2,3,4,5,6,7,8,9中除a以外的数,也有9种取法,所以总共有$9 \times 9(2^{n-1}-1)=81(2^{n-1}-1)$种取法.这与$g(n,2)$的表达式一致.

当$2 \leqslant k \leqslant 10$时,至多由$k$个数码组成的十进制$n$位数的个数就是恰由1个,恰由2个,……,恰由$k$个数码的$n$位数的个数的和,所以有:

$$f(n,k)=g(n,1)+g(n,2)+\cdots+g(n,k)=\sum_{j=1}^{k} g(n,j) \quad (*)$$

由于至多由1个数码组成的十进制n位数就是恰由1个数码组成的十进制n位数,所以$f(n,1)=g(n,1)$,于是当$k=1$时,式$(*)$也成立.

式$(*)$就是$f(n,k)$与$g(n,k)$之间的关系.

利用式$(*)$可推出一些组合恒等式,为方便起见,考虑当$2 \leqslant k \leqslant 9$时,$\frac{1}{9}\sum_{j=1}^{k} g(n,j)$和$\frac{1}{9}f(n,k)$的表达式.

取$k=1$,得$\frac{1}{9}g(n,1)-\frac{1}{9}f(n,1)=1$.

取$k=2$,得$\frac{1}{9}\sum_{j=1}^{2} g(n,2)=\sum_{i=1}^{2}(-1)^{2-i}C_9^1C_1^{i-1} \times i^{n-1}=-C_9^1C_1^0 \times 1^{n-1}+C_9^1C_1^1 \times 2^{n-1}$.

取$k=3$,得

$$\frac{1}{9}\sum_{j=1}^{3} g(n,3)=\sum_{i=1}^{3}(-1)^{3-i}C_9^2C_2^{i-1} \times i^{n-1}$$

$$= C_9^2C_2^0\times 1^{n-1}-C_9^2C_2^1\times 2^{n-1}+C_9^2C_2^2\times 3^{n-1}$$

……

取 k 时,得

$$\begin{aligned}\frac{1}{9}\sum_{j=1}^{k}g(n,k) &= \sum_{i=1}^{k}(-1)^{k-i}C_9^{k-1}C_{k-1}^{i-1}\times k^{n-1}\\ &=(-1)^{k-1}C_9^{k-1}C_{k-1}^{0}\times 1^{n-1}+(-1)^{k-2}C_9^{k-1}C_{k-1}^{1}\times 2^{n-1}+\\ &\quad(-1)^{k-3}C_9^{k-1}C_{k-1}^{2}\times 3^{n-1}+\cdots-C_9^{k-1}C_{k-1}^{k-2}\times(k-1)^{n-1}\\ &\quad+C_9^{k-1}C_{k-1}^{k-1}\times k^{n-1}\end{aligned}$$

而

$$\begin{aligned}\frac{1}{9}f(n,k) &= \sum_{i=1}^{k}(-1)^{k-i}C_{9-i}^{k-i}C_9^{i-1}i^{n-1}\\ &=(-1)^{k-1}C_8^{k-1}C_9^{0}\times 1^{n-1}+(-1)^{k-1}C_7^{k-2}C_9^{1}\times 2^{n-1}+\\ &\quad(-1)^{k-3}C_6^{k-3}C_9^{2}\times 3^{n-1}+\cdots+C_0^{0}C_9^{k-1}\times k^{n-1}\end{aligned}$$

比较当 $j=1,2,\cdots,9$ 时,$\frac{1}{9}\sum_{j=1}^{k}g(n,j)$ 和 $\frac{1}{9}f(n,k)$ 的 j^{n-1} 的系数,得到

1^{n-1} 的系数是

$$\begin{aligned}&1-C_9^1C_1^0+C_9^2C_2^0-C_9^3C_3^0+\cdots+(-1)^{k-1}C_9^{k-1}C_{k-1}^{0}C_9^2\\ &=\sum_{i=1}^{k}(-1)^{i-1}C_{9-i}^{i-1}C_{i-1}^{0}=(-1)^{k-1}C_8^{k-1}C_9^0\end{aligned}$$

2^{n-1} 的系数是

$$\begin{aligned}&C_9^1C_1^1-C_9^2C_2^1+C_9^3C_3^1-\cdots+(-1)^{k-2}C_9^{k-1}C_{k-1}^{1}\\ &=\sum_{i=1}^{k-1}(-1)^{i-1}C_{9-i}^{i}C_i^1=(-1)^{k-2}C_7^{k-1}C_9^1\end{aligned}$$

3^{n-1} 的系数是

$$\begin{aligned}&C_9^2C_2^2-C_9^3C_3^2+C_9^4C_4^2-\cdots+(-1)^{k-3}C_9^{k-1}C_{k-1}^{2}\\ &=\sum_{i=1}^{k-2}(-1)^{i-1}C_9^{i+1}C_{i+1}^2=(-1)^{k-3}C_6^{k-1}C_9^2\end{aligned}$$

……

一般地,有 $\sum_{i=1}^{k-j+1}(-1)^{i-1}C_9^{j+i-2}C_{j+i-2}^{j-1}=(-1)^{k-j}C_{9-j}^{k-j}C_9^{j-1}$ $(1\leqslant j\leqslant k,k=1,2,\cdots,9)$. 将该式中的 9 换成一般的 n,上式仍然成立

$$\sum_{i=1}^{k-j+1}(-1)^{i-1}C_n^{j+i-2}C_{j+i-2}^{j-1}=(-1)^{k-j}C_{n-j}^{k-j}C_n^{j-1}\qquad(1\leqslant j\leqslant k\leqslant n)$$

5.3 方程 $x_1+x_2+\cdots+x_{m-1}+x_m=n$（$n$ 是非负整数）的非负整数解与方程 $x_1x_2\cdots x_{m-1}x_m=n$（$n$ 是正整数）的整数解的组数

在本节中我们提出两个问题：

1. 对于一个任意确定的非负整数 n，有多少种方法将其写成若干个非负整数的和？即求方程

$$x_1+x_2+\cdots+x_{m-1}+x_m=n \tag{1}$$

的非负整数解组的数.

2. 对于一个任意确定的正整数 n，有多少种方法将其写成若干个正整数的积？即求方程

$$x_1x_2\cdots x_{m-1}x_m=n \tag{2}$$

的正整数解组的数.

下面先探究第一个问题，再利用第一个问题的结论解决第二个问题.

5.3.1 方程 $x_1+x_2+\cdots+x_{m-1}+x_m=n$ 的非负整数解的组数

设 $y_j=x_j+1(j=1,2,\cdots,m)$，则 y_j 是正整数，于是方程(1)就变为

$$y_1+y_2+\cdots+y_{m-1}+y_m=n+m \tag{3}$$

由于 $(y_1,y_2,\cdots,y_m)$ 与 $(x_1,x_2,\cdots,x_m)$ 一一对应，所以方程(3)的正整数解的组数与方程(1)的非负整数解的组数相同. 下面求方程(3)的正整数解的组数.

先将方程(3)的左边改写为 $m+n$ 个 1，得到

$$1\quad 1\quad 1\quad 1\quad \cdots 1\quad 1=m+n$$

其中每相邻两个 1 之间有一个空档，一共有 $m+n-1$ 个空档，在这 $m+n-1$ 个空档中任意选取 $m-1$ 个空档填上"+"号，那么这 $m-1$ 个"+"号就将这 $m+n$ 个 1 分割成 m 个部分，其中第 $j(j=1,2,\cdots,m)$ 部分中 1 的个数就是相应的 y_j 的值，于是得到方程(3)的一组正整数解.

由于在 $m+n-1$ 个空档中选取 $m-1$ 个空档有 $C_{m+n-1}^{m-1}=C_{m+n-1}^{n}$ 种选取方法，所以方程(3)有 C_{m+n-1}^{n} 组正整数解，于是方程(1)有 C_{m+n-1}^{n} 组非负整数解.

若将 C_{m+n-1}^{n} 中的 n 换成 $n-m$（此时 $n\geqslant m>1$），则 C_{m+n-1}^{n} 变为 C_{n-1}^{n-m}，得到方程(1)有 $C_{n-1}^{n-m}=C_{n-1}^{m-1}$ 组正整数解.

例如：方程 $x_1+x_2+x_3=4$ 有 $C_6^2=15$ 组非负整数解：

(0,0,4),(0,4,0),(4,0,0),(0,1,3),(0,3,1),(1,0,3),(1,3,0),(3,0,1),(3,1,0),(0,2,2),(2,0,2),(2,2,0),(1,1,2),(1,2,1),(2,1,1).

方程 $x_1+x_2+x_3=4$ 有 $C_3^2=3$ 组正整数解:(1,1,2),(1,2,1),(2,1,1).

5.3.2 不等式 $x_1+x_2+\cdots+x_m\leqslant n$($n$ 是非负整数)的非负整数解的组数

当 $k=0,1,2,\cdots,n$ 时,求出方程 $x_1+x_2+\cdots+x_m=k$ 的非负整数解的组数,就可以求出不等式

$$x_1+x_2+\cdots+x_m\leqslant n \tag{4}$$

的非负整数的组数.

由 5.3.1 可知,方程 $x_1+x_2+\cdots+x_m=k$ 有 C_{m+k-1}^k 组非负整数解. 取 $k=0,1,2,\cdots,n$ 时,就得到不等式(4)的非负整数的组数为 $\sum\limits_{k=0}^{n}C_{m+k-1}^k$.

下面化简 $\sum\limits_{k=0}^{n}C_{m+k-1}^k$,我们对 n 用数学归纳法证明

$$\sum_{k=0}^{n}C_{m+k-1}^k = C_{m+n}^n \tag{5}$$

证明 当 $n=0$ 时,左边 $=C_{m-1}^0=1$,右边 $=C_m^0=1$.

假定 $\sum\limits_{k=0}^{n}C_{m+k-1}^k = C_{m+n}^n$ 成立,则

$$\sum_{k=0}^{n+1}C_{m+k-1}^k = \sum_{k=0}^{n}C_{m+k-1}^k + C_{m+n}^{n+1} = C_{m+n}^n + C_{m+n}^{n+1} = C_{m+n+1}^{n+1}$$

这样我们就证明了式(5).

因此,不等式(4)有 C_{m+n}^n 组非负整数解.

若将 C_{m+n}^n 中的 n 换成 $n-m$(此时 $n\geqslant m>1$),则 C_{m+n}^n 变为 $C_n^{n-m}=C_n^m$,即不等式(4)有 C_n^m 组正整数解.

例如:不等式 $x_1+x_2+x_3\leqslant 4$ 有 $C_7^4=35$ 组非负整数解:

(0,0,0),(0,0,1),(0,0,2),(0,0,3),(0,0,4),(0,1,0),(0,1,1),(0,1,2),(0,1,3),(0,2,0),(0,2,1),(0,2,2),(0,3,0),(0,3,1),(0,4,0),(1,0,0),(1,0,1),(1,0,2),(1,0,3),(1,1,0),(1,1,1),(1,1,2),(1,2,0),(1,2,1),(1,3,0),(2,0,0),(2,0,1),(2,0,2),(2,1,0),(2,1,1),(2,2,0),(3,0,0),(3,0,1),(3,1,0),(4,0,0).

有 $C_4^3=4$ 组正整数解:(1,1,1),(1,1,2),(1,2,1),(2,1,1).

不等式(4)的非负整数的组数也可以用以下方法求得:

将 n 写成 n 个 $+1$ 和 m 个 $+0$ 的和

$$+1+1+\cdots+1+1+0+\cdots+0+0=n \qquad (4)'$$

即式(4)′的左边由 n 个 $+1$ 和 m 个 $+0$ 组成. 若将每一个 $+1$ 和每一个 $+0$ 都称为一段,则共有 $n+m$ 段. 然后去掉其中的 n 段,有 C_{m+n}^{n} 种去掉的方法. 剩下的 m 段中的第 $j(j=1,2,\cdots,m)$ 段中 1 的个数就是相应的 x_j 的值,于是就得到不等式(4)的一组非负整数解. 因为有 C_{m+n}^{n} 种取法去掉,所以不等式(4)有 C_{m+n}^{n} 组非负整数解.

5.3.3 方程 $x_1x_2\cdots x_{m-1}x_m=n$($m,n$ 是正整数,$n\geqslant m\geqslant 1$)的正整数解的组数

将方程(2)

$$x_1x_2\cdots x_{m-1}x_m=n$$

中的 n 分两类考虑.

当 $n=1$ 时,方程 $x_1x_2\cdots x_m=1$ 有唯一的正整数解 $x_1=x_2=\cdots=x_m=1$.

当 $n\geqslant 2$ 时,把 n 写成标准分解式,设 $n=p_1^{a_1}p_2^{a_2}\cdots p_k^{a_k}$($p_1,p_2,\cdots,p_k$ 是不同的质数,$a_1,a_2,\cdots,a_k$ 是正整数),则方程(2)变为

$$x_1x_2\cdots x_{m-1}x_m=p_1^{a_1}p_2^{a_2}\cdots p_k^{a_k} \qquad (2)'$$

由于 $x_m=\dfrac{n}{x_1x_2\cdots x_{m-1}}$,即 x_m 由 $x_1,x_2,\cdots,x_{m-1}$ 和 n 的值唯一确定,所以只需考虑正整数组$(x_1,x_2,\cdots,x_{m-1})$的组数.

由于 $x_1,x_2,\cdots,x_{m-1}$ 都是 n 的正约数,所以可设 $x_j=p_1^{\alpha_{1j}}p_2^{\alpha_{2j}}\cdots p_k^{\alpha_{kj}}$($p_1,p_2,\cdots,p_k$ 是不同的质数,$\alpha_{1j},\alpha_{2j},\cdots,\alpha_{kj}$是非负整数,$j=1,2,\cdots,m-1$),$\alpha_{ij}$是 x_j 的标准分解式中 p_i 的指数(如果某个 p_i 没有出现,那么 $\alpha_{ij}=0$). 由 $x_1x_2\cdots x_{m-1}\leqslant n$ 得不等式

$$\alpha_{i1}+\alpha_{i2}+\cdots+\alpha_{i(m-1)}\leqslant a_i \quad (i=1,2,\cdots,k) \qquad (6)$$

由 5.3.2 的结论可知,不等式(6)有 $C_{m-1+a_i}^{m-1}$组非负整数解. 当 $i=1,2,\cdots,k$ 时,由乘法原理,得到正整数组$(x_1,x_2,\cdots,x_{m-1})$共有 $\prod\limits_{i=1}^{k}C_{m-1+a_i}^{m-1}$ 组,即当 $n\geqslant 2$ 时,方程(2)有 $\prod\limits_{i=1}^{k}C_{m-1+a_i}^{m-1}$ 组正整数解.

当 $n=1$ 时,可规定 $n=p_1^{a_1}p_2^{a_2}\cdots p_k^{a_k}$ 中的 $a_1=a_2=\cdots=a_k=0$,k 是任意正整数,此时 $\prod\limits_{i=1}^{k}C_{m-1+a_i}^{m-1}=\prod\limits_{i=1}^{k}C_{m-1}^{m-1}=1$,所以对于任何正整数 n,方程(2)都有 $\prod\limits_{i=1}^{k}C_{m-1+a_i}^{m-1}$ 组正整数解.

例如：问方程 $x_1x_2x_3=24$ 有多少组正整数解？

解 因为 $m=3, n=24=2^3\cdot 3$，所以 $k=2, a_1=3, a_2=1$. 方程 $x_1x_2x_3=24$ 有 $C_{3-1+3}^{2}C_{3-1+1}^{2}=10\cdot 3=30$ 组正整数解：

(1,1,24),(1,2,12),(1,3,8),(1,4,6),(1,6,4),(1,8,3),(1,12,2),(1,24,1),(2,1,12),(2,2,6),(2,3,4),(2,4,3),(2,6,2),(2,12,1),(3,1,8),(3,2,4),(3,4,2),(3,8,1),(4,1,6),(4,2,3),(4,3,2),(4,6,1),(6,1,4),(6,2,2),(6,4,1),(8,1,3),(8,3,1),(12,1,2),(12,2,1),(24,1,1).

此外，当 $m=2$ 时，得方程 $x_1x_2=n=p_1^{a_1}p_2^{a_2}\cdots p_k^{a_k}$ 有 $\prod_{i=1}^{k}C_{a_i+1}^{1}=\prod_{i=1}^{k}(a_i+1)$ 组正整数解. 由于 x_1 是 n 的正约数（x_2 由 x_1 和 n 确定，无需考虑），所以 x_1 可取 $\prod_{i=1}^{k}(a_i+1)$ 个值，可见方程(2)有 $\prod_{i=1}^{k}C_{m-1+a_i}^{m-1}$ 组正整数解这一结论就是正整数 n 的正约数的个数的推广.

5.3.4 方程 $x_1x_2\cdots x_{m-1}x_m=n$ 的整数解的组数

若在 $x_1,x_2,\cdots,x_{m-1},x_m$ 这 m 个正整数中取出偶数个数，并将其改变为相反数，则 $x_1x_2\cdots x_{m-1}x_m$ 的值不变，所以由方程(2)的正整数解，根据改变为相反数的情况可得到方程(2)的整数解.

因为 $x_1,x_2,\cdots,x_{m-1},x_m$ 之积为正，所以其中 $m-1$ 个数之积与最后一数同号，即这 $m-1$ 个数的符号确定后，最后一数的符号只有 1 种选择. 由于每一个数都有改变符号或不改变符号 2 种选择，所以确定 $m-1$ 个数的积的符号有 2^{m-1} 种选择，于是方程(2)有 $2^{m-1}\prod_{i=1}^{k}C_{m-1+a_i}^{m-1}$ 组整数解.

例如：问方程 $xyzu=60$ 有多少组正整数解？有多少组整数解？

解 $m=4, 60=2^2\times 3\times 5$，即 $k=3, a_1=2, a_2=1, a_3=1$.

因为 $\prod_{i=1}^{3}C_{3+a_i}^{3}=C_{3+2}^{3}\times C_{3+1}^{3}\times C_{3+1}^{3}=10\times 4\times 4=160, 2^3=8$，所以 $xyzu=60$ 有 160 组正整数解，有 $8\times 160=1280$ 组整数解.

下面不用上述公式求方程 $xyzu=60$ 的正整数解的组数. 将 60 写成从小到大的 4 个约数的乘积：

$$
\begin{aligned}
60 &= 1\times 1\times 1\times 60=1\times 1\times 2\times 30=1\times 1\times 3\times 20=1\times 1\times 4\times 15\\
&= 1\times 1\times 5\times 12=1\times 1\times 6\times 10=1\times 2\times 2\times 15=1\times 2\times 3\times 10\\
&= 1\times 2\times 5\times 6=1\times 3\times 4\times 5=2\times 2\times 3\times 5
\end{aligned}
$$

对 $1\times 1\times 1\times 60$ 中的 1,1,1,60 进行排列，得到 4 种排列；对 $1\times 1\times 2\times 30$，

$1\times1\times3\times20$, $1\times1\times4\times15$, $1\times1\times5\times12$, $1\times1\times6\times10$, $1\times2\times2\times15$ 中的各数进行排列,都得到 12 种排列;对 $1\times2\times3\times10$, $1\times2\times5\times6$, $1\times3\times4\times5$ 中的各数进行排列,都得到 24 种排列;对 $2\times2\times3\times5$ 中的各数进行排列,得到 12 种排列. 由 $4+6\times12+3\times24+12=160$,所以方程 $xyzu=60$ 有 160 组正整数解.

5.3.5 方程 $x_1x_2\cdots x_{m-1}x_m=n$ 的大于 1 的正整数解的组数

方程(2)的 $\prod\limits_{i=1}^{k}\mathrm{C}_{m-1+a_i}^{m-1}$ 组正整数解中,有一些正整数解中出现若干个 1,另一些正整数解中不出现 1. 下面要探求的是方程(2)有多少组正整数解中不出现 1,换句话说,方程(2)有多少组大于 1 的正整数解.

若方程(2)的 m 个未知数中有 j 个未知数的值取 1,那么方程(2)就变为 $m-j$ 元的方程,此时该方程有 $\prod\limits_{i=1}^{k}\mathrm{C}_{m-j-1+a_i}^{m-j-1}$ 组正整数解. 由于在 m 个未知数中取出 j 个未知数,共有 C_m^j 种取法,所以方程(2)中的正整数解中至少出现 j 个为 1 的正整数解有 $\mathrm{C}_m^j\prod\limits_{i=1}^{k}\mathrm{C}_{m-j-1+a_i}^{m-j-1}$ 组.

在探求方程(2)有多少组正整数解中不出现 1 时,应在方程(2)的 $\prod\limits_{i=1}^{k}\mathrm{C}_{m-1+a_i}^{m-1}$ 组正整数解中,除去至少出现 1 个 1 的正整数解;但在除去这些解时,把至少出现 2 个 1 的正整数解除去了 2 次,应补回;在除去这些解时,把至少出现 3 个 1 的正整数解补回 2 次,应除去;……继续这一过程,得到方程(2)的大于 1 的正整数解的组数是

$$\prod_{i=1}^{k}\mathrm{C}_{m-1+a_i}^{m-1}-\mathrm{C}_m^1\prod_{i=1}^{k}\mathrm{C}_{m-2+a_i}^{m-2}+\mathrm{C}_m^2\prod_{i=1}^{k}\mathrm{C}_{m-3+a_i}^{m-3}+\cdots+(-1)^{m-1}\mathrm{C}_m^{m-1}\prod_{i=1}^{k}\mathrm{C}_{a_i}^{0}$$
$$=\sum_{j=1}^{m}(-1)^{j-1}\mathrm{C}_m^{j-1}\prod_{i=1}^{k}\mathrm{C}_{m-j+a_i}^{m-j}$$

例如:问方程 $x_1x_2x_3=72$ 有多少组大于 1 的正整数解?

解 在方程 $x_1x_2x_3=72$ 中, $m=3$, $n=72=2^3\times3^2$, $k=2$, $a_1=3$, $a_2=2$.

$$\begin{aligned}\sum_{j=1}^{m}(-1)^{j-1}\mathrm{C}_m^{j-1}\prod_{i=1}^{k}\mathrm{C}_{m-j+a_i}^{m-j}&=\sum_{j=1}^{3}(-1)^{j-1}\mathrm{C}_3^{j-1}\prod_{i=1}^{2}\mathrm{C}_{3-j+a_i}^{3-j}\\&=\sum_{j=1}^{3}(-1)^{j-1}\mathrm{C}_3^{j-1}\mathrm{C}_{6-j}^{3-j}\mathrm{C}_{5-j}^{3-j}\\&=\mathrm{C}_3^0\mathrm{C}_5^2\mathrm{C}_4^2-\mathrm{C}_3^1\mathrm{C}_4^1\mathrm{C}_3^1+\mathrm{C}_3^2\mathrm{C}_4^0\mathrm{C}_3^0\\&=60-36+3=27\end{aligned}$$

即方程 $x_1x_2x_3=72$ 有 27 组大于 1 的正整数解.

事实上,$72=2\times2\times18=2\times3\times12=2\times4\times9=2\times6\times6=3\times3\times8=3\times4\times6$.

其中2,2,18有3种排列;2,3,12和2,4,9都有6种排列,2,6,6和3,3,8都有3种排列,3,4,6有6种排列.因为$3+2\times6+2\times3+6=27$,所以方程$x_1x_2x_3=72$有27组大于1的正整数解.

又如,问方程$x_1x_2x_3x_4=840$有多少组正整数解?有多少组整数解?有多少组大于1的正整数解?

解 $m=4,n=840=2^3\times3\times5\times7,k=4,a_1=3,a_2=a_3=a_4=1$.

$\prod_{i=1}^{k}C_{m-1+a_i}^{m-1}=\prod_{i=1}^{4}C_{3+a_i}^{3}=C_6^3C_4^3C_4^3C_4^3=20\times4\times4\times4=1280$, $2^3=8$,所以方程$x_1x_2x_3x_4=840$有160组正整数解,有$8\times1280=10240$组整数解.

$$\begin{aligned}&\sum_{j=1}^{m}(-1)^{j-1}C_m^{j-1}\prod_{i=1}^{k}C_{m-j+a_i}^{m-j}\\&=\sum_{j=1}^{4}(-1)^{j-1}C_4^{j-1}\prod_{i=1}^{4}C_{4-j+a_i}^{4-j}\\&=\sum_{j=1}^{4}(-1)^{j-1}C_4^{j-1}C_{7-j}^{4-j}C_{5-j}^{4-j}C_{5-j}^{4-j}C_{5-j}^{4-j}\\&=C_4^0C_6^3C_4^3C_4^3C_4^3-C_4^1C_5^2C_3^2C_3^2C_3^2+C_4^2C_4^1C_2^1C_2^1C_2^1-C_4^3C_3^0C_2^0C_2^0C_2^0\\&=1\times20\times4\times4\times4-4\times10\times3\times3\times3+6\times4\times2\times2\times2-\\&\quad 4\times1\times1\times1\times1\\&=1280-1080+192-4=388\end{aligned}$$

即方程$x_1x_2x_3x_4=840$有388组大于1的正整数解.

事实上

$$\begin{aligned}840&=2\times2\times2\times105=2\times2\times3\times70=2\times2\times5\times42=2\times2\times6\times35\\&=2\times2\times7\times30=2\times2\times10\times21=2\times2\times14\times15=2\times3\times4\times35\\&=2\times3\times5\times28=2\times3\times7\times20=2\times3\times10\times14=2\times4\times5\times21\\&=2\times4\times7\times15=2\times5\times6\times14=2\times5\times7\times12=2\times6\times7\times10\\&=3\times4\times5\times14=3\times4\times7\times10=3\times5\times7\times8=4\times5\times6\times7\end{aligned}$$

其中2,2,2,105有4种排列;2,2,3,70;2,2,5,42;2,2,6,35;2,2,7,30;2,2,10,21;2,2,14,15都有12种排列;2,3,4,35;2,3,5,28;2,3,7,20;2,3,10,14;2,4,5,21;2,4,7,15;2,5,6,14;2,5,7,12;2,6,7,10;3,4,5,14;3,4,7,10;3,5,7,8;4,5,6,7都有24种排列.

因为$4+6\times12+13\times24=388$,所以方程$x_1x_2x_3x_4=840$有388组大于1的正整数解.

最后将本节中的结论总结如下(表1~表3):

表1

方程 $x_1+x_2+\cdots+x_{m-1}+x_m=n(n\in\mathbf{N})$	
非负整数解的组数	正整数解的组数
C_{m+n-1}^{n}	C_{n-1}^{m-1}

表2

不等式 $x_1+x_2+\cdots+x_{m-1}+x_m\leqslant n(n\in\mathbf{N})$	
非负整数解的组数	正整数解的组数
C_{m+n}^{n}	C_{n}^{m}

表3

方程 $x_1x_2\cdots x_{m-1}x_m=n(1\leqslant m\leqslant n,n=p_1^{a_1}p_2^{a_2}\cdots p_k^{a_k}\geqslant 2)$		
正整数解的组数	整数解的组数	大于1的正整数解的组数
$\prod_{i=1}^{k}C_{m-1+a_i}^{m-1}$	$2^{m-1}\prod_{i=1}^{k}C_{m-1+a_i}^{m-1}$	$\sum_{j=1}^{m}(-1)^{j-1}C_m^{j-1}\prod_{i=1}^{k}C_{m-j+a_i}^{m-j}$

5.4 将球放入盒子中的各种情况

许多计数问题涉及将一些东西放在某些位置上.在这些问题中,主要的角色是“对象”和“位置”.在我们所进行的讨论中,假定“对象”是有区别的或者是无区别的,“位置”也是有区别的或者是无区别的.另外我们还考虑“位置”是否允许有“空”的.

在本节中,我们研究的“对象”是球,“位置”是盒子.按照不同的情况研究将 k 个球放入 n 个盒子有多少种不同的放法.对于球和盒子,我们首先考虑的是全部相同或全部不同的情况.在球完全相同时,只考虑放置后盒子里的球的个数.盒子相同指的是不编号,即无顺序,在放置球后按照球的个数从小到大排列,相同的情况只算一个排列.球不相同指的只是颜色不同,盒子不同指的是盒子的标记不同,编号为 $a,b,c,d,\cdots$.此外,假定盒子可以放任意多个球.至于部分球相同,但不全部相同的情况则将同色球归为一类,然后分类处理.

下面根据各种不同情况,研究将 k 个球放入 n 个盒子中的不同放法的种数.

5.4.1 当 $k<n$ 时的情况

(1)当 $k<n$ 时,将 k 个不同的球放入 n 个不同的盒子中,每个盒子至多放

一个球,共有多少种不同的放法?

第1个球可以放入 n 个不同的盒子中的任意一个,有 n 种选择. 第2个球可以放入剩下的 $n-1$ 个不同的盒子中的任意一个,有 $n-1$ 种选择. 依此类推,第 k 个球可以放入剩下的 $n-(k-1)=n-k+1$ 个盒子中的任意一个,有 $n-k+1$ 种选择. 根据乘法原理,共有 $n(n-1)\cdots(n-k+1)=\dfrac{n!}{(n-k)!}$ 种不同的放法.

也可以这样考虑:在 n 个不同的盒子中,取出 k 个盒子,每个盒子放一个球,然后排列成一行,有 $\mathrm{P}_n^k=\dfrac{n!}{(n-k)!}$ 种不同的放法.

(2)当 $k<n$ 时,将 k 个相同的球放入 n 个不同的盒子中,每个盒子至多放一个球,共有多少种不同的放法?

由(1)可知,如果这 k 个球不同,那么共有 $\dfrac{n!}{(n-k)!}$ 种不同的放法. 由于这 k 个各不相同球的排列总数是 $k!$,所以当这 k 个球相同时,这 $k!$ 种排列只能算1种,于是当 $k<n$ 时,将 k 个相同的球放入 n 个不同的盒子中,每个盒子至多有一个球,共有 $\dfrac{n!}{(n-k)!}\div k!=\dfrac{n!}{k!\,(n-k)!}=\mathrm{C}_n^k$ 种不同的放法.

也可以这样考虑:在 n 个不同的盒子中,取出 k 个盒子,有 C_n^k 种不同的取法,由于每个盒子放一个球,所以有 C_n^k 种不同的放法.

如果 n 个盒子都相同,那么无论球是否相同,都只有一种方法把 k 个球放入 n 个盒子中的 k 个盒子,每盒一个球.

注1 当 $k=n$ 时,以上结论显然也成立.

注2 这里的 P_n^k 和 C_n^k 分别是从 n 个元素中取出 k 个元素的排列数和组合数.

例如,当球不同,盒子也不同时,取 $k=2,n=4$,那么 $\mathrm{P}_n^k=\dfrac{n!}{(n-k)!}=12$.

设这2个球分别为红球和黄球,4个盒子分别为 a,b,c,d. 将这2个球放入这4个盒子的分布情况如下(表1):

表1

情况	a	b	c	d	情况	a	b	c	d
1	红	黄			7	黄		红	
2	红		黄		8		黄	红	
3	红			黄	9			红	黄
4	黄	红			10	黄			红
5		红	黄		11		黄		红
6		红		黄	12			黄	红

如果球不分颜色,那么情况1和情况4相同,情况2和7情况相同,情况3和情况10相同,情况5和情况8相同,情况6和情况11相同,情况9和情况12相同,共有 $C_4^2=6$ 种情况.

5.4.2　当 $k\geqslant n$ 时,投放后每个盒子至少有一个球的各种情况

按照球全相同和球全不同以及盒子全不同和盒子全相同分成以下四类讨论(表2):

表2

	球全相同	球全不同
盒子全不同	A	B
盒子全相同	C	D

A. 将 k 个相同的球放入 n 个不同的盒子中,每个盒子至少有一个球,共有多少种不同的放法?

设这 n 个不同的盒子中的球的个数分别是 $x_1,x_2,\cdots,x_n$,则

$$x_1+x_2+\cdots+x_n=k \tag{1}$$

由于每个盒子至少有一个球,所以 $x_1,x_2,\cdots,x_n$ 都是正整数,于是问题归结为求方程(1)的正整数解的组数. 为此将正整数 k 排列成 k 个1的形式

$$\underbrace{1\quad 1\quad \cdots\quad 1\quad 1}_{k个1}$$

每相邻两个1之间有一个空档,共有 $k-1$ 个空档. 在这 $k-1$ 个空档中选取 $n-1$ 个空档各划一条杠"|",这 $n-1$ 条杠"|"将这 k 个1分成 n 个部分,各部分中1的个数分别是 $x_1,x_2,\cdots,x_n$ 的值,于是就得到方程(1)的一组正整数解. 由于在 $k-1$ 个空档中选取 $n-1$ 个空档划杠"|"共有 C_{k-1}^{n-1} 种选取方法,所

以方程(1)有 C_{k-1}^{n-1} 组正整数解，即当 $k \geqslant n$ 时，将 k 个相同的球放入 n 个不同的盒子中，每个盒子至少有一个球，共有 C_{k-1}^{n-1} 种不同的放法.

例如，将 6 个相同的球放入 3 个不同的盒子中，每个盒子至少有一个球，共有 $C_{k-1}^{n-1}=C_5^2=10$ 种不同的放法.

设盒子分别为 a,b,c. 球的个数的分布情况如下(表3)：

表3

情况	a	b	c	情况	a	b	c
1	1	1	4	6	2	2	2
2	1	2	3	7	2	3	1
3	1	3	2	8	3	1	2
4	1	4	1	9	3	2	1
5	2	1	3	10	4	1	1

B. 将 k 个不同的球放入 n 个不同的盒子中，每个盒子至少有一个球，共有多少种不同的放法？

当 $k=n$ 时，每个盒子恰有一个球，就是将这 k 个不同的球进行全排列，共有 $n!$ 种不同的放法.

当 $k>n$ 时，设有 $f(n,k)$ 种不同的放法. 由于每个球都有 n 种放法，所以 k 个球共有 n^k 种放法. 但在这 n^k 种放法中，包含了有些盒子里没有放到球的情况. 设至少有 $i(i=1,2,\cdots,n-1)$ 个空盒子，将 k 个球放入另 $n-i$ 个不同的盒子中，放法种数是 $(n-i)^k$. 因为盒子各不相同，所以在 n 个不同的盒子中取 $n-i$ 个不同的盒子有 $C_n^{n-i}=C_n^i$ 种取法，于是将 k 个球放入另 $n-i$ 个不同的盒子中，共有 $C_n^i(n-i)^k$ 种取法. 由容斥原理，这 n 个不同的盒子中都有球的放法种数

$$\begin{aligned} f(n,k) &= n^k - C_n^1(n-1)^k + C_n^2(n-2)^k - C_n^3(n-3)^k + \cdots + \\ &\quad (-1)^{n-1}C_n^{n-1}1^k \\ &= \sum_{i=0}^{n-1}(-1)^i C_n^i (n-i)^k \end{aligned}$$

因此，将 k 个不同的球放入 n 个不同的盒子中，每个盒子至少有一个球，共有 $f(n,k)=\sum\limits_{i=0}^{n-1}(-1)^i C_n^i (n-i)^k$ 种不同的放法.

下面列出 $f(n,k)=\sum\limits_{i=0}^{n-1}(-1)^i C_n^i (n-i)^k$ 的表(表4). 首先对 $n=1,2,3,4,5,6,7,\cdots$，列出 $f(n,k)$ 的表达式

$$f(1,k)=1$$

$$f(2,k)=\sum_{i=0}^{1}(-1)^i C_2^i(2-i)^k=2^k-2$$

$$f(3,k)=\sum_{i=0}^{2}(-1)^i C_3^i(3-i)^k=3^k-3\cdot 2^k+3$$

$$f(4,k)=\sum_{i=0}^{3}(-1)^i C_4^i(4-i)^k=4^k-4\cdot 3^k+6\cdot 2^k-4$$

$$f(5,k)=\sum_{i=0}^{4}(-1)^i C_5^i(5-i)^k=5^k-5\cdot 4^k+10\cdot 3^k-10\cdot 2^k+5$$

$$f(6,k)=\sum_{i=0}^{5}(-1)^i C_6^i(6-i)^k$$
$$=6^k-6\cdot 5^k+15\cdot 4^k-20\cdot 3^k+15\cdot 2^k-6$$

$$f(7,k)=\sum_{i=0}^{6}(-1)^i C_7^i(7-i)^k$$
$$=7^k-7\cdot 6^k+21\cdot 5^k-35\cdot 4^k+35\cdot 3^k-21\cdot 2^k+7$$

……

然后在以上表达式中,分别取 $k=1,2,3,4,5,6,7,\cdots$,得到表4:

表4 $f(n,k)=\sum_{i=0}^{n-1}(-1)^i C_n^i(n-i)^k$ **表**

n \ k	1	2	3	4	5	6	7	…
1	1	1	1	1	1	1	1	…
2	0	2	6	14	30	62	126	…
3	0	0	6	36	150	540	1806	…
4	0	0	0	24	240	1560	8400	…
5	0	0	0	0	120	1800	16800	…
6	0	0	0	0	0	720	15120	
…	…	…	…	…	…	…	…	…

注 $f(n,k)$也可改写为另一种形式. 设 $n-i=j$,则 $\begin{cases}i=0\\j=n\end{cases}$, $\begin{cases}i=n-1\\j=1\end{cases}$,得到

$$f(n,k)=(-1)^n\sum_{j=1}^{n-1}(-1)^j C_n^j j^k$$

即

$$f(n,k) = (-1)^n \sum_{i=1}^{n} (-1)^i C_n^i i^k$$

$f(n,k)$有以下性质：

(1)当$0<k<n$,即球的个数小于盒子的个数时,不可能使这n个盒子中都至少有一个球,所以$f(n,k) = \sum_{i=1}^{n} (-1)^i C_n^i i^k = 0$,即当$k=1,2,\cdots,n-1$时,得到恒等式：$\sum_{i=1}^{n} (-1)^i C_n^i i^k = 0$.

(2)当$k=n$,即球的个数等于盒子的个数时,每个盒子都恰好放一个球,即有n个不同的球排成一行的全排列$n!$种放法,由$f(n,n) = (-1)^n \sum_{i=1}^{n} (-1)^i C_n^i i^n = n!$,得到恒等式：$\sum_{i=1}^{n} (-1)^i C_n^i i^n = (-1)^n n!$.

例如,将4个不同的球放入3个不同的盒子中,每个盒子至少有一个球,共有$f(3,4) = \sum_{i=0}^{2} (-1)^i C_3^i (3-i)^4 = 3^4 - 3 \cdot 2^4 + 3 = 36$种不同的放法.

设4个不同的球分别是红球、黄球、黑球、白球;3个不同的盒子分别是a,b,c.这36种不同的放法如下(表5)：

表5

情况	a	b	c	情况	a	b	c	情况	a	b	c
1	红黄	黑	白	13	黑	红黄	白	25	黑	白	红黄
2	红黄	白	黑	14	白	红黄	黑	26	白	黑	红黄
3	红黑	黄	白	15	黄	红黑	白	27	黄	白	红黑
4	红黑	白	黄	16	白	红黑	黄	28	白	黄	红黑
5	红白	黄	黑	17	黄	红白	黑	29	黄	黑	红白
6	红白	黑	黄	18	黑	红白	黄	30	黑	黄	红白
7	黄黑	红	白	19	红	黄黑	白	31	红	白	黄黑
8	黄黑	白	红	20	白	黄黑	红	32	白	红	黄黑
9	黄白	红	黑	21	红	黄白	黑	33	红	黑	黄白
10	黄白	黑	红	22	黑	黄白	红	34	黑	红	黄白
11	黑白	红	黄	23	红	黑白	黄	35	红	黄	黑白
12	黑白	黄	红	24	黄	黑白	红	36	黄	红	黑白

C. 将 k 个相同的球放入 n 个相同的盒子中，每个盒子至少有一个球，共有多少种不同的放法？

这一问题实际上就是当 $k \geqslant n$ 时，有多少种不同的方法将正整数 k 无序分拆成 n 个正整数的和. 例如，当 $k=10, n=3$ 时，就是将正整数 10 拆成 3 个正整数的和，且从小到大排列

$$10=1+1+8, 10=1+2+7, 10=1+3+6, 10=1+4+5$$

$$10=2+2+6, 10=2+3+5, 10=2+4+4, 10=3+3+4$$

共有 8 种排法. 也就是说，将 10 个相同的球放到 3 个相同的盒子中有上面列出的 8 种不同的放法.

一般地，正整数 k 的一个 $n(n \leqslant k)$ 分拆指的是把正整数 k 表示为 n 个正整数的和

$$k=x_1+x_2+\cdots+x_n \quad (x_i \in \mathbf{N}, i=1,2,\cdots,n)$$

的一种方法，其中称 $x_i(i=1,2,\cdots,n)$ 为这一分拆的分量. 如果当 $i<j$ 时，有 $x_i \leqslant x_j$，则称这一分拆为正整数 k 的无序 n 分拆. 为方便起见，设正整数 k 的无序 n 分拆的个数为 $g(n,k)$.

例如，因为正整数 10 的无序 3 分拆有 8 种，所以 $g(3,10)=8$.

因此，将 k 个相同的球放入 n 个相同的盒子中，每个盒子至少有一个球，共有 $g(n,k)$ 种不同的放法. 为了求 $g(n,k)$ 的值，首先探究 $g(n,k)$ 的一些性质：

(1) $g(1,k)=1$.

(2) $g(k,k)=g(k,k+1)=1$.

(3) 当 $k<n$ 时，$g(n,k)=0$.

(4) 当 $k>n$ 时，$g(n,k)$ 有以下递推关系：

$$\begin{aligned} g(n,k) &= g(1,k-n)+g(2,k-n)+\cdots+g(n-1,k-n)+g(n,k-n) \\ &= \sum_{i=1}^{n} g(i,k-n) \end{aligned}$$

性质(1)，(2)和(3)显然成立. 下面证明性质(4)：

设正整数 k 的一个无序 n 分拆为

$$k=x_1+x_2+\cdots+x_n \quad (x_i \in \mathbf{N}, i=1,2,\cdots,n) \tag{2}$$

把式(2)变形为

$$k-n=(x_1-1)+(x_2-1)+\cdots+(x_n-1) \tag{3}$$

如果式(2)右边的 $x_i(i=1,2,\cdots,n)$ 中恰有 $l(1 \leqslant l \leqslant n)$ 个数大于 1，那么式(3)右边的 $x_i-1(i=1,2,\cdots,n)$ 中恰有 $l(1 \leqslant l \leqslant n)$ 个数大于 0. 由于式(2)是正整数 k 的一个无序 n 分拆，所以当 $i<j$ 时，有 $x_i \leqslant x_j$，此时式(3)右边的前 $n-l$

个数为0,后 l 个数 $x_{n-l+1}-1, x_{n-l+2}-1, \cdots, x_n-1$ 为正整数. 于是式(3)变为

$$k-n=(x_{n-l+1}-1)+(x_{n-l+2}-1)+\cdots+(x_n-1) \tag{4}$$

式(4)是正整数 $k-n$ 的一个无序 l 分拆,这种分拆的个数为 $g(l,k-n)$. 由于 $1 \leqslant l \leqslant n$,所以取 $l=1,2,\cdots,n$ 时,得到的分拆的个数分别是 $g(1,k-n)$, $g(2,k-n)$, $\cdots$, $g(n,k-n)$.

如式(2)那样,把正整数 k 分成 n 个正整数的和时,就得到 k 的一个无序 n 分拆. 对于 k 的每一个无序 n 分拆,总与式(4)中 $k-n$ 的一个无序 l 分拆相对应,于是 $g(n,k)=\sum\limits_{l=1}^{n} g(l,k-n)$.

利用以上性质,可以列出正整数 k 的无序 n 分拆的个数 $g(n,k)$ 的一些数值的表(表6):

(1)由 $g(1,k)=1$ 可知,表中第1行都是1.

(2)由 $g(k,k)=g(k,k+1)=1$ 可知,表中主对角线上的数都是1,该数的右边的一个数也是1.

(3)由当 $k<n$ 时,$g(n,k)=0$ 可知,表中主对角线下方的数都是0.

(4)当 $k>n$ 时,$g(n,k)$ 有递推关系

$g(n,k)=g(1,k-n)+g(2,k-n)+\cdots+g(n-1,k-n)+g(n,k-n)$

可知,表中第 n 行第 k 列的数是第 $k-n$ 列中前 n 个数的和.

例如,表中第3行第10列的数8是第7列中前3个数的和,即 $1+3+4=8$.

表6 $g(n,k)$ 表

n \ k	1	2	3	4	5	6	7	8	9	10	11	12	…
1	1	1	1	1	1	1	1	1	1	1	1	1	…
2	0	1	1	2	2	3	3	4	4	5	5	6	…
3	0	0	1	1	2	3	4	5	7	8	10	12	…
4	0	0	0	1	1	2	3	5	6	9	11	15	…
5	0	0	0	0	1	1	2	3	5	7	10	13	…
6	0	0	0	0	0	1	1	2	3	5	7	11	…
7	0	0	0	0	0	0	1	1	2	3	5	7	…
…	…	…	…	…	…	…	…	…	…	…	…	…	…

有兴趣的读者不妨证明 $g(n,k)$ 的另一些性质:

(5)当 $k>n$ 时, $g(n,k)=\sum_{i=0}^{\left[\frac{k-n}{n}\right]} g(n-1,k-1-in)$.

(6)当 $k>n$ 时, $g(n,k)=\sum_{j=1}^{n-1}\sum_{i=1}^{\left[\frac{k}{n}\right]} g(j,k-in)$.

此外,还可以求出: $g(2,k)=\left[\frac{k}{2}\right]$, $g(3,k)=\left[\frac{k^2+a}{12}\right]$(其中 $3\leqslant a<8$),

$$g(4,k)=\begin{cases}\left[\frac{(k+1)^3-12(k-1)}{144}\right] & (\text{当 } k \text{ 是奇数时})\\ \left[\frac{k^2(k+3)+100}{144}\right] & (\text{当 } k \text{ 是偶数时})\end{cases}.$$

例如,在 $g(2,k)=\left[\frac{k}{2}\right]$ 中,取 $k=9$,得到 $g(2,9)=4$,即9的无序2分拆有4种

$$9=1+8=2+7=3+6=4+5$$

在 $g(3,k)=\left[\frac{k^2+3}{12}\right]$ 中,取 $k=9$,得到 $g(3,9)=7$,即9的无序3分拆有7种

$$\begin{aligned}9&=1+1+7=1+2+6=1+3+5=1+4+4=2+2+5\\&=2+3+4=3+3+3\end{aligned}$$

在 $g(4,k)=\begin{cases}\left[\frac{(k+1)^3-12(k-1)}{144}\right] & (\text{当 } k \text{ 是奇数时})\\ \left[\frac{k^2(k+3)+100}{144}\right] & (\text{当 } k \text{ 是偶数时})\end{cases}$ 中,取 $k=9$,得到 $g(4,9)=6$,即9的无序4分拆有6种

$$\begin{aligned}9&=1+1+1+6=1+1+2+5=1+1+3+4\\&=1+2+2+4=1+2+3+3=2+2+2+3\end{aligned}$$

取 $k=10$,得到 $g(4,10)=9$,即10的无序4分拆有9种

$$\begin{aligned}10&=1+1+1+7=1+1+2+6=1+1+3+5=1+1+4+4\\&=1+2+2+5=1+2+3+4=1+3+3+3=2+2+2+4\\&=2+2+3+3\end{aligned}$$

D. 将 k 个不同的球放入 n 个相同的盒子中,每个盒子至少有一个球,共有多少种不同的放法?

由B可知,将 k 个不同的球放入 n 个不同的盒子中,每个盒子至少有一个球,共有 $f(n,k)$ 种放法. 如果这 n 个盒子相同,那么共有 $\frac{1}{n!}f(n,k)$ 种不同放法.

利用$f(n,k)$表（表4），容易列出$\frac{1}{n!}f(n,k)$表（表7）：

表7　$\frac{1}{n!}f(n,k)$表

n \ k	1	2	3	4	5	6	7	…
1	1	1	1	1	1	1	1	…
2	0	1	3	7	15	31	63	…
3	0	0	1	6	25	90	301	…
4	0	0	0	1	10	65	350	…
5	0	0	0	0	1	15	140	…
…	…	…	…	…	…	…	…	…

例如，将5个不同的球放入4个相同的盒子中，每个盒子至少有一个球，共有$f(4,5)=10$种放法. 设5个不同的球是红球、黄球、蓝球、白球和黑球. 球的分布情况如下（表8）：

表8

情况	4个相同的盒子				情况	4个相同的盒子			
1	红黄	蓝	白	黑	6	黄白	红	蓝	黑
2	红蓝	黄	白	黑	7	黄黑	红	蓝	白
3	红白	黄	蓝	黑	8	蓝白	红	黄	黑
4	红黑	黄	蓝	白	9	蓝黑	红	黄	白
5	黄蓝	白	红	黑	10	黑白	红	黄	蓝

5.4.3　投放后允许有空盒子的各种情况

按照球全相同和球全不同以及盒子全不同和盒子全相同分成以下四类讨论（表9）：

表9

	球全相同	球全不同
盒子全不同	E	F
盒子全相同	G	H

E. 将 k 个相同的球放入 n 个不同的盒子中,允许有空盒子,一共有多少种不同的放法?

这一问题就是求方程(1)有多少组非负整数解. 将方程(1)的两边加上 n,得到

$$(x_1+1)+(x_2+1)+\cdots+(x_n+1)=k+n \tag{5}$$

方程(1)的非负整数解的个数与关于 $x_1+1,x_2+1,\cdots,x_n+1$ 的方程(5)的正整数解的个数相同. 因为关于 $x_1+1,x_2+1,\cdots,x_n+1$ 的方程(5)的正整数解有 C_{k+n-1}^{n-1} 组,所以方程(1)的非负整数解也有 C_{k+n-1}^{n-1} 组,于是将 k 个相同的球放入 n 个不同的盒子中,允许有空盒子,共有 $C_{k+n-1}^{n-1}=C_{k+n-1}^{k}$ 种不同的放法.

注 设至少有 $i(i=0,1,2,\cdots,n-1)$ 个空盒子. 则将 k 个不同的球放入另 $n-i$ 个不同的盒子中. 由 A 可知,对于确定的 $n-i$ 个不同的盒子,共有 C_{k-1}^{n-i-1} 种不同的放法. 由于盒子各不同,从 n 个盒子中取出 $n-i$ 个盒子,有 $C_n^{n-i}=C_n^i$ 种取法,所以将 k 个相同的球放入这 $n-i$ 个不同的盒子中共有 $C_n^iC_{k-1}^{n-i-1}$ 种不同放法. 当 $i=0,1,2,\cdots,n-1$ 时,得到将 k 个相同的球放入 n 个相同的盒子中,允许有空盒子,共有 $\sum\limits_{i=0}^{n-1}C_n^iC_{k-1}^{n-i-1}$ 种不同的放法. 于是得到组合恒等式: $\sum\limits_{i=0}^{n-1}C_n^iC_{k-1}^{n-i-1}=C_{k+n-1}^{n-1}$.

例如,将 4 个相同的球放入 3 个不同的盒子中,允许有空盒子,共有 $C_6^2=15$ 种不同的放法. 设盒子分别为 a,b,c,球的分布情况如下(表 10):

表 10

情况	a	b	c	情况	a	b	c	情况	a	b	c
1	0	0	4	6	1	0	3	11	2	1	1
2	0	1	3	7	1	1	2	12	2	2	0
3	0	2	2	8	1	2	1	13	3	0	1
4	0	3	1	9	1	3	0	14	3	1	0
5	0	4	0	10	2	0	2	15	4	0	0

F. 将 k 个不同的球放入 n 个不同的盒子中,允许有空盒子,共有多少种不同的放法?

因为每个球都有 n 种不同的放法,所以 k 个不同的球共有 n^k 种不同的放法.

注 设至少有 $j(j=0,1,2,\cdots,n-1)$ 个空盒子. 将 k 个不同的球放入另 $n-$

j 个不同的盒子中. 由 B 可知,对于确定的 $n-j$ 个不同的盒子,共有 $f(n-j,k)=\sum_{i=0}^{n-j-1}(-1)^i C_{n-j}^i(n-j-i)^k$ 种不同的放法. 由于盒子各不同,从 n 个盒子中取出 $n-j$ 个盒子,共有 $C_n^{n-j}=C_n^j$ 种取法,所以将 k 个不同的球放入这 $n-j$ 个不同的盒子中共有 $C_n^j\sum_{i=0}^{n-j-1}(-1)^i C_{n-j}^i(n-j-i)^k$ 种不同放法. 当 $j=0,1,2,\cdots,n-1$ 时,得到将 k 个不同的球放入 n 个不同的盒子中,允许有空盒子,共有 $\sum_{j=0}^{n-1}C_n^j\sum_{i=0}^{n-j-1}(-1)^i\cdot C_{n-j}^i(n-j-i)^k$ 种不同的放法. 于是得到组合恒等式

$$\sum_{j=0}^{n-1}C_n^j\sum_{i=0}^{n-j-1}(-1)^i C_{n-j}^i(n-j-i)^k=n^k$$

例如,将 4 个不同色的球放入 2 个不同的盒子中,允许有空盒子,共有 $2^4=16$ 种不同的放法. 设 4 个不同的球分别为红球、黄球、蓝球和绿球;2 个不同的盒子分别为 a,b. 球的分布情况如下(表 11):

表 11

情况	a	b	情况	a	b
1		红黄蓝绿	9	绿	红黄蓝
2	红黄蓝绿		10	红黄蓝	绿
3	红	黄蓝绿	11	红黄	蓝绿
4	黄蓝绿	红	12	蓝绿	红黄
5	黄	红蓝绿	13	红蓝	黄绿
6	红蓝绿	黄	14	黄绿	红蓝
7	蓝	红黄绿	15	红绿	黄蓝
8	红黄绿	蓝	16	黄蓝	红绿

G. 将 k 个相同的球放入 n 个相同的盒子中,允许有空盒子,一共有多少种不同的放法?

由 C 可知,将 k 个相同的球放入 n 个相同的盒子中,每个盒子至少有一个球,一共有 $g(n,k)$ 种不同的放法. 设恰有 i 个空盒子,将 k 个不同的球放入另 $n-i(i=0,1,2,\cdots,n-1)$ 个相同的盒子中(这 $n-i$ 个盒子都有球),有 $g(n-i,k)$ 种不同的放法. 当 $i=0,1,2,\cdots,n-1$ 时,得到将 k 个相同的球放入 n 个相同的盒子中,允许有空盒子,共有 $\sum_{i=0}^{n-1}g(n-i,k)$ 种不同的放法.

下面利用 $g(n,k)$ 表(表6)编制 $\sum_{i=0}^{n-1} g(n-i,k)$ 的表(表12):

(1)当 $n=1$ 时,因为 $\sum_{i=0}^{n-1} g(n-i,k)=g(1,k)=1$,所以 $\sum_{i=0}^{n-1} g(n-i,k)$ 表中第一行都是1.

(2)当 $n\geqslant 2$ 时,由 $\sum_{i=0}^{n-1} g(n-i,k)=g(n,k)+g(n-1,k)+\cdots+g(1,k)$ 可知,从第二行起,$\sum_{i=0}^{n-1} g(n-i,k)$ 表中第 k 列第 n 个数就是 $g(n,k)$ 表中第 k 列前 n 个数的和.

表12 $\sum_{i=0}^{n-1} g(n-i,k)$ 表

n \ k	1	2	3	4	5	6	7	8	9	10	11	12	…
1	1	1	1	1	1	1	1	1	1	1	1	1	…
2	1	2	2	3	3	4	4	5	5	6	6	7	…
3	1	2	3	4	5	7	8	10	12	14	16	19	…
4	1	2	3	5	6	9	11	15	18	23	27	34	…
5	1	2	3	5	7	10	13	18	23	30	37	47	…
6	1	2	3	5	7	11	14	20	26	35	44	58	…
…	…	…	…	…	…	…	…	…	…	…	…	…	…

例如,将6个相同的球放入5个相同的盒子中,允许有空盒子,一共有10种不同的放法.球的分布情况如下(表13):

表13

情况	5个盒子					情况	5个盒子				
1	0	0	0	0	6	6	0	0	1	2	3
2	0	0	0	1	5	7	0	0	2	2	2
3	0	0	0	2	4	8	0	1	1	1	3
4	0	0	0	3	3	9	0	1	1	2	2
5	0	0	1	1	4	10	1	1	1	1	2

H. 将 k 个不同的球放入 n 个相同的盒子中，允许有空盒子，一共有多少种不同的放法？

由 D 可知，将 k 个不同的球放入 n 个相同的盒子中，每个盒子至少有一个球，共有 $\frac{1}{n!}f(n,k)$ 种不同的放法. 设恰有 $i(i=0,1,2,\cdots,n-1)$ 个空盒子，将 k 个不同的球放入 $n-i$ 个相同的盒子中（这 $n-i$ 个盒子中没有空盒子），有 $\frac{1}{n!}f(n-i,k)$ 种不同的放法. 当 $i=0,1,2,\cdots,n-1$ 时，得到将 k 个不同的球放入 n 个相同的盒子中，允许有空盒子，共有 $\frac{1}{n!}\sum_{i=0}^{n-1}f(n-i,k)$ 种不同的放法，其中 $f(n,k)=\sum_{i=0}^{n-1}(-1)^iC_n^i(n-i)^k$. 对 $n=1,2,3,4,5,6,7,\cdots$ 计算 $\frac{1}{n!}\sum_{i=0}^{n-1}f(n-i,k)=\frac{1}{n!}[f(n,k)+f(n-1,k)+\cdots+f(1,k)]$，得到

$$\frac{1}{1!}\sum_{i=0}^{0}f(1-i,k)=1$$

$$\frac{1}{2!}\sum_{i=0}^{1}f(2-i,k)=2^{k-1}$$

$$\frac{1}{3!}\sum_{i=0}^{2}f(3-i,k)=\frac{1}{2}(3^{k-1}+1)$$

$$\frac{1}{4!}\sum_{i=0}^{3}f(4-i,k)=\frac{1}{6}(4^{k-1}+3\cdot 2^{k-1}+2)$$

$$\frac{1}{5!}\sum_{i=0}^{4}f(5-i,k)=\frac{1}{24}(5^{k-1}+2\cdot 3^{k}+2^{k+2}+9)$$

$$\frac{1}{6!}\sum_{i=0}^{5}f(6-i,k)=\frac{1}{120}(6^{k-1}+10\cdot 4^{k-1}+20\cdot 3^{k-1}+45\cdot 2^{k-1}+44)$$

$$\frac{1}{7!}\sum_{i=0}^{6}f(7-i,k)=\frac{1}{720}(7^{k-1}+3\cdot 5^{k}+10\cdot 4^{k}+45\cdot 3^{k}+132\cdot 2^{k}+265)$$

……

对 $n=1,2,3,4,5,6,7,\cdots,k=1,2,3,4,5,6,7,\cdots$，列 $\frac{1}{n!}\sum_{i=0}^{n-1}f(n-i,k)$ 表如下（表 14）：

表14 $\frac{1}{n!}\sum_{i=0}^{n-1}f(n-i,k)$ 表

n \ k	1	2	3	4	5	6	7	…
1	1	1	1	1	1	1	1	…
2	1	2	4	8	16	32	64	…
3	1	2	5	14	41	122	365	…
4	1	2	5	15	51	187	715	…
5	1	2	5	15	52	202	855	…
6	1	2	5	15	52	203	876	…
7	1	2	5	15	52	203	877	…
…	…	…	…	…	…	…	…	…

例如,长方体的体积是420,长、宽、高的长分别是两两互质的正整数.这样的长方体有多少个?

解 将420写成标准分解式,$420=2^2\times3\times5\times7$.因为长、宽、高的长分别是两两互质的正整数,所以$2^2=4$作为一个整体不能分开.因为4,3,5,7是长、宽、高的约数,所以把4,3,5,7作为球,长、宽、高作为盒子.由于长方体的任何一条棱都可作为长,或宽,或高,所以将长、宽、高看作是相同的盒子.这相当于将编号为4,3,5,7的球放入3个相同的盒子中,允许有空盒子(当长、宽、高的长是1时表示空盒子),共有$\frac{1}{3!}\sum_{i=0}^{2}f(3-i,k)=\frac{1}{2}(3^3+1)=14$种放法,即这样的长方体有14个

$$\begin{aligned}420&=1\times1\times420=1\times3\times140=1\times4\times105=1\times5\times84=1\times7\times60\\&=1\times12\times35=1\times15\times28=1\times20\times21=3\times5\times28=3\times7\times20\\&=4\times5\times21=4\times7\times15=5\times4\times21=5\times7\times12\end{aligned}$$

在5.4.2和5.4.3中,我们分别研究了将全部同色或全部不同色的k个球放入n个盒子的各种情况.下面,我们将研究k个球中一部分球同色,但不全同色的一些情况.

5.4.4 一部分球同色,但不全同色的一些情况

在本节中我们假定球的个数不少于盒子的个数(即$k\geqslant n$),且盒子都相同,然后对这k个球按颜色分类".颜色全部相同和颜色各不相同的情况已经研究过了,本小节中考虑的是一部分球的颜色相同的情况.设这k个球中共有l种颜色($2\leqslant l\leqslant k-1$),颜色为$A_i$的球有$a_i$个($A_i$各不相同,$i=1,2,\cdots,l$),则$a_1$

$+a_2+\cdots+a_l=k$. 不失一般性,设 $a_1\leqslant a_2\leqslant\cdots\leqslant a_l$. 特别当 $a_i=1(i=1,2,\cdots,l)$ 时,$l=k$,此时这 k 个球的颜色各不相同(这种情况在前面已经研究过了).

我们将考虑分别将 $a_i(i=1,2,\cdots,l)$ 个同色球放入 n 个盒子中的情况. 为此首先考虑如何在这样的 k 个球中取出 n 个球,然后放置取出的这 n 个球. 下面列举一些这样的例子:

1. 当 $k\geqslant n$ 时,求在 k 个不全相同的球中取出 n 个球的不同的取法.

解 设在 $a_i(i=1,2,\cdots,l)$ 个同色球中取出 x_i 个球,则 $0\leqslant x_i\leqslant a_i$.

(1)如果有些颜色的球可以不取,则问题变为求方程 $x_1+x_2+\cdots+x_l=n$ 有多少组非负整数解满足 $0\leqslant x_i\leqslant a_i(i=1,2,\cdots,l)$.

(2)如果每种颜色的球都要取到,则问题变为求方程 $x_1+x_2+\cdots+x_l=n$ 有多少组正整数解满足 $1\leqslant x_i\leqslant a_i(i=1,2,\cdots,l)$.

此时也可先将每种颜色的球都取出一个,于是变为求关于 $x_i-1(i=1,2,\cdots,l)$ 的方程 $(x_1-1)+(x_2-1)+\cdots+(x_l-1)=n-l$ 有多少组非负整数解,满足 $0\leqslant x_i-1\leqslant a_i-1(i=1,2,\cdots,l)$.

由于 $n-(a_1+a_2+\cdots+a_{l-1})\leqslant n-(x_1+x_2+\cdots+x_{l-1})=x_l$,所以 x_l 可从取 $x_l=n-(a_1+a_2+\cdots+a_{l-1})$ 开始.

这种情况一般都用枚举法.

例如,有 10 个球,其中红球 1 个,黄球 2 个,蓝球 3 个,绿球 4 个,取其中的 8 个球.

(1)如果有些颜色的球可以不取,则有多少种不同的放法?

(2)如果每种颜色的球都必取到,则有多少种不同的放法?

解:设红球取 x_1 个,黄球取 x_2 个,蓝球取 x_3 个,绿球取 x_4 个,由题意得 $a_1=1,a_2=2,a_3=3,a_4=4,n=8$.

(1)求方程 $x_1+x_2+x_3+x_4=8$ 的满足 $0\leqslant x_1\leqslant 1,0\leqslant x_2\leqslant 2,0\leqslant x_3\leqslant 3,0\leqslant x_4\leqslant 4$ 的非负整数解.

$$x_4\geqslant 8-(1+2+3)=2$$

取 $x_4=2$,则 $x_1+x_2+x_3=6$,有 $1+2+3=6$.

取 $x_4=3$,则 $x_1+x_2+x_3=5$,有 $0+2+3=1+1+3=1+2+2=5$.

取 $x_4=4$,则 $x_1+x_2+x_3=4$,有 $0+1+3=0+2+2=1+0+3=1+1+2=1+2+1=4$.

共有 9 组满足 $0\leqslant x_1\leqslant 1,0\leqslant x_2\leqslant 2,0\leqslant x_3\leqslant 3,0\leqslant x_4\leqslant 4$ 的非负整数解,即共有 9 种不同的放法:

红黄黄蓝蓝蓝绿绿,黄黄蓝蓝蓝绿绿绿,红黄蓝蓝蓝绿绿绿,红黄黄蓝蓝绿绿绿,黄蓝蓝蓝绿绿绿绿,黄黄蓝蓝绿绿绿绿,红蓝蓝蓝绿绿绿绿,红黄蓝蓝绿绿绿绿,红黄黄蓝绿绿绿绿.

(2)只要在 $x_1+x_2+x_3+x_4=8$ 的解中除去出现 0 的解即可,或者在上面 9

种不同的放法中除去缺少某种颜色的放法：

红黄黄蓝蓝蓝绿绿，红黄蓝蓝蓝绿绿绿，红黄黄蓝蓝绿绿绿，红黄蓝蓝绿绿绿绿，红黄黄蓝绿绿绿绿.

共有5种不同的放法.

枚举法在 k 和 n 较小时，较为简便.

例如，有5个球，颜色分别为红、红、黄、黄、黄.从中取出3个球有多少种取法？取出3个球排成一行有多少种排列？

解：从红、红、黄、黄、黄这5个球中取出3个球，有红、黄、黄；红、红、黄；黄、黄、黄.共3种取法.

将取出的3个球排成一行，其中红、黄、黄有3种排列；红、红、黄有3种排列；黄、黄、黄有1种排列.总共有 $3+3+1=7$ 种排列.

2.如果在 n 个球中颜色为 A_i 的球有 a_i 个（A_i 各不相同，$i=1,2,\cdots,l$，$a_1+a_2+\cdots+a_l=n$），将这 n 个球排成一排，共有多少种不同的排法？

解 这一问题相当于：有 n 个字母，其中有些字母相同，将这 n 个字母排成一排，共有多少种不同的排法.

设在这 n 个字母中，字母 A_i 有 a_i 个（A_i 各不相同，$i=1,2,\cdots,l$，$a_1+a_2+\cdots+a_l=n$）.如果这 n 个字母全部不同，则有 $n!$ 种不同的排法.由于 a_i 个字母 A_i 都相同，排列只有一个，不是 $a_i!$ 个，所以应将 $n!$ 除以 $a_i!$.当 $i=1,2,\cdots,l$ 时，得到共有 $\dfrac{n!}{a_1!\ a_2!\ \cdots a_l!}$ 种不同的排法.

例如，将 $AABBB$ 排成一排，共有 $\dfrac{5!}{2!\ 3!}=10$ 种不同的排法

$AABBB \quad ABABB \quad ABBAB \quad ABBBA \quad BAABB$

$BABAB \quad BABBA \quad BBAAB \quad BBABA \quad BBBAA$

3.将多项式 $x_1+x_2+\cdots+x_l$ 的 n 次幂 $(x_1+x_2+\cdots+x_l)^n$ 展开并合并同类项，求得到的表达式有多少项，并求各项的系数.

解 将 $(x_1+x_2+\cdots+x_l)^n$ 展开后的各项都是 n 次，一般形式是 $kx_1^{a_1}x_2^{a_2}\cdots x_l^{a_l}$，其中 k 是系数，$a_1,a_2,\cdots,a_l$ 是非负整数，$a_1+a_2+\cdots+a_l=n$.由E可知，该方程有 C_{n+l-1}^{n-1} 组非负整数解，所以展开并合并同类项后的表达式有 C_{n+l-1}^{n-1} 项.

因为 $x_1^{a_1}x_2^{a_2}\cdots x_l^{a_l}$ 是 a_1 个 x_1，a_2 个 x_2，$\cdots$，a_l 个 x_l 的积，可看成将 a_1 个 x_1，a_2 个 x_2，$\cdots$，a_l 个 x_l 排成一行.由2可知，这样的排列共有 $\dfrac{n!}{a_1!\ a_2!\ \cdots a_l!}$ 个，所以项 $x_1^{a_1}x_2^{a_2}\cdots x_l^{a_l}$ 的系数 $k=\dfrac{n!}{a_1!\ a_2!\ \cdots a_l!}$.

注1 由此推出二项式定理的推广，即多项式定理

$$(x_1+x_2+\cdots+x_l)^n=\sum_{a_1+a_2+\cdots+a_l=n}\frac{n!}{a_1!a_2!\cdots a_l!}x_1^{a_1}x_2^{a_2}\cdots x_l^{a_l}$$

注2 在有些书籍中，将二项式系数 $C_n^k=\frac{n!}{k!\ (n-k)!}$ 写成 $\binom{n}{k}$ 或 $\binom{n}{k,n-k}$，将多项式系数 $\frac{n!}{a_1!\ a_2!\ \cdots a_l!}$ 写成 $\binom{n}{a_1,a_2,\cdots,a_l}$.

例如，将表达式 $(x+y+z)^{10}$ 展开，再合并同类项，共有多少项？并求项 $x^2y^3z^5$ 的系数.

解：将表达式 $(x+y+z)^{10}$ 展开后的项都形如 $kx^ay^bz^c$，其中 k 是常数，a,b,c 是非负整数，$a+b+c=10$. 方程 $a+b+c=10$ 有 $C_{10+3-1}^{3-1}=C_{12}^2=66$ 组非负整数解，所以将表达式 $(x+y+z)^{10}$ 展开，再合并同类项有 66 项.

项 $x^2y^3z^5$ 的系数是 $\frac{10!}{2!\ \times 3!\ \times 5!}=2520$.

4. k 个球共有 l 种颜色（$2\leqslant l\leqslant k-1$），其中颜色为 A_i 的球有 a_i 个（A_i 各不相同，$i=1,2,\cdots,l,a_1+a_2+\cdots+a_l=k$），将这 k 个球放到 n 个不同的盒子中，允许有空盒子，共有多少种不同的放法？

解 将 a_i 个相同的球放入 n 个不同的盒子中，由 E 可知，共有 $C_{a_i+n-1}^{n-1}$ 种不同的放法. 当 $i=1,2,\cdots,l$ 时，分别有 $C_{a_1+n-1}^{n-1},C_{a_2+n-1}^{n-1},\cdots,C_{a_l+n-1}^{n-1}$ 种不同的放法. 根据乘法原理，共有 $\prod_{i=1}^{l}C_{a_i+n-1}^{n-1}$ 种不同的放法.

特别当 $a_i=1(i=1,2,\cdots,l)$ 时，共有 $\prod_{i=1}^{l}C_n^{n-1}=\prod_{i=1}^{k}n=n^k$ 种不同的放法.

例如，有 3 个球，颜色分别为红、红、黄. 将这 3 个球，放到分别标为 a,b,c 的 3 个不同的盒子中，允许有空盒子，则共有 $\prod_{i=1}^{l}C_{a_i+n-1}^{n-1}=C_4^2\times C_3^2=18$ 种不同的放法. 球的分布情况如下（表 15）：

表 15

情况	a	b	c	情况	a	b	c
1	红红黄			10	红	红	黄
2		红红黄		11	黄	红	红
3			红红黄	12	红	黄	红
4	红红	黄		13	红黄	红	
5		红红	黄	14	红黄		红
6	黄		红红	15		红黄	红
7	红红		黄	16	红	红黄	
8	黄	红红		17		红	红黄
9		黄	红红	18	红		红黄

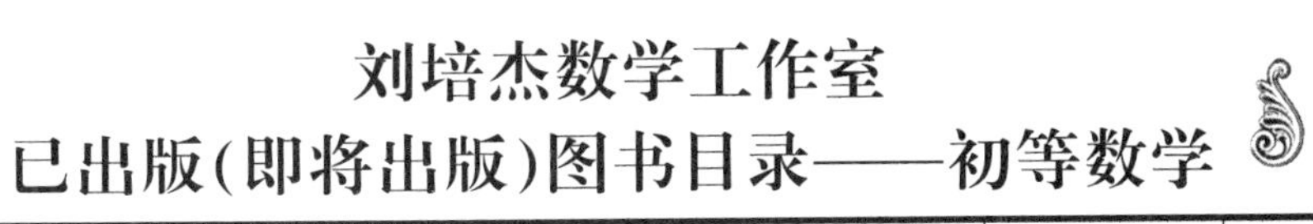

书　　名	出版时间	定　价	编号
新编中学数学解题方法全书(高中版)上卷(第2版)	2018－08	58.00	951
新编中学数学解题方法全书(高中版)中卷(第2版)	2018－08	68.00	952
新编中学数学解题方法全书(高中版)下卷(一)(第2版)	2018－08	58.00	953
新编中学数学解题方法全书(高中版)下卷(二)(第2版)	2018－08	58.00	954
新编中学数学解题方法全书(高中版)下卷(三)(第2版)	2018－08	68.00	955
新编中学数学解题方法全书(初中版)上卷	2008－01	28.00	29
新编中学数学解题方法全书(初中版)中卷	2010－07	38.00	75
新编中学数学解题方法全书(高考复习卷)	2010－01	48.00	67
新编中学数学解题方法全书(高考真题卷)	2010－01	38.00	62
新编中学数学解题方法全书(高考精华卷)	2011－03	68.00	118
新编平面解析几何解题方法全书(专题讲座卷)	2010－01	18.00	61
新编中学数学解题方法全书(自主招生卷)	2013－08	88.00	261
数学奥林匹克与数学文化(第一辑)	2006－05	48.00	4
数学奥林匹克与数学文化(第二辑)(竞赛卷)	2008－01	48.00	19
数学奥林匹克与数学文化(第二辑)(文化卷)	2008－07	58.00	36′
数学奥林匹克与数学文化(第三辑)(竞赛卷)	2010－01	48.00	59
数学奥林匹克与数学文化(第四辑)(竞赛卷)	2011－08	58.00	87
数学奥林匹克与数学文化(第五辑)	2015－06	98.00	370
世界著名平面几何经典著作钩沉——几何作图专题卷(共3卷)	2022－01	198.00	1460
世界著名平面几何经典著作钩沉(民国平面几何老课本)	2011－03	38.00	113
世界著名平面几何经典著作钩沉(建国初期平面三角老课本)	2015－08	38.00	507
世界著名解析几何经典著作钩沉——平面解析几何卷	2014－01	38.00	264
世界著名数论经典著作钩沉(算术卷)	2012－01	28.00	125
世界著名数学经典著作钩沉——立体几何卷	2011－02	28.00	88
世界著名三角学经典著作钩沉(平面三角卷Ⅰ)	2010－06	28.00	69
世界著名三角学经典著作钩沉(平面三角卷Ⅱ)	2011－01	38.00	78
世界著名初等数论经典著作钩沉(理论和实用算术卷)	2011－07	38.00	126
世界著名几何经典著作钩沉(解析几何卷)	2022－10	68.00	1564
发展你的空间想象力(第3版)	2021－01	98.00	1464
空间想象力进阶	2019－05	68.00	1062
走向国际数学奥林匹克的平面几何试题诠释.第1卷	2019－07	88.00	1043
走向国际数学奥林匹克的平面几何试题诠释.第2卷	2019－09	78.00	1044
走向国际数学奥林匹克的平面几何试题诠释.第3卷	2019－03	78.00	1045
走向国际数学奥林匹克的平面几何试题诠释.第4卷	2019－09	98.00	1046
平面几何证明方法全书	2007－08	35.00	1
平面几何证明方法全书习题解答(第2版)	2006－12	18.00	10
平面几何天天练上卷·基础篇(直线型)	2013－01	58.00	208
平面几何天天练中卷·基础篇(涉及圆)	2013－01	28.00	234
平面几何天天练下卷·提高篇	2013－01	58.00	237
平面几何专题研究	2013－07	98.00	258
平面几何解题之道.第1卷	2022－05	38.00	1494
几何学习题集	2020－10	48.00	1217
通过解题学习代数几何	2021－04	88.00	1301
圆锥曲线的奥秘	2022－06	88.00	1541

刘培杰数学工作室

已出版(即将出版)图书目录——初等数学

书　　名	出版时间	定　价	编号
最新世界各国数学奥林匹克中的平面几何试题	2007－09	38.00	14
数学竞赛平面几何典型题及新颖解	2010－07	48.00	74
初等数学复习及研究(平面几何)	2008－09	68.00	38
初等数学复习及研究(立体几何)	2010－06	38.00	71
初等数学复习及研究(平面几何)习题解答	2009－01	58.00	42
几何学教程(平面几何卷)	2011－03	68.00	90
几何学教程(立体几何卷)	2011－07	68.00	130
几何变换与几何证题	2010－06	88.00	70
计算方法与几何证题	2011－06	28.00	129
立体几何技巧与方法(第2版)	2022－10	168.00	1572
几何瑰宝——平面几何500名题暨1500条定理(上、下)	2021－07	168.00	1358
三角形的解法与应用	2012－07	18.00	183
近代的三角形几何学	2012－07	48.00	184
一般折线几何学	2015－08	48.00	503
三角形的五心	2009－06	28.00	51
三角形的六心及其应用	2015－10	68.00	542
三角形趣谈	2012－08	28.00	212
解三角形	2014－01	28.00	265
探秘三角形:一次数学旅行	2021－10	68.00	1387
三角学专门教程	2014－09	28.00	387
图天下几何新题试卷.初中(第2版)	2017－11	58.00	855
圆锥曲线习题集(上册)	2013－06	68.00	255
圆锥曲线习题集(中册)	2015－01	78.00	434
圆锥曲线习题集(下册・第1卷)	2016－10	78.00	683
圆锥曲线习题集(下册・第2卷)	2018－01	98.00	853
圆锥曲线习题集(下册・第3卷)	2019－10	128.00	1113
圆锥曲线的思想方法	2021－08	48.00	1379
圆锥曲线的八个主要问题	2021－10	48.00	1415
论九点圆	2015－05	88.00	645
近代欧氏几何学	2012－03	48.00	162
罗巴切夫斯基几何学及几何基础概要	2012－07	28.00	188
罗巴切夫斯基几何学初步	2015－06	28.00	474
用三角、解析几何、复数、向量计算解数学竞赛几何题	2015－03	48.00	455
用解析法研究圆锥曲线的几何理论	2022－05	48.00	1495
美国中学几何教程	2015－04	88.00	458
三线坐标与三角形特征点	2015－04	98.00	460
坐标几何学基础.第1卷,笛卡儿坐标	2021－08	48.00	1398
坐标几何学基础.第2卷,三线坐标	2021－09	28.00	1399
平面解析几何方法与研究(第1卷)	2015－05	18.00	471
平面解析几何方法与研究(第2卷)	2015－06	18.00	472
平面解析几何方法与研究(第3卷)	2015－07	18.00	473
解析几何研究	2015－01	38.00	425
解析几何学教程.上	2016－01	38.00	574
解析几何学教程.下	2016－01	38.00	575
几何学基础	2016－01	58.00	581
初等几何研究	2015－02	58.00	444
十九和二十世纪欧氏几何学中的片段	2017－01	58.00	696
平面几何中考.高考.奥数一本通	2017－07	28.00	820
几何学简史	2017－08	28.00	833
四面体	2018－01	48.00	880
平面几何证明方法思路	2018－12	68.00	913
折纸中的几何练习	2022－09	48.00	1559
中学新几何学(英文)	2022－10	98.00	1562
线性代数与几何	2023－04	68.00	1633
四面体几何学引论	2023－06	68.00	1648

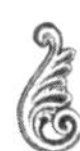

刘培杰数学工作室

已出版(即将出版)图书目录——初等数学

书　名	出版时间	定　价	编号
平面几何图形特性新析.上篇	2019—01	68.00	911
平面几何图形特性新析.下篇	2018—06	88.00	912
平面几何范例多解探究.上篇	2018—04	48.00	910
平面几何范例多解探究.下篇	2018—12	68.00	914
从分析解题过程学解题:竞赛中的几何问题研究	2018—07	68.00	946
从分析解题过程学解题:竞赛中的向量几何与不等式研究(全2册)	2019—06	138.00	1090
从分析解题过程学解题:竞赛中的不等式问题	2021—01	48.00	1249
二维、三维欧氏几何的对偶原理	2018—12	38.00	990
星形大观及闭折线论	2019—03	68.00	1020
立体几何的问题和方法	2019—11	58.00	1127
三角代换论	2021—05	58.00	1313
俄罗斯平面几何问题集	2009—08	88.00	55
俄罗斯立体几何问题集	2014—03	58.00	283
俄罗斯几何大师——沙雷金论数学及其他	2014—01	48.00	271
来自俄罗斯的5000道几何习题及解答	2011—03	58.00	89
俄罗斯初等数学问题集	2012—05	38.00	177
俄罗斯函数问题集	2011—03	38.00	103
俄罗斯组合分析问题集	2011—01	48.00	79
俄罗斯初等数学万题选——三角卷	2012—11	38.00	222
俄罗斯初等数学万题选——代数卷	2013—08	68.00	225
俄罗斯初等数学万题选——几何卷	2014—01	68.00	226
俄罗斯《量子》杂志数学征解问题100题选	2018—08	48.00	969
俄罗斯《量子》杂志数学征解问题又100题选	2018—08	48.00	970
俄罗斯《量子》杂志数学征解问题	2020—05	48.00	1138
463个俄罗斯几何老问题	2012—01	28.00	152
《量子》数学短文精粹	2018—09	38.00	972
用三角、解析几何等计算解来自俄罗斯的几何题	2019—11	88.00	1119
基谢廖夫平面几何	2022—01	48.00	1461
基谢廖夫立体几何	2023—04	48.00	1599
数学:代数、数学分析和几何(10—11年级)	2021—01	48.00	1250
直观几何学:5—6年级	2022—04	58.00	1508
几何学:第2版.7—9年级	2023—08	68.00	1684
平面几何:9—11年级	2022—10	48.00	1571
立体几何.10—11年级	2022—01	58.00	1472
谈谈素数	2011—03	18.00	91
平方和	2011—03	18.00	92
整数论	2011—05	38.00	120
从整数谈起	2015—10	28.00	538
数与多项式	2016—01	38.00	558
谈谈不定方程	2011—05	28.00	119
质数漫谈	2022—07	68.00	1529
解析不等式新论	2009—06	68.00	48
建立不等式的方法	2011—03	98.00	104
数学奥林匹克不等式研究(第2版)	2020—07	68.00	1181
不等式研究(第三辑)	2023—08	198.00	1673
不等式的秘密(第一卷)(第2版)	2014—02	38.00	286
不等式的秘密(第二卷)	2014—01	38.00	268
初等不等式的证明方法	2010—06	38.00	123
初等不等式的证明方法(第二版)	2014—11	38.00	407
不等式·理论·方法(基础卷)	2015—07	38.00	496
不等式·理论·方法(经典不等式卷)	2015—07	38.00	497
不等式·理论·方法(特殊类型不等式卷)	2015—07	48.00	498
不等式探究	2016—03	38.00	582
不等式探秘	2017—01	88.00	689
四面体不等式	2017—01	68.00	715
数学奥林匹克中常见重要不等式	2017—09	38.00	845

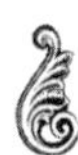

刘培杰数学工作室
已出版(即将出版)图书目录——初等数学

书　　名	出版时间	定　价	编号
三正弦不等式	2018—09	98.00	974
函数方程与不等式:解法与稳定性结果	2019—04	68.00	1058
数学不等式.第1卷,对称多项式不等式	2022—05	78.00	1455
数学不等式.第2卷,对称有理不等式与对称无理不等式	2022—05	88.00	1456
数学不等式.第3卷,循环不等式与非循环不等式	2022—05	88.00	1457
数学不等式.第4卷,Jensen不等式的扩展与加细	2022—05	88.00	1458
数学不等式.第5卷,创建不等式与解不等式的其他方法	2022—05	88.00	1459
不定方程及其应用.上	2018—12	58.00	992
不定方程及其应用.中	2019—01	78.00	993
不定方程及其应用.下	2019—02	98.00	994
Nesbitt不等式加强式的研究	2022—06	128.00	1527
最值定理与分析不等式	2023—02	78.00	1567
一类积分不等式	2023—02	88.00	1579
邦费罗尼不等式及概率应用	2023—05	58.00	1637
同余理论	2012—05	38.00	163
[x]与{x}	2015—04	48.00	476
极值与最值.上卷	2015—06	28.00	486
极值与最值.中卷	2015—06	38.00	487
极值与最值.下卷	2015—06	28.00	488
整数的性质	2012—11	38.00	192
完全平方数及其应用	2015—08	78.00	506
多项式理论	2015—10	88.00	541
奇数、偶数、奇偶分析法	2018—01	98.00	876
历届美国中学生数学竞赛试题及解答(第一卷)1950—1954	2014—07	18.00	277
历届美国中学生数学竞赛试题及解答(第二卷)1955—1959	2014—04	18.00	278
历届美国中学生数学竞赛试题及解答(第三卷)1960—1964	2014—06	18.00	279
历届美国中学生数学竞赛试题及解答(第四卷)1965—1969	2014—04	28.00	280
历届美国中学生数学竞赛试题及解答(第五卷)1970—1972	2014—06	18.00	281
历届美国中学生数学竞赛试题及解答(第六卷)1973—1980	2017—07	18.00	768
历届美国中学生数学竞赛试题及解答(第七卷)1981—1986	2015—01	18.00	424
历届美国中学生数学竞赛试题及解答(第八卷)1987—1990	2017—05	18.00	769
历届中国数学奥林匹克试题集(第3版)	2021—10	58.00	1440
历届加拿大数学奥林匹克试题集	2012—08	38.00	215
历届美国数学奥林匹克试题集	2023—08	98.00	1681
历届波兰数学竞赛试题集.第1卷,1949～1963	2015—03	18.00	453
历届波兰数学竞赛试题集.第2卷,1964～1976	2015—03	18.00	454
历届巴尔干数学奥林匹克试题集	2015—05	38.00	466
保加利亚数学奥林匹克	2014—10	38.00	393
圣彼得堡数学奥林匹克试题集	2015—01	38.00	429
匈牙利奥林匹克数学竞赛题解.第1卷	2016—05	28.00	593
匈牙利奥林匹克数学竞赛题解.第2卷	2016—05	28.00	594
历届美国数学邀请赛试题集(第2版)	2017—10	78.00	851
普林斯顿大学数学竞赛	2016—06	38.00	669
亚太地区数学奥林匹克竞赛题	2015—07	18.00	492
日本历届(初级)广中杯数学竞赛试题及解答.第1卷(2000～2007)	2016—05	28.00	641
日本历届(初级)广中杯数学竞赛试题及解答.第2卷(2008～2015)	2016—05	38.00	642
越南数学奥林匹克题选:1962—2009	2021—07	48.00	1370
360个数学竞赛问题	2016—08	58.00	677
奥数最佳实战题.上卷	2017—06	38.00	760
奥数最佳实战题.下卷	2017—05	58.00	761
哈尔滨市早期中学数学竞赛试题汇编	2016—07	28.00	672
全国高中数学联赛试题及解答:1981—2019(第4版)	2020—07	138.00	1176
2022年全国高中数学联合竞赛模拟题集	2022—06	30.00	1521

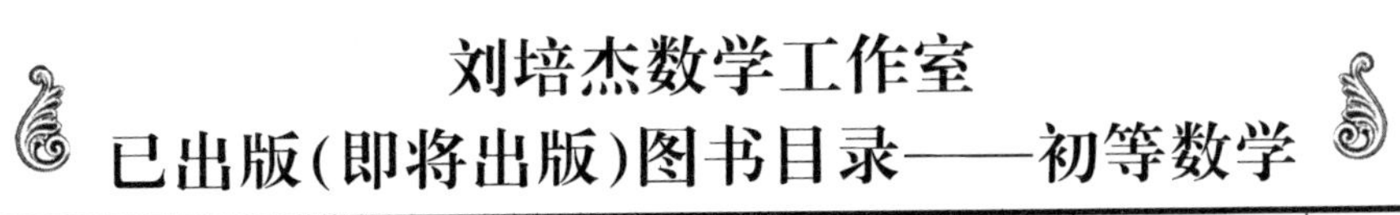

刘培杰数学工作室
已出版(即将出版)图书目录——初等数学

书　　名	出版时间	定　价	编号
20世纪50年代全国部分城市数学竞赛试题汇编	2017－07	28.00	797
国内外数学竞赛题及精解：2018～2019	2020－08	45.00	1192
国内外数学竞赛题及精解：2019～2020	2021－11	58.00	1439
许康华竞赛优学精选集.第一辑	2018－08	68.00	949
天问叶班数学问题征解100题.Ⅰ,2016－2018	2019－05	88.00	1075
天问叶班数学问题征解100题.Ⅱ,2017－2019	2020－07	98.00	1177
美国初中数学竞赛：AMC8准备(共6卷)	2019－07	138.00	1089
美国高中数学竞赛：AMC10准备(共6卷)	2019－08	158.00	1105
王连笑教你怎样学数学：高考选择题解题策略与客观题实用训练	2014－01	48.00	262
王连笑教你怎样学数学：高考数学高层次讲座	2015－02	48.00	432
高考数学的理论与实践	2009－08	38.00	53
高考数学核心题型解题方法与技巧	2010－01	28.00	86
高考思维新平台	2014－03	38.00	259
高考数学压轴题解题诀窍(上)(第2版)	2018－01	58.00	874
高考数学压轴题解题诀窍(下)(第2版)	2018－01	48.00	875
北京市五区文科数学三年高考模拟题详解：2013～2015	2015－08	48.00	500
北京市五区理科数学三年高考模拟题详解：2013～2015	2015－09	68.00	505
向量法巧解数学高考题	2009－08	28.00	54
高中数学课堂教学的实践与反思	2021－11	48.00	791
数学高考参考	2016－01	78.00	589
新课程标准高考数学解答题各种题型解法指导	2020－08	78.00	1196
全国及各省市高考数学试题审题要津与解法研究	2015－02	48.00	450
高中数学章节起始课的教学研究与案例设计	2019－05	28.00	1064
新课标高考数学——五年试题分章详解(2007～2011)(上、下)	2011－10	78.00	140,141
全国中考数学压轴题审题要津与解法研究	2013－04	78.00	248
新编全国及各省市中考数学压轴题审题要津与解法研究	2014－05	58.00	342
全国及各省市5年中考数学压轴题审题要津与解法研究(2015版)	2015－04	58.00	462
中考数学专题总复习	2007－04	28.00	6
中考数学较难题常考题型解题方法与技巧	2016－09	48.00	681
中考数学难题常考题型解题方法与技巧	2016－09	48.00	682
中考数学中档题常考题型解题方法与技巧	2017－08	68.00	835
中考数学选择填空压轴好题妙解365	2017－05	38.00	759
中考数学：三类重点考题的解法例析与习题	2020－04	48.00	1140
中小学数学的历史文化	2019－11	48.00	1124
初中平面几何百题多思创新解	2020－01	58.00	1125
初中数学中考备考	2020－01	58.00	1126
高考数学之九章演义	2019－08	68.00	1044
高考数学之难题谈笑间	2022－06	68.00	1519
化学可以这样学：高中化学知识方法智慧感悟疑难辨析	2019－07	58.00	1103
如何成为学习高手	2019－09	58.00	1107
高考数学：经典真题分类解析	2020－04	78.00	1134
高考数学解答题破解策略	2020－11	58.00	1221
从分析解题过程学解题：高考压轴题与竞赛题之关系探究	2020－08	88.00	1179
教学新思考：单元整体视角下的初中数学教学设计	2021－03	58.00	1278
思维再拓展：2020年经典几何题的多解探究与思考	即将出版		1279
中考数学小压轴汇编初讲	2017－07	48.00	788
中考数学大压轴专题微言	2017－09	48.00	846
怎么解中考平面几何探索题	2019－06	48.00	1093
北京中考数学压轴题解题方法突破(第8版)	2022－11	78.00	1577
助你高考成功的数学解题智慧：知识是智慧的基础	2016－01	58.00	596
助你高考成功的数学解题智慧：错误是智慧的试金石	2016－04	58.00	643
助你高考成功的数学解题智慧：方法是智慧的推手	2016－04	68.00	657
高考数学奇思妙解	2016－04	38.00	610
高考数学解题策略	2016－05	48.00	670
数学解题泄天机(第2版)	2017－10	48.00	850

刘培杰数学工作室
已出版(即将出版)图书目录——初等数学

书　　名	出版时间	定　价	编号
高中物理教学讲义	2018－01	48.00	871
高中物理教学讲义:全模块	2022－03	98.00	1492
高中物理答疑解惑 65 篇	2021－11	48.00	1462
中学物理基础问题解析	2020－08	48.00	1183
初中数学、高中数学脱节知识补缺教材	2017－06	48.00	766
高考数学客观题解题方法和技巧	2017－10	38.00	847
十年高考数学精品试题审题要津与解法研究	2021－10	98.00	1427
中国历届高考数学试题及解答.1949－1979	2018－01	38.00	877
历届中国高考数学试题及解答.第二卷,1980—1989	2018－10	28.00	975
历届中国高考数学试题及解答.第三卷,1990—1999	2018－10	48.00	976
跟我学解高中数学题	2018－07	58.00	926
中学数学研究的方法及案例	2018－05	58.00	869
高考数学抢分技能	2018－07	68.00	934
高一新生常用数学方法和重要数学思想提升教材	2018－06	38.00	921
高考数学全国卷六道解答题常考题型解题诀窍:理科(全 2 册)	2019－07	78.00	1101
高考数学全国卷 16 道选择、填空题常考题型解题诀窍.理科	2018－09	88.00	971
高考数学全国卷 16 道选择、填空题常考题型解题诀窍.文科	2020－01	88.00	1123
高中数学一题多解	2019－06	58.00	1087
历届中国高考数学试题及解答:1917－1999	2021－08	98.00	1371
2000～2003 年全国及各省市高考数学试题及解答	2022－05	88.00	1499
2004 年全国及各省市高考数学试题及解答	2023－08	78.00	1500
2005 年全国及各省市高考数学试题及解答	2023－08	78.00	1501
2006 年全国及各省市高考数学试题及解答	2023－08	88.00	1502
2007 年全国及各省市高考数学试题及解答	2023－08	98.00	1503
2008 年全国及各省市高考数学试题及解答	2023－08	88.00	1504
2009 年全国及各省市高考数学试题及解答	2023－08	88.00	1505
2010 年全国及各省市高考数学试题及解答	2023－08	98.00	1506
突破高原:高中数学解题思维探究	2021－08	48.00	1375
高考数学中的"取值范围"	2021－10	48.00	1429
新课程标准高中数学各种题型解法大全.必修一分册	2021－06	58.00	1315
新课程标准高中数学各种题型解法大全.必修二分册	2022－01	68.00	1471
高中数学各种题型解法大全.选择性必修一分册	2022－06	68.00	1525
高中数学各种题型解法大全.选择性必修二分册	2023－01	58.00	1600
高中数学各种题型解法大全.选择性必修三分册	2023－04	48.00	1643
历届全国初中数学竞赛经典试题详解	2023－04	88.00	1624
孟祥礼高考数学精刷精解	2023－06	98.00	1663

书　　名	出版时间	定　价	编号
新编 640 个世界著名数学智力趣题	2014－01	88.00	242
500 个最新世界著名数学智力趣题	2008－06	48.00	3
400 个最新世界著名数学最值问题	2008－09	48.00	36
500 个世界著名数学征解问题	2009－06	48.00	52
400 个中国最佳初等数学征解老问题	2010－01	48.00	60
500 个俄罗斯数学经典老题	2011－01	28.00	81
1000 个国外中学物理好题	2012－04	48.00	174
300 个日本高考数学题	2012－05	38.00	142
700 个早期日本高考数学试题	2017－02	88.00	752
500 个前苏联早期高考数学试题及解答	2012－05	28.00	185
546 个早期俄罗斯大学生数学竞赛题	2014－03	38.00	285
548 个来自美苏的数学好问题	2014－11	28.00	396
20 所苏联著名大学早期入学试题	2015－02	18.00	452
161 道德国工科大学生必做的微分方程习题	2015－05	28.00	469
500 个德国工科大学生必做的高数习题	2015－06	28.00	478
360 个数学竞赛问题	2016－08	58.00	677
200 个趣味数学故事	2018－02	48.00	857
470 个数学奥林匹克中的最值问题	2018－10	88.00	985
德国讲义日本考题.微积分卷	2015－04	48.00	456
德国讲义日本考题.微分方程卷	2015－04	38.00	457
二十世纪中叶中、英、美、日、法、俄高考数学试题精选	2017－06	38.00	783

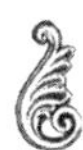

刘培杰数学工作室
已出版(即将出版)图书目录——初等数学

书　　名	出版时间	定　价	编号
中国初等数学研究　2009 卷(第 1 辑)	2009—05	20.00	45
中国初等数学研究　2010 卷(第 2 辑)	2010—05	30.00	68
中国初等数学研究　2011 卷(第 3 辑)	2011—07	60.00	127
中国初等数学研究　2012 卷(第 4 辑)	2012—07	48.00	190
中国初等数学研究　2014 卷(第 5 辑)	2014—02	48.00	288
中国初等数学研究　2015 卷(第 6 辑)	2015—06	68.00	493
中国初等数学研究　2016 卷(第 7 辑)	2016—04	68.00	609
中国初等数学研究　2017 卷(第 8 辑)	2017—01	98.00	712
初等数学研究在中国.第 1 辑	2019—03	158.00	1024
初等数学研究在中国.第 2 辑	2019—10	158.00	1116
初等数学研究在中国.第 3 辑	2021—05	158.00	1306
初等数学研究在中国.第 4 辑	2022—06	158.00	1520
初等数学研究在中国.第 5 辑	2023—07	158.00	1635
几何变换(Ⅰ)	2014—07	28.00	353
几何变换(Ⅱ)	2015—06	28.00	354
几何变换(Ⅲ)	2015—01	38.00	355
几何变换(Ⅳ)	2015—12	38.00	356
初等数论难题集(第一卷)	2009—05	68.00	44
初等数论难题集(第二卷)(上、下)	2011—02	128.00	82,83
数论概貌	2011—03	18.00	93
代数数论(第二版)	2013—08	58.00	94
代数多项式	2014—06	38.00	289
初等数论的知识与问题	2011—02	28.00	95
超越数论基础	2011—03	28.00	96
数论初等教程	2011—03	28.00	97
数论基础	2011—03	18.00	98
数论基础与维诺格拉多夫	2014—03	18.00	292
解析数论基础	2012—08	28.00	216
解析数论基础(第二版)	2014—01	48.00	287
解析数论问题集(第二版)(原版引进)	2014—05	88.00	343
解析数论问题集(第二版)(中译本)	2016—04	88.00	607
解析数论基础(潘承洞,潘承彪著)	2016—07	98.00	673
解析数论导引	2016—07	58.00	674
数论入门	2011—03	38.00	99
代数数论入门	2015—03	38.00	448
数论开篇	2012—07	28.00	194
解析数论引论	2011—03	48.00	100
Barban Davenport Halberstam 均值和	2009—01	40.00	33
基础数论	2011—03	28.00	101
初等数论 100 例	2011—05	18.00	122
初等数论经典例题	2012—07	18.00	204
最新世界各国数学奥林匹克中的初等数论试题(上、下)	2012—01	138.00	144,145
初等数论(Ⅰ)	2012—01	18.00	156
初等数论(Ⅱ)	2012—01	18.00	157
初等数论(Ⅲ)	2012—01	28.00	158

刘培杰数学工作室
已出版(即将出版)图书目录——初等数学

书　　名	出版时间	定　价	编号
平面几何与数论中未解决的新老问题	2013－01	68.00	229
代数数论简史	2014－11	28.00	408
代数数论	2015－09	88.00	532
代数、数论及分析习题集	2016－11	98.00	695
数论导引提要及习题解答	2016－01	48.00	559
素数定理的初等证明. 第 2 版	2016－09	48.00	686
数论中的模函数与狄利克雷级数(第二版)	2017－11	78.00	837
数论:数学导引	2018－01	68.00	849
范氏大代数	2019－02	98.00	1016
解析数学讲义. 第一卷,导来式及微分、积分、级数	2019－04	88.00	1021
解析数学讲义. 第二卷,关于几何的应用	2019－04	68.00	1022
解析数学讲义. 第三卷,解析函数论	2019－04	78.00	1023
分析・组合・数论纵横谈	2019－04	58.00	1039
Hall 代数:民国时期的中学数学课本:英文	2019－08	88.00	1106
基谢廖夫初等代数	2022－07	38.00	1531
数学精神巡礼	2019－01	58.00	731
数学眼光透视(第 2 版)	2017－06	78.00	732
数学思想领悟(第 2 版)	2018－01	68.00	733
数学方法溯源(第 2 版)	2018－08	68.00	734
数学解题引论	2017－05	58.00	735
数学史话览胜(第 2 版)	2017－01	48.00	736
数学应用展观(第 2 版)	2017－08	68.00	737
数学建模尝试	2018－04	48.00	738
数学竞赛采风	2018－01	68.00	739
数学测评探营	2019－05	58.00	740
数学技能操握	2018－03	48.00	741
数学欣赏拾趣	2018－02	48.00	742
从毕达哥拉斯到怀尔斯	2007－10	48.00	9
从迪利克雷到维斯卡尔迪	2008－01	48.00	21
从哥德巴赫到陈景润	2008－05	98.00	35
从庞加莱到佩雷尔曼	2011－08	138.00	136
博弈论精粹	2008－03	58.00	30
博弈论精粹. 第二版(精装)	2015－01	88.00	461
数学 我爱你	2008－01	28.00	20
精神的圣徒　别样的人生——60 位中国数学家成长的历程	2008－09	48.00	39
数学史概论	2009－06	78.00	50
数学史概论(精装)	2013－03	158.00	272
数学史选讲	2016－01	48.00	544
斐波那契数列	2010－02	28.00	65
数学拼盘和斐波那契魔方	2010－07	38.00	72
斐波那契数列欣赏(第 2 版)	2018－08	58.00	948
Fibonacci 数列中的明珠	2018－06	58.00	928
数学的创造	2011－02	48.00	85
数学美与创造力	2016－01	48.00	595
数海拾贝	2016－01	48.00	590
数学中的美(第 2 版)	2019－04	68.00	1057
数论中的美学	2014－12	38.00	351

刘培杰数学工作室

已出版(即将出版)图书目录——初等数学

书　　名	出版时间	定　价	编号
数学王者　科学巨人——高斯	2015－01	28.00	428
振兴祖国数学的圆梦之旅:中国初等数学研究史话	2015－06	98.00	490
二十世纪中国数学史料研究	2015－10	48.00	536
数字谜、数阵图与棋盘覆盖	2016－01	58.00	298
数学概念的进化:一个初步的研究	2023－07	68.00	1683
数学发现的艺术:数学探索中的合情推理	2016－07	58.00	671
活跃在数学中的参数	2016－07	48.00	675
数海趣史	2021－05	98.00	1314
玩转幻中之幻	2023－08	88.00	1682
数学艺术品	2023－09	98.00	1685
数学博弈与游戏	2023－10	68.00	1692
数学解题——靠数学思想给力(上)	2011－07	38.00	131
数学解题——靠数学思想给力(中)	2011－07	48.00	132
数学解题——靠数学思想给力(下)	2011－07	38.00	133
我怎样解题	2013－01	48.00	227
数学解题中的物理方法	2011－06	28.00	114
数学解题的特殊方法	2011－06	48.00	115
中学数学计算技巧(第2版)	2020－10	48.00	1220
中学数学证明方法	2012－01	58.00	117
数学趣题巧解	2012－03	28.00	128
高中数学教学通鉴	2015－05	58.00	479
和高中生漫谈:数学与哲学的故事	2014－08	28.00	369
算术问题集	2017－03	38.00	789
张教授讲数学	2018－07	38.00	933
陈永明实话实说数学教学	2020－04	68.00	1132
中学数学学科知识与教学能力	2020－06	58.00	1155
怎样把课讲好:大罕数学教学随笔	2022－03	58.00	1484
中国高考评价体系下高考数学探秘	2022－03	48.00	1487
自主招生考试中的参数方程问题	2015－01	28.00	435
自主招生考试中的极坐标问题	2015－04	28.00	463
近年全国重点大学自主招生数学试题全解及研究.华约卷	2015－02	38.00	441
近年全国重点大学自主招生数学试题全解及研究.北约卷	2016－05	38.00	619
自主招生数学解证宝典	2015－09	48.00	535
中国科学技术大学创新班数学真题解析	2022－03	48.00	1488
中国科学技术大学创新班物理真题解析	2022－03	58.00	1489
格点和面积	2012－07	18.00	191
射影几何趣谈	2012－04	28.00	175
斯潘纳尔引理——从一道加拿大数学奥林匹克试题谈起	2014－01	28.00	228
李普希兹条件——从几道近年高考数学试题谈起	2012－10	18.00	221
拉格朗日中值定理——从一道北京高考试题的解法谈起	2015－10	18.00	197
闵科夫斯基定理——从一道清华大学自主招生试题谈起	2014－01	28.00	198
哈尔测度——从一道冬令营试题的背景谈起	2012－08	28.00	202
切比雪夫逼近问题——从一道中国台北数学奥林匹克试题谈起	2013－04	38.00	238
伯恩斯坦多项式与贝齐尔曲面——从一道全国高中数学联赛试题谈起	2013－03	38.00	236
卡塔兰猜想——从一道普特南竞赛试题谈起	2013－06	18.00	256
麦卡锡函数和阿克曼函数——从一道前南斯拉夫数学奥林匹克试题谈起	2012－08	18.00	201
贝蒂定理与拉姆贝克莫斯尔定理——从一个拣石子游戏谈起	2012－08	18.00	217
皮亚诺曲线和豪斯道夫分球定理——从无限集谈起	2012－08	18.00	211
平面凸图形与凸多面体	2012－10	28.00	218
斯坦因豪斯问题——从一道二十五省市自治区中学数学竞赛试题谈起	2012－07	18.00	196

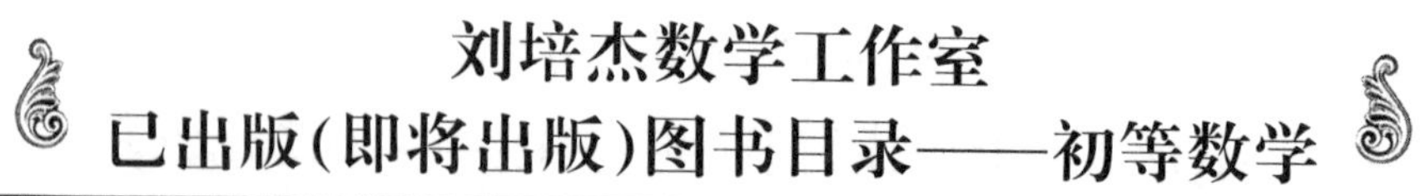

刘培杰数学工作室
已出版(即将出版)图书目录——初等数学

书　　名	出版时间	定　价	编号
纽结理论中的亚历山大多项式与琼斯多项式——从一道北京市高一数学竞赛试题谈起	2012－07	28.00	195
原则与策略——从波利亚“解题表”谈起	2013－04	38.00	244
转化与化归——从三大尺规作图不能问题谈起	2012－08	28.00	214
代数几何中的贝祖定理(第一版)——从一道IMO试题的解法谈起	2013－08	18.00	193
成功连贯理论与约当块理论——从一道比利时数学竞赛试题谈起	2012－04	18.00	180
素数判定与大数分解	2014－08	18.00	199
置换多项式及其应用	2012－10	18.00	220
椭圆函数与模函数——从一道美国加州大学洛杉矶分校(UCLA)博士资格考题谈起	2012－10	28.00	219
差分方程的拉格朗日方法——从一道2011年全国高考理科试题的解法谈起	2012－08	28.00	200
力学在几何中的一些应用	2013－01	38.00	240
从根式解到伽罗华理论	2020－01	48.00	1121
康托洛维奇不等式——从一道全国高中联赛试题谈起	2013－03	28.00	337
西格尔引理——从一道第18届IMO试题的解法谈起	即将出版		
罗斯定理——从一道前苏联数学竞赛试题谈起	即将出版		
拉克斯定理和阿廷定理——从一道IMO试题的解法谈起	2014－01	58.00	246
毕卡大定理——从一道美国大学数学竞赛试题谈起	2014－07	18.00	350
贝齐尔曲线——从一道全国高中联赛试题谈起	即将出版		
拉格朗日乘子定理——从一道2005年全国高中联赛试题的高等数学解法谈起	2015－05	28.00	480
雅可比定理——从一道日本数学奥林匹克试题谈起	2013－04	48.00	249
李天岩－约克定理——从一道波兰数学竞赛试题谈起	2014－06	28.00	349
受控理论与初等不等式:从一道IMO试题的解法谈起	2023－03	48.00	1601
布劳维不动点定理——从一道前苏联数学奥林匹克试题谈起	2014－01	38.00	273
伯恩赛德定理——从一道英国数学奥林匹克试题谈起	即将出版		
布查特－莫斯特定理——从一道上海市初中竞赛试题谈起	即将出版		
数论中的同余数问题——从一道普特南竞赛试题谈起	即将出版		
范・德蒙行列式——从一道美国数学奥林匹克试题谈起	即将出版		
中国剩余定理:总数法构建中国历史年表	2015－01	28.00	430
牛顿程序与方程求根——从一道全国高考试题解法谈起	即将出版		
库默尔定理——从一道IMO预选试题谈起	即将出版		
卢丁定理——从一道冬令营试题的解法谈起	即将出版		
沃斯滕霍姆定理——从一道IMO预选试题谈起	即将出版		
卡尔松不等式——从一道莫斯科数学奥林匹克试题谈起	即将出版		
信息论中的香农熵——从一道近年高考压轴题谈起	即将出版		
约当不等式——从一道希望杯竞赛试题谈起	即将出版		
拉比诺维奇定理	即将出版		
刘维尔定理——从一道《美国数学月刊》征解问题的解法谈起	即将出版		
卡塔兰恒等式与级数求和——从一道IMO试题的解法谈起	即将出版		
勒让德猜想与素数分布——从一道爱尔兰竞赛试题谈起	即将出版		
天平称重与信息论——从一道基辅市数学奥林匹克试题谈起	即将出版		
哈密尔顿－凯莱定理:从一道高中数学联赛试题的解法谈起	2014－09	18.00	376
艾思特曼定理——从一道CMO试题的解法谈起	即将出版		

刘培杰数学工作室

已出版(即将出版)图书目录——初等数学

书　　名	出版时间	定　价	编号
阿贝尔恒等式与经典不等式及应用	2018—06	98.00	923
迪利克雷除数问题	2018—07	48.00	930
幻方、幻立方与拉丁方	2019—08	48.00	1092
帕斯卡三角形	2014—03	18.00	294
蒲丰投针问题——从 2009 年清华大学的一道自主招生试题谈起	2014—01	38.00	295
斯图姆定理——从一道“华约”自主招生试题的解法谈起	2014—01	18.00	296
许瓦兹引理——从一道加利福尼亚大学伯克利分校数学系博士生试题谈起	2014—08	18.00	297
拉姆塞定理——从王诗宬院士的一个问题谈起	2016—04	48.00	299
坐标法	2013—12	28.00	332
数论三角形	2014—04	38.00	341
毕克定理	2014—07	18.00	352
数林掠影	2014—09	48.00	389
我们周围的概率	2014—10	38.00	390
凸函数最值定理:从一道华约自主招生题的解法谈起	2014—10	28.00	391
易学与数学奥林匹克	2014—10	38.00	392
生物数学趣谈	2015—01	18.00	409
反演	2015—01	28.00	420
因式分解与圆锥曲线	2015—01	18.00	426
轨迹	2015—01	28.00	427
面积原理:从常庚哲命的一道 CMO 试题的积分解法谈起	2015—01	48.00	431
形形色色的不动点定理:从一道 28 届 IMO 试题谈起	2015—01	38.00	439
柯西函数方程:从一道上海交大自主招生的试题谈起	2015—02	28.00	440
三角恒等式	2015—02	28.00	442
无理性判定:从一道 2014 年“北约”自主招生试题谈起	2015—01	38.00	443
数学归纳法	2015—03	18.00	451
极端原理与解题	2015—04	28.00	464
法雷级数	2014—08	18.00	367
摆线族	2015—01	38.00	438
函数方程及其解法	2015—05	38.00	470
含参数的方程和不等式	2012—09	28.00	213
希尔伯特第十问题	2016—01	38.00	543
无穷小量的求和	2016—01	28.00	545
切比雪夫多项式:从一道清华大学金秋营试题谈起	2016—01	38.00	583
泽肯多夫定理	2016—03	38.00	599
代数等式证题法	2016—01	28.00	600
三角等式证题法	2016—01	28.00	601
吴大任教授藏书中的一个因式分解公式:从一道美国数学邀请赛试题的解法谈起	2016—06	28.00	656
易卦——类万物的数学模型	2017—08	68.00	838
“不可思议”的数与数系可持续发展	2018—01	38.00	878
最短线	2018—01	38.00	879
数学在天文、地理、光学、机械力学中的一些应用	2023—03	88.00	1576
从阿基米德三角形谈起	2023—01	28.00	1578
幻方和魔方(第一卷)	2012—05	68.00	173
尘封的经典——初等数学经典文献选读(第一卷)	2012—07	48.00	205
尘封的经典——初等数学经典文献选读(第二卷)	2012—07	38.00	206
初级方程式论	2011—03	28.00	106
初等数学研究(Ⅰ)	2008—09	68.00	37
初等数学研究(Ⅱ)(上、下)	2009—05	118.00	46,47
初等数学专题研究	2022—10	68.00	1568

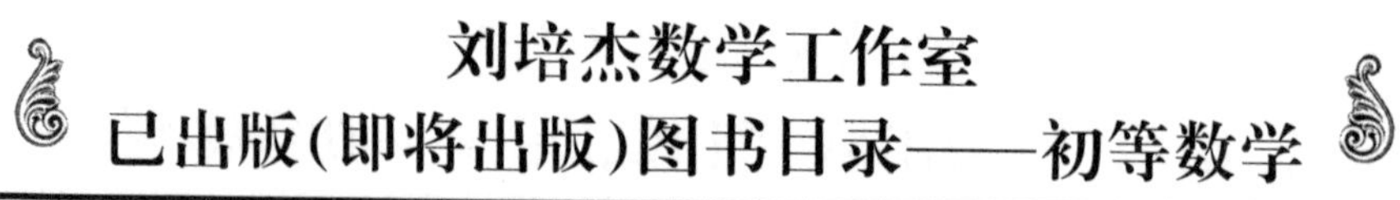

刘培杰数学工作室
已出版(即将出版)图书目录——初等数学

书　　名	出版时间	定　价	编号
趣味初等方程妙题集锦	2014—09	48.00	388
趣味初等数论选美与欣赏	2015—02	48.00	445
耕读笔记(上卷):一位农民数学爱好者的初数探索	2015—04	28.00	459
耕读笔记(中卷):一位农民数学爱好者的初数探索	2015—05	28.00	483
耕读笔记(下卷):一位农民数学爱好者的初数探索	2015—05	28.00	484
几何不等式研究与欣赏.上卷	2016—01	88.00	547
几何不等式研究与欣赏.下卷	2016—01	48.00	552
初等数列研究与欣赏·上	2016—01	48.00	570
初等数列研究与欣赏·下	2016—01	48.00	571
趣味初等函数研究与欣赏.上	2016—09	48.00	684
趣味初等函数研究与欣赏.下	2018—09	48.00	685
三角不等式研究与欣赏	2020—10	68.00	1197
新编平面解析几何解题方法研究与欣赏	2021—10	78.00	1426
火柴游戏(第2版)	2022—05	38.00	1493
智力解谜.第1卷	2017—07	38.00	613
智力解谜.第2卷	2017—07	38.00	614
故事智力	2016—07	48.00	615
名人们喜欢的智力问题	2020—01	48.00	616
数学大师的发现、创造与失误	2018—01	48.00	617
异曲同工	2018—09	48.00	618
数学的味道(第2版)	2023—10	68.00	1686
数学千字文	2018—10	68.00	977
数贝偶拾——高考数学题研究	2014—04	28.00	274
数贝偶拾——初等数学研究	2014—04	38.00	275
数贝偶拾——奥数题研究	2014—04	48.00	276
钱昌本教你快乐学数学(上)	2011—12	48.00	155
钱昌本教你快乐学数学(下)	2012—03	58.00	171
集合、函数与方程	2014—01	28.00	300
数列与不等式	2014—01	38.00	301
三角与平面向量	2014—01	28.00	302
平面解析几何	2014—01	38.00	303
立体几何与组合	2014—01	28.00	304
极限与导数、数学归纳法	2014—01	38.00	305
趣味数学	2014—03	28.00	306
教材教法	2014—04	68.00	307
自主招生	2014—05	58.00	308
高考压轴题(上)	2015—01	48.00	309
高考压轴题(下)	2014—10	68.00	310
从费马到怀尔斯——费马大定理的历史	2013—10	198.00	Ⅰ
从庞加莱到佩雷尔曼——庞加莱猜想的历史	2013—10	298.00	Ⅱ
从切比雪夫到爱尔特希(上)——素数定理的初等证明	2013—07	48.00	Ⅲ
从切比雪夫到爱尔特希(下)——素数定理100年	2012—12	98.00	Ⅲ
从高斯到盖尔方特——二次域的高斯猜想	2013—10	198.00	Ⅳ
从库默尔到朗兰兹——朗兰兹猜想的历史	2014—01	98.00	Ⅴ
从比勃巴赫到德布朗斯——比勃巴赫猜想的历史	2014—02	298.00	Ⅵ
从麦比乌斯到陈省身——麦比乌斯变换与麦比乌斯带	2014—02	298.00	Ⅶ
从布尔到豪斯道夫——布尔方程与格论漫谈	2013—10	198.00	Ⅷ
从开普勒到阿诺德——三体问题的历史	2014—05	298.00	Ⅸ
从华林到华罗庚——华林问题的历史	2013—10	298.00	Ⅹ

刘培杰数学工作室
已出版(即将出版)图书目录——初等数学

书　　名	出版时间	定　价	编号
美国高中数学竞赛五十讲.第1卷(英文)	2014－08	28.00	357
美国高中数学竞赛五十讲.第2卷(英文)	2014－08	28.00	358
美国高中数学竞赛五十讲.第3卷(英文)	2014－09	28.00	359
美国高中数学竞赛五十讲.第4卷(英文)	2014－09	28.00	360
美国高中数学竞赛五十讲.第5卷(英文)	2014－10	28.00	361
美国高中数学竞赛五十讲.第6卷(英文)	2014－11	28.00	362
美国高中数学竞赛五十讲.第7卷(英文)	2014－12	28.00	363
美国高中数学竞赛五十讲.第8卷(英文)	2015－01	28.00	364
美国高中数学竞赛五十讲.第9卷(英文)	2015－01	28.00	365
美国高中数学竞赛五十讲.第10卷(英文)	2015－02	38.00	366
三角函数(第2版)	2017－04	38.00	626
不等式	2014－01	38.00	312
数列	2014－01	38.00	313
方程(第2版)	2017－04	38.00	624
排列和组合	2014－01	28.00	315
极限与导数(第2版)	2016－04	38.00	635
向量(第2版)	2018－08	58.00	627
复数及其应用	2014－08	28.00	318
函数	2014－01	38.00	319
集合	2020－01	48.00	320
直线与平面	2014－01	28.00	321
立体几何(第2版)	2016－04	38.00	629
解三角形	即将出版		323
直线与圆(第2版)	2016－11	38.00	631
圆锥曲线(第2版)	2016－09	48.00	632
解题通法(一)	2014－07	38.00	326
解题通法(二)	2014－07	38.00	327
解题通法(三)	2014－05	38.00	328
概率与统计	2014－01	28.00	329
信息迁移与算法	即将出版		330
IMO 50年.第1卷(1959－1963)	2014－11	28.00	377
IMO 50年.第2卷(1964－1968)	2014－11	28.00	378
IMO 50年.第3卷(1969－1973)	2014－09	28.00	379
IMO 50年.第4卷(1974－1978)	2016－04	38.00	380
IMO 50年.第5卷(1979－1984)	2015－04	38.00	381
IMO 50年.第6卷(1985－1989)	2015－04	58.00	382
IMO 50年.第7卷(1990－1994)	2016－01	48.00	383
IMO 50年.第8卷(1995－1999)	2016－06	38.00	384
IMO 50年.第9卷(2000－2004)	2015－04	58.00	385
IMO 50年.第10卷(2005－2009)	2016－01	48.00	386
IMO 50年.第11卷(2010－2015)	2017－03	48.00	646

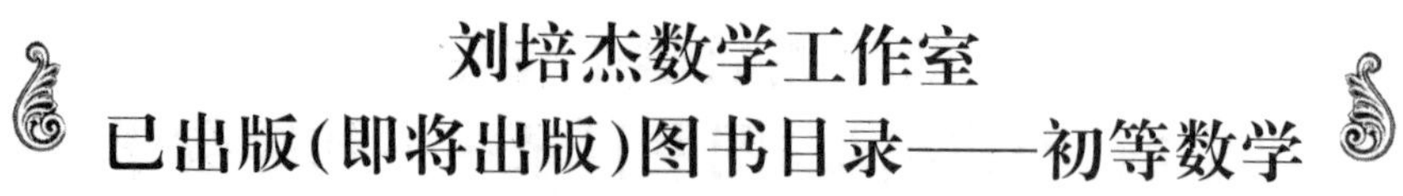

书　　名	出版时间	定　价	编号
数学反思(2006—2007)	2020—09	88.00	915
数学反思(2008—2009)	2019—01	68.00	917
数学反思(2010—2011)	2018—05	58.00	916
数学反思(2012—2013)	2019—01	58.00	918
数学反思(2014—2015)	2019—03	78.00	919
数学反思(2016—2017)	2021—03	58.00	1286
数学反思(2018—2019)	2023—01	88.00	1593
历届美国大学生数学竞赛试题集.第一卷(1938—1949)	2015—01	28.00	397
历届美国大学生数学竞赛试题集.第二卷(1950—1959)	2015—01	28.00	398
历届美国大学生数学竞赛试题集.第三卷(1960—1969)	2015—01	28.00	399
历届美国大学生数学竞赛试题集.第四卷(1970—1979)	2015—01	18.00	400
历届美国大学生数学竞赛试题集.第五卷(1980—1989)	2015—01	28.00	401
历届美国大学生数学竞赛试题集.第六卷(1990—1999)	2015—01	28.00	402
历届美国大学生数学竞赛试题集.第七卷(2000—2009)	2015—08	18.00	403
历届美国大学生数学竞赛试题集.第八卷(2010—2012)	2015—01	18.00	404
新课标高考数学创新题解题诀窍:总论	2014—09	28.00	372
新课标高考数学创新题解题诀窍:必修1～5分册	2014—08	38.00	373
新课标高考数学创新题解题诀窍:选修2－1,2－2,1－1,1－2分册	2014—09	38.00	374
新课标高考数学创新题解题诀窍:选修2－3,4－4,4－5分册	2014—09	18.00	375
全国重点大学自主招生英文数学试题全攻略:词汇卷	2015—07	48.00	410
全国重点大学自主招生英文数学试题全攻略:概念卷	2015—01	28.00	411
全国重点大学自主招生英文数学试题全攻略:文章选读卷(上)	2016—09	38.00	412
全国重点大学自主招生英文数学试题全攻略:文章选读卷(下)	2017—01	58.00	413
全国重点大学自主招生英文数学试题全攻略:试题卷	2015—07	38.00	414
全国重点大学自主招生英文数学试题全攻略:名著欣赏卷	2017—03	48.00	415
劳埃德数学趣题大全.题目卷.1:英文	2016—01	18.00	516
劳埃德数学趣题大全.题目卷.2:英文	2016—01	18.00	517
劳埃德数学趣题大全.题目卷.3:英文	2016—01	18.00	518
劳埃德数学趣题大全.题目卷.4:英文	2016—01	18.00	519
劳埃德数学趣题大全.题目卷.5:英文	2016—01	18.00	520
劳埃德数学趣题大全.答案卷:英文	2016—01	18.00	521
李成章教练奥数笔记.第1卷	2016—01	48.00	522
李成章教练奥数笔记.第2卷	2016—01	48.00	523
李成章教练奥数笔记.第3卷	2016—01	38.00	524
李成章教练奥数笔记.第4卷	2016—01	38.00	525
李成章教练奥数笔记.第5卷	2016—01	38.00	526
李成章教练奥数笔记.第6卷	2016—01	38.00	527
李成章教练奥数笔记.第7卷	2016—01	38.00	528
李成章教练奥数笔记.第8卷	2016—01	48.00	529
李成章教练奥数笔记.第9卷	2016—01	28.00	530

刘培杰数学工作室

已出版(即将出版)图书目录——初等数学

书　　名	出版时间	定　价	编号
第19～23届"希望杯"全国数学邀请赛试题审题要津详细评注(初一版)	2014－03	28.00	333
第19～23届"希望杯"全国数学邀请赛试题审题要津详细评注(初二、初三版)	2014－03	38.00	334
第19～23届"希望杯"全国数学邀请赛试题审题要津详细评注(高一版)	2014－03	28.00	335
第19～23届"希望杯"全国数学邀请赛试题审题要津详细评注(高二版)	2014－03	38.00	336
第19～25届"希望杯"全国数学邀请赛试题审题要津详细评注(初一版)	2015－01	38.00	416
第19～25届"希望杯"全国数学邀请赛试题审题要津详细评注(初二、初三版)	2015－01	58.00	417
第19～25届"希望杯"全国数学邀请赛试题审题要津详细评注(高一版)	2015－01	48.00	418
第19～25届"希望杯"全国数学邀请赛试题审题要津详细评注(高二版)	2015－01	48.00	419
物理奥林匹克竞赛大题典——力学卷	2014－11	48.00	405
物理奥林匹克竞赛大题典——热学卷	2014－04	28.00	339
物理奥林匹克竞赛大题典——电磁学卷	2015－07	48.00	406
物理奥林匹克竞赛大题典——光学与近代物理卷	2014－06	28.00	345
历届中国东南地区数学奥林匹克试题集(2004～2012)	2014－06	18.00	346
历届中国西部地区数学奥林匹克试题集(2001～2012)	2014－07	18.00	347
历届中国女子数学奥林匹克试题集(2002～2012)	2014－08	18.00	348
数学奥林匹克在中国	2014－06	98.00	344
数学奥林匹克问题集	2014－01	38.00	267
数学奥林匹克不等式散论	2010－06	38.00	124
数学奥林匹克不等式欣赏	2011－09	38.00	138
数学奥林匹克超级题库(初中卷上)	2010－01	58.00	66
数学奥林匹克不等式证明方法和技巧(上、下)	2011－08	158.00	134,135
他们学什么:原民主德国中学数学课本	2016－09	38.00	658
他们学什么:英国中学数学课本	2016－09	38.00	659
他们学什么:法国中学数学课本.1	2016－09	38.00	660
他们学什么:法国中学数学课本.2	2016－09	28.00	661
他们学什么:法国中学数学课本.3	2016－09	38.00	662
他们学什么:苏联中学数学课本	2016－09	28.00	679
高中数学题典——集合与简易逻辑・函数	2016－07	48.00	647
高中数学题典——导数	2016－07	48.00	648
高中数学题典——三角函数・平面向量	2016－07	48.00	649
高中数学题典——数列	2016－07	58.00	650
高中数学题典——不等式・推理与证明	2016－07	38.00	651
高中数学题典——立体几何	2016－07	48.00	652
高中数学题典——平面解析几何	2016－07	78.00	653
高中数学题典——计数原理・统计・概率・复数	2016－07	48.00	654
高中数学题典——算法・平面几何・初等数论・组合数学・其他	2016－07	68.00	655

刘培杰数学工作室

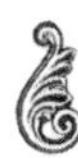

已出版(即将出版)图书目录——初等数学

书　　名	出版时间	定　价	编号
台湾地区奥林匹克数学竞赛试题.小学一年级	2017-03	38.00	722
台湾地区奥林匹克数学竞赛试题.小学二年级	2017-03	38.00	723
台湾地区奥林匹克数学竞赛试题.小学三年级	2017-03	38.00	724
台湾地区奥林匹克数学竞赛试题.小学四年级	2017-03	38.00	725
台湾地区奥林匹克数学竞赛试题.小学五年级	2017-03	38.00	726
台湾地区奥林匹克数学竞赛试题.小学六年级	2017-03	38.00	727
台湾地区奥林匹克数学竞赛试题.初中一年级	2017-03	38.00	728
台湾地区奥林匹克数学竞赛试题.初中二年级	2017-03	38.00	729
台湾地区奥林匹克数学竞赛试题.初中三年级	2017-03	28.00	730
不等式证题法	2017-04	28.00	747
平面几何培优教程	2019-08	88.00	748
奥数鼎级培优教程.高一分册	2018-09	88.00	749
奥数鼎级培优教程.高二分册.上	2018-04	68.00	750
奥数鼎级培优教程.高二分册.下	2018-04	68.00	751
高中数学竞赛冲刺宝典	2019-04	68.00	883
初中尖子生数学超级题典.实数	2017-07	58.00	792
初中尖子生数学超级题典.式、方程与不等式	2017-08	58.00	793
初中尖子生数学超级题典.圆、面积	2017-08	38.00	794
初中尖子生数学超级题典.函数、逻辑推理	2017-08	48.00	795
初中尖子生数学超级题典.角、线段、三角形与多边形	2017-07	58.00	796
数学王子——高斯	2018-01	48.00	858
坎坷奇星——阿贝尔	2018-01	48.00	859
闪烁奇星——伽罗瓦	2018-01	58.00	860
无穷统帅——康托尔	2018-01	48.00	861
科学公主——柯瓦列夫斯卡娅	2018-01	48.00	862
抽象代数之母——埃米·诺特	2018-01	48.00	863
电脑先驱——图灵	2018-01	58.00	864
昔日神童——维纳	2018-01	48.00	865
数坛怪侠——爱尔特希	2018-01	68.00	866
传奇数学家徐利治	2019-09	88.00	1110
当代世界中的数学.数学思想与数学基础	2019-01	38.00	892
当代世界中的数学.数学问题	2019-01	38.00	893
当代世界中的数学.应用数学与数学应用	2019-01	38.00	894
当代世界中的数学.数学王国的新疆域(一)	2019-01	38.00	895
当代世界中的数学.数学王国的新疆域(二)	2019-01	38.00	896
当代世界中的数学.数林撷英(一)	2019-01	38.00	897
当代世界中的数学.数林撷英(二)	2019-01	48.00	898
当代世界中的数学.数学之路	2019-01	38.00	899

刘培杰数学工作室

已出版(即将出版)图书目录——初等数学

书　　名	出版时间	定　价	编号
105 个代数问题:来自 AwesomeMath 夏季课程	2019－02	58.00	956
106 个几何问题:来自 AwesomeMath 夏季课程	2020－07	58.00	957
107 个几何问题:来自 AwesomeMath 全年课程	2020－07	58.00	958
108 个代数问题:来自 AwesomeMath 全年课程	2019－01	68.00	959
109 个不等式:来自 AwesomeMath 夏季课程	2019－04	58.00	960
国际数学奥林匹克中的 110 个几何问题	即将出版		961
111 个代数和数论问题	2019－05	58.00	962
112 个组合问题:来自 AwesomeMath 夏季课程	2019－05	58.00	963
113 个几何不等式:来自 AwesomeMath 夏季课程	2020－08	58.00	964
114 个指数和对数问题:来自 AwesomeMath 夏季课程	2019－09	48.00	965
115 个三角问题:来自 AwesomeMath 夏季课程	2019－09	58.00	966
116 个代数不等式:来自 AwesomeMath 全年课程	2019－04	58.00	967
117 个多项式问题:来自 AwesomeMath 夏季课程	2021－09	58.00	1409
118 个数学竞赛不等式	2022－08	78.00	1526
紫色彗星国际数学竞赛试题	2019－02	58.00	999
数学竞赛中的数学:为数学爱好者、父母、教师和教练准备的丰富资源. 第一部	2020－04	58.00	1141
数学竞赛中的数学:为数学爱好者、父母、教师和教练准备的丰富资源. 第二部	2020－07	48.00	1142
和与积	2020－10	38.00	1219
数论:概念和问题	2020－12	68.00	1257
初等数学问题研究	2021－03	48.00	1270
数学奥林匹克中的欧几里得几何	2021－10	68.00	1413
数学奥林匹克题解新编	2022－01	58.00	1430
图论入门	2022－09	58.00	1554
新的、更新的、最新的不等式	2023－07	58.00	1650
澳大利亚中学数学竞赛试题及解答(初级卷)1978～1984	2019－02	28.00	1002
澳大利亚中学数学竞赛试题及解答(初级卷)1985～1991	2019－02	28.00	1003
澳大利亚中学数学竞赛试题及解答(初级卷)1992～1998	2019－02	28.00	1004
澳大利亚中学数学竞赛试题及解答(初级卷)1999～2005	2019－02	28.00	1005
澳大利亚中学数学竞赛试题及解答(中级卷)1978～1984	2019－03	28.00	1006
澳大利亚中学数学竞赛试题及解答(中级卷)1985～1991	2019－03	28.00	1007
澳大利亚中学数学竞赛试题及解答(中级卷)1992～1998	2019－03	28.00	1008
澳大利亚中学数学竞赛试题及解答(中级卷)1999～2005	2019－03	28.00	1009
澳大利亚中学数学竞赛试题及解答(高级卷)1978～1984	2019－05	28.00	1010
澳大利亚中学数学竞赛试题及解答(高级卷)1985～1991	2019－05	28.00	1011
澳大利亚中学数学竞赛试题及解答(高级卷)1992～1998	2019－05	28.00	1012
澳大利亚中学数学竞赛试题及解答(高级卷)1999～2005	2019－05	28.00	1013
天才中小学生智力测验题. 第一卷	2019－03	38.00	1026
天才中小学生智力测验题. 第二卷	2019－03	38.00	1027
天才中小学生智力测验题. 第三卷	2019－03	38.00	1028
天才中小学生智力测验题. 第四卷	2019－03	38.00	1029
天才中小学生智力测验题. 第五卷	2019－03	38.00	1030
天才中小学生智力测验题. 第六卷	2019－03	38.00	1031
天才中小学生智力测验题. 第七卷	2019－03	38.00	1032
天才中小学生智力测验题. 第八卷	2019－03	38.00	1033
天才中小学生智力测验题. 第九卷	2019－03	38.00	1034
天才中小学生智力测验题. 第十卷	2019－03	38.00	1035
天才中小学生智力测验题. 第十一卷	2019－03	38.00	1036
天才中小学生智力测验题. 第十二卷	2019－03	38.00	1037
天才中小学生智力测验题. 第十三卷	2019－03	38.00	1038

刘培杰数学工作室
已出版(即将出版)图书目录——初等数学

书名	出版时间	定价	编号
重点大学自主招生数学备考全书:函数	2020—05	48.00	1047
重点大学自主招生数学备考全书:导数	2020—08	48.00	1048
重点大学自主招生数学备考全书:数列与不等式	2019—10	78.00	1049
重点大学自主招生数学备考全书:三角函数与平面向量	2020—08	68.00	1050
重点大学自主招生数学备考全书:平面解析几何	2020—07	58.00	1051
重点大学自主招生数学备考全书:立体几何与平面几何	2019—08	48.00	1052
重点大学自主招生数学备考全书:排列组合・概率统计・复数	2019—09	48.00	1053
重点大学自主招生数学备考全书:初等数论与组合数学	2019—08	48.00	1054
重点大学自主招生数学备考全书:重点大学自主招生真题.上	2019—04	68.00	1055
重点大学自主招生数学备考全书:重点大学自主招生真题.下	2019—04	58.00	1056
高中数学竞赛培训教程:平面几何问题的求解方法与策略.上	2018—05	68.00	906
高中数学竞赛培训教程:平面几何问题的求解方法与策略.下	2018—06	78.00	907
高中数学竞赛培训教程:整除与同余以及不定方程	2018—01	88.00	908
高中数学竞赛培训教程:组合计数与组合极值	2018—04	48.00	909
高中数学竞赛培训教程:初等代数	2019—04	78.00	1042
高中数学讲座:数学竞赛基础教程(第一册)	2019—06	48.00	1094
高中数学讲座:数学竞赛基础教程(第二册)	即将出版		1095
高中数学讲座:数学竞赛基础教程(第三册)	即将出版		1096
高中数学讲座:数学竞赛基础教程(第四册)	即将出版		1097
新编中学数学解题方法 1000 招丛书.实数(初中版)	2022—05	58.00	1291
新编中学数学解题方法 1000 招丛书.式(初中版)	2022—05	48.00	1292
新编中学数学解题方法 1000 招丛书.方程与不等式(初中版)	2021—04	58.00	1293
新编中学数学解题方法 1000 招丛书.函数(初中版)	2022—05	38.00	1294
新编中学数学解题方法 1000 招丛书.角(初中版)	2022—05	48.00	1295
新编中学数学解题方法 1000 招丛书.线段(初中版)	2022—05	48.00	1296
新编中学数学解题方法 1000 招丛书.三角形与多边形(初中版)	2021—04	48.00	1297
新编中学数学解题方法 1000 招丛书.圆(初中版)	2022—05	48.00	1298
新编中学数学解题方法 1000 招丛书.面积(初中版)	2021—07	28.00	1299
新编中学数学解题方法 1000 招丛书.逻辑推理(初中版)	2022—06	48.00	1300
高中数学题典精编.第一辑.函数	2022—01	58.00	1444
高中数学题典精编.第一辑.导数	2022—01	68.00	1445
高中数学题典精编.第一辑.三角函数・平面向量	2022—01	68.00	1446
高中数学题典精编.第一辑.数列	2022—01	58.00	1447
高中数学题典精编.第一辑.不等式・推理与证明	2022—01	58.00	1448
高中数学题典精编.第一辑.立体几何	2022—01	58.00	1449
高中数学题典精编.第一辑.平面解析几何	2022—01	68.00	1450
高中数学题典精编.第一辑.统计・概率・平面几何	2022—01	58.00	1451
高中数学题典精编.第一辑.初等数论・组合数学・数学文化・解题方法	2022—01	58.00	1452
历届全国初中数学竞赛试题分类解析.初等代数	2022—09	98.00	1555
历届全国初中数学竞赛试题分类解析.初等数论	2022—09	48.00	1556
历届全国初中数学竞赛试题分类解析.平面几何	2022—09	38.00	1557
历届全国初中数学竞赛试题分类解析.组合	2022—09	38.00	1558

刘培杰数学工作室

已出版(即将出版)图书目录——初等数学

书　名	出版时间	定　价	编号
从三道高三数学模拟题的背景谈起:兼谈傅里叶三角级数	2023-03	48.00	1651
从一道日本东京大学的入学试题谈起:兼谈 π 的方方面面	即将出版		1652
从两道 2021 年福建高三数学测试题谈起:兼谈球面几何学与球面三角学	即将出版		1653
从一道湖南高考数学试题谈起:兼谈有界变差数列	即将出版		1654
从一道高校自主招生试题谈起:兼谈詹森函数方程	即将出版		1655
从一道上海高考数学试题谈起:兼谈有界变差函数	即将出版		1656
从一道北京大学金秋营数学试题的解法谈起:兼谈伽罗瓦理论	即将出版		1657
从一道北京高考数学试题的解法谈起:兼谈毕克定理	即将出版		1658
从一道北京大学金秋营数学试题的解法谈起:兼谈帕塞瓦尔恒等式	即将出版		1659
从一道高三数学模拟测试题的背景谈起:兼谈等周问题与等周不等式	即将出版		1660
从一道 2020 年全国高考数学试题的解法谈起:兼谈斐波那契数列和纳卡穆拉定理及奥斯图达定理	即将出版		1661
从一道高考数学附加题谈起:兼谈广义斐波那契数列	即将出版		1662
代数学教程.第一卷,集合论	2023-08	58.00	1664
代数学教程.第二卷,集合论	2023-08	68.00	1665
代数学教程.第三卷,集合论	2023-08	58.00	1666
代数学教程.第四卷,集合论	2023-08	48.00	1667
代数学教程.第五卷,集合论	2023-08	58.00	1668

联系地址:哈尔滨市南岗区复华四道街 10 号　哈尔滨工业大学出版社刘培杰数学工作室

网　　址:http://lpj.hit.edu.cn/

邮　　编:150006

联系电话:0451-86281378　　13904613167

E-mail:lpj1378@163.com